Anonymus

Ornis

4. Jahrgang 1888

Anonymus

Ornis
4. Jahrgang 1888

ISBN/EAN: 9783743334144

Hergestellt in Europa, USA, Kanada, Australien, Japan

Cover: Foto ©berggeist007 / pixelio.de

Manufactured and distributed by brebook publishing software
(www.brebook.com)

Anonymus

Ornis

ORNIS.

Internationale Zeitschrift für die gesammte Ornithologie.

ORGAN

des

permanenten internationalen ornithologischen Comité's

unter dem Protectorate Seiner Kaiserlichen und Königlichen Hoheit

des

Kronprinzen Rudolf von Oesterreich-Ungarn.

Herausgegeben von

Dr. R. Blasius
Präsident

und

Dr. G. v. Hayek
Secretär

des permanenten internationalen ornithologischen Comité's.

IV. Jahrgang 1888.

Mit vier Tafeln.

Preis des Jahrganges (4 Hefte mit Abbildungen):
4 fl. ö. W. = 8 M.   10 Frcs. = 8 sh. = 2 S pränumerando.

Inhalt des vierten Jahrganges (1888).

Seite

IV. Jahresbericht (1885) des Comité's für ornithologische Beobachtungs-Stationen in Oesterreich - Ungarn. Von Victor Ritter von
Tschusi zu Schmidhoffen und Dr. Karl von Dalla-Torre ..   1—146
                                                       161—272
                                                       321—368

The birds of Keiskama Hoek, Division of King William's Town Cape
Colony by E. W. Clifton..... .... 147—154

Ornis der Wüste Atacama und der Provinz Tarapacá. Von Dr. R.
A. Philippi in Santiago .... 155—160

II. Ornithologischer Jahresbericht (1886) aus den russischen Ostsee-
Provinzen. Von E. von Middendorff...................... 273—300

Die Vögel von Palawan. Von Dr. Wilh. Blasius............... 301—320

IV. Report on Birds in Danmark, 1886. Compiled by Oluf Winge.
(With a Map-Plate.)..................................... 369—440

Liste des oiseaux observés depuis cinquante ans dans le Royaume
de Pologne. Par L. Taczanowski...................... 441—516

Ein seltener Rackelhahn (*Tetrao medius*, Meyer). Von Victor Ritter
von Tschusi zu Schmidhoffen. (Mit einer Tafel.) .... 517—526

Die Vögel von Gross-Sanghir nebst einem Anhange über die Vögel
von Siao. Von Dr. Wilh. Blasius. (Mit zwei Tafeln)........ 527—646

Bemerkungen über das Vorkommen der Vögel von Mainz und Umgegend. Von Wilhelm von Reichenau...................... 647—666

Ornithologisches aus der Cap-Colonie von W. Beste .... 667—670

Index... 671—683

Corrigenda................................ .... 684—685

Tafeln des Jahrganges.

=

Taf. I. Karte von Dänemark mit den Leuchtthürmen und Leuchtschiffen.

Siehe Seite 440.

Taf. II. *Tetrao medius* Meyer (ex *T. tetr.* ♂ et *T. med.* ♀?)

Siehe Seite 526.

Taf. III. *Macropygia sanghirensis* Salvadori.
Fig. 1. adult. Fig. 2. ♀ juv.

Siehe Seite 619.

Taf. IV. Fig. 1. *Zosterops Nehrkorni* W. Blasius. ♂ adult.
Fig. 2. *Criniger Platenae* W. Blasius. ♂ adult.

Siehe Seite 593 und 595.

IV. Jahresbericht (1885)

des

Comité's für ornithologische Beobachtungs-Stationen

in

Oesterreich-Ungarn.

Redigirt unter Mitwirkung von

Dr. Karl von Dalla-Torre,

Mandatar für Tirol,

von

Victor Ritter von Tschusi zu Schmidhoffen,

Präsident des Comité's und Mitglied des perman. internat. ornith. Comité's.

Vorwort zum IV. Jahresberichte.

Das durch Umstände, die zu ändern bisher ausser unserer Macht lag, bedingte sehr verspätete Erscheinen unserer Jahresberichte hat für das Unternehmen vielfach nachtheilige Folgen gehabt, indem manche unserer Beobachter dadurch demselben entfremdet wurden und die Fortsetzung der Beobachtungen aufgaben; trotzdem gelang es, manches neue Mitglied für unsere Zwecke zu gewinnen und so die durch obigen Umstand gerissene Lücke auszufüllen.

Trotz der Abnahme der Beobachtungs - Stationen in einzelnen Ländern, danken wir in anderen wieder dem Eifer unseres Mandatars für Schlesien, Hrn. Prof. i. P. Em. Urban in Troppau und unserem Gönner, Hrn. k. k. Hofrath und Director der Güter des griech. oriental. Religionsfonds, Jul. Hammer in Czernowitz, einen Zuwachs an Beobachtern. Immer aber sind noch manche Länder sehr dürftig oder gar nicht vertreten, und wir wenden uns daher an Alle, die

dem schönen Unternehmen Interesse entgegenbringen, mit
der Bitte, neue Kräfte demselben zuzuführen; denn nur
durch möglichst zahlreiche sorgfältige Beobachtungen können
wir uns dem Ziele nähern, das sich unsere ornithologischen
Beobachtungs - Stationen bei ihrem Inslebentreten zur Aufgabe gestellt: möglichst genaue Kenntniss des Vorkommens
und der Verbreitung der einzelnen Arten und Aufschluss
über den Vogelzug zu erhalten.

Die Zahl der Beobachter vertheilt sich auf die einzelnen
Länder wie folgt:

> Böhmen 12
> Bukowina 15
> Croatien und Slavonien . . . 1
> Dalmatien 1
> Galizien 1
> Kärnten 0
> Krain 0
> Litorale 2
> Mähren 4
> Nieder-Oesterreich 2
> Ober-Oesterreich 0
> Salzburg 2
> Schlesien 7
> Siebenbürgen 3
> Steiermark 7
> Tirol und Vorarlberg 3
> Ungarn 7
> ___
> 67

Als Mandatare fungiren folgende Herren für nachstehende Länder:

Für **Böhmen**: Dr. Wladisl. S c h i e r in Prag, Pflaster-
gasse 2-II.

» **Croatien und Slavonien**: Spirid. B r u s i n a, k. Universitäts-Professor und Director des croatischen zoologischen Landes-Museums, Mitglied des permanenten
internationalen ornithologischen Comité's, in Agram.

Für **Dalmatien**: Georg Kolombatović, Professor in Spalato.

» **Galizien**: Dr. Max Nowicki, Universitäts-Professor in Krakau.

» **Görz**: Dr. Egid Schreiber, Director der Staats-Realschule.

» **Istrien**: Dr. L. K. Moser, Professor am k. k. Staats-Gymnasium in Triest, Via Lavatosi 1.

» **Kärnten**: F. C. Keller, Redacteur von »Waidmannsheil« in Mauthen.

» **Krain**: Karl von Deschmann, Custos am Landes-Museum in Laibach.

» **Mähren**: Josef Talský, Professor in Neutitschein.

» **Nieder-Oesterreich**: Dr. Gust. Edler von Hayek, k. k. Regierungsrath und Professor, Secretär des permanenten internationalen ornithologischen Comité's in Wien, III., Marokkanergasse 3.

» **Ober-Oesterreich**: Karl Geyer, fürstlich Starhemberg'scher Forstmeister in Linz a/D., Elisabethstr. 15.

» **Salzburg**: Dr. Wenz. Sedlitzky, k. k. Hof-Apotheker in Salzburg.

» **Schlesien**: Emanuel Urban, k. k. Gymnasial-Professor i. P. in Troppau.

» **Siebenbürgen**: Johann von Csató, Vicegespan in Nagy-Enjed.

» **Steiermark**: Blasius Hanf, Pfarrer in Mariahof.

» **Tirol**: Dr. Karl von Dalla-Torre, k. k. Professor in Innsbruck, Meinhardstrasse 12.

» **Ungarn**: Dr. Julius von Madarász, Custos-Adjunct am ungarischen National-Museum und Mitglied des permanenten internationalen ornithologischen Comité's, in Budapest.

» das **ungarische und croatische Küstenland**: J. Matisz, k. Gymnasial-Professor in Fiume.

» das **Banat**: Dr. Ludwig Kuhn, Dechant in Nagy-Szent-Miklós.

» die **Zips**: Dr. Michael Greisiger in Szepes-Béla.

1*

Dankbarst sei es hier hervorgehoben, dass sich das
hohe k. k. Handelsministerium veranlasst sah, unserem
Ansuchen, die Leuchtthurm-Assistenten zu ornithologischen
Beobachtungen heranzuziehen, zu willfahren. Demzufolge
erhielten selbe nach Art der amerikanischen in italienischer
Sprache verfasste Fragebogen zugestellt. Leider entsprachen
die Resultate nicht ganz unseren Erwartungen, da die Berichte, die unserem Mandatar für Istrien, Hrn. Dr. L. K.
Moser in Triest, zukamen, zu allgemein gehalten waren,
um veröffentlicht werden zu können. Infolge unseres bereits 1884 durch Hrn. Dr. Moser an die k. k. Seebehörde
gerichteten Gesuches wurden jedoch demselben die an den
Leuchtthürmen verunglückten Vögel mit Angabe der Zeit
ihrer Habhaftwerdung zur Verfügung gestellt und findet
sich die diesbezügliche Liste mit den beigefügten Bemerkungen am Schlusse des Berichtes.

Weiters wurde auf Anregung Sr. Excellenz des
ungarischen Ministers Grafen Szécheny Herr J.
Matisz, k. Gymnasial-Professor in Fiume, mit der Errich-
tung von ornithologischen Beobachtungs-Stationen im un-
garisch-croatischen Küstenlande betraut.

Die k. k. Centralanstalt für Meteorologie und
Erdmagnetismus in Wien und die k. k. mährisch-
schlesische Gesellschaft zur Beförderung des
Ackerbaues, der Natur- und Landeskunde in Brünn
erliessen Aufrufe, in welchen unser Unternehmen der Betheiligung wärmstens empfohlen wurde.

An der Bearbeitung des Jahresberichtes haben sich
folgende Herren in nachstehender Weise betheiligt: Dr. Wilh.
Niedermair (Hallein) übernahm den allgemeinen Theil, Prof.
i. P. Em. Urban (Troppau) die schlesischen Manuscripte,
Othm. Reiser jun. (Wien) die Tabellen, Dr. L. K. Moser
(Triest) verzeichnete die von der k. k. Seebehörde einge-
langten Sendungen und Dr. W. Schier (Prag) übersetzte die
in böhmischer Sprache eingesandten Berichte.

Herr Dr. K. von Dalla-Torre stellte die gesammten
Manuscripte als Jahresbericht zusammen und ordnete sie für

den Druck, und der Unterzeichnete besorgte die Durchsicht
und Prüfung jener, sowie die Gesammt-Correctur.

Leider haben wir in diesem Jahre den Verlust eines
unserer Beobachter in Schlesien zu beklagen. Herr E.
Schmidt, Juwelier in Troppau, starb daselbst am 26. Februar.
Am Schlusse angelangt, danken wir Allen, die an dem
vorliegenden Berichte mitgearbeitet oder unser Unternehmen
gefördert haben und empfehlen dasselbe weiterer Verbreitung
und Betheiligung.

Villa Tännenhof bei Hallein, im Januar 1887.

Victor Ritter von Tschusi zu Schmidhoffen.

Die ornithologische Literatur Oesterreich-Ungarns 1885*).

Von Victor Ritter von Tschusi zu Schmidhoffen.

A. A. Ein Rackelhahn (in Böhmen) erlegt. — Hugo's Jagdzeit. XXVIII. 1885. p. 279.

Adametz. Steinröthel (Monticola saxatilis) mit partiellem
Melanismus. — Mitth. d. orn. Ver. in Wien. IX. 1885.
p. 287.

Ansorge, Ant. Ein Rackelhahn. — Waidmannsh. V. 1885.
p. 84.

B. Abnorme Schnabelbildung einer Krähe. — Centralbl. f.
d. ges. Forstw. XI. 1885. p. 290.

— Abnorme Schnabelbildung eines Rebhuhns. — Ibid.
XI. 1885. p. 486.

Bartuška, Karl. Haliaëtus albicilla bei Frauenberg erlegt·
— Mitth. d. orn. Ver. in Wien. IX. 1885. p. 299.

Bauer, P. Fr. Ornithologische Notizen (Steierm.). — Mittheil. d. orn. Ver. in Wien. IX. 1885. p. 18—19.

— Ueber das Vorkommen der Nucifraga caryocatactes als
Brutvogel in der Nähe des Stiftes Rein. — Ibid. IX.
1885. p. 43.

*) Abdr. aus: v. Madarász, Zeitschr. f. d. ges. Ornith. III. 1886
p. 184—192.

Bayer, Ad. Zum Zuge des Tannenhehers (C. caryocatactes) im Herbste 1885. — Mittheil. d. orn. Ver. in Wien. IX. 1885. p. 263. (partim.)
— Nachtrag. — Ibid. IX. 1885. p. 273—274.
— Seltsames Benehmen einer Auerhenne. — Ibid. IX. 1885. p. 312—313.

Bělohlávek, Fr. Ornithologické poměry Pardubicka. (Die ornithologischen Verhältnisse der Umgebung von Pardubitz.) — Progr. Ob. Realsch. Pardubitz. 1885. 8. 36 pp.; Separatabdr. Ibid. 1885. 8. 38 pp.

B. M. Eine Schnepfe im Jänner (Kärnten). — Waidmannsh. V. 1885. p. 54.

Breunner - Enkevoirth, Aug. Graf. (Rosenstaare 1884 bei Grafenegg.) — Mittheil. d. orn. Ver. in Wien. IX. 1885. p. 46—47.

Cabanis, Jean. Bemerkung über v. Csató's Lanius Homeyeri. — Cab. Journ. XXXIII. 1885. p. 97—98.

Čapek, Wenz. Einige Notizen aus Mähren. — Mitth. d. orn. Ver. in Wien. IX. 1885. p. 199—201.

Commenda, Hans. Materialien zur landeskundlichen Bibliographie Oberösterreichs. Naturhistorisch-geographischer Theil. — XXXXIII. Ber. über das Mus. Franc.-Carol., nebst d. XXXVII. Lief. d. Beitr. z. Landesk. v. Oesterr. ob d. Enns. Linz. 1885. p. 97.

Csató, Joh. v. Ueber den Zug, das Wandern und die Lebensweise der Vögel in den Comitaten Alsó - Fehér und Hunyad. — v. Madarász, Zeitschr. f. d. ges. Orn. II. 1885. p. 392—522.

Dabrowski, E. v. Skizzen aus dem bosnischen Vogelleben. — Mittheil. d. orn. Ver. in Wien. IX. 1885. p. 145—146, 153—154, 161—163, 169—171, 177—178, 185—187.

Dalla-Torre, K. v. Ornithologisches aus Tirol. Die ornith. Sammlung des Museums Ferdinandeum in Innsbruck. — Mittheil. d. orn. Ver. in Wien. IX. 1885. p. 56—57, 69.

Dalberg, Friedr. Bar. v. Ornithologische Notizen aus Datschitz. — Mittheil. d. orn. Ver. in Wien. IX. 1885. p. 99, 107—108.

Dalberg, Friedr. Bar. v. Verzeichniss jener Vogelarten, welche in der Umgebung von Datschitz im westlichen Mähren als Brut- und Zugvögel vorkommen. — Ibid. IX. 1885. p. 211—212, 223—225.

Dombrowski, Rob. R. v. Nucifraga caryocatactes (bei Wien). — Mittheil. d. orn. Ver. in Wien. IX. 1885. p. 251.

— Zum Zuge des Tannenhehers. — Ibid. IX. 1885. p. 274.

Eder, Rob. Ein seltener Fang (Bonasia sylvestris). — Mittheil. d. orn. Ver. in Wien. IX. 1885. p. 46.

Fischer, Ludw. Bar. v. Herbst- und Winterbeobachtungen am Neusiedlersee und Hanság. — Mittheil. d. orn. Ver. in Wien. IX. 1885. p. 32—33.

— Ein interessanter Enten - Bastard (Anas boschas u. A. clypeata) (Ung.) — Ibid. IX. 1885. p. 44.

— Ankunft von Motacilla alba im Hanság (1885). — Ibid. IX. 1885. p. 47.

Fournes, Herm. Beitrag zur Fortpflanzungsgeschichte des Kukuks. — Mittheil. d. orn. Ver. in Wien. IX. 1885. p. 178, 188.

F. R. Ein Seeadler (bei Krems erlegt). — Hugo's Jagdzeit. XXVIII. 1885. p. 213.

Grashey, O. Steinadler (19. V. 1884 am Horste) am Achensee erlegt. — D. deutsche Jäg. VI. 1884. p. 142.

Grimm, H. M. Bemerkungen über den Vogelzug im Jahre 1884 in der Umgegend von Hartberg. — Mittheil. d. naturw. Ver. f. Steierm. 21. H. 1884 (1885). p. LXXXIII —LXXXV.

— Biologische Notizen. — Ibid. 21. Heft. 1884 (1885). p. LXXXVII—LXXXIX.

Grossbauer, Fr. v. Verbreitung des Birkwildes im V. O. M. B. Nieder-Oesterreich. — Hugo's Jagdzeit. XXVIII. 1885. p. 312.

— *Karl v.* Eingetroffene Zugvögel im Wienthale. — Hugo's Jagdzeit. XXVIII. 1885. p. 281.

— *Vict. v.* Eine tapfere Motacilla alba (Ueberwintern derselben bei Weidlingau). — Hugo's Jagdzeit. XXVIII. 1885. p. 154—155.

Grossbauer, Vict. v. Ankunft von Zugvögeln bis 9. März (1885) bei Mariabrunn. — Ibid. XXVIII. 1885. p. 187.

Hänisch, R. Notizen über Vögel und Jagd im Narentathale. — Bollet. Soc. adr. sc. nat. Trieste. IX. 1885. p. 79—100; Auszug in d. Mittheil. d. mähr. Jagd- und Vogelsch.- Ver. in Brünn. IV. 1885. p. 37—38, 53—59. 68—69, 83—85, 101—103.

Hartwig. Zeisig - Varietät aus Mähren. — Cab. Journ. f. Ornith. XXXIII. 1885. p. 102—103.

Hladnig, Wilh. Ein Rackelhahn (in Kärnten erlegt). — Waidmannsh. V. 1885. p. 128—129.

Hruby, Jos. Bar. Notiz über den Tannenheher (Böhmen). — Mittheil. d. orn. Ver. in Wien. IX. 1885. p. 287—288.

J. W. Stand- und Strich - Rebhuhn (Bosnien). — Weidm. XVI. 1885. p. 253.

J. W. P. Ornithologisches (Cypselus apus in Lehmwänden nistend). — Waidmannsh. V. 1885. p. 213.

— Ornithologisches (Pflegemutterwesen). — Ibid. V. 1885. p. 213.

— Ornithologisches (Ueber Segler und Schwalben-Herbstzug). — Ibid. V. 1885. p. 257—258.

— Ornithologisches (Verminderung der Goldamsel und Zugnotizen aus Aussig a/E.) — Ibid. V. 1885. p. 298.

J. Z. Ornithologisches (Bastarde zwischen Stieglitz und Haussperling). — Waidmannsh. V. 1885. p. 243—344.

Kadich, H. v. Auf der hohen Schrott. Geschichte eines absonderlichen Vogelfangs aus dem August 1881. — Mittheil. d. orn. Ver. in Wien. IX. 1885. p. 61—64.

— Hundert Tage im Hinterlande. Eine ornithologische Forschungsreise in der Herzegowina. — Ibid. IX. 1885. p. 270—271, 295—296, 306, 317—320.

Keller, F. C. Aus dem Leben des Alpenmauerläufers. — v. Madarász, Zeitschr. f. d. ges. Orn. II. 1885. p. 329—340.

Koch - Sternfeld, Jul. Ritt. v. Invasion des weissköpfigen Geiers (Gyps fulvus) in Salzburg. — Hugo's Jagdzeit. XXVIII. 1885. p. 664—665.

Kolombatović, G. Imenik kraljesnjaka Dalmacije (Verzeichniss der Wirbelthiere Dalmatiens). I. dio Sisavci i Ptice.

II. e Aggiunte al vertebrati della Dalmazia. — Split (Spalato). 1885. 8. 38 pp.

Kotz, Alex. Bar. Ueber Scolopax rusticola. — Mittheil. d. orn. Ver. in Wien. IX. 1885. p. 154, 163, 171.

— Ornithologische Wahrnehmungen über den Herbstzug im südwestl. Böhmen. — Ibid. IX. 1885. p. 286—287.

Krump, Nikol. Noch einmal Stand- und Streich-Rebhuhn. — Weidm. XVI. 1885. p. 333.

Madarász, Jul. v. Zeitschrift für die gesammte Ornithologie. — Budapest. II. 1885. 8. 4 Hefte mit 20 col. Tafeln.

Michel, Jul. Notizen (Tannenheher in Böhmen). — Mittheil. d. orn. Ver. in Wien. IX. 1885. p. 310.

Mittheilungen des ornithologischen Vereines in Wien, redigirt von Gust. v. Hayek. — Wien. 1885. IX. 4. 32 Nrn. m. Abbild. und Beiblatt der Section f. Geflügelzucht und Brieftaubenwesen. II. 4. 26 Nrn

Mojsisovics, Aug. v. Bericht über eine Reise nach Süd-Ungarn und Slavonien im Frühjahr 1884. — Mittheil. d. naturw. Ver. f. Steierm. 21. H. 1884. (1885.) p. 192—208.

— Ornithologische Notizen aus Steiermark. I. Somateria mollissima. — Mittheil. d. orn. Ver. in Wien. 1885. p. 6—7.

Moser, L. C. Leuchtthürme als Vogeltödter. — Mittheil. d. orn. Ver. in Wien. IX. 1885. p. 71; Hugo's Jagdzeit. XXVIII. 1885. p. 697.

— Notiz (über Schnepfen in Krain). — Mittheil. d. orn. Ver. in Wien. IX. 1885. p. 264.

N. P. Raubzeug (Adler und Uhu) schlägt Raubzeug. — Weidm. XVI. 1885. p. 260—261.

Prinz, Jul. Vom Vogelzuge (Wildtaubenzug in Ormend). — Waidmannsh. V. 1885. p. 88.

R. Seltsamer Adlerfang (Tirol). — Waidmannsh. V. 1885. p. 70.

Reiser, Othm. Der Kolkrabe in den österreichischen Alpenländern. — Mittheil. d. orn. Ver. in Wien. IX. 1885. p. 50—52, 65—67, 73—75.

— Notiz (Numenius arquatus in Menge und ein N. tenuirostris bei Eger erlegt). — Ibid. IX. 1885. p. 115.

Reiss. Melanismen von Chrysomitris carduelis (aus der Umgebung von Wien und Prag). Sitzung d. allgem. deutsch. orn. Gesellsch. Berlin, 2. III. 1885. — Cab. Journ. f. Ornith. XXXIII. 1885. p. 45.

R. F. Eine Adlertragödie (Tirol). — Waidmannsh. V. 1885. p. 225—226.

Ritter, Ad. Albinos. — Mittheil. d. orn. Ver. in Wien. IX. 1885. p. 35.

Rohr, L. Das Birkwild, dessen Hege und Jagd im Gebirge. — Klagenfurt. 8. 71 pp. 1 Taf.

Rohracher, A. Ornithologisches (Zugnotizen). — Waidmannsh. V. 1885. p. 117.

Roschger, Rud. Gefleckte Amsel. — Waidmannsh. V. 1885. p. 174.

Rosmanith, M. Der Dorndreher Lanius collurio als Fallensteller. — Mittheil. d. orn. Ver. in Wien. IX. 1885. p. 140.

Rudler. Ueber das Weggetragenwerden junger Waldschnepfen durch die Alten. — Hugo's Jagdzeit. XXVIII. 1885. p. 663.

Rudolf, Kronprinz von Oesterreich. Jagd in der Fruska-Gora. Aus »Magyar Salon« in serbischer Uebersetzung in der Sarajevoer Wochenschrift »Prosjeta« (Bildung) Nr. 15, 16, 17 und 18 d. Jahrg. 1885.
— Herbst 1885. — Mittheil. d. orn. Ver. in Wien. IX. 1885. p. 305—306.

Schiavuzzi, Bern. Osservazione fenologiche e sui passagi degli uccelli nel litorale Austriaco durante l'anno 1884. — v. Madarász, Zeitschr. f. d. gesammte Ornith. II. 1885. p. 52—61. 1 Taf.

Student, Jos. Zur Rackelwild-Zucht. — Waidmannsh. V. 1885. p. 91.

Sylva - Tarouca, F. v. Notiz (über den Tannenheher). — Mittheil. d. orn. Ver. in Wien. IX. 1885. p. 299.

Szikla, Gabr. Zum Zuge des Tannenhehers im Herbste 1885. — Mittheil. d. orn. Ver. in Wien. IX. 1885. p. 309—310.

Talský, Jos. Eine ornithologische Localsammlung auf Schloss Pernstein in Mähren. — Mittheil. d. orn. Ver. in Wien

IX. 1885. p. 29—30, 38—39, 52—53, 67—68, 97—99, 113—114.

Talský, Jos. Lestris cephus, K. & Bl. u. Lestris pomarina, Temm. in Oesterreich. — Cab. Journ. f. Ornith. XXXIII. 1885. p. 162—165.

— Die Raubvögel Mährens. — v. Madarász, Zeitschr. f. d. ges. Orn. II. 1885. p. 73—93.

— Der Tannenheher. — Mittheil. des mähr. Jagd- und Vogelsch.-Ver. in Brünn. 1885. p. 98—101.

Th. T. J. Vom Schnepfenzug (Steierm.). — Waidmannsh. V. 1885. p. 54.

Tschusi zu Schmidhoffen, Vict. Ritt. v. Vorläufiges über eine Rackelwildzucht. — Mittheil. d. Schutz-Ver. f. Jagd und Fisch. in Salzburg. 1885. p. 165—166 (Abdr.).

— Ornithologische Notizen. (Ueber im Alpengebiete beobachtete Bartgeier und Anas sponsa in Steiermark). — Mittheil. d. niederösterr. Jagdsch.-Ver. in Wien. 1885. p. 48—49 (Abdr.).

— Ankunft einiger Vögel bei Hallein (1885). — Weidm. XVI. 1885. p. 263 und Hugo's Jagdzeit. XXVIII. 1885. p. 217.

— Zwei Farbenaberrationen. — Mittheil. d. orn. Ver. in Wien. IX. 1885. p. 59.

— Notiz über das Auftreten des Pastor roseus, Temm. im Jahre 1884. — Ibid. IX. 1885. p. 59.

— Aus der Frühjahrssaison (Schnepfenbericht). — Hugo's Jagdzeit. XXVIII. 1885. p. 311.

— Abnorme Schwanzfeder eines Eichelhehers, Garrulus glandarius. — Waidm. XVI. 1885. p. 405, Abbild.

— Züge aus dem Vogelleben. — Mittheil. d. orn. Ver. in Wien. IX. 1885. p. 108; Hugo's Jagdzeit. XXVIII. 1885. p. 503; Weidm. XVI. 1885. p. 487—488.

— Zum Zuge des Tannenhehers. — Mittheil. d. orn. Ver. in Wien. IX. 1885. p. 238.

— Bastard von Anas boschas, L. (domestica) und A. clypeata, L. — v. Madarász, Zeitschr. f. d. ges. Ornith. II. 1885. p. 523—524.

Tschusi zu Schmidhoffen, Vict. Ritt. v. Die ornithologische
  Literatur Oesterreich-Ungarns 1884. — Ibid. II. 1885.
  p. 525—530.

V. A. Ein Steinadler erlegt. — Waidmannsh. V. 1885. p. 308.

Valle, Ant. Note ornitologiche. — Bollet. d. Soc. adriat. sc.
  nat. in Trieste. IX. 1885. p. 167—173.

Wallishauser, J. B. Ein seltener Wintergast (Pyrrhocorax
  alpinus) bei Bruck a/L. — Mittheil. d. orn. Ver. in Wien.
  IX. 1885. p. 35.

Walter, E. Stand- und Strichrebhuhn (Ungarn). — Weidm·
  XVI. 1885. p. 251—253.

Washington, Stef. Bar. Ueber einen Rackelhahn aus Kärnten.
  — Hugo's Jagdzeit. XXVIII. 1885. p. 74—75.

— Ornithologische Notizen aus Istrien. — v. Madarász,
  Zeitsch. f. d. ges. Orn. II. 1885. p. 341—367.

Webern, Jos. v. Steinadler in Tirol. — Oesterr. Forstzeit.
  III. 1885. p. 172.

W. G. B. v. Ein Eistaucher, Colymbus glacialis (?) bei Czernowitz erlegt. — Hugo's Jagdzeit. XXVIII. 1885. p. 631.

Zeitschrift für die gesammte Ornithologie, vgl. Madarász.

Anhang.

Ein seltener Gast (Gyps fulvus) in Kärnten. — Waidmannsh.
  1885. p. 56.

Seltenes Wild (V. fulvus bei Gleichenberg). — Deutsche
  Zeitung. 18. VII. 1885. p. 5; Oesterr. Forstzeit. III. 1885.
  p. 191.

Adler auf dem Fuchsstande (Tirol) erlegt. — Waidmannsh.
  V. 1885. p. 70.

Ein Steinadlerhorst (Ampezzo). — Hugo's Jagdzeit. XXVIII.
  1885. p. 396.

Zwei junge Steinadler (Tirol). — Waidmannsh. V. 1885.
  p. 199.

Adlerfang und Horstausbeutung. — Hugo's Jagdzeit. XXVIII.
  1885. p. 476—477.

Ein verendeter Steinadler (Mähren). — Oesterr. Forstzeit.
  III. 1885. p. 50.

Adlerfang (St. Anton am Arlberg). — Ibid. 1885. p. 154.

Adlerfang (in Trins) in Tirol. — Ibid. III. 1885. p. 190.

Erlegte Steinadler (Ungarn). — Ibid. III. 1885. p. 190.

Seltenes Jagdglück (Erlegung eines Schreiadlers bei Frauenberg). — Mitth. d. mähr. Jagd- und Vogelsch.-Ver. in
Brünn. IV. 1885. p. 111.

Adlerbussard (im fürstl. Fürstenberg'schen Forstrevier Piska
bei Pürglitz). — Oesterr. Forstzeit. III. 1885. p. 155.

Ornithologisches (Auftreten des Tannenhehers). — Mähr.-
schles. Jagdbl. 1885. Nr. 11.

Zur Auerhahnjagd in Bosnien. — Hugo's Jagdzeit. XXVIII.
1885. p. 535.

Ein vollkommen weisser Birkhahn. — Ibid. XXVIII. 1885.
p. 370; Deutscher Jäger. VII. 1885. p. 169; Oesterr.
Forstzeit. III. 1885. p. 142.

Ein weisser Birkhahn (Gr. Ramming) erlegt. — Waidmannsh.
V. 1885. p. 195.

Der Einfluss des Rackelhahns auf den Auerhahnstand. —
Oesterr. Forstzeit. III. 1885. p. 130.

Die Rackelhahnbalz (aus Waidmannsh.). — Ibid. III. 1885.
p. 166.

Weisse Rebhühner (Schlesien). — Gefied. Welt. XIV. 1885
p. 475.

Buntfarbige Rebhühner (Ungarn). — Deutsch. Jäger. VIII.
1885. p. 17.

Trappenjagd (Himberg). — Waidmannsh. V. 1885. p. 240.

Raritäten (Zwergtrappen in Ostgalizien). — Oesterr. Forstzeit. III. 1885. p. 22.

Aus Bosnien (Abzug der Störche). — Hugo's Jagdzeitung.
XXVIII. 1885. p. 538.

Seltener Vogel (Ibis falcinellus) bei Warnsdorf erlegt. —
Warnsdorfer Volkszeit. 15. III. 1885.

Eine verspätete Waldschnepfe (Mähren). — Mittheil. d. mähr.
Jagd- und Vogelsch.-Ver. in Brünn. IV. 1885. p. 15.

Junge Schnepfen im Wienthale. — Hugo's Jagdzeit. XXVIII.
1885. p. 313.

Die höchste Schnepfe (Johannisberg). — Waidmannsh. V.
1885. p. 244; Hugo's Jagdzeit. XXVIII. 1885. p. 568.

Ornithologisches (aus Bosnien). — Hugo's Jagdzeit. XXVIII.
      1885. p. 124—125.
Eintreffen der Zugvögel (Croatien). — Oesterr. Forstzeit.
      III. 1885. p. 124.

Verzeichniss der Beobachtungs-Stationen
und der Beobachter.

Böhmen.

Aussig a./E.: Hauptvogel, Anton.
Bausnitz bei Trautenau: Demuth, Josef, Oberlehrer.
Blottendorf bei Haida: Schnabel, Franz, Glasmaler.
Braunau: Ratoliska, Josef, k. k. Finanzwach-Ober-Respi-
      cient i. P.
Bürgstein bei Haida: Stahr, Franz, Lehrer.
Haida: Hegenbarth, Otto.
Johannesthal bei Oschitz, Bez. Leipa: Taubmann, Josef,
      Schulleiter.
Litoschitz p. Weiss - Podol (Časlau): Knežourek, Karl,
      Schulleiter.
Mauth, Bez. Zbirau: Soukup, Josef, Lehrer.
Nepomuk: Stopka, P. Rafael.
Rosenberg: Zach, Franz, Lehrer.
Voigtsbach bei Reichenberg: Thomas, Ferdinand.

Bukowina.

Fratautz: Heyn, Victor, k. k. Förster.
Gurahumora: Schnorfeil, Josef, k. k. Förster.
Illischestie: Zitný, Johann, k. k. Forstwart.
Kaczyka: Zemann, Josef, k. k. Forstverwalter, derz. in
      Bosnien.
Kotzman: Lustig, Anton, k. k. Forstwart.
Kuczurmare: Miszkiewicz, Constantin, k. k. Forstwart.
Kupka: Kubelka, Julius, k. k. Forstwart.
Mardzina: Kargl, Josef, k. k. Oberförster.

Petroutz, Post Bahnhof Itzkany: S t r á n s k ý, Anton, k. k. Forstverwalter.

Pozoritta: K i e t a, Karl, k. k. Förster.

Putna: F a u l b e r g e r, Edmund, k. k. Förster.

Solka: K r a n a b e t e r, Peter, k. k. Förster.

Straza: P o p i e l, Roland Ritter v., k. k. Oberförster.

Terebleszty: N a h l i k, Octavian, k. k. Forstwart.

Toporoutz: W i l d e, k. k. Forstwart.

Dalmatien.
Spalato: K o l o m b a t o v i ć, Georg, k. k. Professor.

Galizien.
Tolszczow bei Lemberg, Post Dawidow: P o r a y - M a d e y s k i, Adam Ritter v., gräfl. Potocki'scher Revierförster.

Litorale.
Monfalcone: S c h i a v u z z i, Dr. Bernhard, derz. in Parenzo.

Triest: M o s e r, Dr. L. K., k. k. Gymnasial- Professor in Triest, Via Lavatosi 1.

Mähren.
Goldhof bei Gr.-Seelowitz: S p r o n g l, W. J.

Kremsier: Z a h r a d n í k, Josef, k. k. Gymnasial-Professor.

Oslawan: Č a p e k, Wenzel, Lehrer.

Römerstadt: J o n a s, Adolf, Professor an der Landes-Realschule.

Nieder-Oesterreich.
Mödling: G a u n e r s d o r f e r, Dr. Johann, Professor am Francisco-Josephinum.

Nussdorf bei Wien: B a c h o f e n v o n E c h t, Adolf.

Salzburg.
Abtenau: H ö f n e r, Franz, Arzt.

Hallein: T s c h u s i z u S c h m i d h o f f e n, Victor Ritter v.

Schlesien.
Dzingelau bei Teschen: Ž e l i s k o, Josef, erzherzogl. Albrechtscher Förster.

Ernsdorf bei Bielitz: Jaworski, Josef, Oberlehrer.
Freudenthal: Pfeifer Ritter von Forstheim, Johann, Forstrath.
Jägerndorf: Winkler, Eduard, Krankenhaus-Inspector.
Lodnitz: Nowack, Josef, derz. k. k. Postmeister in Stettin bei Troppau.
Troppau: Urban, Emanuel, k. k. Gymnasial-Professor i. P.
Wolfstadt: Wolf, Franz, Oberlehrer und Leiter der Doppel-Volksschule.

Siebenbürgen.

Fogarás: Czýnk, Eduard v., kgl. Postamts-Vorstand.
Klausenburg: Hönig, Stefan, k. ung. Staatsbahn-Ober-Controlor.
Nagy-Enjed: Csató, Johann v., Vicegespan.

Slavonien.

Kučance: Schuller, Bezirksförster.

Steiermark.

Hartberg: Grimm, Bl. M., Lehrer, derz. in Ilz.
Mariahof bei Neumarkt: Hanf, Blasius, Pfarrer.
»   »   »   Kriso, Franz, Oberlehrer.
»   »   »   Paumgartner, Roman, Cooperator.
Pickern bei Marburg: Reiser, Othmar jun., derzeit in Sarajevo.
Mühlthal bei Leoben: Osterer, Johann, in Leoben.
Paldau bei Feldbach: Augustin, Emil, Lehrer im Lainthale bei Trofaiach.

Tirol.

Innsbruck: Lazarini, Ludwig Baron, k. k. Lieutenant i. P.
Mareith im Ridnaunthal: Sternbach, Ludwig Baron.
Roveredo: Bonomi, Augustin, k. k. Professor.

Ungarn.

Béllye: Mojsisovics von Mojsvar, Dr. August v., k. k. Professor der Zoologie an der technischen Hochschule in Graz.

Güns, Eisenburger Comitat: Chernel de Chernelháza, Coloman, Gutsbesitzer.

Landok, Zipser Comitat: Schloms, fürstl. Hohenlohe'scher Förster.

Mosócz, Turóczer Comitat: Schaffgotsch, Rudolf Graf.

Nagy-St.-Miklós: Kuhn, Dr. Ludwig, Dechant.

Pressburg: Chernel de Chernelháza, Stefan v., Pressburg, Conventgasse 1.

Szepes-Béla, Zipser Comitat: Greisiger, Dr. Michael.

I. Allgemeiner Theil.

Schilderung der Beobachtungs-Gebiete, nebst Angaben über den Vogelzug, Vermehrung und Verminderung einzelner Arten, Vogelschutz etc.

Böhmen.

Aussig a./E. (E. Hauptvogel). Ausser vielen Staarkästchen, versuchte ich Nistkästchen für Meisen, Rothschwänzchen und *Muscicapa grisola* aufzustellen. Die Nistkästchen für die Meisen und Rothschwänzchen sind von Natur ausgehöhlte Stämme oder Aeste von Kirsch-, Zwetschken- und Birnbäumen, das Flugloch ist ein Astloch. Am Boden und am Deckel sind Brettchen aufgenagelt und die Deckelbrettchen mit Rinde überzogen. Der Innenraum ist mit Lehmwasser ausgegossen, damit die Risse und kleinen Oeffnungen verstopft werden. Dann streute ich auf den Boden etwas Baumerde, der Natur dieser Orte angemessen. In einer Höhe von 1 1/2 bis 2 Meter wurden sie entweder senkrecht an Baumstämmen angenagelt oder schief angebracht, je nachdem sie besser passten. In je einem hatte ich junge Sumpf-, Blau- und Kohlmeisen und Rothschwänzchen, alle anderen hatten Feld- und Haussperlinge besetzt. Das Nistkästchen für *M. grisola* bestand aus einem hohlen Holzringe von nicht ganz 10 Cm. Höhe und an der Seite mit einem Schutzbrettchen gegen Regen. Dasselbe

wurde an der Stirnseite eines Schupfens angebracht und
vom Hausrothschwanz besetzt. Auf 5 Eiern brütend, wurden mir von Bienenzüchtern die Alten abgeschossen.
Haida (O. Hegenbarth), als Hauptsitz des böhmischen Glashandels weltbekannt, liegt in den als Vorberge
auslaufenden Grenzgebirgszügen, welche die Nordgrenze des
Königreiches Böhmen bilden. Nach Nord und West von
sanft aufsteigenden Höhenzügen umgeben, fällt das Terrain
nach Süd und Südwest nahe, nach Ost und Südost in
einiger Entfernung von der Stadt allmählich ab. Als Cen-
trum einer an landschaftlichen Reizen reichen Gegend, ist
letztere wohl zumeist mit Thüringen zu vergleichen. Wohin
das Auge blicken mag, begrenzen den Horizont prächtige
waldbedeckte Berge, unter denen der Kleiss, nördlich der
Stadt bei Röhrsdorf, mit seinen 2406 Wr. Fuss Höhe (Adria-
spiegel) der höchste ist. Der allgemeine topographische
Charakter der Gegend ist ein Ansteigen des Terrains nach
Nord und Nordwest, ein Senken dagegen nach den übrigen
Himmelsrichtungen, jedoch unterbrochen von einzelnen
Bergen oder längeren, mehr oder minder hohen Bergrücken.
Als am südlichsten vorgeschobener Posten unserer Berg-
gruppen ist der Doppelberg Bösig, dessen östlicher Gipfel
1909 Fuss Höhe erreicht, anzusehen. Der Gipfel trägt eine
noch leidlich erhaltene mächtige Ruine und ermöglicht bei
klarem Wetter die Ansicht der Landeshauptstadt Prag.
Grössere Ruinen tragen im Beobachtungsgebiete der steil-
kegelige Ronberg (1746 Fuss) und der mächtige Rollberg
(2208 Fuss hoch), der erstere bei Drum, der zweite bei
Niemes. Der massige, waldige Rücken des Wilhoscht, kurzweg Wilsch genannt, sowie die bewaldeten Kuppen des
Kleiss- und Urtheilsberges, wie der übrigen Berge, sind
ohne oder wenig sichtbare Spuren ehemaliger Rittersitze.
Ausser einigen kleinen Bächen und des nicht sehr bedeutenden Polzenflusses, welcher das Beobachtungsgebiet in
seiner südlichen Hälfte, der Elbe nordwestlich zufliessend,
durchschneidet, haben wir an grösseren Wasserflächen östlich von hier den Brettteich beim Orte Bürgstein, südlich
den Rohrteich beim Dorfe Kottowitz und circa zwei Stunden,

ebenfalls in südlicher Richtung beim Orte gleichen Namens,
den prächtigen Hirnsener Grossteich, auch nach der Herrschaft kurzweg Neuschlösserteich benannt. Von einer rich-
tigen Zugstrasse ist eigentlich nicht wohl zu sprechen, da
Berge und Berggelände nicht derart zusammenrücken, um
positiv vorgezeichnete Wege vorzuschreiben. Trotz der
Berge behält die Gegend ihren offenen Charakter, der, nach
Süden immer acuter werdend, die Verflachung des Zuges
ungemein begünstigt, während der Frühjahrszug sich in den
einzelnen Bergthälern zersplittert. Die Hauptzugrichtung
bleibt NO. zu SSW., da die Vögel auf dem Zuge unsere
höchsten Lagen im N. und NW. nicht gern übersteigen und
sie östlich des Kleissberges gern umfliegen. Das Klima ist
der Hochlage gemäss meistens rauh, die Niederschläge im
Spätherbst und Frühjahr reichlich, die Winter endlich mit
Schneemassen oft eintretend, welche das Begehen einzelner
unserer Bergwald-Reviere nur unter grossen Anstrengungen
ermöglichen. Dagegen ist der Frühherbst unsere schönste
Zeit, da auch der Sommer durch zahlreiche Gewitter,
wie in Berggegenden naturgemäss, oft verregnet wird. Die
unmittelbar um den Hirnsener Grossteich liegende prächtige
Landschaft hat ausgesprochen flachen oder sanfthügeligen
Charakter; von Westen durch das Kosler-Gebirge geschützt,
gleicht sie mit ihren die Felder durchschneidenden Obst-
alleen, ihren mächtigen Linden-, Eichen- und Pappel-Exem-
plaren etc. einem einzigen riesigen Parke. Das Klima ist,
der tieferen Lage entsprechend, bedeutend milder als bei
uns. Der Grossteich selbst, etwa vier bis fünfmal länger
als breit, zieht sich von W. nach OSO., vom Orte Hirnsen
bis fast zu dem grotesken, nicht eben hohen Felsen, welcher
die Mauerreste der Ruine Habstein trägt. Zahlreiche Dohlen
umkreisen beständig den schon seit vielen Jahren als Standort gewählten romantischen, isolirten Stein. Auch die auf
dem Teiche nach vielen Hunderten brütenden Lachmöven,
hier mit »Gaker« bezeichnet, beleben das Gebiet auf weite
Strecken ungemein. Diese Gegend, besonders der Teich,
die mit uralten Eichen-Ueberständern bestockte Fasanerie,
der höher gelegene, alten Nadelholzwald tragende Thier-

2*

garten. ferner die Remisen, die nicht zu dichten Kiefernwälder und Wäldchen etc. sind so recht das eigentliche
Dorado der Zugvögel, welches alle Arten gerne als Rast-
oder Nistplatz aufsuchen und die Quelle bilden für die
meisten der von mir gemachten Beobachtungen. Es sei mir
an dieser Stelle gestattet, dem dortigen waidgerechten Forst-
personale, vor Allen ihrem liebenswürdigen Herrn Oberförster Bartaczek für die mir stets bewiesene freundschaft-
liche Bereitwilligkeit, womit selber meine Bemühungen
förderte, meinen herzlichsten Waidmannsdank zu sagen. Die
meist spärlichen Beobachtungen, welche mir gegönnt sind
als kleinen Theil jenem grossen Ganzen zuzuführen, welches
berufene Meister in's Leben riefen, tragen jedoch in sich
den Kern, dem auch die grössten Forscher unentwegt nach-
streben — die Wahrheit.

  Nepomuk (R. Stopka). Das Beobachtungsgebiet,
im Umfange von circa 44 Kilom., 439 M. über dem Meere,
49^0 29' n. Br., 31^0 15' ö. L., ist gebirgig. Zwischen den
grösstentheils mit Nadelbäumen bestockten Granitbergen
breiten sich unbedeutende Thäler aus, von mittlerer Güte,
von zahlreichen, jedoch kleinen Teichen bewässert. Obst-
bäume gedeihen wenig und werden nur längs der Strassen
und in unbedeutenden herrschaftlichen Obstgärten gepflegt,
Gebüsche fehlen. Das Klima ist fast rauh zu nennen, die
Winde sind vorherrschend aus W., O. und NW. Das Verzeichniss der Vögel ist fast vollständig; diejenigen, welche
Jahre hindurch regelmässig erscheinen, sind ohne jede Bemerkung bloss dem Namen nach angeführt, wenn nichts
Besonderes anzugeben war.

Bukowina.

  Kotzmann (Lustig). Aus den heurigen Beobachtungen über den Zug der Vögel ergibt sich, dass der Frühjahrszug keine bemerkenswerthen Unterschiede gegen das
Vorjahr aufweist und nur der Herbstzug sich verspätete.
Die grossen Mengen der Nachzügler lassen jedoch die Vermuthung wach werden, dass die Dafürgehaltenen das Gros

waren, was sich durch das besonders günstige Herbstwetter
auch erklären liesse.

Genauere Beobachtungen in dieser Beziehung vermag
ich jedoch nur über Sumpf- und Wasservögel zu machen,
und zwar aus dem Grunde, weil der geringe Waldcomplex
keinen hinreichenden Aufenthaltsort für grössere Mengen der
Sänger bietet und dieselben wahrscheinlich in den 11 Kilometer südlicher gelegenen grossen Wäldern am Rande des in
Hügeln aufsteigenden Gebirgslandes ihre Raststation halten,
von welchen aus der weitere Zug nach den nördlich über
dem Dniester gelegenen, circa 22 Kilometer von hier entfernten grossen Waldcomplexen Galiziens, jedoch hier un-
beobachtet, in einer Tour zurückgelegt werden dürfte, da
die Gesammtdistanz von circa 30—40 Kilometer zur Zugzeit wohl einer Tour ohne Rast entspricht.

Günstiger ist der hiesige Beobachtungsort für den
Zug der Sumpf- und Wasservögel, da dieselben der zahlreichen Sümpfe und Teiche wegen eine geeignete Raststation finden, die ihnen Nahrung bietet, und ich habe ihnen
auch gehörige Aufmerksamkeit gewidmet.

Die vorhandene Möglichkeit, den Zug derselben genauer
zu beobachten, lässt mich die Praktik üben, den sich hier
von S. nach N. auf 6 — 8 Meilen Luftlinie ausbreitenden
Horizont zur Zugzeit mit einem Doppel - Perspective zu
durchmustern, wodurch ich die Zugrichtung auf dieser bedeutenden Strecke genau bestimmen und graphisch über-
tragen kann. Das Resultat dieser Notizen erscheint mir um
so interessanter, als ich der Ueberzeugung bin, dass die
grossen Massen des Sumpf- und Wassergeflügels die Grenzen
der Monarchie weitaus überfliegen, und es erscheint von besonderer Wichtigkeit, die Endstationen kennen zu lernen.
Die Fluglinien sind auf dem hier sich bietenden Horizonte
nahe parallel zu einander und nur selten kreuzen sie sich
in sehr stumpfen Winkeln. Da nun die Zugvögel in ihrem
Fluge nach dem Endziel nur die directe Linie einschlagen,
welche gewiss nur durch heftige Stürme alterirt wird, so
muss die nach mehrjährigen Beobachtungen verzeichnete

Zuglinie, wenn selbe kartographisch gezeichnet wird, schliesslich die Endstationen treffen.

Die graphische Auftragung der Flugbahnen ergab nun das Resultat, dass selbe die im Dniepergebiete liegenden Rokitnosümpfe treffen, woselbst unzweifelhaft die hier durchziehenden Sumpf- und Wasservögel zum Geniste sich niederlassen dürften, weil sie in den weiteren russischen Ebenen als Süsswasservögel nur das Flussgebiet der Düna, die Seen auf der Waldaihöhe finden, welche ihnen auch noch hinreichend Nahrung bieten, und es ist kaum anzunehmen, dass die finnländischen Seen ihr Ziel sind, da das vorbenannte Flussgebiet in Volhynien und Lithauen sie zum Geniste einladen dürfte.

In dieser Weise habe ich den Frühjahrszug beobachtet und ist der hier so gering zu beobachtende Rückzug mir noch unerklärlich, wenn es nicht etwa Zufällen zuzuschreiben ist, dass ich hierüber weniger notiren kann.

Kuczurmare (C. Miszkiewicz). Die Beobachtungsstation liegt 472 Meter hoch. Die Zuglinie geht über den Serethfluss und weiter über das Gebirge Petruszka (1138 M.), welches die Kraniche, Störche und Wildgänse im Herbste überfliegen, dem sie aber am Frühlingszuge, wahrscheinlich weil auf den Karpathen noch bis Ende April Schnee liegt, ausweichen.

Kupka (J. Kubelka), Bezirk Storozynetz, grenzt gegen O. mit der Gemeinde Suczaweny, gegen S. mit der Gemeinde Korczestie, gegen W. mit der Gemeinde Petroutz, gegen N. mit den Gemeinden Ropcze, Jordanestie und Karapcziu und liegt im Thale des Flusses Serecel. Es ist gegen O. und W. offen, gegen S. und N. von Anhöhen begrenzt und von gemischtem Hochwalde geschützt.

Terebleszty (O. Nahlik). Das mehr als 20 □Kilom. umfassende Beobachtungsgebiet grenzt gegen O. an den Tereblszter Staatswald und das Königreich Rumänien, gegen W. an das Privatgut Czerepkutz und das Religionsfondgut Stobodzia, gegen S. an den Serethfluss und gegen N. an das k. k. Franzthaler Forstrevier.

Bei der Zugrichtung aller hier vorkommenden Vögel wurde bemerkt, dass sie dieselbe in diesem Jahre mehr gegen O. nahmen und bei Tage zogen. Der Durchzug erfolgte bei was immer für einer Windrichtung; trat aber plötzlich ungünstige Witterung ein, wie Nebel oder Regen, so liessen sie sich auf einer freien Anhöhe nieder und warteten eine günstigere Zeit ab. Beim Durchzuge wurden sie vom Winde nicht gestört, einige zogen sogar gegen den Wind. jedoch langsamer und ermüdet. Bei der Ankunft und beim Herbstzuge wurden meistens die Anhöhen als Rastplätze benützt. Es wurde auch bemerkt, dass bei allen Vögeln von jeder Gattung Männchen und Weibchen, jung und alt mitsammen zogen.

Die Zugrichtung geht durch das Karpathengebirge, das Serether Thal, dem Serethflusse entlang; das Gebirge wird überflogen, nicht umgangen.

Das Brutgeschäft wurde durch den ungünstigen Sommer, Hagel und grosse Ueberschwemmungen gänzlich zugrunde gerichtet.

Dalmatien.

Spalato (G. Kolombatović). Ein aussergewöhnliches meteorologisches Ereigniss, nämlich der furchtbare Orkan in der Richtung WO. am 19. August zwischen 2 und 4 Uhr vormittags, der sich fast über das ganze festländische, namentlich über das centrale Dalmatien verbreitete, musste auch auf das unregelmässige Auftreten einiger Species, namentlich auf die Seltenheit einiger Vogelgattungen in der zweiten Hälfte dieses Jahres einen grossen Einfluss ausgeübt haben.

Die Wirkung dieses Orkanes war so gross, dass am genannten und den folgenden Tagen nicht nur Tausende von Vögeln, darunter sogar *Anas* und *Gallinula*, todt gefunden wurden, sondern dass sogar Hasen durch den schweren Hagel erschlagen wurden.

Die Zahl der umgekommenen *Passer domesticus* war so gross, dass man in den darauffolgenden Tagen diesen Vogel sehr selten sah und zwar sogar dort, wo diese Species

früher sehr zahlreich auftrat, und dass er erst einige Tage
darauf von anderswo herkam.

Auch die auffallende Seltenheit während der zweiten
Jahreshälfte, vor allem der Gattungen *Turdus*, *Calandra*,
der *Hirundo riparia* und *Muscicapa grisola*, sowie auch
das Fehlen der *Otis tetrax* zur Zeit der Herbstwanderung
muss man wahrscheinlicherweise diesem oder irgend einem
anderen aussergewöhnlichen meteorologischen Phänomen zuschreiben.

Schlesien.

Troppau (E. U r b a n), unter 49^0 56' n. Br. und
35^0 35' ö. L. (von Ferro), an der hier ostwärts fliessenden
Oppa liegend, mit einer mittleren Jahrestemperatur von
circa $6\cdot4^0$ R., ist zum Theile von niedrigen, oben breit-
flachen Hügeln begrenzt — so der »Gilschwitzer Berg« mit
dem »Galgenberg« und »Klippelsberg« im SO., S., SW.,
die mittlere Seehöhe von Troppau (260 M.) nur etwa 15
bis 20 M. überragend — theils an die ebene Thalsohle der
Oppa sich anschliessend. Der grösste Theil des Terrains
ist Ackerland, ausser den gewöhnlichen Cerealien und Futter-
pflanzen (hie und da auch Mais), mit Kartoffeln, Runkel-
rüben, Raps und »weissem« Senf bebaut; nur strecken-
weise, in den der Ueberschwemmung ausgesetzten Niederungen an der Oppa, Mora und Hossnitz und an den —
seit Decennien zumeist aufgelassenen — Teichen findet man
Wiesen und kleine Hutweiden (Weidetriften). Bäume und
Sträucher sind allzu reichlich vorhanden, so dass es für
viele Vögel an geeigneten Nistplätzen fehlt; ausser dem Laub-
gehölze bei Ottendorf und Schlackau (Ottendorfer oder
Schlackauer »Busch«) und dem bei Stiebrowitz (dieser etwa
6, jener 5 Kilom. südw. v. Troppau) ist der Troppauer
»Park«, der »Casinogarten« — beide in den letzten Jahren
sehr gelichtet! — die Promenadenanlage mit dem »Vogel-
berg« (einer ehemaligen Bastei gegen den »Gilschwitzer
Berg«) und dem »Kiosk« — zu erwähnen, sowie die zum
Theile mit Bäumen eingefassten Strassen und Ufer. Grössere
Waldungen, zumeist Nadelholz, bei Hrabin, Radun, Grätz,

Stablowitz u. s. w., liegen für öftere Besuche von Troppau zu entfernt und sind zum Theil auch sonst unzugänglich. Von den genannten Gewässern ist die von Grätz aus gegen N. fliessende und etwa 3 Kilometer unterhalb Troppau mit der Oppa sich vereinigende Mora wegen ihres reineren, auch Forellen zusagenden Wassers und wegen der ausgedehnten Steingeröllbänke an ihren Ufern bei Gilschowitz bemerkenswerth. Von Teichen sind nur kleine Reste bei Stablowitz vorhanden. Die an der Eisenbahn hie und da (bei Komoran, Stettin) vorkommenden, mit Schilf u. dgl. bewachsenen breiten Gräben würden manchen Vogel beherbergen, doch ist da weniger Ruhe zu bleibendem Aufenthalte. Die gegen Nord-, Nordwest- und Nordostwinde nicht geschützte Lage von Troppau ist für die Vogelwelt wohl auch wenig günstig.

Siebenbürgen.

Klausenburg (Kolozsvár) (S. Hönig). Bahnhof 330 M. über dem Meere.

a) Näheres Beobachtungsgebiet. Das von O. nach W. sich erstreckende, circa 14 Kilom. lange, 2—2½ Kilom. breite Kis-Szamosthal zwischen Klausenburg und Apahida, welches die Kis-Szamos mit einem Gefälle von 39 Metern durchströmt. Beide Thalseiten begleiten bis 450 Meter ansteigende Höhenzüge, meist kahles Weideland, an den Lehnen theilweise mit Mais bebaut. Die durch den Szamosfluss häufig inundirte Thalsohle ist ziemlich fruchtbar, hin und wieder mit Röhrichten, armseligen Auen und buschigen Uferdichtungen, den Lieblingsaufenthalten von Füchsen, bewachsen. Bei Apahida wendet sich der Kis-Szamosfluss nordwärts, vereinigt sich bei der Stadt Deés mit dem Nagy-Szamosfluss und strömt dann in weitem Bogen west-, dann wieder nordwärts, bis er als Szamos, einige Kilometer von Nagy-Bánya, Siebenbürgen verlässt, um sich im ungarischen Tieflande mit der Theiss zu vereinen. Es ist dies die einzige Strasse, auf der sich Vogelzüge bei ihren Südwärts-Wanderungen in diese von Hochgebirgen begrenzte Sackgasse verirren, um dann zu längerem Winteraufenthalte zu bleiben, oder nach Besiegung der Wasserscheide unterhalb

des Sztrázse máre in das Marosfluss-Gebiet und dieses entlang wieder in die ungarische Tiefebene zu gelangen. Auf
diesem Wege kommen hieher jährlich einige Gesellschaften
(6 — 12 Stücke) *Mergus meganser* u. a., die hier überwintern.

b) Weiteres Beobachtungsgebiet. Das zwischen
dem Szamos- und Marosflusse sich erstreckende, hügel-
besetzte Mezöség, ein theilweise ziemlich fruchtbares, sonst
aus kahlem Weideland bestehendes Hochland mit vielen
Röhrichten und zahlreichen Seen, deren grösster, der Záher
See — eigentlich eine mehrere Kilometer lange Reihe von
Seen — ungeheuere Mengen von Wassergeflügel beherbergt.

Steiermark.

Hartberg (H. M. Grimm). Mein Beobachtungsgebiet
erstreckt sich auf die ganze Oststeiermark und selbst das
angrenzende Ungarn. Die Umgebung Hartbergs wird von
meist kleineren fliessenden Wässern durchzogen und ist vor
Hartberg eine ziemlich grosse Fläche, das sumpfige Thal
des kleinen Sasenbaches, »Gmoos« im Volke genannt. Nordwestlich erhebt sich, in unmittelbarer Nähe, das Massen-
gebirge bis zu 1252 Meter, im Volke »Moasenberg« genannt.
Relative Höhe des Savethales bei 230°. Die Gegend ist
reich an Fichten- und Föhrenwäldern.

Der Vogelzug nimmt meist seine Richtung nach dem
Laufe der Save am Ostrande des Massengebirgszuges, der
seine Fortsetzung in den Fischbacher Alpen findet; nur
Sumpf- und Schwimmvögel scheinen von dieser Zugrichtung
abzuweichen. Sie ziehen meist in der Richtung NNO. und
SSW. und, ohne Rücksicht auf die Bodenbeschaffenheit, überfliegen sie die Berge.

Paldau (E. Augustin). Das Beobachtungsgebiet liegt
in einem Seitenthale der Raab, welches eine Stunde westlich von Feldbach beginnt und sich über eine Stunde in
westsüdwestlicher Richtung erstreckt. Zu beiden Seiten
ziehen sich circa 30—100 Meter hohe Hügel hin, mit
Aeckern, Wiesen und gemischten Wäldern, besonders Buchen
bedeckt. Der Thalboden ist circa 5—10 Minuten breit und

besteht meistentheils aus nassen Wiesen, durch welche ein kleiner Bach mit buschumsäumten Ufern fliesst. Am nördlichen Abhang der südlichen Hügelreihe sind hübsche, alte, schmale Waldpartien und Gebüsche. Das weitere Beobachtungsgebiet erstreckt sich auf das Raabthal von der Rohrmühle eine Stunde ober, bis eine Viertelstunde unter Feldbach; es ist dort circa 20 Minuten breit. Die Flussufer sind meistentheils mit Weiden und anderem Gebüsche bewachsen, nirgends sumpfig, daher das Schilf fehlt. Obwohl sich an manchen Stellen ein paar Klafter hohe senkrechte oder überhängende Lehmufer zeigen, so ist doch nirgends eine Spur von Nestern der Uferschwalbe oder des Eisvogels zu sehen. Zu beiden Seiten des Thales sind niedere, mit Feldern, kleinen Weingärten und gemischtem Walde bedeckte Hügel.

Ungarn.

Béllye (A. v. Mojsisovics). Die abnorme Trockenheit, welche in den zwei letzten Jahren in einem Theile Südungarns, speciell im Baranyaer Comitate herrschte, nahm, wie naheliegend, auf die Gestaltung des Vogelzuges, beziehungsweise der Vogelwelt überhaupt, einen hervorragenden Einfluss, und zwar äusserte sich derselbe zunächst in einer Abnahme der Massen, in der Seltenheit vieler, im völligen Fehlen so mancher Arten. Andererseits aber traten sonst seltene Arten häufiger auf, und auf dem Beobachtungsgebiete erschienen neue, zumal nach einigen plötzlichen Inundationen des eigentlichen Riedterrains.

Die Abnahme der Masse betraf nicht nur aquatische Formen (Enten, Gänse, Rohrhühner u. s. w.), auch jene, welche im Landwalde, Felde oder im höher gelegenen, stets trockenen Riede ihr Heim begründen. Alle Jäger beklagten die unerhört geringe Zahl der Wachteln, der (übrigens in der Donauniederung nirgends erheblich gedeihenden) Rebhühner, der Fasanen, deren Vorliebe für das Sumpfgebiet ich erst am Drauecke kennen lernte, u. s. w.

Die Seltenheit sonst relativ häufigerer Arten betraf mit Ausnahme des Seeadlers vorerst die Raubvögel überhaupt, namentlich aber: *Buteo vulgaris, Milvus niger* und *Aquila naevia; Falco laniarius* scheint nicht (vielleicht ein Pärchen in Keskend?) gehorstet zu haben; *Circaëtus gallicus* wurde nur im Reviere Monostor, *Pernis apivorus, Archibuteo lagopus* gar nicht bemerkt. Abgesehen von *Otis tarda* und *Otis tetrax*, über welche ich seit Jahren keine bestimmte Nachricht erhielt, blieben von sonst auffälligen und gewöhnlichen Arten in der Minderzahl: *Coracias garrula, Lanius minor* und *collurio, Anthus arboreus, Miliaria europaea* etc. etc.; ferner die meisten *Sylvien*, sowie die *Muscicapiden;* »echte« Regenpfeifer (*Aegialites, Charadius*) sah ich gar nicht.

Andererseits wurden von gewöhnlichen Arten z. B. *Hirundo rustica, Carduelis elegans, Scolopax rusticola* (im Herbste) in grösserer Menge wie sonst beobachtet. Von im Gebiete selteneren Arten traten zum Theile in grösserer Zahl auf:

Vultur fulvus,

Aquila pennata (braune und lichte Varietät),

Merops apiaster (zahlreich, auch an Oertlichkeiten, wo deren nie welche zuvor gesehen worden waren),

Totanus calidris,

Totanus stagnatilis,

Numenius phaeopus,

Limosa aegocephala,

Himantopus rufipes,

Machetes pugnax,

Grus cinereus (Angabe in litt.).

Neu für mein Beobachtungsgebiet waren:

1. *Tringa alpina,*
2. *Tringa subarquata,*
3. *Hoplopterus spinosus* (Belegstück fehlt!),
4. *Nucifraga caryocatactes,*
5. *Panurus biarmicus,*
6. *Parus ater,*
7. *Lanius rufus,*
8. *Fringilla montifringilla,*
9. *Phyllopneuste hypolais.*

Ganz einzig war der eingeengte, fischarm gewordene Kopácser - Teich als Concentrationspunkt der verschiedenartigsten Formen; hier interessirte besonders die für dieses Gebiet seltene Zusammenstellung der Arten, ihr harmonisch friedliches Einvernehmen.

Die Ufer des Teiches waren, namentlich in den letzten Tagen des August, geradezu rasenartig bedeckt von kleinen Sumpf- und Wasservögeln und dazwischen truppweise stehenden grösseren Formen. Bis auf 70 — 80 Schritte hielten alle Arten aus, näher konnte man nur den Sterniden und Totaniden kommen. Ich fand folgende Species vertreten:

Xema ridibundum,
Larus species?
Sterna fluviatilis,
Sterna minor,
Hydrochelidon nigra,
Hydrochelidon hybrida,
Podiceps minor,
Podiceps cristatus,
Phalacrocorax carbo,
Anas boschas,
Platalea leucorodia,
Plegadis falcinellus,
Ardea cinerea,
Ardea purpurea,
Ardea egretta,
Ardea garzetta,
Ardea ralloides,
Nycticorax griseus,
Gallinago scolopacina,
Fulica atra,
Totanus glottis,
Totanus glareola,
Totanus ochropus,
Totanus calidris,
Totanus stagnatilis,
Actitis hypoleucos,

Numenius arquatus,
Numenius phaeopus,
Vanellus cristatus.

Stets hockten einige *Haliaëtus albicilla* am Strande
und liessen sich etliche *Pandion haliaëtus* erblicken.
Zu dieser lange Zeit ständigen Teichgesellschaft, die
sich nur etwas zerstreute, als interimistisch das Wasser
stieg, kamen die vorhin erwähnten seltenen und neuen
Arten (*Limosa aegocephala, Himantopus rufipes, Machetes
pugnax, Tringa subarquata, Tr.* alpina und *Hoploplerus
spinosus*), die innerhalb circa vier Wochen in den einzelnen
Gruppen und Schwärmen erkannt und bis auf eine Art
erbeutet wurden; wohl manche Arten mögen übersehen
worden sein, abgesehen davon, dass ja Tage vergingen, in
denen nur die Teichfischer sich im Riede herumtrieben.
Wenn man nach einiger Zeit der Ruhe sich vorsichtig
den grundlosen Teichufern vom Albrechtsdamme her näherte,
übersah man beiläufig die Gruppirung der Arten; zunächst
sassen auf den Schlammbänken dicht gedrängt die Seeschwalben, dahinter folgten die Wasserläufer, die Bekassinen,
die grauen und Purpurreiher, dann die Rallen und Silberreiher; dem Rohre (das die Ufer ziemlich allseitig umsäumt)
näher standen die Löffler, die Edelreiher, abseits mehr in
gesonderten Gruppen die Sichler und Lachmöven; am
scheuesten benahmen sich die Goiser (beide Arten hielten
fest zusammen und standen stets gemeinsam auf). Allerorts
trippelte der Kiebitz herum, er wachte für alle, ihm ver-
dankten auch wir so manche Misserfolge. Enten und Rohrhühner schienen sich lieber von dem Gros zu trennen; die
wenigen Kormorane fand ich fast regelmässig am gegenüberliegenden Ufer, nahe dem Abflusse des Hulló.
Bemerkenswerth war mir hier die geringe Furcht der
Strandvögel und Reiher etc. vor dem Seeadler; ich traute
meinen Augen nicht, als ich zum ersten Male auf die Entfernung etwa einer Büchsendistanz von ihnen den immerhin
gewaltigen Räuber auf einem Uferklotze aufgebäumt sah,
ohne dass irgend eine Erregung bei diesen friedlichen Teich-
bewohnern zu erkennen gewesen wäre. Mich will es fast

bedünken, anzunehmen, dass die Seeadler stets nur der Fischerei wegen sich am Teiche aufhielten und daher die wehrlosen Arten sich in einem auf Erfahrung basirenden Sicherheitsgefühle wiegten!

Bezüglich aller näheren Details verweise ich auf meine »Biologischen und faunistischen Beobachtungen über Vögel und Säugethiere Südungarns und Slavoniens in den Jahren 1884 und 1885«, sowie auf meinen »Bericht über eine Reise nach Südungarn und Slavonien im Frühjahr 1884«. Mehrere wichtige Notizen für meinen diesmaligen, die beiden letzten Jahre zusammenfassenden Bericht lieferten die Herren: Waldbereiter J. Pfeningberger, Inspector Louis Schmidt. Revierförster von Dunst und Forstadjunct Weinelt.

Herr Revierförster Jira in Albertsdorf, gleich ausgezeichnet als Jäger, wie als vorzüglicher Naturbeobachter, erlag einer kurzen, aber schweren Erkrankung bereits im Vorjahre, an seine Stelle trat der nunmehr zum Revierförster beförderte Erzh. Forstadjunct Herr F. Dellin.

Pressburg (St. v. Chernel). Da die Existenz der Thiere meist von den topographischen Verhältnissen der einzelnen Gegenden, sowie deren günstiger Lage abhängt, so ist ihr Erscheinen und Bestehen von den Modificationen derselben bedingt. Die Terrain-Constellation, welche grossen Einfluss auf die Ornis von Pressburg übt, ist dreierlei: die Donau, dann die Auen, die sich längs des rechten Ufers derselben hinziehen und bis Komorn erstrecken, und schliesslich die kleinen Karpathen, Ausläufer der grossen Karpathenkette, die im Norden Ungarn umgrenzt. Die Donau zieht Wasser- und Sumpfvögel in unsere Gegend, die Auen Schwärme von *Sylviadae, Picidae, Paridae, Fringillidae*, welche hier geeigneten Aufenthaltsort und ihnen zusagende Plätze finden. In den Bergen begegnen wir hauptsächlich: *Turdidae, Columbidae, Paridae, Picidae* und vorzüglich *Raptatores*-Arten vertreten.

Sowohl bei der Wanderung, als auch bei dem ständigen Aufenthalte spielen diese Terrain - Verhältnisse die

Hauptrolle. Bekanntlich ist nebst den Winden die Nahrung
und die Beschaffenheit derselben ein Hauptfactor bei den
Wanderungen der Vögel. Diese richtet sich wieder nach
dem Charakter der Gegend, mag derselbe nun bergig sein
oder aus Seen, Wiesen oder Sümpfen bestehen. Deshalb
will ich mit wenigen Worten die Terrain - Verhältnisse
unserer Gegend schildern. Die Donau zweigt in ihrem
eiligen Laufe zum fernen Ziele in viele Nebenarme ab.
Manche derselben fliessen in's Land hinein und bilden kleine
stehende Gewässer, Sümpfe; manche fliessen in weiterem
Bette fort, bilden bald kleinere, bald grössere Inseln und
vereinen ihre Wässer wieder mit denen der Donau. Von
diesen Inseln ist die nennenswertheste die Insel Schütt.
Dort finden wir Trappen, Brachvögel und Sumpfvögel aller
Art in ziemlicher Menge.

Die Auen, die sich im Niveau der Donau dahinziehen,
sind mit kleinen Urwäldern zu vergleichen. Unter den hundert-
jährigen Pappeln, den alten Weiden, dem jungen Nach-
wuchse von Erlen und Akazien zieht sich ein dichter Unter-
wuchs von Buschwerk und Gestrüpp; der Boden ist über-
wuchert von der Brombeere, die, mit Schlingpflanzen durchzogen, dem Fusse des herumirrenden Forschers gar oft
hinderlich und lästig wird. Stellenweise findet sich Schilf über
sumpfigem Boden, wo Weiden überhängen und üppiges Sumpf-
gras von der feuchten Beschaffenheit des Bodens zeugt.

Die Bergregion finden wir durch die »Kleinen Karpathen« und deren zusammenhängende Wälder vertreten.
Bei Modern herrscht im Vorgebirge die knorrige Eiche,
doch mit jeder Meile höher bleibt sie zurück, um der Edel-
tanne und der Buche Platz zu machen, und bald trägt die
Gegend den ernsten Charakter der Karpathen. Grosse Fels-
gruppen, herrliche Tannen- und Buchenwälder, hie und da
schon steile, jäh aufsteigende Berge. Hier (bei Modern)
finden wir: *Buteo, Astur, Garrulus glandarius, Columbae,
Dryocopus martius, Certhia, Sitta, Phyllopneuste, Lophophanes, Acredula, Parus ater, Poecile, Troglodytes, Regulus,
Fringilla coelebs, Pyrrhula, Cinclus, Turdus viscivorus,
merula, musicus, torquatus, Muscicapa parva.* Von *Aquila*

fulva und *clanga* wurden einige schöne Exemplare auf der gräflich Károlyi'schen Herrschaft Stampfen geschossen. Dass aus vorhergehender Schilderung mehrere nennenswerthe Arten in meinen Beobachtungen fehlen, ist leicht erklärlich, da sich selbe nur über das Jahr 1885 erstrecken.

II. Specieller Theil.

I. Ordnung.

Rapaces. Raubvögel.

1. *Vultur monachus*, Linn. — Grauer Geier.

Bukowina. **Solka** (K r a n a b e t e r). Seltener Standvogel, der häufiger im Gebirge vorkommt, namentlich in höheren Lagen.

Siebenbürgen. **Kolozsvár** (H ö n i g). Wird in einzelnen Exemplaren auf Aas angetroffen. Seit vier Jahren ist meines Wissens keiner erlegt worden, obwohl im vorigen Jahre speciell einem Exemplar, das sich einige Tage unmittelbar bei der Stadt aufhielt, eifrig nachgestellt wurde. Bei Gelegenheit eines Jagdausfluges nach Petrozsény habe ich an einem schönen Octobertage mehrere über dem 2500 m. hohen Paringkamme kreisen gesehen, und behauptete man, dass er dort horste.

Slavonien. **Kučance** (S c h u l l e r). Am 14. Juni wurde im Reviere Popinača (Buchenhochwald) ein Paar dieser Geier gesehen und nach mehrstündiger Beobachtung das ♂ erlegt. Im betreffenden Reviere lag in einer Vertiefung ein von einem Wolfe zerrissenes Schwein und ganz in Nähe dieses Aases wurde das Paar aufgehackt und vollgekröpft angetroffen. Nach localen Erkundigungen kamen sie aus den unteren Saveländern und zogen längs des Culpa-Draubettes gegen das Požeganer Hochgebirge; im letzteren Walde sah man später das ♀. Das Männchen hatte eine Länge von 130 cm., die Flugweite betrug 280 cm.

O r n i s IV, 1.   3

2. *Gyps fulvus*, Gm. — Brauner Geier.

Bukowina. Kuczurmare (Miszkiewicz). Strich- und Durchzugsvogel. Die Horstplätze befinden sich auf den siebenbürgischen und ungarischen Gebirgen Ineu und Kohorn, und mit ihren Jungen erscheinen diese Geier in den bukowinaer Gebirgen. — **Solka** (Kranabeter). Kommt ebenfalls in der Ebene selten, jedoch häufiger als der graue Geier vor.

Dalmatien. Spalato (Kolombatović). Standvogel auf den Bergen; in der Nähe von Spalato am 10. September und 20. October.

Siebenbürgen. Kolozsvár (Hönig). Im Herbste 1885 wurden unweit der Stadt Kolozs, unmittelbar an der Eisenbahn, 5 Stücke und ein *V. monachus* an einem Aase gesehen. Werden jetzt in der Ebene wenig beobachtet, da verendetes Vieh aus sanitäts-polizeilichen Rücksichten verscharrt werden muss.

Ungarn. Béllye (Mojsisovics). Am 7. November 1884 wurde ein Exemplar im Kopácser-Riede vom Revierförster Herrn Ruzsovitz beobachtet. — Am 26. September 1885 traf ich in dem kleinen unweit der Centrale Föherczeglak gelegenen Buzigliczáer Wäldchen drei Stücke an, deren eines (ein 260 cm. klafterndes ♀) durch Herrn Ingenieur Révy erlegt wurde. Von Herrn Revierförster Fuhrmann in Dályok erfuhr ich, dass in dem Ried-Hochwalde »Béda« schon einige Tage zuvor fünf Exemplare von ihm gesehen wurden. Die Thiere, am Durchzuge begriffen, scheinen sich im Beobachtungsgebiete etwa drei Tage lang aufgehalten zu haben, waren nur wenig scheu und kehrten, nachdem sie bereits einmal erfolglos beschossen worden waren, nach wenigen Minuten nach jener Waldparcelle zurück, in der wir sie, unerwartet, angetroffen hatten. Es ist erwähnenswerth, dass etwa 40 Schritte von jener Eiche entfernt, von deren dürrem Gipfel das ♀ Individuum herabgeholt wurde, ein von uns leider erst zu spät geschenes anderes, unbekümmert um den nahen Schuss, in einer Eichenkrone aufgebäumt blieb.

3. *Neophron percnopterus*, Linn. — Aasgeier.

Bukowina. Solka (Kranabeter). Gehört zu den seltenen Zugvögeln und erscheint Ende März und Ende September.

Dalmatien. Spalato (Kolombatović). 17. April, 13. August.

4. *Gypaëtus barbatus*, Linn. — Bartgeier.

Bukowina. Kuczurmare (Miszkiewiéz). Seine Horstplätze befinden sich auf den bei *V. fulvus* erwähnten Gebirgen. Wann er dort Mangel leidet, kommt er, nach Beute suchend, auch in meilenweit davon entfernte Gegenden in die Niederungen rauben.

5. *Milvus regalis, auct.* — Rother Milan.

Böhmen. Litoschitz (Knežourek). Im Schuschitzer Thiergarten bei Časlau ein schön ausgefärbtes Exemplar im September geschossen. — **Voigtsbach** (Thomas). Den 15. Mai am Durchzuge.

Bukowina. Kuczurmare (Miszkiewicz). Kommt im April und geht im October; er horstet im Mai. — **Solka** (Kranabeter). Gehört zu den seltenen Strichvögeln und erscheint im Mai (heuer am 15.) und verschwindet im October. Gewöhnlich kommen sie paarweise, occupiren ein gewisses Gebiet, in welchem sie keine anderen Individuen ihrer Art dulden und nisten im Gebirge, mitten in grossen Waldungen, auf hohen Tannen. — **Terebleszty** (Nahlik). Kommt einzeln vor; den 9. April gesehen.

Dalmatien. Spalato (Kolombatović). 15., 19. Februar, 3., 12. 13, März, 22. November.

Galizien. Tolszczow (Madeyski). Erster den 3. April (O.-Wind, schön, abends Frost, tagsvorher mild).

Schlesien. Freudenthal (Pfeifer). 10. Februar (Nebel, tagsvorher Frostnebel, SW.-Wind) und in Mehrzahl den 13. (SW.-Wind, Nebel, regnerisch) nach N.

Siebenbürgen. Nagy-Enyed (Csató). Am 26. Februar 2 Stücke in Boros-Bocsard.

Ungarn. Béllye (Mojsisovics). 1884 im Frühjahre von mir am Horste beobachtet im Keskender-Walde; einzelne Königsmilane erschienen im August vor dem Uhu in Keskend, auch am 3. December 1884 wurden einige Exemplare gesehen; — noch vor wenigen Jahren galt diese Art nur für einen Winter-

3*

gast; im Jahre 1885 sollen mehrere Paare in Béllye gebrütet
haben. — Immerhin ist aber der rothe Milan ein seltenerer
Vogel der mittleren Donau; in Slavonien sah ich ihn nie.

6. *Milvus ater*, Gm. — Schwarzer Milan.

Bukowina. Solka (Kranabeter). Gehört zu den sehr
seltenen Arten, ist ungemein scheu und hält sich in der Nähe
grosser Waldungen auf; sein Erscheinen ist gleich der vorigen
Art. — **Straza** (P o p i e l). Erster den 23. März, Abzug den
21. August.
Galizien. Tolszczow (Madeyski). Erster den 19. April.
Salzburg. Hallein (T s c h u s i). 11. April nachmittags
1 Stück von S. nach N.; gehört hier zu den Seltenheiten.
Siebenbürgen. Nagy - Enyed (Csató). Am 16. März
3 Stücke.
Ungarn. Béllye (Mojsisovics). Frühjahr 1884: Ich fand
Horste dieses in normalen Jahren sehr gemeinen Raubvogels in
der Fruška Gora und in den Landwäldern Béllye's; alle bisher
erlegten Exemplare sind sehr übereinstimmend gefärbt; im Frühjahre 1885 wurde in Béllye der erste am 22. März gesehen.
in den Sommermonaten fand er sich in auffällig geringer Zahl
vor. — **Mosócz** (Schaffgotsch). Erstes Erscheinen am 13.
März; Herbstzug in 2 Exemplaren am 14. November.

7. *Cerchneis tinnunculus*, Linn. — Thurmfalke.

Böhmen. Blottendorf (Schnabel). Im Beobachtungsgebiete Standvogel. — **Bürgstein** (Stahr). Erster den 27. März
bei N.-Wind. — **Litoschitz** (Knežourek). Erster den 3. April
(schöne Witterung), in Mehrzahl den 6. April (schön wie tagsvorher), den 3. September noch da und den 5. September 12 Stücke
um 6 Uhr abends über einem Walde umherfliegend. — **Voigtsbach** (Thomas). »Rittelgeier«, »Windwackler«. Häufiger
Sommervogel.
Bukowina. Kaczyka (Zemann). Erster den 16. März
von O. nach N. (starker N.-O.-Wind, Regen, tagsvorher schwacher
N. und N.-O.-Wind, kalt); 3 Gelege mit 4, 5 und 6 Eiern den
22. Mai. — **Solka** (Kranabeter). Erscheint Ende März (heuer

am 26.), hält sich paarweise auf, zieht Ende October scharenweise ab und zwar hoch, während er bei der Ankunft niedrig
zieht. Das Nest aus Reisern und schwachen Aesten gebaut,
steht an Waldrändern und in Feldgehölzen. **Dalmatien.** Spalato (Kolombatovič). Standvogel; grosse
Züge am 19. 20. März und 3. April. **Litorale.** Monfalcone (Schiavuzzi). 18. März 2 über
die Stadt Monfalcone fliegend; 18. Mai begannen sie am Unter-
dache der Marcilliana-Kiche zu nisten. **Mähren.** Oslawan (Čapek). 22. März ♀, 30. März
mehrere; 5. April zuerst den Ruf gehört; 3. Mai volles Gelege
von 6 Eiern. Einigemal traf ich noch um 5—6 Uhr das ♂
brütend an. In den ersten Octobertagen verschwanden sie. —
Römerstadt (Jonas). Erster den 11. Februar von O. nach
N.-W. (schwacher S.-W.-Wind, günstiges Wetter, ebenso tagszuvor); Mehrzahl den 28. März aus S.-O. (schwacher S.-Wind,
sowie tagszuvor schön); Nestbau den 13. Mai, volles Gelege den
4. Juni. **Niederösterreich.** Wien (Reiser). Am 4. Mai fanden
sich in einem am 1. d. M. entdeckten Horste, einem alten
Krähenneste, 6 etwas bebrütete Eier von sehr differirender
Färbung vor. Brutort: Au nächst dem »Stürzel« im Inundationsgebiete. Die Auspolsterung der Horstmulde bestand in zahlreichen Mäusefellen. Am 15. October strich 1 Stück über den
Petersplatz in Wien und am folgenden Tage hörte ich deutlich
um 10 Uhr vormittags den hellen Ruf des Falken. **Salzburg.** Hallein (Tschusi). 1. April 1 Stück, 5., 10.
Mai 1 Stück; 1 Paar brütend am Parmstein; 5. August 1 Stück. **Schlesien.** Dzingelau (Želisko). 1. April (heiter, S.-O.-
Wind, früh — 2° R.) 1 Stück; den Sommer hindurch gar nicht
angetroffen, während vor 6 — 7 Jahren stets einige Paare hier
brüteten. Am 20. September 3 Stücke; 19. November und darnach einige Tage hindurch ein junger Vogel sichtbar. Es ist
auffallend, dass diese Art trotz Hege hier schon zu den Seltenheiten gehört. **Siebenbürgen.** Fogaras (Czýnk). Erster den 5. Februar
(N.-O.-Wind, heiter, sowie tagsvorher), Mehrzahl den 11. März
(mild und heiter, sowie tagszuvor), Abzug den 23. November

(S.-W.-Wind, mild, tagsvorher warm und heiter). — **Kolozsvár** (**Hönig**). Brütet in den Thürmen der Stadt ziemlich zahlreich; wurde von mir bereits Ende Februar 1885 in einer Szamos-Au beim Horstbau angetroffen. Kommt ziemlich häufig auch im Winter vor.

Steiermark. Hartberg (**Grimm**). »Stesser«. Häufiger Brutvogel auf Fichten im Chatwalde an der Ungargrenze. Dass er bei uns auch überwintert, beweisen 2 am 22. Jänner 1884 getroffene Stücke. Die ersten Exemplare (7 Stücke) am 2. April und die Hauptmasse (17 Stücke) am 4. April gesehen. — **Mariahof** (**Hanf** & **Paumgarten**). Regelmässiger Brutvogel in 4—5 Paaren. 27. Februar 1 ♂, ebenso den 3. und 5. März; am 6. und 7. März ♂ und ♀ am Kirchthurme, 12. März mehrere; 27. und 28. September mehrere, 1. und 13. October je 1 Stück. — (**Kriso**). Alljährlich setzt es heftige Kämpfe zwischen Thurmfalken und Dohlen um den Besitz der im Kirchthurme befindlichen Brutlöcher ab, da letztere, als die zuerst am Brutplatz erscheinenden, selbe nur nach langer Gegenwehr abtreten. Heuer dauerte es vom 12.—18. März, bis das Thurmfalkenpaar in den Besitz der alten Brutstätte kam. Den 12. September fing ein Thurmfalke einen Grünling. — **Paldau** (**Augustin**). Sparsamer Brutvogel bei Feldbach. — **Pikern** (**Reiser**). Am 27. Jänner zwei beobachtet, wie sie über den Sofienplatz in Marburg von Norden gegen Süden zogen. Zum erstenmale liess sich der Thurmfalke heuer am 21. Juli in der Nähe des Herrenhauses (Ober-Pikern) 600 m. sehen, während er an der Südabdachung des Bacher regelmässig bis gegen 800 m. Höhe vorkommt. Am 17. April fanden sich auf der Felberinsel in der Drau bei zwei fast frischen Eiern der Hohltaube (*Columba oenas*) in einem gebogenen Lindenstamme, etwa 2 Meter über den Boden, 2 Eier des Thurmfalken vom vorigen Jahre in halbbebrütetem Zustande vor.

Tirol. Innsbruck (**Lazarini**). 15. März 2 in der Haller-Au, 12. April 2 in der Ambraser-Au, 1. April 8 bei Igls: 23. August mehrere bei Vill-Igls, 1. September häufig bei Vill und Igls: einzelne Thurmfalken hielten sich während des Decembers in der Umgebung auf. — **Mareith** (**Sternbach**). 30. Juli einzelne am Agelsboden in Ridnaun bei 1800 m. Höhe gesehen.

Ungarn. Béllye (Mojsisovics). Allenthalben, namentlich in Pappelalleen und Pappelwänden, die zur Umsäumung der Felder gepflanzt wurden, in den Abendstunden häufig zu sehen. Der Mageninhalt einiger erlegter Exemplare wies vorwiegend die Ueberreste von *Lacerta agilis* und *Gryllotalpa vulgaris* (*aa. part. aeq.!*) auf. — **Mosócz** (Schaffgotsch). Zuerst am 3. März bei der Ruine Blatnicz. — **Nagy-Szt.-Miklós** (Kuhn). Mehrfach überwintern hierorts einige Exemplare. — **Pressburg** (Stef. Chernel). Häufiger Standvogel. Bei der Thebner Ruine am 24. Mai. Den Horst in einer grossen Felsenspalte, circa 15 m. hoch, gefunden.

8. *Cerchneis cenchris*, Naum. — Röthelfalke.

Dalmatien. Spalato (Kolombatović). 23., 24., 26. März. 9. April.

Steiermark. Hartberg (Grimm). Wurde in einem Exemplare erlegt; es ist das dritte, das ich in dieser Gegend gesehen habe. — **Paldau** (Augustin). In den Felsen auf der Kanzel bei Graz oft gesehen.

Ungarn. Béllye (Mojsisovics). Mit Sicherheit habe ich ihn in den Jahren 1884/85 nicht beobachtet. Er erschien in den letzten Jahren überhaupt sehr selten und immer nur vereinzelt.

9. *Erythropus vespertinus*, Linn. — Rothfussfalke.

Dalmatien. Spalato (Kolombatović). 17., 18. April.

Litorale. Triest (Moser). Am 20. April von L. Saudri erhalten.

Siebenbürgen. Nagy - Enyed (Csató). Am 26. April 100 Stücke in Magyar-Benye.

Steiermark. Mariahof (Hanf & Paumgarten). 11. Mai ein ♀ aus Oberwölz erhalten. — **Pikern** (Reiser). Am 18. April beobachtete ich nach heftigem, mehrtägigen Regenwetter an der Pikerndorfer Strasse ein schönes ♂ des Abendfalken auf einem Apfelbäumchen, welches den Wagen, in welchem ich sass, auf etwa zehn Schritte herankommen liess.

Tirol. Innsbruck (Lazarini). Am 10. Mai wurden ein junges ♂ und ein ♀ in der Ambraser-Au geschossen.

Ungarn. Béllye (Mojsisovics). Bis vor wenigen Jahren erschien ziemlich regelmässig in nach hunderten zählenden Individuen im Laufe des April oder zu Anfang Mai dieser seit 1883 so selten gewordene Vogel. 1883 erhielt ich das einzige beobachtete ♂. Im Frühjahre 1884 und zwar am 12. Mai sah und verfolgte ich in Mecze bei Dárda in einer wenig frequentirten von nistenden Thurmfalken und einigen Nebelkrähen belebten Pappelallee wieder nur ein, und zwar männliches Exemplar. — Ueber das Vorkommen des Rothfussfalken im Jahre 1885 erhielt ich nur vom Waldamte Baranyavár (Revierförster von Dunst) die Mittheilung, dass Ende März 3 Stücke auf den Aeckern der Monostorer Hutweide gesehen wurden.

10. *Hypotriorchis aesalon, Tunst.* — Zwergfalke.

Böhmen. Haida (Ilegenbarth). Scheint jetzt nicht mehr so selten durchzukommen. Ich erlegte bei den Krähenhütten Exemplare verschiedener Altersstufen. Als hochnordischer Zugvogel war mir im laufenden Jahre 1885 sein spätes Vorkommen bemerkenswerth. So schoss ich am 6. April ein altes ♂, am 12. Mai ein ♀.

Dalmatien. Spalato (Kolombatović). Standvogel auf den Bergen.

Litorale. Triest (Moser). ♂ ad. am 19. Februar von L. Sandri erhalten.

Siebenbürgen. Kolozsvár (Hönig). Scheint nur zur Zugszeit zu erscheinen, da beide Exemplare, die ich gesehen, im Spätherbste erlegt wurden. — **Nagy-Enyed** (Csató). Am 12., 22. Jänner, 25. November je 1 Stück.

Ungarn. Béllye (Mojsisovics). Das erste und bis dahin einzige Exemplar im Jahre 1885 wurde von Herrn Waldbereiter Pfeningberger am 12. December beobachtet.

11. *Falco subbuteo*, Linn. — Lerchenfalke.

Böhmen. Nepomuk (Stopka). Zugvogel, jedoch nicht zahlreich. — **Voigtsbach** (Thomas). Brutvogel; horstet auf den höchsten Fichten.

Bukowina. **Solka** (Kranabeter). Gehört zu den seltenen Arten.

Dalmatien. **Spalato** (Kolombatović). 9., 15., 17. März, 1., 3., 4. April, 12. 13. September.

Mähren. **Oslawan** (Čapek). Das einzige in der nächsten Umgebung brütende Paar erschien am 12. Mai am Brutplatze, war aber nach einigen Tagen nicht mehr zu sehen. **Steiermark.** **Hartberg** (Grimm). Am 15. April in 3—4 Exemplaren. — **Mariahof** (Hanf & Paumgartner). 27. April 2 Stücke; ein Paar brütete hier. — **Mühlthal** (Osterer). Ein Stück den 25. April. — **Paldau** (Augustin). Selten im Raabthale bei Rohr. — **Pikern** (Reiser). Ein Exemplar am 25. Mai an der Strasse bei Windischgraz und ein zweites an Felsen bei Unter-Drauburg. Bei Marburg stiess am 10. August ein Lerchenfalke heftig auf eine Schar Tauben, welche sich fast ganz zur Erde niederliessen, als sie den Falken gewahrten. — **Pöls** (Washington). 3., 5., 10. Juli je ein Paar.

Ungarn. **Béllye** (Mojsisovics). Genau wie in früheren Jahren, vielleicht in einigen Riedrevieren etwas seltener.

12. *Falco peregrinus*, Tunst. — Wanderfalke.

Böhmen. **Haida** (Hegenbarth). Seit dem früheren Berichte erlegte ich ausser einigen alten Exemplaren, zwei ♀ im Uebergangskleide. Der Wanderfalke ist hier seltener Standvogel, treibt sich aber als Zugvogel oft lange im Frühjahre herum, ohne deshalb Strichvogel zu werden. Gleichzeitig mit dem Zwergfalken fiel am 6. April das im Uebergangskleide befindliche Weibchen, am 12. Mai das alte ♂ dem Uhu zum Opfer. — Das Benehmen eines Wanderfalken bei der Krähenhütte ist erwähnenswerth. Derselbe stiess bei nebliger Witterung wiederholt, sein tiefes, dem Habichtslaut ähnelndes »Gieck« ausstossend, auf den Uhu, bäumte aber nicht, wie alle seine Vorgänger auf einer dürren, als Fallbaum gesetzten mittelhohen Eiche, sondern fusste auf circa 200 Gänge vom Uhu auf einem in der Teichwiesen als Grenzmarke befindlichem Pflock von nicht 20 cm. Höhe. Dort blieb derselbe fast eine Viertelstunde lang, mit dem Stoss ab und zu wippend und das nasse Gefieder schüttelnd, stehen,

stiess wieder kurz auf den Uhu und bäumte hierauf noch ent-
fernter von der Baude auf einer astlosen schwachen Erle von
circa 2 Meter Höhe in deren Mitte auf. Nach einer dritten
kurzen Attaque auf den Uhu empfahl er sich. Dieser Falke war
nicht vergrämt, auch weder durch unvorsichtiges Benehmen,
noch durch Fehlschüsse scheu gemacht und erkläre ich mir sein
vorsichtiges Benehmen durch das herrschende Nebelwetter, wie
ja auch die Krähen doppelt vorsichtig im Nebel sich den in
Remisen etc. befindlichen Hütten nähern, meistens nicht schuss-
bar den Uhu überstreichen und das freie, weil sichere Feld aufsuchen. Sie fühlen sich, wie alle Raubvögel, durch den Nebel
wahrscheinlich bedeutend in der Schärfe ihrer durchdringenden
Seher gehindert, machtloser gegen etwaige Hinterhalte, als bei
heller Witterung.

Dalmatien. Spalato (Kolombatović). Standvogel.

Mähren. Goldhof (Sprongel). Am 16. Februar ein
Exemplar beobachtet.

Steiermark. Pöls (Washington). 12. Jänner ein ♀ juv.
an der Mur bei Wildon erlegt.

13. *Falco Feldeggii*, Schl. — Feldegg's Falke.

Dalmatien. Spalato (Kolombatović). 21. December.

14. *Falco laniarius*, Pull. — Würgfalke.

Ungarn. Béllye (Mojsisovics). Ein schönes Exemplar
neuerer Acquisition befindet sich im »Riedmuseum«; ich selbst
war bisher nicht so glücklich, den Vogel zu beobachten, geschweige zu erlegen. Ein »Paar« wurde (1885) von Herrn Waldbereiter Pfeningberger im Keskender Walde angetroffen, »sonst
war er häufiger im Riede.«

15. *Astur palumbarius*, Linn. — Habicht.

Böhmen. Haida (Hegenbarth). Am 7. Juni gelang es
mir ein altes ♀ mit vier fast flüggen Jungen zu erlegen, welches
in einem Nachbarreviere gehorstet hatte. Das ♀ trägt, ab-
weichend von dem in demselben Revier erlegten bereits erwähnten

starken Exemplare*) nicht die auffallend breite, sondern schmale Bänderung mit weissgrauer Grundfarbe. Die Stärke war mit vorerwähntem ♀ gleich. — **Nepomuk** (S t o p k a). Seltener Brutvogel. — **Voigtsbach** (T h o m a s). »Hühnergeier.« Sparsamer Brutvogel.

Bukowina. Kuczurmare (Miszkiewicz). Stand- und Strichvogel. — **Solka** (Kranabeter). Ziemlich häufig.

Dalmatien. Spalato (Kolombatović). 6., 15., 29. Januar, 1., 5., 25. Februar, 9. September, 18. October, 13. November; 1., 31. December.

Mähren. Goldhof (Sprongl). Im Frühjahr ein Exemplar öfters gesehen. — **Oslawan** (Čapek). Am 19. Mai ein ♀.

Niederösterreich. Wien (Reiser). Schwebte am 4. Juli deutlich erkennbar über der Laudongasse. Am 12. November kreisten 2 Stücke über der Freiung und flogen gegen den Stefansthurm.

Siebenbürgen. Koloszvár (Hönig). Am Schnepfenanstande ein ♂ erlegt. Im Jahre 1884 horstete ein Paar in den sogenannten Hasengärten und richtete unter den Tauben viel Unheil an.

Steiermark. Mariahof (Hanf & Paumgarten). Brutvogel. 23., 25. Februar und 8. März je 1 Stück; 15. September ♂ juv., 16. November, 27. December ♂ juv. — **Paldau** (Augustin). »Hobacht«, »Hobachl«, »grosser Geier«, in Obersteiermark auch »Hianteufel« (Hühnerteufel) genannt. Kommt sparsam vor; im October 1884 im Glunkerwald bei Feldbach ein sehr grosses ♂ erlegt. — **Pikern** (Reiser). Leider ist eine Zunahme dieses für das Gebiet seltenen Räubers zu verzeichnen. Am 2. Februar und 22. Mai in der Stadt Marburg beobachtet, wie er auf Tauben lauerte; am 5. August beim Waldtoni (Triester Strasse) bemerkt und am 24. Februar ein altes ♀ im Eisen über der Taube gefangen (bei Rothwein).

Tirol. Innsbruck (Lazarini). Am 1. März wurde ein ♀ in der Ambraserau erlegt und bald darauf ein ♂ angeschossen; am 29. September 1 ♀ bei Vill erlegt, Ende November ein bei

---

*) Vgl. II. Jahresber. 1883. p. 53.

Axams geschossenes ziemlich grosses röthlichgraues Exemplar gesehen. — **Mareith** (Sternbach). Am 24. August wurde ein
junges ♀ hier geschossen. **Ungarn.** Béllye (Mojsisovics).
Am Horste beobachtete
ich den Habicht nur in der Fruška Gora; wie häufig indess der
Vogel allerorts ist, weiss jeder Waldläufer zu erzählen, gleichwohl sieht man ihn nur relativ selten. Meine Exemplare stammen
aus der Petres und dem Oekonomiedistricte Braidafeld.

16. *Accipiter nisus,* Linn. — Sperber.

Böhmen. Haida (Hegenbarth). Noch am 6. Juni ein
♀ vom Horste, worin 3 Eier, geschossen; in einem anderen Falle
Ende Juli noch über eben ausgeflogene Junge gekommen. Die
ausgeflogenen Jungen waren zu fünf, also unwahrscheinlich
zweites Gelege. — **Nepomuk** (Stopka). Standvogel, aber nicht
zahlreich. Am 16. Juni wurden vier mit Flaum bedeckte Junge
in einem Horste auf einer Fichte 7 m. hoch gefunden. —
Voigtsbach (Thomas). »Vogelstösser«. Sommervogel.

Bukowina. Solka (Kranabeter). Ziemlich häufig.

Dalmatien. Spalato (Kolombatović). Vom Januar bis
17. April und vom 9. September bis Ende December.

Mähren. Goldhof (Sprongl). Heuer ziemlich selten
beobachtet. Im Januar kam ein Exemplar beinahe täglich zum
Hofe. — **Oslawan** (Čapek). Am 25. April war das erste Gelege (6 Stücke) vollzählig, später noch andere drei Horste gefunden; unter normal gefleckten Eiern eines Geleges befand
sich ein rein weisses.

Salzburg. Abtenau (Höfner). Erster den 18. Februar
(W.-Wind, heiter, tagsvorher windstill, trübe).

Siebenbürgen. Fogaras (Czýnk). Den 17. October über
16 Stücke in jeder Höhe, aber in gleichem Luftraum kreisend
beobachtet.

Steiermark. Mariahof (Hanf & Paumgartner). Brutvogel. 25. Februar und 11 März je 1 Stück. — **Paldau** (Augustin). »Kleiner Geier«, »Taubenstössel«. Sparsam, aber
doch häufiger als der Habicht. — **Pikern** (Reiser). Schon am
19. Juli bemerkten wir allenthalben einzelne Sperber, so dass

eine bedeutende Verminderung der Singvögel zu befürchten sein musste. Am 28. und 29. entdeckten wir zwei heurige Horste. Einer befand sich in der Höhe des Bacher (1000 m.) auf der Südseite. Die Jungen trieben sich in der Nähe umher und in kurzer Zeit war das alte ♂ und 2 Junge erlegt. Der zweite Horst stand auf einer Fichte, etwa 3$\frac{1}{2}$ m. hoch am Nordabhange, fast schon in der Niederung. Am 1. August entdeckten wir in einem benachbarten Graben ein drittes Nest mit Eischalen am Boden und in demselben ein ziemlich stark bebrütetes, noch wohlerhaltenes Ei, welches schon von Aussen an den durch das Umwenden entstandenen Ritzern als bebrütet anzusehen war. Es ist also anzunehmen, dass das einzige Junge, welches sich mit den Alten herumtrieb, einer zweiten Brut eines und desselben zuerst gestörten Paares angehörte.

Tirol. Innsbruck (Lazarini). Diesen Sommer bei Vill einen Sperber wiederholt am Abend bei seiner Vogeljagd beobachtet; merkwürdiger Weise ist derselbe bei der häufig ausgeübten Hüttenjagd niemals beim Uhu erschienen. — Mareith (Sternbach). Am 24. Juli eine Brut von drei eben flüggen jungen Sperbern angetroffen.

Ungarn. Béllye (Mojsisovics). Einen Horst beobachtete ich zufällig noch nicht in Béllye, woselbst übrigens der Vogel nach meinen Erfahrungen durchaus nicht zu den gemeinen und auffälligen Erscheinungen zählt; ich habe innerhalb des Zeitraumes von sieben Jahren nur wenige Exemplare (aus Béllye) in Händen gehabt. — Pressburg (Stef. Chernel). In Modern sehr häufig auf Tannen brütend. Am 30. Mai fand ich einen Horst mit fünf nackten Jungen 6 m. hoch.

17. *Pandion haliaëtus*, Linn. — Fischadler.

Böhmen. Haida (Hegenbarth). Ist in den letzten Jahren auf dem Grossteich in Hirnsen (Neuschlösser Teich) seltener geworden: ich wurde jedoch auf einen Fischadler aufmerksam gemacht, der ziemlich regelmästig die Polzen (einen nicht eben breiten Nebenfluss der Elbe) im k. k. Revier Haidedörfel überstrich. Er dürfte die Polzen kaum des Fischens halber aufgesucht und nur grösserer Gewässer wegen überstrichen haben.

Dalmatien. Spalato (Kolombatović). 1., 3., 4. April, 13. October.

Mähren. Goldhof (Sprongl). Ein Exemplar wurde im November bei einer Feldjagd zwischen Dürnholz und Pohrlitz erlegt. — **Kremsier** (Zahradník). 4. April.

Salzburg. Hallein (Tschusi). 14. April 1 Stück bei Kuchl von S. nach N.

Siebenbürgen. Fogaras (Czýnk). Von Arpás den 29. Juli ein ganz flügges starkes Exemplar erhalten.

Steiermark. (Mariahof (Hanf & Paumgartner). 9., 12., 16., 17. Mai; 30. Juni und 1. August je 1 Stück.

Ungarn. Béllye (Mojsisovics). Im Jahre 1884 erschien der erste im Keskender-Walde am 22. März. Am 6. Mai besuchte ich einen der zwei Horste, erlegte das Weibchen und liess dem Horste die drei sehr stark bebrüteten (dem »Ausschlüpfen« nahen) Eier entnehmen. Im Sommer 1885 wurden mir mehrere besetzt gewesene Horste, einer auch in Hali, gezeigt; am Kopácscr-Teiche beobachtete ich drei alte Fischadler, die sich — wie ich auch nie bezweifelt hätte — um die Gegenwart einiger Seeadler nicht im geringsten zu bekümmern schienen. — **Pressburg** (Stef. Chernel). Bei der Thebner Ruine, dort wo die March sich in die Donau ergiesst, horstete ein Paar in einer unzugänglichen Felsenspalte, 70—80 m. hoch. Am 28. Mai lagen zwei Junge im Horste.

18. *Aquila pennata*, Gm. — Zwergadler.

Ungarn. Béllye (Mojsisovics. Ein Exemplar acquirirte das Béllyeer Riedmuseum im August 1884. — Horste sah ich bisher in Béllye nicht, wiewohl der Zwergadler daselbst regelmässig brütet. Am 6. September 1885 erbeutete ich ein $\vec{C}$ Exemplar der braunen Varietät, das sich mit zwei bis drei anderen für kurze Zeit im Buziglicza'er Wäldchen aufgehalten hatte; da ich fast alltäglich meine Nachmittagsspaziergänge diesem zwar unansehnlichen, aber doch immer einiges Interessante bietenden Wäldchen widmete, vermag ich zu verbürgen, dass Zwergadler nicht zu seinen regelmässigen Bewohnern zählen, wiewohl dieselben in der Herrschaft überhaupt zahlreicher auftreten, als ich in früheren Jahren anzunehmen gewagt hätte. An demselben Tage traf ich hier einen Zug Bienenfresser; am 7. September waren diese wie die Zwergadler verschwunden.

Ein ♀ Exemplar der lichten Varietät, von ganz besonderer Schönheit, auch auffallend gross mit der für diese Form so charakteristischen fast citronengelben Iris (bei der dunklen Varietät ist die Iris, wie es scheint, constant rothbraun), erhielt ich lebend, d. h. leicht geflügelt, durch die Güte des Herrn Forstadjuncten Weinelt aus dem Keskenderwalde. — Beide Exemplare zieren meine Sammlung. — ♀ und ♂ der lichten Varietät besitzt meine Lehrkanzel.

Obwohl ich seit nunmehr fast sieben Jahren der Ornis Südungarns meine Aufmerksamkeit zuwende, bin ich doch nicht in der Lage, eine Oertlichkeit zu bezeichnen, in welcher der Zwergadler eine gewöhnliche Erscheinung wäre und sich in grösster Zahl vorfände; der Vogel ist weit verbreitet, aber er zählt allerorts zu den interessanteren und nichts weniger als alltäglichen Vorkommnissen.

19. *Aquila naevia*, Wolf. — Schreiadler.

Dalmatien. Spalato (Kolombatović). 6. October.

Siebenbürgen. Kolozsvár (Hönig). Ziemlich häufig. — **Nagy-Enyed** (Csató). Am 27. März je 1 Stück in Csáklya und in Elekes.

Ungarn. Béllye (Mojsisovics). Frühjahr 1884: Horste in Keskend, Hali etc. 1885: 4. April der erste von Herrn Forstadjuncten Weinelt im Keskender Walde beobachtet. Die Zahl der Horste in den Revieren der Waldbereitung »Béllye« wurde nicht festgestellt; in einem Theile der »Baranyavárer«-Reviere zählte Herr Revierförster von Dunst vier besetzte Horste. — Vier bis fünf Stücke hielten sich in dem Buziglicza'er Wäldchen bei Föherczeglak während der Monate Juli und August auf. Mehrmals traf ich Schreiadler während meiner Ried-Excursionen nach den Erzherzogl. Forstrevieren Lásko und Kopács; — in früheren Jahren waren sie aber entschieden zahlreicher als heuer. Ein sehr dunkles und grosses Exemplar wurde am 12. December 1885 erlegt. — Szepes-Béla (Greisiger). Den 8. Februar

stiess einer auf den ausgestellten Uhu in Javorina (Tátra); den
29. August wurde im Bélaer Walde 1 Stück geschossen.

20. *Aquila clanga*, Pall. — Schelladler.

Ungarn. Béllye (Mojsisovics). 1884: Der erste am
Damme in Ludas am 15. October. — Horstet in Béllye bestimmt
nicht. Ein schönes Exemplar befindet sich im »Riedmuseum«.
Im Jahre 1885 erschien kein einziger.

21. *Aquila imperialis*. Bechst. — Königsadler.

Bukowina. Solka (Kranabeter). Selten.

22. *Aquila fulva*, Linn. — Steinadler.

Bukowina. Kuczurmare (Miszkiewicz). Zug- bezüglich Horstvogel.
Siebenbürgen. Kolozsvár (Hönig). Im Beobachtungsgebiete vielleicht nur zur Horstzeit auf Raub. — Halte ein Exemplar, welches ich aus den Fogaraser Alpen zugeschickt bekam.
Steiermark. Paldau (Augustin). Bei Feldbach konnte
ich über sein Vorkommen nichts erfragen, dagegen beobachtete
ich ihn mitunter »im todten Gebirge« bei Aussee. An der »Bach-
wand« im Ziemnitzgraben befinden sich einige Horste und wurden
vor einigen Jahren 2 Junge vom fürstl. Kinsky'schen Jäger
Johann Grieshofer unter sehr schwierigen Verhältnissen ausgenommen. — Bei Trofaiach nahm man 1885 einen ganz jungen aus.
Ungarn. Mosócz (Schaffgotsch). Am 21. Mai wurde
von Norden (Richtung der Tátra) kommend, ein Steinadler beobachtet und am 22. geschossen.

23. *Haliaëtus albicilla*, Linn. — Seeadler.

Siebenbürgen. Nagy-Enyed (Csató). Am 2. Februar 2,
am 9. October 1 Stück.
Tirol. Innsbruck (Lazarini). Am 14. November erhielt
Herr A. Witting einen etwa zweijährigen Seeadler, welcher einige
Tage vorher bei Petneu, an der Arlbergstrasse im Oberinnthale,
nahe beim Orte geschossen wurde.

Ungarn. Béllye (Mojsisovics). In der Herrschaft Béllye wurden mir im Frühjahr 1884 bezeichnet: Fünf Horste auf der Insel Petres, einer im Unterwalde (Forstrevier Monostor, kein Auwald!), zwei in Köröserdö, drei im Reviere Vörösmarth, einer im Kopácser Riede. Diese abnorm geringe Zahl von Horstplätzen in Béllye lässt sich nur durch die (1884) bis anfangs Mai herrschende Trockenheit des Riedes und den hiedurch bedingten Mangel an entsprechender Nahrung, die hauptsächlich aus Rohrhühnern und Fischen besteht, erklären. Ein durch zwölf Jahre regelmässig bewohnter Horst in Orsos blieb unbesetzt u. a. m. — Ein sehr schönes, auffallend gelb gefärbtes altes Exemplar erhielt ich vor meiner Donaureise, am 30. März 1884 vom Herrn Inspector Louis Schmidt in Béllye für meine Privatsammlung.

Im Frühjahre 1885 waren im Waldamtsbezirke Béllye 18 Seeadlerhorste besetzt. — In den höher gelegenen Revieren wurden nur zwei Horste besetzt gefunden. Vor meinem Eintreffen in Béllye (im Sommer 1885) erhielt ich von Herrn Waldbereiter Pfeningberger nachstehende Berichte:

»13. März. Die Seeadler haben bereits Junge; am 15. April dasselbe mit Seiner kaiserl. und königl. Hoheit, dem durchl. Herrn Erzherzoge Friedrich an einem Horste in Gross - Bajár beobachtet. 6. Mai. Die jungen Seeadler sitzen bereits auf den Aesten neben den Horsten, so in der Riedparcelle »Mentes« (Insel Petres). 15. Mai. Die jungen Seeadler in Mentes sind ausgeflogen und streichen bei den Horsten herum.«

Im August und September d. J. hatten sich infolge der Trockenheit der Riede die Seeadler hauptsächlich im südwestlichen Theile der Insel Petres und zwar in grosser Anzahl eingefunden; einige nie austrocknende »Fischlacken« daselbst sowie die Nähe der Petreser- und Vémelyer - Donau wirkten zugleich mit der Ruhe und Ungestörtheit dieses unbeschreiblich wilden, heuer dicht bewachsenen Terrains, das zudem genügende Hochwaldbestände mit gipfeldürren Baumkolossen trägt, als genügende Anziehungspunkte. Von hier aus wurde nicht nur die nächste Umgebung mit Seeadlern »versorgt« — t atsächlich sah ich in keinem anderen Jahre so oft und so viele, alte und junge Thiere wie heuer die ausgedehnten Ebenen bestreichen, regel-

mässig gegen Sonnenuntergang wiederkehren und auf bestimmten
Plätzen nächtigen, die sie auch nach mehrfachen Störungen stets
wieder wählten. Gegen 6 Uhr morgens (im September) ver-
sammelten sich die Adler in einem schmal ausgezogenen Hoch-
waldstreifen der Riedparcelle Semencze, fünf, sechs und mehr
Exemplare bäumten hier auf einer Eiche auf, über 40 Stücke
zählte der mich begleitende Waldläufer auf einer relativ kleinen
Strecke. Allseitig erklang das helle, fast kreischende Gui, Gui, Gui,
Guick und immer lebhafter gestaltete sich das Treiben, das Hin-
und Herziehen, Auf- und Abstreichen. Nur auf wiederholtes Beschiessen zertheilte sich endlich die Gesellschaft — um Mittag
war dann in der Regel völlige Ruhe, einige Adler sah man mit
schlaff herabhängenden Flügeln der Sonne zugekehrt, das Gefieder trocknen, nur wenige kreisten hoch in den Lüften. In
den Nachmittagsstunden begann wieder ein regerer Verkehr,
abends konnte man mit absoluter Bestimmtheit auf das Erscheinen der Adler an gewissen Plätzen rechnen, auch an solchen,
die ihnen des Morgens durch Schiessübungen verleidet worden
waren. Regelmässig fand ich 2—3 Seeadler am Strande des Ko-
pácser-Teiches (— ob dieselben zur Petreser Adler-Colonie ge-
hörten, vermag ich allerdings nicht zu sagen, doch möchte ich
es fast annehmen), hier benutzten sie theils einige über den
Wasserspiegel hervorragende ästige Klötze zum Aufbäumen, theils
standen sie im weichen, lettigen Schlamme herum, nicht selten
in auffallender Nähe der zahllosen Reiher, Löffler, Goiser, Wald-
wasserläufer, Seeschwalben u. s. w., die sich um die gefährliche
Nachbarschaft wenig zu kümmern schienen. Ab und zu erhoben
sie sich, zogen sie langsam ober der Teichfläche hinweg, um
plötzlich und pfeilschnell ähnlich wie Fischadler nach erspähten
Fischen zu tauchen. Dass die Seeadler ebensowenig wie andere
ichthyophage Vögel im Stande sind, Fische in beträchtlicherer
Tiefe durch das selbst in kleinen Quantitäten fast undurchsich-
tige gelbliche Wasser der Donau und Donau-Riede zu erblicken,
scheint mir nunmehr zweifellos. Sie erkennen aber gewiss die
hinter dem (nahe der Oberfläche) schwimmenden Fische sich
theilende Furt, sie erkennen sein »Kielwasser« und stossen nach
dem Scheitel des so gebildeten spitzigen Winkels. Dass bei dieser
Gelegenheit der Adler oft völlig in den Fluthen verschwindet,

wird man nicht zu Gunsten der Ansicht verwerthen dürfen, er vermöge Dinge zu erschauen, die selbst für ein »Falkenauge« nicht sichtbar sind, nicht sichtbar sein können. Gewiss aber erkennt der Adler auf Grund reicher Erfahrungen auch solche minimale Bewegungen im Wasser als durch Fische hervorgerufene, die wir nicht mehr zu deuten im Stande sind.

24. *Circaëtus gallicus*, Gm. — Schlangenadler.

Ungarn. Béllye (Mojsisovics). Im Keskender Walde wurde am 13. Mai 1884 ein, wahrscheinlich eben eingetroffenes Exemplar (altes ♂) von dem Erzherzogl. Albrecht'schen Revierförster Jira erlegt. — Das Exemplar steht in der Sammlung meiner Lehrkanzel. — Ein besetzter Horst wurde auch 1885 in Béllye nicht mit Bestimmtheit constatirt, jedoch scheint in Hali oder im Unterwalde ein Pärchen gehorstet zu haben, da Herr Förster von Dunst zur Brütezeit öfters diesen Vogel über den genannten Hochwäldern kreisen und ziehen sah.

25. *Pernis apivorus*, Linn. — Wespenbussard.

Böhmen. Voigtsbach (Thomas). Am Zuge häufiger.
Steiermark. Mariahof (Hanf & Paumgartner). Brutvogel, aber nur in einzelnem Paare. 24. Juli 1 weisses Exemplar. — Paldau (Augustin). Bei Feldbach selten.
Ungarn. Béllye (Mojsisovics). Ein sehr schönes Exemplar (♂) in ausgefärbtem Kleide seit neuerer Zeit im Béllyer Riedmuseum. Seit 1882 acquirirte ich ihn nicht mehr. — In Slavonien sah ich kein Exemplar.

26. *Archibuteo lagopus*, Brünn. — Rauhfussbussard.

Böhmen. Haida (Hegenbarth). Es fiel mir auf, dass ich noch ein Exemplar am 6. April im Fluge über dem Uhu erlegte, und der zweite, jedenfalls zum vorigen gehörende Rauhfuss sich noch 14 Tage in unserer Gegend herumtrieb; für den nordischen Raubvogel eine sehr späte Zugzeit, auch als Nachzügler! Ich bemerke noch, dass, wie meine Notiz bei *Falco peregrinus* und *Hypotriorchis aesalon* ergibt, diese beiden Arten denselben Tag, wie obiger »Schneegeier« (hier der landesübliche

4*

Ausdruck) bei der Hütte geschossen wurden und die zu beiden Paaren fehlenden anderen sogar erst am 14. Mai bei derselben Baude.

Mähren. Goldhof (Sprongl). Heuer sehr selten und immer nur einzelne beobachtet. — Oslawan (Čapek). Heuer sehr sparsam vertreten.

Niederösterreich. Wien (Reiser). Am 30. Jänner gewahrte ein Magazineur der Kohlendepôts beim Nordbahnhofe einen grossen Raubvogel beim Fangen von Mäusen zwischen den Kohlensäcken. Bei der Verfolgung eines solchen Nagers gelangte er in ein grosses Magazin, wo er durch Einschliessen und einen derben Stockschlag, der ihm den Oberarm brach, gefangen wurde und in meine Hände gelangte.

Siebenbürgen. Kolozsvár (Hönig). Selbst nicht beobachtet; doch befinden sich in der Naturaliensammlung mehrere hier erlegte Exemplare.

Slavonien. Kučance (Schuller). Infolge von einer Unmenge von Feldmäusen, welche stellenweise die Saat ganz verzehrten, stellten sich die Bussarde in grosser Zahl ein und ich kann mit Sicherheit behaupten, dass es fast kein Feld gab, wo nicht ein Exemplar entweder am Felde lauernd oder auf der nächsten Weide oder Pappel — letztere zwei Holzarten wählen sie hier am liebsten zum Aufsitzen — aufgehackt zu sehen war. Wir zählten im December bei einer Feldjagd in einem Tage gegen 50 Stücke auf circa 180 Kat. Joch Fläche.

Steiermark. Mariahof (Hanf & Paumgartner). 20. Februar 1 Stück; kommt jetzt selten hier vor. — **Paldau** (Augustin). »Schneegeier«. Selten. — **Pöls** (Washington). 19. October, 27., 29. December je ein Exemplar.

Ungarn. Béllye (Mojsisovics). Nach allen mir bekannt gewordenen Daten über Aufenthalt und Gebahren dieses Vogels im Drauecke, bin ich nun überzeugt, dass er zu den, wenngleich nicht regelmässigen, Brutvögeln meines engeren Beobachtungsgebietes zählt. -— **Pressburg** (Stef. Chernel). Während des Zuges öfters zu sehen.

27. *Buteo vulgaris*, Bechst. — Mäusebussard.

Böhmen. Haida (Hegenbarth). Kam hier vom Winter bis Frühjahr sehr spärlich, vom Herbst- bis Winter fast gar nicht vor; im Sommer sieht man ihn hier überhaupt äusserst selten die flachere Gegend aufsuchen, trotzdem er in unseren Bergwäldern, auch in Flachlandswaldungen, wie im k. k. Revier Haidedörfel brütet. — **Nepomuk** (Stopka). Kommt vor.

Bukowina. Solka (Kranabeter). Ein Strichvogel, der im März erscheint und im October abzieht, während einzelne Exemplare überwintern.

Dalmatien. Spalato (Kolombatović). Vom Januar bis 15. März und vom 15. September bis Ende December.

Litorale. Monfalcone (Schiavuzzi). 27. Jänner und 10. März je 1 Exemplar bei Monfalcone.

Mähren. Goldhof (Sprongl). Ein Paar wurde während des ganzen Jahres öfters beobachtet. — **Oslawan** (Čapek). Brütet mehr westlich in grösseren Revieren, auch in dem Hügelzuge östlich von Kromau.

Salzburg. Hallein (Tschusi). 8.—10. März 1 Stück; wird hier immer seltener.

Siebenbürgen. Kolozsvár (Hönig). Sehr zahlreich. Nach einem ziemlich starken Schneefall erlegte ich in einer Szamos-Au ein auffällig grosses Exemplar (♀), in dessen Magen sich eine ganze Kröte befand, von deren warziger Haut jedoch keine Spur zu entdecken war; der Bussard scheint demnach die Kröte aus der Haut geschält zu haben. — **Nagy-Enyed** (Csató). Am 4. Januar 1 Stück in Fel-Enyed.

Steiermark. Mariahof (Hanf & Paumgartner). Regelmässiger Brutvogel in etlichen Paaren. 24. Februar 3, 25. Februar und 4. März je 2 Stücke, 5. März 4 Stücke. — **Paldau** (Augustin). Sparsam bei Feldbach; am Schöckel bei Graz am 19. September mehrere gesehen. — **Pikern** (Reiser). Um die Mitte April sah ich von der Bergseite aus, dass in demselben Horste, aus dem vor zwei Jahren ein bebrütetes Gelege von *B. vulgaris* und im vorigen ein eben solches von *Astur palumbarius* genommen worden war, zwischen der frischgrünen Reisighorstmulde zwei Eier hervorleuchteten. Am 20. April erschien

nach kurzem Warten wieder *B. vulgaris* am Horstrande. Der
Baum wurde erstiegen und es fanden sich ausnahmsweise einmal
drei frische Eier und eine eben getödtete Maus vor.

Tirol. Innsbruck (Lazarini). Am 8. März 6 Stücke in
der Hallerau. Horstete im »Ahrn« bei Vill und wurden im
Sommer völlig täglich 4 Stücke gesehen, welche gegen 11 Uhr
vormittags von ihrem Standorte im Ahrn ausgehend, nach den
etwa eine Gehstunde entfernten Lanserköpfen und wahrscheinlich
darüber hinausstrichen, um nachmittags gegen 4 Uhr zurück-
zukehren und die letzten Flugreigen ober den dem Ahrnkopfe
gegenüberliegenden Patscherfeldern zu halten. Zu Beginn der
Hühnerjagd jagte ein zuverlässiger Jäger, nach seiner Mittheilung
an mich, in den Patscherfeldern einem Mäusebussard ein noch
warmes Rebhuhn ab. Am 30. August zeigten sich 6 Bussarde
bei Vill, am 25. November 8 Stücke in der Hallerau. — **Mareith**
(Sternbach). Am 30. Juli Bussarde zahlreich am Agelsboden
in Ridnaun (1800 m.) angetroffen.

Ungarn. Béllye (Mojsisovics). Im Frühjahre 1884 fand
ich diesen Vogel in allen Béllye'er Landwaldungen, zumal im
Keskender Walde, woselbst ich auch ein vom Horste abstrei-
chendes hellgefärbtes ♀ erlegte. Die lichte Varietät habe ich
sonst in den letzten Jahren nicht beobachtet, einmal nur die
schwarze bei Neštin. — 1885 waren Mäusebussarde nur selten
zu sehen. — **Pressburg** (Stef. Chernel). 18. März erster. In
Modern häufiger Brutvogel. In der Färbung des Gefieders nahm
ich hier keine besondere Variationen wahr, so wenig bei dieser
als bei der vorhergehenden Art.

28. *Circus aeruginosus*, Linn. — Sumpfweihe.

Böhmen. Haida (Hegenbarth). Bereits am 16. August
ein altes ♂ auf dem Hirnsener Grossteich, jedenfalls schon auf
dem Zuge befindlich, geschossen. — **Voigtsbach** (Thomas).
Den 24. August erlegte ich eine auf der Jagd im Hochwalde.

Dalmatien. Spalato (Kolombatović). Standvogel.

Schlesien. Dzingelau (Želisko). Nur den 6. November
1 Exemplar gesehen und erlegt (N., neblig, kalt, ebenso tags-
darnach).

Siebenbürgen. Nagy-Enyed (Csató). Das erste Stück am 4. März.

Ungarn. Béllye (Mojsisovics). Im Jahre 1884 wurde die erste am 16. März in der Riedparcelle »Ludas«, 1885 die erste am 14. März bei Béllye gesehen. Die Rohrweihe brütet zahlreich im eigentlichen Riedterrain meines Beobachtungsgebietes. Ich traf sie im Frühjahre 1884 in Kolodjvár, erlegte sie am Rande des Kopácser Teiches und fand sie im letzten Sommer als relativ häufigsten Rohrräuber vor. — **Neusiedlersee** (Reiser). Vom 12.—18. Mai an allen Stellen des Sees und seiner Umgebung äusserst zahlreich angetroffen. Eine Woche vorher hatte der Sohn des Badehauspächters in Neusiedl für mich ein Gelege ausgenommen, welches, deutlich mit freiem Auge wahrnehmbare, sehr feine schwarzbraune Strichelchen und grössere sehr lichte Schalenflecke besitzt. Diese Zeichnung ist sicher nicht auf mechanischem Wege an die Eioberfläche gekommen und ist meines Wissens noch nicht beobachtet worden. Der Horst stand im Rohr, mitten im See, und die Eier haben keinen Stich in's Grünliche.

29. *Circus cyaneus*, Linn. — Kornweihe.

Böhmen. Haida (Hegenbarth). Findet sich jetzt ziemlich regelmässig ausgangs Herbst hier ein und hausirt den ganzen Winter die Gegend bis in's Vorfrühjahr in grösseren oder kürzeren Zwischenräumen ab. Ich fühle mich durch das Gebahren des betreffenden Vogels zu der Meinung veranlasst, dass es nicht mehrere, sondern ein und dasselbe bestimmte Exemplar ist, welches sich hier an verschiedenen Punkten der Umgebung zeigt.

Bukowina. Gurahumora (Schnorfeil). Erste den 2. März von O. nach W. (schwacher W.-Wind, trüb, sowie tagszuvor), Mehrzahl den 4. März von O. nach W. (schwacher W.-Wind, trüb, sowie tagszuvor); Abzug den 14. October nach O. (stärkerer W.-Wind, trüb, tagsvorher heiter).

Galizien. Tolszczow (Madeyski). Erste den 23. März nach N.-W. in die Sümpfe (schwacher W.-Wind, schön, sowie tagszuvor).

Mähren. Goldhof (Sprongl). Ein Exemplar am 26. April gesehen.

Siebenbürgen. Fogaras (Czýnk). Erste den 12. April nach N. (N.-W.-Wind, warm, heiter, tagsvorher warmer S.-Wind, trübe). — Nagy-Enyed (Csató). Am 30. Januar und 11. December je 1 ♂ in Al-Vincz, den 22. März 1 ♂. **Steiermark.** Mülthal (Osterer). Erste den 14 Mai. — **Pikern** (Reiser). Ein altes ♂ hielt sich am Durchzuge den 19. September, etwa eine Stunde lang, beim windischen Calvarienberge auf und widmete diese Zeit der Rebhuhnjagd. Sechs Schüsse brachten den Vogel nicht zu Falle. **Ungarn.** Béllye (Mojsisovics). Ein Stück traf ich am 24. August 1885 während einer Fahrt von Kopács nach Tökös. Erscheint sonst im Spätherbste und ist den ganzen Winter über in Béllye. Ein grösserer Zug wurde 1884 am 3. December angetroffen. Den bereits andern Ortes publicirten Angaben kann ich sonst keine neue Mittheilung anschliessen. — Nagy-Szt.-Miklós (Kuhn). Verschwindet Ende December.

30. *Circus pallidus*, Sykes. — Steppenweihe.

Schlesien. Troppau (Urban). Am 26. März wurde 1 Stück bei Stiebrowitz (circa 6 Km. W.) vom hiesigen Gastwirthe A. Weber erlegt. **Siebenbürgen.** Kolosvár (Hönig). Nicht selten, im Mezöség sozusagen häufig; ich hielt denselben für *C. cyaneus*, bis ich auf sein öfteres Vorkommen durch H. Forsttaxator v. Pausinger aufmerksam gemacht wurde, weshalb mir auch bisher nähere Erfahrungen fehlen.

31. *Circus cineraceus*, Mont. — Wiesenweihe.

Dalmatien. Spalato (Kolombatović). Vom Januar bis 18. März und vom 12. September bis Ende December. **Litorale.** Monfalcone (Schiavuzzi). 11. und 27. Januar je eine am Seeufer vor Monfalcone, 7. März 1 Stück in Pietra rossa und den 14. am Seeufer. **Steiermark.** Mariahof (Hanf & Paumgarten). 14 April, 8. und 9. Mai je 1 Stück. **Ungarn.** Béllye (Mojsisovics). In der Regel nur in den Monaten Juli, August und September besonders zur Zeit der

Wachteljagden in der Herrschaft Béllye sichtbar; sie ist viel weniger scheu und vorsichtig als die vorhergehende Art; wiederholt wurde sie schon bei der Wachtelsuche mit ganz schwachem Korne erlegt. 1884 erschien sie am 4. September, 1885 wurde (von mir) keine beobachtet.

32. *Surnia nisoria*, Wolf. — Sperbereule.

Steiermark. Pöls (Washington). Meine im ersten Jahresberichte (1881/1882) sich findende Angabe, nach welcher diese Eule in vereinzelten Exemplaren fast alljährlich zur Winterszeit das Kainachthal besuche, ziehe ich als auf einem Irrthum meinerseits beruhend zurück.

33. *Athene passerina*, Linn. — Sperlingseule.

Steiermark. Paldau (Augustin). Selten; Lehrer Vogl in Edelsbach bei Feldbach hat eine aus der Gegend ausgestopft. — Pöls (Washington). Erhielt Ende August ein ♀ ad. vom Buchkogel nächst Wildon für meine Sammlung.

34. *Athene noctua*, Retz. — Steinkauz.

Dalmatien. Spalato (Kolombatović). Standvogel.
Mähren. Oslawan (Čapek). Vom 20. Februar an liess ein ♂ den ganzen Tag hindurch seinen kläglichen Ruf aus einer hohlen Eiche ertönen. Ich traf hier drei brütende Paare an.
Steiermark. Paldau (Augustin). »Käuzl«, »Äufal« (Verkl. von Auf-Nachteule). Häufig.
Ungarn. Béllye (Mojsisovics). Konnte kein Exemplar erwerben, habe auch in den letzten zwei Jahren keines gehört oder beobachtet. Das Riedmuseum acquirirte kürzlich ein schönes Exemplar dieser in Steiermark successive verschwindenden Art aus dem sogenannten Keskender Waldriegel. Nach den Mittheilungen des Herrn Waldbereiter Pfeningberger ist der Vogel gerade nicht selten; er fand ihn zumeist brütend in alten Kopfholzweiden, die vereinzelt oder in Gruppen auf Wiesen stehen oder eine Umzäunung oder Grenze markiren, im Walde selbst sah auch er ihn noch nie. — **Mosócz** (Schaffgotsch). Am 25. April wurden anlässlich der Reparatur des Kirchendaches

Junge noch in Wolle gefunden. Am 20. Juni kam ein halb-
ausgewachsenes Junges, vermuthlich von der zweiten Brut, von
der in der Nähe der obenerwähnten Kirche stehenden Gruft-
capelle in meinen Besitz. — **Pressburg** (Stef. Chernel). Hier,
sowie in Modern, ein sehr gemeiner Stand- und Brutvogel. —
Szepes-Béla (Greisiger). Den 6. März wurde im Parke von
Nagy-Eör ein Stück in einem hohlen Baume und den 26. October in einem Rauchfange in Béla eines sitzend angetroffen.

35. *Nyctale Tengmalmi*, Gm. — Rauhfusskauz.

Steiermark. Paldau (Augustin). Bei Aussee im »todten
Gebirge« selten.

36. *Syrnium uralense*, Pall. — Ural-Habichtseule.

Siebenbürgen. Koloszvár (Hönig). In den durch Se. k. k.
Hoheit den Kronprinzen gepachteten Kronforsten Görgény —
nach Mittheilung des Herrn Forsttaxators v. Pausinger — ziemlich häufig anzutreffen. — **Nagy-Enyed** (Csató). Am 14. September 1 Stück in Al-Vincz erlegt.

37. *Syrnium aluco*, Linn. — Waldkauz.

Böhmen. Blottendorf (Schnabel). Früher zahlreicher
als jetzt, was seinen Grund darin hat, dass die alten Buchen-
bestände abgeholzt sind, wo er passende Brutplätze fand. Heuer
stand ein Nest in einer alten hohlen Linde, welches am 10. April
mit drei schon ziemlich stark bebrüteten Eiern belegt war. —
Nepomuk (Stopka). Unter den Eulen am zahlreichsten vertreten. — **Voigtsbach** (Thomas). Horstet in den angrenzenden
Waldungen. Bei einem Horste fand ich Reste von Haustauben.

Bukowina. Solka (Kranabeter). Seltener Standvogel. —
Terebleszty (Nahlik). Standvogel.

Dalmatien. Spalato (Kolombatović). 5., 12. Februar,
10. November.

Mähren. Oslawan (Čapek). Mitte März hörte ich bei
Tage den Ruf; 28. März war das Gelege vollständig.

Siebenbürgen. Koloszvár (Hönig). Horstet sehr häufig um die Stadt herum. Ein Paar im Bánffy - Garten in einer hohlen Ulme.

Steiermark. Paldau (Augustin). Brutvogel. In Aussee heisst das ♂ »Moosbock«, das ♀ »Tschofidl«. — **Pikern** (Reiser). Mitte April fand ich in einem ganz niedrigen Buchenstocke vier Junge und zwei hochbebrütete Eier. Die Jungen waren schon ziemlich gross und der alte Vogel liess sich in der Höhlung zu wiederholten Malen ruhig greifen.

Ungarn. Béllye (Mojsisovics). Varietäten dieses ziemlich häufigen Stand- (resp. gelegentlich Strich-)vogels habe ich bisher in der Herrschaft Béllye nicht beobachtet. — Während einer Hirschjagd im Monostorer Reviere entdeckte ich, von meinem Stande aus, in einer fensterartig umrahmten Höhle einer hochstämmigen Eiche ein Exemplar, das durch mindestens zwei Stunden der Sonne halb zugekehrt, regungslos auf all' das Getriebe herunterblickte, das sich kaum 30 Schritte von ihm entfernt, in einer breiten Allee entwickelte. Nichts vermochte seine Ruhe zu stören! — Im November und December dieses Jahres wurden häufig vereinzelte Waldkäuze frei in jungem Weidengehölze tagsüber sitzend, angetroffen. Aehnliches sah ich in einer sehr lichten Maulbeerallee bei Föhcrczeglak und in Feldgehölzen (auch im Sommer) mehrere Male; auch gelegentlich einer Schnepfensuche mit dem Hunde erlegte Herr Waldbereiter Pfeningberger zwei Exemplare. — **Pressburg** (Stef. Chernel). In Modern und um Pressburg sehr gewöhnlich. — **Szepes-Béla** (Greisiger). Den 11. October wurde einer in Béla in einem Rauchfange eingefangen.

38. *Strix flammea*, Linn. — Schleiereule.

Böhmen. Nepomuk (Stopka). Gehört zu den Seltenheiten.

Bukowina. Kuczurmare (Miszkiewicz). Standvogel. Legt im April 2—3 Eier, die durch drei Wochen von den beiden Alten bebrütet werden; die Jungen füttern sie mit Mäusen, hauptsächlich Spitzmäusen und Maulwürfen. — **Solka** (Kranabeter). Seltener Standvogel.

Siebenbürgen. Kolozsvár (Hönig). Wie alle Eulenarten sehr häufig.

Steiermark. Paldau (Augustin). Häufig bei Feldbach und auf dem Kirchthum nistend.

Ungarn. Béllye (Mojsisovics). Wurde am 23. Februar 1884 im Durchzuge beobachtet. Relativ häufig war sie im December desselben Jahres — sie ist sonst ziemlich selten. Ein Exemplar befindet sich im Riedmuseum des Schlosses »Béllye«.

39. *Bubo maximus,* Sibb. — Uhu.

Böhmen. Rosenberg (Zach). Am 27. Februar nachmittags scheuchten Knaben auf einer als alten Nist- und Aufenthaltsort des Uhu bekannten Stelle einen auf, der sogleich einem der Knaben ins Gesicht flog und ihn unter dem Auge mit dem Schnabel verwundete. Ein anderer, wahrscheinlich das Weibchen, sass unterdessen auf einem hohen Baume und liess sich durch Steinwürfe, die es nicht erreichten, auch nicht verscheuchen.

Bukowina. Kuczurmare (Miszkiewicz). Horstet im April in hohlen Bäumen, in Felsen und auf dem Boden und legt 2 — 3 Eier, die von beiden Alten durch vier Wochen bebrütet werden. — **Solka** (Kranabeter). Seltener Standvogel.

Dalmatien. Spalato (Kolombatović). 15. Januar, 15., 20. Februar, 10. November, 8. December.

Litorale. Monfalcone (Schiavuzzi). 15. Januar 1 Exembei Pietra rossa erlegt.

Mähren. Oslawan (Čapek). Den Brutplatz (die Felsen am Oslawaflusse bei Senohrad) zweimal vergebens besucht, obzwar sich das ♂ etwa vom 20. Februar an gemeldet hatte. Zwei Eier bekam ich von Oels im oberen Schwarzawagebiete.

Siebenbürgen. Kolosvár (Hönig). Am 7. November 1882 habe ich ein ♂ in einer Szamos-Au angeschossen; ist übrigens in Siebenbürgen nicht selten. — **Nagy - Enyed** (Csató). Am 31. Januar 1 Stück in Also-Orbo, am 18. März 1 ♂ in Borberek und am 2. April 1 ♂ in Sárd erlegt.

Steiermark. Paldau (Augustin). Im »todten Gebirg« bei Aussee mitunter. Soll besonders häufig in der Ingering bei Knittelfeld vorkommen.

Tirol. Innsbruck (Lazarini). Am 19. Februar wurde ein ♂ im »Saxein« an der Sillschlucht geschossen. Dasselbe wurde dort schon acht Tage von mir und anderen beobachtet. Im November zeigte sich vorübergehend ein Uhu im Ahrn bei Vill. **Ungarn. Béllye** (Mojsisovics). Interessanter Weise bezieht der Uhu gelegentlich auch alte Seeadlerhorste. Ein Heger, beauftragt, junge Uhus für die Fasanerie auszunehmen, fand im Frühjahre 1884 in Gross - Bajár einen jungen Uhu unter und noch weitere zwei Exemplare in einem Seeadlerhorste (also drei Junge), ein Exemplar acquirirte ich und zog es in Graz auf. Im Sommer 1885 hatte ich im Riede mehrmals Gelegenheit, in den Nachmittagsstunden Uhus aufzuscheuchen und zu beobachten, niemals strichen die Thiere weit ab und hätte ich sie mit Erfolg beschiessen können, hätten Zeit und Oertlichkeiten solches gestattet. Landbeck's Notizen über den Uhu sind auffallender Weise ziemlich belanglos und unvollständig; es ist vielmehr die in den »12 Frühlingstagen« (pag. 47) ausgesprochene Vermuthung, dass der Uhu mit zu den häufigsten Eulen der mittleren Donau - Gegenden zähle c. p. unstreitig richtig, wenigstens sieht man ausser ihm und dem (allerdings noch viel häufigeren) Waldkauze oft monatelang keine andere Eule. Dass die Hauptnahrung des Uhus speciell in Béllye und am Drau-ecke nicht aus Zieseln besteht, brauche ich wohl nicht besonders hervorzuheben, da ich bereits im II. Theile meiner Fauna (pag. 149 und 150, Sep. - Abdr. pag. 30 und 31) darauf hinwies, dass das Verschwinden des Kaiseradlers in Béllye wahrscheinlich mit der grossen Seltenheit dieses Nagers (seit den letzten Jahren) in Zusammenhang gebracht werden dürfte. Am 11. Mai d. J. waren die jungen Uhus (in Köröserdö) halbwüchsig und zeigten sich schon über dem Stockrande. Am 27. Mai waren dieselben bereits aus dem Neste und wurden auf der Erde von den Alten gefüttert. Die Nahrung bestand zumeist aus jungen Waldkäuzen »deren Flügel und andere Reste ich dort vorfand« (Pfeningberger). — **Mosócz** (Schaffgotsch). Den 12. Mai 2 Flaumenjunge, den 10. Juni 3 und den 4. Juli abermals 3 ausgenommen. — **Szepes - Béla** (Greisiger). Den 30. Januar sass am Kreiger-Berg ein Uhu und am Boden lagen Reste von einem frisch gekröpften Hasen.

40. *Scops Aldrovandi.* Willughbi. — Zwergohreule.

Dalmatien. Spalato (Kolombatović). 20., 30. April,
17. August, 5. September.
Siebenbürgen. Koloszvár (Hönig). Häufig; einen Nest-
ling aufgezogen.
Steiermark. Paldau (Augustin). »Auferl«. Bei Feldbach in Paldau erhielt ich ein ♂ und einige Tage darauf ein ♀.

41. *Otus vulgaris.* Flemm. — Waldohreule.

Bukowina. Solka (Kranabeteri. Seltener Standvogel.
Dalmatien. Spalato (Kolombatović). 25., 27. März.
15., 30. November.
Mähren. Oslawan (Čapek). Am 17. Mai 1 Stück auf
einem Feldbaume.
Siebenbürgen. Koloszvár (Hönig). Im Beobachtungsgebiete ziemlich selten; scheint in felsigen Gebirgen häufig zu
sein, da mir fast ausgewachsene Nestlinge zu wiederholten Malen
für junge Uhus zugesendet wurden.
Steiermark. Mariahof (Hanf & Paumgartner). 8. Februar 2 Stücke, 16. April 1 Stück im Dunenkleide am Boden,
neben einem Baumstocke von der Eule ausgebrütet. — **Paldau**
(Augustin). Kommt bei Feldbach sparsam vor.
Ungarn. Béllye (Mojsisovics. Ein grosser Zug wurde
am 23. Februar 1884 im Béllyeer Föhrenwalde angetroffen.
Sie erscheint im Frühjahre ziemlich regelmässig und hält sich
dann tagsüber in den Nadelholzculturen auf. — Nunquam vidi!

42. *Brachyotus palustris*, Forst. — Sumpfohreule.

Böhmen. Nepomuk (Stopka). Erlegt am 4. October.
Dalmatien. Spalato (Kolombatović). 15., 25. März.
Siebenbürgen. Koloszvár (Hönig). Sehr häufig; in den
sumpfigen Thälern des Mezösig im Herbste in Zügen zu 40—60
Stücken angetroffen. Ob sie hier auch brüten, mir bisher un-
bekannt. — **Pöls** (Washington). 5. September 3 Exemplare.
Ungarn. Béllye (Mojsisovics). Am 24. November 1885
wurde ein Zug im Riede (in Kécserdö) beobachtet. Ich habe

sie seit August 1882 nicht mehr wahrgenommen. — **Neu-siedlersee** (**R e i s e r**). Soll bestimmt am See bei Apethlon brüten. Ich sah nur 1 Stück am 17. Mai, ohne das Nest finden zu können. — **Szepes - Béla** (**G r e i s i g e r**). Den 24. September wurde im Felde bei Béla 1 Stück geschossen.

II. Ordnung.

Fissirostres. Spaltschnäbler.

43. *Caprimulgus europaeus*, Linn. — Nachtschwalbe.

Böhmen. Litoschitz (**K n e ž o u r e k**). Erste den 29. April: 1883 haben 7 Paare hier genistet. — **Nepomuk** (**S t o p k a**). Brutvogel.

Bukowina. Kuczurmare (**M i s k i e w i c z**). Im April an-gekommen und bis November hier verblieben; brütet im Mai. — **Kaczyka** (**Z e m a n n**). Erste den 29. April; erstes Schnurren den 1., allgemein den 4. Mai; Gelege den 5. Juni. — **Solka** (**K r a n a b e t e r**). Ziemlich häufiger Sommervogel, der Ende April (heuer am 28.) erscheint und Mitte September abzieht.

Dalmatien. Spalato (**K o l o m b a t o v i ć**). 30. April; 1., 3., 4., 8., 15. Mai; 3., 5., 12., 30. October; 5., 6. November.

Litorale. Monfalcone (**S c h i a v u z z i**). 13. Juni zwei be-brütete Eier bei Pietra rossa gefunden, die auf nacktem Felsen unter einem Gebüsche lagen.

Mähren. Kremsier (**Z a h r a d n í k**). 26. April. — **Oslawan** (**Č a p e k**). 30. April 1 Stück; 12. Juni waren die ersten Jungen ausgeschlüpft; noch am 15. Juli ein frisches Gelege bekommen.

Schlesien. Lodnitz (**N o w a k**). 8.—11. September 1 Stück am Herbstzuge in einem Garten. — **Wagstadt** (**W o l f**. 14. September von einem Jäger 1 Stück erhalten, sonst nicht beobachtet.

Siebenbürgen. Nagy-Enyed (**C s a t ó**). Am 5. Mai 1 Stück schnurren gehört.

Steiermark. Hartberg (**G r i m m**). Tritt sehr häufig auf, sitzt in der Zeit von 9 Uhr abends bis Mitternacht auf Wegen,

um die darüberlaufenden Laufkäfer zu erhaschen. Nicht scheu,
lässt sie den Fussgeher oder Wagen in ihre nächste Nähe
kommen, bevor sie fortfliegt. Am 12. August schon sammelten
sie sich vor 12 Uhr und zogen in ungeordneten Schwärmen von
etwa 15 — 18 Stücken fort. — **Pikern** (Reiser). Heuer nur
in wenigen Exemplaren, viele dagegen am Wetsch-Gebirge (Schega)
am 9. August gesehen.

Ungarn. Béllye (Mojsisovics). 1884 erschien in Béllye
die erste am 14. April; 1885 am 3. Mai die erste in Danoczerdö; der Abzug scheint (1885) zwischen 21. und 26. September
erfolgt zu sein, wenigstens wurden von dem 21. September
abends an viele dieser Thiere, nach dem 26. keines mehr
erblickt. — **Pressburg** (Stef. Chernel). Bei Pressburg den
13. April die erste. In Modern flog eine den 29. Juni aus einem
Schlage vor mir auf. Am 20. Juli wimmelte es im Modreiner
Walde so von Gelsen, dass man keine Minute ruhig stehen
bleiben konnte, ohne von denselben belästigt zu werden. In der
Abendstille klang ihr Summen wie fernes Gequack von Fröschen.
Ueber den Schlägen hielten nun unsere Ziegenmelker fleissige
Jagd. Jeder Vogel hatte sein eigenes Jagdrevier im beiläufigen
Umfange von 300'. Innerhalb desselben jagten sie unter allerlei
Flugübungen, mit den Schnäbeln schnappend, sich von der Höhe
herunterlassend oder wie die Raubvögel in der Luft schwebend.

44. *Cypselus melba*, Linn. — Alpensegler.

Dalmatien. Spalato (Kolombatović). 23., 27., 30. April,
21. August, 1., 20., 29. September, 12., 14. October.

Steiermark. Paldau (Augustin). Kommt nach G. Geyer
»Monographie des todten Gebirges« in der Nähe des todten Gebirges bei Aussee, vor.

Tirol. Innsbruck (Lazarini). Am 18. Mai beobachtete
Herr Prof. Dr. K. von Dalla-Torre bei 20 dieser Vögel im Wippthale (Sill) bei Gerberbach vom linken Sillufer aus. Am gleichen
Tage wurden, wohl dieselben Vögel, von einem anderen Herren
bemerkt, welcher sich zur Zeit der Beobachtung am gegenüberliegenden rechten Sillufer befand. Am 14. Mai trat Regen und
Schneewetter ein.

45. *Cypselus apus*, Linn. — Mauersegler.

Böhmen. Aussig (Hauptvogel). Am 23. April 2 Stücke als Vorboten, am 27. die andern. Am 27. kamen sie in Pömmerle am frühen Morgen an; ihre Zahl war in diesem Jahre auffallend gering. Den 22. Juli zogen sie gegen Mittag nach N. W. fort, der Rest am 30. Juli. — **Blottendorf** (Schnabel). Erster den 17. Mai (kalte und rauhe Witterung). — **Braunau** (Ratoliska). Erster den 3. Mai; Abzug, auffallend zeitig, den 22. Juli. — **Litoschitz** (Knežourek). Letzter den 17. August. — **Nepomuk** (Stopka). 26. April das erste Paar beim Schlosse (W., warm), am 20. Juni Junge unter dem Schlossdache. Etwa 10 Paare hielten sich hier auf, besonders bei Zelena hora; mehr wie im Vorjahre. Am 26. Juli wurde die letzte Schar beim Schlosse beobachtet, am 3. August der letzte gesehen. — **Rosenberg** (Zach). Am 30. April die ersten gesehen.

Bukowina. Kaczyka (Zemann). Erster den 15. April von S.-O. nach N. (S.-O.-Wind, mild, tagsvorher S.-W.-Wind, kühl, regnerisch), Mehrzahl den 28. April (gegen $1/_4 8$ Uhr 6 Stücke), an welchem Tage zuerst ihre Stimme vernommen wurde, allgemein den 3. Mai. — **Solka** (Kranabeter). Brütet in Kirchthürmen, hohen Gebäuden und hohlen Bäumen. Die Jungen kommen in 18—20 Tagen zum Vorschein und verlassen das Nest nach sechs Wochen.

Dalmatien. Spalato (Kolombatović). Den 4. April 1 Stück, 9. 4, 10. 2, 19. einige, 20. in Menge. Am 10. August zogen fast sämmtliche, welche in der Stadt nisten, ab; doch sah man bis zum 30. immer noch welche fliegen, aber von diesem Tage an nur einzelne bis zum 9. September. Nachdem längere Zeit keine mehr zu sehen waren, zogen wieder einige am 19., 20., 25. und 31. September durch.

Litorale. Monfalcone (Schiavuzzi). Erster den 21. April (leichter N.-O.-Wind, schön, tagsvorher ebenso), Mehrzahl den 24. April (leichter N.-O.-Wind, schön, tagsvorher windstill, schön), Abzug den 22. Juli.

Mähren. Oslawan (Čapek). Am 29. April die ersten in Brünn, 5. Mai in Oslawan; brütet in Reznowitz, Eibenschitz, Kanitz und Namiest; 2. August waren sie fort. — **Römer-**

stadt (Jonas). Zuerst und in Mehrzahl den 26. April von S.-W. nach O. (schwacher S.- Wind, sowie tagsvorher sehr schön); Nestbau den 4. Mai begonnen; Gelege den 16. d. M.; Abzug den 24. Juli nach S.-O. (schwacher N.-W.-Wind, schön. tagsvorher ebenso).

Niederösterreich. Kalksburg (Reiser). Brütete heuer in etwa 6 Paaren im alten Steinbruche im Gutenbachthale, ebenso auch an gleichem Standorte im Thale von Kaltenleutgeben, sowie in der dortigen Kirche. — **Nussdorf** a. D. (Bachofen). 4. Mai, 12. September 1 Exemplar.

Salzburg. Abtenau (Höfner). Erster den 8. Mai (stärkerer W.-Wind, trüb, tagvorher windstill, trüb), Abzug den 2. August (windstill, trüb, tagsvorher schwacher W. - Wind, trüb). — **Hallein** (Tschusi). 7. Mai (S. $+$ 12°, Regen) 1 Stück bei Goldenstein, 8. (W. $+$ 8°, nach Regen) 1 Stück in Hallein. 10. (S. $+$ 8°, schön) 20—30 Stücke in einem Fluge, 31. Juli gegen 50 Stücke, 4. August 3 Stücke, 5. 6, 6. 2, 8. 4 Stücke nach N.

Schlesien. Dzingelau (Želisko). 5. Mai (nachts) Hauptankunft (den 4. mittags Regen, $+$ 6° R., 5. und 6. trüb, kühl), Abzug 2. August (1., 2. und 3. trüb, kühl; Wind den 1. und 2. aus W., 3. N.-W.). Heuer mit wenigen Ausnahmen scheinbar keine Brut; ich glaube, dass der kühle Mai und Juli viel dazu beitrug, dass die Jungen im Neste starben, da wenigstens an unserer Dorfkirche keine jungen Vögel sichtbar waren. — **Jägerndorf** (Winkler). 6. Mai (schön, ebenso tagsvorher) in Mehrzahl. — **Troppau** (Urban). 5. Mai sah ich selbst 2 (sollen schon 30. April dagewesen sein). Nistet alljährlich in Mehrzahl an der hiesigen Propsteikirche. Am 4. August sah ich noch etwa 20 Stücke sich herumtummeln, am 6. keinen mehr.

Siebenbürgen. Nagy-Enyed (Csató). Am 11. Juni 50 Stücke eilig dahinziehend, am 6. September in Muzsina 1 Stück zwischen *Hirundo rustica.*

Steiermark. Hartberg (Grimm). »Spaltln«. Erstes Erscheinen am 23. April, Abzug am 3. September, jedesmal in grossen Scharen. Begann den 19. Mai mit dem Nestbau und war in 7 Tagen damit fertig. — **Mariahof** (Hanf & Paum-

gartner). Häufiger Brutvogel. 5. Mai 1 Stück, 6. 18—25 Stücke,
7. 10 Stücke, 8. Mai 50—60 Stücke, ebenso den 9. und 10.;
infolge von Schneefall und Regen und N.-N.-O. vom 12.—16. Mai
sehr wenige; 1. August 1 Stück, ebenso am 13. und 22. August.
— **Mariahof** (Kriso). 6. Mai (schön, den 5. und 6. Regen
und Schnee) 1 Stück beim Thurm, 11. Mai (helleres Wetter
nach vielen Regentagen) viele am Thurm, 13., 14. und 15. Mai
(stürmische, regnerische und kalte Tage) keine zu sehen, 16. Mai
(mittags Sonnenschein, windig und kalt) abends nur 1 Stück
um den Thurm fliegend, 18., 19. Mai (wieder stürmische, kalte
Tage, Schnee in der Nähe und auf den Höhen) keinen gesehen,
20. Mai (schön) erst jetzt in mittelmässiger Zahl anwesend. —
Mülthal (Osterer). Erster den 12. Mai (sowie tagsvorher
N.-W.-Wind), Rückzug den 15. Mai (kalt, $+$ 4° R.; tagsvorher
kühl), Wiederkunft den 22. Mai (warm, tagsvorher S.-W.-Wind,
kühl). — **Paldau** (Augustin). Auf dem alten Kirchthurme in
Paldau bei Feldbach hielten sich circa 50 Stücke auf; doch als
der Thurm renovirt wurde, zogen sie alle fort. Im folgenden
Frühlinge kamen wieder einige, blieben aber kaum eine Woche
da. In Feldbach finden sich sehr viele am Thurme.

Tirol. Innsbruck (Lazarini). Am 24. April (leichter
Südwind) circa 25 Stücke dieser Art in einer Schar bei der
Weierburg nächst Innsbruck, am 1. Mai einige an den Kirchthürmen und am 8. Mai ziemlich zahlreich in der Stadt. Am
18. Juni einige Stücke am Thurme der Viller Kirche. Nach
einem die Temperatur sehr abkühlenden Gewitterregen waren
dieselben am 7. August bei Vill nicht mehr sichtbar; am 12.
September mittags wieder 1 Stück bei Vill. — **Mareith** (Sternbach). Zwischen dem 5. und 10. August fortgezogen. Erster
den 24. April (windstill, ganz bewölkt, tagsvorher schwacher
W.-Wind, theilweise bewölkt), Mehrzahl den 8. Mai (windstill,
ganz bewölkt, Regen, tagsvorher ebenso); Abzug den 7. August
(theilweise beinahe starker Regen, tagsvorher nicht bewölkt);
den 12. September noch 1 Stück. — **Roveredo** (Bonomi).
Erster den 28. April (stärkerer N.-O.-Wind, Regen, tagsvorher
gleichfalls Regen), Abzug den 19. August nach S. (schwacher
S.-O.-Wind, bewölkt, heiter, tagsvorher leichter S.-W.-Wind,
heiter).

Ungarn. Béllye (Mojsisovics). In den Lehmwänden bei
Szarvas an der Drau, unweit von Gross-Bajár nistet die Thurm-
schwalbe regelmässig, anderen Ortes findet man sie am Drauecke nur selten. Ueber ihr Eintreffen im Frühjahre besitze ich
keine Notizen. — **Pressburg** (Stef. Chernel). Den 23. Mai
grosse Schwärme um die Pressburger Schlossmauern, die ihr
Brutgeschäft beginnen. In der weiteren Umgebung von Pressburg, wie auf den Ruinen: Theben, Hainburg, Wattenburg
(Wolfsthal) fehlen sie; dagegen fand ich sie in grosser Menge
bei dem von Tannenwäldern der Klein-Karpathen umschlossenen
Schlosse Bibersburg, wo ich am 10. Juli diese kühnen Flieger
beobachtete. — **Szepes-Béla** (Greisiger). Den 7. Mai abends
in Béla 10 Stücke den Thurm umfliegend (S.-Wind, trüb,
warm, tagsvorher N.-Wind und Schneefall auf der Tátra), den
8. und 9. waren in Béla keine zu sehen (regnerisch, Temperatur gesunken, circa $+ 12^0$ R.; N.-Wind, regnerisch, kühl,
$+ 6^0$ R.), 10. Mai wieder viele (nachmittags S.-Wind und
etwas Regen, tagsdarauf auch S.-Wind), 12. August in Béla
die letzten (heiter und S.-Wind, in der Nacht aber schon
sehr kühl).

46. *Hirundo rustica*. Linn. — Rauchschwalbe.

Böhmen. Aussig (Hauptvogel). Am 28. März 3 in
Pömmerle, am 7. April 1 Stück, am 9. in grösserer Menge,
am 16. April in Aussig ein grösserer Zug, welcher die in der
Malzfabrik nistenden Paare enthielt. Am 14. Juni flogen in Pömmerle die ersten Jungen aus; am 29. Juli die der zweiten Brut.
Den 7. August zogen die ersten, am 17. und 20. die letzten
nach S.-W. fort. Bei einem Zuge, der in Pömmerle in der
zweiten Woche des Septembers ankam, war eine ganz weisse und
eine schwarze mit weissen Flügeln. Sie flogen an dem Felsen
der Eisenbahn herum und waren am anderen Tage fort. Die Zahl
dieser Vögel war in diesem Jahre sehr gross. — **Blottendorf**
(Schnabel). Erste den 23. April nach S. (schön), Abzug anfangs September. — **Johannesthal** (Taubmann). Erste erst
Mitte April nach N. (N.-O. und N.-W., O.-Wind, kühl, hell),
Mehrzahl anfangs bis Mitte Mai. Zugrichtung dieselbe (warm
und schön); erster Gesang anfangs Mai; erstes Gelege den 20.

Mai; Abzug anfangs, Mitte bis Ende September (windig und bei Regen). Seit 10 Jahren in steter Verminderung. — **Litoschitz** (Knežourek). Erste den 4. April (windstill). Mehrzahl den 13.; den 24. August flogen die letzten Jungen von Neste ab; den 8. October Abzug der letzten 4 Stücke (trübes Wetter). — **Mauth** (Soukup). Erste den 21. März (starker O.-Wind, kalt), Mehrzahl den 28. März, 3., 4. und 6. April (O.-Wind), Abzug den 16. August, 6., 19. und 28. September (W.-Wind, kalt, tagsvorher O.-Wind, warm). — **Nepomuk** (Stopka). Erschien in grösserer Anzahl als im Vorjahre; die ersten sechs wurden bei kalter Witterung am 11. April (am 10. heftiger Wind aus W., höchste T. +- 6") beobachtet: am 16. bereits mehrere bei O.-Wind; 22. Mai Nestbau, am 9. Juli Junge ausgeflogen; die letzte grössere Schar am 18. September (klare Witterung und O.-Wind, am 19. September trüb, O.-Wind); von da an waren wenige zu sehen; die zwei letzten am 23. October nachmittags bei trübem Wetter, + 7°, am 22. Frost, W.-Wind. — **Rosenberg** (Zach). Am 31. März morgens (warm, windstill) die erste, am 5. April wieder nur eine gesehen.

Bukowina. Fratautz (Heyn.) Erste den 27. April nach N.-W. (mildes Frühlingswetter, tagsvorher warm und hell), Mehrzahl den folgenden Tag nach N.-W. (stärkerer S.-W.-Wind, warm, leicht bewölkt), starke Züge den 2. Mai nach N.-W. (windstill, vormittags leichter Regen, dann schön, tagsvorher warmer Strichregen); Gesang am Tage der Ankunft; Abzug am 4. September nach S. (warm und hell, tagsvorher leichter Strichregen). — **Gurahumora** (Schnorfeil). Erste den 11. April von O. nach W. (stärkerer O.-Wind, trüb, Regen, tagsvorher trüb), Mehrzahl den 14. April von O. nach W. (schwacher O.-Wind, schön, tagszuvor Strichregen); Abzug den 11. September nach O (schwacher W.-Wind, heiter, sowie tagszuvor). — **Karlsberg** (?). Die ersten am 14. April (Regen, dann hell), Mehrzahl am 15. bei Regen, dann Schnee; erster Gesang am 13., Mehrzahl am 15; Abzug am 6. September (bewölkt, dann hell). — **Kuczurmare** (Miszkiewicz). Den 23. April angekommen, erste Brut im Mai, zweite im Juli, im September fortgezogen. — **Kupka** (Kubelka). Erste den 20. April nach W. (mässiger W. und O.-Wind, warm). Mehr-

zahl den 30. April nach W.; Gesang allgemein den 2. Mai;
Nestbau begonnen den 27. Mai, ein volles Gelege den 15. Juni;
Abzug den 24. September nach S.-O. (mässiger S.-O. und
W.-Wind, warm . — Solka (Kranabeter). Häufig. Sie erschien
am 10. Mai in dem Reviere und zog am 10. September scharen-
weise ab. — Straza (Popiel). Erste den 13. April, Mehrzahl
den 18.; Gesang am Tage der Ankunft; Nestbaubeginn den 12.
Mai, ein volles Gelege den 10. Juni; Abzug den 26. August
(starker N.-W.-Wind, nasskalt). — Terebleszty (O. Nahlik).
Erste den 15. April nach O. (stärkerer O.-Wind, warm, tags-
vorher ebenso), Mehrzahl den 23. April nach O. (leichter
O.-Wind, warm, wie tagszuvor); Abzug den 21. September nach
S. (leichter O.-Wind, schön wie tagszuvor). — Toporoutz
(Wilde). Erste den 19. April, Abzug den 8. September.

Dalmatien. Spalato (Kolombatović). Am 14. März 5,
in den darauf folgenden Tagen in immer grösserer Anzahl bis
zum 20. Gegen den 20. August verminderte sich ihre Zahl, nach
dem 12. September wurden sie selten. 12. October Massenzüge,
dann wieder selten und seit dem 26. nicht mehr vorhanden.

Galizien. Tolszczow (Madeyski). Erste den 14. April
(N.-W.-Wind, wie tagsvorher schön), Mehrzahl den folgenden
Tag (schön).

Litorale. Monfalcone (Schiavuzzi). 22. März früh die
ersten angekommen, 27. März sehr viele, 2. April alle da;
den 19. Mai hatten sie Junge, 28. Mai waren die Jungen schon
flügge.

Mähren. Goldhof (Sprongl). Am 9. April 5 Stücke angekommen (Regen, Wind aus S.-O., Stärke 2), am 11. April
circa 10 Paare (S.-Wind, schwach); 19. August um 7 Uhr früh
ein Schwarm von vielen hundert Exemplaren, welcher vom
Mönitzer Aufzugswald in der Richtung gegen S. zog. — **Kremsier** (Zahradník). 11. April. — **Oslawan** (Čapek). 2. und
3. April je 1 Stück in nördlicher Richtung, gegen den Wind,
8. April 3, 12. April mehrere, 13. April (kalt) nicht bemerkt,
14. April (schöne Witterung) mehrere, 18. April alle hier. Vom
23. April wurde mit dem Nestbaue begonnen. Mitte September
Abzug, 28. September 2 Stücke, 1. October 6 Stücke, 2.
1 Stück. — **Römerstadt** (Jonas). Erste den 14. April von

S. nach N.-O. (schwacher S.-W.-Wind, schön, wie tagsvorher),
Mehrzahl denselben Tag nach S.; erster Gesang den 20. April,
allgemein den 28; Nestbau den 2. Juni, ein volles Gelege den
14. Juni; Abzug den 6. September nach S.-W. (schwacher
W.-Wind. schön, tagszuvor ebenso).

Niederösterreich. Nussdorf a. D. (Bachofen). 1884
den 4. April eine, den 21. April viele, den 9. September sammelten sie sich, den 10. Hauptmasse fort, den 27. October
1 juv. 1885 den 2. September Hauptmasse fort, 5. wieder eine Menge
auf den Gesimsen der Brauerei, in der Nacht vom 5. auf den
6. fort, 10., 12., 13., 14. September neuerdings eine Menge
auf den Gesimsen, den 15. abgezogen.

Salzburg. Abtenau (Höfner). Erste den 2. April (windstill. trüb). — **Hallein** (Tschusi). 3. April 4 Uhr nachmittags, nach mehrtägigem W., bei W. 6 Stücke hochkreisend und
singend, 11. April 5—6 nach S.-Wind bei N.. 18. August
bei trübem Wetter ein Flug von 20—30 auf der Wiesen.

Schlesien. Dzingelau (Želiskó). 10. April (trüb, veränderlich, S.-W.) 4 Stück angekommen, (9. Regen bei S.-W..
11. wie am 10.), Hauptankunft am 13. (Nebel bei N.-O.),
Beginn des Abzugs 10. September (heiter bei S.-W.), Haupt-
züge den 14. bis 19. September (vorherrschend S.-W.), Nachzüge aus Norden am 4., 5., 11. October (S.-W.. Regen), die
letzte am 17. (trüb, neblig bei S.-W.) — **Lodnitz** (Nowak).
Einzelne am 7. April (tagsvorher schönes, warmes Wetter, gegen
Abend Regen, Südwind. nachts ruhig, heiter: 8. Regen, Südwind), 9. (regnerisch, aber warm) schon mehrere da und einzelne singend; Ende September waren bereits alle abgezogen. —
Troppau (Urban). Am 12. April, laut Mittheilung des Herrn
Dr. Scherz, je 1 Stück bei Schlackau und bei Stiebrowitz; 15.
kam eine mit lautem Ruf zu den vorjährigen Nestern in meiner
Wohnung. flog aber sogleich wieder fort; am 17. kamen zwei
oder drei, die sich nun von Zeit zu Zeit einfanden und später
eines der alten Nester zum Brüten benutzten. Mitte Juli begann
die zweite Brut und am 6. August waren fast flügge Junge im
Nest; seit 15. und 16. kamen nur mehr drei, dann zwei, endlich
nur eine, um bei, nicht in dem Neste, zu übernachten; den 24.
September sah ich kurz vor Mittag bei schwachem Südwest-

wind. 3 Exemplare in mässiger Höhe gegen S.-W. fliegen; eine
von ihnen flog zurück, kam aber gleich wieder mit vier anderen
den zwei vorausfliegenden nach, ohne dass — mit Ausnahme der
eben erwähnten kurzen Umkehr — ein Zurückkommen oder auch
nur eine seitliche Schwenkung zu bemerken war, also wohl ein
deutlicher Abzug. Später, 3o. September, 1. und 3. October
(früh 6—7⁰ R.) waren noch einige hier zu sehen; am 6. (bei
heiterem Himmel, aber heftigem Wind) wohl an 3o Stücke,
nebst vielen *Hir. urb.* am Eisenbahndamm nächst der Olmützer
Strasse zeitweilig auf den Telegraphendrähten rastend: es mögen
Nachzügler aus Norden gewesen sein. Am 9. October sah ich
nur noch eine, doch soll auch am 26. eine beobachtet worden sein.

Siebenbürgen. Fogaras (Czýnk). Erste den 9. April
nach N.-W. (S.-W.-Wind, warm, heiter, tagsvorher warm und
trüb), Mehrzahl den 12. April nach S. (N.-W.-Wind, warm,
heiter, tagsvorher S.-Wind, warm, trüb); erster Gesang den
26. Aprll, allgemein den 2. Mai; Nestbau den 6. und ein Gelege den 17. Mai; Abzug den 26. September nach S.-W. (O.-Wind,
kühl, trüb, tagszuvor S.-W.-Wind warm, trüb). — **Nagy-
Enyed** (Csató). Am 27. März erschienen die ersten in der
Stadt (+ 9⁰ C.), 4. April 2 Stücke in Magyar-Bago; den 10.
September zogen sie bei + 15⁰ C. aus der Stadt ab und am
6. October wurde das letzte Stück gesehen.

Steiermark. Hartberg (Grimm). Erstes Eintreffen am
27. März, Abzug am 1. September; Nachzügler sind besonders bei dieser Art häufig. Ein Paar, das krank war, überwinterte im Januar und Februar in der Stube. — **Mariahof**
(Hanf & Paumgarten). Häufig, brütet in der Regel zweimal.
8. April 1 Stück beim Teiche vorbeigezogen, 11. April 4—6
Stücke, 1 Stück bei der Kirche, 12. April 1 Stück im Hause,
13. und 14. 4—6 Stücke. je 2 Stücke im Hause, 15. singend,
17., 18. und 19. viele; Mitte Mai waren sämmtliche angekommen; 18. Juni ausgekrochen; 7. August die ersten Bruten
fort, 15. September 20—3o Stücke mit *urbica*, 21. 10—20.
27. 2, 1. October 5, 2. October 2 Stücke. — **Mariahof** (Kriso).
2. April 1 Stück beobachtet, das einigemale um ein Bauern-
gehöft und dann in nördlicher Richtung fortflog; 11. April
1 Stück, 12. April 3 im Hause, am 13. April, einem Regen-

tage, kam eine. 14. April im oberen und unteren Gange je
1 Exemplar übernachtet, 15. April 3 im Hause, 17. April
mehrere in der Umgebung (Wetter veränderlich und kalt), 23. April
zahlreich hier; 28. April bauen *rustica* und *urbica* allenthalben
Nester und im Schulhause sitzt schon ein ♀ im alten Nest; 14.
und 15. Mai (kalte, stürmische Tage) keine Schwalbe übernachtet,
obschon die Fenster der Hausgänge Tag und Nacht offen blieben;
18., 19. Mai (noch kältere Tage) fast keine Schwalbe zu sehen,
20. Mai (schön) früh *rustica* und *urbica* wieder zu sehen; 12. September (kalt, Schnee auf den Bergen) haben 2 Alte und 3 Junge
im Hause noch übernachtet. — **Paldau** (Augustin). »Schwalben«.
Häufiger Brutvogel. Kamen nach (! d. R.) den Stadtschwalben
und zogen 2 und 3 Tage vor ihnen fort. — **Pikern** (Reiser).
Die erste Rauchschwalbe am 30. März gesehen. — **Pöls**
(Washington). Abzug der Hauptmasse am 5. und 6. September, vereinzelte bis zum 10. dieses Monates.

Tirol. Innsbruck (Lazarini). Am 22. März 2 Stücke
bei der Mühlauer Eisenbahnbrücke, 24. März vormittags 1 Stück
unter circa 10 Uferschwalben am Inn in der Hallerau (scharfer
Nordostwind mit Schneefall im Gebirge), 28. März (Regen in
der Niederung, Schneefall im Gebirge) 3 Stücke in der Stadt
gesehen, 9. April 1 Stück abends bei der Gallwiese, 12. April
ziemlich zahlreich in der Ambraserau am Inn, 15. April einige
ebendort. 16. April (Südwind) morgens 8 Uhr ziemlich viele
im Haushofe und den Höfen der Nebenhäuser; sie schienen ihre
alten Nester aufzusuchen und sangen auch schon. Diese Art brütet
in Innsbruck, Wilten, Igls, Patsch etc. In Vill fehlte sie zur
Brutzeit, während sie an den nach dem Brande im Jahre 1883
neuerbauten Häusern von Igls nistet. Am 30. August geschart
in Wilten. — **Mareith** (Sternbach). Hier weniger häufig als
H. urbica; brütend beim Wurzerbaur bei 1200 m. angetroffen.
Am 12. September noch da, am 22. September mittags beim
Weiher ober dem Schlosse, am 5. October einige beim Weiher
und bis zu 1200 m. Höhe. — **Roveredo** (Bonomi). Erste den
27. März nach N. (schwacher S.-W., Regen, tagsvorher S.-Sturm,
bewölkt), Rückzug den 29. März (Regen, Schnee auf den Bergen,
tagsvorher bewölkt). Abzug den 4. September nach S. (stärkerer

S.-W.-Wind, sehr heftiger Regen, tagsvorher schwacher S.-W.-
Wind, bewölkt).

Ungarn. Béllye (Mojsisovics). 1884: 28. März,
1885: 18. März die erste in Béllye; »rüstete« sich zum Abzuge 1884 am 4. September, 1885 am 31. August. In einzelnen Oekonomie-Districten, so z. B. in Braidafeld wurde die
Wahrnehmung gemacht, dass die Anzahl der im Frühjahre 1885
eingetroffenen Schwalben ungleich grösser als im Frühjahre 1884
war. Die Anzahl der Nester in den Stallungen betrug das Drei-
fache gegen das Vorjahr. — Güns (C. Chernel). Erste den
2. April aus S.-O. (gelinde und heiter, sowie tagsvorher). —
Landok (Schloms). Erste den 16. April nach N. (schwacher
S.-Wind, trüb, tagszuvor S.-Wind, schön), Mehrzahl den 22. April
(schwacher N.-O.-Wind, warm, wie tagsvorher). — **Mosócz**
(Schaffgotsch). Am 14. April kam hier bei sehr schönem
Wetter die erste an (bei Agram beobachtete ich eine schon den
10. März); den 2. September sammelten sie sich im Dorfe;
am 8. September waren nur mehr sehr wenige zu sehen; den
15. ein bedeutender Zug nach S.-O. — **Nagy-Szt.-Miklós**
(Kuhn). Erste den 30. März nach N. (windstill. + 14° C.,
tagsvorher schön), Mehrzahl den 4. April nach N. (warm und
schön); Nestbau vom 20.—30. April, ein volles Gelege den
20. Mai; Abzug den 20. September von N. nach S. — **Pressburg** (Stef. Chernel). 31. März erschien die erste. Ihre Brut
war heuer ausgezeichnet. Auf der im Modreiner Wald befindlichen Holzhauerniederlassung, die aus fünf Hütten besteht, wurden
beiläufig 40 Schwalben grossgezogen. Anfangs September sammelte sich diese kleine Schar und machte ihre Flugübung von
dem Dache der ebenfalls in der Mitte des Waldes erbauten
stockhohen Villa aus, die bereits 1000 Fuss hoch liegt. Man
konnte die bekannte Truppe noch beinahe drei Wochen lang
täglich beobachten, bis sie endlich am 20. September die Gegend
verliess. Den 15. Mai fiel das Thermometer auf 0° und starker
Wind mit Schnee trat ein. In Pressburg war während dieser
rauhen Witterung keine Schwalbe zu sehen, die sich alle in die
Scheunen und unter Brücken geflüchtet hatten. Um die Schiffs-
brücke flogen die armen nach Nahrung suchend zu hunderten
herum. Den 2. October sah ich die letzten. — **Szepes-Béla**

(Greisiger). Den 12. April (S.-Wind und Regen, ebenso mehrere Tage vorher, tagsnachher kalter N.-O.-Wind und des Nachts
Frost) 2 Stücke bei, den 13. 2 in der Stadt; 16. (N.-O.-Wind,
gegen Abend S.-Wind und trübes, warmes Wetter, ebenso tagsnachher) mehrere, in Javorina (Tatra) die ersten; 17. Ankunft
der Hauptmasse in Béla. Den 24. August (N.-Wind und regnerisch, tagsvorher noch warm, tagsnachher N.-Wind) sammelten
sich die Schwalben in grossen Flügen und umkreisten die Stadt;
den 25. zog ein Flug von circa 100 Stücken von N. nach S.;
23. September die letzte.

47. *Hirundo urbica* Linn. — Stadtschwalbe.

Böhmen. Aussig (Hauptvogl). Am 12. April die erste
in einem Fluge von *H. rustica*, am 16. Mai kamen sie in Pömmerle an; heuer traten sie in geringer Zahl auf. — **Bausnitz**
(Demuth). Erste den 16. April nach N. (schwacher S.-O.-
Wind, sowie tagsvorher milde), Mehrzahl den 20. April nach
N.-O. (schwacher N.-W.-Wind, milde, wie tagszuvor); Nestbau
den 28. Mai, ein volles Gelege den 16. Juni; Abzug den 10. September nach S.-W. (steifer S.-W.-Wind, milde, sowie tagsvorher).
Kam heuer ungewöhnlich früh. — **Blottendorf** (Schnabel).
Erste den 2. Mai, Abzug der ersten am 20. August, allgemeiner
den 27. War früher hier zahlreich, ist aber jetzt im Aussterben
begriffen. — **Braunau** (Ratoliska). Erste den 17. April, letzte
den 7. September. — **Bürgstein** (Stahr). Erste den 11. April
(N.-Wind), Mehrzahl den 15. April (N.-Wind). — **Johannesthal** (Taubmann). Die ersten den 30. April nachts (etwas
später als die Rauchschwalbe) nach N. und N.-O., gegen den Wind
(tagsvorher noch kühl, hell), Mehrzahl Mitte Mai nach N. und
N.-O. Die Ankunft fand sehr vereinzelt statt. Gesang von 10. Mai
an; Nestbau vom 2. bis 16. Mai, ein Gelege den 25. Mai;
Abzug Ende September nach S. und S.-O., gegen den Wind. —
Litoschitz (Knežourek). Erste den 28. April, Mehrzahl den
3. Mai; Abzug den 5. September nach S.-W. (schön, sowie
tagsvorher). — **Mauth** (Soukup). Erste den 21. März, Mehrzahl den 1. Mai (O.-Wind); Abzug den 16. August und 10. September (O.-Wind). — **Nepomuk** (Stopka). Zahlreicher als

im Vorjahre. Am 18. April die ersten bei ihrem gewöhnlichen Aufenthaltsorte, Zelena hora (am 17. und 18. warm, O.-Wind), am 29. erschienen sie zahlreich (28. und 29. warm, heiter, O.-Wind): nisteten ausnahmsweise am Schlosse des Berges Zelena hora; vom 3. September in Scharen, am 7. und 8. nur mehr wenige, am 9. wieder zahlreich; die letzte grössere Schar zeigte sich etwa vom 19. auf den 20., den 7. October auffallenderweise am Schlosse wieder etwa 100 Stücke, die letzten drei am 11. October. — **Rosenberg** (Zach). Am 22. April die ersten gesehen.

Bukowina. Gurahumora (Schnorfeil). Erste den 12. April von O. nach W. (schwacher O.-Wind, schön, tags-vorher Regen, trüb); sonstige Zugsdaten wie bei der Rauch-schwalbe. — **Illischestie** (Žitný). Erste den 21. April nach N. (stärkerer W.-Wind, warm, schön); Gesang den 25. April: Nestbau den 26. Mai, ein Gelege den 10. Juni; Abzug den 15. September nach S. (schwacher W.-Wind, warm, schön). — **Kaczyka** (Zemann). Erste den 9. April von S.-W. nach N.-O. (W.-Wind, warm, heiter, tagsvorher S.-W.-Wind, mild, trüb), Mehrzahl den 15. April von S.-O. nach N.-W. (mässiger W.-Wind, milde, tagsvorher S.-W.-Wind, kühl, regnerisch), starke Züge den 15. (mehr als 50 Stücke um 9 Uhr) und 20. April von O. nach N.-W. (ziemlich starker S.-O.-Wind, mild, tags-vorher mässiger N.-O.-Wind, ziemlich kalt); erster Gesang den 9. April. — **Karlsberg** (?). Die ersten am 12. April (heiter), die Mehrzahl am 20. (bewölkt), Gesang am 20., Abzug am 28. August. — **Petroutz** (Stránský). Erste den 13. April, letzte den 16. September. — **Pozoritta** (Kilta). Am 6. April die ersten gesehen; nach der Brut wurde ein ganz weisses Junge beobachtet. — **Solka** (Kranabeter). Häufig. Erschien am 10. April in einzelnen Exemplaren, Ende April in grosser An-zahl und zog scharenweise am 12. September ab. — **Straza** (Popiel). Erste den 13. April nach S.-O. (W.-Wind, schön, tagsvorher ebenso), Mehrzahl den 1. Mai nach S.-O. (S.-W.-Wind, schön, sowie tagszuvor), Abzug den 24. September (sowie tagsvorher leichter S.-W.-Wind).

Dalmatien. Spalato (Kolombatović). Am 14. und 16. März einzelne und dann bis zum 4. April gar keine, an

welchem Tage 2 Stücke; vom 6. an in stets grösserer Anzahl
und am 14. in grossen Massen, die auch hier verblieben. Gegen
1. September verliessen sie die Nester und die Zahl verminderte
sich nach und nach, so dass am 27. kein Individuum mehr
vorhanden war. Später zeigten sich einzelne am Zug vom 9. bis
zum 16. October.

Galizien. Tolszczow (Madeyski). Erste den 29. April.

Litorale. Monfalcóne (Schiavuzzi). Erste den 9. April
(leichter N.-O.-Wind, bewölkt, Regen, tagsvorher ebenso und
etwas stärkerer N.-O.-Wind), Mehrzahl den 14. April (windstill,
bewölkt, tagsvorher Regen). — **Triest** (Moser). Erste den
10. April nach N.-O. (leichter N.-O.-Wind, heiter, tagsvorher
trüb und regnerisch). Schon am 22. März wird mir *H. urbica*
aus Lussin piccolo gemeldet.

Mähren. Oslawan (Čapek. 11. April 1 Stück, 17. April
mehrere, 28. April alle hier. Am 3. Mai wurde mit dem Nestbau
begonnen, doch allgemein erst vom 11. Mai. Den 3. Juni das
erste volle Gelege; melanistische Gelege einigemale angetroffen.
Vom 16. August in kleinen Flügen, vom September in Scharen:
18. September die meisten abgezogen, 20. September die übrigen.
Aus einem Neste flogen erst am 22. September die Jungen aus;
26. und 28. September je 2 Stücke. — **Römerstadt** (Jonas).
Erste den 14. April von S. nach N.-O. (schwacher S.-W.-Wind,
schön, sowie tagsvorher), Mehrzahl den 20. April von S.-W.
nach N.-O. (schwacher S.-Wind, sowie tagsvorher sehr schön).
Nach dem Unwetter am 16. Mai nachmittags 3 Uhr im Wäldchen eine todte Stadtschwalbe gefunden. Erster Gesang am Tage
der Ankunft, allgemein den 28. April; Nestbau den 26. April,
ein Gelege den 2. Mai; Abzug den 6. September nach S.-W.
(schwacher W.-Wind, schön, ebenso tagszuvor).

Niederösterreich. Mödling (Gaunersdorfer). Den
3. April 4 Stücke gesehen, 12. schon ziemlich viele eingetroffen,
am 26. September die letzten am Bache gesehen. Den 15. und
16. Mai (während einer Temperaturdepression mit kalten Nieder-
schlägen) waren die Schwalben wie verschwunden und auch
einige zu Grunde gegangen. — **Nussdorf** (Bachofen). 1884
den 21. April einige; 1885 8. April 1 Exemplar.

Salzburg. Abtenau (Höfner). Erste den 5. Mai (stärkerer W.-Wind, trüb, tagsvorher windstill und trüb). — **Hallein** (Tschusi). 8. Mai (W. + 10°. trüb) nachmittags viele, 18. August 15—20.

Schlesien. Dzingelau (Želisko). Hauptankunft den 16. April (heiter, kühl, N.-O., am 17. heiter, warm, O.-W.). Brüteten heuer hier nur einmal. Den 8. August begannen sie sich zu sammeln: Beginn des Zuges am 16. (heiter, warm, S.-O.), Hauptzug den 24. (Regen, kühl, bei W., ebenso am 25.), nordische Nachzüge am 10. September. — **Jägerndorf** (Winkler). Die erste den 18. April (schön, ebenso am 17. und 19.), am 19. in Mehrzahl. — **Lodnitz** (Nowak). Kam heuer ziemlich später an als *H. rustica*, und auch der Abzug erfolgte viel später. — **Troppau** (Urban). Am 10. October (!) waren in einem Neste noch Junge, die von den Alten gefüttert wurden; an diesem Tage (nachmittags und am 11. den ganzen Tag hindurch Regen, am 12. früh trüb, später heiter) hier keine Schwalbe mehr zu sehen. In Gilschowitz waren am 21. September ebenfalls noch Junge in einem Neste und einige Tage später ausgeflogen. Am 28. und 29. August um 5 — 6 Uhr abends schwärmten etwa 100 über der hiesigen Realschule und anderen hohen Gebäuden; kleinere Flüge sah ich am 14. September in Ottendorf; 22. über den städtischen Wiesen an der Fischergasse (Troppau); am 24. in Köhlersdorf, am 3. October in Grätz und zuletzt am 6., wie schon bemerkt, mit *H. rustica*. — **Wagstadt** (Oberlehrer Wolf). 4. April einzelne, 12. Hauptmasse, zu Anfang Mai Nachzügler. Beginn des Abzugs am 2. September westwärts, Hauptabzug Ende September. Der Schneefall am 2. und 3. Mai hatte vielen geschadet.

Siebenbürgen. Fogaras (Czýnk). Erste den 30. April nach W. (S.-Wind, warm, trüb, tagsvorher ebenso), Mehrzahl den 3. Mai (S.-W.-Wind, warm, heiter, tagsvorher ebenso); erster Gesang den 5. Mai, allgemein den 7.; Nestbau vollendet den 18. Mai und ein volles Gelege den 26.; Abzug den 24. October nach S. (wie tagsvorher trüb und warm). — **Nagy-Enyed** (Csató). Die ersten erschienen am 12. April bei 11·5° C., das in meinem Hofe nistende Paar am 16. April abends; am 10. September zogen sie aus der Stadt ab und am 12. September wurden in der Nähe circa 2000 Stücke gesehen.

Steiermark. Mariahof (Hanf & Paumgartner). Häufiger Brutvogel. 15. und 16. April 1 Stück, 20. 3 Stücke, 23. mehrere, 28. April viele, 1. Mai sehr wenige, Hauptmasse Mitte Mai; 15. September 10—20, 19. 4—6, 21. 10—20, 23., 24. 3—5, 25. 10—20, 27. und 28. September 6 Stücke. — **Paldau** (Augustin). »Spalken«, »Speiken«, »Spalkerl«, »Speikerl«. Sie liessen sich durch den Thurmbau nicht beirren und sind hier häufig. Zogen am 8. und 9. September fort. In Graz fand ich 10 Tage darauf noch einige. — **Pikern** (Reiser). Am 30. Juli erschienen plötzlich etwa 100 Stücke und blieben tagsüber bei unserem Hause in Ober-Pikern, wo nur 2 Paare brüteten. — **Pöls** (Washington). Abzug zwischen dem 7. und 10. September.

Tirol. Innsbruck (Lazarini. Am 18. Juni zum Sommeraufenthalte nach Vill gekommen, traf ich dort *H. urbica* brütend an. Auch in Wilten und an einigen alten Häusern von Igls brütet diese Art, während ich sie in der Stadt selbst noch nicht bemerkt habe. Vill 7. September morgens sammelten sich die Schwalben, 12. September herrschte viel Bewegung unter ihnen. 19. September (Regen) Schwalben verschwunden, 23. September (schöner Herbsttag) einzelne sichtbar, 6. October viele Zugschwalben bei Vill und Igls, 10. October noch einige bei Vill. Den 15. October, nachdem es die vorigen Tage bis tief herabgeschneit hatte und am 15. Regenwetter eintrat, waren in der Stadt alle verschwunden; 28. October 6—8 Stücke um 2 Uhr nachmittags zwischen dem Bahndamme der Brennerbahn und der Sill nächst dem Sillfalle in Wilten, 30. October ziemlich viele eben dort. — **Mareith** (Sternbach). Dorf 1075, Schloss 1103 m. Höhe. Sie brütet bei Mareith häufiger als *H. rustica*. Am 6., 7. und 11. September in der Frühe hunderte an den Gesimsen des Schlosses, am 12. fort, am 13. wieder viele auf den Gesimsen, am 14. fort, am 22. abends eine beim Schlosse, am 5. October *Hirundo urbica* und *rustica* beim Weiher bis 1200 m., am 6. October *Hirundo urbica* bis 1200 m., am 9. mehrere nachmittags beim Schlosse, am 12. eine einzelne.

Ungarn. Béllye (Mojsisovics). Ich erhielt in den zwei letzten Jahren keine speciellen Berichte über das Eintreffen und den Abzug der Stadtschwalbe; ich traf sie 1884 im Frühjahre und 1885 im Sommer wiederholt in den verschiedensten Theilen meines weiteren Beobachtungsgebietes. Nach Landbeck theilt sie die Zugzeit mit *H. riparia*, was mir sehr wahrscheinlich ist. — **Landok** (Schloms). Erste den 20. April (schwacher N.-W.-Wind, schön, tagsvorher ebenso), Mehrzahl den 23. April (schwacher N.-O.-Wind, warm). — **Nagy-Szt.-Miklós** (Kuhn). Erste den 22. April nach N. (warm und schön, wie tagsvorher), Mehrzahl den 29. April nach N. (schön); Nestbau vom 29. April bis 10. Mai. — **Pressburg** (Stef. Chernel). »Speicherl«. Den 25. April erschien die erste; ist hier viel seltener als die Rauch-schwalbe. Der Wegzug erfolgte in der ersten Hälfte des Septembers. — **Szepes-Béla** (Greisiger). Den 24. April (S.-Wind, sehr warm, ebenso mehrere Tage vorher und nachher) mehrere; den 24. August (N.-Wind, kalt und regnerisch, tagsvorher noch warm, tagsnachher N.-Wind und kalt) sammelten sie sich in grossen Haufen und kreisten nachmittags hoch in der Luft herum; in den Morgenstunden des 26. flog in Béla ein Flug von einigen 30 Stücken ununterbrochen gegen zwei nebeneinanderhängende, noch mit Jungen besetzte Nester, gleichsam als wollten sie die Jungen herauslocken; den 28. wiederholte sich derselbe Vorgang und klammerten sie sich an Reste, welche theils von zerstörten alten Nestern, theils von nicht vollständig ausgebauten herrührten, an; noch den 2. September flog ein Schwarm von circa 30 Stücken gegen die mit Jungen besetzten Nester; den 19. befanden sich in einem Neste noch Junge.

48. *Hirundo riparia* Linn. — Uferschwalbe.

Böhmen. Aussig (Hauptvogel). Am 25. April ange-kommen; heuer nur wenige hier.

Bukowina. Terebleszty (Nahlik). Brutvogel. Alle Zug-daten wie bei der Rauchschwalbe.

Dalmatien. Spalato (Kolombatović). Vom 15. März bis zum 15. April auf dem Zuge; vom 5. bis zum 17. October äusserst wenige.

Litorale. Triest (Moser). Erste den 25. April (leichte Bora). Ein einziger Vogel wurde in Borst bei Triest beobachtet.

Mähren. Kremsier (Zahradník.) 12. April. — **Oslawan** (Čapek). Brütet bei Reznowitz und Hruběitz am Iglawa-Flusse; 26. April 8 Stücke daselbst.

Salzburg. Hallein (Tschusi). 8. Mai (nach Regen in der Nacht und des Morgens, $+ 8^0$) 1 Stück in Gesellschaft von *H. rust.*, nachmittags mehrere mit *H. urb.* und *rust.*

Siebenbürgen. Kolozsvár (Hönig). In der Nähe von Apahida, in dem ziemlich flachen Ufer des Szamosflusses, eine kleine Colonie von 20 — 24 Löchern angetroffen. Die Nester — kaum 1 m. über dem Wasserspiegel — sind bei Hochwasser überschwemmt; werde mir es angelegen sein lassen, nähere Beobachtungen zu machen. — **Nagy-Enyed** (Csató). Am 28. April wurden mehrere beobachtet.

Steiermark. Mariahof (Hanf & Paumgarten). Durchzugsvogel. 5. Mai 1 Stück, 8. 3—6 Stücke, 9. etliche, 10. Mai 1 Stück. — **Paldau** (Augustin). Bei Graz a. d. Mur kommt sie vor; hier konnte ich bisher nichts über sie erfahren. — **Pöls** (Washington). Die Colonien dieser Art, welche sich im Vorjahre an den Ufern der Kainach angesiedelt hatten, blieben heuer aus.

Tirol. Innsbruck (Lazarini). Am 24. März vormittags zeigten sich circa 10 Stücke dieser Art nebst einer *H. rustica*, von Westen kommend, am Inn in der Hallerau und flogen nach Mücken eifrig jagend, eine kurze Strecke ober dem Wasser auf und ab.

Ungarn. Béllye (Mojsisovics). Genaue Daten über ihr Eintreffen vermag ich nicht zu geben, doch war ich in der Lage zu constatiren, dass sie 1884 bereits vor Ende April in grossen Massen die Steilgehänge der Donau und Save belebte. — Plötzlich eingetretenes Hochwasser (nach dem niedrigen Wasserstande im Vorfrühjahre), das die Bruten zerstörte, beziehungsweise austränkte, dürfte meiner, auch von anderer Seite getheilten, Ansicht zufolge Schuld sein, dass etwa Mitte Juni ein Massenanzug dieses Vogels in Béllye beobachtet wurde. Am 4. September begannen in Béllye die Uferschwalben sich in Flüge zu scharen. Nach Landbeck trifft die Uferschwalbe Mitte April in Syrmien ein und zieht im October ab. (Vergl. meine früheren Berichte). — **Pressburg** (Stef. Chernel). Den 23. Mai sah ich zum erstenmal 4 Stücke zusammen. In der Umgebung Pressburgs entdeckte ich vier Nistcolonien in den Uferwänden der Donau, in der Flussstrecke zwischen Pressburg-Hainburg. Die eine kaum 1000 m. von Pressburg westlich, die andere nahe bei Theben, die dritte der Thebner Ruine gegenüber, die vierte bei Hainburg. Den 7. Juni hatten sie schon Eier. Die Beschaffenheit des Ufers ist sandig. Die Zahl der Nestlöcher in einer Colonie beträgt 100 bis 150, die aber nicht alle bewohnt sind; die Löcher stehen $2\frac{1}{2}$—$3\frac{1}{2}$ m. über dem Wasserspiegel. — **Szepes-Béla** (Greisiger). Den 1. Mai (S.-Wind regnerisch, vordem mehrere Tage S.-Wind und sehr warm) im N.-Eör die ersten gesehen.

49. *Hirundo rupestris,* Scop. — Felsenschwalbe.

Tirol. Innsbruck (Lazarini). Die Felsenwände der Martinswand waren im Juni von ungefähr 10 Paaren dieser Art besucht. Am 2. Juni erhielt ich zur Vervollständigung der ornithologischen Sammlung des »Ferdinandeums« zwei ♀ von dort mit ziemlich entwickelten Eiern, deren Schalen jedoch noch nicht erhärtet waren. Der gegenwärtig mit der Beaufsichtigung dieses Revieres betraute Jäger gibt an, dass diese Schwalben bei heiterem Wetter sehr hoch steigen, so dass man ihnen dann in dem von ihnen bewohnten Felsgebiete nicht beizukommen vermag, während sie bei stürmischem Wetter völlig zur Strasse herabkommen, welche von Innsbruck nach Zirl führt und wenig höher als der Inn liegt.

III. Ordnung.

Insessores. Sitzfüssler.

50. *Cuculus canorus,* Linn. — Kukuk.

Böhmen. Aussig (Hauptvogel). Am 20. April in Pömmerle. — **Bausnitz** (Demuth). Erster den 20. April (schwacher N.-W.-Wind, mild, wie tagszuvor), erster Ruf nach der Ankunft; ungewöhnlich früh eingetroffen. — **Blottendorf** (Schnabel). Erster den 21. April (sehr schön, wie tagsvorher), erster Ruf

nach der Ankunft. — **Braunau** (Ratolicka). Erster den 3. Mai.
— **Bürgstein** (Stahr). Erster den 23. April (sehr schön, abends
Gewitter, tagsvorher sehr schön). — **Johannesthal** (Taub-
mann). Erster den 24. April (S.-Wind, sehr heiss, schwül durch
8—10 Tage), Mehrzahl den 4. Mai (S.-O.-Wind, starkes Ge-
witter, sehr heiss); vom Tage der Ankunft an bis Ende Juni von
3—4 Uhr früh rufend; Abzug der alten Vögel Ende Juli nach
S. (S.-O.-Wind, sehr heiss). — **Litoschitz** (Knežourek).
Erster den 16. April (windstill, schön, wie tagszuvor), erster
Ruf den 18. April, letzter junger Vogel den 16. September. —
Mauth (Soukup). Erster den 22. April, erster Ruf tagsdarauf.
— **Nepomuk** (Stopka). Würde am 20. April (vor und nach
dem 20. warm, O.-Wind) gesehen, am 30. stark zu hören,
10. und 30. Mai in Paaren beobachtet, gegen Ende Mai seltener
zu hören, am 1. Juli zum letztenmale. — **Rosenberg** (Zach).
Am 22. April zum erstenmal gehört.

Bukowina. Fratautz (Heyn). Erster den 16. April.
Mehrzahl den 4. Mai, Ruf am Tage der Ankunft, Abzug Ende
August. — **Gurahumora** (Schnorfeil). Erster den 19. April
von O. nach W. (steifer N.-Wind, Strichregen wie tagszuvor).
Abzug den 3. October nach O. (schwacher W.-Wind, heiter wie
agszuvor). — **Illischestie** (Zitný). Erster den 7. April (sehr
warm, tagsvorher sehr schön, warm), erster Ruf den 8. April,
allgemein den 14.; den 7. Mai ein Ei neben sechs des Roth-
kehlchens; Abzug den 15. Juni (schöne Witterung). — **Kaczyka**
(Zemann). Erster den 11. April von O. nach N.-W. (W.-Wind.
mild, regnerisch, tagsvorher S.-W.-Wind, warm, schön), erster
Ruf den 13. April, allgemein den 16.; den 29. April ein Ei
im Neste der weissen Bachstelze. — **Karlsberg** (?). Die
ersten am 11. April (Regen, dann hell, + 6⁰ R.), die Mehrzahl
am 16. (S.-O.-Wind, trübe); erster Gesang am 11., allgemeiner
am 16. April; Abzug am 7. Juli (heiss, dann Regen). — **Kuczurmare** (Miszkiewicz). 23. Juni seine Stimme gehört, Ende
September fortgezogen. — **Kupka** (Kubelka). Erster den
15. März nach W. (mässiger W.- und O.-Wind, heiter), erster
Ruf den 20. März, Abzug den 20. September (mässiger W.- und
O.-Wind, warm, Regen). — **Petroutz** (Stránský). Erster den
14. April. — **Pozoritta** (Kilta). Am 24. April den ersten

gehört. — **Sólka** (Kranabeter). Erschien am 16. April, kommt ziemlich häufig vor und verlässt Ende August, spätestens anfangs September die Gegend. — **Straza** (Popiel). Erster den 11. April (schwacher N.-W., regnerisch, tagsvorher hell und klar). — **Terebleszty** (Nahlik). Erster den 17. April nach O. (schwacher O.-Wind, warm, auch tagszuvor), Mehrzahl den 23. April (leichter O.-Wind, warm, wie tagszuvor). — **Toporoutz** (Wilde). Erster den 22. April.

Dalmatien. **Spalato** (Kolombatović). Vom 29. März bis 13. October.

Galizien. **Tolszczow** (Madeyski). Erster den 15. April (O.-Wind, sowie tagszuvor schön).

Litorale. **Triest** (Moser). Erster den 26. April nach S.-W. (leicht bewölkt, heiter).

Mähren. **Goldhof** (Sprongel). Am 20. April hörte ich den Kukukruf zuerst und am 21. zeigte sich ein Exemplar in den Anlagen beim Hofe. — **Kremsier** (Zahradnik). 8. April. — **Römerstadt** (Jonas). Erster den 25. April (schwacher S.-W.-Wind, wie tagszuvor sehr schön), erster Ruf den 25., allgemein den 31. April; den 1. Juni ein Ei im Neste des Goldammers; Abzug den 12. September nach S. (schwacher W.-Wind, sehr schön, tagsvorher schwacher S.-W.-Wind, schön). — **Oslawan** (Čapek). Den ersten Ruf hörte ich am 12. April; 5. Mai sah ich, wie zwei ♂ ♂ ein »rothes« ♀ verfolgten. Heuer fand ich drei frische Kukukseier und zwar ein dunkelblaues am 7. Mai bei *Ruticilla phoenicura*, ein sparsam braun und grau geflecktes am 14. Mai bei *Lanius collurio* und ein über und über grau und braun geflecktes bei *Dandalus rubecula* am 9. Juni. Am 17. Juni hörte ich den Ruf zuletzt: noch am 18. September wurde ein junges graues Exemplar geschossen.

Niederösterreich. **Mödling** (Gaunersdorfer). Am 19. April zuerst gehört.

Salzburg. **Abtenau** (Höfner). Erster den 29. April (schwacher S.-O.-Wind, trüb, tagsvorher steifer S.-O.-Wind, heiter). — **Hallein** (Tschusi). 12. April erster Ruf, 12. Mai 1 Stück im Garten, 18. Juni letzter Ruf, 23. uli ♂ juv., 4. August 2 Stücke.

Schlesien. Dzingelau (Želisko). 17. April (heiter, warm, N.-O.) den ersten gehört, 19. (trüb, neblig, kühl) Hauptankunft. Ruf allgemein,' 9. Juli letzten Ruf gehört; Abzug am 3. August (trüb, kühl, regnerisch, N.-W.), 21. den letzten gesehen. — **Freudenthal** (v. Pfeifer). 9. April (heiter, warm, Südwind, auch tagsvorher schön), in Mehrzahl den 22. (warm, S.). — **Jägerndorf** (Winkler). 23. April (neblig, tagsvorher regnerisch). — **Lodnitz** (Nowak). Den 24. April den ersten Ruf gehört. — **Troppau** (Urban). 23. April im »Park«, wie Hr. Werner mittheilte; 24. hörte ich einen im »Schlackauer Busch« bei Grätz, später mehrere bis anfangs Juli. — **Wagstadt** (Wolf). 17. April.

Siebenbürgen. Fogaras (Czýnk). Erster den 12. April (N.-W.-Wind, warm, heiter, tagsvorher S.-Wind, warm, trüb), erster Ruf nach der Ankunft: Abzug den 13. September nach S.-W. (S.-W.-Wind, warm, heiter, tagsvorher S.-Wind, warm, trüb). — **Kolozsvár** (Hönig). Einzeln und ziemlich selten. — **Nagy-Enyed** (Csató). Am 10. April wurde der erste, am 12. viele in den Wäldern rufen gehört.

Steiermark. Hartberg (Grimm). »Kukez«. Erstes Exemplar am 13. April gehört, mehrere am 21. Legt bei uns seine Eier meistens in die Nester der *Ruticilla tithys* und *Motacilla alba*, doch traf ich auch zwei Nester der *Fringilla coelebs* und drei der *Emberiza citrinella* mit Kukukseiern belegt; nie aber fand ich noch in einem Neste zwei derselben. Den 14. Mai 1885 brachte mir ein Knabe auf mein Geheiss ein volles Elsternnest von einem Birkenbaume herab, in dem sich neben drei jungen, etwa acht Tage alten Elstern, **ein junger Kukuk**'). etwa 9 Tage alt, befand. Jedenfalls ist dies ein seltener Fund. — **Mariahof** (Hanf & Paumgartner). 16. April ersten gehört, 20. April 1 Stück; legt in *Ruticilla tithys*- und *Phyllopneuste, Bonelii* - Nester etc. — **Mariahof** (Kriso). 18. April den Ruf vernommen; ein zuverlässiger Berichterstatter hat ihn schon am 13. gehört. Am 10. Juli einen jungen halbflüggen Kukuk erhalten; er wurde auf dem Boden einer Scheune gefunden und

*) Nur auf wiederholte Bestätigung der Richtigkeit dieser Angabe haben wir selbe hier aufgenommen. v. Tschusi.

fiel infolge grosser Unruhe aus dem Neste von *Ruticilla tithys*.
— **Paldau** (Augustin). »Guggu«. Sparsam vorkommend.
Tirol. **Innsbruck** (Lazarini). Am 29. April hörte ich
den ersten Ruf unter den Lanserköpfen. Der dort in der Nähe
wohnende Jäger gab an, denselben schon einige Tage früher gehört zu haben. Nach den Beobachtungen der hiesigen Land-
bevölkerung erschallt der Kukuksruf gewöhnlich um Georgi, das
ist am 24. April, zuerst in unseren Wäldern. — **Roveredo**
(Bonomi). Erster den 7. April nach N. (stärkerer S.-W.-Wind,
bewölkt, tagsvorher stärkerer N.-O.-Wind, Regen und Schnee).
    Ungarn. **Béllye** (Mojsisovics). In gewisser Hinsicht
kann der Kukuk als Charaktervogel der mittleren Donau gelten;
kaum wüsste ich eine Localität zu nennen, wo er selten wäre;
denn selbst im ausgedehnten Rohre, das ab und zu kleine Baum-
inseln aufweist, fehlt er nicht völlig. Der erste Kukuk wurde
1884 in Béllye am 2. April, 1885 am 15. April wahrgenommen.
Ueber seinen Abzug besitze ich keine genaue Notiz. — **Güns**
(C. Chernel). Erster den 10. April. — **Landok** (Schloms).
Erster den 23. April (schwacher N.-O.-Wind, sehr warm). —
Mosócz (Schaffgotsch). Den 21. April den ersten gehört,
am 6. September mehrere im Felde beobachtet. — **Nagy-Szt.-**
Miklós (Kuhn). Erster den 18., Mehrzahl den 24. April; erster
Ruf den 24., allgemein den 30. April. — **Pressburg** (Stef-
Chernel). Sehr häufig. Der erste den 20. April. — **Szepes-**
Béla (Greisiger). Den 28. April (starker S.-W.-Wind, sehr
warm, ebenso tagsvorher und nachher) im Goldsberg an der
Poper den ersten gehört.

    51. *Merops apiaster*, Linn. — Bienenfresser.

    Dalmatien. **Spalato** (Kolombatović). 30. April; 1., 3.,
5., 6., 10., 17. Mai; 9., 15., 20., 21., 22., 23. August; 5. September.

    Siebenbürgen. **Nagy-Enyed** (Csató). Am 10. Mai die
ersten 2 Stücke.

    Steiermark. **Pikern** (Reiser). Erschien anfangs August
in etwa 60 Stücken gegen Abend in der Gemeinde Zmollnig in

einem 8oo m. hoch gelegenen Schlage; drei wurden erlegt, wovon ich einen Vogel besitze.

Ungarn. Béllye (M o j s i s o v i c s). Als ich Ende April Syrmien bereiste, war der schöne Vogel an den mir bekannt gewordenen Nistplätzen noch nicht eingetroffen; am Drauecke erschien im Jahre 1884 der Bienenfresser erst, nach Ablauf seiner Brütezeit, am 8. August in einem 5o — 6o Stücke zählenden Zuge, der zunächst in Czamaisziget sich niederliess. Im Monate August trifft man übrigens das Thier fast regelmässig, in kleineren oder grösseren Schwärmen bald im untersten Riedwalde, bald im höher gelegenen Terrain. Ganz auffällig verhielt sich diese Art im Jahre 1885; bereits am 7. Mai traf sie in Bátsziget ein: in den Monaten Juli und August habe ich sie so wiederholt und in solchen Massen angetroffen, wie noch nie zuvor. Scharen von 15o — 2oo, vielleicht noch mehr, Individuen sah ich in Danoczerdö, in Bátsziget, in Buziglicza, woselbst sie sich über den frischen Ackerungen schwalbenartig herumtrieben, und auch a. O., so in Monostor wurden ähnliche Schwärme beobachtet. In den erwähnten Riedparcellen (Bátsziget etc.) umflogen uns die Bienenfresser in den Abendstunden auf 1o — 15 Schritte Entfernung, kaum anders, als Fledermäuse zu thun pflegen. Zwischen 5 — 6 Uhr des Morgens verhielten sie sich ganz ähnlich, tagsüber sah und hörte man sie theils in unerreichbaren Höhen, theils strichen sie, immer geschart, von einem Walde zum anderen. Ihr Geschrei ist so charakteristisch und auf solche Entfernungen hin wahrnehmbar, dass man fast stets mit Aussicht auf Erfolg sich den Thieren zu nähern vermag. Dass die Bienenfresser 1885 im Gebiete brüteten, ist ganz zweifellos, doch konnte ich die Nistplätze nicht eruiren. Zum letztenmale beobachtete ich sie in diesem Jahre bei Föherczeglak am 6. September; in den nächsten Tagen waren sie, erhaltenen Berichten zufolge, etwas südlicher, nahe der Grenze des Drauriedes zu sehen; ob ihr Abzug stromabwärts oder in direct südlicher Richtung erfolgte, vermochte ich nicht zu erfahren.

52. *Alcedo ispida*, Linn. — Eisvogel.

Böhmen. Nepomuk (S t o p k a). Hält sich hier in einigen Paaren das ganze Jahr auf, ist jedoch selten zu sehen.

Dalmatien. Spalato (Kolombatović). Standvogel.

Litorale. Monfalcone (Schiavuzzi). Den 27. Januar
1 Stück am Seeufer bei Monfalcone.

Mähren. Kremsier (Zahradník). 15. März. — **Oslawan**
(Čapek). 15. April fünf frische Eier.

Niederösterreich. Mödling (Gaunersdorfer). Am
18. April am Mödlingbache 1 Stück beobachtet. — **Nussdorf**
a. D. (Bachofen). Den 21. September 1884 ein Exemplar am
Springbrunnen im Garten; an der Donau nur einzeln vorkommend.

Salzburg. Hallein (Tschusi). 3.—12. Januar, 14.—23.
Februar je 1 Stück am Bache; 6. August ♂ ad., erster am
Bache.

Schlesien. Troppau (Urban). An der Oppa, Mora und
Hossnitz mehrmals gesehen, zuletzt zwei im December. (Wohl
überall im Lande, an Flüssen und Bächen als Standvogel.) —
Wagstadt (Wolf). 12. December 1 Exemplar.

Siebenbürgen. Kolozsvár (Hönig). An den mit Weiden-
büschen begrenzten Ufern der Szamos ziemlich häufig anzutreffen. — **Nagy - Enyed** (Csató). Am 25. Januar 2 Stücke
in Muzsina.

Steiermark. Mariahof (Hanf & Paumgarten). 1. November 1 Stück. — **Paldau** (Augustin). Bei Feldbach
nicht bemerkt. Am Grundlsee bei Aussee sparsam. — **Pöls**
(Washington). Spärlicher als sonst vertreten. Im Winter durch
die strenge Kälte von den gewöhnlichen Standorten vertrieben.

Ungarn. Béllye (Mojsisovics). Der abnorm niedrige
Wasserstand im Sommer 1885, der die Austrocknung zahlreicher
Riedcanäle zur Folge hatte, ist wohl Ursache, dass ich diesen,
in der südlichen Baranya, sonst sehr gewöhnlichen Vogel heuer
weniger zahlreich vorfand. Im Frühjahre 1884 war er in Béllye
in genügender Menge vorhanden. — **Presbsurg** (Stef. Chernel).
Kommt in den Donauarmen während des ganzen Winters vor.
5. November der erste.

53. *Coracias garrula*, Linn. — Blauracke.

Böhmen. Litoschitz (Knežourek). Erste den 21. April
aus S., Abzug den 5. September. Ein Paar nistet schon vier

Jahre in einem Staarkästchen an einer Pappel; im ganzen brüten hier 8—9 Paare.

Dalmatien. Spalato (Kolombatović). 17., 18., 19., 21. April, 15., 20. August.

Galizien. Tolsczow (Madeyski). Erste den 29. April.

Mähren. Kremsier (Zahradník). 18. April. — **Goldhof** (Sprongl). Am 29. Juni ein Exemplar gesehen. — **Oslawan** (Čapek). Etwa drei Paare brüten in höher gelegenen Laubwäldern südlich von Eibenschitz. 25. April ein ♂, 11. Juni vier frische Eier in einer Espe gefunden.

Niederösterreich. Kalksburg (Reiser). Im Parke des Jesuitencollegiums, sowie in den benachbarten Gärten, woselbst sonst diese Vögel sehr häufig waren, heuer nur ein Paar.

Siebenbürgen. Nagy-Enyed (Csató). Am 26. April in Oláh-Lapád 2, am 17. September in Fel-Enyed 1 Stück erlegt.

Steiermark. Paldau (Augustin). »Blauheher«. Sparsam. — **Pikern** (Reiser). Auf dem Marburger Exercierplatze, in der Thesen, bei St. Lorenzen heuer überall zahlreich; selbst in 800 m. Höhe im südlichen Becher ein Paar angetroffen. — **Pöls** (Washington). 13. Juni ein Nest mit fast flüggen Jungen. Abzug der hiesigen Brutvögel anfang bis Mitte Juli. Durchzügler bis zu Ende September.

Ungarn. Béllye (Mojsisovics). Im Frühjahre 1884, in welchem die erste am 10. April in Béllye gesehen wurde, beobachtete ich nur wenige Exemplare; ebenso (relativ) selten war sie im Sommer 1885. Ende September sah ich keine mehr. — **Mosócz** (Schaffgotsch). Am 2. September 1 Exemplar am Durchzuge. — **Nagy-Szt.-Miklós** (Kuhn). Erste den 5. Mai, Herbst-Durchzug den 17. August. Ist selten und brütet hier nicht, häufig aber bei Temesvár.

---

54. *Oriolus galbula*, Linn. — Pirol.

Böhmen. Aussig (Hauptvogel). Am 27. April. In Pömmerle hatten sie drei Nester auf einem Zwetschken-, Birn- und Nussbaume und enthielt eines am 27. Juni schon vier Junge. Nach dem 7. August zogen sie fort. — **Haida** (Hegenbarth). Stösst, wie die Drosseln, gern auf den Uhu und lässt

dabei sein »Tschrrrrr« in verschiedenen Zwischenpausen hören.
— **Johannesthal** (Taubmann). Einzeln und in Paaren Ende
Mai von S. nach N.-O. (windstill, schön, hell); erster Gesang
sogleich bei der Ankunft; Gelege zwischen dem 10. und 15. Juni:
Abzug gegen Ende August nach N.-O. und O. (S.-O. und O.-Wind).
Nach der Brut besuchen sie familienweise auch die Maulbeer-
bäume. Das ♂ hält auf der höchsten Baumspitze Wache, stösst
bei Gefahr den Warnungsruf aus und die ganze Gesellschaft verschwindet, um bald wiederzukommen.— **Litoschitz** (Knežourek).
Erster den 30. April in der Nacht, Mehrzahl den 3. Mai, letzter
den 23. August; erster Gesang vom Tage der Ankunft; hier
in etwa 12—14 Paaren. — **Nepomuk** (Stopka). Am 14. Mai
zum erstenmale gehört, später noch am 25. Mai und 12. Juni
an demselben Orte.

Bukowina. **Kaczyka** (Zemann). Erster den 18. Mai von
S. nach W. (starker W.-Wind, kalt, tagsvorher theils S.-, theils
S.-O.-Wind, warm, starker Regen). — **Karlsberg** (?). Die
ersten am 16. Juni (hell + 23° R.), erster Pfiff denselben Tag.
— **Kuczurmare** (Miszkiewicz). Den 8. Mai angekommen
und im October fortgezogen. — **Solka** (Kranabeter). Selten,
erscheint Ende Mai.

Dalmatien. **Spalato** (Kolombatović). 16., 19., 20.,
30. April; 1., 2., 7. Mai; vom 4. August bis 15. September.

Galizien. **Tolszczow** (Madeyski). Erster den 22. April
(schöne Witterung).

Litorale. **Monfalcone** (Schiavuzzi). Den 1. Mai angekommen, 7. August 1 Stück gesehen. — **Triest** (Moser).
Am 10. Mai ein ♂, am 12. Mai ein ♀ von *L. Sandi* erhalten.

Mähren. **Kremsier** (Zahradnik). 21. April. — **Goldhof**
(Sprongl). Am 30. April angekommen (schwacher S.-Wind). —
Oslawan (Čapek). 28. April zuerst gehört, 29. April einige,
1. Juni vier frisch gelegte Eier, 24. August ein ♂.

Schlesien. **Dzingelau** (Želisko). 1. Mai ♀ und ♂.
(30. April heiter bei S., 1. und 2. Mai regnerisch bei S.-W).
Heuer selten; ich habe im Bezirk im ganzen nur 2 Paare angetroffen; beide Paare verschwanden am 10. August (veränderlich, bei NO.). — **Freudenthal** (v. Pfeifer). 28. Mai (SW.,
sonnig, am 27. Mai früh Nebel, dann schön). — **Jägerndorf**

(Winkler). 15. April (regnerisch, am 14. trüb) den ersten bemerkt. — **Lodnitz** (Nowak). 26. April die ersten pfeifen gehört; am 2. September noch 1 Stück erhalten. — **Troppau** (Urban). 3. Mai hörte Hr. Pretzlik 1 ♂ in einem Garten; den 5. im »Schlackauer Busch«: bei Branka (gegen Grätz) pfiff ein ♂ noch um Mitte August. — **Wagstadt** (Wolf). Nistet häufig in den Gärten zu Gross-Olbersdorf (bei Wagstadt). Ende August nicht mehr gesehen. Beilner hörte einen den 4. Mai im Murzkathal und Demel sah den 1. ein Exemplar.

Siebenbürgen. Fogaras (Czýnk). Erster den 16. Mai (S.-W.-Wind, warm, trüb, tagsvorher N.-O.-Wind, kühl, trüb), Gesang am Tage der Ankunft, den 25. Mai volles Gelege, Abzug den 28. August (O.-Wind, warm, heiter, tagsvorher S.-O.-Wind, warm, bewölkt). — **Nagy-Enyed** (Csató). Am 24. April den ersten, am 4. Mai in den Wäldern in Szercolahely circa 5o Stücke gehört, am 10. September aus Nagy-Enyed verschwunden.

Steiermark. Hartberg (Grimm). Erste am 10. Mai, letzte am 19. September gesehen. Hier selten, um Graz sehr häufig. — **Paldau** (Augustin). »Werchvögel«. Sparsam vorkommend. — **Pöls** (Washington). War als Brutvogel ungewöhnlich stark vertreten; 14. Juni ein Nest mit Jungen.

Ungarn. Béllye (Mojsisovics). 1884: am 25. April der erste am Drauecke, resp. in Béllye. 1885: am 19. April der erste in den Béllye'er Anlagen (Pfeningberger). Nach Mitte September d. J. beobachtete ich diesen ebenso schönen, als häufigen Vogel nicht mehr. — **Güns** (C. Chernei). Erster den 25. April. Erscheint sehr regelmässig Ende April. — **Nagy-Szt.-Miklós** (Kuhn). Erster den 27. April, Mehrzahl den 5. Mai, Gesang am Tage der Ankunft, Gelege den 28. Mai, Abzug den 28. August. Im gräflich Nákó'schen Parke sehr häufig. — **Pressburg** (Stef. Chernel). 26. April der erste. Die Witterung in dieser Woche war ungemein lind und das Thermometer stieg auf $+ 25^0$ R. — **Szepes-Béla** (Greisiger). 3o. August bei Béla ein Stück geschossen.

IV. Ordnung.

Coraces. Krähenartige Vögel.

55. *Pastor roseus*, Linn. — Rosenstaar.

Bukowina. **Solka** (Kranabeter). Grosse Seltenheit.
Dalmatien. **Spalato** (Kolombatović). 27., 28.,
29. Mai.

56. *Sturnus vulgaris*, Linn. — Staar.

Böhmen. **Aussig** (Hauptvogel). Am 17. Februar in der
ganzen Umgebung angekommen; am 10. Mai hatten sie schon
die ersten Jungen, am 27. Juni zum zweitenmal. — **Bausnitz**
(Demuth). Zahlreich. Erster den 18. Februar nach N. (schwacher
S.-W.-Wind, mild sowie tagsvorher), Mehrzahl den 6. März
nach N.-O. (schwacher S.-W.-Wind, mild sowie tagsvorher);
Rückzug den 20. März (sehr kalt, ebenso tagsvorher), Wiederkehr den 24. März (mild, ebenso tagsvorher), sehr starke Züge
den 20. März nach S. (sehr starker N.-W.-Wind, wie tagsvorher sehr kalt); erster Gesang den 20. Februar, allgemein am
2. März; Nestbau den 29. März begonnen, erstes Gelege den
14. April; Abzug den 15. October nach S. (S.-W.-Wind, mild,
ebenso tagsvorher). — **Blottendorf** (Schnabel). Erster den
26. Februar nach S. (trübes Wetter), Mehrzahl den 26. März,
erster Gesang den 23. März. Im Juli verschwanden die Staare und
kehrten für kurze Zeit (heuer) den 4. October wieder. — **Braunau**
(Ratolicka). Erster den 18. Februar nach N.-O., Mehrzahl den
23. nach N.-O. (windstill); erster Gesang den 23. Februar, allgemein den 1. März, Abzug den 15. October. Ist in Zunahme
begriffen. — **Haida** (Hegenbarth). Nimmt im Sommer und
bis zur Zugzeit zu immer stärkeren Flügen sich sammelnd, im
hohen Rohre des oftgenannten prächtigen Hirnsener oder Neuschlösser Grossteiches seinen Nachtstand. Wer mit dem Kahne
in der Nähe einer solchen Schlafstelle weilt, wird am Abend ehe
noch die Sonne zur Rüste gegangen ist, Flug auf Flug mit
sausendem Schwingenschlag aus der Luft in kurzer Zicklacklinie
in's Rohr herabstürzen sehen. Sie kommen einzeln, zu vier,
fünf, aber meistens einige Hundert zusammen, und es ist ein
Gezwitscher, Flügelschlagen und heiseres Lärmen, dass es rauscht,

als ob der Wind stark im trockenen Rohre gienge. Und oft erhebt sich eine Wolke brausend einige Fuss in die Luft, weckt einen zweiten Flug und fällt nach und nach wieder im Rohre ein. Ein kurzer scharfer Schlag der Ruderstange an den Kahn, ein Schrei, bringt aber eine für jeden, der nicht in der Lage war, diese Störung selbst mit anzuhören, unerwartete, grossartige Wirkung hervor. Es erhebt sich Wolke um Wolke dieser Vögel und das Geräusch der kleinen Schwingen grollt wie Donnerrollen. Ich hielt das erste Mal dieses Geräusch, als ohne mein Wollen und nicht in der Nähe diese Flüge gestört wurden, für fernen Geschützdonner und schätze, ohne hoch zu greifen, die an einer solchen Schlafstelle gesammelten Vögel auf 5o.ooo bis 6o.ooo Stücke. Vor dem Einfallen machen sie längere schwenkende Flugtouren. — **Johannesthal** (Taubmann). Erster den 13. Februar (im Vorjahre schon den 10.) aus N.-O. (trüb wie tagsvorher), Mehrzahl den 19. — 25. Februar nach N. (lauer S.-O.-Wind, sonnig); Rückzug den 19. Februar (N. und N.-W.-Wind, sehr viel Schnee), Wiederkehr den 10. März (N.-W.-Wind, hübsch und sonnig, tagsvorher trüb und Thauwetter), sehr starke Züge den 11. und 12. März aus S.-O. nach N.-W. (O.-Wind, hell und sonnig, tagsvorher kühl; erster Gesang den 13. März, allgemein den 20. März; Nebstbau Ende d. M., erstes Gelege den 20. April; Abzug den 4. August nach W. und O. — **Litoschitz** (Knežourek). Erster den 3. Februar aus S. nach N. (windstill, sonnig, tagsvorher), Mehrzahl den 10. Februar aus S. nach N.; erster Gesang den 10. Februar, allgemein den 28.; Abzug den 16. October (sowie tagsvorher trüb und windstill). Jährlich hundert Nistpaare in den Staarenkästen. — **Mauth** (Soukup). Erster den 7. Februar (O.-Wind, kalt), Mehrzahl den 21. und 26. (O.-Wind), Abzug den 17. September (O.-Wind, kalt). — **Nepomuk** (Stopka). Am 12. Februar kamen einige zu ihren Nistkästchen (kalt, O.-Wind, manche Stellen schneefrei), am 20. April paarweise, am 10. Mai Junge gefüttert, am 15. Juli zweite Brut flügge. Vom Ende Juli stets in Scharen auf den Feldern; vom 16. September zu Hunderten in der Umgebung; die letzte grosse Schar am 12. October mit Kiebitzen; Ende October abgezogen. — **Rosenberg** (Zach). Am Februar den ersten gesehen.

Bukowina. **Gurahumora** (Schnorfeil). Erster den
26. März von O. nach W. (schwacher O.-Wind, schön wie
tagsvorher). Mehrzahl den 4. April von O. nach W. (schwacher
O.-Wind, nebelig, tagsvorher starker W.-Wind, Strichregen),
Abzug den 16. October. — **Kaczyka** (Zemann). Erster den
22. März (S.-W.-Wind, bewölkt, mild, tagsvorher W.-Wind,
heiter, kühl), Mehrzahl den 2. April, an diesem Tage auch zum
erstenmale gesungen. Heuer zum erstenmal gesehen; musste
schon früher eingetroffen sein. — **Kuczurmare** (Miszkiewicz).
Kommt im April, brütet in hohlen Bäumen und zieht im October in ungeheueren Scharen fort. Sehr oft weist er durch
sein Geschrei dem Jäger die Stelle, wo ein geschossenes Wild
gefallen ist. — **Solka** (Kranabeter). Seltener Durchzugsvogel,
der sich im Sommer hier nicht aufhält, sondern nur im Frühjahr und Herbst scharenweise erscheint. Heuer kam er den
8. April und zog Ende October ab. — **Straza** (Popiel). Erster
den 16. März nach N. (nebelig, tagsvorher heiter), Mehrzahl
den 20. März.

Dalmatien. **Spalato** (Kolombatović). Vom Januar
bis 4. April; 21., 22. Juli, dann vom 2. October bis Ende
December.

Galizien. **Tolszczow** (Madeyski). Erster den 26. März
(trüb, ebenso tagsvorher).

Litorale. **Monfalcone** (Schiavuzzi). 10. März fingen
sie sich auf den Dächern der Häuser bei Rosega zu sammeln an,
19. Mai sehr viele. — **Triest** (Moser). Ueberwinterte bis Ende
Jänner in Triest, wo er auf den Kirchthürmen jeden Morgen
sichtbar war. Den 2. März schon am Zuge; flog an den Leuchtthurm von Grado an.

Mähren. **Kremsier** (Zahradník). 18. Februar. — **Oslawan** (Čapek). Am 8. März vier Paare in der alten Colonie
im Boučí-Walde bei Oslawan, einige Tage später noch etwa
zehn weitere Paare; 22. April ein ♂ Materialien zum Nestbaue
getragen; 29. April fünf frische Eier; am 10. Juni zuerst kleine
Gesellschaften mit flüggen Jungen; Mitte Juli alle verschwunden.
Sie brüten hier gewiss nur einmal. — **Römerstadt** (Jonas). Erster
den 9. Februar von S.-W. nach N. (starken S.-W.-Wind, schön,
ebenso tagsvorher), Mehrzahl und erster Gesang denselben Tag,

allgemein am 16. März; Nestbau am 25. März, erstes Gelege
den 2. April; Abzug den 19. October nach S.-W. (schwacher
W.-Wind, regnerisch, tagsvorher theilweise schön).

Salzburg. Abtenau (Höfner). Erster den 21. Februar
(schwacher W.-Wind, trüb, tagsvorher S.-Wind, trüb), Mehrzahl den 24. Februar (heiter, windstill, tagsvorher trüb. —
Hallein (Tschusi). 18. Februar drei Stücke nachmittags bei
S.-O. 19, dann nicht zu sehen; 25. 10—15 Stücke auf den
gedüngten Feldern; 4. Mai die Jungen im Nistkasten zuerst gehört;
22. erste Staarenbrut im Garten vor meinem Fenster ausgeflogen.
Den Nachmittag vorher erschienen mehrere Paare alter Staare vor
dem Nistkästchen, sahen öfters hinein und hielten sich singend
in der Nähe desselben auf. Den Morgen darauf flogen die Jungen
aus und das ♂ reinigte sofort das Nest, trug neue Baustoffe zu
und blieb den grössten Theil des Tages vor dem Nistkästchen
singend, die Sorge um die Jungen dem ♀ überlassend; 14. Juni
zweite Brut ausgekrochen, 2. Juli 7 Uhr früh ausgeflogen; am
16. zogen alle Staare ab.

Schlesien. Dzingelau (Želisko). 18. Februar (S., mittags + 7⁰ R.) 4 Stücke angekommen, 22. (Schneefall, früh
— 4⁰ R.) zogen die Staare fort, am 26. Hauptankunft; am
10. März zogen die meisten nochmals weg, kamen aber am
15. zurück; am 21. begann die Paarung und einzelne Nestbaue;
am 30. April die ersten ein bis zwei Tage alten Jungen angetroffen, die den 24. Mai ausflogen. Gegen 20. Juli zogen die
Staare ab, kamen am 3. September zurück und zogen am 3. October ganz fort. Am 3. December 3 Stücke, wahrscheinlich
junge, die den Abzug versäumt, angetroffen; ein verendetes Exemplar noch am 14. — **Freudenthal** (Pfeifer). 8. Februar (früh
sonnig, dann Nebel, tagsvorher Frost und Wind), in Mehrzahl
am 20. (S., bedeckter Himmel, tagsvorher frostig). — **Jägerndorf** (Winkler). 2. Februar (schön, tagzuvor neblig) in Mehrzahl, Herbstzug 15. October (veränderlich, tagsvorher schön).
— **Lodnitz** (Nowak). Ankunft Mitte März; aus Mangel an geeigneten Nistplätzen zogen alle fort. Ende Juli waren hunderte
auf Feldern und an Waldrändern zu sehen und lasen auch die
letzten Reste von Kirschen ab. (Hr. Nowak beabsichtigt, Nistkästchen anzubringen, was auch anderswo geschehen sollte. Urban). —

Troppau (Urban). 3. März die ersten von Dr. Scherz bemerkt; am 10. September (5 $\frac{1}{2}$ Uhr abends) zog eine Schar von etwa 20 Stücken südwärts über die Stadt. — **Wagstadt** (Wolf). 8. März (heiter, Südwestwind) bei 200 auf den Wagwiesen von Demel und auf den Oderwiesen von Hirt gesehen.

Siebenbürgen. Fogaras (Czýnk). Erster den 7. März (S.-O.-Wind, heiter, tagsvorher am Tage heiter, in der Nacht Frost), Mehrzahl den 10. März (S.-W.-Wind, mild, ebenso tagsvorher); Abzug den 29. October (N.-O.-Wind, kühl, ebenso tagsvorher). — **Kolczsvár** (Hönig). Im Szamosthale sehr häufig in grossen Scharen, wo sie zu Tausenden in dem Röhricht eines Gebirgsteiches oberhalb Apahida übernachten. — **Nagy-Enyed** (Csató). Am 23. Februar in Maros-Szent-Imre die ersten, circa 50 Stücke, am 4. März in Nagy-Enyed 60, am 7. März 1000, am 29. März abends viele Flüge zu 20 Stücken ziehen gesehen; am 2. April fielen circa 2000 Stücke im Röhricht zum Schlafen ein.

Steiermark. Mariahof (Hanf & Paumgartner). Nur ausnahmsweise Brutvogel. 6. März 1 Stück, 8. 20—40, 9. 30—40, 11. 6 Stücke, 18. und 19. März viele, 26. und 27. März 2, 2. April 1 Stück am Kirchthurme; 13. October 50—60, 22. 9, 30. October 4 Stücke. — **Mariahof** (Kriso). Bei uns brüten gegenwärtig keine Staare. P. Blasius Hanf sagt: Die Ursache davon ist die zu grosse Anzahl von Dohlen und Krähen. Ein hiesiger Pächter, der zugleich Jäger ist, erzählte, dass er um die Mitte März d. J. auf seinem Felde Staare beobachtet hat, die in kurzer Zeit von Dohlen und Krähen verdrängt wurden; so oft sie sich nur auf ein Fleckchen niedergelassen hatten, zogen Krähen und Dohlen dahin und vertrieben sie. 21. März ein Stück unter Dohlen auf dem Felde. — **Paldau** (Augustin). Bei Gnas häufig, bei Feldbach und Paldau selten. — **Pöls** (Washington). Heuer Brutvogel; Ende Juli wolkenartige Schwärme junger Vögel.

Tirol. Innsbruck (Lazarini). Am 22. März einige in der Hallerau, 1. April 4 Stücke am Fallbaum der Aufhütte bei Igls. Nach Mittheilung eines Vogelfängers strich am 23. September morgens ein starker Zug in der Richtung von Ost gegen S.-W. durch das Innthal; am 18. October einige in der Hallerau angetroffen. — **Roveredo** (Bonomi). Erster den 13. Februar nach N. (schwacher N.-W.-Wind, bewölkt), Rückzug den 21. bis 24. Februar.

Ungarn. **Béllye** (Mojsisovics). Ueberwintert hier bisweilen. Am 23. Februar 1885 wurde in Keskenyerdö der erste grössere Zug beobachtet. — **Mosócz** (Schaffgotsch). Heuer gar nicht beobachtet. — **Nagy-Szt.-Miklós** (Kuhn). Erster den 22. Februar nach N., Mehrzahl den 28. Februar; Abzug den 10. October. — **Szepes-Béla** (Greisiger). Den 27. September (S.-Wind und Regen, tagsvorher S.-Wind und heiter) flog über die Stadt von N. nach S. ein Flug von 20 Stücken.

57. *Pyrrhocorax alpinus,* Linn. — Alpendohle.

Dalmatien. **Spalato** (Kolombatović). Standvogel auf den Bergen. Auf dem Lande am 2., 3., 5. März und 6., 7. October.

Salzburg. **Hallein** (v. Tschusi). 4. März 3, 9. 25 Stücke.

Steiermark. **Paldau** (Augustin). »Schneedachen«. Im »todten Gebirge« bemerkt. Durch ihr zahlreiches Erscheinen im Thale soll sie schlechtes Wetter verkünden. — **Schneealpe** (Reiser). Gelegentlich eines Ausfluges mit 20 Collegen auf diese Alpe gewahrten wir eine Menge Alpendohlen, welche lärmend auf den Aufbruch vom Rastplatze der kleinen Gesellschaft warteten, um dann mit Gier über die liegen gebliebenen Speisereste herzufallen.

Tirol. **Innsbruck** (Lazarini). Am 30. December eine grosse Schar an der Sill bei der Stephansbrücke. — **Mareith** (Sternbach). Vom Agelsboden in Ridnaun zahlreich bis bei 2000 m. gesehen.

58. *Pyrrhocorax graculus,* Linn. — Alpenkrähe.

Steiermark. **Paldau** (Augustin). Im »todten Gebirge« in Gössl am Grundlsee und im Rötzgraben bei Trofaiach*).

*) Verlässliche Angaben über das Vorkommen dieser Art in unseren Alpen, sowie Beweisstücke wären sehr erwünscht. v. Tschusi.

59. *Lycos monedula*, Linn. — Dohle.

Böhmen. Aussig (Hauptvogel). Anfangs Januar kam
eine Schar nach Pömmerle, hielt sich einige Tage daselbst auf
und suchte ihr Futter im Dorfe auf den Strassen und Dünger-
haufen, in den Gärten und den Feldern. Am 7. März kamen
sie hier in Schönpriesen an; dieselben nisten dort in den Thürmen
des Schlosses und der Kirche. — **Haida** (Hegenbarth). Ist
hier noch nicht selten, obwohl sie sich seit der ausnahmsweise
bewilligten Tödtung etwas vermindert zu haben scheint. Sie
wird eben durch Verfolgung schlauer, wie jeder und hauptsächlich diese Art raubender Vögel. Sie soll in Habstein eifrige
Besucherin der Taubenschläge und Hühnerhöfe gewesen sein,
trotzdem ihr dort grosse Flächen zu bauernfreundlicher Bearbeitung vorlagen. Wegen dieser Sünden wurde auch von der
hohen Landesbehörde ihre Verfolgung gestattet. — **Nepomuk**
(Stopka). Nur einige Paare auf Thürmen nistend; Nestbau in
der ersten Hälfte April; im Winter waren sie mit Krähen auf
den Feldern zu sehen und kamen selten zu den Thürmen. —
Voigtsbach (Thomas). Nistet in der ganzen Gegend nur im
Thiergarten des Grafen Clam-Gallas, auf einem von Buchen bewaldeten Hügel, der »Fall« genannt.

Bukowina. Kuczurmare (Miszkiewicz) Standvogel. —
Solka (Kranabeter). Häufiger Standvogel, der in Thürmen
und hohlen Bäumen brütet und sich im Herbste zu grösseren
Scharen vereinigt.

Dalmatien. Spalato (Kolombatović). 5., 7. Januar,
5., 6., 7. November, 10. December.

Mähren. Goldhof (Sprongl). Während des Winters
trieben sich viele im Vereine mit Rabenkrähen um den Hof
herum. Am 6. Februar zogen sie mit letzteren gegen N.-W.
ab, später zeigten sich nur einzelne Exemplare. Im Parke zu
Grosshof bei Pohrlitz brüten Dohlen alljährlich. Im Januar
zeigte sich einmal eine vollkommen weisse beim Hofe; mehreremals
wurde sie auch in der Nähe der Ortschaft Mönitz beobachtet.
— **Oslawan** (Čapek). Im Januar und Februar, dann wieder
vom 5. October an bleiben sie grösstentheils der Winterregel
treu, d. h. sie kamen während dieser Zeit in der Früh (gegen

8 Uhr) von S.-O. und kehren Nachmittag (4—5 Uhr) wieder
zurück, um im Thiergarten zu Pohrlitz zu übernachten. Etwa
10 Paare brüten alljährlich im Bouči-Walde. Am 8. März erschienen sie da zuerst, 25. April fand ich sechs frische Eier,
Mitte Juni war die Colonie wieder verlassen.

Salzburg. Hallein (Tschusi). 20. Februar 10—15 Stücke
auf den gedüngten Feldern mit Krähen, ebenso den 21.—27..
4.—9. März.

Schlesien. Troppau (Urban). Standvogel, der in Kirchen-
thürmen nicht selten nistet; in Grätz. am Schlosszubau, ebenfalls häufig.

Steiermark. Mariahof (Hanf & Paumgartner). Seit
1883, jetzt in zwei Paaren, Brutvogel. 1. Februar 1 Stück, 23. 2,
25. 4, 26. 6., 29. März über 100 Stücke. — **Mariahof** (Kriso).
21. Februar anwesend, 12. März viele am Thurm, 18. März (siehe
Cerchneis tinnunculus). — **Paldau** (Augustin). Bei Feldbach nicht
bekannt, im Murthale bei Judenburg häufig. — **Pikern** (Reiser.
Nur zwei Beobachtungen liegen vor: 17. Februar bei den drei
Teichen eine einzelne Dohle und den 14. September einige am
schon früher erwähnten Brutplatze. — **Pöls** (Washington).
Ein vereinzeltes Paar brütete Ende Juni in einer Spechthöhle
eines Buchenbaumes. (Ausnahmsfall für mein Gebiet). Die alten
Vögel unterschieden sich von den in anderen Gegenden Steiermarks einheimischen Dohlen durch den Besitz reinweisser Hals-
streifen. Ein dem Neste entnommener junger Vogel erhielt diese
Streifen nach der ersten, Anfang September beendeten, Mauser
noch nicht. Ende Juli verschwand die Familie.

Ungarn. Béllye (Mojsisovics). Eine grössere Dohlen-
colonie traf ich bei Keskenyerdö in einer Gruppe herrlicher.
uralter Eichen am Rande der Kiss Duna im Frühjahre 1884.
— **Pressburg** (Stef. Chernel). Brütet sehr zahlreich in
der »alten Au« in Baumhöhlen. Den 11. März nahmen sie
ihre Niststätten ein. Bei Hainburg befindet sich am Donauufer
in einem steilen Felsen ebenfalls eine Nistcolonie. Den 13. April
fingen sie zu brüten an und hatten theilweise Eier, den 27.
fand ich schon Junge. Die tiefste Nisthöhle befand sich 5 m.
über dem Wasserspiegel.

7*

60. *Corvus corax*, Linn. — Kolkrabe.

Bukowina. Kuczurmare (Miszkiewicz). Stand- und Strichvogel; das Nest steht auf hohen Bäumen, und man findet darin schon im März Eier. — **Solka** (Kranabeter). Seltener Standvogel. Im Sommer findet er sich in höheren Lagen, im Winter auch in tieferen.

Litorale. Monfalcone (Schiavuzzi). 14. März. 2 Stücke.

Steiermark. Mariahof (Hanf & Paumgartner). Den 21., 25. und 26. Februar je 2 Stücke in der Ebene. Brütet in der Umgebung. — **Paldau** (Augustin). Bei Aussee, bei Feldbach nicht bekannt. — **Pikern** (Reiser). Am 25. Mai im Misslinger Thal zwei alte Vögel mit vier Jungen beobachtet.

Ungarn. Béllye (Mojsisovics). Auffallend zahlreich 1884 in der Herrschaft Béllye, namentlich im Riedgebiete derselben. Bereits Ende Jänner waren — und zwar nur — gepaarte Exemplare zu sehen. In der Riedparcelle Czamaisziget allein wurden 3—4 Paare constatirt; doch fand man Ende März noch keines brütend. In Béllye erhielt ich anfangs Mai ein ganz junges Exemplar, das ich aufzog und mehrere Monate bei mir in Gefangenschaft behielt.

61. *Corvus corone*, Linn. — Rabenkrähe.

Böhmen. Nepomuk (Stopka). Nur einige im Winter in Gesellschaft der Nebelkrähe zu sehen.

Bukowina. Kuczurmare (Miszkiewicz). Standvogel.

Dalmatien. Spalato (Kolombatović). Durch das ganze Jahr. Grosse Züge vom 15. bis zum 20. September.

Litorale. Monfalcone (Schiavuzzi). 27. Januar einzelne auf den Wiesen am Seeufer von Monfalcone.

Mähren. Goldhof (Sprongl). Im Winter bildeten die Rabenkrähen im Vereine mit Dohlen, Saat- und Nebelkrähen grosse Schwärme, welche sich um den Hof und die umliegenden Ortschaften umhertrieben. Am 6. Februar zogen sie nach N.-W. ab. Später zeigten sich Rabenkrähen nur in Flügen von 3—5 Stücken und anfangs März verschwanden sie gänzlich.

Steiermark. Paldau (Augustin). Das ganze Jahr bei Feldbach häufig. — **Pikern** (Reiser). Ich konnte dieses

Jahr nur ein einzigesmal ein einzelnes Stück bei Brunndorf am 18. Juli beobachten. Die Rabenkrähe ersetzt die Nebel-krähe im Gebirge; wenigstens in Steiermark und Niederöster-reich kann man dies genau beobachten*).

Ungarn. Pressburg (Stef. Chernel). Von November bis Ende März bei uns. Während des Teibeises bieten diese Vögel ein anregendes Schauspiel dar, wie sie sich auf die schwim-menden Eisstücke setzen und auf denselben weiter schwimmend hin und wieder nach Nahrung suchen. Ich beobachtete auch hier, sowie in anderen Gegenden, dass sie eine gewisse Zug-strasse beibehalten, auf welcher sie allabendlich ihre seit Jahren gewohnte Nachtstätte aufsuchen. Hier zieht sich dieselbe von dem Gebirge gegen die Auen hin, d. i. von N. nach S.

62. *Corvus cornix*, Linn. — Nebelkrähe.

Böhmen. Blottendorf (Schnabel). Am 3. April 12 Stücke bei N.-O. beobachtet; einzelne, besonders die hier nistenden, bleiben im Winter zurück. — **Nepomuk** (Stopka). Ist das ganze Jahr zahlreich vertreten und wird verfolgt; am 24. April vertheidigte ein Hase seine Jungen gegen eine Nebelkrähe und lief ihr nach, wobei er nicht einmal ein vorüberfahrendes Ge-spann berücksichtigte.

Dalmatien. Spalato (Kolombatović). Standvogel. Auf dem Lande am 17. April, 1., 2. October.

Litorale. Monfalcone (Schiavuzzi). 27. Januar einige auf den Wiesen am Seeufer vor Monfalcone, 15. März einige am Lisertsumpf erlegt, 18. Mai einige auf den Wiesen der Tagliata.

Mähren. Goldhof (Sprongl). Wurde während des ganzen Jahres ziemlich häufig beobachtet. — **Oslawan** (Čapek). Am 14. März wurde mit der Reconstruction des Nestes angefangen und den 7. April war das Gelege vollständig.

Niederösterreich. Wien (Reiser). Am 1. Mai befand sich hinter dem Ruderclubhäuschen an der alten Donau in

---

*) Es ist dies wohl überall der Fall.   v. Tschusi.

einem grossen Neste dieser Krähe ein einziges eben ausge-
fallenes Junges.

Salzburg. Hallein (Tschusi). 25. Februar 1 Stück.

Steiermark. Hartberg (Grimm). Ebenso wie *corone* und
C. frugilegus häufig auftretend. Im sogenannten Chatwalde, an
der ungarischen Grenze, trifft man oft von letzteren 10—15
Nester im Umkreise von einer halben Stunde. Bastarde zwischen
Nebel- und Rabenkrähe sind nicht selten. In einem Neste kann
man oft verschieden gefärbte Junge finden. So habe ich im
Haidenwalde bei Hartberg 1884 ein Nest mit fünf Jungen beobachtet, wovon drei grau und zwei schwarz waren. Das Nest gehörte einer Nebelkrähe. Merkwürdig ist es, dass während ein Jahr
die eine Art vorherrscht, das nächste Jahr eine andere Art das
Hauptcontingent der Krähenarten liefert, während die im Vorjahre häufig auftretende Art nur spärlich vertreten ist. So scheint
es, dass die Rabenkrähe alle drei Jahre die zahlreichsten Exemplare aufweist. Dass unter dieser Sippe auch Vielweiberei herrscht,
kann ich aus mehreren Beispielen darthun. Vielleicht ist eben
diese auf den Wechsel der Arten von Einfluss. — **Mariahof**
(Hanf & Paumgartner). 7. Mai dem Ei entschlüpft. Sehr
häufiger Brutvogel. Die Färbung der hier vorkommenden Nebelkrähe variirt in demselben Neste verschiedenfarbiger Eltern in
allen Nuancen bis zum vollen schwarzen Kleide. — **Paldau**
(Augustin). Das ganze Jahr bei Feldbach häufig. — **Pikern**
(Reiser). Vom 25.—28. Jänner hielt sich bei grosser Kälte
eine Nebelkrähe fortwährend am Hauptplatze in der Stadt auf,
wo sie mit der grössten Dreistigkeit unter den Marktleuten
umherflog und auf den Dächern die gefundene Nahrung verzehrte.

Ungarn. Béllye (Mojsisovics). »Als seltene Erscheinung« wurde die Rabenkrähe, während der »12 Frühlingstage«
»mehrmals beobachtet und einmal vom Horste aufgescheucht«.
Dies ist die einzige (mir bekannt gewordene) zuverlässige Angabe über das Vorkommen der schwarzen Varität der Nebelkrähe im Gebiete der mittleren Donau. Wahrscheinlich ist aber
die (siehe bei *C. frugileus*) erwähnte »Saatkrähe« mit dem
Nistreisige auch hieher zu beziehen, ich möchte es fast als
bestimmt annehmen, denn nach meiner, allerdings höchst be-

scheidenen, Erfahrung wäre das vereinzelte Horsten eines Pär-
chens Saatkrähen mindestens eine seltsame Thatsache. Die
von einer Seite ausgesprochene Vermuthung, dass die über
Saatkrähen gesammelten Beobachtung sich vielleicht auf die
Rabenkrähe bezögen, findet in den Verhältnissen am Drauecke
keine Stütze; ich habe in den zwei letzten Jahren trotz aller
Bemühungen keine dunkel gefärbte Krähe in Béllye erspähen,
geschweige acquiriren können, besitze auch »*Corvus corone*«,
aus dieser Gegend nicht; in dem Verzeichnisse der Béllye'er
Sammlung wird sie übrigens angeführt. In Ungarn, speciell
in Südungarn, ist die helle graue Varietät die ausschliesslich
dominirende, nur in geschlossenen, grossen Landwaldungen ist
sie seltener, sonst aber findet sich diese typische Form der
Nebelkrähe allerorts zumeist in enormer Menge. — **Pressburg**
(Stef. Chernel). In den Auen, aber besonders an den Ufern
der Donau und auf den Inseln, sehr häufig. 3. Mai sah ich zwei
auf einem Felde sich paarende. — **Szepes-Béla** (Greisiger).
Den 13. December in Nagy-Lomnicz unter anderen und unter
Dohlen 1 Stück gesehen, bei welchem zwischen den grauen
Federn am Rücken und am Bauche zur Hälfte auch schwarze
Federn waren, welche dort unregelmässig geformte schwarze
Flecke bildeten.

63. *Corvus frugilegus.* Linn. — Saatkrähe.

Böhmen. Haida (Hegenbarth). Auf der Krähenhütte
einige Junge im Winter erlegt, welche die Federn an der Wurzel
des Schnabels fast unbeschädigt hatten und keinen Grind zeigten.
Es war nur der Purpurglanz, die schwächere Oberschnabel-
bildung und das gleichzeitige Erlegen alter Exemplare Beweis,
dass es Saatkrähen und nicht, wie auf den ersten Anblick ge-
dacht, Rabenkrähen seien.

Dalmatien. Spalato (Kolombatović). Vom Januar bis
15. März; am 8. November erschien bei starkem Scirocco eine
Schar von ungefähr tausend, die sehr niedrig, gegen den
Wind flogen; einzelne noch am 20., 22., 30. November und
12., 17., 31. December.

Mähren. Goldhof (Sprongl). Im Winter war sie unter
den *Corvus*-Arten am wenigsten zahlreich vertreten. Am 9. März

erschienen zwei grosse Schwärme, welche am 21. März gegen N.
abzogen. — **Oslawan** (Čapek). Nur im Winter bei uns; morgens kommen sie gewöhnlich mit den Dohlen. Im Frühjahre
zogen die letzten am 1. und 2. April fort, am 15. October
erschien wieder die erste Schar.

Niederösterreich. Wien (Reiser). In der Saatkrähen-
Colonie Nr. 2 der Schwimmschulallee fanden sich am 31. März
1, 2, höchstens 3 eben gelegte Eier. Das höchste nicht erreichbare
Nest muss ein volles Gelege enthalten haben, denn nur diese
alte Krähe flog erst ab, als der Kletterer in ihre Nähe kam,
während sämmtliche übrigen Vögel den Baum längst verlassen
hatten und denselben lärmend umflogen.

Salzburg. Hallein (Tschusi). Einzelne unter Rabenkrähen den ganzen Winter; 9. März mehrfach.

Schlesien. Dzingelau (Želisko). Den 7. Februar begann der Zug und dauerte 11 Tage hindurch; heuer zogen sie
mehr nordwestwärts in der Ebene, weil im Vorgebirge Schnee
lag. Beginn des Herbstzuges am 22. October. Sie hielten die
jedes Jahr verfolgte Richtung ein und zogen in unzählbarer
Menge, alle Tage bis zum 31. Nachzügler, die zum Theil hier
bleiben, am 4., 6., und 8. November. Saatkrähen ziehen jährlich im Herbste ihre bestimmte Strasse und werden selbst durch
Sturmwinde nicht bewogen, die Zugrichtung zu verändern. Im
Frühjahre ziehen sie dieselbe Strasse retour. Die Züge sind un-
geheuer gross. — **Lodnitz** (Nowak). *C. frugilegus. C. corone*
und *C. cornix* zogen zu vielen Hunderten (im Herbste) nach
NO. — **Wagstadt** (Wolf). Am 20. März zogen nach Beilner
etwa 90 nordwärts, nach Besuch und Swětlick den 12. ungefähr 200 gegen N. und den 18. sah Göbel etwa 200 über die
Stadt fliegen.

Steiermark. Mariahof (Hanf & Paumgartner). Einzelne überwinterten. 31. October 80—100 Stücke, hierauf einzelne. — **Paldau** (Augustin). Im Herbst und Winter mit
anderen Krähen in grosser Menge, sonst heiter. — **Pikern**
(Reiser). Die letzten verschwanden aus dieser Gegend am
15. Februar.

Ungarn. Béllye (Mojsisovics). Am 28. Februar 1884
beobachtete Herr Waldbereiter Pfeningberger zum ersten Male

während seines langjährigen Aufenthaltes in der Herrschaft eine »schwarze Krähe« mit einem Nistreisige im Schnabel; er folgte ihrem Fluge und constatirte, dass sie sich auf einer canadischen Pappel niederliess; als ich anfangs Mai der betreffenden — in der Nähe von Mecze (unweit Béllye) gelegenen Baumgruppe meine Aufmerksamkeit widmete, wurden nur Nebelkrähen aufgescheucht, eine derselben wurde auch heruntergeholt. Wahrscheinlicherweise war der zuerst als »Saatkrähe« angesprochene Vogel eine schwarze Varietät der Nebelkrähe, eine sogenannte »Rabenkrähe«, immerhin war die Beobachtung von besonderem Werthe, denn im Frühjahre erblickt man zur Brütezeit nur sehr selten, im Sommer (nach meiner nun mehrjährigen Erfahrung) nie eine schwarze Krähe am Drauecke überhaupt. Während meiner Herbstexursionen im Jahre 1879 und 1881 (Ende September bis Anfang October) traf ich wiederholt die Saatkrähe neben der Nebelkrähe an, es fiel mir indess schon damals auf, dass ich im August stets nur die letztgenannte Art zu sehen bekam und schrieb ich diesen Umstand à conto meiner vielleicht mangelhaften Beobachtung, indem aquatische Formen mein Interesse in erhöhterem Masse in Anspruch nahmen. Dem ist aber nicht so — die Saatkrähe kommt in die südliche Baranya hauptsächlich im Herbste und Winter und ist aus mir unerfindlichen Gründen sonst eine avis rarissima — es ist dies um so auffälliger, als der Vogel (was ich übrigens nicht bestätigen konnte, denn ich sah nicht ein einziges Exemplar) in Syrmien sehr gemein sein soll, Thatsche ist aber, dass er viele Brutplätze an der mittleren Donau besitzt. Im Jahre 1884 wurde die erste Saatkrähe am 2. October in Dud geschen, am 11. November war sie bereits in grosser Zahl eingetroffen; im Jahre 1885 liess sich die erste am 31. October erblicken. Unter den Tausenden, die sich zum Entsetzen der Oekonomen einfinden, gewahrt man dann auch gelegentlich die »Rabenkrähe« in grösserer Zahl. — **Pressburg** (Stef. Chernel). In der Gesellschaft der vorigen Art kommt sie des Winters häufig vor. Den 8. März sah ich eine grosse Schar in den Lüften kreisend ober dem Pressburger Gebirge, die nach einigen Umkreisungen gegen NW. weiter zog. Temperatur äusserst gelinde, nordwestlicher Wind. Bis Mitte April verschwanden alle Winterkrähen. — **Szepes-**

Béla (G r e i s i g e r). Den 7. Februar begannen sie unsere Gegend zu verlassen; den 6. März nachmittags 4 Uhr (starker
S.-Wind, regnerisch, ebenso tagsvorher) kam eine nach Tausenden zählende, mit einigen Dohlen und Saatkrähen vermischte
Schar in die Stadt, liess sich auf den Häusern und Bäumen
nieder und flog dann auf die umliegenden Felder: den 9. (vormittags schwacher O., nachmittags schwacher S.-Wind, heiter
und warm) zog um $5^1/_2$ Uhr nachmittags ein Flug von circa
100 von N. nach S. einem Walde zu; den 9. (starker N.-Wind,
kalt, Schneegestöber) ein Flug von circa 100 in der Stadt,
ebenso den 16.; alle diese Flüge enthielten auch einige Nebelkrähen und Dohlen; den 26. zogen 3 Stücke in einem Fluge
von 30 Nebelkrähen vorbei; den 5. April (kalter N.-O.-Wind
schon durch längere Zeit, tagsdarauf S.-Wind) circa 100 Stücke
auf den Feldern; 11. November (trüb und warm) mehrere unter
Nebelkrähen; 1. December (Felder schneefrei, N.-Wind, Temperatur ober 0°) circa 200 auf einem Felde bei Kesmark unter
beiläufig 40 Nebelkrähen und 150 Dohlen; den 9. (heftiger
N.-W.-Wind und Schneegestöber, tagsvorher windstill und mässig
warm) circa 100 auf den Feldern bei Béla.

64. *Pica caudata,* Boie. — Elster.

Böhmen. Nepomuk (S t o p k a). Zu verschiedenen Jahres-
zeiten; selten in Gesellschaft, meist einzeln.

Bukowina. Kuczurmare (M i s k i e w i c z). Stand- und
Strichvogel; brütet im Walde und in Obstgärten. — **Solka**
(K r a n a b e t e r). Ziemlich häufiger Standvogel.

Dalmatien. Spalato (K o l o m b a t o v i ć). Auf dem Lande
den 29., 31. März, 1., 5. November. Der gewöhnliche grössere
Durchzug im October fehlte heuer.

Litorale. Monfalcone (S c h i a v u z z i). 27. Jänner einzelne
auf den Wiesen gegen das Seeufer bei Monfalcone, 18. März
bei der **Tagliata** geparrt.

Mähren. Goldhof (S p r o n g l). Häufig und brütend in den
Aufzugswäldern. — **Oslawan** (Č a p e k). 4. April beim Nestbaue; stiehlt Vogeleier und beunruhigt selbst die brütenden Fasan-
hennen.

Niederösterreich. Wien (Reiser). Am 7. April Horst-untersuchung der Donau - Elsternreviere im alten Strombette. Fast alle Nester leer, aber fertig gebaut. Von etwa zehn unter-suchten enthielten erst 2 je 4 und 2 Eier, welche auffallend klein waren. Am 1. Mai dort noch ein Nest mit 2 frischen und 2 eingetrockneten Eiern, am 4. Mai 6 Eier zum Ausfallen entwickelt gefunden.

Salzburg. Hallein (Tschusi). 2 Stücke über Winter unregelmässig erscheinend.

Schlesien. Lodnitz (Nowak). »Scholaster.« Ein Paar hätte heuer wahrscheinlich im Walde bei Tabor genistet, aber ♂ und ♀ wurden erlegt. — Bei **Troppau** (Urban) nisteten vor 3o Jahren und später noch alljährlich welche im Park, auch sonst in der Umgebung; seit dieselben regelmässig am Horste weggeschossen wurden, ist keine mehr zu sehen. — **Wagstadt.** Am 8. März sah Hirt auf den Oderwiesen 2 Stücke.

Siebenbürgen. Koloszvár (Hönig). Sehr häufiger Stand-vogel.

Steiermark. Mariahof (Hanf & Paumgartner). Tritt vereinzelt als Brutvogel auf. 14. November 10—14 Stücke, ein-zelne täglich zu sehen. — **Mariahof** (Kriso). In grosser An-zahl das ganze Jahr in der Umgebung. — **Paldau** (Augustin). »Galster«. Bei Feldbach früher sehr häufig, durch starke Nach-stellung aber vermindert, wenngleich noch häufig genug und ungemein schlau. Ohne Gewehr konnte man oft 15—2o Schritte an sie herankommen; mit Gewehr liessen sie den Menschen selten näher als 25o—3oo Schritte. — **Pikern** (Reiser). Bei einem Ausfluge am 19. April in die Auen unterhalb Marburg bis Täub-ling nahmen wir drei volle und drei unvollständige Gelege. In einem sehr niedrigen Neste in einer Robinie auf der Pobersch'en Insel befanden sich ausnahmsweise in einem Horste bereits zwei etwa zwei Tage alte Junge, ein eingetrocknetes und ein faules Ei von höchst merkwürdiger, spärlicher Punktirung. — **Pöls** (Washington). Erhielt im Februar ein ♂, dessen längste Unter-schwanzdeckfeder einen grossen weissen Fleck besitzt.

Ungarn. Béllye (Mojsisovics). Ist in Slavonien nicht weniger gemein als in Südungarn; hier wie dort meidet sie ge-schlossene grosse Waldbestände, ist aber sonst »überall zu

Hause«. — **Neusiedlersee** (Reiser). Kommt auf ihren Raub-
zügen bis mitten in den See in's Röhricht. Bei Frauenkirchen
in einer Remise am 17. Mai ein frisches noch warmes Ei, in
einer anderen noch vier nackte Junge. — **Pressburg** (Stef.
Chernel). Sie lassen sich ebenso auf Eisstücken die Donau
hinunter treiben, wie die Rabenkrähen. Auf den Inseln, in den
Auen und an den Ufern der Donau sehr häufig. Den 3. Mai
fand ich ein Nest in einer Höhe von 8 m. auf einer Zitterpappel. Da sich in unserer Gegend nur wenig Akazien befinden,
nisten sie meistens auf Pappeln und dichten wilden Birnbäumen.

65. *Garrulus glandarius*, Linn. — Eichelheher.

Böhmen. Blottendorf (Schnabel). »Nusshackel.« Am
1. April 4 Stücke von S.-O. nach N.-W. bei N.-Wind. Dieser
Vogel überwintert hier auch einzeln. — **Nepomuk** (Stopka).
Wird zumeist im Frühjahr und Herbst gehört; schadet im Winter
den Fichtenknospen.

Bukowina. Kuczurmare (Miszkiewicz). Sehr häufig.
Im Winter nährt er sich von Eicheln und Buchnüssen, von
denen er sich im Herbste Vorräthe anlegt. Da er jedoch wohl
nur wenige derselben mehr findet, so danken ihm viele Bäume
ihr Entstehen. — **Solka** (Kranabeter). Häufiger Standvogel, der sich im Mai paart; er macht im Herbste, wenn er
in die Mais- und Buchweizenfelder scharenweise einfällt, grossen
Schaden.

Dalmatien. Spalato (Kolombatović). Standvogel. Auf
dem Lande am 22. August.

Mähren. Goldhof (Sprongl). Ein einzigesmal am 25. Januar beobachtet. — **Oslawan** (Čapek). Bis etwa Mitte März
in Gesellschaften. 6. Mai 5 frische, 10. Mai 7 stark bebrütete
Eier, darunter 3 reine.

Niederösterreich. Nussdorf a. d. D. (Bachofen). 1884
den 6. August ein Exemplar in Nussdorf über den Bahnhof
streichend.

Salzburg. Hallein (Tschusi). In 10—15 Stücken überwinternd; 14. März viele.

Steiermark. Paldau (A u g u s t i n). »Blauheher«, bei Trofaiach »Boanschlagl«. Sparsam. Nach dem Glauben der Leute
soll er 70 Stimmen haben. — **Pikern** (R e i s e r). Am 18. Januar
schoss mein Bruder bei sehr hohem Schnee mit einem Flobert-
Gewehre von einer Edelkastanie einen Feldspatzen herab. Sobald
dieser am Boden angelangt war, stürzte ein Häher raubvogel-
artig herbei, um den noch lebenden Spatzen sofort zu erfassen
und fortzuschleppen. Eine Viertelstunde später wiederholte sich
dasselbe Schauspiel, allein der Häher wurde mit einem bereit-
gehaltenen Gewehre erlegt. Die Section ergab, dass er den
Spatzen verzehrt hatte. Am 23. Juli zeigte sich plötzlich in den
Waldungen ober Rothwein ein Schwarm von etwa 50 Eichel-
hehern, die sich rege beisammen hielten, und welche wieder,
nachdem 6 Stücke geschossen worden waren, gegen Süden fort-
zogen. — **Pöls** (W a s h i n g t o n). In den Sommermonaten
spärlich vertreten, sehr gemein zur Zeit der Eichelnreife. —
Am 28. December erlegte ich 2 ♂ und 1 ♂, welch' letzteres anstatt der normalen blauen eine trüb bräunlichrothe Iris
besass.

Tirol. Innsbruck (L a z a r i n i). Der Eichelheher war dieses
Jahr sehr zahlreich vertreten und flog im Herbste in starken
Zügen zu Thal, so am 23. September vom Paschberg und den
Lanserköpfen in die Ambraserau. Zum grossen Schaden der
Bauern betheiligt er sich in Gemeinschaft der Rabenkrähe oft
sehr stark an der »Türken«-Ernte. An Waldrändern gelegene
Türkenäcker werden besonders stark mitgenommen; doch geniesst
dieser schädliche Vogel nach dem tirolischen Vogelschutzgesetze
Schonung. — **Mareith** (S t e r n b a c h). Am 3. Juli die ersten
flüggen angetroffen.

Ungarn. Béllye (M o j s i s o v i c s). In solchen Massen wie
1885 im sogenannten St. Istváner Oberwalde (Béllye), traf ich
diesen sehr gewöhnlichen Vogel noch nirgends an. In mehreren
Revieren der Herrschaft Béllye hat er indess entschieden ab-
genommen. (Unterwald, Buziglicza, Keskender Wald etc.). —
Pressburg (Stef. C h e r n e l). Bei Pressburg, sowie in den kleinen
Karpathen, überall sehr gemein. Den 10. Juli waren die Jungen
meistens schon flügge. Hin und her ziehend im Walde, plün-
dern sie mit Vorliebe die bei den Holzhauerhütten stehenden

Kirschbäume. Die einzelnen kleinen Flüge bestehen aus 5—6
Stücken, d. h. aus einer Brut, und ziehen lärmend und zan-
kend überall umher. Nach dem 15. Juli fingen die Flüge an
sich zu zertheilen.

60. *Nucifraga caryocatactes*, Linn. — Tannenheher.

Böhmen. Aussig (Hauptvogel). Kam' Mitte October
und war im ganzen böhmischen Mittelgebirge verbreitet. In
Proboscht wurden am 25. October 4 Stücke zum Austopfen geschossen. — **Bausnitz** (Demuth). Eine besondere Aufmerksamkeit in hiesiger Gegend des Riesengebirges erregte im heurigen
Herbste das zahlreiche Auftreten des Tannenhehers, welcher,
nach den Aussagen der ältesten Vogelliebhaber, das Aupathal
nur selten durchstreift hat. — **Bürgstein** (Stahr). Den 15. October bemerkt. — **Haida** (Hegenbarth). Wurde im Spätherbste in Menge beobachtet. In jedem Reviere wurde er aus
Unkenntniss, Interesse oder einfacher Knallsucht geschossen.
Jeder konnte dieses vertrauensselig-nordischen Vogels leicht Herr
werden, denn der Schuss scheuchte die Nächstsitzenden nur
wenige Schritte weiter, wie mir verschiedene Augenzeugen ver-
sicherten. Selbst bin ich ihm nicht begegnet, bekam aber diverse
Exemplare zur Bestimmung des Namens zugesandt, sowie Anfragen mit der Beschreibung dieses Vogels. Auch in weiterem Umkreise soll er zahlreich gewesen sein. — **Litoschitz** (Knežourek).
Den 8. November am Zuge geschossen; es wurden in diesem
Monate etwa 7 Stücke erlegt. Seit den vier Jahren meines hiesigen
Aufenthaltes zum erstenmale erschienen. — **Nepomuk** (Stopka).
Wurde nur im Herbste beobachtet; am 28. October ein Exemplar am Felde geschossen, dessen Schnabel auffallend mit Pferdemist verunreinigt war. — **Voigtsbach** (Thomas). Erscheint
nur erst nach Verlauf mehrerer Jahre am Zuge. Im Herbste 1885
war er häufig von Mitte September bis Mitte October und man
traf ihn auf jeder Wiese. Hatte er einen Kuhfladen gefunden,
so konnte man ihm bis auf einige Schritte nahe kommen. Er
hielt sich einzeln oder zu zweien auf, und da er gar nicht scheu
war, wurden viele erlegt. Ich bekam manchen Tag bis zu zehn
Stücke zum Ausstopfen; alle hatten den Schnabel von Kuhkoth
besudelt.

Bukowina. Solka (K r a n a b e t e r). Seltener Standvogel in höher gelegenen Waldungen.

Dalmatien. Spalato (K o l o m b a t o v i ć). 21., 22. October. 17. November.

Mähren. Oslawan (Č a p e k). Früher sehr selten, heuer im Herbste häufiger vorgekommen. Der erste wurde am 7. October, der letzte am 15. November gesehen; fast immer zeigte er sich einzeln und war gar nicht scheu. Im Magen befanden sich Käferreste (*Geotrupes, Aphodius, Coccinela*). — **Römerstadt** (J o n a s). Den 10. November mehrere Exemplare im Walde beobachtet. Wurde in der hiesigen Gegend früher noch nie gesehen.

Niederösterreich. Nussdorf a. d. D. (B a c h o f e n). 1 Exemplar.

Schlesien. Dzingelau (Ž e l i s k o). Im Frühjahr keinen bemerkt; am 15. und 20. October je 1 Stück, von da an war der Vogel hier gemein; wurde an den Hutungen nach Futter suchend fast täglich bis zu 4 Stücken gesehen, verlor sich aber gegen den 20. November ganz; am 21. den letzten halbverhungerten gefangen. (Nach der »Silesia« Nr. 137 und 138, 15. und 18. Nov. 1885, wurden auch an anderen Orten um Teschen Tannenheher erlegt und ausgestopft. Urban). — **Ernsdorf** (J a w o r s k i). Mitte October erschien der Tannenheher in hiesiger Gegend; im Orte selbst wurden vier dieser Vögel geschossen. Kommt hier sehr selten, gewöhnlich nach mehreren Jahren vor. — **Freudenthal** (U r b a n). Laut einer Notiz im »Mähr. schles. Jagdblatt«, Nr. 11 (November 1885) war der Tannenheher auch dort häufig. — **Lodnitz** (N o w a k). Von Ende September bis Ende October; war seit 1878 hier nicht mehr gesehen worden. — **Troppau** (U r b a n). In der Umgebung wurden ebenfalls einige erlegt. Ein hiesiger Präparator sagt, er habe heuer im ganzen über 40 Tannenheher ausgestopft; einer hatte in seinem Magen Reste von Beeren und einer eine Maus. — **Wagstadt** (W o l f). Im October und November häufig; den 3. November einen geschossen.

Steiermark. Hartberg (G r i m m). »Gravamschl«. Bei uns selten. Ich beobachtete ein Paar beim Einsammeln von Wintervorräthen als: Wall-, Hasel- und Buchnüssen, Knospen und Rinde, die es in eine $3\frac{1}{2}$ m. hoch in einer Buche befindliche Höhlung trug. Letztere war 3 dm. breit, 2 dm. hoch und 5 dm. lang. Das Flugloch hatte 11 cm. Durchmesser. In den Monaten October und November kam fast alle halbe Stunden einer mit Vorräthen. Dieser Vogel trägt grosse Stücke im Schnabel, kleine, als Knospen etc. im Kehlsacke. Die Leute sagen: ist er im Einsammeln fleissig, so gibt es ein schlechtes Jahr, im anderen Falle aber ein gutes; ebenso, schreit er im Frühjahre zeitlich, so kommen Nachfröste. Ein Jäger erzählte mir, dass er ihn über dem Neste eines Bergfinken*) traf, wo er das letzte Junge verzehrte. — **Mariahof** (Hanf & Paumgartner). Brutvogel der oberen Waldregion. War im Herbste weniger zu sehen als andere Jahre. Der Grund dürfte der sein, dass heuer hinreichend Hasel- und Zirbelkiefernüsse gediehen. Der Schnabel der einzelnen Herbstexemplare unterscheidet sich nicht von vor Jahren erlegten Exemplaren. Höher im Gebirge traf man sie allerorts an; in der Ebene den ganzen October, theilweise November und am 22. December je 1 Stück. — **Paldau** (Augustin). »Zirmgrätscher«. Bei Aussee im todten Gebirge häufig in den schütteren Zirbelbeständen, bei Feldbach nicht bekannt. Im Lainthal beim Trofaiach erlegte ich einen am 20. December 1885 am Kampeck, circa 4000'. — **Pikern** (Reiser). Am 24. Mai auf der Höhe des Bacher (Revier Faal) einen jungen Vogel gehört. Im Herbste zeigten sich am Vorder-Bacher nur wenige. Einen schoss ich am 5. October bei der Alm Hube (Braunig) des Schlosses Hausambacher, an welcher Stelle alljährlich sich dieser Vogel einfindet, heuer aber immer nur 3 Stücke zu beobachten waren. Der bekannte Tannenheherzug im heurigen Herbste schien diese Gegend nicht berührt zu haben; jedoch bekam ich Mitte October aus der Umgebung von Wien einen solchen Zuzügler lebend. — **Pöls** (Washington). Im Herbste und Winter wurden mehrfach Tannenheher beobachtet und erlegt. Ich erhielt 2 Exemplare (19. October, 24. December), welche beide durch gestreckte Schnabelform ausgezeichnet waren. Der Tannenheher ist im Kainachthale eine sehr seltene Erscheinung.

---

*) Wohl schwerlich diese Art — *Fringilla montifringilla* — die bisher für Steiermark als Brutvogel nicht nachgewiesen ist. Tschusi.

Tirol. **Innsbruck** (L a z a r i n i). Am 2. Juni erhielt hier Hr. R e i t e r ein Nest mit drei jungen halberwachsenen Tannenhehern. Ein vierter, zu dieser Brut gehöriger junger Heher, war leider sehr bald nach dem Fange eingegangen und von den Fängern, Pechklaubern, verworfen worden. Die drei lebenden jungen Vögel hatten bereits ganz schöne schwarze Schwingen, während die Federn an und um den Hals und Oberflügel voll weisser Tupfen waren. Die Schweiffedern zeigten sich noch wenig entwickelt. Das Nest wurde im Vicarthale, südlich vom Patscherkofel, hoch ober der Mühlthaler (Vicarthal-) Ochsenhütte, wo die letzten Zirbelbäume und nur wenige Lärchen stehen, angetroffen und zwar etwas über Mannshöhe an einer sehr dicken Zirbe, deren Aeste sich mit jenen einer sehr nahe stehenden Lärche kreuzten, so dass es auf Aesten beider Bäume zu ruhen schien. Die Unterlage bestand aus gröberem Reisig, die Mulde aus Schwarzbeer- (Heidelbeere, *Vaccinium myrtillus*, L.) Reisern. letztere mit der grünlichen Bartflechte (*Usnea barbata*) dicht ausgelegt. Von einer Einwanderung nordischer Tannenheher habe ich selbst hier nichts bemerkt, sogar ziemlich selten Tannenheher im Viller Gemeinderevier angetroffen. 2 Stücke sah ich ungefähr am 25. September und 1 Stück am 22. October. Nach einer mir zugekommenen Mittheilung hat ein Vogelfänger von Igls allerdings ziemlich viele »Zirbegratschen« gefangen; sein mir sehr wohl bekanntes »Vogelgricht« steht jedoch an einem Platze, an welchem die aus den höheren Waldungen in die tiefer gelegenen streichenden Heher vorbeifliegen müssen, und daher glaube ich nicht, dass er Fremdlinge fing. Ende December erhielt ich einen ziemlich kleinen mageren Heher, bei dem ich jedoch keinen Unterschied von unserem einheimischen finden konnte, als höchstens in dem vielleicht schwächeren, runderen Schnabel. Dieser ist jedoch auch bei den einheimischen nicht immer gleich stark, wie auch die Schnäbel der Rabenkrähen oft bedeutend in den Dimensionen variiren.

Ungarn. **Béllye** (M o j s i s o v i c s). Das ornithologisch so interessante Jahr 1885 führte auch den Tannenheher in die sumpfigen Niederungen des Draueckes. Das einzige am 20. October beobachtete Exemplar wurde auf der von Föherczeglak nach Udvárd führenden Chaussee erlegt. Der Vogel durchsuchte

eben mitten auf der Strasse sitzend, Pferdemist, als sein unge-
wöhnliches Exterieur die Aufmerksamkeit des glücklichen Schützen
auf sich lenkte. Zwei Tage zuvor (i. e. am 18.) beobachtete
Herr Revierförster Fuhrmann in Dalyok in der Nähe eines zur
Oekonomieverwaltung Sátoristye gehörigen Ziegelofens ein Exemplar (ob dasselbe?) auf dem Telegraphendrahte sitzend. Unmittelbar nachdem ich das (übrigens im Vergleiche zu unseren
alpinen Exemplaren auffallend kleine) Belegstück erhalten hatte,
bat ich die mir befreundeten Jäger in Béllye, auf eventuell
weiters zur Beobachtung kommende Stücke zu fahnden: nach
einiger Zeit erfuhr ich, dass ausser diesem einen Exemplar keines
mehr gesehen wurde. — **Mosócz** (Schaffgotsch). Heuer
häufiger als andere Jahre; am 24. December 3 Exemplare beobachtet. — **Pressburg** (Stef. Chernel). Den 18. October sah
ich einen in Modern auf einer Waldwiese, wo er die aus der
Erde gewühlten Würmer verzehrte. Er war so wenig scheu,
dass er nach einem auf ihn gerichteten Schuss kaum 20 Schritte
weiter auf einen Zaun flog, um von dort baldigst wieder zu
seiner gestörten Mahlzeit zurück zu kehren. In Pressburg kam
im Laufe jener Tage (15.—20. October) eine grössere Zahl von
diesen Vögeln vor, die sonst das ganze Jahr nicht zu sehen sind.
Den 25. October wurde in Modern wieder einer gesehen. In
ganz Ober-Ungarn wurden sie heuer während des Herbstes beobachtet. — **Szepes-Béla** (Greisiger). 14. August im Mengs-
dorfer Thale — Tátra — einen auf einer Zirbe gesehen, 19. October bei Reichwald — Magura — ein Stück in einem trockenen
Kuhfladen Nahrung suchend angetroffen, 28. im Goldsberg bei
Béla 1 Stück geschossen.

V. Ordnung.

Scansores. Klettervögel.

67. *Gecinus viridis*, Linn. — Grünspecht.

Böhmen. Nepomuk (Stopka). Der häufigste von allen
Spechten; von Mitte März bis Mitte Mai häufig zu hören; im
November, December und Januar wird er nicht beobachtet.

Bukowina. Solka (Kranabeter). Seltener Standvogel.
Litorale. Monfalcone (Schiavuzzi). 18. Januar 1 Stück.
Mähren. Goldhof (Sprongl). Die einzige Spechtart,
welche ich bisher im Beobachtungsgebiete sah. — **Oslawan**
(Čapek). 19. Februar zuerst den Paarungsruf gehört, 3. Mai
5 frische Eier.
Salzburg. Hallein (Tschusi). 7. Juni ♂ juv.
Steiermark. Paldau (Augustin). Häufig. — **Pöls**
(Washington). Im Juni und Juli wurde von mir und Anderen
im Parke wiederholt ein Specht von der Grösse eines *Gecinus
viridis* beobachtet, dessen Rücken gleichmässig zimmtbraun gefärbt, die Unterseite nach Art der jungen Grünspechte gezeichnet war. Da es nicht gelang den Vogel zu erhalten, liess es
sich nicht feststellen, ob es sich um eine Färbungsaberration
der bezogenen Art gehandelt habe oder nicht.
Ungarn. Béllye (Mojsisovics). In der Herrschaft Béllye
fand ich ihn bisher nirgends so häufig wie in Vizslak an der
Béda; 1884 sah ich ihn im Riede (Kopolya) zum erstenmale,
1885 wiederholt auch in anderen, tiefer gelegenen Riedtheilen.
— **Pressburg** (Stef. Chernel). Gemein in den Auen und im
Gebirge. — **Szepes-Béla** (Greisiger). Den 7. Februar wurde
ein Stück bei Béla auf Papelbäumen geschossen.

68. *Gecinus canus*, Gm. — Grauspecht.

Böhmen. Aussig (Hauptvogel). Ein Paar sah ich in
Pömmerle am 7. April.
Bukowina. Solka (Kranabeter). Seltener Standvogel.
Salzburg. Hallein (Tschusi). 21., 22. Januar je 1 Stück,
27. 2 Stücke, davon 1 ♀ jun., 30. Januar 1 Stück, 4. März ♂.
Siebenbürgen. Nagy-Enyed (Csató). Am 7. Februar
2 ♂ erlegt.
Steiermark. Paldau (Augustin). Bei Feldbach keinen
bemerkt; im November im Lainthal bei Trofaiach ein Stück in
Gesellschaft von Elstern auf einer Wiese gesehen. — **Pöls**
(Washington). Am 15. Juni ein eben flügge gewordener junger
Vogel.
Ungarn. Pressburg (Stef. Chernel). Ziemlich gemeiner
Brutvogel.

8*

69. *Dryocopus martius*, Linn. — Schwarzspecht.

Böhmen. **Haida** (Hegenbarth). »Hohlkrohe«, »Hohl-
krähe«. Die »Hohlkrohe« ist hier als Regenvogel bekannt und
lässt sich bei bevorstehendem schlechten Wetter besonders oft
hören. — **Nepomuk** (Stopka). Wurde nur ein einziger im
Januar gesehen.

Bukowina. **Solka** (Kranabeter). Seltener Standvogel.

Mähren. **Oslawan** (Čapek). Zwei Paare brütend angetroffen. Anfangs April wurde die alte Bruthöhle ausgebessert,
den 18. fand ich 5 frische Eier. Der Vogel flog schreiend um
mich herum, setzte sich auf nahe Bäume und klopfte zuweilen
in Aufregung an den Stamm; im Winter streift er auch weit
vom Walde entfernt herum.

Salzburg. **Hallein** (Tschusi). 14. März ♂.

Steiermark. **Paldau** (Augustin). »Waldhahnl.« Bei
Feldbach sehr selten, wo er früher häufiger gewesen sein soll.
als es an hohlen Bäumen noch nicht mangelte. Am 21. November in Lainthal bei Trofaich einen gesehen; im Gebirge
häufiger.

Ungarn. **Pressburg** (Stef. Chernel). Selten, dagegen in
Modern ein bekannter Brutvogel.

70. *Picus major*, Linn. — Grosser Buntspecht.

Böhmen. **Nepomuk** (Stopka). Meistens im Walde.
manchmal anderswo gesehen, nie im Winter.

Bukowina. **Solka** (Kranabeter). Kommt häufiger vor,

Dalmatien. **Spalato** (Kolombatović). 5., 12. Januar,
9., 21. December.

Litorale. **Monfalcone** (Schiavuzzi). 15. Mai ein Nest
mit 5 Jungen in einer Pappel bei Staranzano gefunden, ebenso
20. Mai ein zweites Nest in derselben Localität mit 5 Jungen,
wieder in einer alten Pappel.

Mähren. **Oslawan** (Čapek). Etwa vom 20. Januar bis
Mitte März waren Kiefernsamen seine vielleicht ausschliessliche
Nahrung. Jedes Individuum hatte seinen bestimmten Platz, wo
es die Kiefernzapfen bearbeitete; entweder war es eine Astgabel

auf einer Eiche, eine Spalte im dürren Aste oder eine eigens gemachte Furche in der Kieferrinde. **Salzburg. Hallein** (Tschusi). 3. Januar ♂ juv., 14. März 2 ♂.

71. *Picus leuconotus,* Bechst. — Weissrückiger Buntspecht.

Steiermark. Paldau (Augustin). Für das »todte Gebirge« charakteristisch nach G. Geyer; auch selbst dort gesehen.

72. *Picus medius,* Linn. — Mittlerer Buntspecht.

Bukowina. Solka (Kranabeter). Kommt vor.
Dalmatien. Spalato (Kolombatović). 6., 12. Februar.
Ungarn. Pressburg (Stef. Chernel). Häufig in der Au, *P. major* im Gebirge; *minor* ist in Modern seltener. Das Trommeln der Spechte hörte ich besonders im Monate März.

73. *Picus minor.* L. — Kleiner Buntspecht.

Bukowina. Solka (Kranabeter). Kommt vor.
Mähren. Oslawan (Čapek). Nur am 1. und 2. April ein ♂ in einem höheren gemischten Walde gesehen; es »trommelte« fleissig.
Niederösterreich. Kalksburg (Reiser). Zum erstenmale hier im Walde ober der Kuhweide in mehreren Stücken am 28. Juni eine Zeit lang beobachtet.
Steiermark. Paldau (Augustin). Bei Paldau sehr selten. — **Pikern** (Reiser). Den 18. Januar einer in der Josefi-Vorstadt. Nach einigem Suchen fand ich am 21. April diesen Specht bei der sogenannten Käfer-Hube vor der Nisthöhle spielend. Dieselbe befand sich etwa 15 m. hoch in einem starken, anbrüchigen Aste einer Edelkastanie. Bald schlüpfte das ♂, bald das ♀, bald beide zusammen in die Oeffnung, alles unter tichodromaartigen Flügelzucken. Nach etwa drei Tagen waren beide Vögel noch bei der Nisthöhle; nach acht Tagen aber hatte bereits *Muscicapa albicollis* in derselben fünf Eier und die Spechte waren spurlos verschwunden. — **Pöls** (Washington). 17. Juni ein Paar, 3. Juli, 29. December je ein Stück.

118   V. v. Tschusi und K. v. Dalla-Torre.

74. *Picoides tridactylus var. alpestris,* Chr. L. Br. — Dreizehiger
Alpen - Buntspecht.

Steiermark. Paldau (Augustin). Für das »todte Gebirge« charakteristisch nach G. Geyer; auch selbst dort gesehen. **Ungarn.** Szepes - Béla (Greisiger). Den 27. Mai bei
der Bélaer Tropfsteinhöhle ein Stück gesehen.

75. *Junx torquilla,* Linn. — Wendehals.

Böhmen. Aussig (Hauptvogel). 8. April angekommen;
am 21. Juni fand ich in einem hohlen Zwetschkenbaume ein
Nest mit Jungen. — Johannesthal (Taubmann). Erster den
19. April; erster Ruf tagsdarauf, den 21. allgemein; Gelege den
15. Mai (10 Stück); Abzug zwischen dem 1. und 4. August. —
Litoschitz (Knežourek). Erster den 10. April, erster Ruf
den 20. April. — Nepomuk (Stopka). Am 26. und 28. April
zum erstenmale gehört (am 25. warm, O.-Wind), sonst kommt
er später; das letztemal am 20. Juni hörbar; nistet wegen
Mangel an hohlen Bäumen selten in den hiesigen Obstgärten.

Bukowina. Fratautz (Heyn). Erster den 8. April
nach N.-W. (stärkerer S.-Wind, mildes Wetter, tagsvorher warm
und etwas bewölkt), Mehrzahl den 14. April nach N.-W. (schwacher
S.-Wind, warm, bewölkt); erster Ruf den 10. April; volles Gelege den 5. Juni; in der zweiten Hälfte September nicht mehr
gesehen. — Kaczyka (Zemann). Erster den 8. März (N.-Wind,
kalt, Schneegestöber, tagsvorher ebenso).

Dalmatien. Spalato (Kolombatović). 15. Februar, 5.,
10., 21. März, 1., 2., 7., 16., 17. April, 12., 14., 15., 20., 25.
August, 10., 21. November.

Litorale Triest (Moser). Am 17. und 27. März von
L. Sandri erhalten.

Mähren. Kremsier (Zahradník). 11. April. — Oslawan
(Čapek). Zieht längs des Flusses. Am 4. April drei ♂ gehört,
vom 19. April der Paarungsruf allgemein; 22. Mai volles
Gelege. — Römerstadt (Jonas). Erster den 20. April
(schwacher S.-Wind, sehr schön, tagsvorher ebenso); erster Ruf

den 25. April, allgemein den 2. Mai; Nestbau den 6. Mai, volles Gelege den 18.

Niederösterreich. Nussdorf a. d. D. (Bachofen). 1884. Den 6. April. — **Wien** (Reiser). Am 2. Juni wurden mit einem Löffel aus einer im Garten des Herrn Zacherl in Döbling bei Wien befindlichen hohlen Esche 9 Stück frische Eier des Wendehalses genommen und mir überbracht; nach mehreren Tagen zeigt es sich, dass das Weibchen in dieselbe Nisthöhle wieder gelegt hatte, aber statt 9, 11 Eier, welche es glücklich ausbrachte. Ein neuer Beweis für den geringen Schaden, welcher der Vogelwelt durch die ohnehin spärlichen Oologen*) zugefügt wird!

Salzburg. Hallein (Tschusi). 15. April ♂, 16. ♂, 24. 1 Stück, 27. Mai 1 ♂.

Schlesien. Dzingelau (Želisko). 20. April (trüb, W.) 1 ♂, 23. (Gewitter bei N.-W.) Hauptankunft, ♂ und ♀, Hauptabzug den 17. September (heiter, S.-W.), am 29. 1 ♀. — **Lodnitz** (Nowak). 1. April den ersten rufen gehört. — **Troppau** (Urban). 17. April im Park, 19. bei Stiebrowitz. — **Wagstadt.** 17. April von Schiller, 23. von Demel je ein Exemplar gesehen.

Siebenbürgen. Nagy-Enyed (Csató). Am 10. April die ersten 2 Stücke, am 12. mehrere.

Steiermark. Mariahof (Hanf & Paumgarten). Brutvogel in einzelnen Paaren. 28. April 1 Stück. — **Mariahof** (Kriso). 22. April auf dem Schulgartenzaune gesessen, 28. April das erstemal den Ruf gehört.

Tirol. Innsbruck (Lazarini). Am 3. September ein Stück bei Igls.

Ungarn. Béllye (Mojsisovics). Der erste traf 1885 am 3. Mai in Danoczerdö ein. Der Abzug scheint, wie normal, Ende August, anfangs September stattzufinden. Ich habe nur im Sommer 1885 einigemale diesen nicht häufigen Vogel beobachtet. — **Güns** (C. Chernel). Erster den 5. April (N.-W.-Wind, kühl). — **Nagy - Szt. - Miklós** (Kuhn). Erster den

*) In Oesterreich.   v. Tschusi.

16. April. — **Pressburg** (Stef. Chernel). In den Auen und Obstgärten ein sehr gemeiner Brutvogel. Den 10. Juli sah ich einen in Modern auf den dort befindlichen Schlägen und ausser diesem keinen mehr.

76. *Sitta europaea*, Linn. var. *caesia*, Meyer. — Gelbbrüstige Spechtmeise.

Böhmen. Nepomuk (Stopka). Hält sich das ganze Jahr im Walde auf.

Bukowina. Solka (Kranabeter). Seltener Standvogel.

Mähren. Oslawan (Čapek). Um den 20. März wurde mit dem Verkleben der Nesthöhlung begonnen, aber erst vom 12. April sah man allgemein, wie die Vögel die Kiefernoberrinde abrissen und eintrugen; am 29. April 5 frische Eier, mit theilweisem Melanismus. Von Mitte September begannen sie in Gesellschaft von *Parus, Certhia, Regulus* zu ziehen.

Salzburg. Hallein (Tschusi). 22. April ♂, ♀ im Garten, 3., 6. Juni juv., 17. August 1 Stück im Garten.

Siebenbürgen. Nagy - Enyed (Csató). Am 2. April 2 Stücke.

Steiermark. Paldau (Augustin). »Baumhackl« häufig. Bei Feldbach, im Möllthale in Kärnten und an vielen anderen Orten bemerkt. — **Pikern** (Reiser). Am 22. April meisselte ich 7 frische Kleiber - Eier aus einer Eiche aus. Nistort etwa 4 m. hoch, Lehmverkleidung unbedeutend, Nestunterlage durchaus feine Kiefernborke. — **Pöls** (Washington). Im Sommer und Winter aussergewöhnlich häufig.

Ungarn. Béllye (Mojsisovics). Im Frühjahre 1884 besonders aber im Sommer 1885 überaus zahlreich; nirgends traf ich indess so viele auf einer relativ eng begrenzten Localität, wie in einer Parcelle des Maisser Waldes. — **Pressburg** (Stef. Chernel). Den 17. Februar ein aus 15 Stücken bestehender Flug in Gesellschaft von *Parus major* und *coeruleus* nach S. streichend. In Pressburg, sowie in Modern, sehr gemein.

77. *Sitta syriaca*, Ehrenb. — Felsenspechtmeise.

Dalmatien. Spalato (Kolombatović). Standvogel.

78. *Tichodroma muraria,* Linn. — Alpenmauerläufer.

Dalmatien. Spalato (Kolombatović). 16., 21. Januar.
24. Februar, 15., 16., 18., 20., 26., 30. November, 1., 6..
31. December.
Salzburg. Hallein (Tschusi). 3., 8. Januar 1 Stück.
13., ♀.
Siebenbürgen. Nagy - Enyed (Csató). Am 5. April
2 Stücke in Toroczko am Berge Székelykö.
Steiermark. Mariahof (Hanf & Paumgartner). Den
27. und 31. October je 1 Stück. — **Paldau** (Augustin). Im
oberen Mürzthal, im todten Gebirge, bei Vordernberg gesehen.

79. *Certhia familiaris,* Linn. — Langzehiger Baumläufer.

Böhmen. Nepomuk (Stopka). Hält sich das ganze Jahr
im Walde auf; ist im Winter fast immer in Gesellschaft von
Meisen und Goldhähnchen.
Bukowina. Solka (Kranabeter). Kommt vor.
Dalmatien. Spalato (Kolombatović). 8., 14., 16..
17. November. 4. December.
Mähren. Oslawan (Čapek). Zwei Paare im Walde, andere
in Kopfweiden am Flusse brütend.
Salzburg. Hallein (Tschusi). 8. Januar ♂, 18. und
31. März je 1 Stück im Garten.
Schlesien. Lodnitz (Nowak). Ist seit dem Herbste im
Dorfe ziemlich häufig. — **Troppau** (Urban). Im Park und in
den Gärten nicht selten.
Steiermark. Paldau (Augustin). Im Liesingthal bei
Mautern und Kallwang viele, ebenso bei Aussee.
Ungarn. Béllye (Mojsisovics). Beobachtete und erlegte
in den letzten zwei Jahren diesen in Ried- und Landwäldern
lebenden Vogel wiederholt; Landbeck fand den Vogel in Syrmien
nur selten. — **Pressburg** (Stef. Chernel). Zog den 19. Februar mit *Parus major* und *coeruleus* herum; 3. März in
Gesellschaft von *Sitta*, *Parus*, *Picus* und *Certhia* in den Auen.
— **Szepes - Béla** (Greisiger). Den 19. Januar ein einzelnes
und den 12. Februar ein weiteres Exemplar mit zwei Kohlmeisen.

80. *Upupa epops.* Linn. — Wiedehopf.

Böhmen. **Bausnitz** (Demuth). Erster den 14. April
(S.-W.-Sturm). — **Johannesthal** (Taubmann). Die ersten den
28. und 29. März nach N.-W. und N.-O. (windstill, hübsch, tagsvorher gleichfalls schön). Zieht höchstens zu 3—8 Stücken. Erster
Ruf anfangs April, Gelege Ende d. M., Abzug vom 20. August
bis 10. September nach S. (S. und S.-W.-Wind, lau). — **Litoschitz** (Knežourek). Erster den 30. März, erster Ruf den
14. April. — **Nepomuk** (Stopka). Wurde nur am 23. April
gesehen, nistet schwerlich hier.

Bukowina. **Illischestie** (Zitný). Erster den 29. April
(schwacher W.-Wind, schön, tagsvorher warm und schön), erster
Ruf am Tage der Ankunft, Abzug den 10. September (starker
Landregen, tagsvorher warm und schön). — **Kaczyka** (Zemann).
Erster den 13. April von S.-O. nach N.-W. (mässiger O.-Wind,
warm, tagsvorher leiser S.-W.-Wind, warm). — **Karlsberg** (?).
Die ersten am 16. Mai (hell, dann Regen), am 17. erster Ruf.
— **Kuczurmare** (Miszkiewicz). Den 15. April angekommen
und in October fortgezogen; er brütet im Mai. — **Kupka**
(Kubelka). Erster den 1. April nach W. (mässiger N.-W. und
O.-Wind, warm); nur paarweise; Abzug den 15. October nach
S. (mässiger W.- und S.-O.-Wind, warm und heiter). — **Petroutz**
(Stránský). Erster den 13. April. — **Solka** (Kranabeter).
Selten; er erscheint Ende April, Anfang Mai, heuer den 8. Mai,
und zieht Ende August, Anfang September ab. Baut sein Nest
in Höhlungen, sogar am Boden, jedoch gut geschützt. Das Ge-
lege besteht aus 4—6 Eiern und das Brutgeschäft dauert 16—18
Tage und wird vom Weibchen allein besorgt. Beim Abzug, ge-
wöhnlich abends, streichen sie sehr niedrig. — **Terebleszty**
(Nahlik). Erster den 11. April nach O. (starker O.-Wind, warm,
tagsvorher ebenso).

Dalmatien. **Spalato** (Kolombatović). 18., 19., 20.,
25. März, 1., 3., 4., 11., 17. April; Abzug vom 1. August bis
9. September.

Galizien. **Tolszczow** (Madeyski). Erster den 12. April
(schön).

Litorale. Monfalcone (Schiavuzzi). 15. April (bewölkt. tagsvorher Regen) der erste bei Sistiana. — **Triest** (Moser). Am 20. April von *L. Sandri* erhalten.

Mähren. Kremsier (Zahradník). 12. April. — **Oslawan** (Čapek). 10. April 3 einzelne Stücke; 14. Mai fand ich drei eben ausgeschlüpfte Junge neben vier unbefruchteten Eiern; 28. August zuletzt 1 Stück.

Salzburg. Hallein (Tschusi). 11. April früh 1 Stück.

Schlesien. Lodnitz (Nowak). 4. April 1 Stück, 12. mehrere, 24. drei gesehen; am Herbstzuge nur den 23. einen bemerkt.

Siebenbürgen. Fogaras (Czýnk). Erster den 12. April (N.-W.-Wind, warm und heiter, tagszuvor S.-Wind, warm, trüb), Gelege den 14. Mai, Abzug den 24. September (S.-W.-Wind, warm, heiter, tagsvorher ebenso). — **Kolozsvár** (Hönig). Kommt vor, doch nicht häufig. — **Nagy-Enyed** (Csató). Am 29. März der erste, am 12. April 1 Stück.

Steiermark. Mariahof (Hanf & Paumgartner). Zuweilen brütend. 11. April 1 Stück. — **Mariahof** (Kriso). 21. April, einem sehr schönen Tage, um Mittag über den Schulgarten in nordwestlicher Richtung geflogen. — **Paldau** (Augustin). Bei Feldbach sehr selten, bei Graz, in der Richtung gegen Maria-Trost, einen gesehen; im Lainthale selten.

Tirol. Innsbruck (Lazarini). Am 14. April 4 Stücke in der Reichenau an der Sill, ober deren Ausmündung in den Inn; 17. April 1 Stück in der Ambraserau, 6. September 1 Stück bei Vill. — **Mareith** (Sternbach). 29. August 1 Stück bei 1100 m. Höhe gesehen. — **Roveredo** (Bonomi). Erster den 28. März nach N. (S.-O.-Sturm, bewölkt, tagsvorher schwacher S.-W.-Wind und etwas Regen).

Ungarn. Béllye (Mojsisovics). Am 20. März erschien im Jahre 1884, am 30. März im letzten Jahre diese im Beobachtungsgebiete allenthalben verbreitete Art am Drauecke. Ich traf sie im Drau- und Donauriede, wie in dem höher gelegenen Gebiete der Herrschaft Béllye auch im Sommer 1885 wiederholt. Ende September, bisweilen erst im October, zieht er ab. — **Güns** (C. Chernel). Erster den 8. April (gelinde, regnerisch, tagszuvor stürmisch). — **Mosócz** (Schaffgotsch). Am 13. April das erste Exemplar; scheint heuer häufiger als andere Jahre aufgetreten zu sein. — **Nagy-Szt.-Miklós** (Kuhn). Erster den 18. April, Mehrzahl den 22.; Gelege den 20. Mai; Abzug den 20. September. — **Szepes-Béla** (Greisiger). Den 29. April (S.-Wind, sehr warm, ebenso längere Zeit vor und nachher) ein Paar auf einer Waldwiese bei Tátraháza; den 13. September ein Stück bei Béla geschossen.

VI. Ordnung.

Captores. Fänger.

81. *Lanius excubitor*. Linn. — Raubwürger.

Böhmen. Nepomuk (Stopka). Kommt vor.

Bukowina. Solka (Kranabeter). Seltener Standvogel.

Dalmatien. Spalato (Kolombatovié). 4. Januar, 3. October, 3., 6. November.

Mähren Goldhof (Sprongl). Im Beobachtungsgebiete nisteten mehrere Paare. — **Kremsier** (Zahradník). 9. März; die Art überwintert hier auch. — **Oslawan** (Čapek). Im Sommer nicht bemerkt. 16. Januar erbeutete ein ♂ einen Gimpel; 8. März zuletzt ein Stück und dann wieder am 8. November und 15. December je einen, immer auf Feldbäumen, gesehen.

Salzburg. Hallein (Tschusi). 21. Januar 1 Stück.

Siebenbürgen. Koloszvár (Hönig). Gar nicht selten. — **Nagy-Enyed** (Csató). Am 11. December 2 Stücke; der eine fing einen Spatzen und wurde mit ihm erlegt.

Steiermark. Hartberg (Grimm). Sehr häufig. Hier Zugvogel, am häufigsten in den Monaten Mai, Juni, Juli und August anzutreffen; zur Winterszeit nie einen gesehen. Er brütet meist zweimal und benützt oft den Rohbau eines anderen Nestes zu seinem eigenen. — **Mariahof** (Hanf & Paumgartner). 25., 26., 28, Februar je 1 Stück; 1. und 2. März singend; 5., 9., 15. und 17. März und 6. April je 1 Stück *var. major*; 22., 23., 24. October, 3., 16., 23. November und 3. December je 1 Stück. Wie voriges Jahr, war es der Mehrzahl nach die *var. major* und *excubitor* hier seltener. Im

Magen derselben befanden sich grösstentheils Mäuse. — **Paldau** (**Augustin**). Im Raabthale bei Feldbach: »spanische Galster«, Elster), »Zwergl«. Sparsam. Vernichtete bei einem Bauernhause in Paldau einige Bruten von *Fringilla coelebs*. — **Pikern** (**Reiser**). Zigeunert das ganze Jahr einzeln oder in kleineren Trupps in der Ebene umher, zur Brutzeit ist er dagegen nicht zu erblicken. Am 18. Jänner einen in den »Neutheilen« (Pikerndorf) geschossen, den 14. Juni viele bei Gams und Trasternitz. — **Pöls** (**Washington**). In den Sommermonaten nirgends aufgefunden, auch im December bloss sehr vereinzelt angetroffen.

Tirol. **Innsbruck** (**Lazarini**). »Meisenkönig«. Am 18. September 1 Stück aus der Aufhütte bei Igls geschossen und einige Tage darnach ein zweites. — **Mareith** (**Sternbach**). Am 2. October 1 Stück bei 1200 m.

Ungarn. **Béllye** (**Mojsisovics**). Am 10. Mai 1884 notirte ich ein Exemplar in Kopolya, seitdem sah ich wenigstens keines wieder; gewiss zählt er daher, wie ich bereits auch in meiner Ornis hervorhob, zu den selteneren Formen des Draueckes. — **Mosócz** (**Schaffgotsch**). Am 7. Juli ein Nest mit vier Jungen gefunden.

82. *Lanius excubitor. var. major, Cab.* — Einspiegeliger Raubwürger.

Siebenbürgen. **Koloszvár** (**Hönig**). Seit meinem hiesigen vierjährigen Aufenthalte fiel es mir wiederholt auf, dass hier *L. excubitor* merklich grösser und bedeutend weisser erschien; ich glaubte jedoch dies einer leicht erklärlichen Täuschung zuschreiben zu müssen, bis mich Joh. v. Csató's kleine Abhandlung »Ueber *Lanius Homeyeri, Cabanis*« (Zeitschrift f. d. ges. Ornithologie, I. 1884, p. 229) anders belehrte. Seither trachtete ich ein Exemplar dieses Vogels zu bekommen, und wirklich gelang es mir, am 3. Juli 1885, bei Gelegenheit einer Bahnwagenfahrt, ein junges ♀ mit einem Flobert-Gewehre zu erlegen, als es eben auf dem Telegraphendrahte der zutragenden Mutter entgegenflatterte. Nach näherer Untersuchung fand ich an dem jungen Vogel sämmtliche Characteristica, die v. Csató angibt;

seine Erfahrung, dass *L. major* in Siebenbürgen brüte*), finde
ich bestätigt. Nachdem ich seit vier Jahren — wie ich nunmehr
weiss — *L. major* in unmittelbarer Nähe der Stadt beobachtet,
ist es wahrscheinlich, dass sich mir hiezu auch im laufenden
Jahre Gelegenheit bieten wird, wovon ich nicht säumen werde,
Bericht zu erstatten.

Steiermark. Mariahof. Vgl. vorhergehende Art.

83. *Lanius minor*, Linn. — Kleiner Grauwürger.

Bukowina. Kaczyka (Zemann). Erster den 11. März
von S. gegen N.-W. (heftiger N.-W.-Wind, Schnee, tagsvorher
scharfer N.-O.-Wind), Rückzug den 23. März abends 9 Uhr
(heftiger N.-Wind, Schneegestöber, tagsvorher schwacher W.-Wind,
warm), Wiederkunft den 27. März (schwacher W.-Wind, milde,
tagsvorher schwacher O.-Wind, warm). — **Petroutz** (Stránský),
Erster den 18. März**), Abzug den 3. October. — **Solka** (Kranabeter). Ziemlich häufiger Zugvogel.

Dalmatien. Spalato (Kolombatović). Vom 22. April
bis 8. September.

Galizien. Tolszczow (Madeyski). Erster den 1. Mai
(W.-Wind, regnerisch).

Mähren. Oslawan (Čapek). Ein Paar brütet auf Pappeln
unterhalb Oslawan; am 23. April meldete sich das ♂, am
30. Mai fand ich 6 frische Eier.

---

*) Dies ist ein Irrthum, denn v. Csató erwähnt (l. c.) ausdrück-
lich, er habe die genannte Varietät bisher nur einmal erhalten. Wenn
auch der einspiegelige Raubwürger vielfach in Oesterreich-Ungarn gefunden wurde, so war dies immer nur zur Zugzeit; brütend wurde
er bisher mit Sicherheit noch nicht bei uns nachgewiesen. Die vom
Beobachter hervorgehobene bedeutendere Grösse und weissere
Färbung stimmen im allgemeinen nicht auf *L. major* und lassen
eher der Vermuthung Raum, der Autor habe den *L. Homeyeri* gemeint. Da sich nun mehrere Angaben über das Vorkommen des letzteren als irrthümlich erwiesen, indem sich die betreffenden Exemplare
als alte *L. excubitor* herausstellten, so wäre behufs sicherer Deter-
minirung die Einsendung eines solchen Vogels im Interesse der Sache
erwünscht.   v. Tschusi.

**) Die vorstehenden Beobachtungen beziehen sich, nach der frühen
Ankunftszeit zu schliessen, sämmtlich auf *L. excubitor*, L.

Niederösterreich. **Mödling** (Gaunersdorfer). Den 3o. April zuerst beobachtet.

Salzburg. **Hallein** (Tschusi). 6. Mai und 22. Juli ♂ ad.

Siebenbürgen. **Nagy-Enyed** (Csató). Am 4. Juni 4 Stücke, 1 ♂ erlegt.

Steiermark. **Mariahof** (Hanf & Paumgartner). 25. April und 3. Mai je 1 ♂, 6. Mai 2 Stücke. Während andere Jahre dieser durch sein Geschrei weithin vernehmliche Vogel in 5—6 Paaren nistete, wurde heuer nur 1 Paar beobachtet. Gehört jetzt, da überall »Tod den Würgern« gepredigt wird, zu den Seltenheiten. — **Pikern** (Reiser). Den ersten am 10. Mai bemerkt; im ganzen heuer wenige Brutpaare. — **Pöls** (Washington). 14. Juni ein Nest mit 5 Eiern.

Tirol. **Innsbruck** (Lazarini). Am 10. Mai wurde 1 ♂ bei Vill geschossen.

Ungarn. **Béllye** (Mojsisovics. Ihn und *L. collurio* beobachtete ich im Frühjahre 1884 erst anfangs Mai; in Béllye waren sie aber von da an unsäglich gemein. Bei meiner Abreise am 18. Mai waren namentlich rothrückige, weniger Grauwürger, auf den Telegraphendrähten der »Baranyavár-Mohácser Chaussee«, besonders in der Nähe von Sátoristye, respective Vizslak in grösster Zahl zu beobachten. Sie erschienen mir wie auf dem Zuge und sassen nach Schwalbenart öfter in Gruppen nebeneinander. Im Sommer 1885 waren beide Arten relativ selten zu sehen.

84. *Lanius rufus*, Briss. — Rothköpfiger Würger.

Dalmatien. **Spalato** (Kolombatović). Vom 22. April bis 12. September.

Mähren. **Oslawan** (Čapek). Einige Paare brüten in kleinen alten Kiefernbeständen auf steinigen Lehnen; 20. April angelangt, 11. Mai schon 5 frische Eier.

Schlesien. **Dzingelau** (Želisko). Am 4. Mai ein Paar angekommen und sofort zur Brut geschritten; Abzug den 13. September (Regen, W., 14. windig S.-W.).

Steiermark. **Paldau** (Augustin). Häufig gesehen, als noch keine *L. collurio* zu bemerken waren.

Ungarn. Béllye (Mojsisovics). Diese seltene Art wurde 1885 vom Herrn Waldbereiter Pfeningberger zum ersten Male im sogenannten »Béllyc'er Riede«, unweit der nach Esseg führenden Chaussee angetroffen.

85. *Lanius collurio*, Linn. — Rothrückiger Würger.

Böhmen. Blottendorf (Schnabel). Erschien Mitte Mai, am 16. August den letzten gesehen. — **Nepomuk** (Stopka). Zum erstenmal am 10. Mai gesehen, am 23. Juni Junge gefüttert; nur einige Paare in der Umgegend wegen Mangel an hinreichendem Gestrüppe.

Bukowina. Kuczurmare (Miszkiewicz). Kommt im April und zieht im October. Er schadet sehr, da er die Jungen anderer kleiner Vögel raubt. — **Solka** (Kranabeter). Seltener Zugvogel; erscheint im Mai, Abzug im September.

Dalmatien. Spalato (Kolombatović). Vom 17. April bis 11. September.

Litorale. Monfalcone (Schiavuzzi). 8. April die ersten bei Rosega; 24. Mai 1 Nest mit drei frischen grünfarbigen Eiern, 1. Juni 1 Nest mit 5 rothen Eiern, 8. Juni 1 Nest mit 6 kaum bebrüteten grünen Eiern.

Mähren. Goldhof (Sprongl). Heuer sehr selten; am 21. April 2 Paare, am 7. Mai 1 Paar gesehen. — **Kremsier** (Zahradník). 28. April. — **Oslawan** (Čapek). 2. Mai 2 ♂, 14. Mai schon 4 frisch gelegte Eier mit einem Kukuksei. Ende August waren sie verschwunden; 17. September noch ein juv.

Niederösterreich. Nussdorf a. D. (Bachofen). 1884 den 15. Mai.

Salzburg. Hallein (Tschusi). 24. April 2 ♂, 1 ♀, 2. Mai 1 Stück, 5. mehrere ♂ und ♀, 2 Juni 1 Brutpaar in der Gegend.

Schlesien. Lodnitz (Nowak). Die ersten am 29. April, am 23. Mai ein Nest mit 2 Eiern, am 12. September die letzten bemerkt. — **Troppau** (Urban). 26. April; Mitte September einzelne noch da.

Siebenbürgen. Nagy - Enyed (Csató). Am 27. April 2 Stücke.

Steiermark. **Mariahof** (H a n f & P a u m g a r t n e r).
29. April 1 ♂, ebenso am 1. Mai, 2. Mai ♂ und ♀, 3. Mai
mehrere, 29. September 1 juv. Früher ein s e h r häufiger, jetzt nur
ein häufiger Brutvogel. Sein grosser Schaden, wenigstens in hiesiger
Gegend, ist nicht a b s o l u t nachzuweisen. — **Mariahof** (K r i s o).
18. April ♂ und ♀, 29. April singen gehört, 12. September noch
ein Junges angetroffen. — **Paldau** (A u g u s t i n). »Dorndrall.«
Bei Feldbach häufig. — **Pikern** (R e i s e r). Ankunft am 20. April.
Bei Unter-Drauburg am 25. Mai 3 Nester mit 4, 5 und 6 Eiern,
sämmtlich der braunen Abart angehörig, belegt. Am 23. Juli
sah ich bei Rothwein ein ♂ mit schneeweissem Kopfe und am
7. August beobachtete ich eine Familie im Bergauer'schen Schlage
900 m. hoch. — **Pöls** (W a s h i n g t o n). Fehlte in den Sommermonaten nahezu gänzlich. Im Durchzuge (August bis Anfang
September) waren alte ♂ ♂ selten.

Tirol. **Innsbruck** (L a z a r i n i). »Dorndrall«. Am 25. April
in der Höttingerau. Bei Vill brütend, jedoch minder häufig als
in anderen Jahren, wohl desshalb, weil die Gebüsche, in welchen
sie sich am liebsten aufhielten, etwas beschnitten worden waren.
Vor einigen Jahren fand ich in einem Dornstrauche, an einem
von *Lanius collurio* sehr besuchten Orte, eine kleine Maus
angespiesst.

Ungarn. **Béllye** (M o j s i s o v i c s. s. *L. minor.* — **Pressburg** (Stef. C h e r n e l). Den 22. April der erste; 27. Mai
beobachtete ich einen, der das Gezwitscher der Spatzen so
täuschend nachzuahmen verstand, dass sich einige sogleich einfanden und ihm mit ihrem Locktone antwortend, in das Gebüsch folgten. — **Szepes-Béla** (G r e i s i g e r). Am 5. September
1 Stück gesehen.

86. *Muscicapa grisola*, Linn. — Grauer Fliegenschnäpper.

Böhmen. **Aussig** (H a u p t v o g e l). Am 3. Mai in Pömmerle angekommen. — **Nepomuk** (S t o p k a). Am 23. April
zum erstenmale gehört (einige Tage vorher warm und W.-Wind);
flog Mitte September fort.

Bukowina. **Solka** (K r a n a b e t e r). Seltener Zugvogel, der
im April erscheint und im October abzieht.

Dalmatien. Spalato (Kolombatović). Vom 2. bis 19. Mai, vom 15. bis 21. September, aber selten.

Mähren. Oslawan (Čapek). 13. Mai eingetroffen; drei Paare brütend beobachtet; sie ziehen längs des Flusses.

Salzburg. Hallein (Tschusi). 27., 28. Mai je 1 Stück ♂, 22. Juni im Garten, 23. Juli juv. im Garten, 30. ad., 4., 5., 6., 13., 14. August je 1 Stück.

Schlesien. Dzingelau (Želisko). 25. April ♂ und ♀ angekommen (24. Regen mit Schnee, früh + 3⁰ R.; 25. Nebel. W., früh + 2⁰ R.). Beginn des Abzuges den 10. September, Hauptzug am 23. (heiter, SW., ebenso den 24.). — **Lodnitz** (Nowak). Vom 13. bis 23. Mai gezogen; am 16. Juni ein Nest mit 5 unbebrüteten Eiern auf einer Kopfweide im Dorfe Lodnitz angetroffen.

Siebenbürgen. Nagy-Enyed (Csató). Am 17. August das erste Stück in den Gärten.

Steiermark. Mariahof (Hanf & Paumgarten). 8. Mai 1 Stück, 10. Mai mehrere, 28. August 1 Stück im Garten. Brutvogel. — **Pikern** (Reiser). Am 26. Mai oberhalb von Pikern (Käfer), in Mannshöhe zwischen dem Stamme und einer Ausschlagslohde einer Edelkastanie, ein Nest mit 2 Eiern. Als das Gelege voll war, wurde das Nest entfernt, worauf der Vogel genau an derselben Stelle ein zweites baute und 4 Junge aus-brütete. — **Pöls** (Washington). 28., 29,, 30. August sehr starker Durchzug.

Ungarn. Béllye (Mojsisovics). Sehr gewöhnliche Er-scheinung, über die ich aber keine näheren Daten seit 1882 in Bezug auf Ankunft und Abzug erhielt. Auch in Syrmien ist sie nach Landbeck sehr gemein von Ende April bis Ende Sep-tember. — **Pressburg** (Stef. Chernel). Den 3. Mai (Haupt-zug) überall im Gebirge und in der Au sehr häufig, 8. Mai weniger.

87. *Muscicapa parva*, Linn. — Zwergfliegenfänger.

Bukowina. Solka (Kranabeter). Seltener Zugvogel, der im April erscheint und im October abzieht.

Ungarn. Pressburg (Stef. Chernel). Den in Ungarn von S. Petényi entdeckten Vogel sah ich am 3. Juli in Modern am

Rande einer Buchenpartie im Jungholz, nahe einer Quelle und am 19. Juli traf ich wieder ein Exemplar an. Wie die flinkeste Meise hüpfte er beständig herum und zeigte eine ungemeine Wildheit. Als ich mich ihm näherte, flüchtete er sich, indem er zwischen dem Grase am Boden eine Weile davon eilte, bald von Busch zu Busch fliegend, bald sich wieder auf die Erde herablassend, so schnell, dass ich ihm nicht folgen konnte.

88. *Muscicapa luctuosa*, Linn. — Schwarzrückiger Fliegenfänger.

Bukowina. Solka (Kranabeter). Seltener Zugvogel, der im April erscheint und im October abzieht.

Dalmatien. Spalato (Kolombatović). 18., 19. März, 5. April.

Litorale. Monfalcone (Schiavuzzi). 17. April 1 Stück im Garten gesehen.

Mähren. Oslawan (Čapek). Nur am 12. April ein Paar am Durchzuge auf Obstbäumen.

Schlesien. Dzingelau (Želisko). Den 26. April ♂, ohne sich über den Sommer hier aufzuhalten. Es ist auffallend, dass dieser Vogel in manchen Jahren hier häufig brütet, in manchen Jahren aber kaum zu sehen ist. — **Lodnitz** (Nowak). Ankunft und Durchzug wie bei *M. grisola.*

Siebenbürgen. Nagy - Enyed (Csató). Am 12. April 1 ♂, am 13. April 2 Stücke erlegt.

Steiermark. Mariahof (Hanf & Paumgartner). 8. Mai ♂ und ♀, 9. und 10. Mai mehrere, 18. Mai 1 Stück. — **Pöls** (Washington). Als Brutvogel nicht beobachtet.

Tirol. Innsbruck (Lazarini). Am 4. Mai ein Stück in der Höttingerau.

Ungarn. Pressburg (Stef. Chernel). Häufiger Brutvogel; den 10. Mai ein Paar nistend.

89. *Muscicapa albicollis*, Temm. — Weisshalsiger Fliegenfänger.

Böhmen. Blottendorf (Schnabel). Am 3. Mai (Nordwind, regnerisch). — **Litoschitz** (Knežourek). Ankunft den 17. April und 3. Mai.

Bukowina. Solka (Kranabeter). Seltener Zugvogel, der im April erscheint und im October abzieht.

Dalmatien. Spalato (Kolombatović). 18., 19. März und April.

Mähren. Oslawan (Čapek). Gewöhnlicher Brutvogel. 15. April die ersten, 6. Mai 6 frische Eier, um den 9. Mai allgemein vollzählige Gelege. Bei zwei Gelegen beobachtete ich einen partiellen Melanismus.

Steiermark. Pikern (Reiser). Vertrieb Ende April den kleinen Buntspecht aus der von ihm erwählten Bruthöhle in einer Edelkastanie, etwa 15 m. hoch und hatte daselbst in einem durchaus aus Baumbast zusammengesetzten Neste am 29. April 5 frische Eier. Dieselben stimmen vollkommen mit solchen von Herrn Čapek aus Mähren erhaltenen überein. — Pöls (Washington). In den Sommermonaten nicht bemerkt.

Ungarn. Béllye (Mojsisovics). Am 12. Mai 1884 erlegte ich ein Exemplar in der Nähe von Kopács, sah ihn aber sonst nicht sehr häufig. — Pressburg (Stef. Chernel). Den 3. Mai ein Nest in der länglichen Höhlung eines Kastanienbaumes 3 m. hoch.

90. *Bombycilla garrula*, Linn. — Seidenschwanz.

Böhmen. Voigtsbach (Thomas.) Erscheint nur manche Winter. 1882 sah man wieder grosse Züge Mitte November.

Bukowina. Solka (Kranabeter). Erscheint selten, dann aber scharenweise und nur in sehr strengem Winter; kam heuer nicht vor.

Mähren. Oslawan (Čapek). Im Winter 1884—85 ein kleiner Flug bei Eibenschitz beobachtet.

Siebenbürgen. Kolozsvár (Hönig). Im Winter 1883 erschien er in ungewohnter Menge und wurden viele Exemplare eingefangen, von denen auch ich eines bekam, das ich dann bis zum nächsten Spätherbst hielt.

91. *Accentor alpinus*, Bechst. — Alpenbraunelle.

Dalmatien. Spalato (Kolombatović). Vom Januar bis 24. Februar; in den Monaten November und December nicht bemerkt.

Siebenbürgen. Nagy - Enyed (Csató). Am 5. April
2 Stücke in Toroczko am Berg Székelykö erlegt.
Steiermark. Paldau (Augustin). Im »todten Gebirge«
nach G. Geyer.

92. *Accentor modularis*, Linn. — Heckenbraunelle.

Böhmen. Blottendorf (Schnabel). »Bräunlich«. Am
5. April zum erstenmal gesehen und singen gehört; dieser
Vogel erschien heuer etwas später als andere Jahre, was seinen
Grund wohl darin hat, dass lange und anhaltende Kälte
herrschte. Zieht im October und macht in der Regel zwei
Bruten.
Bukowina: Solka (Kranabeter). Seltener Zugvogel, der
im April erscheint und im October abzieht.
Dalmatien. Spalato (Kolombatović). Vom Januar bis
20. März und vom 28. September bis Ende December.
Litorale. Monfalcone (Schiavuzzi). 7. März abgezogen.
Mähren. Oslawan (Čapek). Durchzügler im Frühjahre;
2.—10. April je 1 oder 2 Stücke.
Niederösterreich. Kalksburg (Reiser). In der Klause
beobachtete ich am 21. Juni zum ersten Male diesen oft über-
sehenen Vogel im Dickicht in grösster Nähe.
Salzburg. Hallein (Tschusi). 11. März 1 ♂, 24. (bei
Schnee) und 27. je 1 Stück.
Siebenbürgen. Nagy - Enyed (Csató). Am 12. März
2 Stücke erlegt.
Ungarn. Pressburg (Stef. Chernel). Den 16. und 17. Oc-
tober überall in Menge im Modreiner Gebirge.

93. *Troglodytes parvulus*, Linn. — Zaunkönig.

Böhmen. Nepomuk (Stopka). Kommt vor. — **Rosenberg** (Zach). Am 7. Juni fand ich auf dem oberen Rande
eines hart an der Strasse laufenden Felsens ein fast über-
hängendes Nest in einem Moosbüschel mit 8 Jungen.
Bukowina. Kuczurmare (Miszkiewicz). Standvogel.
— **Solka** (Kranabeter). Ziemlich häufig vorkommender
Standvogel.

Dalmatien. Spalato (Kolombatović). Vom Januar bis
20. März und vom 28. September bis Ende December.

Mähren. Goldhof (Sprongl). Selten. — **Oslawan**
(Čapek). Am 12. April baute das ♂ sein Nest.

Salzburg. Hallein (Tschusi). 8. März singend, 6.,
10. April je 1 Stück im Garten.

Schlesien. Troppau (Urban). Als Standvogel nicht
selten im ganzen Lande.

Steiermark. Hartberg (Grimm). Baut sich als Standvogel unter Brücken für den Winter ein Nest. Auch in Maus-
löchern habe ich den Zaunkönig übernachtend gefunden. —
Mariahof (Kriso). 18. April Nestmaterial getragen. — **Paldau**
(Augustin). »Künigl«. Sparsam, hauptsächlich im Winter zu
sehen. — **Pikern** (Reiser). Kommt sonst erst im Januar in
die Niederungen, diesmal schon am 11. November inmitten der
Stadt in unserem Garten gesehen.

Ungarn. Béllye (Mojsisovics). Sah nur wenige Exemplare im Sommer 1885 in Föherczeglak, mehrere aber im
Mai 1884 bei Béllye. — **Pressburg** (Stef. Chernel). Den
29. Juni hörte ich seinen lieblichen Gesang überall in den
Wipfeln der alten ehrwürdigen Modreiner Tannen. Hier ist er
sehr häufig und nistet meistens in den Wurzeln der vom Winde
umgeworfenen Bäume. Den 10. Juli waren die Jungen flügge,
den 18. September sangen die Männchen noch immer munter.
In Pressburg nicht so gemein wie in Modern.

94. *Cinclus aquaticus*, Linn. — Bachamsel.

Bukowina. Solka (Kranabeter). Seltener Standvogel.

Dalmatien. Spalato (Kolombatović). Standvogel.

Niederösterreich. Mödling (Gaunersdorfer). Den
20. Februar 1 Stück am Bache beobachtet.

Schlesien. Troppau (Urban). 18. Januar sah Dr. Scherz
eine bei dem »Gypsbrünnel«; sie kommt auch bei Grätz vor,
häufiger bei Würbenthal und anderen Orten im Gebirge.

Siebenbürgen. Kolozsvár (Hönig). An der Szamos ziemlich selten, doch häufig an der Tebes-Körös, wo ich bei einer
Spazierpartie von beiläufig 5 Kilometern — im Mai vorigen Jahres

— 5—6 Stücke, jedoch einzeln antraf. Die Fischer halten diesen Vogel für einen grossen Fischräuber, was den Beobachtungen H. v. Tschusi's widerspricht. — **Nagy-Enyed** (Csató). Am 4. Januar zeigten sich mehrere, gemischt mit *melanogaster*, in Fel-Enyed und Muzsina; 1 Stück erlegt. **Steiermark. Paldau** (Augustin). Bei Feldbach nicht bemerkt, in Vordernberg, in Aussee und vielen anderen Gebirgsgegenden gesehen, doch überall sparsam. — **Pikern** (Reiser). An der Lobnitz wieder in grosser Zahl vorgefunden; am 25. Mai am Missling - Bache ein Paar (zweite Brut) beim Nestbau getroffen.

Tirol. Innsbruck (Làzarini). Am 20. April erhielt Hr. Reiter hier ein Nest der Bachamsel mit vier halberwachsenen, theilweise befiederten Jungen, nebst einem Ei. Das Nest war an zwei Seiten den Unterlegern der hölzernen »Gerberbach - Sillbrücke« angebaut, ganz aus Steinmoos angefertigt, die Nestmulde mit feinen Wurzelfasern ausgefüttert und vollständig überdeckt, mit nur einem Ausgange, welcher in der Höhe von einigen Metern senkrecht ober dem Wasser der Sill lag, so dass die jungen Vögel beim Verlassen des Nestes unmittelbar in das Wasser gefallen wären. — **Mareith** (Sternbach). 1. October abends strichen 10—12 Bachamseln nach Ablauf des Hochwassers dem Bache nach thaleinwärts.

Ungarn. Pressburg (Stef. Chernel). Den 15. Februar bei Pressburg bei den Gebirgsquellen 3 Stücke, den 8. März gepaart. Um Pressburg, so auch in Modern, Standvogel.

95. *Cinclus aquaticus var. melanogaster*, Chr. L. Br. — Nordische Bachamsel.

Siebenbürgen. Nagy-Enyed (Csató). Am 4. Januar in Fel - Enyed und Muzsina mehrere mit *C. aquaticus* gemischt: 1 Stück erlegt.

96. *Poecile palustris*, Linn. — Sumpfmeise.

Mähren. Oslawan (Čapek). Ich habe diese Meise erst heuer als Brutvogel constatirt, indem ich zwei Paare, in je einer

Waldschlucht brütend, antraf. Am 14. Mai fand ich Junge in einer Erle, 2 m. vom Boden.

Salzburg. Hallein (Tschusi). 13. Juni die ersten im Garten.

Siebenbürgen. Nagy - Enyed (Csató). Am 13. März 2 Stücke in Galacz, am 12. April 1 Stück in Nagy - Enyed erlegt.

Steiermark. Mariahof (Kriso). 22. September, dem letzten Sommertage, liessen sich viele in Gesellschaft von *Parus major* in der Nähe der Häuser hören. — **Paldau** (Augustin). Besonders im Herbste in gemischten Wäldern und an Waldrändern häufig.

Ungarn. Béllye (Mojsisovics). Ich fand sie im Frühjahre in mehreren Theilen des Béllye'er und Kopácser Riedes nicht selten; einige Exemplare sah ich auch im Sommer 1885. — **Pressburg** (Stei. Chernel). Den 9. Mai ein Nest mit Jungen in der Höhlung einer am Rande eines Fussweges stehenden Akazie. In Modern ungemein häufig. Bei Regenwetter zieht sie sich zu den Holzhauerhütten mit anderen *Pariden* und mit *Certhia* und *Sitta*. Besonders häufig ist sie in den kleinen Karpathen Ende August, im September und October, wo ganze Scharen in die Schläge nach Samen der verschiedenen Kräuter fliegen. — **Szepes - Béla** (Greisiger). Den 16. April bei Podspady (Tátra) ein Stück gesehen.

97. *Poecile lugubris*, Natt. — Trauermeise.

Dalmatien. Spalato (Kolombatović). Standvogel.

98. *Parus ater*, Linn. — Tannenmeise.

Böhmen. Nepomuk (Stopka). Ist zahlreich, streicht im Herbste und Winter herum; am 14. April bereits in Paaren, am 20. Nestbau aus Gräsern in einer Mauer im Walde, am 24. Mai an einem anderen Orte in einer Erdhöhle 4 Junge gefunden, die am 13. Juni bereits flügge waren.

Bukowina. Solka (Kranabeter). Seltener Standvogel.

Mähren. Oslawan (Čapek). 7. Mai ein frisches Gelege in einem Bachufer.

Salzburg. Hallein (Tschusi). 10. März, 1. April je ein
♂ und ♀, 28. Juni 3 Stücke im Garten, ebenso einzelne den
2., 3., 4. und 5. Juli.

Steiermark. Paldau (Augustin). Waren besonders im
Frühling zahlreich. — **Pöls** (Washington). Im Juni und Juli
sehr zahlreich vertreten.

Ungarn. Béllye (Mojsisovics). Zu meinem Erstaunen
hörte ich in einem kleinen Nadelholzbestande des Béllye'er Waldes
am 9. Mai 1884 den mir wohlbekannten Pfiff der Tannenmeise
des »Diezurls« der alten (ehemaligen) Vogelsteller im Salz-
kammergute. Ein Belegstück befindet sich übrigens im Béllye'er
Riedmuseum, das im Winter 1884 in einer Föhrengruppe der
Béllye'er Anlagen erlegt wurde. Nach Landbeck kommt der
Vogel im Striche auch in die Rohr- und Laubwälder der Niederungen Syrmiens. — **Pressburg** (Stef. Chernel). In Pressburg sporadisch und nur bei Nadelholz-Partien, dagegen in Modern
sehr gemein. Den 6. Juli flügge Junge, 16. October in grosser
Menge auf den dürren Kräutern der Schläge.

99. *Parus cristatus*, Linn. — Haubenmeise.

Böhmen. Nepomuk (Stopka). Zahlreich mit anderen
Meisen, besonders im Herbste und Winter.

Bukowina. Solka (Kranabeter). Seltener Standvogel.

Mähren. Oslawan Čapek. Brütet auch in Eichhörnchen-
nestern.

Salzburg. Hallein (Tschusi). 28. Juni 1 Stück im
Garten, ebenso den 6. August ein ♂.

Schlesien. Troppau (Urban). Im Schlosspark zu Grätz,
sowie in den dortigen Nadelwäldern vorkommend; heuer nicht
bemerkt. Nach mündlicher Mittheilung des Herrn Nowak kommt
diese Meise auch bei **Lodnitz** in den Wäldern bei Tabor, Herr-
litz vor.

Steiermark. Pikern (Reiser). Unweit von St. Wolfgang
am (Bacher [1000 m.]) baute eine Haubenmeise ihr Nest in eine
kaum 15 cm. dicke Birkenstange, welche so morsch war, dass
dieselbe vom geringsten Windstosse umgeworfen werden konnte,
brachte aber die Brut glücklich auf und liess sich beim Neste

niemals überraschen. — **Pöls** (Washington). Brütete in weit
grösserer Menge als gewöhnlich in unseren Waldungen.

Ungarn. Béllye (Mojsisovics). Ist in den Kiefernbeständen der südlichen Baranya im Winter und Vorfrühjahre
anzutreffen. — **Pressburg** (Stef. Chernel). In Pressburg nicht
sehr häufig, dagegen in Modern sehr zahlreich. Die Jungen sind
anfangs Juli flügge.

100. *Parus major*, Linn. — Kohlmeise.

Böhmen. Nepomuk (Stopka). Fast in jeder Jahreszeit;
kommt im Winter gern zu den Wohnungen. — **Rosenberg**
(Zach). Am 29. April ein Nest mit 2 Eiern in einer Apfel-
baumhöhlung, worin am 26. Mai ein Sperling sass und die
Eier hinauswarf; am 9. Juni hatte eine in einer Steinmauer ihr
zweites Nest gebaut.

Bukowina. Kuczurmare (Miszkiewicz). Sehr häufiger
Standvogel in unseren Wäldern; brütet im Mai und Juli. —
Solka (Kranabeter). Seltener Standvogel.

Dalmatien. Spalato (Kolombatović). Standvogel. In
grosser Zahl im October und November.

Mähren. Goldhof (Sprongl). Häufiger Standvogel. —
Oslawan (Čapek). Um den 5. Mai allgemein frische Gelege,
Maximum 15 Eier.

Schlesien. Troppau (Urban). Nicht selten, besonders
als Strichvogel im Herbst und Winter.

Siebenbürgen. Kolozsvár (Hönig). Nur diese und *P.
coeruleus* beobachtet.

Steiermark. Mariahof (Kriso). 10. December 6 Stücke
auf dem Futterplatz bei meinem Küchenfenster. — **Paldau**
(Augustin). Das ganze Jahr, besonders aber im Spätherbste
und Winter zu sehen.

Ungarn. Pressburg (Stef. Chernel). Den 16. Februar
in den Auen von W. — O. ziehend. In Modern seltener als
P. ater und *palustris* und *Acredula*. In dem Museum des hiesigen katholischen Gymnasiums ein Exemplar mit vollständigem
Melanismus.

101. *Parus coeruleus*, Linn. — Blaumeise.

Böhmen. Nepomuk (Stopka). Im Herbste zahlreich mit anderen Meisen; ein Paar nistete in einer hohlen Linde beim Walde. **Bukowina.** Solka (Kranabeter). Seltener Standvogel. **Dalmatien.** Spalato (Kolombatović). Vom Januar bis 28. März und vom 28. September bis Ende December. **Mähren.** Goldhof (Sprongl). Sparsam und meist in Gesellschaft mit *P. major* und *Acredula caudata*. — **Oslawan** (Čapek). 4. Mai 9 frisch gelegte Eier. **Schlesien.** Troppau (Urban). Wie die vorige. — **Wagstadt** (Wolf). Den 5. März von Drössler 5 Stücke gesehen. **Siebenbürgen.** Nagy - Enyed (Csató). Am 2. April 2 Stücke. **Steiermark.** Mariahof (Hanf & Paumgartner). Vom 21. October täglich 4—6 Stücke bis Ende December. — **Mariahof** (Kriso). 1. December bei verschiedenen Wäldchen beobachtet. — **Paldau** (Augustin). Im November und December häufig, auch in Schwärmen zu Hunderten, sonst sparsam. **Ungarn.** Béllye (Mojsisovics). Allenthalben und ebenso häufig wie *P. major*. — **Pressburg** (Stef. Chernel). In Modern nur im Vorgebirge häufig, mit der Höhe nimmt sie ab.

102. *Parus cyaneus*, Pall. — Lasurmeise.

Böhmen. Nepomuk (Stopka). Anfangs Februar flog eine auf den Bäumen an der Strasse herum.

103. *Acredula caudata*. Linn. — Schwanzmeise.

Böhmen. Bürgstein (Stahr). Gelege den 13. April. — **Haida** (Hegenbarth). Hier jedem Vogelsteller aus früherer Zeit als Leimbockverderber wohl vorgekommen, da ihre lose Befiederung, oft ohne den Vogel zu halten, an den Leimsprossen hängen blieb und durch das Flattern der vielen weissen, flaumigen Federn der Leimbock zur Scheuche wurde. »Schneemeise« ist hier der landläufige Ausdruck; sie soll jetzt, ebenso wie andere Meisenarten, seltener ziehen. Am 24. November nachmittags,

bei trüber, nebliger Witterung, traf ich circa 12 — 16 Stücke
gelegentlich einer Waldstreifjagd auf der Spitze des Hutberges.
Kaum sechs Schritte entfernt von dem Felsblocke, worauf ich
stand, sassen diese Meisen auf einem Dürrling und fiel mir ihr
wenig scheues Wesen auf. Das Schiessen im Thale und das
Echo regardirten sie gar nicht. Nach geraumer Weile erst verschwanden sie in der Dämmerung des Spätherbsttages, gegen
Südwest streichend. — **Nepomuk** (Stopka). Am 22. December
in grösserer Anzahl auf Lärchen und Birken beobachtet, auch
in anderen Wintermonaten zu sehen, im Sommer aber nie.

Bukowina. Solka (Kranabeter). Seltener Standvogel.

Dalmatien. Spalato (Kolombatović). 5., 6. Januar,
12. October, 3. November.

Litorale. Monfalcone (Schiavuzzi). 5. März einige bei
Pietra rossa.

Mähren. Goldhof (Sprongl). Nur im Winter und im
Frühjahre beobachtet; scheint hier nicht zu brüten. — **Oslawan**
(Čapek). Ende Februar trennten sich die Familien, Ende März
sind beide Gatten beim Nestbauen beschäftigt; 9. April das
erste Gelege.

Salzburg. Hallein (Tschusi). 18., 20., 24. März je ein
Paar im Garten.

Schlesien. Troppau (Urban). »Pfannenstiel«. Im December an der Promenade einige bemerkt. — **Wagstadt** (Wolf).
»Müllermeise«. 19. November im Tannenwald von einem Vogelsteller gefangen.

Steiermark. Mariahof (Hanf & Paumgartner).
29. April beim Nestbau beobachtet. — **Paldau** (Augustin).
»Pfannstielmeise«. Das ganze Jahr, besonders im Frühling und
Herbste. — **Pikern** (Reiser). Am 12. April nächst dem Käfer
auf einer Edelkastanie 7 frische Eier in einem sehr kunst-
vollen Neste, welches sich, da es mit den charakteristischen
Rindenflechten der Kastanie bekleidet war, durch nichts von der
Umgebung abhob.

Tirol. Innsbruck (Lazarini). Am 8. Juni einen Flug
von circa 30 am Paschberg und am 3. October ebenfalls ziemlich viele im Villerwald beobachtet.

Ungarn. Béllye ↘Mojsisovics). Ich traf die Schwanzmeise im Frühjahre 1884 wiederholt, doch war sie im September 1885 namentlich auf der Insel Petres gut vertreten.
Im Herbst- und Winterstriche sieht man sie in grösserer Zahl, als
zur Brütezeit, zum Theile wohl aus dem Grunde, da die man-
gelnde Belaubung ihre Beobachtung besser gestattet. — **Pressburg** (Stef. **C h e r n e l**). Bis Mitte April sind sie Strichvögel,
in der zweiten Hülfte Aprils schreiten sie zur Brut. Den
28. April ein Nest in der Au, 5 m. hoch, auf einer Akazie;
2. Mai zwei Nester in der Au, wovon das eine auf einer Akazie,
das andere auf einer Pappel stand. Beide befanden sich 6 m.
hoch und war keines fertig. In Modern ist sie sehr häufig unter
dem Namen »Sperrmeise« bekannt. Nach ihrer Brut fangen sie
das Herumstreichen wieder an und kommen im Herbste in die
Gärten. Den 18. September waren sie noch ziemlich häufig
im Modreiner Gebirge, den 17. October nur mehr spärlich. —
Szepes-Béla (**G r e i s i g e r**). Den 13. März in den Gärten von
Béla ein Flug, den 27. September im Goldsberg 4 Stücke auf Erlen.

104. *Acredula caudata var. rosea.* Blyth. — Schwarzzügelige
Schwanzmeise.

Dalmatien. Spalato (Kolombatović). 5., 6. Januar,
12. October. 3. November.

105. *Panurus biarmicus,* L. — Bartmeise.

Ungarn. Béllye (Mojsisovics). Obwohl ich mir alle
Mühe gab, diesen Vogel im Frühjahre zu erspähen, gelang es
mir nicht, ein einziges Exemplar wahrzunehmen. In Kolodjvár
wurde sie im Juni 1884 vom Herrn Forstadjuncten Weinelt
gehört. Endlich 1885 am 24. October trafen zum ersten Male
in grosser Zahl Bartmeisen in dem (damals theilweise inun-
dirten) Kopácser Riede ein: sie hielten sich, wie immer, im
dichtesten Rohre auf. Ein (in Alkohol conservirtes) Exemplar
von diesen befindet sich als Belegstück in meiner Sammlung.

106. *Aegithalus pendulinus,* L. — Beutelmeise.

Ungarn. Béllye (Mojsisovics). Während meiner Frühjahrsreise traf ich im Kolodjvárer Riede, noch viel zahlreicher

aber in den mit Buschwerk und einzelnen hohlen Weiden be-
standenen Riedparcellen des Kopácser- und (südlichen) Lasko'er
Revieres die Beutelmeise an; ich erbeutete (Mitte Mai) drei
Nester mit den Eiern und zwei Exemplare des Vogels selbst.
Die Nester waren fast ausnahmslos relativ ziemlich weit von
Teichen und Wassercanälen entfernt und hingen so hoch, dass
ich nur durch Abschiessen der sie tragenden Zweige in ihren
Besitz kommen konnte. Der Vogel verräth sich übrigens nur
durch seinen lauten Lockruf, später (ob er regelmässig zweimal
brütet, wie Landbeck sagt, wage ich nicht zu entscheiden, doch
scheint es 1884 der Fall gewesen zu sein, da am 7. August
ein Nest mit vier »ganz schwachen« Jungen im Kopacser Riede
angetroffen wurde) ist sie im Rohre nur zufällig zu erbeuten.
— **Pressburg** (Stef. C h e r n e l). Kommt in den Auen, besonders aber in der Nähe eines Donauarmes vor. Den 6. März
ein vom Wasserspiegel und Rohr 100' entfernt stehendes vor-
jähriges korbförmiges Nest 3 m. hoch gefunden; 2. Mai das
erste heurige, beinahe ganz fertige Nest. Es hing an dem
Zweige einer Weide, die sich über das Wasser neigte, 4 m.
hoch; 9. Mai fand ich nahe dem früher erwähnten ebenfalls
ein halbfertiges korbförmiges Nest, das eine Woche später nur
mehr eine Oeffnung hatte. Es stand auch sehr nahe dem Wasser,
9 m. hoch auf einer Weide; 10. Mai zwei Nester, beide 8 m.
hoch auf Weiden beim Wasser; 20. Mai ein Nest, 5 m. hoch
auf einer Zitterpappel. Bis 20. Mai war keines von den Nestern
fertig; der Bau schreitet sehr langsam vorwärts, obgleich die
Vögelchen immer in der Nähe ihres Nestes sind und ihre klagende
Stimme hören lassen. Eine Zeit lang sitzen sie in der nächsten
Nähe ihrer Nester, putzen sich das Gefieder, fliegen mitunter
auf das Nest und flechten mit bewunderungswürdiger Geschick-
lichkeit an den Seiten, dem Boden u. s. w. oder sie schlüpfen hinzu
und arbeiten an der Eingangshöhle und bewegen den Schnabel
dabei so flink, wie eine Stricknadel. Von fünf Nestern waren bis
zum 1. September nur zwei vollkommen, die anderen fielen dem
Wetter und den Raubthieren zur Beute. Merkwürdig, dass keines
dieser Nester Eingangsröhren hatte; alle waren korbförmig.
Ende September verlassen sie uns.

107. *Regulus cristatus*, Koch. — Gelbköpfiges Goldhähnchen.

Böhmen. Nepomuk (Stopka). Zahlreich in Gesellschaft von Meisen und Baumrutschern im Herbste, Winter und Frühjahre, im Sommer nie beobachtet.

Bukowina. Solka (Kranabeter). Häufig vorkommender Standvogel.

Dalmatien. Spalato (Kolombatović). Vom Januar bis 20. März, vom 4. October bis Ende December.

Litorale. Monfalcone (Schiavuzzi). 21. März 1 ♀ bei den Thermalbädern bei Monfalcone gesehen, 27. März einige im Garten.

Mähren. Oslawan (Čapek). Mehr westlich häufig brütend, bei mir nur zwei oder drei Paare in einem kleinen Fichtenbestande. Bis Mitte April, dann wieder vom Ende September vagabundirend in kleinen Gesellschaften.

Salzburg. Hallein (Tschusi). 18. März 1 Stück, 28. 1 ♀ im Garten.

Schlesien. Troppau (Urban). Als Strichvogel nicht selten, besonders im Herbste. — **Wagstadt.** (Wolf). 24. April sah Demel 1 Stück.

Steiermark. Mariahof (Kriso). 2. December viele in Gesellschaft von *Parus cristatus* und *ater* beobachtet.

Ungarn. Pressburg (Stef. Chernel). Im Sommer einzeln. Den 17. October in Modern in grosser Menge, den 7. November noch zahlreicher.

108. *Regulus ignicapillus*, Chr. L. Br. — Feuerköpfiges Goldhähnchen.

Dalmatien. Spalato (Kolombatović). Vom Januar bis 22. April, vom 4. October bis Ende December.

Salzburg. Hallein (Tschusi). 20. März ♂, 31. ♀, 16. Mai 1 Stück, 27. ♀ im Garten.

Steiermark. Paldau (Augustin). Im Herbste 1884 sah ich welche auf hohen Fichten bei Paldau.

Ungarn. Pressburg (Stef. Chernel). Nur während des Winters. Sie kommen im October mit *cristatus* vor.

VII. Ordnung.

Cantores. Sänger.

109. *Phyllopneuste sibilatrix*, Bechst. — Waldlaubvogel.

Böhmen. Nepomuk (Stopka). 2 Paare beobachtet; am 23. April zum erstenmale gehört, am 24. Mai ein Nest im Walde auf der Erde mit 5 Eiern gefunden. Das Nest war aus trockenem Grase gebaut, zur Hälfte gewölbt. Am 1. Juni waren die Jungen ausgekrochen, am 13. flügge.

Dalmatien. Spalato (Kolombatović). 5., 6., 7., 11., 17., 22. April, 1., 2. Mai, 10., 11., 12., 20. August.

Litorale. Monfalcone (Schiavuzzi). 15. April 1 ♂ im Garten.

Mähren. Oslawan (Čapek). 16. April das erste singende ♂, 23. April der Gesang allgemein, 20. Mai 7 frische Eier.

Salzburg. Hallein (Tschusi). 20. April gesungen, 24. 1 Stück im Garten.

Siebenbürgen. Nagy - Enyed (Csató). Am 12. April 1 Stück singen gehört.

Steiermark. Mariahof (Hanf & Paumgartner). 26. und 29. April je 1 Stück. — Pöls (Washington). 26. August ein ♂ ad. erlegt.

Ungarn. Béllye (Mojsisovics). Landbeck fand auffallender Weise diesen (im Gebiete der mittleren Donau stellenweise sehr häufigen) Vogel in Syrmien nicht brütend; dass sich das Thier in der Fruška Gora und im Keskenderwalde zahlreich vorfindet und auch den Auwäldern eigen ist, wurde indess bereits in den »zwölf Frühlingstagen etc.« (pag. 57, 58) betont; ich traf den Waldlaubvogel im Mai 1884 in Kopolya, Keskend, bei Danoczerdö, in Kécserdö, selbst am rechten Ufer des Hulló u. s. w., vermisste aber *Ph. trochilus,* den Fitislaubsänger, der in den Wäldern der Savesümpfe als Brutvogel lange bekannt ist, (im Frühjahre) völlig; das Gleiche gilt vom Weidenlaubvogel, *Ph. rufa Lath.*, den ich Ende April in Budapest im Garten des Herrn Dr. von Madarász beobachtete; von dort stammt das eine Exemplar meiner 1884er Collection; möglicherweise übersah ich aber diese beiden Arten, denn im August (1882) erlegte ich sie am Bátfok und in der Petres. — **Pressburg** (Stef. **Chernel**). Den 12. April die ersten, in Modern bis zum 31. September (! v. Tsch.) sehr zahlreich.

110. *Phyllopneuste trochilus.* Linn. — Fitislaubvogel.

Böhmen. Nepomuk (Stopka). Am 12. April wurde der erste gehört (am 11. und 12. trüb, kalt, W.-Wind), am 14. waren 2, am 15. mehrere zu hören; am 16. Juni flogen Junge mit den Alten herum; auch im Juli und August sang er dann und wann; 22. October war er zum letztenmale zu sehen.

Dalmatien. Spalato (Kolombatović). 18., 20., 22., 23. März, 1., 2., 3., 4., 5., 11. April, 1., 2. Mai; vom 1. September bis 3. October.

Litorale. Monfalcone (Schiavuzzi). 31. März 1 Stück im Garten.

Niederösterreich. Wien (Reiser). Im Halterthale fand ich an einem Wassergraben unter einem kleinen Busche ein Nest mit 7 Jungen am 13. Juni.

Salzburg. Hallein (Tschusi). 31. März 1 Stück, 2. April mehrere im Garten; 24. erster Gesang.

Steiermark. Mariahof (Hanf & Paumgartner). Brutvogel. 3. April 1 Stück, 5. April mehrere, 28. August 1 Stück.

Tirol. Innsbruck (Lazarini). 12. Mai ziemlich zahlreich in der Ambraserau.

Ungarn. Pressburg (Stef. Chernel). In Modern zahlreicher als um Pressburg.

111. *Phyllopneuste rufa.* Lath. — Weidenlaubvogel.

Böhmen. Aussig (Hauptvogel). Am 29. März in Pömmerle. — **Blottendorf** (Schnabel). Am 1. Mai (trüb und kalt) beobachtet. — **Nepomuk** (Stopka). Selten; am 10. Mai das erste, am 22. September das letztemal gehört.

Dalmatien. Spalato (Kolombatović). Vom Januar bis 2. April, vom 5. October bis Ende December.

Litorale. Monfalcone (Schiavuzzi). 7. März einige, 20. März auf den Alleebäumen in Monfalcone, 26. und 27. März einige ebendaselbst. — **Triest** (Moser). Am 8. Februar von L. Sandri erhalten.

Mähren. Oslawan (Čapek). 18. März die ersten, bis Ende des Monats zerstreut längs des Flusses ziehend; nicht häufiger Brutvogel.

Niederösterreich. Nussdorf a. D. (Bachofen). 1884 den 24. März.

Salzburg. Hallein (Tschusi). 13. März ♂ rufend, 17. einige im Walde.

Schlesien. Lodnitz (Nowak). 26. März 1 Stück, 12. April singend.

Siebenbürgen. Nagy - Enyed (Csató). Am 25. März die ersten 2 Stücke, am 27. März 1 Stück, am 2. October einzeln in den Gärten.

Steiermark. Mariahof (Hanf & Paumgartner). Brutvogel. 26. März und 1. April je 1 Stück beim Teiche. 4. April im Walde, 5., 6. und 7. April mehrere, 28. August, 7., 13., 14. October je 1 Stück. — **Pöls** (Washington). Noch am 10. October beobachtet.

Ungarn. Pressburg (Stef. Chernel). Pressburg 16. April die ersten in den Auen, 9. Mai in grosser Menge; in Modern den 18. September die letzten.

112. *Phyllopneuste Bonellii*, Vieill. — Berglaubvogel.

Salzburg. Hallein (Tschusi). 21. Mai 2 ♂ im Walde, 25. Juli ♂ jun. im Garten. 31. Juli und 5. und 18. August je 1 Stück.

Steiermark. Mariahof (Hanf & Paumgarten). Brutvogel. 28. April 1 Stück.

113. *Hypolais elaica*, Linderm. — Oelbaumspötter.

Dalmatien. Spalato (Kolombatović. Vom 3. Mai bis zum 18. August, nämlich bis zum Tage vor dem Orkane, während sie in den vergangenen Jahren noch bis nach Ende September vorhanden waren.

(Fortsetzung folgt.)

The birds of Keiskama Hoek,
Division of King William's Town Cape Colony
by
E. W. Clifton.

— —

Keiskama Hoek
Division of King William's Town
Cape Colony.

May 31st 1887.

In forwarding ornithological notes, made during the
past twelve months, of this place and neighbourhood —
I have thought it well to found such notes on a nominal
list of the Birds therein observed, and I have for the pre-
sent restricted the said list to a radius of about two and a
half miles in every direction, taking the village itself as a
centre. I have done this because there is undoubtedly a
natural line drawn between the Birds observable in the
circuit mentioned, and those of the more wooded and
upland regions surrounding. The sphere of observation
which lies at an elevation of about 3000 ft. above sea-level
consists of a gently undulating grassy veldt with bush
(chiefly mimosa) here and there, and marshy ground near
the small rivers Keiskama and Yxulu which together nearly
encircle the area. The river banks bear larger trees, yellow
wood, red pear, willow etc.; and the village itself contains
fruit trees of various kinds (apricot, apple, quince, orange,
lemon ect. and vines). Surrounding the area are parts of
the Amatola and Perie ranges highest towards the west
and north, and more or less covered with fruit of species
common to the Cape Colony. The climate is that of Kaffraria
generally, temperate with seasons of great drought alter-

10*

nating with plenteous rains, the vegetation varying accordingly. The last year has been one of plentiful rain-fall after three of deficient supply. The lowest-lying ground near the river is subject to not very severe frost at intervals betveen April and August. The arrangement followed in the List of Birds is that of the work on S. African Birds by Layard and Sharpe. A large number of families are represented, giving hopes that, though the array of species recognized is not great, it may hereafter be lengthened. I have named none which I have not myself seen, or made as sure as possible that I have seen and where doubt has existed I have affixed a note of query.

I am, Sir

Yours truly

E. F. Clifton, M. D.

Order — *Accipitres.*

Popular name, remarks. etc.

Family — *Falconidae.*

Serpentarius secretarius, Secretary Bird.

Occasional — only in isolated pairs.

Circus macrurus, Pallid Harrier.

Frequent — »Amakweta« hawk.

Circus ranivorus, S. A. Marsh Harrier.

Accipiter rufiventris, S. A. Sparrow Hawk.

Buteo jakal, Jackal Buzzard.

Frequent.

Cerchneis rupicola, S. A. Kestrel.

Family — *Bubonidae.*

Bubo maculosus. — Spotted eagle owl.

Asio capensis. — Short eared owl.

Strix flammea. — Barn owl.

Order — *Picariae.*

Family — *Caprimulgidae.*

C. rufigena. — Rufous checked night jar.

Most frequent in and near village.

Family — *Cypselidae.*

C. apus. — Common swift.

C. caffer. — S. A. white rumped swift.

Family — *Alcedinidae.*

A. semitorquata. — Half collared kingfisher.

Frequent, by river.

Halcyon albiventris. — Brown hooded kingfisher.

Constantly in gardens, etc., feeding on grasshoppers and similar insects.

Family — *Bucerotidae.*

Bucorax caffer. — S. A. Ground Hornbill.

»Wild Turkey«. On veldt or cultivated ground feeding on lizards etc.

Tockus erythrorhynchus. — Red-billed Hornbill.

Occasional garden visitor, eating fruit.

Family — *Upupidae.*

U. africana. — S. A. Hoopoe.

Occasional, among mimosa bush.

Family — *Musophagidae.*

Corythaix musophaga. — White crested plantain eater.

»Lory«. Seen only where fruit flinges the area-unable to fly far, caught by being driven from bush on to open veldt.

Family — *Cuculidae.*

Chrysococcyx cupreus. — Golden cuckoo.

Near forest, occasional.

Family — *Picidae.*

Dendropicus cardinalis. — Cardinal Woodpecker.

Scarce. Near edge of forest.

Order — *Psittaci.*

Family -- *Psittacidae.*

P. fuscicollis. — Brown-necked parrot.

Ventures from forest, when wild fruits are ripe.

Order — *Passeres.*

Family — *Turdidae.*

T. olivaceus. — Olivaceous thrush.

Frequent. Garden fruit eater.

Pycnonotus tricolor. — Black eyebrowed Bulbul.

Common. Garden fruit eater. »Knife-Rop«.

Cossypha caffra. — Cape Chat thrush.

Cisticola tinniens. — Le Vaillant's fantail-Warbler.

Cisticola cursitans. — Common fantail Warbler.

Acrocephalus boeticatus. — S. A. Reed warbler.

Family — *Nectarinidae.*

N. famosa. — Malachite sun bird.

Cinnyris chalybaeus. — Little double collared sun bird.

C. amethystinus. — Amethyst sun bird.

Frequent. — Gardens.

Family — *Paridae.*

Zosterops capensis. — Cape White eye.

Common in Gardens from November to March, then disappearing. Most distructive to fruit.

Family — *Muscicapidae.*

M. undulata. — Dusky-grey fly-catcher.

Family — *Hirundinidae.*	Popular names. remarks, etc.
	From early September to April. Individuals of all three species remain here all the winter, and may be seen on fine days. But the date of arrival last year (1886) was September 8th after which they became numerous.
H. rustica. — European-swallow. — Frequent.	
H. albigularis. — White-throated swallow. — Common.	
H. cucullata. — Larger stripe-breasted swallow. — Frequent.	

Family — *Laniidae.*

Lanius collaris. — Fiskal shrike.

Common — but each pair keeping a certain area for themselves. Very destructive to smaller birds, attacking and killing even the Bulbul.

Laniarius gutturalis. — Backbakiri bush shrike.

Common.

Family — *Dicruridae.*

Buchanga assimilis. — African Drongo.

Frequent.

Family — *Oriolidae.*

O. larvatus. — S. A. black-headed Oriole.

Family — *Corvidae.*

Heterocorax capensis. — African roock.

Frequent. Building in gum and other high trees in August. Gregarious.

Corvultur albicollis. — White-necked raven.

Frequent — but in solitary pairs.

Family — *Sturnidae*.

Lamprocolius phoenicopterus.
— Red shouldered glossy starling.

»Red winged Gpuo«. Fruit eater. Common.

? *L. sycobius.* — Peters glossy starling.

Amydrus morio. — Cape glossy starling.

Common. More on veldt than in gardens.

Family — *Ploceidae*.

Hyphanturgus olivaceus. — Olive and yellow weaver bird.

Common — but migrating from one part of neighbourhood to another and returning at intervals.

Hyphantornis spilonotus. — Spotted backed weaver bird.

Frequent. »Fink«.

? *Sycobrotus bicolor.* — Black-backed weaver bird.

Vidua principalis. — Com. widow-bird.

Frequent.

V. ardens. — Red collared widow-bird.

Chera progne. — Long tailed widow-bird.

»Kaffir fink«.

Pyromelana capensis. — Black and yellow bishop bird.

Only in marshy places.

Estrelda astrild. — Com. wax bill.

Frequent.

E. incana. — S. A. grey wax bill.

Scarce.

Family — *Fringillidae*.

Crithagra butyracea.—Com. seed eater.

Serinus canicollis. -- Cape canary.

Common.

S. tottus. — Brown Cape canary.

Frequent.

Family — *Emberizidae*.

Fringillaria capensis.—Cape Bunting.

Common. »Stryp-koppy«.

Family — *Alaudidae.*

Tephrocorys cinerea. — Rufous capped lark.

Frequent — on veldt.

Family — *Motacillidae.*

M. capensis. — Cape wag-tail.

Frequent — near houses.

Family — *Coliidae.*

Colius striatus. — S. A. Coly.

»Mouse bird«. Moderate fruit eater.

Order — *Columbae.*

Family — *Columbidae.*

C. phaeonota. — S. A. speckled Pigeon.

»Bush Dove«. Common.

Palumbus arquatrix. — Kameron Pigeon.

Turtur capicola. — Cape turtle-dove.

Oena capensis. — Long tailed African dove.

Frequent among Mimosa bush.

Chalcopelia afra. — Emerald spotted wood dove.

Order — *Gallinae.*

Family — *Perdicidae.*

Coturnix coturnix. — Com. quail.

Migratory — but a few always remaining. Very plentiful last two years, nests in corn fields or long grass.

Order — *Limicolae.*

Family — *Glareolidae.*

G. melanoptera. — Black winged pratincole.

»Small trout bird«. Very common last year, when locusts etc. were numerous, but this year remaining only a few days

on and after Janu-
ary 29, 1887 — food being
scarce. They came and
went in one large flight.

Order — *Herodiones.*

Family — *Ardeidae.*

Botaurus stellaris. — Com.
bittern.

One specimen only seen,
close to village. »Rain-
bird« of Kaffirs.

Ardea cinerea. — Grey heron.

Frequent.

? *Ardea* —

A brown and olive spe-
cies. of size of *A. cinerea,*
not identified.

Family — *Scopidae.*

Scopus umbretta. —Hammer-
head.

»Hammer-kop«. Fre-
quent. Marshy places.

Family — *Ciconiidae.*

Ciconia alba. — White stork.

»Great locust bird«.
Usually common, but less
to this year, insect food
being scarce. The first was
seen on Dec. 4th (unusu-
ally late), on Dec. 10th
there were a large number
to be seen; the last seen
was on Feb. 16. 1887.

Order — *Anseres.*

Family — *Anatidae.*

Anas xanthorhyncha. — Yellow billed Teal.

Now scarce. Formerly
plentiful.

Ornis

der Wüste Atacama

und

der Provinz Tarapacá.

Von

Dr. R. A. Philippi

in

Santiago.

Ende des Jahres 1884 schlug ich der chilenischen Regierung vor, den von Bolivia erworbenen Theil der Wüste Atacama und die Provinz Tarapacá bereisen zu lassen, um die Beschaffenheit derselben im Allgemeinen und besonders ihre Fauna und Flora kennen zu lernen, so weit es wenigstens auf einer Reise möglich sei, die aus verschiedenen Gründen nur kurze Zeit dauern konnte. Die Regierung ging auf meinen Vorschlag ein und übertrug die Leitung der Erforschungsreise meinem Sohne, Friedrich Philippi, Professor der Naturgeschichte an der hiesigen Universität; zu seiner Begleitung wurden bestimmt: Herr Karl Rahmer, Präparator und Subdirector unseres Museums, der alte Museumsdiener, der indessen, den Beschwerden der Reise nicht mehr gewachsen, in Atacama umkehren musste, und mein Enkel Otto Philippi, Student der Medicin. Ebenso genehmigte die Regierung den von mir vorgeschlagenen Reiseplan. Demnach sollte die Commission zunächst von Caldera nach Antofagasta de la Sierra (nicht mit der weit bekannteren Hafenstadt Antofagasta zu verwechseln) gehen, von dort den östlichen Theil der Wüste Atacama bis zum Städtchen dieses Namens bereisen, von dort am Ostrande des grossen Längsthales des Tamarugal, das wegen der Salpeterlager von so grosser Wichtigkeit ist, über das Städtchen Tarapacá bis zum Fluss Camarones gehen, welcher die ehemals peruanische, jetzt chilenische Provinz Tarapacá von der Provinz Tacna trennt, die augenblicklich unter chilenischer Verwaltung steht, und endlich sich in Iquique einschiffen und zurückkehren.

Ich will versuchen in aller Kürze ein Bild von der merkwürdigen Gestaltung der von der Expedition durchzogenen drei Provinzen Atacama, Antofagasta und Tarapacá zu geben. Dieselben erstrecken sich von Caldera, dem Hafen von Copiapó bis zum Camaronesflüsschen, vom 27. bis 19. Breitengrade, also über 120 deutsche Meilen, etwa die Entfernung wie von Greifswalde bis Triest, in der Länge, und etwa 28 deutsche Meilen in der Breite; zwischen Atacama und Copiapó beträgt aber die Breite das Doppelte, 55 deutsche Meilen. Von Copiapó bis zum Loafluss ist die Bildung des Bodens etwa folgende. Die Küste wird von steilen aber nicht sehr hohen Bergabstürzen gebildet, die nur hie und da einen schmalen Strand lassen. Durch wenig steile Schluchten, die senkrecht auf die Küste stehen, steigt man ganz allmählich bis zu einer ausgedehnten Hochebene, die etwa 2400 Meter (Höhe des Oertchens Atacama*) über dem Meeresspiegel liegt, und auf welcher eine Menge fast ganz von einander isolirter, in unregelmässiger Reihe gestellter Vulkane liegen, von denen drei höher als der Chimborazo sind, der Llullaillaco, an dessen Westfuss ich im Februar 1854 gewesen bin. Vom Vulkan Licancaur dicht bei Atacama, dem südwestlichsten Punkt von Bolivia, sind es, wenn man nach Süden geht, folgende: Licancaur 5950 Meter, Hlascar 5900 Meter, Tumisa 5640 Meter, Socaire 5980 Meter, Miñiques 6030 Meter, Putar 6500 Meter, Socampas 5980 Meter, Llullaillaco 6600 Meter, deren Höhe bestimmt ist, von einigen anderen ist die Höhe nicht bekannt. Oestlich von diesen Vulkanen ist die Ebene noch höher, und oft durch einen weder sehr hohen noch sehr steilen Abhang von dem westlichen Theil geschieden, Antofagasta liegt z. B. in der Meereshöhe von 3570 Meter. Eine Gebirgskette gibt es nicht. ebenso keine grossen tiefeingeschnittenen Thäler, man könnte überall, in jeder Richtung die Kreuz und die Quer

---

*) Der berühmte Bergwerksort Caracoles zwischen Atacama und Antofagasta de la costa liegt 2860 Meter hoch.

ohne Schwierigkeit, mit Ausnahme von wenigen kurzen
Strecken selbst mit Wagen reisen, wenn man sicher wäre
Wasser und Futter für die Maulthiere zu finden.

Nördlich vom Fluss Loa, in der ehemals peruanischen
Provinz Tarapacá, ist die Bildung etwas verschieden; östlich
vom Küstengebirge erstreckt sich nämlich von Nord nach Süd
die grosse Ebene des Pomarugal, eine traurige Wüste, in
der aber der sogenannte Chilesalpeter in Menge gefunden
wird in der Meereshöhe von etwa 1200 Meter, und östlich
von derselben erhebt sich in ziemlich steilem Absturz die
Fortsetzung der Hochebene, die in ihrer physischen Beschaffenheit nicht von der oben geschilderten abweicht und
sich östlich nach Bolivien hinein fortsetzt, ebenfalls mit
Vulkanen reichlich gespickt, die zum Theil die Grenze
zwischen Tarapacá und Bolivien bilden. Da ist der Tsluga
ca. 5000 Meter, der noch höhere Lirima, Olca 5200, Miño
5520, Aucanquilcha 6180, Ascotan 5800, Paniri 6320, Jorjenes
5800 Meter. Ich brauche wohl nicht zu sagen, dass alle diese
Berge kegelförmig sind und dass in der gewaltigen Ausdehnung keine kühnen Bergformen, keine grossen Felsmassen,
keine Hörner, nichts einer Alpennatur entfernt Aehnliches
vorkommt. Der grösste Theil derselben ist mit Trachytlava-
strömen bedeckt. Dieses Tafelland ist natürlich nicht eben wie
ein Tisch, es enthält namentlich eine Menge flacher mit Salz-
wasser oder mehr oder weniger trockenem Salz erfüllter
Becken, der sogenannten Salares, von verschiedener Grösse,
deren man auf dem chilenischen Theil der Hochebene über 14
zählen kann. Die grössten erstrecken sich 1½ bis 2 Tage-
reisen entlang. Im Bolivianischen und Argentinischen Theil
derselben gibt es deren auch noch eine grosse Zahl, und darunter welche, die noch bedeutendere Dimensionen haben. —
Flüsschen, die kaum Bäche zu nennen sind, gibt es sehr
wenige; sie werden theils von dem ewigen Schnee der nur
auf den höchsten Gipfeln liegt, gespeist, theils von dem
spärlichen Regen und Nebeln und sind alle sehr kurz.
Alle zwanzig bis dreissig Jahre treten aber heftige Gewitterregen auf, die dann ausserordentliche Wassermassen herunter-
schütten, so dass sich die Thälchen füllen und das Wasser

bis zum Meere im Westen, oder bis in die grossen Salzseen
Boliviens und Argentiniens oder bis zu den Flüssen beider
Länder gelangen. Da diese Hochebene bereits in der
Region der Passate liegt, so treten die wässerigen Niederschläge im Sommer auf, und sind im östlichen Theil der
Hochebene reichlicher als in dem westlichen. Daher ist in
dem von meinem Sohne bereisten Theile eine reichere Vegetation, mehr Futter für Maulthiere, Lamas, Guanacos, als
in dem von mir bereisten westlichen Theile, und in Folge
davon auch mehr animalisches Leben. Kein Wunder also,
dass die Expedition eine grössere Menge von Vögeln angetroffen und mitgebracht hat, als ich vor 3o Jahren von
der meinigen, und gehe ich nunmehr zum Hauptzweck
dieser kleinen Arbeit, zur Aufzählung derselben über. Die
auf meiner ersten Reise gefundenen Arten, welche von der
Expedition nicht mitgebracht sind, sind mit gesperrten
Cursivlettern gedruckt.

1. *Sarcorrhamphus gryphus*, von Trespuntas.
2. *Buteo unicinctus*, Gray, bei Cana.
3. — *erythronotus*, Gould. Cebollar.
4. *Polyborus montanus*, d'Orb. Antofagasta.
5. — *chimango*, Vieill. Quebrada encantada.
6. *Bubo magellanicus*, Gm. Ascotan.
7. *Strix perlata*, Licht. Pica.
8. *Noctua pumila*, Ill. Canchones.
9. *Trochilus vesper*, Less. Chiapa.
10. — *atacamensis*, Leyb. Copiapó.
11. — *leucopleurus*, Gould. Hueso parado.
12. *Upucerthia dumetoria*, Geoff. Atacama, Copacolla.
13. — *albiventris*, Ph. et Ldb. Atacama, Copacolla.
14. — *atacamensis*, Ph. Atacama.
15. *Geositta cunicularia*, Lafr. Pastos largos.
16. — *Frobeni*, Ph. et Ldb. Brea.
17. *Synallaxis aegythaloides*, Kittl. Antofagasta.
18. — *humicola*, Kittl. Copacolla.
19. *Troglodytes hornensis*, Less. Antofagasta.
20. *Muscisaxicola nigra*, Gray. Leoncito.

21. *Muscisaxicola flavivertex*, Ph. et Ldb. Pastos largos.
22. — *rufivertex*, d'Orb. Atacama.
23. *Anthus chii*, Vieill. Antofagasta.
24. *Dasycephala livida*, Swains. Atacama.
25. — *maritima*, Gray. Antofagasta.
26. *Pteroptochus albicollis*, Kittl. Quebrada encantada.
27. *Fringilla duica*, Mol. An der Küste.
28. — *matutina*, Licht. An der Küste.
29. *Chrysomitris atrata*, d'Orb. Colarados II.
30. *Chlorospiza fruticeti*, Kittl. Sibaya, Antofagasta.
31. — *atriceps*, Tsch. Antofagasta.
32. — *aureiventris*, Bonap. Antofagasta.
33. — *erythrorrhyncha*, Less. Miguel Diaz.
34. *Catamenia analis*, Tsch. Sibaya.
35. *Grithagra brevirostris*, Gould.
36. *Tanagra striata*, Gm. Sibaya.
37. *Crotophaga major*, Gm. Tarapacá.
38. *Bolborrhynchus andicola*, Tsch. Antofagasta. Colana.
39. *Picus cactorum*, Tsch. Cana.
40. *Columba meloda*, Tsch. Suca.
41. — *gracilis*, Tsch. Canchones.
42. *Zenaida boliviana*, Gray. Pacpote.
43. — *aurita*, Gray. Atacama.
44. — *aurisquamata*, Leyb. Brea, Atacama.
45. *Tinocorus orbignyanus*, Geoff. Inacaliri, Pastos largos.
46. *Rhea Darwini*, Gould. Atacama. Gemein am Ostabhang der Anden, steigt bis auf die Hochebene hinauf.
47. *Vanellus resplendens*, Scl. Cana, Antofagasta.
48. *Charadrius pyrrhocephalus*. Brea.
49. *Leptoscelis Mitchellii*, Desm. Riofrio.
50. *Haematopus palliatus*, Cuv. Chañaral, Küste.
51. *Strepsilas interpres*, Ill. Paposo, Küste.
52. — *borealis*, Lath. Paposo, Küste.
53. *Nycticorax naevius*, Gray. Empexa.
54. *Ibis melanopis*, Gm. Cochinal, Küste.

55. *Ibis falcinellus*, Tem. Antofagasta.

56. *Totanus melanoleucus*, Less. Antofagasta.

57. — *chilensis*. Ph. Paposo, Küste.

58. *Tringa pectoralis*, Say. Antofagasta.

59. *Gallinago paraguiae,* Vieill. Tilopozo.

60. *Recurvirostra andina*, Ph. et Ldb.

61. *Fulica ardesiaca*, Tsch. Antofagasta.

62. — *cornuta*, Bp. See von Ascotan.

63. *Phoenicopterus ignipalliatus*, Geoff. Antofagasta.

64. — *andinus*, Ph. Antofagasta. (Die Hauptnahrung
dieser beiden Arten scheint *Nostoc commune* und
Uloa zu sein.)

65. *Bernicla melanoptera*, Gray. Brea.

66. *Anas cristata*, Gm. Pastos largos.

67. — *oxyura*, Licht. Antofagasta.

68. *Querquedula coeruleata*, Licht. Antofagasta.

69. — *angustirostris*, Bonap. Calalaste.

70. — *puna*, Tsch. Antofagasta.

71. *Erismatura ferruginea*, Eyt. Antofagasta.

72. *Spheniscus Humboldti*, Meyer. An der
ganzen Küste.

73. *Larus serranus*, Tsch. Antofagasta.

74. *Noddi inca*, Less. Küste.

75. *Rhynchops nigra*, L. Chañaral, Küste.

76. *Sula fusca*, Vieill. Küste.

77. *Pelecanus fuscus*, Gm. Küste.

78. *Graculus Gaimardi*, Gray. Küste bei Caldera.

79. *Phaeton aethereus*, L. Küste Taltal.

80. *Podiceps callipareus*, Less. Antofagasta.

Hoffentlich ist es mir später möglich, ausführlich über
die Vögel, welche die Expedition mitgebracht hat, zu
sprechen.

IV. Jahresbericht (1885)

des

Comité's für ornithologische Beobachtungs-Stationen

in

Oesterreich-Ungarn.

Redigirt unter Mitwirkung von

Dr. Karl von Dalla-Torre,
Mandatar für Tirol.

von

Victor Ritter von Tschusi zu Schmidhoffen,
Präsident des Comité's und Mitglied des perman. internat. ornith. Comité's.

(Schluss).

— — — — —

114. *Hypolais salicaria*, Bp. — Gartenspötter.

Böhmen. Blottendorf (Schnabel). Sprachmeister. Am
3. Mai (N.-Wind, regnerisch) zum erstenmal singen gehört. —
Litoschitz (Knežourek). Erster den 13. Mai (schön). —
Nepomuk (Stopka). Der erste meldete sich am 26. April
nach einigen warmen Tagen und am 4. Mai sang er, am 13.
allgemeiner Gesang bis Ende des Monats, am 5. Juli sang er
zum letztenmal. Er hielt sich meistens am Saume eines jungen
dichten Waldes auf, nicht weit von Häusern, weniger in Obst-
anlagen und Gärten.

Bukowina. Solka (Kranabeter). Seltener Zugvogel, der
im April erscheint und im October (! d. R.) abzieht.

Dalmatien. Spalato (Kolombatović). 6., 7., 11.,
17., 22., 30. April, 1. Mai, vom 20. August bis 29. September.

Mähren. Oslawan (Čapek). 4. Mai das erste ♂ im
Walde gesungen.

Salzburg. Hallein (Tschusi). 27. und 31. Mai 1 ♂,
31. Juli, 1. und 4. August je 1. Stück.

Schlesien. Dzingelau (Želisko). Hauptankunft der ♂
und ♀ am 1. Mai (veränderlich, trüb. regnerisch, S.-W.);

24. August bereits einige weggezogen, Hauptabzug aber am 27.
— **Jägerndorf** (Winkler). 24. Mai (schön, ebenso tagsvorher)
zuerst bemerkt, Abzug am 16. August (schön). — **Lodnitz**
(Nowak). 3. Mai singend. — **Troppau** (Urban). Zuerst den
2. Mai in den Promenadeanlagen gehört. — **Wagstadt** (Wolf).
Beilner fand ein »Neunstimmen«-Nest mit 3 Eiern am 3. Mai,
das aber durch Unwetter am 15. und 16. zerstört wurde.

Steiermark. Pöls (Washington). In den Sommermonaten nicht beobachtet.

Ungarn. Béllye (Mojsisovics). Dieser nach Landbeck
auch in Syrmien seltenere Vogel wurde am 15. Mai 1884 sowohl
in Orsos. als auch in der von mir als »Singvogelcolonie« bezeichneten Riedwaldparcelle Danoczerdö im Sommer desselben
Jahres nachgewiesen. — **Pressburg** (Stef. Chernel). In den
Pressburger Auen der erste am 9. Mai. Die Stimme der Gold-
amseln ahmte er so täuschend nach, dass er mich sicher auch
getäuscht hätte, wenn es mir nicht gelungen wäre, ihn zu erblicken. 11. Mai Hauptzug. 15. Mai Nachzügler.

115. *Hypolais polyglotta*, auct. — Kurzflügeliger Gartenspötter.

Litorale. Monfalcone (Schiavuzzi). 20. und 21. Mai
je 1 Stück im Garten, 22. Mai 2 in meinem Garten, 1 ♂ erlegt; 13. Juni 1 Nest mit 5 Jungen ebendaselbst gefunden.

116. *Acrocephalus palustris*, Bechst. — Sumpfrohrsänger.

Salzburg. Hallein (Tschusi). 10. Mai singend, 29.
und 30. ♂.

Siebenbürgen. Nagy-Enyed (Csató). Mehrere in Koncza.

117. *Acrocephalus arundiacea*, Naum. — Teichrohrsänger.

Dalmatien. Spalato (Kolombatović). Vom 3. April
bis 3. Mai und vom 16. September bis 3. October.

Salzburg. Hallein (Tschusi). 8. Mai 2, 13. Mai 1 ♂.

Ungarn. Béllye (Mojsisovics). In Béllye wurde diese
nicht häufige Art 1878 während der »zwölf Frühlingstage«
zuerst constatirt; später traf ich sie 1881, 1882. Im Frühjahre
1884 fand ich sie nur in Kolodjvár.

118. *Acrocephalus turdoides*, Meyer. — Drosselrohrsänger.

Dalmatien. Spalato (Kolombatović). Vom 3. April bis 17. October.

Litorale. Monfalcone (Schiavuzzi). 10. April die ersten an den Thermalbädern.

Mähren. Oslawan (Čapek). 10. Mai ein Stück auf einem Teiche bei Namiest; auf den Teichen oberhalb Strutz wurde Mitte Juni mit dem Nestbaue begonnen.

Salzburg. Hallein (Tschusi). 28. Mai 1 Stück.

Siebenbürgen. Nagy - Enyed (Csató). Am 24. April 2 Stücke.

Steiermark. Mariahof (Hanf & Paumgartner). 9., 10. Mai und 15. August je 1 Stück. — Pöls (Washington). Vereinzelte bis Ende August.

Ungarn. Béllye (Mojsisovics). Soweit ich das Röhricht der Donau, Save und unteren Drau durchstreifte, schnarrten mir die Drosselrohrsänger ihren, von Landbeck wohl mit Recht einem Froschgequacke verglichenen, Gesang entgegen; die Zutraulichkeit der Vögel erinnerte mich beiläufig an jene der Grazer Stadtparkfinken. Ein sehr hübsches Nest mit noch wenig bebrüteten Eiern holte ich mir am 14. Mai in Kolodjvár. Es weicht etwas ab von einem in früheren Jahren bereits acquirirten Neste (aus dem Forstrevier Lasko), indem statt wie dort (vier Rohrstengel), zwei Sahlweidenäste und fünf Rohrstengel miteinander verflochten wurden. — Pressburg (Stef. Chernel). Um Pressburg den 2. Mai der erste.

119. *Locustella naevia*, Bodd. — Heuschreckenrohrsänger.

Niederösterreich. Wien (Reiser). Heuer konnte ich die viel geringere Zahl des Schwirrls gegenüber der in den Donauauen bei Wien schwirrenden Leyrer (*L. fluviatilis*) beobachten. *L. naevia* kommt noch am häufigsten in der Lobau und ihrer Umgebung, insbesondere im eigentlichen Inundationsgebiete, wo *L. fluviatilis* fast gänzlich fehlt, vor.

Salzburg. Hallein (Tschusi). 9. Mai schwirrte einer im Garten, 15. August 1 Stück.

11*

Ungarn. Béllye (Mojsisovics). Am 8. Mai 1884 traf ich auf der »Kaiserwiese« bei Essegg in mehreren Exemplaren auch die *L. naevia* an. Am 15. Mai desselben Jahres fand ich das Thierchen in Orsos, aber nie im Rohre, meist auf trockenem, dicht bebuschten Terrain; das Gleiche gilt von der folgenden Art. — **Pressburg** (Stef. Chernel). Bei Pressburg den 30. April in grosser Menge in den Auen, 7.—9. Mai Hauptzug, 10. Juni erstes Gelege.

120. *Locustella fluviatilis*, M. und W. — Flussrohrsänger.

Niederösterreich. Wien (Reiser). Bei der Militärschiessstätte heuer weit weniger Brutpaare. Die vielen Neubauten drängen die Leyrer tiefer in die Auen zurück. Viele fanden sich beim Lusthause in der Freudenau. Immerhin ist er noch entschieden der häufigste Rohrsänger der Auen bei Wien.

Siebenbürgen. Nagy - Enyed (Csató). Am 5. Mai 1 Stück schwirren gehört, später mehrere.

Ungarn. Béllye (Mojsisovics). Bereits 1883 erhielt ich das erste Belegstück. Wenn ich den Gesang nicht mit dem der vorhergehenden Art gelegentlich verwechselte, muss ich (zumal nach den erlegten, leider meist unbrauchbaren Alkoholexemplaren) annehmen, dass er ungleich häufiger ist als der Heuschreckenrohrsänger.

121. *Locustella luscinioides*, Savi. — Nachtigallrohrsänger.

Siebenbürgen. Nagy - Enyed (Csató). Am 29. Juni 1 Stück schwirren gehört.

Ungarn. Béllye (Mojsisovics). Sein Vorkommen in Béllye ist bereits durch Zelebor, respective Herrn von Pelzeln, erwiesen (Journ. für Ornith., XII, pag. 69). Ich habe diese Art nicht mit Bestimmtheit beobachtet und finde sie nur mit einem Fragezeichen in meinem Notizbuche vom Jahre 1884 notirt. — **Neusiedlersee** (Reiser). In der Sammlung des Herrn Professor P. Fasztl sah ich zum erstenmale frisch erlegte Exemplare und am 12. Mai hörte ich deutlich bei Pamhagen das an den Schwirrl, nicht an *L. fluviatilis* erinnernde Schwirren.

122. *Calamoherpe aquatica,* Lath. — Binsenrohrsänger.

Dalmatien. Spalato (Kolombatović). 6., 9., 19. April, 1., 19., 24. September, 4. October.

Litorale. Monfalcone (Schiavuzzi). 21. März beim Seeufer.

Steiermark. Mariahof (Hanf & Paumgartner). 4. und 5. Mai mehrere, vom 10.—22. October täglich.

123. *Calamoherpe phragmitis,* Bechst. — Schilfrohrsänger.

Dalmatien. Spalato (Kolombatović). 1., 3., 4., 5., 6., 8., 9., 19. April, 1., 6., 16., 19., 24. September, 4., 7. October.

Litorale. Monfalcone (Schiavuzzi). 21. März beim Seeufer.

Salzburg. Hallein (Tschusi). 24., 25. April singend, 27., 30. Juli 1 Stück.

Steiermark. Mariahof (Hanf & Paumgartner). 10. und 22. April mehrere, 20. Juli 1 Stück, 15. August täglich mehrere bis Mitte October. — Pöls (Washington). 11. September ein ♂ in einem Maisfelde erlegt.

Ungarn. Béllye (Mojsisovics). Ist eine der häufigsten Arten seiner in Gattungen zersplitterten Sippschaft, nicht nur im Röhrichte und Sumpfgestrüppe, auch in Riedhochwäldern mit üppigem Unterwuchse, Buschwerke u. dergl. traf ich ihn mit dem Drosselrohrsänger im Frühjahr 1884.

124. *Calamoherpe melanopogon,* Temm. — Tamarisken-
rohrsänger.

Dalmatien. Spalato (Kolombatović). 3., 5., 9., 19. April, 4., 17. October, 10. November.

125. *Cettia sericea,* Natt. — Seidenartiger Schilfsänger.

Litorale. Monfalcone (Schiavuzzi). 21. März 1 Stück beim Seeufer.

126. *Pyrophthalma melanocephala*, Gm. — Schwarzköpfiger Sänger.

Dalmatien. Spalato (Kolombatović). Standvogel.

127. *Pyrophthalma subalpina*, Bonelli. — Weissbärtiger Sänger.

Dalmatien. Spalato (Kolombatović). Vom 16. April bis 20. August.

128. *Sylvia curruca*, Linn. — Zaungrasmücke.

Böhmen. Nepomuk (Stopka). Kommt vor.

Bukowina. Solka (Kranabeter). Ziemlich häufiger Sommervogel.

Dalmatien. Spalato (Kolombatović). Vom 4. April bis 9. October.

Mähren. Oslawan (Čapek). 19. April ein Stück. 25. April zuerst gesungen, den 15. Mai vollständiges Gelege.

Salzburg. Hallein (Tschusi). 12., 25. April je 1 Stück, 25. Juli zuerst am Herbstzuge im Garten, 8.—18. August viele.

Schlesien. Jägerndorf (Winkler). Ankunft den 18. April, Abzug nicht bemerkt. — Lodnitz (Nowak). 16. April (schön, warm, windstill, 15. ebenso, mit schwachem S.-Wind) die erste angekommen und gesungen, welche aber am zweiten Tage wegzog und erst am 24. wieder erschien. Am 14. Mai ein Nest mit fünf noch unbebrüteten Eiern. — Troppau (Urban). 22. April gesungen.

Siebenbürgen. Nagy-Enyed (Csató). Am 5. April die erste, am 10. die zweite im Garten.

Steiermark. Mariahof (Hanf & Paumgartner). Brütet in einzelnen Paaren. 14. April 1 Stück, 20. April 2. — Paldau (Augustin). Selten. — Pöls (Washington). Zur Brutzeit sehr spärlich vertreten. Anfang September zahlreich im Zuge.

Ungarn. Béllye (Mojsisovics). Sehr häufig; Frühjahr 1884 in Danoczerdö, Kécserdö, Kaiserwiese, Keskend etc. — Pressburg (Stef. Chernel). Bei Pressburg den 9. April die ersten, 16. April Hauptzug.

129. *Sylvia cinerea*, Lath. — Dorngrasmücke.

Böhmen. **Nepomuk** (Stopka). Unter den Grasmücken die häufigste im dichten jungen Walde. Am 4. Mai die erste gehört, am 12. allgemeiner Gesang, im Juni seltener, im Juli öfters zu hören; im August war sie weder zu sehen noch zu hören.

Bukowina. **Solka** (Kranabeter). Kommt vor.

Dalmatien. **Spalato** (Kolombatović). Vom 4. April bis 17. October.

Litorale. **Monfalcone** (Schiavuzzi). 8. April einige bei Rosega, 27. April 1 ♂ bei S. Polo.

Mähren. **Kremsier** (Zahradník.) 22. März. — **Goldhof** (Sprongl). Am 5. April zuerst bemerkt.

Salzburg. **Abtenau** (Höfner). Erste den 1. Mai (windstill, trübe, wie tagsvorher).

Schlesien. **Dzingelau** (Želisko). 29. April (heiter, S.-W.) ♂ angekommen, 2. April (trüb, W.) ein Paar da, 2. September Beginn des Herbstzuges, 4. Hauptzug (bei W), 18. Nachzügler bemerkt. — **Jägerndorf** (Winkler). 12. April die erste gesehen (schön, tagszuvor S.), Abzug am 12. September (schön). — **Lodnitz** (Nowak). 24. April; war heuer nicht so zahlreich wie sonst.

Siebenbürgen. **Nagy-Enyed** (Csató). Am 4. Mai mehrere in Koncza.

Steiermark. **Mariahof** (Hanf & Paumgartner). Brütet in einzelnen Paaren. 16. April und 10. Mai 2 Stücke. — **Paldau** (Augustin). Selten. — **Pöls** (Washington). In den Sommermonaten spärlich vertreten, häufiger im Durchzuge Ende August und Anfang September.

Ungarn. **Béllye** (Mojsisovics). Ich erlegte unter anderen zwei Exemplare in Danoczerdö am 7. Mai 1884; auch sie ist am Drauecke sehr häufig. — **Pressburg** (Stef. Chernel). Um Pressburg den 10. April die ersten, den 13.—20. Hauptzug, 8. Mai erstes Gelege. In Modern sehr gemein im Gebirge; 18. September die letzten daselbst.

130. *Sylvia nisoria*, Bechst. — Sperbergrasmücke.

Dalmatien. Spalato (Kolombatović. 5., 7. September.

Mähren. Oslawan (Čapek). Zuerst am 3. Mai; 25. Mai fünf frisch gelegte Eier.

Niederösterreich. Nussdorf a. D. (Bachofen). 1884 den 7. Mai angekommen, 11. 1 Ei, 15. 5 Eier, Gelege vollständig; 30. Mai Junge ausgefallen, 8. Juni Nest leer (ausgeflogen?). Am Nussbach nisten auf einer Strecke von circa einer halben Stunde gewöhnlich 4 — 5 Paare. — **Kalksburg** (Reiser). Am 29. Mai vier frische Eier *).

Siebenbürgen. Nagy - Enyed (Csató). Am 29. April mehrere.

Ungarn. Béllye (Mojsisovics). Ich sah, beziehungsweise zerschoss nur ein Exemplar in Danoczerdö am 7. Mai 1884. Ein Exemplar glaubt im April 1883 Herr Pfeningberger beobachtet zu haben. Die Art ist jedenfalls (wie auch in Syrmien) ziemlich selten. Nach Angabe eines Grazer Präparators, der in Essegg längere Zeit lebte, verlässt die Sperbergrasmücke im August die südliche Baranya. — **Güns** (C. Chernel). Erste den 18. April (gelinde Witterung), Mehrzahl den 23. April (windstill).

131. *Sylvia orphea*, Temm. — Sängergrasmücke.

Dalmatien. Spalato (Kolombatović). Vom 4. April bis 9. October.

132. *Sylvia atricapilla*, Linn. — Schwarzköpfige Grasmücke.

Böhmen. Bausnitz (Demuth). Erste den 15. Mai (schwacher N.-W., kühl), erster Gesang am selben Tage, Nestbau begonnen den 25. Mai, erstes Gelege den 10. Juni, Abzug den 10. September nach S.-W. (steifer S.-W.-Wind, wie tagszuvor mild). Durch Wegfangen vermindert sich die Zahl derselben von

---

*) Ein Paar brütete schon anfangs der 60er Jahre alljährlich im Leistler Garten.   v. Tschusi.

Jahr zu Jahr. — **Braunau** (Ratolicka). Erste den 16. Mai. letzte den 20. September. — **Johannesthal** (T a u b m a n n). Erste den 24. April nach N.-O., die weiteren nach N.-W. und N. (heiss, sehr schöne Tage und Mondnächte, Gewitter); Mehrzahl den 28. April nach N., N.-O. und N.-W. (N.-O.-, O.- und N.-W.-Wind); erster Gesang den 10. Mai, allgemein den 14. und 15. Mai; Nestbau vollendet den 20. und erstes Gelege den 25. Mai; Abzug schon im August bei Mondschein nach S.-O. (S.-Wind, Nächte kühl). — **Nepomuk** (Stopka). Soll auch hier vorkommen.

Bukowina. **Solka** (Kranabeter). Kommt vor.

Dalmatien. **Spalato** (Kolombatović). Standvogel.

Mähren. **Kremsier** (Zahradník). 20. April. — **Oslawan** (Čapek). 26. April ♂, 30. April Gesang, 8. Mai schon fünf frische Eier von röthlicher Farbe; schon das zweite Jahr beobachte ich dieses rothe Eier legende Paar auf demselben Brutplatze.

Niederösterreich. **Kalksburg** (Reiser). Am 14. Mai durch den kräftigen Gesang eines Schwarzplättchen-Männchens aufmerksam gemacht, fand mein Bruder in einem Weissdornstrauche ein Nest mit sechs etwas bebrüteten Eiern, die eine solche Zwerggestalt hatten, dass sie denen von *S. curruca* täuschend ähnlich sahen. Das Weibchen flog vom Neste ab. Am 21. Juni füttert dasselbe Paar die eben ausgeflogenen Jungen.

Salzburg. **Hallein** (Tschusi). 20. April ♂ gesungen, 18. Juni ♂ ad. im Garten, 24. Juli bis 18. August einzelne im Garten.

Schlesien. **Dzingelau** (Želisko). 23. April einzeln, 29. Hauptankunft, 17. September Beginn des Abzuges, 27. (regnerisch, S.-W.) Hauptzug. — **Wagstadt** (Wolf). Schiller sah am 1. April im Tannenwalde 2 Exemplare.

Steiermark. **Paldau** (Augustin). Vom Frühling bis September beobachtet. Den 16. Mai ein Nest mit 5 Jungen. — **Pikern** (Reiser). Bei Rothwein erfasste unser Hund den 19. Juli ein junges noch lebendes Schwarzplättchen, welches drei grosse Maden im Kopfe hatte. — **Pöls** (Washington). Sehr stark im Durchzuge vom 1. bis zum 7. September.

Ungarn. Béllye (Mojsisovics). Ich habe die schwarzköpfige Grasmücke im Frühjahre 1884 wiederholt, zumal im
Béllye'er Walde und in Danoczerdö angetroffen; im Jahre 1885
wurde die erste bereits am 25. März in Bajar (südlicher Theil
des Kopácser Revieres) gesehen. Nach Syrmien kommt sie, wie
Landbeck constatirte, anfangs April. Abzug October. — **Güns**
(C. Chernel). Erste den 9. April. — **Pressburg** (Stef. Chernel).
Den 8. April die ersten. In Modern sehr häufig in den Schlägen;
15. Juli 1 m. hoch ein Nest mit drei noch unbefiederten Jungen;
den ganzen September hindurch scharenweise auf den Hollunder-
sträuchern, mit Ende September verschwunden. In den Klein-
Karpathen ist sie der gemeinste Sänger.

133. *Sylvia hortensis*, auct. — Gartengrasmücke.

Mähren. Johannesthal (Taubmann). Frühjahrszug,
Gesang, Fortpflanzungsgeschäft und Abzug wie bei *S. atricapilla.*
— **Nepomuk** (Stopka). Kommt vor.

Bukowina. Kuczurmare (Miszkiewicz). Brut- beziehungsweise Sommervogel. — **Solka** (Kranabeter). Kommt vor.

Dalmatien. Spalato (Kolombatović). Vom 4. April bis
20. October.

Mähren. Goldhof (Sprongl). Am 6. Juni fand ich in
einer Gartenhecke ein Nest mit sechs eben flüggen Jungen. —
Oslawan (Čapek). 26. April ein singendes ♂ im Garten,
8. Mai schon fünf Eier in einem Lyciumstrauche, 18. September
zuletzt gesehen.

Salzburg. Hallein (Tschusi). 10. Mai gesungen, 12. Mai
im Garten, 8. — 10. August viele.

Steiermark. Hartberg (Grimm). Die ersten Exemplare
am 1. Mai getroffen. Bei uns ist sie ziemlich zahlreich und brütet
sehr oft Kukukseier aus. — **Pöls** (Washington). Fehlte zur
Brutzeit fast gänzlich. Wird von Jahr zu Jahr seltener.

Ungarn. Béllye (Mojsisovics). Im Riede scheint sie
sehr selten zu sein, partienweise ganz zu fehlen, ich fand wenigstens noch kein Exemplar vor. — **Güns** (C. Chernel). Erste
den 9. April.

134. *Merula vulgaris*, Leach. — Kohlamsel.

Böhmen. Nepomuk (Stopka). Hält sich, aber nicht zahlreich, das ganze Jahr im Walde auf und sang schon im März, weniger im Mai und Juni, nur selten anfangs Juli.

Bukowina. Kuczurmare (Miszkiewicz). Den 17. März angekommen und im October fortgezogen; nistet im Mai und Juni. — **Solka** (Kranabeter). Ziemlich häufig vorkommender Zugvogel, der Ende März, in grösserer Anzahl jedoch anfangs April erscheint und zweimal brütet.

Dalmatien. Spalato (Kolombatović). Vom Januar bis 18. März, vom 3. August bis Ende December; sehr selten in den letzten Monaten des Jahres.

Litorale. Monfalcone (Schiavuzzi). 7. März einige, 8. April einige bei Rosega.

Mähren. Goldhof (Sprongl). Ziemlich häufig in den Aufzugswäldern. Den ganzen Winter hindurch, bis Ende Februar, hielt sich ein Exemplar beim Hofe auf, wo es sich an den Beeren des wilden Weines gütlich that. — **Oslawan** (Čapek). Im Winter ziemlich sparsam. Von Mitte Februar meldete sich schon hie und da ein ♂; 8. März etwa 20 ♂♂ und ♀♀ in einem Dickichte; 14. April vollständige Gelege; noch um 5 Uhr habe ich ein ♂ brütend angetroffen.

Niederösterreich. Mödling (Gaunersdorfer). Am 19. April vier junge Amseln.

Salzburg. Hallein (Tschusi). 4—5 ♂ und 1 ♀ über Winter im Garten, 13. März singend.

Siebenbürgen. Nagy-Enyed (Csató). Am 15. December mehrere in den Weingärten und an Waldrändern.

Steiermark. Hartberg (Grimm). Standvogel, doch gewahrte ich in den letzten zwei Jahren, dass nicht sämmtliche bei uns überwintern. — **Paldau** (Augustin). Das ganze Jahr zu sehen, im Winter oft an den Futterplätzen der Rebhühner und Fasanen. — **Pöls** (Washington). Ueberwinterte trotz des strengen Winters in grosser Anzahl.

Tirol. Innsbruck (Lazarini). Am 24. Februar abends (sehr milde) sangen die Amseln.

Ungarn. Béllye (Mojsisovics). Dieser an der ganzen mittleren Donau sehr gemeine und lästige Vogel war im Sommer 1885 merklich seltener. — **Mosócz** (Schaffgotsch). Den 8. Juni ein Nest mit drei kleinen Jungen. — **Pressburg** (Stef. Chernel). Um Modern der gemeinste Vogel im Gebirge. 10. Juli flügge Junge. Dieses Jahr war ihre Vermehrung auffallend.

135. *Merula torquata*, Boie. — Ringamsel.

Bukowina. Solka (Kranabeter). Ziemlich häufiger Standvogel (l d. R.), der sich im Sommer in den höheren Lagen aufhält, bei plötzlich eintretendem Schneefall im Herbste oder Frühjahre aber scharenweise in den Ortschaften erscheint.

Dalmatien. Spalato (Kolombatović). 5., 12. Januar.

Steiermark. Mariahof (Hanf & Paumgartner). Brutvogel in der oberen Waldregion. 8., 9., 10—20, 10. und 11. April etliche. — **Schneealpe** (Reiser). Fast bei den Sennhütten dieser Alpe fand ich am 27. Mai in Krummholz 1 m. hoch ein Nest mit drei frischen Eiern.

Ungarn. Béllye (Mojsisovics). Was Landbeck über das seltene Vorkommen dieser Art in Syrmien angibt, gilt auch für das Draueck. Hier wie dort erscheint sie nur gelegentlich (auf dem Striche) zeitlich im Frühjahre. Bisher kenne ich nur ein bereits ausgewiesenes Belegstück. — **Pressburg** (Stef. Chernel). In Modern Standvogel, jedoch nicht häufig, um Pressburg nur im Winter sichtbar. — **Szepes-Béla** (Greisiger). Den 28. März (O.-Wind, heiter und warm, ebenso mehrere Tage vorher) auf dem Felde bei Zsdjár (Tátra) viele paarweise gesehen.

136. *Turdus pilaris*, Linn. — Wachholderdrossel.

Böhmen. Aussig (Hauptvogel). Kamen im Januar hier in der Umgebung an und blieben bis Anfang März; in Algersdorf wurden sehr viele geschossen. — **Haida** (Hegenbarth). Nimmt hier zu und macht oft zwei Bruten, sogar in der Nähe der Häuser baut sie in passenden Baumgärten ihr Nest. Sie bevorzugt aber, wie ich fand, die Kiefer mit dichter Krone und baut nicht weit unter dem Wipfel oder hinein das Nest. Der

»Ziemer«, wie er hier volksthümlich heisst, hat die wenig ange-
nehme Eigenschaft, den Uhu oder sonstige Gegenstände seines
Hasses im Stossen vollzuschmeissen. So attaquirte ein alter
Ziemer den bei mir stehenden Heger, welcher einen aus dem
Neste gefallenen jungen, ängstlich schreienden Ziemer hielt und
applicirte ihm die Ladung kunstgerecht in's Ohr. Nicht weit von
dieser Stelle schoss ich, im Glauben einen die Jungen raubenden
Sperber oder eine Elster vor mir zu haben, von einem Ziemer-
neste, welches die Alten wüthend umflatterten, ein graues Eich-
horn als Nesträuber. — **Mauth** (S o u k u p). Erste am Herbst-
zuge den 1. October. — **Nepomuk** (S t o p k a). Erschien im
Herbste und Winter, aber nicht zahlreich; findet hier nur wenig
Vogelbeeren und keinen Wachholder.

Bukowina*). **Kuczurmare** (M i s z k i e w i c z). Kam im März,
zog im April fort und traf dann im Herbste wieder ein; sie
brütet im Gebirge. — **Solka** (K r a n a b e t e r). Im Sommer in
den höheren Lagen brütend, erscheint sie im Spätherbst in
grösserer Anzahl in der Ebene.

Dalmatien. Spalato (K o l o m b a t o v i ć). Vom Januar bis
12. März und vom 3. November bis Ende December. Sehr selten
in den letzten Monaten des Jahres.

Litorale. Monfalcone (S c h i a v u z z i). 10. Januar einige
bei Pietra rossa.

Mähren. Goldhof (S p r o n g l). Im Frühjahre nicht gesehen. — **Oslawan** (Č a p e k). Ein Paar bezog seinen Brutplatz vom vorigen Jahre wieder und erschien daselbst am
27. März; 24. Juli flügge Junge; im Winter in kleinen Gesellschaften. — **Römerstadt** (J o n a s). Heuer nur einzeln, nicht
in Schwärmen.

Salzburg. Hallein (T s c h u s i). Einzeln überwinternd.
9. Februar mehrere Hunderte am Riedl, 14. März 1 Stück,
16. 5 Stücke nach N.-W., 26. 1 Stück.

Siebenbürgen. Kolozsvár (H ö n i g). Die Wachholderdrossel nur im Herbste und in nicht grossen Scharen gesehen.

---

*) Nähere Angaben über das Brüten dieses Vogels wären, falls
sich selbes bestätigen sollte, sehr erwünscht.   v. T s c h u s i.

— **Nagy - Enyed** (Csató). Am 7. Februar und 4. März je
10 Stücke, 23. November ein kleiner Flug, 13. December
120 Stücke.

Steiermark. Mariahof (Hanf & Paumgartner).
10. März 20—30, 18. mehrere, 19. 10, 23. April 10—12 Stücke,
24. October 5, 30. October 100 Stücke, 2. November (bei
trübem Wetter) 200—300, 3. und 4. über 1000 Stücke auf
den Feldern, was sonst nur im Frühjahre zu beobachten ist:
5., 6. bis 20. November 200, 300 bis 600 Stücke. — **Paldau**
(Augustin). Im Winter 1884 kam ein Schwarm von über
1000 Stücken über Paldau, am 15. März 1885 zeigten sich
kleinere Schwärme zu 50 Stück und mehr in der Nähe. —
Pikern (Reiser). Heuer war diese Drossel fast gar nicht zu
sehen. Das einzige Paar wurde am 4. Januar für die Sammlung
geschossen. Ein ♂ sang am 30. September.

Tirol. Innsbruck (Lazarini). Am 1 März einige in der
Hallerau, 16. März ziemlich viele zwischen Innsbruck und Hall.
Nachdem es vom 26. bis 28. September arg gewettert hatte,
der Schnee sogar bis zum Dorfe Patsch herunterrückte, zeigten
sich am 29. die ersten, etwa 10—15 Krammetsvögel, bei Vill.
28. und 31. October einige bei Vill, 6. November ziemlich viele
in der Hallerau; Durchzug hier im allgemeinen ziemlich reichlich. — **Mareith** (Sternbach). 1. October 2 Stücke bei
1200 m., 11. October eine Schar durchfliegend.

Ungarn. Béllye (Mojsisovics). Béllye: 23. Februar 1885
»grosse Züge wurden in Keskenyerdö beobachtet«. (Pfeningberger). — **Mosócz** (Schaffgotsch). Den 19. Februar zum
erstenmale gesungen; mittelmässig häufig im Herbste. — **Szepes-
Béla** (Greisiger). Den 23. Januar ein Stück auf *Sorbus aucup.*
bei Podspady (Tátra), 14. April circa 20 im Weidengebüsch an
der Poper, 14. und 23. September 10 Stücke im Goldsberg,
dem Hügellande am rechten Poperufer, bei Béla. In einem der
dortigen kleinen Thäler steht ein Bad und der dortige Wirth
versicherte mich, den ganzen Frühling, Sommer und Herbst
Krammetsvögel in der dortigen Gegend gesehen zu haben. Er
fand auch ein im Bau begriffenes Nest derselben, welches jedoch
wegen öfterer Beunruhigung verlassen wurde.

137. *Turdus viscivorus*, Linn. — Misteldrossel.

Böhmen. **Blottendorf** (S c h n a b e l). Den 26. Februar singen gehört. Erscheint von allen Drosseln zuerst. Nestbau schon im März, Anfang Mai flügge Junge. — **Nepomuk** (S t o p k a). Pflegt zahlreich vertreten zu sein; sang das erstemal am 18. Februar, viel im März, weniger Ende April bis Anfang Mai. Am 20. April ein fertiges Nest im Walde, nahe am Wege gefunden, das zwischen den Gabelästen einer Kiefer, etwa 5 m. über der Erde stand, und aus Reisig, Moos und Flechten desselben Baumes verfertigt war. Vom 26. April bis circa 9. Mai brütete das Weibchen und am 24. flogen die Jungen herum; am 9. October war noch einer auf einer Eberesche zu sehen.

Bukowina. **Solka** (K r a n a b e t e r). Ziemlich häufiger Standvogel.

Dalmatien. **Spalato** (K o l o m b a t o v i ć). Vom Januar bis 15. März und vom 1. November bis Ende December; selten in den letzten Monaten des Jahres.

Mähren. **Goldhof** (S p r o n g l). Im Januar kam einigemale ein Exemplar zum Hofe, angelockt von den Beeren von *Sorbus aucuparia.* — **Oslawan** (Č a p e k). Im Winter gemein, als Brutvogel selten; im westlichen Theile häufig.

Salzburg. **Hallein** (T s c h u s i). Mehrfach überwinternd. 24. März, nach und bei starkem Schneefalle, viele mittags nach N.-W.; 26., grösstentheils schneefrei, nur einer da.

Siebenbürgen. **Kolozsvár** (H ö n i g). Bei Bács, wo viele Misteln zu finden sind. im Herbste, doch in sehr kleinen Scharen.

Steiermark. **Mariahof** (H a n f & P a u m g a r t n e r). Ziemlich häufiger Brutvogel, einzeln überwinternd. 25. Februar 2 Stücke, 26. 1 Stück, 27. etliche, 28. Februar 20, ebenso den 24. März; 9. October 30—40 Stücke. — **Paldau** (A u g u s t i n). »Zahrer«. Sparsam. — **Pikern** (R e i s e r). Schon am 26. April flogen bei Pikern junge Misteldrosseln herum. — **Pöls** (W a s h i n g t o n). Heuer sehr häufig zur Brutzeit. 13. Juni ein Nest mit 5 Eiern, 15. Juni 2 Nester mit 3 und 5 Eiern.

Tirol. **Innsbruck** (L a z a r i n i). »Schnarre«. Dieses Jahr sehr zahlreich vertreten; im October auch in den Türkenäckern der Hallerau häufig. — **Mareith** (Sternbach). 3. Juli die ersten flüggen Jungen bemerkt, 11. October zahlreich an den Waldrändern und Feldern.

Ungarn. Pressburg (Stef. Chernel). Um Pressburg und Modern Stand- und Strichvogel. Die Jungen waren am 10. Juli flügge.

138. *Turdus musicus*, Linn. — Singdrossel.

Böhmen. Aussig (Hauptvogel). Vor dem 12. März angekommen. -- **Bausnitz** (Demuth). Erste den 15. März (schwacher N.-W.-Wind, kühl), Mehrzahl den 19. März nach S.-O. (starker N.-Wind, sehr kalt); erster Gesang den 15. März, allgemein den 24.; Nestbau den 8. April, erstes Gelege den 17. April; Abzug den 3. October nach S. (stärkerer S.-Wind, mild wie tagszuvor). — **Blottendorf** (Schnabel). Erste den 27. März nach O. (trüb, Regen), Mehrzahl den 4. April; erster Gesang am Tage der Ankunft; Abzug Ende October. Diese Drosselart ist in meinem Beobachtungsgebiete am häufigsten vertreten, war jedoch vor 6—8 Jahren noch häufiger. Die Zerstörung der Nester und das Abfangen der alten Vögel vermindert ihre Zahl. — **Braunau** (Ratolicka). Erste den 14. März, Abzug den 20. October. — **Bürgstein** (Stahr). Erste den 17. März (N.-Wind, kalt, Schneefall). — **Johannesthal** (Taubmann). Hat sich seit sechs Jahren vermindert. Erste den 21. März von S.-O. nach N.-W., dann nach N.-O. (lauer Wind, hell, tagsvorher ebenso), Mehrzahl den 30. März von N.-W. nach N.-O. (S.- und S.-W.-Wind, hell, tagszuvor hell), starke Züge von 24. bis 31. März nachts nach N.-O. (N.-O.- und N.-W.-Wind, tagsvorher immer nasskalt und rauh); erster Gesang den 26. März, allgemein gegen Mitte April; Nestbau den 10. April, erstes Gelege den 15. April; Abzug von Ende August bis 2. November nach S.-W. und S.-O. (wenig Wind, Mondschein, tagszuvor hübsch). — **Litoschitz** (Knežourek). Erster Gesang den 8. April, Abzug im August. — **Mauth** (Soukup). Diese und die Weindrossel blieben über den Winter hier. — **Nepomuk** (Stopka). Nur einige Paare vorhanden; am 29. März (schöne Witterung) allgemeiner Gesang, im Mai selten zu hören, zum letztenmale am 1. Juni.

Bukowina. Fratautz (H e y n.) Erste den 10. Mai nach
N.-W. (schwacher S.-Wind, etwas bewölkt, tagsvorher bewölkt,
warm), Mehrzahl den 14. Mai nach N.-W. (schwacher S.-Wind.
warm und hell, ebenso tagszuvor); erster und allgemeiner Gesang den 16. Mai; Nestbau anfangs Juni, erstes Gelege den
12. Juni; Abzug den 30. September nach S.-W. (stärkerer
N.-W.-Wind, kühler Abend, tagsvorher kühl). — **Gurahumora**
(Schnorfeil). Erste den 5. März von O. nach W. (schwacher
O.-Wind, schön, tagsvorher trüb), Mehrzahl den 7. März von
O. nach W. (schwacher O.-Wind, schön, tagsvorher trüb),
Rückzug den 2. April (Schnee, sowie tagszuvor), Wiederkunft
den 5. April (schön, tagsvorher Nebel), starke Züge den 15. April
von O. nach W. (heiter. sowie tagsvorher); Abzug den 12. Oc-
tober nach O. (starker W.-Wind, trüb, tagsvorher heiter). —
Illischestie (Zitný). Erste den 14. März (stärkerer W.-Wind.
frostig, schön), Mehrzahl und erster Gesang den 20., allgemein
am 30.; Abzug den 5. October nach S.-O. — **Kaczyka**
(Zemann). Erste den 16. März abends von O. nach N. (N.-O.-
Wind, regnerisch, tagsvorher N.-N.-O.-Wind, kalt), Mehrzahl
den 19. März von S.-O. nach N.-O. (schwacher O.-Wind, mild,
regnerisch, tagsvorher ziemlich starker O.-Wind, warm); erstes
Gelege den 29. April. — **Karlsberg** (?). Die ersten am 15. März
(bewölkt, oft Schneefall), die Mehrzahl am 19. (hell, warm):
Gesang am 16., allgemein am 19. März. — **Kuczurmare**
(Miszkiewicz). Den 10. März angekommen und im November
fortgezogen. — **Kupka** (Kubelka). Erste den 15. März nach
W. (mässiger W.- und O.-Wind, heiter), Mehrzahl den 1. April
nach W. (mässiger N.-W.- und O.-Wind, warm): erster Gesang
den 16. März, allgemein den 5. April; Nestbau den 26. April.
Gelege den 25. Mai; Abzug den 29. September nach S.-O.
(starker W.- und O.-Wind, warmer Regen). — **Solka** (Kranabeter). Zugvogel, der Ende März. anfangs April erscheint und
scharenweise im September abzieht. Er brütet zweimal. —
Straza (Popiel). Erste den 26. März nach N.-O. (N.-W.-
Wind, schön, wie tagsvorher), Mehrzahl den 6. April: Abzug
den 20. September. — **Terebleszty** (O. Nahlik). Erste den
4. April nach W. (schwacher O.-Wind, warm, ebenso tagszuvor), Mehrzahl den 7. April nach W. (starker O.-Wind,

warm, tagsvorher ebenso); erster Gesang den 4. April, allgemein den 9. — **Toporoutz** (Wilde). Erste den 30. März.

Dalmatien. **Spalato** (Kolombatović). Vom Januar bis
17. März und vom 13. August bis Ende December. Ungewöhnlich
selten in den letzten Monaten des Jahres.

Galizien. **Tolszczow** (Madeyski). Erste den 10. März
(kalt, Schnee), Mehrzahl den 21. März (schwacher N.-W.-Wind,
warm und trüb, wie tagszuvor); erster Gesang den 18. März.

Litorale. **Monfalcone** (Schiavuzzi). 7. März einige,
14. März einige am Seeufer, 18. März einige bei Tagliata,
27. März einige bei Pietra rossa. — **Triest** (Moser). Am
27. März von L. Sandri erhalten.

Mähren. **Kremsier** (Zahradník). 15. März. — **Oslawan**
(Čapek). 8. März 6 Stücke im Dickichte, 13. März zuerst gesungen, 4. Mai frische Eier. — **Römerstadt** (Jonas). Erste
den 16. Februar von S.-O. nach N.-O. (stärkerer S.-W.-Wind,
schön, ebenso tagszuvor), Mehrzahl den 28. März aus S.-W.
(schwacher S.-Wind, sehr schön); Gesang am Tage der Ankunft;
Nestbau den 15. April, erstes Gelege den 20. April; Abzug den
15. September (schwacher O.-Wind, schön, tagsvorher schwacher
S.-O.-Wind, schön).

Salzburg. **Abtenau** (Höfner). Erste den 24. Februar
(windstill, heiter, tagsvorher trüb). — **Hallein** (Tschusi).
22. Februar früh 1 Stück, 24. 2, 3. März mehrfach, 7. vielfach singend, 14. viele, 22., nach schwachem Schneefalle, mehrere
im Garten; 24., nach und bei starkem Schneefalle, viele mittags
nach N.-W.; 26., grösstentheils schneefrei, wieder da; 10. und
11. April 3 im Garten.

Schlesien. **Dzingelau** (Želisko). Erste den 11. März
nach N.-W. (starker N.-W.-Wind, $+ 1^0$ R., tagsvorher starker
N.-W.-Wind, $+ 3^0$ R.), Mehrzahl den 17. März nach N.-W.
(W.-Wind, Regen, $+ 3^0$ R., nebelig, tagsvorher N.-W.-Wind,
$+ 1^0$ R., nebelig); Gesang am Tage der Ankunft; Nestbau vollendet den 12. April, erstes Gelege den 18. April; Abzug den
14. October nach S.-W. (S.- und schwacher W.-Wind, trüb,
tagsvorher S.-Wind, heiter). — **Freudenthal** (Pfeifer).
3. Februar (Südwind, warm, heiter, tagsvorher Thauwetter), in
Mehrzahl am 26. (S.-W.-Wind, Thauwetter, tagsvorher heiter,

etwas frostig). — **Troppau** (Urban). 18. und 19. März (früh
+ 4⁰ R., heiter) im »Park« singend. — **Wagstadt.** 25. März
1 Stücke gesehen: Fabian, 30. April 1 Stück: Demel.

Siebenbürgen. Fogaras (Czýnk). Erste den 29. März
(kühl und heiter, ebenso tagszuvor), Mehrzahl den 4. April
(warm und heiter, ebenso tagszuvor); Gesang am Tage der Ankunft; Abzug den 24. October (warm und trüb, ebenso tagszuvor).

Steiermark. Mariahof (Hanf & Paumgartner). Brutvogel. 14. und 17. März je 1 Stück, 18. gesungen, 19. 4—6
Stücke, 24. März etliche. — **Mariahof** (Kriso). 15. März gehört, 16. März mehrere. — **Pikern** (Reiser). Am 25. Juni flog
eine Singdrossel aus einem Runkelrübenfelde von der Erde auf.
Bei näherer Besichtigung der Stelle fand sich auf dem blossen
Boden ein normal gezeichnetes, noch warmes weggelegtes Ei
dieses Vogels.

Tirol. Innsbruck (Lazarini). Ziemlich häufig vorkommend. — **Mareith** (Sternbach). 11. October; in letzterer Zeit
zahlreich an den Waldrändern und in den Feldern. — **Roveredo**
(Bonomi). Erste den 25. Februar nach N. (schwacher N.-W.-
Wind, heiter, tagsvorher windstill und heiter), Mehrzahl den
5. und 8. März; Abzug den 18. September (schwacher S.-W.-
Wind, heiter, tagsvorher schwacher N.-O.-Wind, heiter).

Ungarn. Béllye (Mojsisovics). In solcher Zahl wie in
der Fruška Gora habe ich die Singdrossel in Béllye noch nicht
angetroffen; unzweifelhaft behagen ihr die höher gelegenen, stets
mehr Abwechselung bietenden Riedwälder aber besser, als die
Landwälder in der Umgebung des Draueckes. (April-October.)
— **Güns** (C. Chernel). Erste den 3. März aus S.-W. (mässiger
W.-Wind), Mehrzahl den 5. März nach W. — **Mosócz** (Schaffgotsch). Den 27. Februar gesungen. — **Landok** (Schloms).
Erste den 19. März nach N.-O. (S.-W.-Wind, warm, heiter,
ebenso tagsvorher). — **Nagy - Szt. - Miklós** (Kuhn). Zuerst
den 17. März in Mehrzahl und starken Zügen (N.-W.-Wind,
kalt); erstes Gelege den 5. Mai. — **Pressburg** (Stef. Chernel).
Bei Pressburg die ersten am 26. Februar, in Modern sehr
häufig. Den 16. September zahlreich auf Hollundersträuchen,
17. October im Gebirge so zahlreich wie im vorigen Monate.

— **Szepes - Béla** (Greisiger). Den 19. Februar (heiter und warm, schwacher S.-Wind, ebenso tagsvor- und nachher) bei Villa-Lersch (Tátra) mehrere gehört und gesehen, den 2. März sah man in Javorina (Tátra) die ersten; den 1. September (N.-Wind, heiter und kalt, ebenso tagsvorher; tagsnachher N.-Wind und regnerisch) mehrere bei Béla an der Poper gesehen.

139. *Turdus iliacus*, Linn. — Weindrossel.

Böhmen. Blottendorf (Schnabel). Erste den 21. März nach N. (heiter, wie tagszuvor). — **Braunau** (Ratoliska). Erste den 12. März, Abzug den 26. October. — **Johannesthal** (Taubmann). Erste am Durchzug den 20. September von N.-O. nach S.-W. (lau und sonnig, wie tagszuvor), Mehrzahl und starke Züge den 1., 2. und 3. October nach S.-W. (schwacher, dann starker S.-W.-Wind, kalt und rauh, wie tagsvorher); Gesang den 24. September. — **Litoschitz** (Knežourek). Den 16. October 12 Stücke am Durchzuge.

Bukowina. Kaczyka (Zemann). Erste den 12. März von W. nach S.-O. (S.-W.-Wind, kalt, Schnee, tagsvorher frischer N.-W.-Wind, kalt). — **Kupka** (Kubelka). Erste den 20. März nach W. (mittelmässiger N.- und S.-Wind, kühl), Mehrzahl den 23. nach W. (Wind und Wetter wie am 20.); Durchzug den 20. October nach S.-O. (starker W.- und O.-Wind, mässiger Frost und Nebel). — **Solka** (Kranabeter). Seltener Durchzugsvogel.

Dalmatien. Spalato (Kolombatović). 3., 4., 30. Januar, 1., 22. Februar, 5. März, 2., 6., 14. November, 6., 31. December.

Mähren. Oslawan (Čapek). Um den 12. April und 1. October am Durchzuge.

Salzburg. Hallein (Tschusi). 22. März 1 Stück.

Tirol. Roveredo (Bonomi). Durchzug den 30. October nach S. (schwacher N.-W.-Wind, heiter, tagsvorher steifer N.-Wind, starker Regen und Hagel).

Ungarn. Nagy-Szt.-Miklós (Kuhn). Zug wie bei *Turdus musicus.*

140. *Monticola cyanea*, Linn. — Blaudrossel.

Dalmatien. Spalato (Kolombatović). Standvogel.

141. *Monticola saxatilis*, Linn. — Steindrossel.

Dalmatien. Spalato (Kolombatović). Vom 5. April
bis 15. September.

Mähren. Oslawan (Čapek). Einige Paare brüten in den
Felsen bei Kanitz, Eibenschitz und Hrubčic. 18 April ♂, 7. Mai
fünf frische Eier, mit theilweisem Erythrismus.

Steiermark. Paldau (Augustin). »Steindrossel«, »Stein-
röthel«. Bei Feldbach nicht bemerkt; auf dem Höhenzuge vom
Plabutsch bis Buchkogel bei Graz kommen bei der Peter- und
Paulkapelle einige vor.

Ungarn. Güns (C. Chernel). Erste den 20. April aus
S. (gelinde Witterung). Seit einigen Jahren erscheint die Stein-
merle hier. Ein Paar hatte in meinem Garten an einer Stelle,
wo der lebhafteste Verkehr herrschte, 3 m. hoch in einem Mauer-
loche genistet. — Pressburg (Stef. Chernel). Auf der Pressburger Schlossruine den 23. Mai zwei Paare. Bei den Ruinen
Theben, Hainburg, Wolfsthal sah ich nie eine.

142. *Ruticilla tithys*, Linn. — Hausrothschwanz.

Böhmen. Aussig (Hauptvogel). Am 23. März, in Pömmerle einige früher. — Bausnitz (Demuth). Erster den 30. März
singend. — Blottendorf (Schnabel). Am 18. März (Witterung
heiter, nächstfolgenden Tag Schnee und Regen) zum erstenmale
beobachtet. — Braunau (Ratolicka). Erster den 23. März. —
Bürgstein (Stahr). Erster den 25. März (N.-Wind, auch tagsvorher). — Litoschitz (Knežourek). Erster den 24. März
(trüber Tag), Mehrzahl den 28. und 30. März; erster Gesang
am Tage der Ankunft; erstes Gelege den 28. April; noch den
25. October hier. — Nepomuk (Stopka). — Häufig, jedoch
nie mehr als ein Paar in einem Hause. Der erste wurde am
28. März gegen Abend (trübes, kaltes Wetter und O.-Wind
ebenso am 27.) gesehen, am 31. ein Paar. Bei uns baute
ein Männchen vom 4. Mai an das Nest in eine Kellerritze;

am 9. lag das erste, am 15. das fünfte Ei darin. Das Weibchen brütete vom 17. Mai abends bis 31., also etwa 13 Tage. Am 2. Juni tödteten Sperlinge nach vergeblichem Kampfe des Rothschwänzchens zwei Junge und warfen sie hinaus. Diese Rothschwänzchen nisteten sogleich an einem anderen Orte und am 7. August flogen bereits Junge herum. Vom 8. October (Regen, warm) war selten eines zu sehen; das letzte ♂ wurde am 22. October beobachtet.

Bukowina. Kaczyka (Zemann). Erster den 18. März von N.-W. nach S.-O. (heftiger N.-W.-Wind, tagsvorher leichter W.-Wind), Mehrzahl den 24. März; erstes Gelege den 17. April; das ♀ traf erst am 27. März ein. Mehrere Paare beobachtete ich am 24. März abends. — **Kuczurmare** (Miszkiewicz). Vom April bis Ende October. — **Solka** (Kranabeter). Ziemlich seltener Sommervogel, der Ende März und anfangs April erscheint und im September abzieht. Die Ankunft erfolgt einzeln, der Abzug in Familien.

Dalmatien. Spalato (Kolombatović). Vom Januar bis 20. März und vom 12. September bis Ende December.

Litorale. Monfalcone (Schiavuzzi). 14. März einige, 28. und 31. März einige im Garten.

Mähren. Goldhof (Sprongl). Ein Weibchen beobachtete ich seit 25. Januar bis tief in's Frühjahr hinein beim Hofe. — **Oslawan** (Čapek). Häufig. 12. März ein Paar, 22. März zuerst gesungen. Brüten gewöhnlich in Gebäuden, nur einmal habe ich Junge in einem Felsen, ein anderesmal unter überhängenden Wurzeln, weit von den Häusern, gefunden. Vom 28. August bis gegen Mitte October sangen einige ♂ wieder und zogen dann fort; 24. October 1 Stück.

Niederösterreich. Nussdorf a. d. D. (Bachofen). 11. März.

Salzburg. Abtenau (Höfner). Erster den 29. März (windstill, trüb). — **Hallein** (Tschusi). 24. März bei Schnee ♂ ad., 28. ♀, 29. ♂, 30. und 31. mehrfach ♂ ♂ und ♀ ♀, 10. April gepaart. Ein ♂ ahmt den Gesang von *Troglodytes parvulus* täuschend nach. 27. Juli zweite Brut flügge.

Schlesien. Dzingelau (Želisko). 20. März (heiter, S.-W., nachts Gewitter) Ankunft der ♂ ♂, 28. (heiter, Ostwind, warm)

Ankunft der ♀ ♀; 10. bis 16. October Abzug. — **Jägerndorf** (Winkler). 1. April. — **Lodnitz** (Nowak). Einzelne waren am 22. März (O., vorher W.) zu sehen, am 28. bereits alle da und die ♂ ♂ allgemein singend. — **Troppau** (Urban). 26. und 28. März, später oft gehört und gesehen; noch den 23. und 30. September, zuletzt den 3. October (früh + 6° R., windstill, trüb), wo ein ♂ wohlgemuth sein Liedchen pfiff. — **Wagstadt** (Wolf). Demel sah den 26. Februar (schön, Südwind) um 1 Uhr 1 Stück und Hanisch den 28. (heiter) einen im Garten; den 3. März trafen Schiller und Zachel nachmittags 3 Stücke im Garten.

Siebenbürgen. **Nagy - Enyed** (Csató). Am 30. März 3 Stücke in Felsö-Gáld, am 5. April in Nyirmezö und Toroczk mehrere.

Steiermark. **Hartberg** (Grimm). Traf den 29. März zur Nachtzeit (es war theilweise mondhell) ein und liess sich mit lautem Gezwitscher nieder. — **Mariahof** (Hanf & Paumgartner). Häufiger Brutvogel. 18. und 21. März 1 Stück im Friedhofe, 22. 1 Stück, 23. 3, 24., 26. 2 Stücke, 27. März mehrere; 27. Juli die zweite Brut von den Alten verlassen; 19. October 3 Stücke (1 ♂ und 2 ♀) bis 27. October, 28. 2, 29. October 1 Stück. — **Mariahof** (Kriso). 16. März schon gesehen worden, 21. März zwei im Friedhofe, 30. März viele hier, 5., 6., 7., 8. und 9. April Schnee, sehr kalt, wenige zu sehen; 10. und 11. April schön, wieder viele hier. 17. Mai bemerkte ich in der alten Nikolaikirche (Zukirche) vom Chore aus das Nest mit vier Jungen der *Ruticilla tithys* auf dem breiten, verzierten Rahmen eines grossen Heiligenbildes. — **Paldau** (Augustin). »Brandvogel.« Häufig. — **Schneealpe** (Reiser). Auf jeder Sennhütte. — **Pöls** (Washington). Fehlte zur Brutzeit.

Tirol. **Innsbruck** (Lazarini). 22. März (bei Nordostwind mit etwas Schneefall) einige ♂ und ♀ in den Gesträuchen am Innufer der Hallerau, 24. April ziemlich zahlreich daselbst. — **Mareith** (Sternbach). Am 30. Juli am Agelsbod in Ridnaun bei 1800 m. Höhe angetroffen.

Ungarn. **Béllye** (Mojsisovics). 1884 wurde der erste am 24. April in Béllye gesehen; wie im ganzen Gebiete der mittleren Donau bis hinab zum Sauecke, ist auch hier diese

Art seltener als die folgende, durchaus aber keine Rarität. — **Güns** (C. C h e r n e l). Erster den 9. April. — **Landok** (Schloms). Erster den 28. März (S.-Wind, warm, heiter), Mehrzahl den 2. April (S.-O.-Wind, heiter). — **Mosócz** (Schaffgotsch). 4. April gesungen. — **Pressburg** (Stef. Chernel). In Pressburg, Theben, Wolfsthal und Modern gemeiner Brutvogel. — **Szepes-Béla** (Greisiger). Den 25. Januar (O.-Wind, heiter) zwei Stücke in Javorina (Tátra), den 27. ein Stück, bei Keresztfalu den 2. April ein ♂; den 26. September mehrere Stücke in Béla gesehen, ebenso den 6. October.

143. *Ruticilla phoenicura*, Linn. — Gartenrothschwanz.

Böhmen. Blottendorf (Schnabel). Am 22. April (S.-O) zum erstenmale beobachtet. — **Bürgstein** (Stahr). Erster den 28. März (S.-Wind). — **Litoschitz** (Knežourek). Erster den 24. März. — **Nepomuk** (Stopka). Weniger zahlreich als *R. tithys*; mehr im Walde, als in Gärten und an Häusern. Den 24. Mai war der erste Gesang zu hören, von Ende Mai an seltener; am 4. Juni wurden Junge gefüttert, am 2. October wurde der letzte bei kaltem Wetter und W.-Wind gesehen.

Dalmatien. Spalato (Kolombatović). 20., 26., 30. März, 2., 11. April, 12. September.

Litorale. Triest (Moser). Am 8. Februar von L. Sandri erhalten.

Mähren. Kremsier (Zahradník). 6. April. — **Oslawan** (Čapek). 10. April 2 ♂ ♂; 12. April gesungen; 5. Mai acht frische Eier, 22. Mai ein Gelege mit rothen Pünktchen; 18. September ein ♂.

Salzburg. Abtenau (Höfner). (Erster den 25. April (windstill, heiter, tagsvorher trüb). — **Hallein** (Tschusi). Den 10. April ahmt ein ♂ täuschend den Ruf von *Phyllopn. Bonellii* und den Gesang von *R. tithys* nach, 20. androgyn. ♀, 24. 1 ♂ ruft wie *Loxia curvirostra*, 25. c ahmt den Ruf von *Parus ater* und *Sitta caesia* nach; 5. Juni die Jungen der ersten Brut ausgeflogen.

Schlesien. Dzingelau (Želisko). 19. März (heiter, S.-W.) 1 ♂, 21. (trüb, nachts Regen, S.-W.) ♂ und ♀ da; 1. October

Beginn des Abzuges, 13. Hauptzug, 20. einen Nachzügler ge-
gesehen. — **Lodnitz** (N o w a k). Im Schulgarten zu Lodnitz
war ein Nest mit vier Jungen von *Fringilla coelebs*. Kaum hatten
die Jungen den Flaum verloren, so verschwand von den Eltern
zuerst das ♂, des anderen Tages das ♀. Der Lodnitzer Lehrer
nahm sich der verwaisten Brut an, und wollte selbe grossziehen.
Trotz seiner guten Absicht und Mühe gingen zwei der jungen
Vögel bald zugrunde. Um das gleiche Los der zwei übrigen
zu verhüten, gab er dieselben in ein mit Jungen versehenes
Nest von *Ruticilla phoenicura*, die sich auch wirklich der jungen
Finken annahmen, sie fütterten und grosszogen.

Siebenbürgen. Nagy-Enyed (C s a t ó). Am 11. April
1 Stück in Csaklya.

Steiermark. Mariahof (H a n f & P a u m g a r t n e r). Brutvogel in etlichen Paaren. 20. April 1 ♂, 25. April 2 Stücke,
10. October 1 Stück. — **Mariahof** (Kriso). 12. April singen gehört. — **Paldau** (A u g u s t i n). Sparsam. — **Pöls** (Wa s h i n g t o n).
Spärlicher als sonst vertreten.

Tirol. Innsbruck (L a z a r i n i). Am 27. April ein Paar
in den Anlagen am Inn, 10. October einzeln in den Gebüschen
bei Vill. — **Roveredo** (B o n o m i). Abzug den 23. August nach
S. (schwacher S.-W.-Wind, bewölkt, tagsvorher leichter S.-O.-
Wind, heiter).

Ungarn. Béllye (M o j s i s o v i c s). Am 3. April 1884
wurde in der Nähe der Ortschaft Béllye, am 24. März 1884
in Sziget der erste beobachtet. Ich sah den Vogel ziemlich
häufig in den verschiedenen Theilen der Herrschaft, auch im
letzten Sommer, verstehe daher nicht, wesshalb in Syrmien,
das in so vielfacher Hinsicht mit den faunistischen und flori-
stischen Verhältnissen der Baranya übereinstimmt, dieser Vogel
(wie Landbeck angibt) selten sein soll. — **Mosócz** (S c h a f f-
g o t s c h). 1. April gesungen. — **Pressburg** (Stef. C h e r n e l).
In Pressburg den 24. Mai erstes Gelege. Behält seinen Nistplatz jährlich und verlässt ihn nur, wenn er vertrieben wird.

144. *Luscinia minor*, Chr. L. Br. — Nachtigall.

Böhmen. Bausnitz (D e m u t h). Erste den 15. Mai
(schwacher N.-W.-Wind, kühl). — **Braunau** (R a t o l i c k a).

Erste den 1. Mai, Gesang schon beim Durchzug, Abzug den 12. August.

Bukowina. Fratautz (Heyn). Erste und in Mehrzahl den 12. April, erster Gesang den 2. Mai, allgemein am 5.; Nestbau im Mai, erstes Gelege Anfangs Juni; Abzug den 30. August. — **Kuczurmare** (Miszkiewicz). Kam den 24. April an und liess bis Ende Mai ihren Gesang hören; im October fortgezogen. — **Kupka** (Kubelka). Die ersten, nur paarweise, den 22. April nach W. (mässiger S.-O.- und W.-Wind, warm); erster Gesang den 30. April; Abzug den 20. September (mässiger W.- und O.-Wind, warm, Regen). — **Petroutz** (Stránský). Erste den 24. April. — **Solka** (Kranabeter). Sommervogel, der sich nur an einzelnen Orten ziemlich einzeln aufhält, Ende April, anfangs Mai erscheint und anfangs October abzieht. — **Terebleszty** (Nahlik). Erste den 26. April nach O. (leiser O.-Wind, warm, sowie tagsvorher), Mehrzahl den 2. Mai (schwacher O.-Wind, warm, sowie tagsvorher); erster Gesang am Tage der Ankunft, allgemein am 7. Mai.

Dalmatien. Spalato (Kolombatovié). Vom 4. April bis 17. October.

Galizien. Tolszczow (Madeyski). Erste und erster Gesang den 28. April (schön).

Litorale. Monfalcone (Schiavuzzi). 9. April die ersten (schwacher N.-O.-Wind, bewölkt, Regen, tagsvorher ebenso); erster Gesang den 17. April.

Mähren. Goldhof (Sprongl). Heuer nisteten mehrere Paare im Beobachtungsgebiete. Ankunft am 23. April. — **Oslawan** (Čapek). 18. April ein ♂ gesungen, 24. April der Gesang allgemein; 12. Mai wurde mit dem Nestbaue begonnen, 24. Mai frisches Gelege; noch den 3. Juni gesungen.

Niederösterreich. Mödling (Gaunersdorfer). Den 30. April zuerst gehört.

Schlesien. Lodnitz (Nowak). Auch heuer machte ich die traurige Wahrnehmung, dass dieser Sänger überall fehlte. — **Troppau** (Urban). Am 24. April hörte Hr. Pretzlik in einem Garten eine Nachtigall schlagen; auch in Schlackau hörte man eine vom 27. zum 28. April. Früher (vor etwa 30 Jahren) brüteten in und um Troppau — in Gärten, Promenadeanlagen,

»Kiosk«, im »Park« und an anderen Orten mehrere Paare; seitdem ist dieses nicht mehr der Fall — zumeist wohl wegen Beseitigung vieler, zum Nisten nöthiger, Büsche, theils auch infolge zunehmender Störungen.

Siebenbürgen. **Fogaras** (Czýnk). Erste den 16. April (N.-O.-Wind, kühl, trübe, tagsvorher ebenso); erster Gesang den 2. Mai; Abzug den 22. September (sowie tagszuvor warm und heiter). — **Koloszvár** (Hönig). Erscheint im Frühjahre in den sogenannten Hasengärten, brütet dort aber nicht, sondern verlässt dieselben, sobald wärmere Temperatur eintritt, wahrscheinlich infolge Wassermangels. Vogelhändler unterscheiden »die siebenbürgische Nachtigall«, über die ich genauere Nachforschungen anstellen werde.

Steiermark. **Hartberg** (Grimm). Wie überhaupt in Nadelholzwäldern sehr selten, so auch bei uns in einem einzigen Paare nistend im Chat gefunden. Die Versuche, sie durch Freilassen von Paaren hier zahlreicher zu verbreiten, sind nur theilweise geglückt. In der ganzen Ost-Steiermark hörte ich erst von zwei Jägern erzählen, sie hätten eine Nachtigall schlagen gehört. — **Paldau** (Augustin). Früher bei Paldau vorgekommen, im Raabthale sparsam. Am 17. Mai sah und hörte ich eine um 10 Uhr vormittags in einem Weidenbusche. Bei Gleichenberg, wo sie eingewöhnt wurde, ist sie häufig.

Tirol. **Roveredo** (Bonomi). Erste den 12. April nach N. (leichter N.-O.-Wind, Regen und Schnee, tagsvorher stärkerer S.-O.-Wind, weniger Regen und Schnee).

Ungarn. **Béllye** (Mojsisovics). Ueber den Tag der Ankunft dieses alle Landwaldungen, Gärten und Parkanlagen belebenden Vogels habe ich im Jahre 1884 keine Mittheilung erhalten; so häufig und so ununterbrochen wie in der Fruška Gora hört man freilich in keinem Gebiete der mittleren Donau den Nachtigallenschlag. 1885 wurde die erste am 28. März in den Béllye'er Anlagen vom Herrn Oberheger Nehr, am 2. April vom Herrn Waldbereiter Pfeningberger gehört. — **Güns** (C. Chernel). Erste den 10. April nach W. (gelinde Witterung). — **Neusiedlersee** (Reiser). Am See, in der Richtung gegen Oedenburg, in den dortigen niederen Wäldchen ungemein häufig,

darunter prachtvolle Schläger. — **Pressburg** (Stef. Chernel).
Die ersten am 9. April; 19. Mai erstes Gelege.

145. *Luscinia philomela*, Bechst. — Sprosser.

Böhmen. **Johannesthal** (Taubmann). Sehr selten.
Zuerst den 30. April bei Vollmondschein, erster Gesang den
10. Mai, Nestbau den 18. Mai, das Gelege war Ende des Monats
vollzählig; Abzug vom 19.—31. August (S.-W.-Wind, lau*).

Bukowina. **Toporoutz** (Wilde). Erste den 22. April.

Galizien. **Tolszczow** (Madeyski). Erste und erster
Gesang den 21. April (schwacher N.-W.-Wind, abends mild,
tagsvorher trüb).

Mähren. **Römerstadt** (Jonas). Erste den 30. April (wie
tagsvorher schwacher S.-Wind, sehr schön), Gesang den 8. Mai,
Nestbau den 18. d. M., erstes Gelege den 12. Juni, Abzug den
15. August (sowie tagsvorher schwacher S.-W.-Wind, schön).

Siebenbürgen. **Fogaras** (Czýnk) Erste den 19. April
(S.-W.-Wind, sowie tagszuvor warm unter heiter). — **Nagy-
Enyed** (Csató. Am 12. April schlug die erste.

Steiermark. **Paldau** (Augustin). »Ungarische Nachtigall«. Soll bei Schloss Kornberg bei Feldbach öfters vorkommen.

Ungarn. **Nagy-Szt.-Miklós** (Kuhn). Erste den 10. April,
Mehrzahl den 20., Gesang am Tage der Ankunft, erstes Gelege
am 1. Mai.

146. *Cyanecula leucocyanea*, Chr. L. Br. — Weisssterniges Blaukehlchen.

Böhmen. **Aussig** (Hauptvogel). 3. April. — **Braunau**
(Ratolicka. Erstes den 10. April, am Herbstzug den 21. October.

Mähren. **Oslawan** (Čapek). Nur im Frühjahre am Durchzuge längs des Flusses zwischen Eibenschitz und Oslawan. 19.

---

*) Obgleich der Hr. Beobachter die Nachtigall nicht erwähnt,
sind wir doch geneigt, an eine Verwechslung mit derselben zu glauben.
                                                                v. Tschusi.

und 29. März je ein ♂ Wolfii, 4. April 2 ♂ Wolfii, 19. und 21. April je 1 ♂ leucocyane, 23. April ein ♂.

Salzburg. Hallein (T s c h u s i). 5. April 1 ♂, 11. 1 Stück.

Schlesien. Lodnitz (N o w a k). Die ersten zogen den 16. März durch (stets W.- und S.-W.-Wind, dabei kalt), 21., 22. mehrere. — **Troppau** (U r b a n). 7. April am Ufer der Oppa beim Park 1 Stück gesehen. — **Wagstadt** (W o l f). Den 9. April ein Stück von Demel gesehen.

Steiermark. Mariahof (H a n f & P a u m g a r t n e r). 3. April 2 Stücke, 8. und 16. April 1 Stück, 4. November 1 Stück. — **Pöls** (W a s h i n g t o n). Am 11. September ein sehr altes ♂ von Cyanecula Wolfii an derselben Stelle erlegt, an welcher ich vor einigen Jahren ein ♂ Cyanecula leucocyanea, Br. erbeutete.

Tirol. Innsbruck (L a z a r i n i). Am 25. März mehrere bei Bozen, 2. April 1 Stück in der Hallerau.

Ungarn. Béllye (M o j s i s o v i c s). Das Blaukehlchen gehört nicht zu den häufigen Erscheinungen am Drauecke, beziehungsweise in Béllye; es wurde jedoch sowohl im Frühjahre 1884, als auch im Juli d. J. wiederholt von mir beobachtet, so in Danoczerdö, in Keskenyerdö und anderen Orts.

147. *Dandalus rubecula*, Linn. — Rothkehlchen.

Böhmen. Aussig (H a u p t v o g e l). Den 12. März angekommen. — **Bausnitz** (D e m u t h). Erstes den 31. März (schwacher S.-O.-Wind, mild), Mehrzahl den 8. April (schwacher S.-W.-Wind, mild); Gesang am Tage der Ankunft; Abzug den 3. October nach S. (stärkerer S.-Wind, mild). Durch Wegfangen sinkt die Zahl derselben von Jahr zu Jahr. — **Blottendorf** (S c h n a b e l) »Rothkatl«. Am 2. April zum erstenmal gesehen; ist sonst gemein und nistet in alten Stöcken und Felsritzen, zieht im October und November, bleibt aber mitunter auch über Winter da. — **Braunau** (R a t o l i c k a). Erstes den 15. April, letztes den 22. October. — **Bürgstein** (S t a h r). Erstes den 14. März (N.-Wind, kalt, Schnee, tagsvorher ebenso). — **Johannesthal** (T a u b m a n n). Erstes den 17. März von S.-O. nach N. (schwacher

W.-Wind, tagsvorher windstill, sonnig), Mehrzahl den 30. März
nachts bei Mondschein nach N. und N.-O. (schwacher N.-W.-
Wind, tagsvorher lau, sonnig); erster Gesang den 22. März,
allgemein gegen Ende des Monates; Nestbau anfangs April, Gelege den 20. und 25. April; Abzug schon Ende August nach
S. und S.-W. (schwacher S.-W.-Wind, Mondschein, kühl, helle
Nächte); der Herbstzug dauert bis Allerheiligen. — **Litoschitz**
(Knežourek). Erstes den 22. März; war den 13. September noch
da. — **Nepomuk** (Stopka). Am 22. März wurde zum erstenmale ein Männchen im Walde gesehen, ein anderes gehört
(Wetter kalt, N.-O.-Wind, am 21. war Schnee, Regen und
W.-Wind); am 30. erster, am 15. April allgemeiner Gesang;
am 4. Mai sechs bebrütete Eier in einem Neste gefunden,
in dem am 17. und 18. sechs Junge lagen, die es am 28. verliessen; am 6. October das letzte im Walde gesehen; ist nicht
häufig.

Bukowina. Solka (Kranabeter). Selten; kommt Ende
April, zieht anfangs October ab.

Dalmatien. Spalato (Kolombatović). Vom Januar bis
4. April und vom 4. October bis Ende December.

Litorale. Monfalcone (Schiavuzzi). 19. Februar zuerst
gesungen, 7. März einige, 14. einige an dem Seeufer, 18. einige
an der Tagliata. — **Triest** (Moser). Am 8. Februar von
L. Sandri erhalten.

Mähren. Goldhof (Sprongl). Ein Exemplar trieb sich
vom 2. bis 7. April im Hofe und Garten herum; seither keines
mehr gesehen. — **Kremsier** (Zahradník). 10. März. —
Oslawan (Čapek). 12. März ein Stück, anfangs April am häufigsten, 12. April wieder nur wenige; einige Paare brüten hier;
29. März zuerst gesungen; 1. Mai vollständige Gelege. Vom
18. bis 25. October am Rückzuge, aber wenig zahlreich; noch
Ende December ein Stück gesehen.

Niederösterreich. Nussdorf a. d. D. (Bachofen).
11. März.

Salzburg. Abtenau (Höfner). Erstes den 26. März. —
Hallein (Tschusi). 8. März 1 Stück, 9. 1 Stück im Garten,
14. mehrere singend, 5. April 3 ♂ im Garten, 10., 21. je ein

♂ im Garten, 1. Mai ♂, ♀ im Garten, 2. Juli und 3. August je ein juv. im Garten.

Schlesien. **Dzingelau** (Želisko). 25. März (Nebel, W., früh $+ 2^0$ R.) Hauptankunft, 13. bis 16. October Hauptabzug, 22. einzelne angetroffen. — **Lodnitz** (Nowak). Der Frühjahrszug dauerte von Mitte März bis in den Mai, der Herbstzug bis Ende October. — **Wagstadt** (Wolf). »Rothkath'l«, »Raška.« Drössler sah den 9. März 1 Stück, Beiler den 3. April sieben in einem Garten.

Siebenbürgen. **Nagy-Enyed** (Csató). Am 14. März das erste Stück, 27. März mehrere singend, am 12. April 1 Stück, ebenso am 15. December.

Steiermark. **Mariahof** (Hanf & Paumgartner). Brütet in mehreren Paaren. 11. bis 17. März je 1 Stück, 23. März viele, 28. März gesungen, 27. October 2 Stücke. — **Mariahof** (Kriso). 10. April singen gehört. — **Paldau** (Augustin). Kommt vom Frühling bis Herbst sparsam vor. — **Pöls** (Washington). War heuer sehr häufig, überwinterte zahlreich.

Tirol. **Innsbruck** (Lazarini). Am 24. März vormittags in den Gebüschen am Innufer. — **Roveredo** (Bonomi). Erstes, sogleich singend, den 9. März (schwacher N.-O.-Wind, bewölkt, tagsvorher schwacher S.-W.-Wind, bewölkt).

Ungarn. **Béllye** (Mojsisovics). In der Fruška Gora war der niedliche Vogel häufig zu beobachten, desgleichen im Sommer 1885 in den grossen Gärten von Föherczeglak. Er fehlt auch nicht im Riede, namentlich nicht an Oertlichkeiten wie Danoczerdö und dergl., doch in den tiefen Lagen scheint er sehr selten zu sein. Ich acquirirte im Frühjahre 1884 ein bei Béllye erlegtes Exemplar. — **Pressburg** (Stef. Chernel). Den 9. März die ersten, 11. März Hauptzug. Sie flogen von Busch zu Busch, einzeln, auch zu 4 Stücken, von S.-W. nach N.-O. Wiewohl es in den Morgenstunden fror, war es doch ein herrlicher, windstiller Frühlingstag. Die ziehenden waren grösstentheils ♂. Auf den Bergspitzen und in den Thälern sah ich sie überall in grosser Menge, den ganzen Tag über 80—100 Stücke. 12. März Nachzügler. In Modern waren den 5. Juli die Jungen flügge. Ist hier ein sehr gemeiner Brutvogel. — **Szepes-Béla** (Greisiger). Den 17. März (schwacher S.-Wind, trüb und warm, mehrere

Tage vorher N. - O.- Wind und Schneegestöber) am Bache zwei
Stücke, in Rokusz den 5. April 1 Stück; den 14. September
(schwacher N.-Wind, heiter und warm, tagsvorher S.-Wind und
Regen, tagsnachher windstill und in der Nacht Reif) im
Goldsberg mehrere, den 18. October 1 Stück in Rokusz.

148. *Saxicola oenanthe*, Linn. — Grauer Steinschmätzer.

Böhmen. **Litoschitz** (Knežourek). Häufig. Erster den
3. April (trüber Tag), den 14. September zum letztenmale
gesehen. — **Nepomuk** (Stopka). Nur eine Familie beobachtet;
am 6. August waren vier beisammen.

Bukowina. **Solka** (Kranabeter). Seltener Sommervogel,
der Ende März kommt und Ende September abzieht.

Dalmatien. **Spalato** (Kolombatović). Vom 13. März
bis 20. September.

Litorale. **Monfalcone** (Schiavuzzi). 10. April angekommen. — **Triest** (Moser). Am 27. März von L. Sandri
erhalten.

Mähren. **Oslawan** (Čapek). 29. März 2 ♂ ♂, 2. April
viele; 5. Mai fünf frische Eier; Mitte September zogen sie ab, am
8. October noch 1 Stück bei Lodenitz.

Niederösterreich. **Kalksburg** (Reiser). In Spalten und
Löchern (oft metertief) eines jeden der hiesigen aufgelassenen
Steinbrüche in je einem Paare brütend.

Salzburg. **Hallein** (Tschusi). 8. April ♂, 11. mehrfach
♂ und ♀, 28. ♂, ♀, 4. Mai 1 Stück, 6. (nach Schneefall
im Gebirge) 4—5 ♂, ♀ ad., 8. (nach Regen bei Wind) sehr
viele auf den Feldern, nachmittags verschwunden, 9. einzelne,
18. 2 Stücke, 20. ♂ und ♀.

Schlesien. **Lodnitz** (Nowak). 13. April (N.-Wind, kalt,
vorher meistens S.- und S.-W.-Wind), 3. October einige am
Felde angetroffen.

Siebenbürgen. **Nagy - Enyed** (Csató). Am 27 März
das erste Stück in Csaklya, am 5. April in Nyirmezö und
Torozk mehrere einander verfolgend.

Steiermark. **Mariahof** (Hanf & Paumgartner). Brütet
in der Alpenregion. 23. März 1 Stück, 28. 3 Stücke, 29. viele,

3o. März 3, 2. April 1 Stück, 4., 8., 10. bis 20. April viele,
9., 10. Mai mehrere, 1. October 2 Stücke. — **Pöls** (Washington).
Fehlte zur Brutzeit an den gewöhnlichen Standorten. Ende
August ziemlich häufig im Durchzuge.
Tirol. Innsbruck (Lazarini). 29. März (früh Regen
und Schnee, nachmittags O.-Wind) 2 Stücke in der Hallerau,
2. April ziemlich zahlreich daselbst; 3o. August und 1. September in den Feldern bei Vill mehrere.
Ungarn. Béllye (Mojsisovics). Ich sah mehrere
Exemplare am 7. Mai 1884 am Rande des Hochwäldchens
»Danoczerdö«, nahe einem Felde, ferner am 9. und 10. Mai in
Keskenyerdö und in der Nähe des Béllyer Waldes etc. Auffallender Weise traf ich im Sommer 1885. wiewohl ich nicht
wenig auch auf ihm zusagenden Oertlichkeiten beobachtete und
sammelte, kein einziges Exemplar. Am häufigsten war, nach
meinen Aufzeichnungen, diese Art im Jahre 1883 zwischen
Apatin und Szónta. — **Mosócz** (Schaffgotsch). 20. April
gesungen. — **Pressburg** (Stef. Chernel). Den 10. März
der erste. — **Szepes - Béla** (Greisiger). Den 5. April (seit
einigen Wochen kalter N.-O.-Wind, tagsnachher schon warmer
S.-Wind) bei Rokusz auf dem Felde ♂ und ♀.

149. *Saxicola stapaʒina,* Temm. — Weisslicher Steinschmätzer.
Dalmatien. Spalato (Kolombatović). Vom 15. März
bis 19. September.
Litorale. Monfalcone (Schiavuzzi). 1. April einige.

150. *Saxicola aurita,* Temm. — Ohrensteinschmätzer.
Dalmatien. Spalato (Kolombatović). Vom 15. März
bis 19. September.

151. *Pratincola rubetra,* Linn. — Braunkehliger Wiesenschmätzer.
Böhmen. Braunau (Ratolicka). Erster den 18. April.
Dalmatien. Spalato (Kolombatović). Vom 20. März
bis 12. April und vom 3o. September bis 3. und 9. October.
Mähren. Oslawan (Čapek). Hie und da ein Paar brütend
(Senohrad, Namiest). 26. April zuerst ein ♂; noch dem 1. October 1 Paar.

Salzburg. **Hallein** (Tschusi). 22. April ♂, 24. mehrfach, 8. Mai (nach Regen bei Wind) zahlreich angekommen,
nachmittags verschwunden: 17. Mai flügge Junge; 31. Juli 2 Stücke.
16.—18. August einzelne am Zuge.

Schlesien. **Lodnitz** (Nowak). Die ersten am 16. April;
auch dieser Vogel war heuer nicht so häufig wie sonst.

Siebenbürgen. **Nagy - Enyed** (Csató). Am 12. April
1 Stück.

Steiermark. **Mariahof** (Hanf & Paumgartner). Sehr
häufiger Brutvogel. 15. April 1 Stück. 16., 19. und 20. April
2 Stücke (♂ und ♀), 21. April viele. — **Pöls** (Washington).
Im Sommer nicht bemerkt. Ende August (meist junge Vögel)
im Durchzuge.

Tirol. **Innsbruck** (Lazarini). Diese Art, hier »Grasmücke«
genannt, fand ich in den Wiesen zwischen Vill und Igls sehr
zahlreich vertreten. Ihre Bruten theilen das gleiche Schicksal,
derer der Wachteln, bei der Heuernte zerstört zu werden. Ich
erhielt von Mähern am 25. Juli ein Nest mit sechs schön licht-
blauen Eiern, von welchen ich eines öffnete und noch wenig
bebrütet fand.

Ungarn. **Béllye** (Mojsisovics). Erschien 1884 bereits
am 8. März (zugleich mit *Pr. rubicola*) in Béllye, respective in
Bokroserdö; im Mai desselben Jahres sah ich welche auf dem
Felde bei Danoczerdö, in der Nähe des Albrechtsdammes und
anderen Orts aber nicht gerade häufig; in den »oberen«, das
heisst zwischen Monostor und Buziglicza gelegenen Feldern entzog
sich bisher der Vogel meiner Aufmerksamkeit. — **Szepes-Béla**
(Greisiger). Den 23. April bei Béla ein Paar (♂ und ♀)
gesehen.

152. *Pratincola rubicola*, Linn. — Schwarzkehliger Wiesenschmätzer.

Böhmen. **Aussig** (Hauptvogel). Am 17. März angekommen.

Dalmatien. **Spalato** (Kolombatović) Vom Januar bis
3. April, am 20. August 1 Stück, dann vom 4. October bis
Ende December.

Litorale. Monfalcone (Schiavuzzi). 2. März erster bei Monfalcone. — **Triest** (Moser). Am 25. Februar von L. Sandri erhalten.

Mähren. Goldhof (Sprongl). Ein Exemplar am 12. April bemerkt. — **Oslawan** (Čapek). Häufig. 5. März ein Paar; sie ziehen längs des Flusses; 13. April volles Gelege; 17. September zuletzt eine Familie. Ein Paar traf ich neben einem Paare *rubetra*, hoch im Walde, in einem jungen Niederwalde brütend.

Salzburg. Hallein (Tschusi). 7. März (N., $\pm$ 6°, Regen) 3 Stücke, 8. 2 ♂, 1 ♀, 9. ♀.

Schlesien. Dzingelau (Želisko). 24. April (trüb, N.-W.) ein ♂, 23. August ♂, ♀ angetroffen; heuer sehr selten.

Siebenbürgen. Nagy-Enyed (Csató. Am 8. März 4 Stücke, ♂ und ♀, am 14. März 1 ♂ in Metesd.

Steiermark. Mariahof (Hanf & Paumgartner). 11. März 1 ♀, 6. und 22. April 1 ♂, 10. und 14. Mai. — **Paldau** (Augustin). Bei Feldbach häufig, bei Paldau selten; vom 16. Mai bis in den September oft auf Telegraphendrähten gesehen. — **Pöls** (Washington). Spärlicher als gewöhnlich vertreten. 28. August die letzten.

Ungarn. Béllye (Mojsisovics. 1884 wie voriger. (8. März der erste in Bokroserdö.) Ich fand diese Art im Mai 1884 nicht selten in den oberen Theilen des Kopácser und Laskoer Revieres. Ende December 1884 traf Herr Waldbereiter Pfeningberger am Feldrande des Kopácser Hotters ♂ und ♀ an. Auch nach meiner Erfahrung ist *rubicola* nicht seltener als *rubetra*, von der Häufigkeit dieses Vogels wie, nach Landbeck, in Syrmien, ist aber am Drauecke keine Rede.

153. *Motacilla alba*, Linn. — Weisse Bachstelze.

Böhmen. Aussig (Hauptvogel). Ueberwinterte in einigen Exemplaren hier und in der Umgebung. Kamen wahrscheinlich den 1. März an. Am 21. März trat abends starker Frost ein. und ich fand am 22. in Nestersitz eine erfrorene und verhungerte Bachstelze. — **Bausnitz** (Demuth). Erste den 16. März (schwacher N.-W.-Wind, kühl. ebenso tagsvorher), Mehrzahl

den 3o. März (starker N. - O. - Wind, mild wie tagszuvor).
Abzug den 6. October nach S. (stärkerer S.-O.-Wind, mild,
ebenso tagszuvor). Scheint aus unbekanntem Grunde abzunehmen.
— **Blottendorf** (Schnabel). Erste den 9. März nach N.
(Regen), erster Gesang 22. März, letzte den 28. September. —
Braunau (Ratolicka). Erste den 4. März, Abzug den 10. Oc-
tober. — **Bürgstein** (Stahr). Erste den 1. März (schön). —
Johannesthal (Taubmann). Erste den 20. Februar nach
N.-O. und N.-W. (trüb und bald sonnig, tagsvorher — 1° R.,
etwas Schnee, sonnig), Mehrzahl vom 23. Februar bis 4. März
nach N.-O. und N.-W. (— 1° R., hell und sonnig, tagsvorher
starker S.-Wind, feucht), den 3. März 50 — 8o Stücke nach
N.-O. (Wind, sonnig); erster Gesang den 25. Februar, allgemein
den 2., 3. und 4. März; Nestbau vom 10. — 20. März, volle
Gelege den 15. und 25. März; Abzug den 2. November nach
S. und W. (schwacher S.-O.-Wind, kühl und hell, tagsvorher
N.-Wind). Sehr häufig. — **Litoschitz** (Knežourek). Erste
den 23. Februar, Mehrzahl den 6. März; erster Gesang den
23. Februar; Abzug den 28. October (N.-W.-Wind, kalt wie
tagsvorher). — **Nepomuk** (Stopka). Am 28. Januar eine beobachtet; auch im Anfang des Monates sah der hiesige Förster einige,
die gewiss in dem milden Winter hier geblieben waren. Einige
erschienen Ende Februar, am 17. März eine kleine Schar auf
dem Felde; 19. Mai Nestbau; in der zweiten Hälfte October
waren sie nicht mehr hier. Sie sind zahlreich und nisten gerne
in einzelnstehenden Schuppen. — **Rosenberg** (Zach. Am 26. Februar zuerst bemerkt.

Bukowina. **Gurahumora** (Schnorfeil). Erste den
10. März von O. nach W. (schwacher O.-Wind, schön, tagszuvor trüb), Mehrzahl den 18. März von O. nach W. (schwacher
O.-Wind, tagszuvor schön); Abzug den 28. October nach O.
(schwacher W.-Wind, kühle Nächte, heiter, tagszuvor ebenso).
— **Illischestie** (Zitný). Erste den 20. März (starker N.-Wind,
schön, tagvorher schön und warm), Mehrzahl den 26. März
nach N. (W.-Wind, warm und nebelig, tagsvorher schwacher
O.-Wind, Regen); erster Gesang den 26. März; Abzug den
20. October (W.-Wind, frostig, tagsvorher kühl). — **Kaczyka**
(Zemann). Erste den 9. März. Am 23. März flüchtet sich eine

Bachstelze während eines Schneegestöbers, trotz des aufsteigenden Rauches, in einen Kamin. Erstes Gelege den 17. April. — **Karlsberg** (?). Die ersten am 15. März (bewölkt, oft Schneefall), die Mehrzahl erschien am 17. bei stürmischen Wetter und Schneefall. — **Kotzmann** (Lurtig). Am 10. März angelangt. — **Petroutz** (Stránský). Erste den 10. März. — **Pozoritta** (Kieta). Am 27. März erschienen die ersten. — **Solka** (Kranabeter). Ziemlich häufig; erscheint Ende März und anfangs April, heuer am 24. März und zieht Ende September, heuer am 26., ab. — **Straza** (Popiel). Erste den 26. März (N.-W.-Wind, schön, tagszuvor ebenso), Mehrzahl den 4. April; erster Gesang den 20. April; Abzug den 30. October (Nebel, tagsvorher schwacher N.-W.-Wind, regnerisch).

Dalmatien. Spalato (Kolombatović). Standvogel.

Galizien. Tolszczow (Madeyski). Erste den 10. März (kalt), Mehrzahl den 20. März.

Litorale. Monfalcone (Schiavuzzi). 10. März einige an dem Seeufer (starker N.-O.-Wind, bewölkt, tagsvorher schön), 26. März einige bei Rosega. — **Triest** (Moser). Am 25. Februar von L. Sandri erhalten.

Mähren. Goldhof (Sprongl). Erste Ankunft am 4. März (Südwind), der Hauptzug traf am 12. März hier ein. — **Kremsier** (Zahradník). 10. März. — **Oslawan** (Čapek). 26. Februar ein ♂, 5. März mehrere; Ende März schliefen sie gemeinschaftlich auf einer einsam am Bache stehenden hohen Fichte: 17. April 5 Eier; Ende October abgezogen. — **Römerstadt** (Jonas). Zuerst und in Mehrzahl den 12. Februar von S. nach N.-W. (W.-Wind, tagsvorher schwacher S.-W.-Wind, günstige Witterung); zweites Gelege den 25. Juli; Abzug den 12. November (schwacher S.-Wind, regnerisch, tagsvorher schwacher S.-W.-Wind, schön).

Niederösterreich. Mödling (Gaunersdorfer). Am 19. Januar 1 Stück am Bache bei — 5° C., am 25. Februar mehrere in derselben Localität beobachtet. — **Nussdorf** a. D. (Bachofen). 1884 den 10. März, 1885 den 12. März.

Salzburg. Abtenau (Höfner). Erste den 26. Februar (windstill, trüb, tagszuvor heiter). — **Hallein** (Tschusi). 19. Februar 2 Stücke (W., + 5°, schön), 24.—27. je 1 Stück,

1. März 6—7, 16. gepaart, 2. Mai flügge Junge, 2. Juli zweite Brut flügge.

Schlesien. Dzingelau (Želisko). 7. Februar (heiter, Frost, im Gebirge Schnee) 1 Stück an der Olsa, 9. März (heiter, N.-O.) Hauptankunft, am 10. wegen grossen Schneesturmes Rückzug, Nachzüge am 3. und 4. April; 15. September (heiter, S.-W.) Beginn des Herbstzuges, 22. bis 26. Hauptzug, 11. October Nachzüge, 15. einzelne, am 24. sieben noch nicht ganz ausgemauserte angetroffen (bewölkt, S.), 1. und 3. November S.-O.-Wind, am Gebirge Schnee) je 1 Stück angetroffen. — **Freudenthal** (Pfeifer). Die erste am 28. Februar (N.-W.-Wind, heiter, tagsvorher S.-W.-Wind, frostig) gegen N.; sie zog in Mehrzahl am 3. März (S.-W., frostig). — **Jägerndorf** (Winkler). Den 16. Februar zuerst gesehen (schön, tagsvorher Schnee). — **Lodnitz** (Nowak). Die erste am 27. Februar, am 8. März zwei, 9. mehrere. Ein Stück wurde am 15. Januar gesehen, den 20. März gesungen, am 28. das ♂ Neststoffe gesammelt, am 25. April war das Nest vollendet, wurde aber nicht bezogen. In einem anderen Neste. am Ufer des Dorfteiches, am 18. Mai Junge angetroffen, die später durch Ueberschwemmung zugrunde gingen. — **Troppau** (Urban). 22. Februar eine an der Oppa, welche schon am Abend des 21. von Dr. Scherz bemerkt wurde; später viele, theils an der Mora bei Gilschowitz, theils auf Aeckern etc., zuletzt eine am 17. October. — **Wagstadt** (Wolf). Den 29. März (schön) eine gesehen (Beilner), 21. 15 Stücke (Besuch); am 29. Mai ein Nest mit sechs Jungen auf einem Heuboden, das am 30. von selben bereits verlassen wurde (Demel): 18. März zwei am Ufer der Gamlich (Göbel), 8. drei am Wagbach (Hirt), am 22. Mai ein Nest, aus welchem die Jungen am 29. ausflogen (Köhler).

Siebenbürgen. Fogaras (Czýnk). Erste den 7. März (O.-Wind, kalt, heiter, tagsvorher kühl und trüb), Mehrzahl den 15. März (S.-W.-Wind, warm und heiter, tagsvorher S.-Wind, warm); erster Gesang den 7. März, allgemein den 19.; Abzug den 19. September (S.-W.-Wind, warm wie tagsvorher). — **Koloszvár** (Hönig). Nicht selten. Jäger behaupten, sie halte ihren Frühjahrszug mit den Schnepfen; sobald also ein Jäger die Bachstelze sieht, ist er gewiss, dass auch Waldschnepfen

angezogen seien. — **Nagy - Enyed** (C s a t ó). Die erste am
8. März, am 16. März 10 Stücke, am 29. der Hauptzug von
circa 50 Stücken. **Steiermark.** Hartberg (G r i m m). Einer der ersten eintreffenden Vögel im Frühjahre. Vom Volke »Hotrallerl« genannt.
26. März die ersten Paare. Einige scheinen auch bei uns zu
überwintern, so traf ich eine am 12. November im Markte Ilz.
ein ♂ am 19. Jänner ebendaselbst. — **Mariahof** (H a n f &
P a u m g a r t n e r). 27. und 28. Februar 1 Stück, 2. März 3,
3., 4. 1 Stück, 5. mehrere zum erstenmale beim Pfarrhofe,
14. März 20 Stücke und einzelne überall; 7. Mai Nest mit sechs
bebrüteten Eiern, 13. Mai dem Ei entschlüpfte Junge; 20. October viele jun. und ad. bis 30. October, 3. November 1 Stück.
— **Mariahof** (K r i s o). 12. März eine in der nächsten, mehrere
in der weiteren Umgebung, 28. März mehrere auf dem Felde,
30. März viele hier, 5. — 9. April wenige, 10. und 11. April
viele; 26. Mai hatte ein Paar Junge unter dem Bretterdache der
Sacristei, 6. Juni erwachsene Junge getroffen. — **Mühlthal**
(O s t e r e r). Erste den 25. Februar. — **Paldau** (A u g u s t i n).
Häufig. — **Pöls** (W a s h i n g t o n). Ausserordentlich zahlreiche
Schwärme Ende Juli bis Ende August. Einzelne (junge) Vögel
überwinterten.

Tirol. Innsbruck (L a z a r i n i). Am 1. März zeigten sich
nach 10 Uhr vormittags die ersten weissen Bachstelzen (am
6. März warmer Regen nach Südwind), am 8. März viele am
Inn, 22. (bei N.-O.-Wind und etwas Schneefall) ziemlich zahlreich am Innufer, 24. März (bei scharfem N. - O. - Wind und
Schneefall) ziemlich zahlreich am Innufer der Ambraserau,
2. April während des ganzen Vormittags nicht ein Stück in der
Hallerau gesehen, 15. April einige in der Ambraserau; am 4.,
6. und 9. October sehr zahlreich in den Feldern bei Vill.

Ungarn. Béllye (M o j s i s o v i c s). 1884 wurden die ersten
(etwa 30 Stücke) am 1. Februar an der Bartolya bei Kopács
beobachtet; sie ist keine Seltenheit, wie ich aber a. O. bereits
hervorhob, keineswegs gemein; während meiner Frühjahrsreise
sah ich sie zuerst bei Čerević, öfter dann in Béllye. — **Güns**
(C. C h e r n e l). Erste den 20. Februar (gelinde Witterung, ebenso
tagszuvor). — **Landok** (S c h l o m s). Erste den 21. März nach

N.-O. (windstill, heiter, nachtszuvor Schnee), Mehrzahl den
26. März nach N. (schwacher S.-W.-Wind, warm und heiter).
— **Mosócz** (Schaffgotsch). Den 8. März zuerst beobachtet.
— **Nagy-Szt.-Miklós** (Kuhn). Erste den 17. März, Mehrzahl
den 19. März von S. nach N. (S.-Wind. sonnig); erster Gesang
den 19. März, allgemein am 30.; erstes Gelege den 1. Mai;
Abzug den 20. October. — **Pressburg** (Stef. Chernel). Am
Ufer der Donau bei Pressburg den 22. Februar die ersten (kalter
N.-W.-Wind, klarer Himmel. Frost); 20. Mai erstes Gelege;
22. Mai in Wolfsthal ein Nest in der Wand eines Hohlweges;
24. Mai in Hainburg halbbefiederte Junge; in Pressburg den
27. October grosse ziehende Scharen an der Donau von
(N.-O. nach S. — **Szepes-Béla** (Greisiger). Den 13. März
heftiger und sehr kalter O.-Wind, Tagestemperatur — 3⁰ R.,
Nachttemperatur — 7⁰ R., tagsvorher Schneefall und O.-Wind)
ein Stück am Bache gesehen, den 17. (schwacher S.-Wind,
trüb und warm, mehrere Tage vorher N.-O.-Wind und Schneegestöber) viele, den 19. (heftiger S.-Wind, heiter, abends
Regen, nachts N.-Wind und Schneefall) mehrere in Zsdjár
gesehen: den 6., 16. October (S.-Wind) bei Béla, den 18. bei
Rokúsz mehrere.

154. *Motacilla sulphurea.* Bechst. — Gebirgsbachstelze.

Böhmen. Aussig (Hauptvogel). Am 1. Mai angekommen.
— **Bausnitz** (Demuth). Erste den 19. März (N.-Sturm, sehr
kalt wie tagsvorher). — **Blottendorf** (Schnabel). Erste den
28. Februar nach N.-O. (heiter), nur 2 Stück. — **Braunau**
(Ratolicka). Erste den 6. März, letzte den 20. September. —
Nepomuk (Stopka). Kommt nur spärlich vor. Am 17. März
die ersten 2 beim Wasser im Walde; vom 28. Juni hielt sich
einige Tage eine Familie am kleinen Waldteiche auf, am 16. December war noch eine am eisfreien Bache. — **Rosenberg**
(Zach). Am 18. April ein Nest mit 5 Eiern, am 7. Juni ein
zweites mit 5 Eiern auf einem Felsabsatze, hart an der Strasse.

Bukowina. Gurahumora (Schnorfeil). Erste den
22. März von O. nach W. (schwacher O.-Wind, schön wie
tagszuvor), Mehrzahl den 26. März von O. nach W. (Wind und

Wetter dasselbe): Abzug den 28. October nach O. (schwacher W.-Wind, Nächte kühl, heiter, tagsvorher heiter, jedoch kühl); ein Exemplar wurde noch am 23. Jänner 1886 gesehen. — **Kaczyka** (Z e m a n n). Erste den 10. März, volles Gelege den 17. April. — **Terebleszty** (N a h l i k). Erste den 29. März nach O. (stärkerer W.-Wind, kühl, tagsvorher ebenso), Mehrzahl den 4. April (schwacher O.-Wind, warm).

Dalmatien. Spalato (K o l o m b a t o v i ć). Vom Januar bis 15. März und vom 28. September bis Ende December.

Litorale. Triest (M o s e r). Am 8. Februar von L. Sandri erhalten.

Mähren. Goldhof (S p r o n g l). Am 9. April ein Exemplar. am 11. April ein Paar gesehen; später bemerkte ich keine. — **Oslawan** (Č a p e k). Standvogel. 7. April 5 frische Eier: noch um 5 Uhr das ♂ brütend gesehen. — **Römerstadt** (J o n a s). Erste den 28. März von S.-O. (schwacher S.-Wind, warm, sehr schön wie tagszuvor), die Mehrzahl kam noch denselben Tag, machte hier halt und der Gesang war allgemein: Nestbau den 20. Mai, erstes Gelege den 1. Juni; Abzug den 20. September (schwacher S.-W.-Wind, schön, tagsvorher ebenso).

Niederösterreich. Mödling (G a u n e r s d o r f e r). Am 8. Januar 1 Stück am Mödlingbache.

Salzburg. Hallein (T s c h u s i). 2. Februar 1 Stück an der Salzach, 26. Juli zweite Brut flügge.

Schlesien. Dzingelau (Ž e l i s k o). Die erste am 11. März angetroffen (N.-W.), 17. (S.-W.) ♂ und ♀ bereits gepaart, doch sehr selten zu sehen; am 14. October ein Exemplar bemerkt, sonst keine. — **Lodnitz** (N o w a k). Am 27. Februar eine gesehen, später einige zugleich mit *Motacilla alba.* — **Freudenthal** (P f e i f e r). Den 27. Februar zuerst. in Mehrzahl am 5. März (S.-W.-Wind, frostig, tagsvorher heiter).

Siebenbürgen. Fogaras (C z ý n k). Erste den 20. Februar (N.-O.-Wind, kalt, trüb, tagsvorher N.-Wind, kalt und trüb), Abzug den 30. October (N.-O.-Wind, kalt, tagsvorher ebenso). — **Nagy-Enyed** (C s a t ó). Am 4. Januar 1 Stück in Muzsina, am 5. April 2 Stücke gepaart in Nyirmezö; am 1. October mehrere zerstreut, am 17. ebenfalls, am 30. 2, am 25. November 1 Stück.

Steiermark. Hartberg (Grimm). Wurde am 27. December an der Mur bei Graz gesehen. Es scheinen auch von dieser Art nicht alle fortzuziehen. — **Mariahof** (Hanf & Paumgarten). 16. Mai flügge Junge. — **Mariahof** (Kriso). 18. März ein Stück im Friedhofe gesehen. — **Paldau** (Augustin). Am Grundlsee oft gesehen und auch in der Klause bei Gleichenberg am 12. October.

Tirol. Innsbruck (Lazarini). Am 22. März (bei N.-O.-Wind mit etwas Schneefall) 2 Stücke in der Hallerau, 24. März mehrere eben dort, 30. März ziemlich zahlreich am Inn längs den städtischen Anlagen. — **Mareith** (Sternbach). 27. Juni einzeln am Weiher ober dem Schlosse, 2. Juli einzeln in einem bei 1300 m. hoch gelegenen Graben; 3. Juli eine Brut beim »Wurzer« (1200 m.) am Wege nach Ridnaun, wo sie auch später noch ständig angetroffen wurde; 12. September viele an allen Gewässern.

Ungarn. Güns (C. Chernel). Erste den 6. März aus S. (mild). — **Pressburg** (Stef. Chernel). Manche überwintern; 13. Februar 2 ♀ bei der Donau. — **Szepes - Béla** (Greisiger). Den 8. und 21. März je ein Stück, den 6. October noch mehrere da.

155. *Budytes flavus*, Linn. — Gelbe Schafstelze.

Böhmen. Johannesthal (Taubmann). Erste den 10. oder 11. April nach N. und N.-O. (Wind, kühl, tagsvorher lau), Mehrzahl anfangs und Mitte Mai nach N. und N.-O., oft gegen starken Wind (hell); erster Gesang anfangs Mai, allgemein Mitte des Monates; Nestbau in Wiesen und Steinbrüchen Mitte Mai, Gelege Ende des Monates; Abzug gegen Ende August nach S. und S.-W.

Bukowina. Illischestie (Zitný). Erste den 1. April. — **Karlsberg** (?) Die ersten am 21. März (hell), die Mehrzahl erschien am 30. (trüb, dann hell). — **Solka** (Kranabeter). Seltener Sommervogel; erscheint Ende April, heuer am 28. und zieht Ende September, heuer den 28., ab. — **Straza** (Popiel).

Erste den 25. März, Mehrzahl und erster Gesang den 7. April,
allgemein den 10. April; Nestbau den 12. Mai, erstes Gelege
den 22. Mai; Abzug den 5. September.

Dalmatien. Spalato (Kolombatović). Vom 20. März
bis 17. October.

Mähren. Oslawan (Čapek). Brütet bei Eibenschitz;
2. April 5 Stücke auf Wiesen bei Strutz. 16. April ein ♂ bei
Oslawan.

Niederösterreich. Kalksburg (Reiser). An der hiesigen
Liesing, als auch an der »dürren« Liesing im Kaltenleutgebener
Thale halten sich alljährlich einige Paare auf. Heuer jedoch
überwinterte sogar bei Kalksburg ein Paar — keine Verwechselung
mit *M. sulphurea!* — an einer Stelle, wo von Rodaun her eine
warme Quelle in den Bach fliesst. Ein Ueberwintern dieser
Stelze wurde meines Wissens bisher noch nie oder doch wenigstens äusserst selten beobachtet. Dasselbe Paar brütete auch in
einem Wiesenflecke, hart am Bache, sehr zeitlich, jedoch wurden
die Jungen von einem Hochwasser weggeschwemmt.

Salzburg. Hallein (Tschusi). 24. April 2 ♂, 1 ♀,
1. Mai 1 Stück, 8. Mai 1 Stück mittags nach N., 16. August
1 Stück.

Siebenbürgen. Nagy-Enyed (Csató). Am 15. September zu Oláh-Lapád 50 Stücke Schafe umfliegend, am 11. September 2 Stücke.

Steiermark. Mariahof (Hanf & Paumgartner).
14. April 2, 22. April 1—10, 16. Mai 3 Stücke. — **Pöls**
(Washington). Während des Sommers nicht beobachtet:
26. August vereinzelte Durchzügler.

Tirol. Innsbruck (Lazarini). Am 12. April nachmittags
eine Schar von 40—50 Stücken in den Feldern der Ambraserau,
die am 15. April noch ebendort waren.

Ungarn. Béllye (Mojsisovics). Im Riedterrain habe ich
sie sowohl im Frühjahre, wie im Sommer wiederholt, namentlich bei Béllye und Kopács erlegt. Ueber die Zeit der Ankunft
und des Abzuges habe ich keine genauen Daten; wahrscheinlich
gilt auch hier Mitte März und Mitte October. — **Landok**
(Schloms). Erste den 27. März nach N.-O. (schwacher S.-Wind.
heiter, tagsvorher S.-W.-Wind, warm, heiter), Mehrzahl den

5. April nach O. (schwacher S.-Wind, heiter). — **Nagy-Szt.-
Miklós** (Kuhn). Erste den 17., Mehrzahl den 30. März (sonnig,
+ 14⁰ C.) und an diesem Tage allgemeiner Gesang; Abzug*) den
3. November. — **Szepes-Béla** (Greisiger). Den 25. Mai bei
Tótfalu unter weidenden Pferden ein Stück gesehen.

156. *Budytes melanocephalus*, Lichtenst. — Schwarzköpfige
Schafstelze.

Dalmatien**). Spalato (Kolombatović). Vom 4. April
bis 15. September.

157. *Anthus aquaticus*, Bechst. — Wasserpieper.

Dalmatien. Spalato (Kolombatović). 2., 3., 5., 6.,
16. April, 4., 9. October.
Litorale. Monfalcone (Schiavuzzi). 21. März einige
an den Thermalbädern.
Salzburg. Hallein (Tschusi). 10—12 Stück überwinterten. 8. März (schwacher Schneefall) viele, 22., (schwacher
Schneefall) mehrere, 24. (Schneegestöber) 8 Stücke, 7. April
♂ im Thale.
Siebenbürgen. Nagy-Enyed (Csató). Am 12. Januar
2 Stücke.
Steiermark. Mariahof (Hanf & Paumgartner).
Brütet auf den benachbarten Alpen. 11. März 1 Stück, 12. März
4, 24. März 5—6 Stücke, 28. etliche, 30. März viele, 14. April
sehr viele; 9. October 40—50 Stücke, 31. October 1 Stück. —
Schneealpe (Reiser). Am 27. Mai in Menge bei den Sennhütten. — **Pöls** (Washington). 29. December ein grosser
Schwarm nach Südost bei kaltem, windstillen Wetter.
Ungarn. Szepes-Béla (Greisiger). Den 9. März (vormittags schwacher O.-, nachmittags schwacher S.-Wind, heiter
und warm) bei Béla, unweit der Poper, circa 30 Stücke, den
28. (O.-Wind, heiter und warm, ebenso mehrere Tage vorher)
auf dem Felde bei Zsdjár viele.

*) Der späte Abzug derselben dürfte sich wohl auf *Mot. sulphurea*
beziehen.   v. Tschusi.
**) Das thatsächliche Vorkommen dieser Art in Dalmatien wurde
durch Beweisstücke erwiesen.   v. Tschusi.

158. *Anthus pratensis*, Linn. — Wiesenpieper.

Dalmatien. Spalato (Kolombatović). Vom Januar bis 22. April, vom 15. September bis Ende December.

Litorale. Monfalcone (Schiavuzzi). 7. März einige in Pietra rossa, 21. März einige bei den Thermalbädern, 26., 28. März einige.

Mähren. Oslawan (Čapek). Durchzugsvogel. Vom 2. April bis Ende des Monates kleine Flüge; noch am 10. Mai 1 Stück auf Wiesen bei Namiest. Von Mitte September bis 22. October am Zuge nach Süden, zuweilen in grösseren Scharen.

Salzburg. Abtenau (Höfner). Erster den 26. April (starker S.-O.-Wind, trüb, tagsvorher windstill, heiter). — **Hallein** (Tschusi). 23. März 1 Stück, 27. 3 Stücke.

Schlesien. Lodnitz (Nowak). 22. März die ersten bei O.-Wind, 26. viele durchgezogen; Gesang einzelner am 3. April; 19. Mai bereits flügge Junge angetroffen.

Steiermark. Hartberg (Grimm). Den 31. März einzeln angetroffen. — **Mariahof** (Hanf & Paumgartner). 8., 19., 23. 1 Stück, 24. 5—6 Stücke, 28., 30. März viele, Mitte Mai sehr viele, 7., 8., 9. November je 1 Stück. — **Pöls** (Washington). 18. Juni ein Stück.

Ungarn. Pressburg (Stef. Chernel). Bei Pressburg den 17. März die ersten.

159. *Anthus arboreus*, Bechst. — Baumpieper.

Böhmen. Blottendorf (Schnabel). Den 24. April (S.-Wind) singen gehört. — **Nepomuk** (Stopka). Nur in einigen Paaren vorkommend. Gegen Ende Februar gehört, vom 19. April gesungen, in der zweiten Hälfte Mai verstummten sie.

Litorale. Monfalcone (Schiavuzzi). 27. März einige am Zuge im Garten.

Mähren. Oslawan (Čapek). Häufiger Brutvogel. 11. April die ersten, 12. April einige ♂ gesungen, 11. Mai 5 frisch gelegte Eier.

Salzburg. Hallein (Tschusi). 8. April mehrere singend 22. Juni Junge im Garten.

Siebenbürgen. Nagy - Enyed (C s a t ó). Am 12. April 1 Stück, am 1. October einige.

Steiermark. Mariahof (H a n f & P a u m g a r t n e r). Häufiger Brutvogel. 20. April gesungen. — **Pöls** (W a s h i n g t o n). Trat als Brutvogel zahlreich auf.

Tirol. Innsbruck (L a z a r i n i). Erschien am 16. und 22. August und später noch ziemlich häufig am Fallbaume der Krähenhütte bei Igls und war auch in den dortigen Feldern oft zu sehen.

Ungarn. Béllye (M o j s i s o v i c s). Im Frühjahre 1884 fanden sich in den von mir bereisten Oertlichkeiten auffallend wenige vor; ich sah den Vogel nur in Kopolya, ein Stück acquirirte ich im September 1885. Bekanntlich verweilt er im Gebiete der mittleren Donau von Ende März oder anfangs April bis October.

160. *Agrodroma campestris*, Bechst. — Brachpieper.

Dalmatien. Spalato (K o l o m b a t o v i ć). Vom 1. April bis 28. September.

Litorale. Monfalcone (S c h i a v u z z i). 21. März und 1. April einige in Rosega.

Mähren. Oslawan (Č a p e k). Kommt nicht brütend vor; nur am 5. Mai beobachtete ich mit Bestimmtheit ein Exemplar, auf einer steinigen Grasfläche.

Salzburg. Hallein (T s c h u s i). 22. April 2, 6. Mai 1 Stück.

Steiermark. Mariahof (H a n f & P a u m g a r t n e r). 16. und 19. April je 1 Stück, ebenso den 28. August und 9. September.

Ungarn. Béllye (M o j s i s o v i c s). Ein Exempler am 4. October 1885 aus Béllye erhalten; das erste innerhalb eines Zeitraumes von sieben Jahren.

161. *Corydalla Richardi*, Vieill. — Spornpieper.

Schlesien. Dzingelau (Ž e l i s k o). Den 27. September bei Südsturm 7 Stücke angetroffen und eines davon zum Ausstopfen erlegt.

162. *Galerida cristata*, Linn. — Haubenlerche.

Böhmen. Nepomuk (Stopka). Ist häufig.

Bukowina. Kuczurmare (Miszkiewicz). Ein Stand- und Strichvogel. — **Solka** (Kranabeter). Häufig vorkommender Standvogel.

Dalmatien. Spalato (Kolombatović). Standvogel.

Litorale. Monfalcone (Schiavuzzi). 14. März einige am Seeufer und den 21. März in Rosega.

Mähren. Goldhof (Sprongl). Gemein. Am 2. Februar zuerst gesungen, am 14. Februar Beginn der Paarung. — **Oslawan** (Čapek). Schon am 24. Januar hörte ich ein ♂ auf der Erde leise singen; von Mitte Februar sangen sie eifrig auf Dächern, von Mitte März auch in der Luft; 4. April vier frische Eier.

Salzburg. Hallein (Tschusi). 27. Februar 1 Stück, 9. Mai 2 Stücke.

Schlesien. Troppau (Urban). Standvogel, nicht selten. im Winter auch in der Stadt Futter suchend.

Siebenbürgen. Koloszvár (Hönig). Ueberwintert in ziemlicher Anzahl.

Steiermark. Hartberg (Grimm). Ein häufiger Standvogel dieser Gegend. — **Paldau** (Augustin). Häufig das ganze Jahr.

Tirol. Innsbruck (Lazarini). Anfangs December (bei Schnee und Frost) einzeln auf den Pradlerfeldern hinter dem Gasometer. —- **Roveredo** (Bonomi). Einstens in Süd-Tirol ziemlich gemein, jetzt fast ganz ausgerottet.

Ungarn. Béllye (Mojsisovics). Nach Landbeck ist sie in Syrmien häufiger wie die vorige; das könnte ich für mein Beobachtungsgebiet eben nicht behaupten, wiewohl man sie auch hier in den tiefer gelegenen Theilen oft genug antrifft. — — **Pressburg** (Stef. Chernel). Bei Pressburg den 14. Februar gesungen. — **Szepes-Béla** (Greisiger). Den 7. Februar (S.-Wind, warm und heiter, Felder grösstentheils schneefrei) beginnen sie die Stadt zu verlassen; den 9. December (heftiger N.-W.-Wind und Schneegestöber, tagsvorher windstill und warm) kamen viele in die Stadt.

163. *Lullula arborea*, Linn. — Haidelerche.

Böhmen. Aussig (Hauptvogel). Am 29. März ein Flug
bei Böhmisch - Pockau. — **Bausnitz** (Demuth). Erste den
18. Februar nach N. (schwacher S.-W.-Wind, mild, sowie tagsvorher), Mehrzahl den 4. März nach O. (N.-Sturm, Schnee,
kalt, sowie tagszuvor); erster Gesang den 19. Februar, allgemein
den 10. März. Kommt nur in wenigen Paaren vor. — **Blottendorf** (Schnabel). Erste den 27. Februar nach N. (sehr schön),
Mehrzahl den 26. März; erster Gesang den 10. März; Abzug den
ganzen September hindurch. — **Braunau** (Ratolicka). Erste
den 10. März nach N., Mehrzahl den 15. März; erster Gesang
den 18. März, allgemein den 20. März; Abzug den 15. October (heiter). — **Bürgstein** (Stahr). Erste den 24. Februar.
— **Johannesthal** (Taubmann). Erste den 12. März nach
N.-O. (N.-O.-Wind, hell, tagsvorher hell, dann trüb), starke
Züge am 16. und 19. März von W. nach O. (mittelmässig
starker O.-Wind, tagsvorher sonnig, Thauwetter); erster Gesang
den 17. und 18. März, allgemein den 25.; Nestbau Ende
März, volles Gelege den 20. April; Abzug im August und
September nach S.-O. und S. Sehr zahlreich hier. — **Lito-
schitz** (Knežourek). Erster Gesang den 24. März; Abzug im
October.

Bukowina. Illischestie (Zitný). Erste und erster Gesang den 19. März (S.-W.-Wind, schön, tagsvorher schön und
warm), Abzug den 8. October nach S. (W.-Wind, heiter,
sehr kühl, tagsvorher ebenso). — **Kaczyka** (Zemann). Erste
den 13. März von S. gegen N.-W. (scharfer N.-Wind, Schneegestöber, tagsvorher mässiger N.-O.-Wind), erster Gesang den
15. März, volles Gelege den 12. April. — **Straza** (Popiel).
Erster Gesang den 2. Mai, allgemein den 15.

Dalmatien. Spalato (Kolombatović). Auf den Feldern
von Spalato vom Januar bis 24. März und vom 10. October
bis Ende December.

Litorale. Monfalcone (Schiavuzzi). 7. März einzelne
in Pietra rossa, einzelne in Rosega.

Mähren. Oslawan (Čapek). Brutvogel der Grasflächen
am Rande der höher gelegenen Kiefernwälder und in Holz-

schlägen. 20. Februar zuerst ein singendes $\male$, 8. April drei frische Eier. Im Juni hörte ich bis gegen Mitternacht das $\male$ singen, 27. September noch 2 $\male$ gesungen. — **Römerstadt** (J o n a s). Erste den 31. März (starker O.-Wind, schön, tags-vorher stärkerer O.-Wind), Mehrzahl denselben Tag, an dem auch alle sangen; Nestbau den 20. April, erstes Gelege den 10. Mai; Abzug den 27. September nach S.-W. (S.-W.-Wind, regnerisch wie tagsvorher).

Schlesien. Dzingelau (Želisko). Erste den 25. Februar nach N. (S.-O.-Wind. $+$ 1° R., trüb, tagsvorher S.-O.-Wind, — 1° R., heiter), Mehrzahl den 3. März nach N.-O. (W.-Wind mit Schneefall, tagsvorher N.-W.-Wind, 0° R.); Abzug den 10. Oc-tober nach S.-W. (S.-W.-Wind, heiter wie tagsvorher), den 21. October Nachzügler. — **Freudenthal** (v. Pfeifer). 6. Februar (früh Nebel, dann sonnig, tagsvorher Thauwetter), in Mehr-zahl am 28. (Frostnebel bei W.-Wind, tagsvorher zum Theil heiter, kalt).

Siebenbürgen. Nagy-Enyed (Csató). Am 26. Februar einige zerstreut in Boros-Bocsard, am 15. September 8 Stücke in Fel-Enyed.

Steiermark. Paldau (Augustin). Sparsam. — **Pikern** (Reiser). Heuer in grosser Menge auf allen Schlägen. Trotz vielstündiger Beobachtung konnte ich den Brutplatz nicht ent-decken. Das Nest dieser Art ist von den einheimischen Brut-vögeln fast am schwersten zu entdecken.

Ungarn. Güns (C. Chernel). Erste und in Mehrzahl den 24. März (windstill wie tagsvorher). — **Mosócz (Schaff-gotsch).** Den 11. April gesehen. — **Pressburg (Stef. Chernel).** 9. März die ersten, 12. März Hauptzug.

164. *Alauda arvensis*, Linn. — Feldlerche.

Böhmen. Aussig (Hauptvogel). In Grosspriesen ein Flug von einigen 20 Stücken am 17. Februar, am 4. März viele bei Schönpriesen. — **Bausnitz (Demuth).** Erste den 25. Februar nach N.-O. (stärkerer S.-W.-Wind, mild, ebenso tags-vorher), 6. März in Mehrzahl nach N.-O. (starker N.-Sturm, kalt, ebenso tagsvorher), 10. März Gesang allgemein, 20. März starke Züge nach S.-O. (starker N.-W.-Wind und sehr kalte Witterung, ebenso tagsvorher); Abzug am 5. October nach S. (mildes Wetter, stärkerer S.-O.-Wind). Sehr zahlreich in der Umgebung. — **Blottendorf** (Schnabel). Erste den 2. Februar nach S. (schönes und heiteres Wetter an diesem und dem vorhergehenden Tage), 19. Februar in Mehrzahl; 24. Februar erster Gesang, allgemein am 6. März. — **Braunau** (Ratolicka). Ist in Zunahme begriffen. Erste den 16. Februar nach N.-O. (windstill), Mehrzahl den 27. Februar nach N.-O. (trüb); erster Gesang den 12. März, allgemein den 18. März; Abzug den 17. October nach S. (windstill). — **Johannesthal** (Taubmann). Erste den 8. Februar von S.-W. nach S.-O., gegen den Wind (S.-O.-Wind, Thauwetter, trüb), Mehrzahl den 12. März von S.-W. nach S.-O. (N.-W. und S.-O.-Sturm); temporärer Rückzug den 20. März (sehr kühl, sowie tagsvorher Schnee), Wiederkunft den 8. April (sonnig, hell, aber noch Schnee, tagsvorher Thauwetter), starke Züge den 9. und 10. April nach N.-O. und N.-W.; erster Gesang den 20. März, allgemein den 23. März, obwohl der Jeschken in Schnee gehüllt war; Nestbau den 16. April, erstes Gelege den 30.; Abzug im September, October und November nach S. und S.-O. — **Mauth** (Soukup). Erste den 2. Februar (hell und kalt, W.-Wind), Mehrzahl den 27. Februar und 4. März (hell, W.-Wind); Abzug den 18. September (kalt, O.-Wind). — **Nepomuk** (Stopka). Am 7. Februar sah ich die ersten sechs gegen Mittag bei heiterem Wetter und O.-Wind ziehen, am 9. zahlreicher; am 16. gesungen, am 8. März allgemeiner Gesang; am 10. April sah ich sie in Paaren, die letzten Mitte October. — **Rosenberg** (Zach). Die ersten am 18. Februar gehört.

Bukowina. **Fratautz** (Heyn). Erste den 30. März nach N.-W. (stärkerer S.-W., mildes Wetter, tagsvorher warmer Regen), 28. April in Mehrzahl nach N.-W. (vormittags schwacher S.-Wind, klares Frühlingswetter), starke Züge am 14. Mai nach W. (schwacher S.-Wind, etwas bewölkt, tagsvorher leichter Regen); 10. Mai erster Gesang, allgemein am 4. Juni; Nestbau im Juni und August, erstes Gelege am 10. Juni; Abzug am 20. October nach S.-W. (stärkerer S.-O.-Wind, kühl, tags-

vorher regnerisch). — **Gurahumora** (S c h n o r f e i l). Erste
den 19. März von O. nach W. (schwacher W.-Wind, schön,
ebenso tagsvorher), Mehrzahl den 3. April von O. nach W.
(stärkerer N.-Wind, Strichregen, tagsvorher stärkerer N.-Wind
und schön); Abzug am 9. October nach O. (kühler, schwacher
W.-Wind, jedoch wie tagsvorher heiter). — **Kaczyka** (Z e m a n n).
Erste den 8. März von S. - O. nach N. (scharfer N. - O.-
Wind, kalt, tagsvorher ebenso bei mässigem N.-Wind), Mehrzahl den 21. März von O. nach N. - W. (mässiger O. - Wind,
mild, tagsvorher mässiger N.-O.-Wind, ziemlich kalt); erster
Gesang am 8. März. — **Karlsberg** (?) Die ersten am 18. März
bei hellem und warmen Wetter, am 20. (bewölkt) in Mehrzahl
erschienen; gesungen am 18., in Mehrzahl am 20. März. —
Kuczurmare (M i s z k i e w i c z). Kommt im März und zieht
im October ab. — **Kupka** (K u b e l k a). Erste den 12. März
nach W. (mässiger S.-O.- und W.-Wind, mild, tagsvorher ziemlich kühl, Regen), Mehrzahl den 17. März nach W. (mässiger
S.-O.- und W.-Wind: mild); erster Gesang den 14. März, allgemein am 20.; erstes Gelege am 30. Mai; Abzug am 24. September nach S.-O. (mässiger W.- und S.-O.-Wind, warm, tagsvorher ebenso). — **Petroutz** (S t r á n s k ý). Erste den 10. März.
— **Solka** (K r a n a b e t e r). Zugvogel; erscheint ziemlich häufig
im März und zieht im October ab. — **Straza** (P o p i e l). Erste
den 2. April nach W. (heiter, sowie auch tagsvorher); 5. April
erster Gesang, allgemein am 17. — **Terebleszty** (N a h l i k).
Erste den 7. März nach O. (schwacher O.-Wind, Thauwetter,
tagsvorher warm), Mehrzahl den 13. März nach W. (schwacher
O.-Wind, wie tagsvorher warm); erster Gesang am 7. März,
allgemein am 19.; Abzug am 17. October nach S. (schwacher
O.-Wind, wie tagsvorher schön). — **Toporoutz** (W i l d e).
Erste den 26. Februar nach S.-O. Im Herbste mied die Lerche,
sowie die meisten anderen Zugvögel, in auffallender Weise diese
Station.

Dalmatien. Spalato (K o l o m b a t o v i ć). Auf den Feldern
von Spalato vom Januar bis 10. April und vom 8. October bis
Ende December.

Galizien. Tolszczow (M a d e y s k i). Erste den 3. März
(O.-Wind, mild, tagsvorher trüb), Mehrzahl in den folgenden

14 *

Tagen bei veränderlicher Witterung; erster Gesang den 3. März, allgemein in den nächsten Tagen.

Litorale. **Monfalcone** (Schiavuzzi). 6. März in der Frühe gesungen, 7. März einzelne in Pietra rossa, 10. einzelne am Seeufer. — **Triest** (Moser). Abzug am 16. October.

Mähren. **Goldhof** (Sprongl). Erste Ankunft am 18. Februar (tagsvorher mässiger S.-Wind). Merkwürdigerweise kamen die ersten Exemplare in Flügen von 2 bis 4 Stücken vom Norden her. — **Kremsier** (Zahradník). 19. Februar. — **Oslawan** (Čapek). Im Winter 1884—85 und 1885—86 blieben einzelne hier. Die Durchzügler kamen um den 14. Februar an; bis zu Ende des Monats flogen sie von einem Felde zum anderen und sangen sehr wenig; erst vom 8. März stiegen sie singend in die Höhe. — **Römerstadt** (Jonas). Erste und in Mehrzahl den 8. Februar von S.-O. nach N.-W. (starker S.-W.-Wind, schön wie tagsvorher), temporärer Rückzug den 19. Februar (sehr kalt, tagsvorher Schnee, unfreundlich und kalt), Wiederkehr den 23. Februar (schön, tagsvorher unfreundlich, abends schön); erster Gesang den 12. März, allgemein am 27.; Anfang des Nestbaues 15. April, volles Gelege den 30.; den 17. Mai wurden die drei Jungen durch haselnussgrosse Hagelkörner getödtet, welches Schicksal auch die Jungen in einem Goldammerneste ereilte; zweiter Nestbau vollendet am 5. Juli, 10. Juli erstes Ei, 22. Juli volles Gelege (5 Stücke); Abzug den 19. October nach S.-W. (schwacher W.-Wind, regnerisch, tagsvorher schön).

Niederösterreich. **Mödling** (Gaunersdorfer). Am 17. Februar eingetroffen, am 20. schon ziemlich viele, am 23. März Witterungsumschlag mit Schnee, welcher den 24. und 25. liegen blieb. In diesen Tagen waren die Lerchen nicht mehr hörbar, dafür viele Schopflerchen in den Gassen. In der Nacht am 26. schmolz der Schnee vollständig und früh 8 Uhr hörte man wieder viele Lerchen singen. — **Nussdorf** a. d. D. (Bachofen). 18. Februar 1 Exemplar.

Salzburg. **Hallein** (Tschusi). 3. Februar (bei Südwind, nach S.-Sturm in der Nacht) nachmittags 20 Stücke von N.-W. kommende auf den Feldern (nachts Frost), 5. 7—8, 7. 2 Stücke, 11. 1 Stück bei starkem Schneefall mittags nach N.-W., dann

gegen 100 ebenfalls nach N.-W. bei N.-W. rückgezogen; (16.
schneefrei, S., in der Nacht S.-Sturm, 17. S. + 4—7⁰); 18.
(S.-O., + 6—12⁰) einige wieder rückgekehrt, 20. mehrfach auf
den Feldern, 24. 40—50 Stücke; 3. März Gesang, 5.— 10.
viele in einem Fluge, 16. 5 Stücke, 24. mehrere ♂ ♂ singend,
zuletzt den 2. Juli gehört. **Schlesien.** Dzingelau (Želisko). 12. Februar (Schneefall) eine Lerche angetroffen, 19. (S.-O., mittags + 7⁰ R.) Be-
ginn des Zuges, 4., 5. und 6. (heiter, N.-O.) Haupzüge. Beginn
des Herbstzuges am 16. September (S.-W., heiter), Hauptzug
den 24. (S.-W., Regen), Nachzug den 6. October (S.-W., Regen);
am 1. November (bei N.-O.) noch eine Lerche gesehen. —
Freudenthal (Pfeifer). 4. Februar (S.-W., Thauwind, tagsvorher S., Thauwetter), in Mehrzahl am 17. (Nebel, regnerisch,
S.-W.-Wind, tagsvorher Nebel). — **Jägerndorf** (Winkler).
Zuerst am 16. Februar (schön, tagsvorher Schnee), in Mehrzahl
den 14. März (schön, auch tagsvorher); erster Gesang am
16. Februar, allgemeines Singen am 14. März. — **Lodnitz**
(Nowak). Einzelne schon am 2. Februar angekommen; den
ersten Gesang hörte ich am 5., am 17. waren bereits alle da;
30. April vier Eier. — **Troppau** (Urban). Am 20. Februar
schon in Mehrzahl auf den Feldern und einige ♂ singend, den
22. (früh — 2⁰ R.) keine bemerkt, am 25. (sonnig, warm) wieder
einige singend. Am 18. October über den Feldern etwa 50 hin-
und herfliegend, am 20. und 21. einige, am 29. nur eine bemerkt; am 9. November sah ich bei rauher Nebelluft und
scharfem S.-W.-Winde auf den nördlichen Anhöhen (bei Klinge-
beutel) 20 bis 30 Stücke, die gegen S.-O. zu ziehen schienen,
doch (wohl infolge des heftigen Windes) oft ablenkten und sich
niederliessen. — **Wagstadt** (Wolf). Die ersten am 22. Februar,
Hauptmasse am 8. März; Beginn des Herbstzuges Mitte October,
Hauptabzug zu Anfang November. Am 25. April ein Nest mit
Gelege. Demel sah den 22. Februar um 9 Uhr morgens etwa
25 Stücke von O. nach W. ziehen und fand am 25. April
ein Nest mit 5 Eiern. Fischer hörte den 18. Februar (warm,
S.-W.-Wind, bewölkt) bereits eine singen; den 22. Februar
(heiter, kalt, O.) sah Hanisch 36, Matissek am 1. März (heiter,

warm) etwa 3o und Swĕtlick am 28. Februar (schön, warm,
O.) 41 an der Strasse nach Bothenwald.

Siebenbürgen. Fogaras (Czýnk). Erste den 26. Februar
(S.W.-Wind, heiter, ebenso tagsvorher), Mehrzahl an demselben
Tage bei schwächerem Winde; einzelne Vögel sangen allgemein
am 28. und 29.; Abzug den 28. October (N.-O.-Wind, kühl,
tagsvorher kühl und heiter). — **Nagy - Enyed** (Csató). Am
20. Februar die ersten 4, am 8. April mehrere singend; am
18. September grosse Flüge in Elekes, am 17. October mehrere,
am 20. 8, am 11. December 1 Stück, am 13. 1 ♂.

Steiermark. Hartberg (Grimm). Die ersten Exemplare
am 26. Februar, Hauptmasse am 5. März. — **Mariahof** (Hanf
& Paumgartner). Sehr häufiger Brutvogel. 23. Februar
7 Stücke, 25. 1 Stück, 26. 12. Stücke, 27., 28. 16—20 Stücke,
3. März 7, 4. 4—6, 5. 20, 8., 9. 10. 100—200, 11. 100 Stücke
und einzelne überall, 21. gesungen, 27. März Gesang allgemein,
22. October 200, 3. November 60, 7. 2, 9. November 3—6
Stücke, 17. December 1 Stück. — **Mariahof** (Kriso). 20. Februar, 3o. März sehr viele anwesend. — **Mühlthal** (Osterer).
Erste den 7. Februar bei 60 — 8o cm. tiefem Schnee und
nur kleinen schneefreien Stellen an sonnigen Hängen; 12. Mai
flügge Junge. — **Paldau** (Augustin). Sparsam. — **Pöls**
(Washington). 3. September die letzten.

Tirol. Innsbruck (Lazarini). Die ersten, circa 18 Stücke,
in der Höttingerau am 22. Februar, am 1. März nach 10 Uhr
vormittags einige in der Hallerau; 23. October und 3. November
sehr zahlreich in der Hallerau, am 6. November keine mehr.
— **Roveredo** (Bonomi). Erste den 13. Februar nach N.
(N.-W.-Wind, wolkig, tagsvorher N.-W.-Wind, heiter), Mehrzahl den 14. März nach N. (S.-W.-Wind, tagsvorher S.-Wind,
Regen); Abzug den 22.— 23. October nach S. (S.-W.- und
S.-O.-Wind, bewölkt, tagsvorher N.-Wind, heiter).

Ungarn. Béllye (Mojsisovics). Die erste wurde im
Jahre 1884 Mitte Februar, im Jahre 1885 am 24. Februar in
Béllye gehört; sie ist viel häufiger, als ich früher annahm; auf
allen Ackerungen, Weizenstoppeln, Brachfeldern traf ich sie an
und fiel sie mir — bei dem Mangel an Wachteln — im Jahre
1885 mehr denn je auf. — **Güns** (C. Chernel.) Erste den

18. Februar aus S.-O. (gelinde Witterung), Mehrzahl den 24. Februar nach S.-O. (S.-W.-Wind, gelinde Witterung). — **Mosócz** (Schaffgotsch). Den 21. Februar zuerst gesehen. — **Nagy-Szt. - Miklós** (Kuhn). Erste den 23. Februar, Mehrzahl den 17. März; erster Gesang am Tage der Ankunft, allgemein am 17. März; Abzug den 25. November. — **Neusiedler See** (Reiser). Am 17. Mai fand ich am Seeufer bei Apethlon drei frische Eier dieser Lerche, wovon das eine höchst abnorm (albinistisch) gezeichnet ist, wie dies öfters bei Sperlingseiern vorzukommen pflegt. Das Gelege befindet sich in der Sammlung des Herrn Fournes in Wien. — **Pressburg** (Stef. Chernel). Den 20. Februar die ersten 4 Stücke (S.- W.- Wind, trübes regnerisches Wetter), 25. Februar Hauptzug. Dieses Jahr überhaupt sehr zahlreich. — **Szepes - Béla** (Greisiger). Den 25. Februar (schwacher O.-Wind, heiter, Temperatur unter 0") ein Stück bei der Stadt, den 26. mehrere, den 27. viele auf den Feldern gesehen und gehört (Witterung wie am 25.); 13., 14. März (an ersterem heftiger, sehr kalter O.-Wind, — 3—7⁰, tagsvorher O.-Wind und Schneefall; an letzterem N. - O.-Wind und Schneefall) verstummten sie und zogen nicht mehr paarweise, sondern in Scharen auf den schneefreien Flecken der Felder umher; den 26. September noch mehrere, den 18. October 5, den 28. 2 und den 17. December noch 1 Stück auf den Feldern.

165. *Melanocorypha calandra*, Linn. — Kalanderlerche.

Dalmatien. Spalato (Kolombatović). 2., 5., 31. Januar, 24., 28. Februar, 31. October, 1., 2. November, 8., 10. December.

166. *Calandrella brachydactyla*, Leissl. — Kurzzehige Lerche.

Dalmatien. Spalato (Kolombatović). 4., 5., 6., 10., 16. April.

Crassirostres. Dickschnäbler.

167. *Miliaria europaea*, Swains. — Grauammer.

Bukowina. Kuczurmare (Miszkiewicz). Derselbe kommt mit dem Goldammer gemeinschaftlich sehr häufig hier vor. — **Solka** (Kranabeter). Seltener Zugvogel, der im April erscheint und im October abzieht.

Dalmatien. Spalato (Kolombatović). Standvogel.

Litorale. Monfalcone (Schiavuzzi). 10. März einzelne am Seeufer.

Mähren. Oslawan (Čapek). Im Winter 1884—85 blieben mehrere hier; 15. Januar sah ich, wie sie bei starkem Schnee die Strohdächer in Neudorf durchsuchten; am 26. Februar am Brutplatze gesungen; auch im December sah ich einige unter *Ember. citrinella.*

Niederösterreich. Kalksburg (Reiser). Sowohl bei Atzgersdorf*) (am Telegraphendrahte), als auch im Gütenbachthale (etwa 3 Paare) konnte ich seine heuer erfolgte Einwanderung constatiren; das Nest aber fand ich nicht.

Salzburg. Hallein (Tschusi). 2. Juni ♂ singend am Durchzuge.

Steiermark. Paldau (Augustin). Im Herbst, aber sparsam. — **Pöls** (Washington). Fand Mitte Juni zwei Brutpaare auf (zum erstenmale in meinem Gebiete). Im Winter sah ich dieselben nicht.

Ungarn. Béllye (Mojsisovics). Aus welcher Ursache dieser sonst in Béllye äusserst gemeine Vogel, im Sommer 1885, vergleichsweise spärlich auftrat, ahne ich nicht; im Frühjahre 1884 sah ich ihn sehr oft. — **Pressburg** (Stef. Chernel). Stand- und Strichvogel.

---

*) Am erstgenannten Orte sah ich die Art zu Anfang Mai schon Ende der 60ger Jahre langs der Bahnstrecke.   v. Tschusi.

168. *Euspiza melanocephala*, Scop. — Schwarzköpfiger Ammer.
Dalmatien. Spalato (Kolombatović). Vom 7. Mai bis 12. April.

169. *Emberiza citrinella*, Linn. — Goldammer.
Böhmen. Blottendorf (Schnabel). Den 19. und 20. Februar sehr viele gesehen. — **Nepomuk** (Stopka). Ist häufig. Am 21. Mai zwei etwa fünf Tage alte Junge in einem Neste aus Moos und Stengeln in einem Feldrain gefunden, anderwärts Junge schon aus dem Neste geflogen. Am 2. Juni vier Eier an einem Strassenrain, am 9. ebendaselbst zwei Junge; am 6., 23. Juni und 16. Juli Junge an Rainen und im Gestrüpp. Viele gehen durch Regengüsse und auf andere Art zugrunde. — **Rosenberg** (Zach). Am 20. April zwei eben fertige Nester und am 26. bereits ein Ei in einem derselben gefunden.
Bukowina. Kuczurmare (Miskiewicz). Standvogel und sehr häufig. — **Solka** (Kranabeter). Ziemlich häufiger Standvogel; im Sommer hält sich derselbe in Vorwaldungen und Gebüsch auf, im Winter nähert er sich den Ortschaften, wo er in den Scheuern und den Stallungen Nahrung sucht.
Dalmatien. Spalato (Kolombatović). Vom Januar bis 18. März und vom 3. November bis Ende December.
Mähren. Goldhof (Sprongl). Gemein während des ganzen Jahres. — **Oslawan** (Čapek). 7. Februar erster Frühjahrsgesang, vom 20. Februar allgemein, obzwar sie bis Mitte März in Gesellschaften blieben; 24. April frisches Gelege; 9. December erschienen sie mit dem ersten Schnee im Städtchen.
Niederösterreich. Kalksburg (Reiser). Am 31. Mai 7 frische Eier, am 7. Juni dicht daneben wieder 4 Eier.
Salzburg. Hallein (Tschusi). 22. Februar zuerst gesungen, 23. vielfach singend, 27. Mai flügge Junge.
Steiermark. Hartberg (Grimm). »Amaring«. Häufiger Standvogel. — **Paldau** (Augustin). Das ganze Jahr sehr häufig.
Ungarn. Béllye (Mojsisovics). Sehr gemein, namentlich am Rande der Ried- und Landwälder, auch in vielen Feldgehölzen. — **Mosócz** (Schaffgotsch). Im Februar gesungen,

am 15. Juni ein Nest mit drei sehr kleinen Jungen. — **Pressburg** (Stef. C h e r n e l). Stand- und Strichvogel; 18. Mai flügge Junge.

170. *Emberiza cirlus,* Linn. — Zaunammer.

Dalmatien. Spalato (K o l o m b a t o v i ć). Standvogel.

171. *Emberiza cia,* Linn. — Zippammer.

Böhmen. Nepomuk (S t o p k a). Als Seltenheit am 12. December zwei Exemplare, wovon ein ♀ unter anderen Ammern geschossen wurde.

Dalmatien. Spalato (K o l o m b a t o v i ć). Vom Januar bis 20. März, vom 22. October bis Ende December.

Litorale. Monfalcone (S c h i a v u z z i). 27. Januar einige bei Monfalcone, 7. März verschwunden.

172. *Emberiza hortulana,* Linn. — Gartenammer.

Dalmatien. Spalato (K o l o m b a t o v i ć). Auf den Feldern von Spalato nur vom 13. bis 20. März.

173. *Schoenicola schoeniclus,* Linn. — Rohrammer.

Dalmatien. Spalato (K o l o m b a t o v i ć). Vom Januar bis 20. März, vom 3. October bis Ende December.

Litorale. Monfalcone (S c h i a v u z z i). 7. März einige bei Monfalcone.

Mähren. Oslawan (Č a p e k). Durchzugsvogel im Frühjahre. 15. März 1 ♀, 19. 6 Stücke beiderlei Geschlechtes beisammen, 29. März und 2. April je ein ♀; nur am Flusse zwischen Eibenschitz und Oslawan beobachtet.

Salzburg. Hallein (T s c h u s i). 1. März 1 Stück gehört, 8. 1 Stück gesehen.

Steiermark. Mariahof (H a n f & P a u m g a r t n e r). 11., 12. März je 2 Stücke, 19., 21., 28. etliche, 30. März 4 Stücke, 1. April 1 Stück; 3. October bis Ende October täglich etliche.

Tirol. Innsbruck (L a z a r i n i). Am 18. October circa 6 — 8 Stücke im Röhricht des Taurer Giesens in der Hallerau.

Ungarn. Béllye (Mojsisovics). Diesen überaus sympathischen Vogel traf ich in jedem Riede, das, wenn auch nur spärlich, einige Rohrinseln aufzuweisen hatte; auch in Danoczerdö liess er sich erblicken. Ich glaube nicht, dass er Standvogel in Süd-Ungarn ist. Landbeck notirte als seine Wanderzeit März und October. — **Pressburg** (Stef. Chernel). Den 17. Mai ein Paar bei einem Wassergraben.

174. *Schoenicola intermedia*. Mich. — Mittlerer Rohrammer.

Dalmatien. Spalato (Kolombatović). 13., 14. October.

175. *Plectrophanes nivalis*, Linn. — Schneespornammer.

Mähren. Römerstadt (Jonas). Den 4. Februar vier Exemplare beobachtet, davon eines geschossen und für die Landesrealschule ausgestopft. Hier noch nicht gesehen.

Ungarn. Szepes - Béla (Greisiger). Den 9. Januar (stürmischer S.-W.-Wind und grosse Schneeverwehungen, tagsvorher Windstille und sehr kalt, tagsnachher S.-W.-Wind) hielt sich mehrere Stunden lang ein Flug bei den Feldscheuern um Béla auf.

176. *Passer montanus*, Linn. — Feldsperling.

Bukowina. Solka (Kranabeter). Ziemlich häufiger Standvogel.

Dalmatien. Spalato (Kolombatović). Vom Januar bis 24. März und vom 22. October bis Ende December, aber ungewöhnlich sparsam.

Mähren. Oslawan (Čapek). Vom 25. Februar an alle auf den Brutplätzen; 28. April 4 Eier.

Siebenbürgen. Kolozsvár (Hönig). Ist im Spätsommer in grossen Scharen zu sehen und wird von den Landwirthen gehasst.

Steiermark. Paldau (Augustin). Häufig. — **Pikern** (Reiser). Am 26. April 3 frische Eier in einem hohlen Apfelbaume, darunter eines albinistisch.

Ungarn. Pressburg (Stef. Chernel). Den 16. Mai flügge Junge. — **Szepes-Béla** (Greisiger). Den 7. Februar (S.-Wind, heiter und warm, Felder grösstentheils schon schneefrei) begannen sie schon die Stadt zu verlassen; den 9. October kamen sie in die Nähe, den 19. in die Stadt selbst.

177. *Passer domesticus*, Linn. — Haussperling.

Böhmen. Nepomuk (Stopka). Sehr verbreitet; schadet im zeitigen Frühjahre jungen Setzlingen. An einem ziemlich grossen Birnbaume in meinem Garten vernichteten sie zahlreiche Knospen.

Bukowina. Kuczurmare (Miszkiewicz). Der häufigste und zahlreichste Standvogel, welcher 2—3mal, auch auf Bäumen. brütet. — **Solka** (Kranabeter). Häufiger Standvogel, der unter vorspringenden Dächern, in Mauerspalten, zwischen den Gabelungen der Aeste nistet und auch Schwalbennester benützt. welche er jedoch früher mit Gras, Stroh oder Federn auspolstert. Er brütet 2mal und enthalten die Gelege 4—7 Eier. Er wird oft durch seine grosse Vermehrung lästig. — **Terebleszty** Nahlik. Standvogel.

Dalmatien. Spalato (Kolombatović). Standvogel.

Litorale. Monfalcone (Schiavuzzi). 28. Mai flügge Junge.

Mähren. Goldhof (Sprongl). Die ersten flüggen Jungen am 31. Mai beobachtet. — **Oslawan** (Čapek). Am 26. Februar sass das Paar beim Neste vom vorigen Jahre und am 2. März wurde mit dem Nestbaue begonnen.

Siebenbürgen. Koloszvár (Hönig. In einem Schwalbenneste beobachtete ich in einem Sommer (1883) drei Bruten. Trotz dieser Vermehrung kein merklicher Zuwachs zu sehen, obwohl sie hier nicht verfolgt werden.

Steiermark. Paldau (Augustin). Gemein. Schwalben mauerten diesen Frühling einen so ein, dass nur der Kopf herausah und er verhungerte.

Ungarn. Pressburg Stef. Chernel. Am 2. September ein weisslichgraues Exemplar beobachtet. Im Winter sind die schwarzgefiederten sehr häufig. Brehm (Sohn) findet diesen Umstand ebenfalls der Aufmerksamkeit würdig und meint, sie verdanken die dunkle Färbung ihrem Nachtaufenthalte in Rauchfängen und in den Kohlenniederlagen der Eisenbahnen. Ich kann seine Meinung vollkommen bestätigen.

178. *Fringilla coelebs*, Linn. — Buchfink.

Böhmen. Aussig (Hauptvogel). Sehr viele am 1. März angekommen, aber lauter Männchen. In dem Garten des Hrn. Eckelmann in Schönpriesen hatte ein Finkenpaar ein Nest gebaut, welches vom Haussperling dreimal zerstört wurde. — **Blottendorf** (Schnabel). Gegen 13 Stücke den 19. Februar (S.-O.-Wind), Mehrzahl den 26.; erster Gesang den 23. Februar; von Ende September bis Mitte October und am 13. und 17. überaus grosse Züge gegen Süden. — **Braunau** (Ratolicka). Einzelne den 22. Februar, in starken Zügen den 6. März; Abzug den 20. September nach S. — **Nepomuk** (Stopka). Zahlreich, besonders im Walde; vom September bis Mitte November flogen sie in Scharen herum; im Winter sieht man nur Männchen.

Bukowina. Kuczurmare (Miszkiewicz). Brut-, Strich- und Standvogel, der besonders zahlreich auftritt, wenn die Rothbuchen reichen Samen haben. Das Nest baut er in Baumlöcher (! v. Tschusi.) und in Ermanglung dieser auf Aeste. — **Petroutz** (Stránský). Erster den 9. März. — **Solka** (Kranabeter). Häufig vorkommender Standvogel, der im Herbste massenhaft in den Gärten und bei den Häusern erscheint.

Dalmatien. Spalato (Kolombatović). Vom Januar bis 20. März, vom 11. October bis Ende December.

Steiermark. Paldau (Augustin). Hier sparsam, bei Graz häufig, besonders am Schlossberge.

Tirol. Innsbruck (Lazarini). Am 24. Februar (sehr milder Abend) erster Finkenschlag; 9. October viele bei Vill.

Ungarn. Béllye (Mojsisovics). Fast allerorts vernahm ich im Frühjahre 1884 den fröhlichen Finkenschlag; nur wenige Oertlichkeiten (abgesehen von Sumpf- und Rohrplatten) besitzen diesen munteren und zutraulichen Vogel in geringer Zahl. — **Mosócz** (Schaffgotsch). Den 6. März geschlagen. — **Pressburg** (Stef. Chernel). Den 25. Februar der erste Finkenschlag; 29. März, $^{1}/_{2}5$ Uhr nachmittags, flog im Gebirge eine

grosse Schar ♀ und ♂, es mögen wohl über 200 gewesen sein,
nach N.; 16. April nistend. Im Gebirge bei Modern bauen
sie ihre Nester aus grünem Moos und nicht aus dem auf Obstbäumen wachsenden Lebermoos und verwenden viel weniger
Sorgfalt auf den Bau ihrer Nester, so dass man letztere nicht
zu den künstlich verfertigten zählen kann. Den Grund dieses
Abweichens vom gewöhnlichen Nestbaue suche ich darin, dass
das Lebermoos in den hiesigen Wäldern sehr selten ist, und
da die Finken ihr Nest hier meistens auf Tannen und grün-
bemoosten Buchen bauen, stimmt die grüne Farbe des Mooses,
welches sie dazu verwenden, besser mit der Umgebung überein,
wodurch das Nest weniger sichtbar ist. Was endlich die
geringere Sorgfalt beim Nestbaue betrifft, so ist dies dem
Material, aus welchem es entsteht, zuzuschreiben. Dieses ist
so locker, dass es sich zu einem künstlichen Baue nicht
sehr eignet. Den 17. October nur mehr einige ♂ im Gebirge. — **Szepes - Béla** (Greisiger). Den 14. März (N.-O.-
Wind, Schneefall, Temperatur unter 0^0, ebenso tagsvorher) zogen
auf den Feldern Flüge von mehreren Hunderten umher, den
13. April (N.-O.-Wind, kalt, mehrere Tage vorher S.-Wind und
Regen, tagsnachher N.-O.-Wind, heiter und warm) Flüge von
circa je 100 von S. nach N.; 15. April Nestbaubeginn; den
9. December mehrere ♂ ad. in der Stadt, den 13. 1 ♀ im
Dorfe N.-Eör.

Litorale. Monfalcone (Schiavuzzi). 13. Juni ein Nest
mit nackten Jungen im Garten.

Mähren. Oslawan (Čapek). 3. Januar eine grosse Schar,
dann fortwährend einige; 20. Februar zuerst schwach gesungen,
vom 26. der Gesang in den Gärten allgemein, im Walde zuerst
am 8. März; 29. April frische Gelege. Vom 10. Juli wieder in
kleinen Flügen; im Spätherbste habe ich sie kaum gesehen,
dagegen im December wieder häufiger (gewiss nördliche) getroffen.

Salzburg. Hallein (Tschusi). 2 — 3 ♂ überwinterten.
12. Februar mehrere bei tiefem Schnee; 25. erster, 26. vielfacher Finkenschlag; 10. März bei schwachem Schneefall viele
auf den Feldern; 16. Juni die ♂ der ersten Brut üben sich
im Singen.

Schlesien. Lodnitz (Nowak). »Fink«. 23. Februar schlagend; 6. April Nestbaubeginn, 14. das Nest vollendet, aber wegen Abschneidens eines Astes in der Nähe des Nestes nicht bezogen; am 1. Mai ein anderes mit sechs Eiern belegt. — **Troppau** (Urban). 24. Februar schlagende ♂ im »Parke«; einzelne überwintern hier und wurden auch heuer im December 1885 und Januar 1886 mehrfach bemerkt. — **Wagstadt** (Wolf). 1. März zuerst gesehen (Besuch) und zuerst geschlagen (Drössler); 11. Mai ein Nest mit vier Eiern, welche später durch Regenguss zugrunde gingen.

Siebenbürgen. Nagy - Enyed (Csató). Am 24. Januar circa 1000 Stücke auf den Stoppelfeldern an den Waldrändern zerstreut: alle wurden als Männchen angesprochen.

Steiermark. Hartberg (Grimm). Die grosse Mehrzahl der Männchen bleibt manches Jahr bei uns, während die Weibchen jedes Jahr uns verlassen. Wurden auch als Pflegeeltern des Kukuks getroffen. — **Mariahof** (Hanf & Paumgartner). 10. Mai mit halbgewachsenen Jungen. — **Mariahof** (Kriso) 5. Januar ♂ und ♀ beobachtet, 14. Januar viele auf dem Futterplatze, den die Schulkinder versorgten; 21. Februar den Schlag. vernommen; 10. December beobachtet, wie die Finken die Hollunderbeeren, die noch übriggeblieben, herabrissen.

179. *Fringilla montifringilla*, Linn. — Bergfink.

Böhmen. Blottendorf (Schnabel). »Kwäker«. Am 19. Februar (S.-O.) viele in Gesellschaft von *Fringilla coelebs* gesehen erschien im heurigen Frühjahre sehr zeitig, am Herbstzuge massenhaft. — **Nepomuk** (Stopka). Vom Ende September bis Ende October.

Bukowina. Solka (Kranabeter). Ziemlich seltener Standvogel.

Dalmatien. Spalato (Kolombatović). Vom Januar bis 10. Februar und vom 20. November bis Ende December.

Mähren. Oslawan (Čapek). Bis Ende Februar eine Schar, 8. März ein Paar. Am 15. Februar (hoher Schnee) suchten sie mit *F. coelebs* auch bei Scheuern nach Nahrung. Vom 10. December (einen Tag nach dem ersten Schneefalle) wieder eine

Schar. An diesem Tage formirte sich zuerst die obligate Winter-
gesellschaft, welche die Stoppelfelder absuchte, und zwar von
Fr. montifringilla, Cannabina sanguinea, Passer montanus und
Emberica citrinella je eine Schar, einige *Fr. coelebs* und zwei
Miliaria europaea; sie bildeten ein Ganzes, jede einzelne Art
hielt sich jedoch enger zusammen.

Schlesien. Lodnitz (Nowak). »Quäcker«. 3. April viele
in nördlicher Richtung gezogen.

Siebenbürgen. Nagy-Enyed (Csató). Am 11. December
einige.

Steiermark. Mariahof (Hanf & Paumgartner). 8. April
4—6, 9. 10—20 Stücke, 10., 12. etliche, 13. April 1 Stück,
27. October 2 Stücke, 3. November (trübes, regnerisches Wetter)
400 — 500 Stücke unter *Turdus pilaris*, 12. November 40—50,
hierauf etliche den ganzen Winter. — **Pikern** (Reiser). Erschien im Januar in hier nie gesehenen Scharen, welche einer
Wolke gleich sich wiederholt auf halber Bergeshöhe niederliessen, um das dürre Laub der schneefreien Stellen zu durch-
suchen; einige blieben bis Ende März. — **Pöls** (Washington).
Fehlte im December.

Tirol. Innsbruck (Lazarini). Der Bergfinke wird hier
»Gagezer« genannt und scheint dieses Jahr in nicht besonders
grosser Zahl die Gegend passirt zu haben. Am 31. October sah
ich bei Vill eine Schar von ungefähr 80 — 100 Stücken in den
Feldern von Baum zu Baum fliegen.

Ungarn. Béllye (Mojsisovics). Vor circa zwei Jahren
erfuhr ich, dass der Bergfink ziemlich häufiger und regelmässiger
Winterdurchzugsgast in Béllye sei. 1884 sah ich im Riedmuseum
das erste Belegstück; 1885 traf der Vogel zahlreich im Beobachtungsgebiete am 7. Februar ein.

180. *Coccothraustes vulgaris*, Pall. — Kirschkernbeisser.

Bukowina. Kuczurmare (Miszkiewicz). Im Frühjahr
und Sommer häufig und im Winter sehr wenig zu sehen. —
Solka (Kranabeter). Ziemlich seltener Standvogel, der nur
zur Zeit der Kirschenreife in grösseren Scharen erscheint.

Dalmatien. Spalato (Kolombatović). Vom Januar bis
5. Februar und vom 10. November bis Ende December.

Mähren. Oslawan (Č a p e k). Ziemlich seltener Standvogel.

Salzburg. Hallein (T s ch u s i). 11. Februar 7—8 Stücke, 10. April ♂ im Garten, 16. Juni 1 Stück.

Schlesien. Jägerndorf (W i n k l e r). 16. April (schön, ebenso tagsvorher), in Mehrzahl am 19. (schön). — **Lodnitz** (N o w a k). Die ersten am 23. Februar; Nestbaubeginn den 28. April, am 11. Mai war ein Nest mit zwei Eiern belegt.

Steiermark. Pikern (R e i s e r). Schon anfangs April traf ich ein Paar beim Nestbaue. Der Vogel ist hier selten und scheint beim Nestbaue sehr vorsichtig zu sein. Er verlässt das fast fertige Nest bei der geringsten Störung. — **Pöls** (W a s h i n g t o n). Zahlreich während der Sommermonate, wurde im Winter nicht beobachtet.

Ungarn. Béllye (M o j s i s o v i c s). Erst vor wenigen Jahren wurde er als Brutvogel im Keskenderwalde nachgewiesen, merkwürdiger Weise brütet er neuestens auch mitten im Riede, so auf der Insel Petres, woselbst Herr Pfeningberger Mitte Juni flügge Junge antraf. 1884 kam der Vogel Ende März, 1885 am 3. April in grösseren Flügen nach Béllye. — **Pressburg** (Stef. C h e r n e l). Um Pressburg und Modern Stand- und Strichvogel. Aus einem Neste kamen zwei Exemplare hervor, welche bis auf den grünlich gelben Kopf fast ganz weiss waren und im Museum des hiesigen katholischen Ober - Gymnasiums stehen.

181. *Ligurinus chloris,* Linn. — Grünling.

Böhmen. Nepomuk (S t o p k a). Nur im Winter, aber spärlich unter Ammern; im Frühjahre und Sommer sitzt er gerne am Waldsaume auf Baumgipfeln.

Bukowina. Solka (K r a n a b e t e r). Zugvogel; erscheint im April, zieht im October ab.

Dalmatien. Spalato (K o l o m b a t o v i ć). Standvogel.

Mähren. Goldhof (S p r o n g l). Nicht häufig. — Oslawan (Č a p e k). Im Winter sporadisch familienweise; 29. April frisches Gelege.

Salzburg. Hallein (T s c h u s i). 20. März 1 ♂ im Garten.

Schlesien. Lodnitz (Nowak). War den ganzen Winter hindurch hier; am 19. März singend, 24. April ein Nest mit drei Eiern. — **Troppau** (Urban). 22. März in Mehrzahl singend, 20. October einige bei Ottendorf bemerkt. — **Wagstadt** (Wolf). 6. Mai fand Beilner ein Nest mit fünf, am 11. Hein ein Nest mit drei Jungen auf einer Thuja des Friedhofes. **Siebenbürgen. Kolozsvár** (Hönig). Überwintert zahlreich. **Steiermark. Mariahof** (Kriso). 5. Jänner, 20. März von mehreren den tiefen Ruf vernommen, 12. April eine grosse Schar auf einem Hollunderstrauche. — **Paldau** (Augustin). Im September, aber sparsam. — **Pöls** (Washington). 15. Juni ein Nest mit fast flüggen Jungen auf einer *Pinus Amalia*. Vereinzelte Exemplare am 27., 29. und 30. December.

Tirol. Innsbruck (Lazarini). Scheinen diesen Herbst am Durchstrich sehr zahlreich gewesen zu sein, da sowohl im Freien, als am Vogelmarkte sehr viele zu sehen waren.

Ungarn. Béllye (Mojsisovics). Das erste Exemplar sah ich im Frühjahre 1884 am 7. Mai bei Danocz (Herrschaft Béllye); dieser relativ seltene Vogel verlässt auf die Dauer einiger Wintermonate das Beobachtungsgebiet, kehrt aber vor Frühlingsbeginn truppweise wieder. 1885 war er bereits am 7. Februar in grösserer Zahl zu beobachten. — **Mosócz** (Schaffgotsch). 6. April gesungen. — **Szepes - Béla** (Greisiger). 1. September mehrere bei Béla an der Poper.

182. *Serinus hortulanus*, Koch. — Girlitz.

Böhmen. Aussig (Hauptvogel). Ankunft am 2. und 18. April. Es waren in diesem Jahre sehr wenige in Pömmerle, vielleicht zwei Paare, während sonst eine grosse Anzahl in der Gegend sich aufhält. — **Blottendorf** (Schnabel). Am 8. April (S.-Wind) zum erstenmal gesehen und zugleich singen gehört. — **Litoschitz** (Knežourek). »Waldkanari«. Erster den 4. April, Mehrzahl den 12. April (schöne Witterung); erster Gesang den 7. April; den 16. October noch gesehen. 8—10 Paare brüten hier jährlich.

Dalmatien. Spalato (Kolombatović). Vom Januar bis 16. April, vom 10. October bis Ende December.

Mähren. **Oslawan** (Čapek). Brutvogel. 26. März ein singendes ♂, vom 4. April mehrere; vom September in Flügen. 22. October zuletzt.

Salzburg. **Hallein** (Tschusi). 6. April ♂ singend.

Schlesien. **Dzingelau** (Želisko). »Gartenkrängl«. Die ersten Paare am 18. April (N.-O., heiter, kühl), Hauptankunft den 22. (N.-W.); Beginn des Abzuges am 8. October (Regen, S.W.), Nachzügler den 13. (Regen, S.-W.), 17. (trüb, W.). — **Lodnitz** (Nowak). 27. März die ersten, bis 12. April alle da. — **Troppau** (Urban). 26. März zuerst bemerkt; hier nicht selten.

Steiermark. **Mariahof** (Hanf & Paumgartner). Brütet in etlichen Paaren. 5. April gehört. — **Mariahof** (Kriso). 3o. März das erstemal den Gesang vernommen. — **Pöls** (Washington). War als Brutvogel etwas stärker vertreten, wie in anderen Jahren.

Ungarn. **Béllye** (Mojsisovics). Verhält sich dem vorigen ganz ähnlich. 1885 erschien er gleichzeitig mit dem Grünling e dem Bergfinken und dem Hänflinge, dieses Mal in grösserer Zahl als sonst. Ich erbeutete im Mai 1884 nur ein Exemplar in Béllye. — **Pressburg** (Stef. Chernel). Den 16. Februar *) die erste grosse Schar. — **Szepes - Béla** (Greisiger). Den 15. September in den Gärten bei Béla einige Stücke gesehen.

183. *Chrysomitris spinus*, Linn. — Erlenzeisig.

Böhmen. **Nepomuk** (Stopka). Im Walde häufig; am 11. März sah ich sie das erstemal auf Lärchenbäumen, am 19. November das letztemal zwei Weibchen auf Erlen. Sangen vom Anfang April bis Ende Mai; am 22. Mai brütete einer in einem Neste am ersten Aste eines Lärchenbaumes.

Bukowina. **Kuczurmare** (Miszkiewicz). Ein ziemlich seltener Strichvogel. — **Solka** (Kranabeter). Standvogel, der im Winter in grösseren Massen auftritt.

---

*) Wohl ein Irrthum! v. Tschusi.

15*

Dalmatien. Spalato (Kolombatović). 15., 20. März, vom 17. October bis 20. November, am 11., 12. November in ungewöhnlicher Menge.

Mähren. Goldhof (Sprongl). Im Beobachtungsgebiete ein einzigesmal am 4. April bemerkt. — Oslawan (Čapek). Nur im Winter in Scharen auf Erlen, gegen Frühjahr auch auf Kiefern nach Nahrung suchend; zuletzt am 12. eine Schar, dann wieder vom Anfang October.

Salzburg. Hallein (Tschusi). 20. Januar kleiner Flug auf Erlen, 10. Februar zahlreiche Flüge in der Au, 19. März ♂ und ♀ im Garten, 11. April 5 — 6 Stücke im Garten, 18. August ♂, ♀ ad.

Schlesien. Jägerndorf (Winkler). »Zeiske.« 16. April (schön, ebenso tagsvorher). Lodnitz (Nowak). »Griesszeisig«. War im vorigen Winter sehr zahlreich, fehlte aber diesen gänzlich infolge Samenmangels der Erlen. — Troppau (Urban). 22. Februar eine grosse Schar im Park (Werner). — Wagstadt. (Wolf). 4. März sah Beilner etwa 40 Stücke, am 16. Fabian 5 Stücke.

Steiermark. Pikern (Reiser). Am 10. Mai erhielt ich das erste Zeisig-Nest aus der hiesigen Gegend mit vier hoch bebrüteten Eiern. Der Glaube der Unsichtbarkeit des Nestes herrscht auch hier. — Pöls (Washington). Während der Sommermonate nicht bemerkt. Ein kleiner Flug am 22. December.

Tirol. Innsbruck (Lazarini). Am 1. März einige grössere Scharen Zeisige am Gelände des Inn's in der Hallerau; 23. September waren nach Mittheilung eines Vogelfängers, welchen ich am Fangorte vorübergehend ansprach, bishin noch wenig Zeisige geflogen. Im Verlaufe des Herbstes muss der Zugang stärker geworden sein, indem am Markte viele verkauft wurden. Sehr viele Zeisige werden in den Erlaunen des Zillerthales gefangen.

Ungarn. Béllye (Mojsisovics). Das höher gelegene Drauried mit seinen Erlenbeständen behagt dieser hauptsächlich im Spätherbste eintreffenden Art bei weitem besser, als das Donauried. Im Jahre 1884 wurde die erste Schar am 31. October, 1885 am 21. October und ein selten grosser, zweiter Zug am 22. October im Riedgebiete gesehen. Nach von Dunst's mehrjährigen Beobachtungen findet sich aber auch an manchen Lagen, der Erlenzeisig zur Brütezeit und im Hochsommer vor; theilweise konnte auch ich diese Angabe bestätigen, so fand ich am 16. August 1882 in der fürstlich Lippe'schen Drauriedparcelle »Toppolik« und am 20. Juli 1883 auf der sogar recht wilden Insel Blázsovitza, gegenüber von Vörösmarth, diesen in Béllye nie häufigen Vogel in ziemlicher Anzahl. Auch Herr Waldbereiter Pfeningberger constatirte neuerdings das Vorkommen dieser Art im Sommer; 1885 erlegte er zwei Exemplare für das Riedmuseum. — **Pressburg** (Stef. Chernel). Den 25. October die erste Schar.

184. *Carduelis elegans*, Steph. — Stieglitz.

Böhmen. Nepomuk (Stopka). Wurde fast in jedem Monate beobachtet, aber nie zahlreich.

Bukowina. Kuczurmare (Miszkiewicz). Ein Standvogel, der die Nähe der Ortschaften liebt. — **Solka** (Kranabeter). Standvogel, der im Winter in grösseren Massen auftritt. — **Tereblezty** (Nahlik). Standvogel.

Dalmatien. Spalato (Kolombatović). Standvogel.

Litorale. Monfalcone (Schiavuzzi). 12. Juni ein Nest mit nackten Jungen im Garten.

Mähren. Goldhof (Sprongl). Ziemlich häufig. — **Oslawan** (Čapek). Standvogel. Noch Mitte März Flüge, dann wieder vom 28. August; 7. Mai frisches Gelege. Ich sah, wie der Vogel die gelben Blüthen von *Raphanus* pflückte. um damit das Nest unten auszupolstern.

Salzburg. Hallein (Tschusi). 11. April 1 Stück im Garten, 20., 21. je 1 Stück, 11. Juni ♂, ♀.

Schlesien. Troppau (Urban). Strichvogel, nicht selten; nistet besonders auf Pappeln, Linden; im Winter nicht oft zu sehen. — **Wagstadt** (Wolf). Den 28. Februar sah Demel 18, Swětlick am 1. März und Beilner am 8. gegen 50 auf den Feldern, Löbel gegen 40 den 18. im Pfarrgarten.

Siebenbürgen. Kolozsvár (Hönig). Standvogel.

Steiermark. Mariahof (Hanf & Paumgartner). Brütete im Garten. 2. April 2, 13. October 30—40 Stücke,

5. bis 10. November etliche täglich. — **Mariahof** (Kriso).
2. April zwei im Garten beobachtet, 3. April vier Stücke,
11. April viele in den Lärchenbäumen, welche auf einem Fels-
plateau stehen, getroffen. — **Paldau** (Augustin). Im September einige gesehen, im October und November häufiger. —
Pöls (Washington). Aeusserst zahlreich zur Brutzeit, spärlicher im Winter.

Tirol. Innsbruck (Lazarini). 24. März nachmittags
circa 10 Stücke in der Reichenau, 4. October wurde eine grössere
Schår auf den Patscherfeldern gesehen, 23. October einige in
der Hallerau.

Ungarn. Béllye (Mojsisovics). In solcher Menge, wie
in den Vorbergen der Fruška Gora (namentlich bei Illok) im
April 1884, beobachtete ich den Stieglitz nur in dem (bekanntlich höher, wie das Donauried gelegenen) Drauriede im August
1882. In dem »gemischten« Béllye'er Walde traf ich am 9. Mai
mehrere Exemplare an, sah aber sonst (1884) nur selten diesen
Vogel. Aeusserst zahlreich dafür, auch an Oertlichkeiten, denen
er in früheren Jahren ferne bieb, trat er im Sommer 1885 auf.
Die Aberration »*albigularis* von Madarász« habe ich an der mittleren Donau nirgends finden können. — **Pressburg** (Stef.
Chernel). Streichen im Winter mit Zeisigen, Meisen, Hänf-
lingen herum.

185. *Cannabina sanguinea*, Landb. — Bluthänfling.

Böhmen. **Litoschitz** (Knežourek). Erster Gesang den
9. Mai. — **Nepomuk** (Stopka). Häufig vom Anfang März bis
Mitte October, besonders in Wäldern, weniger in Gärten. Anfang
des Gesanges Mitte März, im April allgemein, im Mai in Abnahme; am 23. Mai fand ich vier fast befiederte Junge. Das
Nest stand in einem niederen Fichtenzaune aus Stengeln ganz
künstlich verfertigt, daneben das Nest vom vorigen Jahre. Vom
Sommer bis Herbst fliegen sie auf den Feldern herum.

Bukowina. **Solka** (Kranabeter). Ziemlich häufiger
Standvogel.

Dalmatien. **Spalato** (Kolombatović). Standvogel. Minder
zahlreich waren die Schwärme im November.

Mähren. Oslawan (Čapek). Im Winter in oft grossen Scharen. Am 26. Februar (noch in Gesellschaft) gesungen; von Mitte März verschwunden; etliche Paare brüten; 13. April ein Gelege; vom 3o. August die erste Schar.

Niederösterreich. Kalksburg (Reiser). Am 26. April ein Nest mit fünf frischen Eiern, welches sehr versteckt in einer über einen Abhang herabhängenden Baumwurzel angebracht war. — **Nussdorf** a. d. D. (Bachofen). 1884. Den 24. Februar.

Salzburg. Hallein (Tschusi). 5. Januar 6 Stücke ♂, ♀, 6. 3 auf Unkrautsämereien im Garten, 5. März 1 Stück, 7. 10—12, 11. April 1 Stück nach N., 3o. Mai 1 Stück, 13. August 1 Stück.

Schlesien. Troppau (Urban). »Rothhänfling«. Nicht selten; im Juli, August und später zahlreich auf Brachen, Stoppelfeldern und an flachen, steinigen Uferstellen (Geschiebebänken) der Mora (bei Gilschowitz), wo auch im März und April einige zu sehen waren. — **Wagstadt** (Wolf). »Roth-Hänflich«. Den 26. Februar sah Rasch 8, Demel am 7. März 7 Stücke.

Siebenbürgen. Nagy - Enyed (Csató). Am 8. Januar circa 3oo Stücke in einem Fluge bei Tompáhaza.

Steiermark. Mariahof (Hanf & Paumgartner). 26. Februar 3, 7. März 6, 8. 20—3o Stücke, 10.—16. März täglich 10—20, 6. November 100—200, 14. November 10—20 Stücke. — **Paldau** (Augustin). Mitte November waren Schwärme zu 5o und mehr Stücken an Feldhölzern bei Trofaiach zu sehen.

Tirol. Innsbruck (Lazarini). Am 3. November eine grosse Schar in der Hallerau. — **Roveredo** (Bonomi). Abzug vom 19. bis 21. October (stärkerer N.-O.-Wind, bewölkt, Regen, tagsvorher leichter S.-W.-Wind, bewölkt).

Ungarn. Béllye (Mojsisovics). Herr Revierförster von Dunst constatirte wiederholt die Anwesenheit dieses Vogels in Béllye zur Brütezeit; hierauf basirt meine Angabe vom Jahre 1882. 1885 wurde er am Albrechtsdamme in ziemlich zahlreichen Flügen am 8. Februar beobachtet. — **Neusiedlersee** (Reiser). In allen Remisen. Zwei Nester den 12. Mai (zweite Brut) mit drei und fünf Eiern, davon eines im hohen Grase.

186. *Linaria alnorum*, Chr. L. Br. — Nordischer Leinfink.

Böhmen. Aussig (Hauptvogel). Wurde anfangs November im Quatschen bei Soblitz und bei Meischlowitz gesehen. — **Nepomuk** (Stopka). In zahlreichen Scharen, besonders auf Erlen, bis Ende Februar. Am 11. November die ersten fünf auf Erlen beobachtet; später waren keine mehr zu sehen. **Mähren. Oslawan** (Čapek). Etwa von Mitte November in Flügen; sparsam. **Schlesien. Dzingelau** (Želisko). 6. November 1 Stück bemerkt und seit jener Zeit immer einzelne angetroffen. — **Lodnitz** (Nowak). Die letzten (der im vorigen Winter angekommenen) zogen am 6. Februar fort; zu Ende November 1885 kamen, wegen Samenlosigkeit der Erlen, nur sehr wenige. **Ungarn. Mosócz** (Schaffgotsch). Ein andere Jahre hier selten vorkommender Vogel, zeigte er sich am 3. November mit *Chrysomitris spinus* gemischt; am 19. December beobachtete ich ihn in zahlreichen Scharen im Hochgebirge laut zwitschernd, auf mit vielen Samenzapfen behangenen Fichtenbäumen.

187. *Linaria rufescens*, Schl. und Bp. — Südlicher Leinfink.

Steiermark. Mariahof (Hanf & Paumgartner). Brütet in etlichen Paaren hier. 13. April 2, 10. November 5, 17. und 18. November 4—6 Stücke.

188. *Pyrrhula major*, Chr. L. Brehm. — Nordischer Gimpel.

Salzburg. Hallein (Tschusi). Den 14. Februar 1 ♂ unter *P. europaea*. **Schlesien. Lodnitz** (Nowak). 15. October einige gesehen, sonst keinen. — **Wagstadt** (Wolf). Den 8. März sah Demel zwei Exemplare und Hirt am gleichen Tage am Gamlichbach über 20; Swětlik sah am 15. sechs Stücke. **Siebenbürgen. Kolozsvár** (Hönig). Einzelne Exemplare während der Zugzeit. **Steiermark. Pöls** (Washington). Da es bisher fraglich war, ob diese Form in Steiermark vorkomme, habe ich in den beiden letzten Jahren den mein Gebiet zumeist im Späthherste und Winter durchstreifenden Gimpelflügen meine besondere Aufmerksamkeit zugewandt und bin zu Ende dieses Jahres zu dem Resultate gelangt, dass beide Formen, *Pyrrhula major*, *Br.*, sowohl, als auch *P. europaea Vieill.* (var. *minor*) der Ornis Steiermarks angehören. Die folgende Tabelle gibt über die Grössenverhältnisse von sechs Exemplaren, welche in diesen Winter bei Pöls erlegt wurden, Aufschluss:

	Nr. 1	Nr. 2	Nr. 3	Nr. 4	Nr. 5	Nr. 6
	♂	♂	♂	♀	♀	♀
	28. Decemb. 1885	6. Januar 1886	8 Januar 1886	28. Decemb. 1885	6. Januar 1886	8. Januar 1886
	P. minor	*P. major*	*P. major*	*P. minor*	*P. major*	*P. major*
			Millimeter			
Länge der Firste des Oberkiefers	0·009	0 010	0·010	0·010	$0·011_5$	0·010
Länge des Schnabels (von der Spitze bis zum Mundwinkel)	0·010	0·011	0·013	0·011	0·014	0·013
Länge des Unterkiefers bis zum Kieferastwinkel	0·005	0 005	0·006	0·005	0·007	0·006
Höhe des Schnabels an der Basis	$0·008_5$	0·009	0·010	0·008	0·011	0·010
Grösste Breite des Unterkiefers	0·009	0 009	0·010	$0·008_5$	$0·010_5$	0·010
Totallänge	0·158	0·170	0·180	0·156	0·178	0·172
Flügellänge (am zusammengelegten Flügel gemessen)	$0 091_5$	0·095	0 095	0·090	0·097	0·095
Schwanzlänge	$0·069_5$	0 071	0·076	$0·069_5$	0·072	0·075
Tarsenlänge	0·016	0·016	0·017	0·019	$0·019_5$	0·019

Zu dieser Tabelle sei noch Folgendes bemerkt: Die unter Nr. 2 und 3 aufgeführten Individuen zeichneten sich durch sehr intensives Roth, namentlich der oberen Brustpartie aus. Alle Exemplare besassen graue Flügelbinden, keines dagegen Streifen an den Steuerfedern. Ein Ende vorigen Jahres erlegtes ♂, welches sich in Bezug auf die Grössenverhältnisse zwischen *P. major* und *minor* stellte, trug einen derartigen weissen Streifen an der Seite bloss einer der Ecksteuerfedern. Unter den vorerwähnten sechs Exemplaren zeigt, wie aus der Tabelle ersichtlich, das ♀ Nr. 5 die bedeutendsten Schnabeldimensionen.

189. *Pyrrhula europaea*, Vieill. — Mitteleuropäischer Gimpel.

Böhmen. Johannesthal (Taubmann). Den 10. October von N. nach S.-W. gegen den schwachen Wind (tagsvorher trüb, feucht, nebelig). Der Herbstzug über den Jeschken war heuer sehr stark, jedoch meistens ♀. — **Nepomuk** (Stopka). Im Walde stets einige beisammen, am häufigsten auf Lärchenbäumen; zeigten sich bis Mitte März und sangen schon. Am 24. September einer, am 10. October schon mehrere auf Ebereschen.

Bukowina. Kuczurmare (Miszkiewicz). Strich- und Brutvogel. — **Solka** (Kranabeter). Standvogel; hält sich im Sommer in den höheren Lagen auf und zieht im Winter gegen die Ortschaften. — **Straza** (Popiel). Den 6. December (N.-W.-Wind, Schnee).

Galizien. Tolszczow (Madeyski). Erster Gesang den 10. April (schön, in der Nacht kalt).

Mähren. Goldhof (Sprongl). Kam im heurigen Winter sehr spärlich vor; seit 12. Januar sah ich keinen. — **Oslawan** (Čapek). Immer im Winter zu sehen. 26. Februar zuletzt, dann wieder vom 15. October; heuer wenige.

Salzburg. Hallein (Tschusi). 12. Februar (tiefer Schnee) 6—8 Stücke im Garten, mehrere Flüge am Brandt, 14. ein ♂ mit 1 *major*, 13. März ♀ im Garten, 19. ♂ im Garten, 25. ♂, ♀ im Garten, 19. April ♂, ♀ im Garten, 17. August 2 juv. im Garten.

Siebenbürgen. Nagy-Enyed (Csató). Am 23. Januar 1 Stück, am 11. November mehrere.

Steiermark. Mariahof (Kriso). 10. Januar viele, 10. December ♂ und ♀ auf dem Hollunderstrauche vor meinem Küchenfenster. — **Paldau** (Augustin). In Paldau selten und nur im Winter zu sehen. — **Pikern** (Reiser). Drei hochbebrütete Eier von der Höhe des Bacher am 12. Juli erhalten.

Ungarn. Béllye (Mojsisovics). 1884 erschien in Béllye der erste am 6. November, viele blieben, abnormer Weise, bis Ende März. 1885 traf er am 23. October ein und war von da ab in grosser Zahl zu beobachten. — **Pressburg** (Stef.

Chernel). Um Pressburg nur im Winter, in Modern Stand-
und Strichvogel.

190. *Corythus enucleator*, Linn. — Hackengimpel.

Böhmen. Voigtsbach (Thomas). Wurde von mir im
Winter 1880 im gräflich Clam - Gallas'schen Reviere Neuwiese
in einem Paare erlegt.

191. *Loxia pityopsittacus*, Bechst. — Föhrenkreuzschnabel.

Bukowina. Solka (Kranabeter). Seltener Standvogel in
den höheren Lagen.
Niederösterreich. Mödling (Gaunersdorfer). Den
17. Februar viele in den Kiefernwäldern der Umgebung. —
Wien (Reiser). Präparator **Dorfinger** erzählte mir von drei
Stücken, die er heuer einmal gesehen.

192. *Loxia curvirostra*, Linn. — Fichtenkreuzschnabel.

Bukowina. Solka (Kranabeter). Seltener Standvogel in
den höheren Lagen.
Mähren. Oslawan (Čapek). Brütet weiter im Westen.
27. März, 1. und 22. April je eine Familie auf Kiefern gesehen.
Niederösterreich. Kalksburg (Reiser). 3 Stücke sassen
am 14. Juni auf einem Erlenbaume in der Au bei Kalksburg
und flogen, von einer Amsel vertrieben, in die Schwarzkiefer-
Bestände des Sonnenberges.
Salzburg. Hallein (Tschusi). 4. Juli ♂ ad., 6. 20 Stücke,
7. ♀ juv., 8. 10 — 12, 17. 3 Stücke.
Steiermark. Mariahof (Hanf & Paumgartner).
28. Januar geparrt, 29. Januar beim Nestbau, 13. Februar
trugen dieselben das Materiale des ersten Nestes zu einem zweiten
Neste auf eine Fichte, 14. Februar zweites Nest, 18. drittes, 21.
viertes, 23. fünftes, 27. Februar sechstes Nest gefunden. Fünf
dieser Nester standen auf hohen Fichten oder Lärchen und sämmtliche Paare brachten nichts aus. Im Juni hörte man im Gebirge
Junge mit den Alten; im Herbste waren keine anzutreffen, da die
Fichten und Lärchen wenig oder keine neuen Fruchtzapfen in

den niederen Wäldern hatten. — **Mariahof** (Kriso). 21. Februar
eine Brut, 28. Februar viele zu sehen. — **Paldau** (Augustin).
»Schnabel«. Im Lainthale und bei Aussee häufig, bei Paldau
keine bemerkt. — **Pikern** (Reiser). Nachdem ich am 15. März
bereits ein schönes Nest mit den leider beim Transporte zer-
brochenen Eiern durch die Güte des Hrn. P. Hanf erhalten hatte,
welches auf einer Lärche gestanden und auch von Zweigen
dieses Baumes erbaut war, hatte ich die Freude, ein am
20. März bei Pikern gefundenes, in meine Sammlung einzuver-
leiben. Am 29. März fand Förster Wutte ein Kreuzschnabel-
Männchen auf einer Fichtenspitze singend, welches sich nach
kurzer Zeit plötzlich wie ein Stein fallen liess und im dichten Geäst
des Baumes spurlos verschwand. Sehr bald kam es wieder heraus
und setzte sich abermals auf die Spitze, verweilte da ein wenig
und flog mit hellen Tönen von dannen. Das Benehmen fiel dem
Beobachter auf und er klopfte an den Stamm. Nach längerem
Klopfen schienen sich die Zweige so zu bewegen, als ob ein
Eichhörnchen sich auf dem Baume herumtreibe, und als er scharf
hinaufblickte, sah er, wie das $\male$ neugierig auf den Störenfried
herablugte und sofort wieder im Innern der dichten Krone verschwand. Am folgenden Tage liess er den Baum besteigen und
erst bei vollkommener Annäherung an das Nest flog das Weibchen von drei frisch gelegten Eiern ab. Das Nest selbst ist ein
Meisterwerk und ist auf eine für viele alpine Vögel (Tannenheher,
Alpendohle und andere) sehr charakteristische Unterlage von
dürren Zweiglein mit feinsten Wurzelfasern reizend ausgearbeitet.
Am 11. April war ich selbst so glücklich, ein solches Nest auf
einer Weissföhre, etwa 15 m. hoch, zu entdecken, wo es auf
einem Aste, weit vom Stamme, goldamselähnlich angebracht war.
Es enthielt vier schon ziemlich bebrütete Eier und befand sich
unweit des ersten Nestes in einem sehr schmalen Kiefernbestande,
welcher zu beiden Seiten von Wiesen umgeben ist. In nächster
Nähe standen gewiss noch mehrere Nester auf Kiefern, aber
ich konnte keines entdecken, obgleich es von Kreuzschnäbeln
wimmelte. Von Zeit zu Zeit flog eine Partie laut rufend
zu einer benachbarten unbewohnten Lehmhütte, um an den
Wänden derselben zu picken. Noch am 12. Juli wurden in der
Ebene und am 21. August in der Höhe Kreuzschnäbel beob-

achtet. Aus diesen Beobachtungen glaube ich folgen zu dürfen: 1. Der Fichtenkreuzschnabel brütet auf allen Nadelholzbäumen; 2. Brutort und Brutzeit sind deshalb so unbeständig, weil der Kreuzschnabel, der in der Gattung des Coniferen-Samens durchaus nicht wählerisch ist, sich den ersteren in der Nähe eines gerade recht reich besamten Bestandes wählt und die letztere, je nach dem Ausfliegen des Samens der erkorenen Nadelholzart, welche wie gesagt eine sehr wechselnde ist, einrichtet. 3. Das Pech wird niemals zum Bau des Nestes verwendet, was erst in neuester Zeit wieder (Schweiz. Blätter f. Ornith. 1886, pag. 116) von wissenschaftlicher Seite behauptet wurde, und wie wir es immer und immer wieder fälschlich von den Holzarbeitern Kärntens, Steiermarks und Oesterreichs, kurz aller Alpenländer, erzählen hören. — **Pöls** (Washington). Vereinzelte Paare zeigten sich am 13., 17. und 19. Juni im Parke; wurde bisher nur im Winter beobachtet.

IX. Ordnung.

Columbae. Tauben.

193. *Columba palumbus*, Linn. — Ringeltaube.

Böhmen. Aussig (Hauptvogel). In Böhmisch-Pockau am 10. März. — **Blottendorf** (Schnabel). Erste den 31. März nach S. (schön), Mehrzahl den 4. April von O nach W., letzte den 16. October. — **Braunau** (Ratolicka). Erste den 12. März, erstes Rucksen den 20. März, Abzug den 30. September. — **Haida** (Hegenbarth). Kommt in unseren Gebirgswäldern, wie auch in der mehr abgeflachten Umgegend vor, ist aber nirgends häufig. Die meisten Ringeltauben sieht man im Frühjahre und Herbste zur Zeit des Zuges. — **Johannesthal** (Taubmann). Erste den 3. April nach N.-W. (N.-W.-Wind, sonnig, tagsvorher Thauwetter), Mehrzahl vom 8. bis 10. April von N.-O. nach N.-W. (schwacher S.-W.-Wind, sonnig und hell, ebenso tagsvorher), starke Züge den 9. und 10. April nach N.-O. (starker N.-W.-Wind, hell, tagsvorher windig und sonnig); Rucksen sofort nach dem Erscheinen gehört; den 18. April Nist-

stoffe tragend: Abzug vom 15. September bis 15. October nach
S.-O. (S.-O.-Wind, mild, sonnig, tagsvorher kühl und trüb).
Im Jeschkengebirge circa 80 Brutpaare. — **Litoschitz** (Kne-
žourek). Erste Anfang März, Abzug im October. Nur 6 — 7
Paare; seltener als die Hohltaube. — **Mauth** (Soukup). Erste
den 20. Februar (W.-Wind, hell), Abzug den 1. November
(W.-Wind, kalt und hell). — **Nepomuk** (Stopka). Nistet bloss
in einem grösseren Walde.

Bukowina. Gurahumora (Schnorfeil). Erste den
2. März von O. nach W. (schwacher W.-Wind, trüb, ebenso
tagsvorher), Mehrzahl den 8. März von O. nach W. (schwacher
O.-Wind, ebenso tagsvorher und trüb); Abzug gemeinsam mit
C. oenas. — **Illischestie** (Zitny). Erste den 18. März nach
N. (schwacher W.-Wind, schön wie tagsvorher), Abzug wie
bei der Hohltaube. — **Karlsberg** (?). Die ersten am 24. März
(Sprühregen), die Mehrzahl am 27. (bewölkt); Gesang am 27.,
allgemein am 6. April. — **Kupka** (Kubelka). Der Frühjahrs-
und Herbstzug verhielt sich ganz wie bei der Hohltaube. —
Petroutz (Stránský). Abzug den 1. October. — **Solka**
(Kranabeter). Erscheint Ende März, anfangs April in ziemlicher Anzahl und zieht Ende September und anfangs October
ab. — **Terebleszty** (Nahlik). Erste den 19. März nach O.
(starker N.-W.-Wind, kühl, tagsvorher starker N.-Wind, kühl),
Mehrzahl den 27. März nach N. (starker W.-Wind, kühl, ebenso
tagszuvor); Abzug den 13. October nach S. (schwacher O.-Wind,
schön wie tagszuvor).

Dalmatien. Spalato (Kolombatović). Vom 5. Februar
bis 28. März; 5., 20. September, 11., 12. October einige, 14.,
15., 16. in Menge und einige bis 24. November.

Galizien. Tolszczow (Madeyski). Erste den 16. April
(O.-Wind wie tagsvorher, schön).

Mähren. Goldhof (Sprongl). Kamen ins Beobachtungsgebiet in der ersten Hälfte des März. (In Blansko waren sie
schon am 27. Februar). — **Kremsier** (Zahradník). 27. Februar. — **Oslawan** (Čapek). 17. Februar um 2 Uhr nachmittags 6 Stücke in nördlicher Richtung, 18. Februar morgens
9 Stücke; 24. Mai fand ich frische Eier. Als Unterlage des
Nestes diente das Nest vom vorigen Jahre. Um den 7. October

die letzten, aber noch am 26. November ein juv. — **Römerstadt** (Jonas). Frühjahrs- und Herbstzug wie bei der Hohltaube, jedoch kein Rückzug; erstes Rucksen den 16. Februar,
allgemein den 27. März; den 20. Mai Niststoffe tragend, den
1. Juni (zweites) Gelege.

Salzburg. Hallein (Tschusi). 2. und 3. März je 4,
7. 1 Stück, 4. August viele.

Schlesien. Dzingelau (Želisko). Erste den 29. Februar
nach N.-O. (starker S.-W.-Wind, $+ 7^0$ R., tagsvorher S.-W.-
Wind, heiter), Mehrzahl den 19. März nach N.-O. (W.-Wind,
Regen, abends Schnee, tagsvorher N.-O.-Wind, $+ 5^0$ R., mit-
tags heiter); Abzug den 2. September nach S.-W. (N.-O.-
Wind, veränderlich, tagsvorher Regen, kühl, früh $+ 4''$ R.).
— **Freudenthal** (Pfeifer). Einzelne am 25. Februar (S.-W.,
heiter, warm, ebenso tagsvorher) von S. nach N., in Mehrzahl
am 28. (Westwind, Frostnebel) von S. nach N. — **Lodnitz**
(Nowak). Eine grosse Schar kam den 22. Februar an.

Steiermark. Hartberg Grimm. Am 13. Februar rückgekehrt. — **Mariahof** (Hanf & Paumgartner). Ziemlich
häufiger Brutvogel. 28. Februar 1 Stück, 3. März 4, 6., 9. 2,
11. 5, 12., 13. je 8, 22., 23., 24. je 20—30 Stücke, 27. März
rufen gehört, 7. August einen Albino erhalten, 10. October 5,
13. October 11 Stücke. — **Mühlthal** (Osterer). Erste den
27. Februar. Nachdem es vorher schneefrei geworden war, fiel
am 25. März und 9. April ein 25 cm. hoher Schnee und
wurden mehrfach verhungerte Ringeltauben gefunden. — **Paldau**
(Augustin). Sparsam. — **Pikern** (Reiser). Auf der Felberinsel
fand ich auf einer Weissbuche erst am 5. Mai das erste Ei;
noch am 25. October 5 Ringeltauben nächst Marburg. — **Pöls**
(Washington). Zog früher ab als gewöhnlich; anfangs August
die Hauptmasse, Durchzügler noch Ende October.

Tirol. Innsbruck (Lazarini). 1. April 1 Stück bei Igls.
Dieses Jahr nisteten sie in der Umgebung ziemlich häufig,
waren bis Mitte August recht zahlreich anzutreffen, verschwanden
jedoch nach Einheimsung des Weizens. Der spätere Herbststrich
schien sehr unbedeutend. Am 2. October sah ich jedoch ungefähr 20 Stücke im Wippthale gegen S.-W. streichen, den
23. October 2 und am 3. November 1 Stück bei Tauer.

Ungarn. Béllye (Mojsisovics). Die ersten (fünf Stücke) wurden 1884 am 25. Februar in Danoczerdö gesehen. Anfangs Mai desselben Jahres erlegte ich ein Stück, das sich gleichzeitig mit zwei Rebhühnern aus meterhohem Grase, am Rande der Dárda'er Zsombékmoore, vor mir erhob. 1885 erschienen am 24. Februar im Béllyé'er Park die ersten; Ende September desselben Jahres traf ich sie bei Danoczerdö und zahlreicher noch auf der Insel Petres. — **Güns** (C. Chernel). Erste den 11. Februar (kühle Witterung). — **Landok** (Schloms). Erste den 1. April (S.-Wind, trüb, tagsvorher kalt und heiter), Mehrzahl den 6. April (schwacher W.-Wind, heiter, tagszuvor windstill, bedeckt). — **Mosócz** (Schaffgotsch). Vom 9. März bis 8. October, an letzterem Tage bedeutender Zug. — **Pressburg** (Stef. Chernel). In Modern wurde den 14. März eine unter einer Telegraphenstange mit gebrochenem Flügel gefunden. Sehr gemeiner Brutvogel, um Pressburg aber seltener. — **Szepes-Béla** (Greisiger). Den 6. März (starker S.-Wind, regnerisch, ebenso tagsvorher) 10 Stücke, den 9. (heiter, warm, vormittags schwacher O.-, nachmittags schwacher S.-Wind) bei Hasló-Lomnicz 2 Stücke von S. nach N., den 13. die ersten in Javorina (Tátra); den 7. August auf der Nesselblösse (Tátra) circa 30 Stücke auf Tannen, den 14. September (schwacher S.-N.-Wind, heiter und warm) 6 Stücke von N. nach S.

194. *Columba oenas*, Linn. — Hohltaube.

Böhmen. Haida (Hegenbarth). Hat fast das gleiche Verbreitungsgebiet wie die Ringeltaube, doch scheint sie offenere Gegenden zu bevorzugen und geschlossenere Waldbestände zu meiden. Ist ebenfalls nicht häufig. — **Litoschitz** (Knežourek). Erste den 25. Februar, den 4. October 80 Stücke (windstill). — **Mauth** (Soukup). Erste den 20. Februar (W.-Wind, hell), Abzug den 1. November (W.-Wind, hell). — **Nepomuk** (Stopka). Gegen Ende Februar erschienen nur einige Paare; die letzte anfang August beobachtet.

Bukowina. Gurahumora (Schnorfeil). Erste den 4. März von O. nach W. (schwacher W.-Wind, trüb, ebenso tagszuvor), Mehrzahl den 6. März von O. nach W. (schwacher

O.-Wind, trüb), Abzug den 16. October nach O. (starker
W.-Wind, trüb wie tagszuvor). — **Illischestie** (Zitný). Erste
den 10. März nach N. (W.-Wind, schön wie tagsvorher),
erster Ruf den 11. März, Abzug den 28. October nach S.-O.
— **Kaczyka** (Zemann). Erste den 11. März von S.-O.
nach W. (N. und N.-O.-Wind, Schnee, ebenso tagsvorher),
Mehrzahl den 23. März; erster Ruf den 11. März vormittags; erstes Gelege den 25. März; Abzug den 13. September
nach W. (mässiger O.-Wind). — **Karlsberg** (?). Die ersten
am 22. März bei unbeständigem, feuchten Wetter, die Mehrzahl
am 26. (nasskalt, bewölkt); gerufen am 4. April, allgemein
am 26. — **Kuczurmare** (Miszkiewicz). Vom Anfang März
bis Ende October. Sie benützen jedes Jahr dieselben Nisthöhlen.
— **Kupka** (Kubelka). Erste den 20. März nach W. (mässiger
N.-Wind, kühl, ebenso tagsvorher), Mehrzahl den 10. April
nach W. (mässiger N.-W. und S.-Wind, nasskalt); erster Ruf
den 24. März; Abzug den 15. October nach S.-O. (mässiger
W.- und S.-O.-Wind, warm und heiter). — **Solka** (Kranabeter). Ziemlich häufig vorkommender Zugvogel, der Mitte
März erscheint und im September abzieht. — **Straza** (Popiel).
Erste den 11. April (N.-W.-Wind, schön, tagsvorher W.-Wind),
Abzug den 1. October nach S.-O. (schwacher S.-W.-Wind, schön,
ebenso tagszuvor). — **Toporoutz** (Wilde). Erste den 7. März
nach S.

Dalmatien. **Spalato** (Kolombatović). 6., 12. Januar,
10., 12. November, 22. December.

Galizien. **Tolszczow** (Madeyski). Erste den 4. März
nach O. (schwacher O.-Wind, mild).

Mähren. **Goldhof** (Sprongl). Zeigten sich im Beobachtungsgebiete erst um die Mitte des März. — **Kremsier**
(Zahradník). 20. Februar. — **Oslawan** (Čapek). Am 20. Februar am Brutplatze sich gemeldet, 2. April frische Eier. —
Römerstadt (Jonas). Erstes Erscheinen und zwar in Mehrzahl den 16. Februar von S.-O. nach N.-W. (stärkerer S.-W.-
Wind, schön, tagsvorher ebenso), Abzug den 3. November
nach S.-O. (schwacher W.-Wind, regnerisch, tagsvorher schön).

Schlesien. **Dzingelau** (Želisko). Erste den 19. Februar nach N.-O. (S.-Wind, tagsvorher S.-W.-Wind, heiter),

Mehrzahl den 9. März nach N.-O. (Regen, tagsvorher O.-Wind, + 6⁰ R., heiter), Abzug den 3. September nach S.-W. (S.-Wind. heiter wie tagsvorher). — **Freudenthal** (P f e i f e r). Einzeln den 24. Februar (S. - W. - Wind, Himmel bedeckt, tagsvorher N.-Wind, kalt), in Mehrzahl den 27. (S.-W.-Wind, frostig, tagsvorher ebenfalls kalt, heiter). — **Troppau.** 27. Februar bei Schlackau die erste von Dr. S c h e r z gesehen.

Siebenbürgen. Fogaras (C z ý n k). Erste den 7. März (O.-Wind, kalt, heiter, tagsvorher kühl und trüb), Mehrzahl den 10. März nach N. (S. - W. - Wind, mild wie tagszuvor). Abzug den 28. October nach S. (N.-O.-Wind, kühl, tagszuvor kühl und heiter). — **Koloszvár** (H ö n i g). Im Herbste in kleinen Gesellschaften, im Früjahre in grossen Scharen; brütet sehr häufig im »Lomb«, einem Eichenwalde nächst der Stadt. — **Nagy - Enyed** (Csató). Am 8. März.

Steiermark. Paldau (A u g u s t i n). »Hoartaubn.« Häufig. — **Pikern** (R e i s e r). In einer hohlen Linde auf der Felberinsel am 17. April zwei etwas bebrütete Eier (siehe *Cerchneis tinnunculus*); am 3. December erlegte unser Wirthschaftsadjunct bei Pikerndorf noch ein Exemplar.

Tirol. Innsbruck (L a z a r i n i). Am 26. März 2 von Flauerling, 29. März 1 Stück bei Ambras geschossen; 9. October (bei starkem Südwind) 3 Stücke bei Igls am Waldrande in geschützter Lage; 12. October waren einige Schwärme dieser Art, bei ziemlich stürmischem Wetter und niederer Temperatur, bei Vill und Igls. Ich hatte den »Auf« ausgestellt und schoss von der Hütte aus eine solche Taube vom Fallbaume herab. Die Tauben hatten wiederholt so nahe um diese am Waldrande gelegene Hütte gekreist, dass ich in derselben ihren Flügelschlag und das durch den schnellen Flug verursachte Sausen vernahm.

Ungarn. Béllye (M o j s i s o v i c s). Ueber das Eintreffen der Hohltaube besitze ich keine genaue Notiz; Ende October, auch später im Winter kommt sie in grossen Schwärmen. Besitze noch kein Exemplar aus Béllye, traf sie aber auch während meiner Frühjahrsexcursion mehrmals, so bei Kopoya am 10. Mai 1884 an. — **Güns** (C. C h e r n e l). Erste den 10. Februar (kühl). — **Mosócz** (S c h a f f g o t s c h). Eine am 28. Februar beobachtet.

— **Nagy-Szt.-Miklós** (K u h n). Erscheint hier anfangs November, bleibt den Winter hindurch zu 100 und 120 Stücken beisammen und verschwindet Mitte März. — **Pressburg** (Stef. (C h e r n e l). Den 15. Februar die ersten vier Stücke von S.-W.—N.-O. (S.-W., — 3⁰ R.). In Modern den 9. Juli drei Nester mit halbbefiederten Jungen. Ende Juni hörte man sie jeden Abend auf den Tannengipfeln, aber anfangs Juli schon sehr selten, weil sie um diese Zeit auf die Felder ziehen. Den 20. September keine mehr im Gebirge.

195. *Columba livia*, Linn. — Felsentaube.

Dalmatien. **Spalato** (K o l o m b a t o v i ć). Vom Januar bis 17. Mai und vom 28. September bis Ende December; in Menge am 11., 12., 20. October.

196. *Turtur auritus*, Ray. — Turteltaube.

Böhmen. **Haida** (H e g e n b a r t h). In den hiesigen Bergwaldungen wohl nur sporadisch vorkommend, ist sie doch ein bekannter Vogel der freien, milderen Neuschlösser und Habsteiner Gegend. Sie brütet hier, wie auch *C. palumbus* und *C. oenas*, doch sah ich höchst selten flügge Junge irgend einer der drei Arten, was wohl davon kommen mag, dass mit Zunahme »der Bauernjagden« kein wie immer geartetes grösseres Nest, in Ermangelung anderer Objecte, ohne zwei oder mehrere Schüsse »zergliedert« wird. — **Litoschitz** (K n e ž o u r e k). Erste den 14., Mehrzahl den 17. April (heisse Tage); erster Ruf den 20. April; Abzug den 1. October nach S. (windstill). — **Nepomuk** (S t o p k a). Erschien wie gewöhnlich nur in einigen Paaren, wurde am 7. Mai gehört, zuletzt am 15. Juni; am 7. September noch eine geschossen.

Bukowina. **Gurahumora** (S c h n o r f e i l). Erste den 19. März (tagsvorher trüb), Mehrzahl den 22. März, Abzug den 16. October (stärkerer W.-Wind, sowie tagszuvor trüb). — **Illischestie** (Z i t n ý). Erste den 2. Mai (warm und schön, tagsvorher etwas Strichregen); erster Ruf den 10. Mai, allgemein den 18. — **Kaczyka** (Z e m a n n). Erste den 12. April von S.-O. nach N.-W. (schwacher W.-Wind, warm, tagsvorher

16*

ebenso); erster Ruf den 14. April, allgemein den 18.; Nestbau
den 20. und erstes Gelege den 30. April. — **Karlsberg** (?).
Die ersten am 10. Mai (hell), die Mehrzahl am 15. bei N.-O.,
hellem und windigen Wetter; Ruf am 10., allgemein am 15.
— **Kuczurmare** (Miszkiewicz). Kam den 24. April und hielt
sich bis October in den Waldungen auf. — **Kupka** (Kubelka).
Erste den 20. März nach W. (mässiger N.- und S.-Wind, kühl),
Mehrzahl den 10. April nach W. (mässiger N.-W.- und S.-Wind,
nasskalt), Abzug den 15. October nach S.-O. (mässiger W.-
und S.-O.-Wind, warm). — **Solka** (Kranabeter). Strichvogel,
in hiesiger Gegend ziemlich häufig; erscheint Ende April und
zieht Mitte September ab. — **Terebleszty** (Nahlik). Erste
den 26. April nach O. (leichter O.-Wind, warm, tagsvorher
ebenso), Mehrzahl den 28. April nach O. (Wind und Wetter
ebenso), Abzug den 23. September nach S. (leichter O.-Wind,
schön).

Dalmatien. Spalato (Kolombatović). Vom 13. April
bis 17. Mai und vom 4. August bis 28. September.

Galizien. Tolszczow (Madeyski). Erste den 24. April
(warm, schön, tagsvorher zuerst schön, dann Gewitter), Mehrzahl vom 25. bis 29. April (schön).

Litorale. Triest (Moser). Am 13. Mai ein ♂ von L.
Sandri erhalten.

Mähren. Goldhof (Sprongl). Die ersten Exemplare
am 8. Mai beobachtet. — **Kremsier** (Zahradnik). 13. April.
— **Oslawan** (Čapek). Am 23. April zuerst gehört; 10. Mai
frische Eier; 20. August 16 Stücke in einem Hirsefelde, 8. September 14 Stücke. — **Römerstadt** (Jonas). Erste den 11. Mai
(stärkerer W.-Wind, schön, tagsvorher theilweise schön).

Salzburg. Hallein (Tschusi). 9. Mai 1 Stück im
Garten.

Siebenbürgen. Fogaras (Czýnk). Erste den 25. April
nach S.-W. (S.-O.-Wind, warm, heiter, tagsvorher O.-Wind,
warm, heiter); erster Ruf am Tage der Ankunft; Abzug den
14. September (S.-W.-Wind, warm, heiter, tagsvorher ebenso).
— **Nagy-Enyed** (Csató). Am 23. April 1 Stück.

Steiermark. Paldau (Augustin). Selten. — **Pikern**
(Reiser). Bei Unter-Drauburg am 25. Mai ein fast frisches

Gelege. Am 24. Juli flog vor meinen Füssen eine Turteltaube aus einem Kukuruzfelde und liess ein Ei zurück, welches in meiner Sammlung sich befindet und normal gebildet ist. **Ungarn. Béllye** (Mojsisovics). Im Frühjahre 1884 wurde in Béllye die erste am 23. April gesehen; ich traf sie in grosser Zahl Ende April in Syrmien, im Mai in der Baranya; unstreitig ist sie auch in der Umgebung des Draueckes vom Frühjahre bis zum Herbste die gemeinste Art. — **Mosócz** (Schaffgotsch). Am 13. Mai im Walde beobachtet. Ein im allgemeinen hier seltener Vogel, der seit vielen Jahren auf Erlenbäumen im Parke nistet, allein heuer aus mir unerklärlichem Grunde ausblieb. — **Nagy - Szt. - Miklós** (Kuhn). Erste den 24. April, Mehrzahl den 5. Mai; Ruf vom 24. April an; Gelege den 22. Juni; Abzug den 20. September. — **Pressburg** (Stef. Chernel). Den 25. April die ersten.

X. Ordnung.

Rasores. Scharrvögel.

197. *Tetrao urogallus*, Linn. — Auerhuhn*).

Böhmen. Bürgstein (Stahr). Herrichtung der Nestmulde den 25. April, volles Gelege den 6. Mai. — **Haida** (Hegenbarth). In nächster Umgebung hat nur das Revier Falkenau einen Auerhahnstand, welcher einen geregelten Abschuss zur Balzzeit zulässt; doch stand gelegentlich einer Jagd im Schwoykaer Gebirge, welches vielleicht noch zum Balzplatze wird, ein Auerhahn frei im Stangenholz, aufmerksam auf das Geklapper der Treiber horchend. Der leitende Revierförster, welcher ihn erblickt hatte, konnte zurückgehen und den hinter ihm gehenden Hrn. Forstmeister verständigen und beide sahen über einen kleinen Bodenkamm hinweg, den Hahn immer noch horchend

---

*) Wir möchten an dieser Stelle unsere Herren Beobachter ersuchen, uns genaue Gewichts- und Massangaben (Total-, Flügel- und Stosslänge) von erlegten Hähnen zukommen zu lassen und auch die Zahl der Stossfedern verzeichnen zu wollen.　　　　v. Tschusi.

stehen. Trotzdem er in Distanz, wurde er natürlich nicht geschossen.

Steiermark. Paldau (A u g u s t i n). Bei Feldbach am
Steinbergkogel mitunter vorkommend. — **Pikern** (R e i s e r).
Es wurden in diesem Jahre am vorderen Bacher seit langer
Zeit die ersten vier alten Hähne erlegt und später zwei Bruten
Auerwild constatirt. — **Pöls** (W a s h i n g t o n). Wie schon seit
einer Reihe von Jahren blieb das eingewanderte Auerwild als
Standwild im sogenannten »Kaiserwalde«; leider ward die Ver-
mehrung desselben durch Zerstörung mehrerer Bruten sehr
gehemmt.

Ungarn. Mosócz (S c h a f f g o t s c h). Den 31. März
Hauptbalz.

198. *Tetrao tetrix*. Linn. — Birkhuhn.

Böhmen. Haida (H e g e n b a r t h). Ist hier im ganzen
eher im Zu- als im Abnehmen und würde es unsere Gegend,
wenn nicht oft unleidliche Grenzverhältnisse dazwischen kämen,
leicht zu einem guten Stande an Birkwild bringen können. Im
Winter ziehen sich meistens Hähne, oft 5o und mehr Stücke mit
einigen Hennen zusammen und werden auch an Plätzen getroffen,
wo im Frühjahr nicht vier Hähne im ganzen Reviere balzen.
Sie suchen gerne auch Birkenhölzer mit Regelmässigkeit auf und
werden dabei jagdschindermässig zu zwei und drei auf einen
Schuss, gleich, ob Hahn oder Henne, herabgekracht. Am 1. Mai
1884 schoss ich auf der Balz einen Hahn mit einer Sichelfeder, die
in einem Schafte zwei zweifahnige, ungleichstarke Sichelfedern
und eine kurze einfahnige, mit Contra-Krümmung zu den ersteren
stehende Feder enthält. Die betreffende Skizze hatte Herr Ritter
von T s c h u s i zu S c h m i d h o f f e n die Freundlichkeit, im
»Weidmann« *) reproduciren zu lassen, und gleichzeitig seiner
Ansicht über die Seltenheit dieser Feder - Deformität Ausdruck
zu geben. — **Nepomuk** (S t o p k a). Zeigt sich nach Angabe
des hiesigen Försters nur in einem grösseren Walde.

---

*) XV. 1884, p. 371; vgl. auch: R. v. D o m b r o w s k i's »Encycl.
d. ges. Forst-Jagdwissensch.« II. 1886, p. 43.

Mähren. Oslawan (Čapek). In jedem grösseren Reviere, obzwar in ganz geringer Zahl; wurde ursprünglich eingesetzt. Eine Vermehrung ist nicht bemerkbar. Am 22. Mai sechs frische Eier.

Steiermark. Paldau (Augustin). Am 18. November am Thallerkogl bei Trofaiach einen einjährigen beobachtet; auch am Schöckel bei Graz, aber sparsam. — **Schneealpe** (Reiser). Am 27. Mai fand ich auf der Höhe dieser Alpe unter einer Legföhre ein Gelege von sechs wenig bebrüteten Eiern. In das zusammengedrückte Gras, welches die Nestmulde darstellte, waren nur wenige kurze Federn der Henne eingemengt. Die Eier zeichnen sich von später aus Böhmen erhaltenen durch länglichere Gestalt und bedeutendere Grösse aus. — **Pöls** (Washington). Das anfangs der 8oger Jahre in den »Kaiserwald« eingewanderte Birkwild wurde im vergangenen Jahre nicht mehr aufgefunden.

Ungarn. Mosócz (Schaffgotsch). Wurde hier noch nie geschossen, obwohl es an für ihn zusagenden Oertlichkeiten nicht fehlt.

199. *Tetrao medius*, Meyer. — Rackelhuhn*).

Tirol. Innsbruck (Lazarini). Am 2. November erhielt ich einen am Schönberg (südlich, am Eingange des Stubaithales liegend) geschossenen frischen Rackelhahn zur Besichtigung. Derselbe gehörte der grösseren, weniger seltenen dem Auerhahne mehr ähnlichen Form an. Kopf und Hals waren schwarz; Brust dunkel, mit violettrothem Schimmer; Oberflügel und Rücken braungrau wie beim Auerhahn; Schwingen zweiter Ordnung mit weissem Schild an den Fahnen wie beim Spielhahn; Unterleib schwarzbraun, mit weissen Flecken wie beim Auerhahn; untere

---

*) Im Interesse der genaueren Kenntniss des Rackelwildes und seiner verschiedenen Formen, wie überhaupt im Interesse der Kenntniss der auch unter den anderen Hühnerarten vorkommenden Bastardirungen und der Hahnen- und Hennenfedrigkeit würde es sich empfehlen, alle in Färbung und Grösse abweichenden Exemplare behufs Constatirung und Untersuchung den Landes-Museen oder bekannten Ornithologen im Fleische zuzusenden.   v. Tschusi.

Schwanzdeckfedern wie beim Auerhahn; Stossfedern gerade, aber
die mittleren kürzer und alle mit weissem Endsaume. Schnabel
schwarz; Augenroth schwächer als beim Auerhahn; unteres
Augenlid weiss. Am Halse fanden sich einige schwarzbraune
Federn des Jugendkleides, welche in Verbindung mit den doch
kurzen, schmalen Stossfedern auf die Jugend des vorliegenden
Exemplares schliessen liessen. Da es nun wahrscheinlich erschien,
dass am Erlegungsorte dieses Stückes sich eine ganze Brut
Rackelhühner vorfinden dürfte, habe ich nicht verabsäumt, den
Jagdpächter auf diesen Umstand aufmerksam zu machen, jedoch
bisher keine weitere Nachricht erhalten.

200. *Tetrao bonasia*, Linn. — Haselhuhn.

Böhmen. **Haida** (Hegenbarth). Kommt in unseren Bergwäldern, jedoch nicht häufig vor; ich hatte selbst Gelegenheit,
die bekannte Thatsache kennen zu lernen, dass man einge-
schwungene Haselhühner, trotz aufmerksamer Controle der Aeste
am Stamme etc., immer erst sieht, wenn sie wieder abstreichen.

Bukowina. **Solka** (Kranabeter). Standvogel und ziemlich häufig.

Mähren. **Oslawan** (Čapek). Brütet in geringer Zahl in
den Nadelgehölzen des Zbraslauer und Pribramer Revieres.

Siebenbürgen. **Kolozsvár** (Hönig). Kommt im Beobachtungsgebiete nicht vor, ist jedoch in Siebenbürgen sehr zahlreich; so habe ich bei Gelegenheit einer Rehjagd in Apácza
beim Standwechsel auf Waldsteigen an einem Tage 5 — 6 Stücke
aufgejagt.

Steiermark. **Paldau** (Augustin). Im Raabthale sehr
selten. Am 1. November 1885 sah ich eines bei Rohr a. d. Raab
im Walde; bei Trofaiach im Lainthale sparsam. — **Pikern**
(Reiser.) Ging heuer in der Vermehrung etwas weniges zurück.
Die Hühner standen auch nicht besonders gerne zu und schon
um die Mitte September konnte man das Verstreichen ganzer
Ketten von sonst mit Vorliebe aufgesuchten Heidelbeerenplätzen
gut beobachten.

201. *Lagopus alpinus*, Nilss. — Alpenschneehuhn.

Steiermark. Mariahof (H a n f & P a u m g a r t n e r). 19. September 2 Stücke im Herbstkleide, 2. November 1 Stück Winterkleid. — **Paldau** (A u g u s t i n). Auf fast allen Gebirgen in Kärnten, auf dem Muralpenzuge, in den niederen Tauern und im todten Gebirge sparsam getroffen.

202. *Perdix saxatilis*, M. u. W. — Steinhuhn.

Dalmatien. Spalato (K o l o m b a t o v i ć). Am 2., 3., 6. November ziehend auf den Feldern von Spalato.

Litorale. Monfalcone (S c h i a v u z z i). 15. Januar 1 Stück bei Pietra rossa erlegt.

Steiermark. Paldau (A u g u s t i n). »Francolin«. Hr. von Illitsstein schoss es in den 40ger Jahren auf seiner Jagd bei Sessana am Karst öfters; jetzt soll es in Istrien fast ausgestorben sein. — **Pikern** (R e i s e r). Ende April liess sich auf der Höhe des Bacher durch einige Tage deutlich ein Steinhuhn hören, verschwand aber anfangs Mai spurlos aus der Gegend.

203. *Starna cinerea*, L. — Rebhuhn[*]).

Böhmen. Haida (H e g e n b a r t h). Vermehrt sich langsam, aber mit der zunehmenden Landwirthschaft, die mehr und mehr Waldgrund dem allgemeinen Besten zum Schaden absorbirt, stetig mit allen Schwankungen des Bestandes, die das Aushauen der Gelege, Wassergüsse, harte Winter etc. in jeder Lage zum Grunde haben. Es ist das einzige Wild, ausser dem Raubfederwild, welches durch Bauernjagden seiner Ausrottung n i c h t entgegengeht. — **Nepomuk** (S t o p k a). Haben sich bei günstiger Witterung bedeutend vermehrt, obgleich viele Nester auf verschiedene Art zugrunde gegangen sind. Viele verlassene Eier liess der Förster von Haushennen ausbrüten, fütterte die Jungen

---

[*]) Möglichst genaue Beobachtungen über das sogenannte »Zug-Rebhuhn«, sowie über andere locale Abweichungen unseres Rebhuhnes wären erwünscht und die Einsendung solcher Exemplare als Beweisstücke willkommen.   v. Tschusi.

anfangs mit Ameisenpuppen und vertheilte sie später an andere Rebhuhnfamilien.

Bukowina. Kuczurmare (Miszkiewicz). Standvogel, jedoch wegen der vielen Raubvögel und Füchse selten. — **Solka** (Kranabeter). Hier seltener Standvogel; die Vermehrung leidet durch Vertilgung der Gelege durch Füchse und Hunde. — **Terebleszty** (Nahlik). Standvogel. Gelege durch Hagel vernichtet.

Dalmatien. Spalato (Kolombatović). Auf den Feldern von Spalato vom 18. bis 23. Februar und vom 3. bis 21. November.

Mähren. Goldhof (Sprongl). Beginn der Sonderung in Paare am 14. Februar. — **Oslawan** (Čapek). Vom 28. Februar paarweise; 27. April 11 frische Eier.

Salzburg. Hallein (Tschusi). 24. Januar 10—12 Stücke, 31. 8—12. Stücke.

Schlesien. Dzingelau (Želisko). *Var. peregriana.* 3. September an Vorbergen eine Kette von 23 Stücken angetroffen, welche bereits bis auf den Kopf verfärbt hatten; am 5. waren sie, obwohl dort ausgebrütet, verschwunden und nicht mehr anzutreffen; am 8. wurde im Gebirge bei Jablunkau, circa 18 km. von hier, auf Zughühner gejagt. — **Lodnitz** (Nowak). Im Jagdreviere zu Jamnitz wurden heuer 3 rein-weisse Rebhühner aus einer Kette eingefangen. Es ist dies schon der zweite Fall, dass im genannten Reviere solche vorkamen.

Siebenbürgen. Kolozsvár (Hönig). Auf dem Gebiete der Stadt (circa 24.000 Joch) kommen jährlich 10—12 Ketten vor; vermehren sich — trotzdem sie nicht sehr verfolgt, aber auch nicht gehegt werden — gar nicht. Nach meiner Erfahrung sind die sogenannten Zughühner kleiner als das gemeine Rebhuhn.

Slavonien. Kučance (Schuller). Auffallend ist ihre grosse Häufigkeit gegen früher, und nimmt man als Ursache die milden Winter an. Es vereinigen sich öfters 2—3 Ketten zu Scharen von 80—100 Stücken. Bei den heuer in Menge abgeschossenen Hühnern bemerkte ich eine Abweichung in der Gestalt und Färbung. Ich fand das Feldhuhn immer kleiner und lichter, während das grössere Buschhuhn immer

dunkler gefärbt war; erstere hatten eine bräunliche Grundfarbe, letztere eine mehr bräunlich - röthliche, namentlich zwei-
jährige Hühner. Die croatische Benennung »Terčka« ist ledig-
lich Provincialismus, da in ganz Croatien das Rebhuhn »Jerebica« heisst; auch im anstossenden Krain führt es denselben
Namen. Filipović in seinem vierbändigen Wörterbuche nennt es
auch »Jerebica«; »Tercka« nennen es die Slavonier, die Croaten
jedoch nicht. In wenigen Gegenden nennt man es auch »divja
kokoš«.

Steiermark. Paldau (Augustin). Bei Feldbach häufig.
Ketten zu 24 Stück und mehr auf den Jagden der Hrn. Grafen
Bardeau, Bezirkshauptmann Eisl, Dr. Knittelfelder und Seneko-
witsch. Ein heftiger Hagel im August tödtete viele in der Gemeinde Reith im Raabthale. — Pikern (Reiser). Im Gebiete
der Herrschaft Paal am Klappenberg (1200 m.) sollen sich
heuer wieder zwei Ketten sogenannter Strichrebhühner eingefunden haben. Vor einigen Jahren erschienen im October auf
dem Kamme des Gebirges im Krummgehölz am schwarzen See
plötzlich über 100 sehr kleine Rebhühner, welche, nachdem
7 Stücke erlegt worden waren, weiterzogen.

Tirol. Innsbruck (Lazarini). Die Ueberwinterung und
Brütezeit muss dieses Jahr im allgemeinen hier für den Bestand
der Rebhühner günstig abgelaufen sein, weil es im Verhältnisse
zu anderen Jahren ziemlich viele und starke Kitten gab. Am
22. October wurde in der Nähe des Grillhofes bei Vill, gelegentlich der Schnepfensuche, eine Kitt von etwa 20 Rebhühnern im Walde angetroffen; da dieselben aber weder vorher,
noch nachher wieder gefunden wurden, dürften es Wander-
hühner gewesen sein.

Ungarn. Béllye (Mojsisovics). Die Bodenverhältnisse,
respective die Bodenbewirtschaftungen in der südlichen Baranya
bieten nur stellenweise dem Rebhuhne die erwünschten Existenz-
bedingungen; nirgends gedeiht es dort in erheblicher Menge;
im Frühjahre 1884 traf ich ein einziges Mal ein Paar am
Rande der Darda'er Zsombékmoore. Am 11. November 1884
wurden in Béllye viele Züge Rebhühner allenthalben im inneren
und äusseren Riede bemerkt. Im Sommer 1885 traf ich fast
nur einzelne Paare, einmal nur bei Izsép eine kleine Kette an.

— **Mosócz** (Schaffgotsch). Das erste Paar am 10. März, zwei weitere am 23. — **Pressburg** (Stef. Chernel). In der Umgebung von Pressburg, wie überhaupt in ganz Ungarn, war eine ausgezeichnete Rebhühnerjagd. Ihre Vermehrung ist hauptsächlich der günstigen Witterung und dem gelinden Winter zuzuschreiben. Besonders gute Hühnerjagden sind auf dem Gute des Grafen Károlyi in Stampfen und am rechten Ufer der Donau, in Kittsee (Wieselburger Comitat). Um Modern waren in den von hohen Tannen dicht umschlossenen Schlägen, zwei Meilen weit von der Ebene am Gebirgsrücken, während des ganzen Sommers mehrere Ketten zu sehen, von welchen jede einzelne ungefähr 4—12 Stücke zählte. Den 27. März waren sie gepaart.

204. *Coturnix dactylisonans*, Meyer. — Wachtel.

Böhmen. Bausnitz (Demuth). Sparsam. Erste den 20. April (stärkerer N.-W.-Wind, wie tagszuvor mild); erster Schlag den 13. Juni; Abzug den 16. September nach S. (steifer S.-W.-Wind, sowie tagszuvor mild). — **Blottendorf** (Schnabel). Erster Schlag den 7. Mai. — **Braunau** (Ratoliska). Erste den 6. Mai und noch am selben Tage schlagend. Gehört schon bald zu den Seltenheiten. — **Haida** (Hegenbarth). Würde hier weit zahlreicher unsere Feldfluren bevölkern, wenn man im Frühjahre nicht jedes schlagende Männchen, wenn nur halbwegs möglich, abfinge. Im vorigen Jahre habe ich den Bestand besonders schwach gefunden. — **Johannesthal** (Taubmann). Sehr häufig. Zuerst Ende Mai von S. nach N.-O., einzeln oder zu 3—5 Stücken (schwacher N.-O.-Wind), Mehrzahl im Juni nach N.-O. und N.-W. (windstill, lau, tagsvorher S.-O. und S.-W.-Wind); vom Juni an schlagend; Gelege Ende Juni und anfangs Juli; Abzug im August und September nach S. (S.- und S.-W.-Wind, tagsvorher rauher Wind). — **Nepomuk** (Stopka). Erschien wie gewöhnlich in geringer Anzahl und liess sich erst im Juni und Juli hören; am 7. September eine gesehen.

Bukowina. Fratautz (Heyn). Erste und Mehrzahl den 15. Mai, sogleich schlagend; Gelege im Juli; Abzug den 18. October nach S.-W. (stärkerer S.-W.-Wind, kühler Herbstnachmittag, tagsvorher kühl, bewölkt). — **Karlsberg** (?). Die ersten am 15. Mai (hell, + 21⁰ R.); erster Schlag am 6. Juni. — **Kuczcurmare** (M i s z k i e w i c z). Sommer-, beziehungsweise Brutvogel. — **Solka** (K r a n a b e t e r). Kommt in hiesiger Gegend nur einzeln vor; erscheint im Mai, Abzug scharenweise im September in der Nacht. — **Straza** (P o p i e l). Erste den 22. Mai (S.-W.-Wind, schön, tagsvorher ebenso). — **Terebleszty** (N a h l i k). Erste den 26. April nach O. (wie tagszuvor leichter O.-Wind, warm), Mehrzahl den 2. Mai nach O. (schwacher O.-Wind, warm wie tagsvorher); Abzug den 19. October nach S. (leichter O.-Wind, schön wie tagsvorher).

Dalmatien. Spalato (K o l o m b a t o v i 6). 21., 22. Januar, 3. Februar, 4. März; durchziehend in kleiner Zahl am 22., 23., 24. April, dann in grossen Massen verspätet am 15. und 16. Mai; am Herbstzuge in geringer Menge am 6. und 27. August, zahlreicher am 10., 11., 12., 24. September, 6., 7. October, dann einzeln dann und wann bis Ende December.

Galizien. Tolszczow (M a d e y s k i). Erste den 30. April (schwacher S.-O.-Wind, schön, tagsvorher ebenso, früher warmer Regen).

Mähren. Goldhof (S p r o n g l). Den ersten Schlag am 25. April vernommen. — **Kremsier** (Z a h r a d n í k). 25. April vernommen. — **Oslawan** (Č a p e k). 26. April zuerst gehört. — **Römerstadt** (J o n a s). Erste den 28. Mai (schwacher S. O.-Wind, warm, sehr schön wie tagszuvor), auch an diesem Tage schlagend; Gelege (10 Stücke) den 16. Juni; Abzug den 25. September (schwacher S.-W.-Wind, schön, tagsvorher schwacher W.-Wind, sehr schön).

Salzburg. Hallein (T s c h u s i). 29. April 2 ♂, 2. Juni einige Brutpaare, 16. 2 — 3 Tage alte Junge, 15. Juli noch mehrfach geschlagen, 7. August 2 Stücke juv.

Schlesien. Dzingelau (Ž e l i s k o). Erste den 8. Mai nach N.-W. (W.-Wind, kühl, tagsvorher Regen), denselben Tag auch den ersten Schlag vernommen, welcher den 12. d. M. allgemein zu hören war; Abzug den 26. September nach S.-W. (S.-W.-Wind, Regen, tagsvorher ebenso), Nachzügler den 6. October. — **Lodnitz** (N o w a k). 4. Mai die ersten schlagend, 27. Hauptzug.

Siebenbürgen. Fogaras (Czýnk). Erste den 25. April
(S.-O.-Wind, warm, heiter, tagsvorher O.-Wind), Mehrzahl den
20. April (S.-Wind, regnerisch, tagsvorher trüb, Regen); erster
Schlag den 3. Mai, allgemein den 10.; Gelege den 20. Mai;
letzte den 3. November (N.-O.-Wind, kalt, Eis wie tagsvorher);
oft im Schnee zurückgeblieben gefunden. — **Koloszvár** (Hönig).
Ziemlich häufig, zieht jedoch nach beendetem Brutgeschäfte
sogleich südwärts, so dass bei beginnender Jagdsaison, 15. August
bis 1. September, nur mehr wenige angetroffen werden. — **Nagy-
Enyed** (Csató). Am 28. April das erste Stück, am 28. September einige in Réa.

  Steiermark. Mariahof (Hanf & Paumgartner). 10. Mai
schlagend; heuer besonders viele brütend. — **Mariahof** (Kriso).
23. April eine gehört. Den Sommer hindurch waren viel mehr
hier, als in den letzten drei bis vier Jahren. — **Mühlthal**
(Osterer). Erste den 7. Mai (windstill, schön, tagsvorher heftiger W.-Wind). — **Paldau** (Augustin). Waren vor einigen
Jahren viel seltener als in früheren Zeiten; heuer (1885) zeigten
sie sich weit mehr als die vorangehenden Jahre. Seit Juli keine
gehört. — **Pikern** (Reiser). Noch am 19. November erlegte
mein Bruder hinter den Südbahn-Werkstätten eine völlig ge-
sunde Wachtel. — **Pöls** (Washington). War heuer häufiger
als seit vielen Jahren.

  Tirol. Innsbruck (Lazarini). Am 5. Mai die ersten in
der Höttingerau schlagen gehört und zwar 5 Stücke; am 8.
schlug dort nur eine. Dieses Jahr waren ausserordentlich viele
Wachteln hier. In allen Feldern und Wiesen, auch des Mittel-
gebirges, gab es Wachteln, so auch bei Igls und Vill, oft in
Lagen, wo sich solche wohl nur äusserst selten aufhalten. So
fand ich sie am 26. Juni in einer mit alten Lärchenbäumen
bestandenen, hochgelegenen Wiese, oberhalb der sogenannnten
»Badhaussäge«, an der Ellbognerstrasse. Zur Zeit der Heuernte
um den 23. Juni gingen ungemein viele Gelege mit 10—14 Eiern
in den Wiesen zugrunde. Bei einem mir gebrachten Gelege
von 10 Eiern zeigten sich dieselben beim Oeffnen sehr stark bebrütet und wären die Jungen in wenigen Tagen ausgeschlüpft;
am 25. Juni hatten die Jungen eines Nestes selbes schon
verlassen. Am 28. Juli fand ich zufällig eine Brut bereits flügger

Wachteln bei Vill, hingegen kam mir Ende August eine sehr verspätete, noch lange nicht flugfähige Brut vor. Nach einem die Temperatur sehr stark abkühlenden Regen hörten die Wachtelhähne zu schlagen auf. Den letzten Schlag hörte ich am 7. August und mit jenen in der Freiheit hörte zugleich mein in Gefangenschaft befindlicher sehr guter Schläger auch zu schlagen auf. Am 19. September fand ich in den Feldern von Vill und Igls nur mehr eine Wachtel. Um diese Zeit dürften die meisten Brutwachteln abgezogen sein. Am 9. October fand ich bei Vill, trotz starkem Südwinde, 2 Stücke und eine wurde dort noch anfangs November aufgetrieben. Als ich am 18. October das erstemal zur Herbstzeit in die Hallerau kam, fand ich dort noch viele Wachteln, so dass ich in wenigen Tagen noch 25 Stücke davon abschiessen konnte, obwohl ausser mir noch andere Jäger dort jagten. Die letzten Wachteln schoss ich dort am 26. October. Im allgemeinen wurden nicht so viele Wachteln angetroffen und geschossen als die grosse Zahl der schlagenden Hähne erwarten liess, woran aber hauptsächlich das Verunglücken so vieler Bruten bei der Heumahd schuld gewesen sein dürfte. — **Mareith** (Sternbach). Beim Dorfe (1075 m.) am 25. Juni ein frisches Gelege mit 10 Eiern. — **Roveredo** (Bonomi). Seit mehreren Jahren haben nicht so viele Wachteln hier genistet als heuer.

Ungarn. Béllye (Mojsisovics). Béllye 1884: Ende Januar die ersten; wahrscheinlich hatten sie infolge der milden Witterung einzelne Theile der Herrschaft gar nicht verlassen. Auch in früheren Jahren wurden wiederholt überwinternde Wachteln constatirt, so namentlich Ende November, anfangs December im Kukuruzstroh Exemplare angetroffen. Im Jahre 1876 wurde in der Riedparcelle Sziget im Februar eine frische und muntere Wachtel, im Winter 1884—1885 eine auf der Insel Petres beobachtet. Am 8. October erlegte heuer Herr Waldbereiter Pfeningberger eine »fette« Wachtel in der Mitte eines grossen hochstämmigen Bestandes im Keskender Walde u. s. w. In abnorm geringer Zahl trat die Wachtel im Jahre 1885 in der südlichen Baranya überhaupt auf, ich sah in der Regel nur einzelne Exemplare. Der Wachtelzug (respective Strich) beginnt, nach Pfeningbergers Beobachtungen, gleich nach dem

Schnitte. Aus den hochgelegenen Fruchtfeldern ziehen dann
die Thiere in tiefer liegende Gegenden, in das Ried, woselbst
sie in Stoppeln, Hirsefeldern, Wiesengründen, im Mais etc. die
Zeit ihres Abzuges erwarten. Die »Zugwachteln« sind, wie bekannt, sehr leicht daran zu erkennen, dass sie vor dem Hunde
weniger gut aushalten und, sobald eine aufsteht, alle von dieser
überflogenen Individuen mit abziehen. Namentlich des Abends,
wenn die Wachteln ihre Deckungen verlassen und die Stoppeln
bezogen haben, ereignet es sich, das Schwärme zu 5o und
mehr Stücken fortlaufend aufstehen, was nie eintritt, so lange
die Wachteln nicht im Zuge sind; in letzterem Falle erhebt
sich höchstens auf einmal eine Kette. — **Güns** (C. Chernel).
Erste den 24. April (S.-W.-Sturm, warm), sonst regelmässig
erst in den ersten Tagen des Mai vorkommend. — **Mosócz**
(Schaffgotsch). Am 3o. April wurde die erste gehört; am
8. September fing ich (bei sehr heftigem Weststurme) vor dem
Vorstehhunde an verschiedenen Stellen am Felde vier junge
Wachteln, wahrscheinlich solche einer zweiten Brut; alte waren
schon sehr wenige anzutreffen; am 4. October in einer Remise
die letzten zwei. — **Nagy - Szt. - Miklós** (Kuhn). Erste den
22. und Mehrzahl den 29. April; Schlag am Tage der Ankunft;
Gelege den 22. Juni; Abzug den 20. September. Einzelne
Wachteln wurden im October und anfangs November auch noch
gefunden. — **Pressburg** (Stef. Chernel). Nicht so zahlreich
wie Starna um Pressburg. Im Gebirge bei Modern hörte ich am
3o. Mai auf einem zu einer Holzhackerhütte gehörigen Felde
eine schlagen, ausserdem aber nie. — **Szepes-Béla** (Greisiger).
Den 11. September (S.-Wind und heiter, tagsvorher N.-Wind
und Regen, tagsnachher S.-Wind und Regen) bei Béla 4 Stücke,
den 14. (schwacher N.-Wind, heiter und warm, tagsvorher
S.-Wind und Regen; tagsnachher windstill und in der Nacht
starker Frost) einige Stücke, den 24. (S.-Wind, heiter und sehr
warm, ebenso tagvorher) 1 Stück geschossen.

XI. Ordnung.

Grallae. Stelzvögel.

205. *Glareola pratincola*, Briss. — Halsbandgiarol.

Dalmatien. Spalato (Kolombatović). 17., 18., 20.,
30. April, 2., 3. Mai, am 13. Juni bei sehr schönem Wetter
ein Exemplar; in diesem Monate noch nie beobachtet. — **Zara**
(Schiavuzzi). Ein ♂ bekam ich den 15. April in den Sümpfen
von Kana bei Zara von Prof. Prezl.

206. *Otis tarda*, Linn. — Grosstrappe.

Siebenbürgen. Kolozsvár (Hönig). Im Beobachtungs-
gebiete keine. Auf dem Besitzthume des Baron Jósika in Gyéres
brüten jährlich einige Paare, werden dort gehegt, vermehren
sich aber trotzdem nicht. Ueber ihr Vorkommen anderwärts in
Siebenbürgen ist mir nichts bekannt.
Ungarn. Pressburg (Stef. Chernel). In Pallersdorf,
Pischdorf auf der Insel Schütt sehr verbreitet. — **Neusiedlersee**
(Reiser). Gelegentlich des Jätens der riesigen Rapsfelder nächst
Frauenkirchen werden alljährlich viele Gelege der Trappe zerstört, indem der einmal von den Eiern aufgeschreckte Vogel
dieselben nicht mehr annimmt. Ich besitze aus dieser Gegend
ein Gelege, von dem ein Ei durch eine Nebelkrähe ausgetrunken
wurde.

207. *Otis tetrax*, Linn. — Zwergtrappe.

Dalmatien. Spalato (Kolombatović. 4., 6. April.
Nicht beobachtet in den Monaten October. November und December wie in den verflossenen Jahren.
Ungarn. Pressburg (Stef. Chernel). Bei Pischdorf
kommt sie öfters vor.

208. *Oedicnemus crepitans*, Linn. — Triel.

Böhmen. Haida (Hegenbarth). Wurde mir bereits
zweimal zum Bestimmen etc. zugesandt; einmal schoss der

herrschaftliche Heger K. in der Nähe unserer Stadt einen sich
schon einige Tage hier aufhaltenden Dickfuss, das zweite Exemplar erlegte Freund P., Revierförster in Neuschloss. Er fand
zwei Stücke vor.

Dalmatien. Spalato (Kolombatović). 4., 5. April, 1.,
6., 22., 31. Mai, 24. August, 2. September, 6., 31. October,
1., 2., 4., 12. November.

Niederösterreich. Wien (Reiser). Ende Juni noch
wurde durch Herrn Fournes ein frisches Gelege auf einer nur
schwimmend zu erreichenden Sandbank in der Nähe der Lobau
gefunden. Es ist dies jedenfalls ein Gelege eines im Brutgeschäft
gestörten Paares.

Steiermark. Mariahof (Hanf & Paumgartner).
3o. September 2 Stücke. — **Pöls** (Washington). Die an der
Mur nächst Wildon brütenden Triels verliessen die Brutplätze
schon in den ersten Tagen des August.

Tirol. Innsbruck (Lazarini). Nachdem in den vorhergehenden Tagen die Berge bis tief herab mit Schnee bedeckt
waren, trat am 15. October Regenwetter ein, das Ueberschwemmungen verursachte. Am 16. October erschienen Triels in grosser
Anzahl als Verkünder des eigentlichen Herbstzuges durch unsere
Gegend; am 17. October waren nach Mittheilung eines dortigen
Jagdpächters einige hundert in der Ambraserau, wo auch einige
geschossen wurden; am 21. October 2, 23. 4 — 5 Stücke in
der Hallerau.

209. *Charadrius squatarola*, Linn. — Kiebitzregenpfeifer.

Dalmatien. Spalato (Kolombatović). 4., 5. April.

210. *Charadrius pluvialis*, Linn. — Goldregenpfeifer.

Böhmen. Haida (Hegenbarth). Wurde in der Umgegend
auf dem Zuge im Frühjahre erlegt.

Dalmatien. Spalato (Kolombatović). 13., 14. März,
4., 5. April, 22, 3o. November.

Schlesien. Lodnitz (Nowak). 3. April 1 Stück gesehen.

211. *Eudromias morinellus*, Linn. — Mornell.

Dalmatien. Spalato (Kolombatović). 13. März.
Schlesien. Lodnitz (Nowak). Sehr selten am Durchzuge. Am 15. October 5 Stücke gesehen und eines davon erhalten.

212. *Aegialites cantianus*, Lath. — Seeregenpfeifer.

Litorale. Monfalcone (Schiavuzzi). 13. Juli sehr viele
am Seeufer.
Ungarn. Neusiedlersee (Reiser). An der Salz- und Zicklacke angetroffen. Auf einer Insel der letzteren am 14. Mai
ein Ei, am 17. ein zweites, worauf kein weiteres mehr gelegt
und acht Tage später beide abgeholt wurden.

213. *Aegialites hiaticula*, Linn. — Sandregenpfeifer.

Dalmatien. Spalato (Kolombatović). Vom 13. März
bis 10. April; 22., 26., 31. Juli, 14., 28. August.
Mähren. Kremsier (Zahradník). 26. März.
Ungarn. Pressburg (Stef. Chernel). Am Donauufer
öfters zu sehen.

214. *Aegialites minor*, M. & W. — Flussregenpfeifer.

Böhmen. Aussig (Hauptvogel). Am 21. Juni verliessen
drei Junge das Nest.
Dalmatien. Spalato (Kolombatović). Vom 13. März
bis 22. April; 1., 14., 28. August.
Mähren. Oslawan (Čapek). Auf sandigen Flussufern.
Am 27. März in der Nacht gehört, 4. April mehrere Paare;
16. April volles Gelege; anfangs September fortgezogen. Auch
auf zwei nicht bewachsenen Teichen bei Namiest kommt er
brütend vor.
Siebenbürgen. Nagy - Enyed (Csató). Am 29. März
2 Stücke erlegt.
Steiermark. Pikern (Reiser). Noch am 2. August fanden
die Knaben des Fährmannes auf der Pobersch'en Insel beim

17*

Baden zwei frische Eier, welche ich erst im September zum
Präpariren bekam.

Tirol. **Innsbruck** (Lazarini). Am 25. März wurde ein
Stück bei Bozen geschossen.

Ungarn. **Béllye** (Mojsisovics). Wie seine nächsten Verwandten in den zwei letzten Jahren selten; ich erlegte nur ein
Exemplar am Strande des Béllye'er Teiches im Frühjahre 1884.
— **Neusiedlersee** (Reiser). An den gleichen Orten und zusammen mit *A. cantianus*, aber etwas häufiger. Am 14. Mai
ein frisches Gelege von vier Stücken.

215. *Vanellus cristatus*, M. & W. — Kiebitz.

Böhmen. **Braunau** (Ratoliska). Erster den 28. Februar
nach N., Abzug den 27. August (trüb). — **Bürgstein** (Stahr).
Erster den 23. April (sehr schön, abends Gewitter). — **Haida**
(Hegenbarth). Kommt hier selbst nicht, wohl aber in der Nähe
feuchter Wiesen in der Umgegend des Hirnsener Grossteiches vor,
sammelt sich im Herbste an dessen Rändern zu Flügen von
30 und mehr und habe ich ihn mehrfach brütend und dabei
sehr scheu und schlau ausweichend gefunden. — **Litoschitz**
(Knežourek). Erster den 28. Februar (kalt), Mehrzahl anfangs
März; volles Gelege den 14. April; Abzug den 17. October
(12 Paare). — **Mauth** (Soukup). Erster den 1. März (W.-Wind,
hell), Mehrzahl den 4. und 12. März (W.-Wind); Abzug den
5. September (W.-Wind, warm). — **Nepomuk** (Stopka). Nistet
zahlreich in der nahen Umgebung. Am 12. October flogen circa
100 mit vielen Staaren herum, nahmen nach und nach ab und
gegen Ende des Monats (Frostwetter und W.-Wind) zogen
sie ab.

Bukowina. **Kupka** (Kubelka). Erster den 15. März nach
N.-W. (mässiger O.- und W.-Wind, heiter, tagsvorher ebenso),
Abzug den 15. October nach S.-O. (mässiger N.-O.-Wind, warm
und heiter, tagsvorher ebenso). — **Solka** (Kranabeter). Seltener Zugvogel, der während des Frühjahrs- und Herbstzuges
erscheint. — **Terebleszty** (Nahlik). Erster den 11. April
(starker O.-Wind, warm, tagsvorher ebenso), Mehrzahl den
13. April (schwacher O.-Wind, warm); die Gelege wurden durch

Hagel und Hochwasser vernichtet. — **Toporoutz** (Wilde).
Erster den 28. Februar nach N.

Dalmatien. Spalato (Kolombatović). Ab und zu
vom Januar bis 26. März; am 20. August erschien nach dem
Orkan ein Exemplar; dann und wann vom 16. November bis
Ende December.

Galizien. Tolszczow (Madeyski). Erster den 26. März
(trüb wie tagsvorher).

Litorale. Monfalcone (Schiavuzzi). 27. Januar einige
am Seeufer bei Monfalcone.

Mähren. Goldhof (Sprongl). Einige Paare nisteten
an den Canälen im Beobachtungsgebiet.* Die ersten kamen am
14. März. — **Kremsier** (Zahradník). 4. März. — **Oslawan**
(Čapek). Hie und da Brutvogel (Namiest, Strutz etc.). 26. Februar 2 Stücke; 29. März volles Gelege bei Strutz, obzwar die
anderen ♀ erst am 2. April zu legen anfingen. — **Römerstadt**
(Jonas). Erster den 18. April von S.-W. nach N. (schwacher
S.-W., theilweise schön, tagsvorher Hagel und Sturm), Mehrzahl am selben Tage, abends ein ganzer Zug; Abzug den 6. November gegen W. (leiser N.-W.-Wind, schön, tagsvorher theilweise schön).

Salzburg. Hallein (Tschusi). 7. März 1 Stück bei Regen
nach N., 8. April 1 Stück bei S.-Wind nach W.-Wind nach S.

Schlesien. Dzingelau (Želisko). 27. Februar 3 Stücke
gesehen, 2. März Hauptankunft. 7. verschwunden (Rückzug?),
am 21. wieder hier. — **Lodnitz** (Nowak). Den 2. März fiel
Schnee, der bis 3. mittags liegen blieb und dennoch zogen
an diesem Tage viele durch. — **Troppau** (Urban). 26. Februar bei Schlackau 1 Stück, 6. März auf Wiesen bei Gilschowitz 2, am 11. eben da 6 Stücke und am 13. an derselben
Stelle zwei Paare; hier später keinen bemerkt, wohl aber einige
bei Schlackau. — **Wagstadt** (Wolf). 29. März auf den Gam-
lichwiesen 20 Stücke; Abzug nicht beobachtet. Besuch sah am
5. April 6 und fand am 11. Mai in einem Rapsfelde ein Nest
mit 5 Eiern; Demel traf den 29. März am Gamlichbache
20 Kiebitze.

Siebenbürgen. Fogaras (Czýnk). Erster den 10. März
(S.-W.-Wind, heiter und mild wie tagszuvor), Mehrzahl den-

selben Tag; Abzug den 26. October nach S.-O. (N.-O.-Wind, kühl, tagsvorher kühl und heiter). — **Koloszvár** (Hönig). Ueberall Brutvogel; habe 1885 in einem Moraste, ohne jede Unterlage und Vertiefung, sogar fünf, dann vier, dann ein Ei gefunden. — **Nagy-Enyed** (Csató). Am 7. März 2 Stücke, am 9. März 20, am 27. December 1 Stück.

Steiermark. Hartberg (Grimm). 1. März 13 Stücke im Gmoos getroffen; sonst hier selten, bei Neudau häufiger. — **Mariahof** (Hanf & Paumgartner). 26. Februar 1 Stück, 26. März 3 Stücke, 7. April 1 Stück, 10. November 16 Stücke. — **Paldau** (Augustin). Kamen noch vor einigen Jahren vor, als sich im Thale von Paldau ein grosser Teich befand; seit Trockenlegung desselben wurden keine mehr beobachtet. Im Lainthale bei Trofaiach sparsam vorkommend.

Tirol. Innsbruck (Lazarini). 8. März 1 Stück in der Hallerau, 22. März (O.-Wind, mit etwas Schneefall) 1 Stück ebendaselbst, 24. März (scharfer O.-Wind, mit Schneefall) 10 Stücke in der Ambraserau; 23. October 15 Stücke in der Hallerau, 3. November 1 Stück ebendort.

Ungarn. Béllye (Mojsisovics). Frühjahr 1884: Brut-plätze in der Vizič bara bei Futtak, in Béllye u. s. w. auf Hut-weiden im Riede, spärlich mit Gras·bewachsenen Riegeln noch öfters auf Brachfeldern; er scheint hohen Graswuchs nicht zu lieben. Soll in Syrmien bisweilen überwintern (Landbeck). 1885: 26. Februar der erste in Keskenyerdö. Ueberaus gemein; lästig wird er im Riede, wenn man sich unter Beobachtung aller Vor-sichtsmassregeln einer »Blösse« einer seltenen Form wegen zu nähern versucht — er alarmirt (ohne dass man ihn zuvor wahr-nahm) im entscheidenden Momente die ganze sorglos Nahrung suchende Sumpfgesellschaft durch sein lärmendes Auffliegen. — Einzelne Exemplare halten vor dem Kahne übrigens bis auf nahe Schussdistanz aus. — **Güns** (C. Chernel). Erster den 16. März aus S.-O. (starker S.-W., ebenso tagvorher). — **Mosócz** (Schaffgotsch) Ein Exemplar am 14. März; heuer keine nistend gefunden. — **Nagy-Szt.-Miklós** (Kuhn). Erster den 23. Februar, Mehrzahl den 9. März, Abzug den 30. November nach S. — **Pressburg** (Stef. Chernel). Den 1. März die ersten, den 3. April Eier. — **Szepes-Béla** (Greisiger). Den 20. März wurde bei Tótfalu ein Stück todt aufgefunden.

216. *H. spinosus*, Hasselq. — Sporenkiebitz.

Ungarn. **Béllye** (Mojsisovics). Am 26. August 1885 wurde mir berichtet, dass ein Vogel, den die ältesten Fischer je gesehen zu haben, sich nicht erinnern konnten, am Kopácser Teiche in Gesellschaft der übrigen Strandvögel bemerkt worden sei. Ich begab mich sofort an Ort und Stelle, wiederholte meine Tour dreimal, ohne das hochinteressante Thier, das ich mit Bestimmtheit als Sporenkiebitz anzusprechen geneigt war, acquiriren zu können; meine mit dem Feldstecher gemachte Diagnose wurde auch durch die Beschreibung, welche Herr Förster Ruzsovitz, der den Vogel mit allem Raffinement zu erlegen bemüht war, mir mehrmals entwarf, ziemlich bestätigt. Näher wie auf 70 bis 80 Schritte liess uns die sehr gemischte Gesellschaft, welcher sich der seltene Fremdling angeschlossen, leider nicht heran, bei weiterem Anpürschen erhob sie sich wirr durcheinander flatternd, zog nach einer anderen Teichstelle ab, um dort das gleiche Manöver zu wiederholen. Der Vogel blieb, wie ich mich wiederholt überzeugen konnte, stets etwas abseits von dem Gros, das aus Totaniden, Brachvögeln u. s. w. bestand und hätte, wie ich bestimmt annahm, ausgehalten, wenn wir die erste Attaque mit weniger »Feuer« eröffnet hätten. Ich habe seither Gelegenheit genommen, mehrere Exemplare des Sporenkiebitzes nochmals genau mit dem in meiner Erinnerung haften gebliebenen Bilde des lebenden Thieres zu vergleichen und bin nunmehr überzeugt, dass eine Irrung in der Diagnose ausgeschlossen sei. Leider aber fehlt das Belegstück.

217. *Haematopus ostralegus*, Linn. — Austernfischer.

Dalmatien. Spalato (Kolombatović). 15., 20. April.

Tirol. Innsbruck (Lazarini). In der kleinen zoologischen Sammlung der k. k. Forst- und Domänen-Direction in Innsbruck befindet sich ein Exemplar dieser Art, welches laut Mittheilung des Erlegers derselbe im Herbste, wahrscheinlich

1868, bei einem zeitlichen, ziemlich grossen Schneefalle am
Ufer des Plansee'es allein antraf und abschoss.

218. *Grus cinereus*, Bechst. — Grauer Kranich.

Bukowina. Kaczyka (Zemann). Erster den 10. März
von S. nach N. (heftiger N.-Wind, Schnee, tagsvorher ebenso).
— **Kotzmann** (Lustig). Am 12. März von S.-W. nach N.-O.
— **Kuczurmare** (Miszkiewicz). Im April zogen zwei Züge,
vom 20. September bis Ende October mehrere durch. Im Frühjahre erscheint der Kranich auf seinem Zuge nach N. stets in
geringer Zahl, während er zur Herbstzeit in weit grösserer Menge
am Tage und in der Nacht durchzieht. — **Petroutz** (Stránský).
Erster den 22. März, Abzug den 14. August und den 16. October. — **Straza** (Popiel). Abzug den 16. October von N.-O.
nach S.-W. (schwacher S.-O.-Wind, schön, tagszuvor ebenso).
— **Terebleszty** (Nahlik). Erster den 29. März nach O.
(starker W.-Wind, kühl, tagszuvor ebenso), starke Züge den
2. April nach N. (schwacher O.-Wind, warm, tagszuvor ebenso);
starke Durchzüge den 27. und 29. September nach S. (schwacher
O.-Wind und wie tagsvorher schön). — **Toporoutz** (Wilde).
Zuerst und in Mehrzahl den 20. März nach O.

Dalmatien. Spalato (Kolombatović). 12., 13., 15.,
19. März; zahlreiche Züge mit Wind am 13., 14., 15. October.

Galizien. Tolszczow (Madeyski). Erster den 19. März
nach N.-O., Mehrzahl den 23. März nach N.-O. (schwacher
W.-Wind, schön).

Siebenbürgen. Fogaras (Czýnk). Erster den 6. April.
— **Nagy-Enyed** (Csató). Am 14. October mehrere über die
Stadt ziehend.

Steiermark. Mariahof (Hanf & Paumgartner).
2. März 1 Stück, 19. März 2 Stücke.

Tirol. Innsbruck (Lazarini). Nach dem starken
Regen und Schneefalle vom 12. bis 15. October sollen ausser
anderen grossen Zugvögeln, laut Angabe von Jagdpächtern, am
16. October auch einige Kraniche in der Ambraserau gesehen
worden sein.

Ungarn. **Béllye** (M o j s i s o v i c s). 15—20 Exemplare
wurden von Hrn. Revierförster von Dunst im April 1885 über
den Hochwald Hali hinwegziehend gesehen; am 5. November
1885, 11 Uhr vormittags, beobachtete Herr Waldbereiter Pfeningberger bei nebligem Wetter und O. - Wind in Kécserdö einen
Zug von circa 80 Stücken, der direct nord - südliche Richtung
nahm. Kranichzüge werden im Frühjahre übrigens öfter als im
Herbste (bisweilen im August) gesehen, leider besitze ich hierüber keine genaueren Daten. Zu Landbeck's Zeiten brütete der
graue Kranich häufig »in den Saatfeldern der grossen ungarischen
Ebene in der Nähe von Sümpfen«, ob auch in Syrmien, ist
zweifelhaft.— **Nagy - Szt. - Miklós** (K u h n). Erster den 9. März
nach N., Mehrzahl den 27. März nach N., Herbstzug den
20. November nach S.

XII. Ordnung.

Grallatores. Reiherartige Vögel.

219. *Ciconia alba*, Bechst. — Weisser Storch.

Böhmen. **Aussig** (Hauptvogel). Am 31. März und am
13. April über Aussig gezogen. — **Bausnitz** (D e m u t h). Erster
den 3. April nach S. - O. (starker S. - Wind, mild wie tagsvorher). — **Braunau** (R a t o l i s k a). Erster den 2. April nach
N.-W. (sehr heiter), Abzug den 13. August und 3. September.
— **Haida** (H e g e n b a r t h). Wird im Frühjahre regelmässig im
Zuge bemerkt, rastet wohl ab und zu auf freien feuchten Wiesen,
brütet aber hier und in der Umgegend meines Wissens nicht. —
Johannesthal (T a u b m a n n). Den 2. April von W. kommend
30 Stücke auf einem Acker, dann nach O. ziehend. — **Lito-**
schitz (K n e ž o u r e k). Vier Stücke den 27. März von S.-O. nach
W. (warm, trüb, tagsvorher kalt und trüb), den 10. April
1 Paar nach N.-W., den 21. April 10 Stücke; Herbstdurchzug
den 15. August $^1/_4$ 7 abends 7 Stücke von N.-W. nach S., den
30. August 5 Stücke nach S.-W. (trüb, Nebel). — **Nepomuk**
(S t o p k a). Am 23. März wurde ein einziger auf der Wiese beim
Bache beobachtet.

Bukowina. Fratautz (Heyn.) Erster den 9. März nach
N.-W. (stärkerer S.-O.Wind, kühl, bewölkt, tagsvorher kühl,
Regen), Mehrzahl denselben Tag, an welchem auch starke Züge
zu bemerken und das Klappern allgemein zu vernehmen war;
Abzug den 10. September nach S. (starker S.-O.-Wind, leichter,
kühler Regen, tagsvorher warm und klar). — **Illischestie**
(Zitný). Erster den 2. April. — **Kaczyka** (Zemann). Erster
den 27. März von S.-W. nach N.-O. (mässiger S.-O.-Wind,
bewölkt). — **Karlsberg** (?). Die ersten am 16. März (N.-O.-
Wind, stürmisch, Schneefall), am 14. April erschien die
Mehrzahl (trüb, dann Regen). — **Kotzmann** (Lustig). Am
16. März von S.-W. nach N.-O., am 10. April Nachzügler;
20. September sammelten sie sich zum Abzuge. — **Kuczurmare** (Miszkiewicz). Durchzugsvogel in geringer Zahl im
April, in grösserer im Herbst. — **Kupka** (Kubelka). Erster
den 25. Februar nach N.-W. (mässiger O.- und N.-W.-Wind,
nasskalt), Mehrzahl den 5. März nach N.-W. (mild); Abzug
vom 25. September bis 5. October nach S.-O. (mässiger W.-
und O.-Wind, theilweise Regen). — **Petroutz** (Stránský).
Erster den 11. April, Abzug den 21. August. — **Solka** (Kranabeter). Erscheint im April und September und hält sich im April
2—3 Tage, im Herbste gar nicht auf. — **Straza** (Popiel).
Erster den 18. April nach S.-O. (N.-W.-Wind, regnerisch, tagsvorher W.-Wind, schön). — **Terebleszty** (Nahlik). Erster
den 19. März nach W. (stärkerer N.-W.-Wind, kühl, tagsvorher
starker N.-Wind, kühl), Mehrzahl den 27. März nach N. (starker
W.-Wind, kühl, tagszuvor ebenso); Abzug den 27. September
nach S. (O.-Wind, schön wie tagszuvor). Ein Gelege von zwei
Eiern in einem Horste, der auf einem Dache des Dorfes stand,
wurde durch Hagel vernichtet. — **Toporoutz** (Wilde). Erster
den 27. März nach N.-W.

Dalmatien. Spalato (Kolombatović). 3. März, 8. September.

Galizien. Tolszczow (Madeyski). Erster den 27. März
nach N.-W. in die Sümpfe (schwacher N.-O.-Wind, schön, tagsvorher trüb), Mehrzahl den 28. März (schön, in der Nacht Frost),
letzter den 7. September nach S.-O. (S.-O.-Wind, warm, heiter,
tagszuvor O.-Wind, heiter).

Mähren. Kremsier (Zahradník). 11. März. — **Oslawan** (Čapek). 20. April ein Paar, 11. Mai 3 Stücke gegen N.-W. — **Römerstadt** (Jonas). Erster den 1. April von S.-W. nach N.-O. (schwacher O.-Wind, sehr schön, tagsvorher stärkerer O.-Wind), Mehrzahl noch denselben Tag; Rückzug den 15. Mai (unfreundlich und Regen, tagsvorher ebenso und steifer N.-Wind; tagsdarauf N.-W.-Sturm, Schneegestöber). An diesem Tage (15. Mai) zogen um 9 Uhr früh 12 Störche von N.-O. nach S. sehr niedrig. Herbstdurchzug den 18. August von N. nach S.-O. (schwacher S.-O.-Wind, schön, tagsvorher schwacher O.-Wind, schön).

Schlesien. Dzingelau (Želisko). 9. April 3 am Zuge, 8. August (S.-W., Regen) 5 Stücke, 26. (S.-S.-W., veränderlich) Hauptzug, mehrere Hunderte. — **Lodnitz** (Nowak). Erster am 26. März (schwacher N.-Wind, tagsvorher Schnee), 28. viele gegen Norden ziehend, 1. April 4, 3. 3, 11. viele, 14. April und 26. Mai je 1 Stück; am 13. August etwa 100 gegen Süden ziehend, am 30. September 3 Stücke. — **Wagstadt** (Wolf). 30. April 10 gegen N.-W. ziehend; 31. März zog nach Hirt, 10 Uhr morgens, 1 Stück gegen Süd: **Fabian** sah den 8. April abends auf den Radnizer Feldern 1 Stück und am 29. abends 10 Stücke über die Stadt fliegen.

Siebenbürgen. Fogaras (Czýnk). Erster den 12. März (W.-Wind, mild, heiter), Mehrzahl den 20. März (S.-O.-Wind, kühl, trüb); den 23. August Hunderte auf den Mundraer Wiesen zum Abzuge versammelt. — **Kolozsvár** (Hönig). 8—10 Stücke am 2. April, am 15. August circa 200 Stücke, welche nach längerem Kreisen westwärts (Szamosthal) zogen. Längs der Maros häufiger Brutvogel. — **Nagy - Enyed** (Csató). Am 28. März 25 Stücke, 29. März 1 Stück, am 21. August eine grosse Schar ziehend.

Steiermark. Paldau (Augustin). 1884 wurde einer in Paldau von einem Jagdaufseher erlegt; sonst ist von seinem Vorkommen in dortiger Gegend nichts bekannt.

Tirol. Innsbruck (Lazarini). Am 16. October und einigen der folgenden Tage soll sich angeblich auch ein weisser Storch zwischen Ambras und Mühlau herumgetrieben haben. Die gelieferten Thierbeschreibungen lassen die Bestimmung des fraglichen Stückes als *Ciconia alba* für richtig erscheinen.

Ungarn. Béllye (M o j s i s o v i c s). Der erste wurde im Frühjahre 1884 am 29. März in der Ortschaft Béllye gesehen, zwei Tage früher erschien der Weissstorch ebendaselbst in diesem Jahre. Als Hausbewohner sieht man ihn relativ selten und in nur wenigen Dörfern wird er als solcher geduldet; um so häufiger erblickt man ihn in den späteren Nachmittagsstunden in einigen Landwäldern, so z. B. in den tiefer gelegenen Parcellen des Buziglicza'er Waldes. die er zum Zwecke der Nächtigung in grosser Zahl bezieht. — **Landok** (S c h l o m s). Erster den 28. März nach N.-O. (S.-W.-Wind, schön, tagsvorher S.-Wind, heiter), Mehrzahl den 11. April nach N. (W.-Wind, kalt, schön, tagsvorher W.-Wind, trüb). — **Mosócz** (S c h a f f g o t s c h). Nur am Herbstzuge am 30. August und 10. September bei schönem Wetter. — **Nagy - Szt. - Miklós** (K u h n). Erster den 26. März (windstill, $+$ 12° C., sonnig), Mehrzahl den 4. April, Abzug den 30. August. — **Szepes-Béla** (G r e i s i g e r). Den 8. April (S.-Wind, Regen, zwei Tage vorher auch S.-Wind, zwei Tage nachher ebenfalls S.-Wind und Regen) flogen bei Béla von S. nach N. 5 Stücke; 11. Mai kam bei Béla 1 Stück in den Nachmittagsstunden von N. nach S. gezogen und liess sich auf einer nassen Wiese nieder; 7. August (S.-Wind, heiter) bei Mühlenbach auf den Wiesen 5 Stücke, den 11. ebendaselbst 4 Stücke auf dem Felde; den 31. August (N.-Wind) zog an der Poper bei Béla von N. nach S. ein Flug von circa 100 Stücken.

220. *Ciconia nigra*, Linn. — Schwarzer Storch.

Bukowina. Solka (K r a n a b e t e r). Aeusserst selten; verweilt in hohen Lagen in grossen Waldungen und wurde hier nur einmal beobachtet.

Mähren. Kremsier (Z a h r a d n í k). 6. April.

Ungarn. Béllye (M o j s i s o v i c s). Im Jahre 1884 erschien der erste im Keskender Walde am 22. März; als ich anfangs Mai desselben Jahres diesen herrlichen Wald durchstreifte, meldeten die Heger acht besetzte Horste (gegen 21 des Jahres 1878). Am 10. August rüstete sich (nach Herrn Pfeningberger's Beobachtung) ein Theil zum Abzuge; am 4. September war auch der letzte fortgezogen. Am 21. März trafen die Schwarzstörche in diesem Jahre in Keskend ein; anfangs August erlegte ich ein schönes junges Exemplar auf einem (noch regelmässig zur Nächtigung benützten) Horste im Forstreviere Monostor (Parcelle Halli). Ende September traf ich noch Schwarzstörche (vielleicht auf dem Zuge begriffene?) auf der Insel Petres gelegentlich mehrerer Morgenanstände auf Seeadler an. Aehnliches sah ich auch in früheren Jahren.

221. *Platalea leucorodia*, Linn. — Löffelreiher.

Dalmatien. Spalato (Kolombatović). 18. März, 9., 10. April.

Ungarn. Béllye (Mojsisovics). Im Frühjahre 1884 fand ich ihn massenhaft brütend in Kolodjvár; vier Exemplare beobachtete ich im Mai 1884 in Barczrét (Herrschaft Béllye). Auch im Frühjahre 1885 waren die Löffler in der südlich von Béllye gelegenen Brutcolonie sehr stark vertreten; am 6. Juni hatten sie schon sehr grosse, d. h. im Neste aufrecht stehende Junge, während sie in früheren Jahren um diese Zeit oft erst mit dem Eierlegen begannen. Von Juli bis September bevölkerten, in allerdings wechselnder Häufigkeit, die Löffelreiher das Kopácser Ried. Ein schönes Exemplar im Hochzeitsschmucke ziert meine Sammlung.

222. *Falcinellus igneus*, Leach. — Dunkelfärbiger Sichler.

Dalmatien. Spalato (Kolombatović). 6., 12., 16., 17., 22. April; 3., 7. Mai.

Siebenbürgen. Fogaras (Czynk). Den 28. April erlegt: sehr seltene Erscheinung. — Nagy-Enyed (Csató). Am 15. Mai 1 Stück bei Maros-Ujivar erlegt.

Ungarn. Béllye (Mojsisovics). Die beiden slavonischen Brutcolonien bergen wohl alljährlich in nur schwer zu schätzender Menge den Sichler, ob? und wo? er eigentlich in Béllye brütet, vermag ich nicht zu sagen, da ich selbst im Kopácser Reviere kein Nest auffinden konnte. Im Jahre 1884 wurden bereits in den ersten Junitagen ziemlich grosse Junge angetroffen, im

laufenden Jahre waren sie um diese Zeit noch auffallend klein
und schwach. Während der Sommermonate war das ganze Ried-
gebiet der Herrschaft Béllye theils von vereinzelten, theils in
kleineren und grösseren Gesellschaften hin und her streichenden
Schwarzschnepfen belebt; am Kopácser Teiche sah ich zumeist
nur junge Individuen. Ich besitze sieben Exemplare dieser Art,
theils aus Syrmien, theils aus Béllye im Sommer- und Jugendkleide. Ich erwähnte bereits a. O., dass durchschnittlich die
Nester mit zwei Eiern belegt seien.

223. *Ardea cinerea*, Linn. — Grauer Reiher.

Böhmen. Haida (Hegenbarth). Ausser auf dem Hirnsener Grossteiche, auch schon beim kleinen Zwittebache zur
Zeit der Heuernte mit ihm zusammengetroffen. — **Johannesthal** (Taubmann). Erster den 19. März nach N.-O. (starker
N.-Wind, tagszuvor windig und sonnig), den 20. April etwa
10 Stücke auf einer Wiese. — **Litoschitz** (Knežourek). Den
3o. August früh von N.-S.

Bukowina. Solka (Kranabeter). Selten am Zuge.

Dalmatien. Spalato (Kolombatović). 1., 12. Januar,
20. Februar je ein Exemplar; in Schwärmen am 5., 10., 11., 13.,
14., 20., 28. März, 2., 3., 4., 17. April, 20., 21., 23. August,
9., 10. September, 2. October. einzeln den 4., 9. November
und 22. December.

Mähren. Kremsier (Zahradník). 9. März. — **Oslawan**
(Čapek). 30. März 1 Stück am Flusse unterhalb Oslawan, 17.
und 31. December ein Paar.

Salzburg. Hallein (Tschusi). 9. April 7 Stücke an der
Salzach nach N.

Schlesien. Troppau (Urban). Im Juni wurde bei Gilschowitz 1 Stück erlegt, das sich ausgestopft in der kleinen
Sammlung des Troppauischen Gastwirthes A. Weber befindet.

Siebenbürgen. Fogaras (Czýnk). Erster den 10. März
(S.-W.-Wind, mild. heiter, tagsvorher ebenso), Mehrzahl den
15. März nach W. (S.-W.-Wind, warm und heiter, tagsvorher
S.-Wind, warm); Abzug den 29. September nach S.-W. (S.-Wind,

warm, trüb, tagsvorher warm und heiter).— **Kolosvár** (Hönig). Ziemlich häufig, und, weil nicht verfolgt, gar nicht scheu. — **Nagy-Enyed** (Csató). Am 17. März der erste, am 29. 1 Stück, am 18. April 42 Horste fertig, fünf noch in der Arbeit, bei Megykerék.

Steiermark. Mariahof (Hanf & Paumgartner). 23. März 3 Stücke, 27. 1 Stück, 9. und 16. Mai je 2 Stücke. — **Paldau** (Augustin). »Roaga«, »Roacha«. Bei Feldbach brütete ein Paar, wie mir Feldbacher sagten, durch mehrere Jahre; heuer (1885) jedoch kam es nicht mehr. Am 20. August sah ich 4 Stücke in S.-W.-Richtung mässig hoch fliegen. — **Pöls** (Washington). Ende Juli waren junge Vögel nicht selten.

Tirol. Innsbruck (Lazarini). Am 8. März 1 Stück in der Hallerau, am 11. März 1 Stück, vielleicht dasselbe, in der Höttingerau; 16. October einige in der Ambraserau und später 1 Stück am trocken gelegten »Villersee«, am Mittelgebirge, zwischen Vill und Lans. Am 14. December erhielt ein hiesiger Wildprethändler aus Gries im Sellrain-Thale einen dort einige Tage vorher auf einer Sandbank des dortigen Baches in der Frühe angetroffenen, von einem Bauer mit blossen Händen ergriffenen lebenden Fischreiher.

Ungarn. Béllye (Mojsisovics). Die ersten erschienen 1884 in Béllye auf der Insel Petres am 8. (Förster Dellin). In Syrmien war er im Frühjahre 1884 höchst auffälliger Weise nicht so zahlreich wie in der oberen Brutcolonie bei Béllye; vereinzelt sah ich ihn in der Vizič bara und im Drauecker Riede. Am 14. Mai fand ich theils stark bebrütete Eier, theils halbwüchsige, aufrecht stehende Junge. Am 8. Juni verliessen die meisten jungen Reiher das Nest und strichen aus. Im Sommer 1885 waren die grauen Reiher in bei weitem geringerer Zahl als in früheren Jahren in der Herrschaft Béllye vertreten, aber noch immer hinreichend gemein. Dass graue und Purpurreiher sich fleissig mit Mäusefang befassen, constatirte auch Herr Waldbereiter Pfeningberger. Zweite oder gar dritte Bruten habe ich nie beobachten können. — **Nagy-Szt.-Miklós** (Kuhn). Erster den 26. März, Mehrzahl den 4. April; Abzug den 20. September nach S. Bei Nagyfalu eine Brutcolonie. — **Neusiedler**

See (R e i s e r). Wie bekannt, überall im ganzen Seegebiete.
Bei Neusiedel am See, wo sich nur geringe Rohrstrecken be-
finden, nisteten heuer keine Reiher. Voriges Jahr gab es viele
Junge im Röhricht. — **Pressburg** (Stef. C h e r n e l). Im Juli
hielten sich 3 Stücke bei einem Donauarme bei Pressburg auf.
Kommt hier horstend nicht vor.

224. *Ardea purpurea*, Linn. — Purpurreiher.

Bukowina. Solka (K r a n a b e t e r). Nur einmal im Früh-
jahrszuge gesehen.

Dalmatien. Spalato (K o l o m b a t o v i ć). Vom 3. bis 22.
April; 20., 21. August, 9. 10. September.

Litorale. Monfalcone (S c h i a v u z z i). 18. April viele am
Seeufer.

Steiermark. Hartberg (G r i m m). Zieht seit drei Jahren
regelmässig um den 25. März, einige Tage früher als der Fischreiher, hier durch und haben sich voriges Jahr 15, 1885 9 Stücke
an den Neudauer Teichen niedergelassen, wo sie 3 — 4 Tage
verweilten. — **Mariahof** (H a n f & P a u m g a r t n e r). 23. April
9, 2. Mai 2 Stücke, 3. Mai 1 Stück. — **Pikern** (R e i s e r).
Am 19. September strich ein Stück in beträchtlicher Höhe drau-
aufwärts. — **Pöls** (W a s h i n g t o n). Ward zur Zugszeit nicht
beobachtet.

Ungarn. Béllye (M o j s i s o v i c s). Im allgemeinen wie
voriger; doch im Frühjahre 1885 nur spärlich in Kolodjvár brütend; am 5. April wurde das erste Exemplar in »Dud« (Herrschaft Béllye) gesehen. Wie im Jahre 1882 hatten die Purpurreiher im August noch fast sämmtlich ihre Schmuckfedern. —
Neusiedler See (R e i s e r). Entschieden der häufigste Brutvogel
aus der Familie der *Ardeiden* in den Rohrwildnissen des See's.
Um den 12. Mai hatten die meisten Paare bereits ausgelegt und
nur sehr wenige waren mit dem umfangreichen Horste noch
nicht fertig. Am 14. Mai wurden complete Gelege von 2, 3, 4
und 5 Eiern gesammelt und präparirt. Dieselben werden mit
grosser Vorliebe von den dortigen Fischern aufgesucht und
verkocht.

(Schluss folgt.)

II. Ornithologischer Jahresbericht (1886)

aus den

Russischen Ostsee-Provinzen

von

E. von Middendorff,

Mitglied des permanenten internationalen ornithologischen Comité's.

--- --- ---------

Einleitung.

Verzeichniss der Mitarbeiter.

1. Herr A. v. Bogoslowskoy, Verwalter zu Helle-norm (Livland).

2. Herr R. v. Gernet, stud. med. in Dorpat.

3. Herr O. Hoffmann, Oberverwalter zu Audern (Livland).

4. Herr Kelterborn, Oberförster zu Pampeln (Cur-land).

5. Herr A. Baron Krüdner, Gutsbesitzer zu Wohl-fahrtslinde (Livland).

6. Herr Th. Lackschewitz, stud. med. zu Dorpat.

7. Herr O. v. Löwis of Menar, Gutsbesitzer zu Meyershof bei Wenden (Livland).

8. Herr Dr. A. Th. v. Middendorff, zu Hellenorm (Livland).

9. Herr E. v. Middendorff, zu Hellenorm (Livland).

10. Herr M. v. Middendorff, stud. med. in Dorpat.

11. Herr G. Schweder, Director des Stadtgymnasiums und Präsident des Naturforscher-Vereines zu Riga.

12. Herr A. v. Sievers, Gutsbesitzer zu Euseküll (Livland).

13. Herr Harry Walter, stud. zool. in Dorpat.

14. Herr Herm. Walter, stud. med. in Dorpat.

1. Allgemeiner Theil.

Verzeichniss der Beobachtungs-Stationen nebst Notizen über ihre Lage.

Für das Jahr 1886 sind mir aus den Russischen Ost-see-Gouvernements von zehn Stationen Beobachtungsberichte zugeschickt worden (gegen vier im Jahre 1885). Ausserdem haben einige Herren auf Reisen, resp. gelegentlich kurzer Besuche, an 13 Punkten gesammelte ornithologische Notizen eingeliefert, deren Verzeichniss folgt.

Pampeln in Curland (56° 33′ n. Br. und 39° 53′ östl. L. v. Ferro) zeichnet sich durch grossen Waldreichthum aus, der für die ornithologischen Eigenthümlichkeiten dieser Station um so mehr in's Gewicht fällt, als auch in der nächsten Umgebung, den Krongütern Schrunden, Kursiten und Frauenburg, der Forst vorherrscht. Auf dem rechten, östlichen Ufer der Windau, ca. 10 Kilometer von diesem Flusse belegen, geniesst es die Vorzüge der durch vorwie-genden Thonboden fruchtbaren Ebene, die sich von hier zur Gouvernementsstadt Mitau und über diese hinauszieht, während das linke Ufer der Windau, resp. der zwischen ihr und dem Meere liegende Landstrich, durch vorherrschend ärmeren Sandboden sich wesentlich unterscheidet.

Seemuppen in Curland (56° 45′ n. Br. und 38° 44′ östl. L. v. Ferro) ist leider bisher keine vollständige Beob-achtungsstation; es hat nur während des kurzen Sommer-aufenthaltes unseres Mitarbeiters, des Herrn stud. med. Th. Lackschewitz, einiges, allerdings für die hiesigen Verhältnisse hervorragend interessantes Material liefern können. Schon die mir schriftlich vorliegende Beschreibung des Gebietes macht dem Jäger und Vogelfreunde das Herz schwellen, ich hoffe daher von dem verehrten Leser Vergebung zu erlangen, wenn ich bei der Schilderung dieses »Fleckchens Erde« mich länger als vielleicht nöthig aufhalte.

Turtur auritus, Emberiza miliaria, Emberiza hortulana, scheinen hier ihre Nordgrenze zu erreichen, während andererseits die so sehr interessanten Sommerbummler von *Larus marinus, Larus fuscus, Glaucion clangula* (in Menge) an die Nähe ihrer nordischen Brutorte erinnern. Von der Meeresküste beginnend haben wir zunächst einen durch ca. 13 Kilometer, innerhalb der Grenzen Seemuppens sich hinziehenden, etwa 20 bis 5o Schritt breiten Sandstreifen hervorzuheben. An diesen schliessen sich, bald steil, bald allmälig zu 7 bis 15 Meter ansteigend, die sogenannten »Kaapen« oder alten, jetzt wenig welligen, meist tennenartig flachen, mit kurzem Rasen von *Carex arenaria* und *Thymus serpyllum* überzogenen Dünen. Die Kaapen werden ausschliesslich als Viehweide benützt. Stellenweise ist dieses eigenthümliche Gebilde von kleinen, durch Frühlingswasser ausgehöhlten Erdrissen unterbrochen, welche den wenigen, durch Stürme und den armen Boden zu kümmerlicher Existenz verdammten Krüppelbäumen und Sträuchern, wie *Pinus sylvestris, Juniperus communis* und *Salix,* die Eintönigkeit unterbrechen helfen. Auch hin und wieder in die Kaapen einschneidendes Ackerland thut nicht nur dem menschlichen Auge wohl, die reichliche Nahrung lockt auch gewiss so manchen gefiederten Küstenwanderer.

Hinter den Kaapen beginnt ebenfalls in schmalem Streifen sich hinziehend das Cultur-, resp. Ackerland und nach diesem, etwa $1\frac{1}{2}$ Kilometer vom Strande entfernt die sogenannte »Birse«.

Doch wir müssen noch einmal zu den Kaapen zurückkehren: An zwei Stellen treten Ausnahmsfälle ein, und wird beim Zollwächterhause durch einen kleinen Kieferhochwald, an der Nordgrenze Seemuppens aber, durch direct an den sandigen Strand sich lehnendes, geröllreiches Dünenland, auch anderen Bedürfnissen der Vogelwelt entsprochen. Dem Gerölle folgt mit *Elymus arenaria,* weiter ins Land auch *Thymus serpillum* und *Oxycoccus micro-carpus* bestandener Sand, eine eintönige Ebene von ca. 250 Hektar, »Limbick« genannt.

Jetzt überschreiten wir das Ackerland und dringen in die »Birse« ein. Dichter Wald umfängt uns. Bald Hochwald aus *Pinus silvestris* mit Unterholz von *Juniperus communis*, bald dichte Kiefern-Jungwüchse durchstreifen wir, den Singvögeln lauschend und uns an dem Blumenteppich erfeuend, der durch *Calluna vulgaris*, *Myrica gale* und der in den Ostseeprovinzen so sehr seltenen *Erica tetralix* gebildet wird. Plötzlich wird der Wald lichter; die »Grünien« beginnen.

Es sind vorherrschend mit krüppeligen Birken von höchstens 10 Meter Länge bestandene Wiesen, bald trocken, bald so nass, dass *Anas boschas* und *crecca*, *Grus cinerea*, *Ortygometra porzana*, *Ascalopax major* und *gallinago* dort nisten. In schmalen oder bisweilen auch breiten Streifen ziehen sie sich hin, zwischen Inseln von *Calluna vulgaris* mit der mehr oder weniger dicht stehenden *Pinus sylvestris*. Überall stösst man in einer Tiefe von ca. $\frac{1}{2}$ Meter auf den Untergrund bildenden Sand. Diese »Grünien« umfassen in Seemuppen ca. 3000 Hektar.

Wenn auch Seemuppen, die zum wahren Vogeleldorado nöthigen Teiche oder Seen fehlen, so kann ich doch nicht schliessen, ohne dem Wunsche Ausdruck zu geben, es möge sich dort zum Besten der ornithologischen Forschung eine bleibende Beobachtungs-Station einrichten lassen.

Riga (56⁰ 57′ n. Br. und 41⁰ 46′ östl. L. v. Ferro) bietet durch die Nähe des Meeres, der Düna und mehrerer grosser Landseen ein vortreffliches Beobachtungsgebiet für Wasser- und Sumpfvögel. In der Umgebung der Stadt ist wenig Ackerland vorhanden, reiche Wiesen dominiren. Die weit ins Land sich erstreckenden Sanddünen sind meist mit Kiefernhochwald bestanden.

Meyershof bei Wenden in Livland (57⁰ 18′ n. Br. und 42⁰ 54′ östl. L. v. Ferro), obgleich nur einige Hundert Schritt von dem Steilufer der Aa gelegen, bietet im Ganzen wenig Gelegenheit zur Beobachtung von Sumpf- und Wasservögeln, zeichnet sich aber durch sehr grossen Reichthum an kleinen Sängern aus. Ein bis zum Ufer der Aa sich hinziehender Park und viele durch Frühlingswasser ausgespülte, quellenreiche Seitenschluchten des Aathales, gewähren den Singvögeln in dichtem Gebüsche herrliche Rast- und Brutplätze. Durch liebevolle Pflege des Besitzers von Meyershof beschützt und gefördert, erhält diese Sängercolonie in Folge der genauen Beobachtungen seitens des Herrn von Löwis für uns hervorragende Bedeutung.

In dem Berichte pro 1886 theilt Herr von Löwis noch folgende, nicht in den speciellen Theil gehörige, Daten mit:

Am 3. April flogen bei warmem Sonnenschein Citronenfalter (*Rhodocera Cleopatra* L.). Am 4. April wurden auf geschütztem Südabhange im Walde blühende Leberblumen (*Hepatica triloba*, Gil.) bemerkt.

Nachdem am 28. März ein einzelner Frosch bemerkt worden war, sah man am 4. April deren eine Menge. Am 4., 7. und 8. April wurde je eine Kreuzotter (*Pelias berus*, L.) erlegt, darunter ein hellgrünliches ♂. Am 12. April flogen Fledermäuse, wahrscheinlich *V. Nilsonii*, Keys. und Blas. Bis zum 17. April war die geringe Zahl der Raubvögel auffällig.

Schreibershof in Livland (57⁰ 35′ n. Br. und 44⁰ 38′ östl. L. v. Ferro).

Wohlfahrtslinde in Livland (57⁰ 41′ n. Br. und 43⁰ 19′ östl. L. v. Ferro). Genaue Beschreibung siehe Ornis: 1887, pag. 505. Baron Krüdner schreibt zu seinem Berichte pro 1886, folgende wörtlich wiedergegebene Bemerkungen: »Ich glaube, dass die meisten Zugvögel den heftigen S. W.-Wind, welcher vom 1. bis zum 3. April wehte, zur Ankunft benützt haben. Ich glaube, dass Lerchen und Staare fast nie so spät ankamen wie dieses Mal. Obgleich in der Woche nach Ostern strenger, 8 Tage dauernder Nachwinter eintrat, konnte ich keinen Rückzug constatiren, vermuthlich, weil das Nistgeschäft zu sehr vorgeschritten war. Staare gab es mehr als im vorigen Jahre, dagegen nimmt die Misteldrossel auffallend ab.

Rösthof in Livland (57⁰ 56' n. Br. und 44⁰ 3' östl.
L. v. Ferro).

Hellenorm in Livland (58⁰ 8' n. Br. und 44⁰ 4' östl.
L. v. Ferro). Genaue Beschreibung siehe Ornis 1886, pag. 376.

Ringen in Livland (58⁰ 9' n. Br. und 43⁰ 53' östl.
L. v. Ferro).

Euseküll in Livland (58⁰ 12' n. Br. und 43⁰ 13'
östl. L. v. Ferro). Eine genaue Beschreibung des Beobachtungsgebietes ist bisher nicht eingelaufen, soll aber in späteren Berichten nachgeholt werden.

Dorpat in Livland (58⁰ 23' n. Br. und 44⁰ 24' östl.
L. v. Ferro). Die vielen, zum grossen Theile mit Obstbäumen
bestandenen Gärten der Stadt, die steilen sehr früh von
Schnee befreiten Südabhänge des linken Embachufers, endlich die unmittelbar an die Stadt grenzenden, im Frühling
und bisweilen auch im Herbst weit überschwemmten Wiesen,
bedingen zur Zugzeit ein ausserordentlich reiches Vogelleben. Diese überschwemmten Wiesen, »Lucht« genannt,
bieten, besonders wenn die beiden nächsten grossen Landseen, der Peipus und der Wirzjerw, noch mit Eis bedeckt
sind, zahllosen Wasservögeln bequeme Raststellen.

Leider sind die zahlreiche interessante Vogelarten
bergenden Wälder durch einen breiten Streifen fruchtbarsten
humosen Ackers mit Thonuntergrund von der Stadt getrennt und daher nicht leicht zu erreichen. Die Lücken-
haftigkeit der Berichte für Dorpat wird einerseits durch das
oben Angeführte, besonders aber dadurch erklärt, dass die
Beobachtungen ausschliesslich von Studenten ausgeführt
werden, die häufig durch Examenarbeiten oder auch Ferien-
reisen ihre dortigen ornithologischen Excursionen zu unterbrechen veranlasst wurden. Mit der Zeit wird sich hoffentlich auch hier grössere Continuität der Beobachtungen
erreichen lassen. Die Wälder werden meist von Laubholz:
Birke, Aspe und Erle gebildet, nicht selten sind diese Laub-
holzbestände durch Fichtenhorste unterbrochen, reine Fich-
tenbestände sind auch vorhanden, Kiefernhochwald dagegen
nur an einer einzigen Stelle, und zwar am Rande des bis

auf 2 Kilometer an die Stadt heranreichenden Techelferschen Moosmorastes.

Audern in Livland (58⁰ 24′ n. Br. und 42⁰ 2′ östl. L. v. Ferro). Eine genaue Beschreibung der Station wird nachgeliefert werden.

Pörrafer in Livland (58⁰ 40′ n. Br. und 42⁰ 18′ östl. L. v. Ferro) ist ein für Beobachtung der Zugvögel ausserordentlich ungünstiger Ort. Die endlosen Gras- und Moosmoore — ein herrliches Jagdgebiet! — beherbergen allerdings einige nicht uninteressante Vogelarten, doch würde ein näheres Eingehen auf dieselben hier zu weit führen.

Leal in Estland (58⁰ 41′ und 41⁰ 30′ östl. L. v. Ferro.)

Könno in Livland (58⁰ 43′ n. Br. und 42⁰ 29′ östl. L. v. Ferro) ist ausschliesslich Waldgut mit vorherrschenden Fichtenbeständen. Die Kiefer kommt nur an den Moosmoosträndern vor, die hier allerdings eine bedeutende Fläche einnehmen. Laubholz ist untergeordnet.

Kurrista in Livland (58⁰ 45′ n. Br. und 44⁰ östl. L. v. Ferro).

Kollo in Estland (58⁰ 47′ n. Br. und 42⁰ 56′ östl. L. v. Ferro).

Jerwakant in Estland (58⁰ 52′ n. Br. und 42⁰ 24′ östl. L. v. Ferro).

Neuenhof in Estland (58⁰ 56′ n. Br. und 41⁰ 15′ östl. L. v. Ferro). An der Hapsalbucht.

Sellenküll in Estland (59⁰ 4′ n. Br. und 41⁰ 33′ östl. L. v. Ferro).

Odinsholm zu Estland gehörige Insel in der Ostsee (59⁰ 17′ n. Br. und 41⁰ 3′ östl. L v. Ferro).

Choudleigh in Estland, hart an der Nordküste (59⁰ 25′ n. Br. und 45⁰ 14′ östl. L. v. Ferro).

Reval in Estland (59⁰ 26′ n. Br. und 42⁰ 24′ östl. L. v. Ferro).

II. Specieller Theil.

Notiz: Sämmtliche Daten beziehen sich auf den neuen Stil. Bei zwei für Hellenorm angegebenen Temperaturzahlen bedeutet die erste das an dem betreffenden Tage beobachtete Minimum, die andere das Maximum nach Réaumur. h. bedeutet heiter, tr. trübe.

1. *Milvus regalis*, auct. — Gabelweihe.

Pampeln am 19. April. tr. N.

Seemuppen im Sommer 2 Mal beobachtet.

2. *Cerchneis tinnunculus*, Linn. — Thurmfalke.

Pampeln am 5. April. Regen S.

Meyershof am 20. März. h. S. O. Am Tage vorher kalter O.

Hellenorm am 28. März. — 1^0, $+ 6^0$. tr. S. W. Am Tage vorher — 3^0, $+ 5^0$. h. S.

Euseküll am 5. April. $+ 7^0$. S.

Dorpat am 13. April. Am 18. Mai 2 frische Eier.

Audern am 6. April. Mehrere bei st. S. O. Am Tage vorher Regen. S.

3. *Astur palumbarius*, Linn. — Hühnerhabicht.

Rösthof am 21. April. 3 frische Eier. (stud. Th. Lackschewitz.)

4. *Pandion haliaëtus*, Linn. — Fischadler.

Sellenküll. Anfang Mai 2 frische Eier. (stud. R. v. Gernet.)

5. *Buteo vulgaris*, Bechst. — Bussard.

Meyershof am 27. April v. S. W. nach N. O. ziehend, bei warmem S. Am Tage vorher warmer S. W. Abzug am 16. September, bei kühlem W.

6. *Circus cyaneus*, Linn. — Kornweihe.

Meyershof am 27. April bei N. W. Am Tage vorher derselbe Wind. Mehrzahl am 5. Mai. Abzug am 27. August, bei warmem S. Am Tage vorher derselbe Wind.

Hellenorm am 1. April. $+ 2^0$, $+ 4^0$. Regen st. S. W. Die letzte am 12. October.

Dorpat am 2. April.

Audern am 6. April bei st. S. O.

7. *Athene noctua*, Retz. — Steinkauz.

Riga im Februar. 1 Stück in Peterhof erlegt, steht in der Sammlung des Rigaer Naturforscher-Vereines.

8. *Syrnium aluco*, Linn. — Waldkauz.

Meyershof am 20. Mai. Dunenjunge mit ersten Schwingenansätzen.

9. *Caprimulgus europaeus*, Linn. — Nachtschwalbe.

Pampeln am 12. April. Am 27. Juli brütend.

Wohlfahrtslinde am 25. April.

Könno am 12. Mai (E. v. Middendorff). Dort jedenfalls das erste Exemplar.

10. *Cypselus apus*, Linn. — Thurmsegler.

Riga am 2. Mai.

Meyershof. Die ersten am 18. Mai bei S. W. Am Tage vorher derselbe Wind. Mehrzahl am 3. Juni bei S. W. Am Tage vorher derselbe Wind.

Hellenorm am 14. Mai. $+ 2^0$, $+ 15^0$. h. windstill. Am Tage vorher $+ 2^0$, $+ 10^0$. h. still.

Euseküll am 15. Mai.

Dorpat am 9. Mai.

Audern am 15. Mai tr. S. W. Am Tage vorher dasselbe Wetter.

Choudleigh am 22. Mai. (E. v. Middendorff.)

11. *Hirundo rustica*, Linn. — Rauchschwalbe.

Meyershof am 10. Mai. W. Am Tage vorher S. Mehrzahl am 13. Mai. O. Am Tage vorher W. Erster Gesang am 16. Mai. Abzug am 24. August bei warmem S. W. Am Tage vorher W.

Hellenorm am 1. October die letzten 4 Stück.

Euseküll am 12. Mai.

Dorpat am 3. Mai. Starker Zug am 13. Mai.

Audern am 13. Mai. h. S. W. Am Tage vorher Regen S. W. Mehrzahl am 14. Mai. h. S. W.

Leal am 24. April eine Rauchschwalbe, die jedoch bald wieder verschwand. (W. v. Grünwald.)

Kurrista am 4. Mai. (stud. v. Middendorff.)

Jerwakant am 13. Mai (E. v. Middendorff) vorher dort nicht gesehen.

12. *Hirundo urbica*, Linn. — Hausschwalbe.

Meyershof am 12. Mai. W. Am Tage vorher derselbe Wind. Mehrzahl am 15. Mai bei S. Am Tage vorher S. O. Abzug am 24. August bei warmem S. W. Am Tage vorher W.

Schreibershof am 1. Mai. (stud. Herm. Walter.)

Wohlfahrtslinde am 13. Mai bei schwachem W. Am Tage vorher rauh, regnerisch. W.

Hellenorm am 13. Mai. $+ 2^0$, $+ 10^0$. h. still. Am Tage vorher $+ 2^0$, $+ 9^0$. h. S. W. Starker Zug am 16. Mai. $+ 4^0$, $+ 10^0$. tr. S. O. Am Tage vorher $+ 0^0$, $+ 9^0$. Gewitterregen, still.

Euseküll am 13. Mai.

Dorpat am 1. Mai.

Choudleigh am 14. Mai. (E. v. Middendorff.)

Reval am 14. Mai. (E. v. Middendorff.)

13. *Hirundo riparia*, Linn. — Uferschwalbe.

Euseküll am 13. Mai.

14. *Cuculus canorus*, Linn. -- Kukuk.

Riga am 8. Mai.

Meyershof am 8. Mai. O. Am Tage vorher N. O. Mehrzahl und erster Gesang am 10. Mai. W. Am Tage vorher S.

Schreibershof am 1. Mai. (stud. Herm. Walter.)

Wohlfahrtslinde am 2. Mai bei kühlem Wetter.
N. W. Erster Ruf am 10. Mai. Ruf allgemein am 11. Mai
bei S. W. mit warmem Regen.

Hellenorm am 10. Mai. $+ 3^0$, $+ 9^0$. still. Regen.
Am Tage vorher $+ 2^0$, $+ 12^0$, Regen, N. O.

Euseküll am 8. Mai, bei N. O. Am Tage vorher N.

Dorpat am 8. Mai.

Audern am 15. Mai. tr. S. W. Am Tage vorher ebenso.

Könno am 10. Mai. (E. v. Middendorff.)

15. *Alcedo ispida*, Linn. — Eisvogel.

Seemuppen 1884 und 1885 ein Pärchen beobachtet.

Hasenpott Dr. Goebel erhielt 1886 ein angeschossenes
Exemplar.

16. *Coracias garrula*, Linn. — Mandelkrähe.

Meyershof am 20. Mai. S. W. Am Tage vorher
derselbe Wind. Mehrzahl am 22. Mai. W. Am Tage vorher
S. Abzug am 28. August bei warmem W.

Hellenorm am 19. Mai. $+ 5^0$, $+ 18''$. h. S. W. Am
Tage vorher $+ 5^0$, $+ 9^0$. tr. S.

Euseküll am 20. Mai.

17. *Oriolus galbula*, Linn. — Pirol.

Meyershof am 19. Mai bei S. W. Am Tage vorher
derselbe Wind. Mehrzahl am 22. Mai. W. Erster Gesang
am 21. Mai.

Wohlfahrtslinde am 24. Mai. Gleich pfeifend.

Hellenorm am 15. Mai. $+ 0^0$, $+ 9^0$. h. Gewitter.
still. Am Tage vorher $+ 2^0$, $+ 15$. h. still.

Euseküll am 24. Mai.

Dorpat am 23. Mai.

Audern am 17. Mai. Warm. S.

Choudleigh am 27. Mai. (E. v. Middendorff.)

18. *Sturnus vulgaris*, Linn. — Staar.

Pampeln am 26. März Morgens — 5^0, Mittags $+ 10^0$.
h. S. S. O.

Riga, die letzten am 5. October.

Meyershof am 28. März, feucht. W. Am Tage vorher warm. S. Mehrzahl am 4. April. Zugrichtung W.—O. bei W.-Sturm. Am Tage vorher h. S. W. Am 30. März Gesang allgemein. Am 7. Juni flügge Junge. Abzug am 23. August bei warmem W.

Wohlfahrtslinde am 28. März. $+ 7^0$. Nebelregen. S. Am Tage vorher dasselbe Wetter. Erster Gesang am 29. März. Gesang allgemein am 2. April.

Hellenorm. Der erste Staar, ein altes ♂ am 25. März bei $- 4^0$, $+ 2^0$. h. st. S. Am Tage vorher $- 10^0$, $+ 1^0$, h. S. W. Am 26. März 3 Stück. Am 27. März 15 Stück. Am 28. März 28 Stück. Am 29. März 35 Stück. Am 31. März 60 Stück. Am 2. April 74 Stück. Am 4. April 106 Stück. Am 6. April 108 Stück. Am 7. April 126 Stück. Sie wurden jeden Abend auf dem Versammlungsplatze gezählt. Am 8. April zerstreuten sich die Staare und bezogen die Nistkasten.

Euseküll am 27. März S. S. W. Am Tage vorher S. W. Mehrzahl am 29. März.

Dorpat 2 Stück am 26. März.

Audern am 27. März, tr. S. W. Am Tage vorher S. Mehrzahl und erster Gesang am 28. März.

19. *Lycos monedula*, Linn. — Dohle.

Hellenorm. Die ersten am 25. März bei $- 4^0$, $+ 2^0$, h. st. S. Ein starker Zug mit *Corvus frugilegus*, Linn. gemischt, zog in der Richtung W.W.S.—O. N. O. am 28. März durch, bei $- 1^0$, $+ 6^0$. tr. An demselben Tage folgte ein grosser Zug von circa 60 Stück Dohlen allein, von S. W. nach N. O. fliegend und gegen Abend mehrere kleine Flüge Dohlen, in derselben Richtung. Abzug am 13. October. Mehrere Flüge, Richtung O.—W. Am 15. October ein grosser Schwarm, Richtung N. O.—S. W.

20. *Corvus frugilegus*, Linn. — Saatkrähe.

Hellenorm. Siehe zunächst bei *Lycos monedula*. Abzug von 7 und 3 Stück in der Richtung O.—W. am

7. October. Am 10. October ein Flug in der Richtung O.—W. Endlich am 15. October ein mit *Lycos monedula* gemischter Schwarm in der Richtung N. O.—S. W. ziehend.

Neuenhof am 26. April. Eier im Nest. (stud. R. v. Gernet.)

21. *Jynx torquilla*, Linn. — Wendehals.

Pampeln am 2. Mai, bei heftigem kaltem N.

Meyershof am 21. April. h. O. Am Tage vorher dasselbe Wetter. Mehrzahl am 1. Mai, rauh. Abzug am 30. August bei frischem N. W. Am Tage vorher W.

Hellenorm am 9. Mai. $+ 2^0$, $+ 12^0$. Regen, N. O. Am Tage vorher $+ 1^0$, $+ 12^0$. tr. N. O.

Dorpat am 7. Mai.

Audern am 24. April. h. S. W. gleich mehrere, singend. Am Tage vorher h. S.

Pörrafer am 7. Mai. (E. v. Middendorff.)

22. *Sitta europaea*, Linn. — Kleiber.

Dorpat am 18. Mai. 2 Nester mit Jungen.

23. *Certhia familiaris*, Linn. — Baumläufer.

Dorpat am 18. Mai. 8 frische Eier.

24. *Upupa epops*, Linn. — Wiedehopf.

Pampeln am 11. April.

Riga am 20. April.

25. *Lanius excubitor*, Linn. — Grosser Würger.

Hellenorm am 7. April. 2 Stück bei $+ 1^0$, $+ 3^0$, Regen, st. S. W. Am Tage vorher $+ 2^0$, $+ 7^0$. Regen st. S.

Dorpat am 5. April. Ein Stück.

26. *Lanius collurio*, Linn. — Kleiner Würger.

Seemuppen, am 1. Juni ein Ei. Am 12. Juni ein Nest mit 6 Eiern. Am 16. Juni ein Nest mit 5 Eiern.

Dorpat. Der erste am 20. Mai.

27. *Muscicapa grisola*, Linn. — Grauer Fliegenschnapper.

Meyershof am 16. Mai, bei S. W.

Hellenorm am 19. Mai. $+ 5^0$, $+ 18^0$. h. S. W. Am Tage vorher $+ 5^0$, $+ 9^0$. tr. S.

Euseküll am 17. Mai.

Dorpat am 13. Mai.

Choudleigh am 18. Mai. (E. v. Middendorff.)

28. *Muscicapa luctuosa*, Linn. — Schwarzer Fliegenschnapper.

Meyershof am 23. April. h. windstill. In grosser Menge am 30. April bei N. mit Schnee.

Rösthof am 19. April. (stud. Th. Lackschewitz.)

Hellenorm am 11. Mai. $+ 1^0$, $+ 11^0$. h. still. Am Tage vorher $+ 3^0$, $+ 9^0$. Regen, still.

Dorpat am 9. Mai.

Jerwakant am 12. Mai. (E. v. Middendorff.)

29. *Accentor modularis*, Linn. — Heckenbraunelle.

Kollo am 27. April. Ein ♂ singend. (E. v. Middendorff.)

30. *Troglodytes parvulus*, Linn. Zaunkönig.

Meyershof. Erster Gesang am 28. März. Feucht, warm. W. Am Tage vorher warmer S.

31. *Parus cristatus*, Linn. — Haubenmeise.

Dorpat am 13. Mai 5 frische Eier.

32. *Parus major*, Linn. — Fettmeise.

Dorpat am 9. Mai 11 Eier.

Neuenhof am 28. April brütend. (stud. R. v. Gernet.)

33. *Acredula caudata*, Linn. — Schwanzmeise.

Dorpat am 21. Mai. Nest mit 16 Eiern.

34. *Phyllopneuste sibilatrix*, Bechst. — Waldlaubvogel.

Meyershof am 16. Mai S. W.

Choudleigh am 15. Mai. (E. v. Middendorff.)

35. *Phyllopneuste trochilus*, Linn. — Fitis.
Meyershof am 8. Mai O.
Pörrafer am 8. Mai. (E. v. Middendorff.)

36. *Phyllopneuste rufa*, Lath. — Weidenzeisig.
Pampeln am 2. Mai, bei heftigem N.
Meyershof am 8. Mai, bei O.
Hellenorm am 6. Mai — 1^0, $+ 9^0$. h. N. N. O. Am
Tage vorher — $1/_2{}^0$, $+ 5^0$. h. N. O.
Kollo am 27. April. (E. v. Middendorff.)
Sellenküll am 26. April. (stud. v. Gernet.)

37. *Hypolais salicaria*, Bp. — Spottvogel.
Meyershof am 17. Mai. S. W.
Hellenorm am 20. Mai. $+ 10^0$, $+ 21^0$. h. S. W. Am
Tage vorher $+ 5^0$, $+ 18^0$. h. S. W.
Choudleigh am 18. Mai. (E. v. Middendorff.)

38. *Locustella naevia*, Bodd. — Heuschreckensänger.
Choudleigh am 25. Mai. (E. v. Middendorff.)

39. *Locustella fluviatilis*, M. und W. — Flussänger.
Hellenorm am 6. Juni.

40. *Sylvia curruca*, Linn. — Müllerchen.
Meyershof am 18. Mai, bei S. W., welcher vom
12. bis zum 20. Mai anhielt.

41. *Sylvia cinerea*, Lath. — Graue Grasmücke.
Choudleigh am 25. Mai. (E. v. Middendorff.)

42. *Sylvia atricapilla*, Linn. — Mönch.
Meyershof am 20. Mai. S. W.
Choudleigh am 24. Mai. (E. v. Middendorff.)

43. *Sylvia hortensis*, auct. — Gartengrasmücke.
Meyershof am 19. Mai bei S. W.

44. *Merula vulgaris,* Leach. — Amsel.

Meyershof am 22. April, bei kaltem, klarem Wetter.

45. *Turdus pilaris,* Linn. — Krametsvogel.

Meyershof am 5 Juni flügge Junge.

Hellenorm am 3o. März ein Flug, bei $+ 1^0$, $+ 4^0$. tr. st. S. W. Am Tage vorher $+ 1^0$, $+ 4^0$. Regen. S. W. Mehrzahl am 3. April. $— 1^0$, $+ 8^0$. h. S. W. Am Tage vorher 0^0, $+ 5^0$. h. st. W.

46. *Turdus viscivorus,* Linn. — Misteldrossel.

Meyershof am 2. April. h. W. Am Tage vorher S. W. Sturm. Mehrzahl am 5. April S. W. Am Tage vorher W. Sturm. Alle gleich singend.

Hellenorm am 7. April, 1 Stück, bei $+ 1^0$, $+ 3^0$. Regen und heftiger S. W. Am Tage vorher $+ 2^0$, $+ 7^0$. Regen. S. Mehrzahl und erster Gesang am 8. April. 0^0. $+ 6^0$. h. S. W.

47. *Turdus musicus,* Linn. — Singdrossel.

Pampeln am 3o. März, tr. S. O.

Seemuppen, am 7. Juni auf 5 Eiern brütend.

Meyershof am 2. April. h. W. Am Tage vorher S. W.-Sturm. Mehrzahl am 7. April, bei S. W. mit Regen. Am Tage vorher S. W.-Sturm. Alle gleich singend.

Hellenorm am 3. April, 1 Stück singend, bei $— 1^0$, $+ 8^0$. h. S. W. Am Tage vorher 0^0, $+ 5^0$. h. W. Mehrzahl am 7. April $+ 1^0$, $+ 3^0$. Regen. S. W. Abzug der letzten, in sehr grosser Gesellschaft am 10. October, trotz vieler Beeren auf *Sorbus aucuparia,* die sie zuletzt täglich besuchten.

Euseküll am 7. April. Mehrzahl am 10. April.

Dorpat am 2. April. Eine noch am 22. October. (E. v. Middendorff.)

Audern am 8. April viele, gleich singend. tr. S. Am Tage vorher S. W. mit Regen.

48. *Turdus iliacus.* Linn. — Weindrossel.

Meyershof am 8. April. h. W. Am Tage vorher Regen. S. W. Mehrzahl am 17. April. W. Am Tage vor-

her S. Erster Gesang am 9. April. Erstes volles Gelege am
4. Mai. Abzug am 16. September, bei kühlem W.

Wohlfahrtslinde am 3. April, bei heftigem S. W.
gleich singend.

Hellenorm am 3. April, 2 Stück, bei — 1⁰, + 8⁰.
h. S. W. Am Tage vorher 0⁰, + 5⁰. h. W. Mehrzahl und
erster Gesang am 7. April bei + 1⁰, + 3⁰. Regen. S. W.
Abzug der letzten am 19. October mit *T. musicus.*

Dorpat. Die ersten am 12. April.

49. *Ruticilla phoenicura*, Linn. — Rothschwänzchen.

Meyershof am 14. April. Warm. S. Am Tage vorher
ebenso. Mehrzahl und erster Gesang am 15. April.

Hellenorm am 10. Mai. + 3⁰, + 9⁰. Regen. still.
Am Tage vorher + 2⁰, + 12⁰. tr. N. O.

Dorpat am 5. Mai.

Pörrafer am 8. Mai. (E. v. Middendorff.)

50. *Luscinia philomela*, Bechst. — Sprosser.

Meyershof am 11. Mai bei W. Mehrzahl und erster
Gesang am 14. Mai.

Wohlfahrtslinde am 16. Mai bei warmem S. W.
gleich singend.

Hellenorm am 16. Mai bei + 4⁰, + 10⁰. tr. S. O.
Am Tage vorher 0⁰, + 9⁰. h. später Gewitterregen, still.

Euseküll am 14. Mai.

Dorpat am 13. Mai.

Audern am 21. Mai, bei warmem S. O. gleich
schlagend.

Choudleigh am 21. Mai. (E. v. Middendorff.)

51. *Cyanecula suecica*, Linn. — Blaukehlchen.

Pampeln am 28. April. Herr Oberförster Kelterborn
theilt zugleich mit, dass er diesen Vogel nach 13jährigem
Aufenthalte in Curland zum ersten Mal beobachtet hat, und
zwar im Weidengestrüpp, am Einfluss eines kleinen Baches
in die Windau.

Dorpat am 23. April, singend. (E. v. Middendorff.)

52. *Dandalus rubecula*, Linn. — Rothkehlchen.

Pampeln am 28. März. Regen. S. W.

Meyershof am 2. April. h. W. Am Tage vorher S. W.-Sturm. Erster Gesang am 3. April. Mehrzahl bei allgemeinem Gesang am 7. April. Regen. S. W. Am Tage vorher S. W.-Sturm. Abzug am 15. September bei warmem W. Am Tage vorher S. W.

Hellenorm am 5. April, 1 ♂ singend. $+ 2^0$, $+ 6^0$. Regen S. Am Tage vorher dasselbe Wetter.

Dorpat am 24. October, 2 Stücke. (E. v. Middendorff.)

53. *Saxicola oenanthe*, Linn. — Steinschmätzer.

Pampeln am 5. April. tr. S.

Seemuppen am 1. Juni, 7 stark bebrütete Eier.

Meyershof am 15. April bei warmem S. Am Tage vorher dasselbe Wetter. Mehrzahl am 16. April warm. S.

Hellenorm am 17. April $+ 1^0$, $+ 9^0$. tr. N. O. Am Tage vorher $+ 2^0$, $+ 16^0$. tr. O.

Ringen am 19. April (stud. Harry Walter.)

Euseküll am 17. April.

Sellenküll am 18. April. (stud. v. Gernet.)

54. *Pratincola rubetra*, Linn. — Braunkehlchen.

Meyershof am 13. Mai.

Könno am 9. Mai (E. v. Middendorff.)

55. *Motacilla alba*, Linn. — Bachstelze.

Pampeln am 2. April. h. S. W.

Riga am 10. October die letzten gesehen.

Meyershof am 3. April, gegen N. O. ziehend. h. S. W. Am Tage vorher h. W. Mehrzahl am 7. April bei S. W. mit Regen. Am Tage vorher S. W.-Sturm. Erster Gesang am 8. April. Abzug am 31. August bei warmem W. Am Tage vorher N. W. Ferner am 16. September bei kühlem W. Am Tage vorher S. W.

Wohlfahrtslinde am 2. April, bei S. W.

Hellenorm am 5. April, 1 singendes ♂. + 2°, + 6°, kalter Regen. S. Am Tage vorher + 1°, + 8°. Regen. S.-Sturm. Mehrzahl am 6. April. + 2°, + 7°. Regen. S.

Euseküll am 8. April. Mehrzahl am 10. April.

Dorpat am 6. April ein Stück.

Audern am 3. April, bei S. W.-Sturm. Am Tage vorher h. S. W.

56. *Budytes flavus*, Linn. — Gelbe Bachstelze.

Meyershof am 8. Mai, bei O. Am Tage vorher N. O. Mehrzahl am 10. Mai, bei W. Am Tage vorher S.

Rösthof am 2. Mai (stud. Th. Lackschewitz.)

Hellenorm am 8. Mai. + 1°, + 12°. tr. N. O. Am Tage vorher — 1°, + 12°. h. N. O.

Euseküll am 12. Mai

Audern am 7. Mai bei warmem N. O. sehr viele. Am Tage vorher dasselbe Wetter.

Könno am 27. April. (E. v. Middendorff.)

57. *Anthus pratensis*, Linn. — Wiesenpieper.

Meyershof am 30. März, bei Nebel und S. in der Richtung S.—N. ziehend. Am Tage vorher Regen bei S. W.

Hellenorm am 2. April mehrere Flüge. 0°, + 5°. h. W. Am Tage vorher + 2°, + 4°. Regen S W. Erster Gesang am 8. April. 0°, + 6°, h. st. S. W. Abzug begann am 18. September bei kühlem N. W. Am Tage vorher W. Vom 5. bis zum 13. October zogen viele Pieper,,ausnahmslos gegen W.

Dorpat am 30. März 2 Stück. Mehrzahl und erster Gesang am 2. April.

58. *Anthus arboreus*, Bechst. — Baumpieper.

Meyershof am 15. April. Warmes Wetter. S. Am Tage vorher ebenso. Mehrzahl und erster Gesang am 16. April.

Kollo am 27. April. (E. v. Middendorff.)

59. *Galerida cristata*, Linn. — Haubenlerche.

Meyershof. Zwei Paare überwinterten unmittelbar bei der Stadt Wenden.

60. *Lullula arborea*, Linn. — Baumlerche.

Pampeln am 3o. März. tr. S. O.

Meyershof am 29. März. Regen S. W. Gleich singend.
Am Tage vorher feucht. W. Mehrzahl am 4. April, bei W.-
Sturm. Am Tage vorher h. S. W.

Hellenorm am 3o. März eine singende. $+ 1^0$, $+ 9^0$.
tr. S. W. Am Tage vorher $+ 1^0$, $+ 4^0$. Regen schw. S. W.
Die letzten am 17. October beobachtet.

61. *Alauda arvensis*, Linn. — Lerche.

Pampeln am 26. März. Morgens — 5^0, Mittags $+ 10^0$.
h. S. S. O.

Meyershof am 27. März, bei warmem S. gegen N.
ziehend. Am Tage vorher warmer S. W. Erster Gesang
am 28. März. Mehrzahl, gegen N. ziehend am 3. April. h.
S. W. Am Tage vorher h. W. Abzug gegen S. W. am
3o. September bei N. W. Am Tage vorher Regen bei W.

Wohlfahrtslinde am 28. März viele, bei $+ 7^0$,
Nebelregen und S. Am Tage vorher dasselbe Wetter. Erster
Gesang am 3o. März. Gesang allgemein am 2. April.

Rösthof am 1. Mai, ein verschneites und verlassenes
Nest mit 3 Eiern. (stud. Harry Walter.)

Hellenorm am 28. März, hoch in der Luft singend.
Zugrichtung: S. W.—N. O. — 1^0, $+ 6^0$. tr. S. W. Am
Tage vorher — 3^0. $+ 5^0$. h. S. Abzug: 6. bis 13. October
starker Zug in der Richtung O.—W. Am 14. October die
letzten von N. nach S. ziehend, beobachtet.

Euseküll am 27. März bei S. S. W. Am Tage vorher S. W. Mehrzahl am 28. März bei S. S. W.

Dorpat am 27. März.

Audern am 28. März viele singende Lerchen. tr.
S. W. Am Tage vorher derselbe Wind.

Könno am 2. Mai, 4 frische Eier. (E. v. Middendorff.)

62. *Miliaria europaea*, Swains. — Grauammer.

Seemuppen am 1. Juni zahlreich brütend in Gebüschen der Garten- und Feldraine. Besonders gern sitzen
sie singend auf den Feldmarksteinen.

63. *Schoenicola schoeniclus*, Linn. — Rohrammer.

Hellenorm am 12. April. 0^0, $+ 13^0$. h. S. Am Tage vorher $+ 3^0$, $+ 13^0$. h. S.

Dorpat am 4. April.

64. *Fringilla coelebs*, Linn. — Buchfink.

Pampeln am 28. März bei S. W. mit Regen.

Meyershof am 29. März bei S. W. mit Regen. Am Tage vorher feuchter W. Erster Gesang am 30. März, Gesang allgemein am 3. April. Mehrzahl, auch Weibchen, am 4. April bei W. Am Tage vorher h. S. W.

Wohlfahrtslinde am 2. April schlagend.

Hellenorm am 28. März ein altes ♀. — 1^0, $+ 6^0$. tr. S. W. Am Tage vorher — 3^0, $+ 5^0$. h. S. Ein kleiner Trupp am 30. März bei $+ 1^0$, $+ 4^0$. tr. S. W. Mehrzahl und erster Gesang am 1. April bei $+ 2^0$, $+ 4^0$. Regen st. S. W.

Dorpat am 2. April. Am 13. Mai 3 frische Eier. Am 18. Mai ein anderes Nest mit 4 frischen Eiern.

65. *Ligurinus chloris*, Linn. — Grünling.

Hellenorm am 23. März, ein Pärchen, singend. Vielleicht überwintertes. — 14^0, $+ 0^0$. h. O. Am Tage vorher — 14^0, — 0^0. h. N.

66. *Cannabina sanguinea*, Landb. — Hänfling.

Meyershof am 29. März bei Regen und S. W. Am Tage vorher feuchter W.

Hellenorm am 28. März. — 1^0, $+ 6^0$. tr. S. W. Am Tage vorher — 3^0, $+ 5^0$. h. S.

Dorpat am 28. März.

67. *Carpodacus erythrinus*, Pall. — Karmingimpel.

Meyershof am 28. Mai. S.

Hellenorm am 27. Mai.

Choudleigh am 22. Mai. Ich habe nirgends in den Ostseeprovinzen den Karmingimpel so häufig und dicht brüten gesehen wie hier. (E. v. Middendorff.)

68. *Columba palumbus*, Linn. — Ringeltaube.

Wohlfahrtslinde am 23. März bei N. O. Morgens — 8⁰.

Hellenorm am 7. April, 2 Stück. $+ 1^0$, $+ 3^0$. Regen. st. S. W. Am Tage vorher $+ 2^0$, $+ 7^0$. Regen. S. Erstes Balzen am 8. April.

Dorpat, am 2. April 1 Stück.

69. *Columba oenas*, Linn. — Hohltaube.

Seemuppen, bereits Ende Juni grosse Schwärme. Besonders am Nachmittage an den Strand ziehend.

Riga am 6. April. Die letzte am 5. October.

Meyershof am 5. April. S. W. Am Tage vorher W.-Sturm. Erster Gesang am 9. April. Mehrzahl am 15. April. h. S. Am Tage vorher dasselbe Wetter.

Hellenorm am 7. April, 4 Stück. $+ 1^0$, $+ 3^0$. Regen. st. S. W. Am Tage vorher $+ 2^0$, $+ 7^0$. Regen. S.

Audern am 2. April. Zugrichtung S.—N. bei h. Wetter und S. W.

70. *Turtur auritus*, Ray. — Turteltaube.

Seemuppen. Im Juli ziemlich zahlreich in kleinen Gesellschaften den Acker besuchend. Wahrscheinlich brüten sie in der Umgegend. Häufig standen sie im Roggenfelde vor dem Hunde auf.

71. *Tetrao urogallus*, Linn. — Auerhuhn.

Meyershof. Am 4. April balzten die Hähne fest. Wohlfahrtslinde. Die Balz begann am 1. April.

72. *Tetrao tetrix*, Linn. — Birkhuhn.

Meyershof am 4. April in voller Balz.

73. *Coturnix dactylisonans*, M. — Schlagwachtel.

Meyershof. Herr von Löwis betont, dass er 1886 keine einzige gehört hat.

Wohlfahrtslinde. Baron Krüdener schreibt: »Ist in den letzten Jahren nur ausnahmsweise erschienen«.

Hellenorm. 1886 auch hier nicht beobachtet.
Choudleigh am 26. Mai. Schlagend.

74. *Charadrius pluvialis*, Linn. — Goldregenpfeifer.

Seemuppen. Vom Mai bis August in kleinen Trupps auf den Kaapen, Brachfeldern und Sturzäckern sich herumtreibend.

Hellenorm am 6. Mai, 7 Stück. $+ 1^0$, $+ 9^0$. h. N. N. O. Am Tage vorher $- 1/2^0$, $+ 5^0$. h. N. O.

Dorpat am 21. April.

Neuenhof am 25. April. (stud. v. Gernet.)

Choudleigh am 16. Mai, 3 Stück, von S. nach N. ziehend. Abzug: Am 14. September 15 Stück in der Richtung N. O.—S. W. über das Meer kommend. Am 15. September 1 Stück. Am 26. September 3 Stück, darunter ein altes ♂, in derselben Richtung über das Meer kommend. (E. v. Middendorff.)

75. *Eudromias morinellus*, Linn. Morinellpfeifer.

Seemuppen am 20. August, 2 Stück auf den Kaapen. 1 ♂ erlegt.

76. *Aegialites hiaticula*, Linn. — Halsbandregenpfeifer.

Neuenhof am 21. April. (stud. v. Gernet.)

Odinsholm. Zahlreich am 18. August. (stud. v. Gernet.)

77. *Aegialites minor*, M. u. W. — Flussregenpfeifer.

Seemuppen, am 5. Juni 3 frische Eier hart am Strande.

78. *Vanellus cristatus*, Linn. — Kiebitz.

Pampeln am 27. März.

Seemuppen. Der Kiebitz brütet hier auffallender Weise weit von feuchten Wiesen und Mooren, im trockenen Ackerlande und an Feldrainen.

Meyershof am 31. März. Feucht. S. Am Tage vorher Nebel. S.

Ringen am 6. April. (stud. Harry Walter.)

Dorpat. Am 2. April 2 Stück. Am 3. April 10 Stück gegen N. O. fliegend.

Audern, am 30. März in grosser Zahl bei Nebel und S. Am Tage vorher S. W.

79. *Grus cinereus*, Bechst. — Kranich.

Pampeln am 2. April. h. S. W. Zugrichtung S. W.—N. O.

Riga. Abzug am 19. September.

Meyershof. Am 8. April zogen viele von S. W. nach N. O. bei h. W. Am Tage vorher Regen. S. W. Abzug am 23. August gegen S. W. bei warmem W. Am Tage vorher dasselbe Wetter. Ferner am 8. September, in derselben Richtung, bei warmem S.

Wohlfahrtslinde am 2. April. st. S. W.

Hellenörm, am 19. September starker Zug. Zugrichtung N. O.—S. W.

Euseküll. Abzug am 16. September bei kaltem N.

Choudleigh. Am 16. September ein Flug gegen S. W. ziehend. (E. v. Middendorff.)

80. *Ciconia alba*, Bechst. — Storch.

Riga am 17. April.

Meyershof am 7. April bei S. W. Am Tage vorher derselbe Wind.

Euseküll am 16. April.

81. *Crex pratensis*, Bechst. — Schnarrwachtel.

Meyershof am 17. Mai bei S. W. Am Tage vorher derselbe Wind. Mehrzahl und erstes Schnarren am 21. Mai.

Wohlfahrtslinde am 19. Mai, schnarrend; heiss. S.W.

Hellenorm am 22. Mai $+ 10^0$, $+23^0$. h. still. Am Tage vorher $+ 10^0$, $+21^0$. h. S.

Euseküll am 21. Mai.

Audern am 12. Juni. h. O. Am Tage vorher ebenso.

82. *Gallinula porzana*, Linn. — Sumpfhuhn.

Wohlfahrtslinde am 9. Mai bei warmem Regen. S.W.

83. *Numenius arquatus*, Cuv. — Kronschnepfe.

Hellenorm am 16. April $+ 2^0$, $+ 16^0$. tr. Regen. O.
Am Tage vorher $+ 3^0$, $+ 15^0$. h. S.

Ringen am 11. April. (stud. Walter).

Euseküll am 18. April.

Dorpat am 10. April.

84. *Scolopax rusticola*, Linn. — Waldschnepfe.

Pampeln am 5. April, bei feinem Regen und S. Am
28. Juli etwa 8 Tage alte, noch nicht flügge Junge.

Meyershof am 3. April, balzend. h. S. W. Am Tage
vorher h. W. Mehrzahl am 5. April, bei S. W. Am Tage
vorher W.-Sturm.

Wohlfahrtslinde am 4. April, balzend. tr. S. W.

Hellenorm am 6. April, 3 Stück balzend. $+ 2^0$, $+ 7^0$.
Regen. st. S. Am Tage vorher $+ 2^0$, $+ 6^0$. Regen. st. S.

Euseküll am 6. April. Mehrzahl am 8. April.

Dorpat am 7. April, mehrere.

Audern am 8. April. tr. S. W. Am Tage vorher
Regen. S. W. Mehrzahl am 9. April. warm. tr. S. W.

Könno am 28. April, 4 frische Eier.

85. *Gallinago scolopacina*, Bp. — Becassine.

Pampeln am 5. April, feiner Regen, S.

Meyershof am 11. April, viele. h. S. Am Tage vorher dasselbe Wetter.

Hellenorm am 7. April, 2 Stück. $+ 1^0$, $+ 3^0$. Regen.
st. S. W. Am Tage vorher $+ 2^0$, $+ 7^0$. st. S.

Euseküll am 10. April.

Dorpat am 2. April.

86. *Totanus glottis*, Bechst. — Heller Wasserläufer.

Dorpat am 4. Mai.

Könno am 12. Mai. (E. v. Middendorff.)

87. *Totanus ochropus*, Linn. — Wald-Wasserläufer.

Meyershof am 13. April, warm. S.

Hellenorm am 10. April. $+2^0$, $+11^0$. h. S. O. Am Tage vorher $+1^0$, $+10^0$. h. S.-Sturm.

Dorpat am 13. April.

88. *Totanus glareola*, Linn. — Bruch-Wasserläufer.

Hellenorm am 9. Mai, einige Nachzügler.

89. *Actitis hypoleucus*, Linn. — Flussuferläufer.

Meyershof am 20. April. h. O. Am 17. Mai auf 4 Eiern fest brütend.

Hellenorm am 9. Mai. $+2^0$, $+12^0$. Regen. N. O. Am Tage vorher ebenso.

Kollo am 27. April. (E. v. Middendorff.)

90. *Machetes pugnax*, Linn. — Kampfhahn.

Dorpat am 9. Mai.

91. *Calidris arenaria*, Linn. — Sanderling.

Seemuppen. Vom 8. August an, in kleinen Gesellschaften zu 3 bis 4 Stücken, am Meeresstrande.

92. *Phalaropus hyperboreus*, Linn. — Wassertreter.

Odinsholm am 18. August, 1 Stück. (stud. v. Gernet).

93. *Anser segetum*, Meyer. — Saatgans.

Pampeln am 31. März. Regen. S.

Audern, am 2. April viele, gegen N. ziehend. h. S. W. Am Tage vorher S. W.-Sturm.

94. *Anser spec?*

Riga am 3. October.

Hellenorm am 1. und 2. October je 3 grosse Züge in der Richtung N. O.—S. W. fliegend.

Dorpat am 8. und 10. April. Am 14. April ein gegen N. O. ziehender Trupp von etwa 30 Stück kleinen Gänsen, die sich durch fortwährendes kurz abgebrochenes Geschrei auszeichneten.

Pörrafer am 3. Mai, ein starker Zug gegen N. O. (E. v. Middendorff.)

Könno am 29. April, bei Schnee und Frost ein Zug, gegen N. O. fliegend. (E. v. Middendorff.)

Choudleigh am 16. Mai trieb sich ein Zug über dem Meere herum. Am 26. September zog ein Trupp längs der Küste von S. O. nach N. W. (E. v. Middendorff.)

95. *Cygnus musicus*, Bechst. — Singschwan.

Riga. Abzug am 2. October.

Meyershof am 11. und 15. April, gegen N. O. ziehend. h. S. Am Tage vorher dasselbe Wetter.

Hellenorm am 28. November zogen 4 Stück von O. nach W.

Ringen am 10. April.

Dorpat am 7. Mai 4 Stück. Nachzügler.

Audern viele am 2. April. Richtung S.—N. h. S. W. Am Tage vorher S. W.-Sturm.

Wiems bei Reval. 7 Schwäne v. N. nach S. ziehend, am 26. December. (B. Hehn.)

96. *Spatula clypeata*, Linn. — Löffelente.

Neuenhof am 28. April, 2 Stück. (stud. v. Gerner.)

97. *Anas boschas*, Linn. — Märzente.

Meyershof. Auf der Aa überwinterten 2 ♂ und 5 ♀ am 11. Februar noch vollzählig.

Hellenorm am 5. April. + 2⁰, + 6⁰, kalter Regen st. S. Am Tage vorher + 1⁰, + 8⁰, warmer Regen, S.-Sturm.

Dorpat am 2. April auf der Lucht 2 Stück. Am 3. April 6 Stück. Am 4. April 16 Stück, dann rasch zunehmend.

98. *Anas acuta*, Linn. — Spiessente.

Dorpat am 7. Mai 3 Paare.

99. *Anas crecca*, Linn. — Krickente.

Dorpat am 8. April 15 Stück.

100. *Anas penelope*, Linn. — Pfeifente.

Riga am 24. October im Uebergangskleide.
Dorpat am 10. April.

101. *Fuligula ferina*, Linn. — Tafelente.

Riga am 10. December ein ♂.

102. *Clangula glaucion*, Linn. Schellente.

Wohlfahrtslinde am 2. April bei S. W.
Dorpat am 11. April.

103. *Harelda glacialis*, Leach. — Eisente.

Choudleigh am 16. Mai, noch recht zahlreich auf
dem Meere.

104. *Mergus merganser*, Linn. —Grosser Säger.

Dorpat am 24. März 1 Stück. Am 3. April ein Paar.
Am 4. April 8 Stück.

105. *Carbo cormoranus*, M. und W. — Kormoran.

Odinsholm am 18. August 1 Stück.

106. *Larus marinus*, Linn. — Mantelmöve.

Seemuppen im Juli, ein junges Exemplar am Strande
erlegt.
Choudleigh am 16. Mai 2 Stück beobachtet. (E. v.
Middendorff.)

107. *Larus fuscus*, Linn. Häringsmöve.

Seemuppen. Den ganzen Sommer am Strande häufig.

108. *Larus canus*, Linn. — Sturmmöve.

Dorpat am 3. April die ersten 2 Stück. Am 12. und
14. April starker Zug gegen O. dem Lauf des Embach
folgend.

109. *Larus glaucus*, Brünn. — Eismöve.

Riga Anfangs Januar in Kemmern erlegt. Befindet
sich in der Sammlung des Naturforscher-Vereines in Riga.

Die Vögel von Palawan.

Nach den Ergebnissen der von Herrn und Frau Dr. Platen bei Puerto-Princesa auf Palawan (Philippinen) im Sommer 1887 ausgeführten ornithologischen Forschungen übersichtlich zusammengestellt.

Von

Professor **Dr. Wilh. Blasius** in Braunschweig.

Die ersten genauen Nachrichten über die Vögel von Palawan verdanken wir Prof. Dr. Steere, welcher im Sommer 1874 etwa einen Monat sammelnd in Puerto-Princesa zubrachte und dabei 32, in der folgenden Liste mit einem Punkte (.) bezeichnete Arten auffand, welche einige Jahre später von R. Bowdler Sharpe gemeinsam mit anderen von Steere gesammelten Philippinen-Vögeln aufgezählt und beschrieben wurden (Transact. Linn. Soc. [2] Zoology Vol. I Part. 6, p. 307—355. 1877). Hierzu würde als 33. eine Anfangs noch unbestimmt gebliebene *Prionochilus*-Art hinzuzurechnen sein. Vorher scheint schon um das Jahr 1860 P. De la Gironière, dem wir auch ein Buch über die Philippinen verdanken, einige Vögel auf Palawan gesammelt zu haben; wenigstens ist es höchst wahrscheinlich, dass bei der Beschreibung von *Leucotreron Gironieri* von Seiten der Herren Jules Verreaux und O. Des Murs (Ibis 1862, p. 343) nur in Folge eines Schreib- oder Druckfehlers »Tallawan (Philippines)« statt Palawan steht. — Später im November und December 1877 hielt sich A. H. Everett kurze Zeit in Puerto-Princesa auf und konnte dabei im Ganzen 52 Vogelarten sammeln, die später Lord Tweeddale bearbeitete (Proc. Zool. Soc. 1878 p. 612—624), wodurch die Gesammtzahl der von Palawan bekannten Vogelarten auf 64, und mit Einschluss einer fälschlich als *Cyornis banyumas* aufgeführten *Siphia*-Art auf 65 anwuchs. Mit Ausschluss der letzteren sind die von Everett zuerst aufgefundenen 31 Arten in der folgenden Liste mit einem Kreuz (†) bezeichnet worden. Vor wenigen Jahren endlich wählte E. Lemprière einen Punkt in Süd-Palawan zur weiteren Durchforschung der Insel, und es gelang ihm dabei, gleichfalls zahlreiche Vogelarten, darunter einige neue Formen aufzufinden, welche R. Bowdler Sharpe im Jahre 1884 aufgezählt hat (Ibis 1884, p. 316—322). Einen von Lemprière gesammelten neuen Nashornvogel machte derselbe jedoch erst im folgenden Jahre unter dem Namen *Anthracoceros Lemprieri* bekannt (Proc. Zool. Soc. 1885 p. 446 pl. XXVI), nachdem kurz vorher schon E. Oustalet dieselbe Art unter dem Namen *Anthracoceres Marchëi* zu Ehren des bekannten Forschers und Sammlers Marche beschrieben hatte (Description de deux espèces. Naturaliste, Paris, 7. Ann. 1885, p. 108). Die sieben von Lemprière aufgefundenen Arten sind in der folgenden Liste durch ein liegendes Kreuz (✕) kenntlich gemacht. Durch alle diese Veröffentlichungen war die Zahl der von Palawan bekannten Vogelarten auf einige 70 gestiegen.

Im vorigen Sommer besuchte nun das seit vielen Jahren durch ihre Forschungen berühmt gewordene Ehepaar, Herr und Frau Dr. Platen, auf mehrere Monate Puerto-Princesa und sammelte dort 603 Vogelbälge, die kürzlich Herr Oberamtmann Nehrkorn in Riddagshausen erhielt und mir zur wissenschaftlichen Bestimmung und Bearbeitung freundllichst zur Verfügung stellte.

Indem ich mir die Veröffentlichung einer ausführlicheren vergleichenden und kritischen Arbeit über diese höchst interessanten Sammlungen für später vorbehalte, will ich heute nur eine allgemeine Zusammenstellung der faunistischen Ergebnisse darbieten. Die Platen'schen Sammlungen enthalten Vertreter von 130 Vogelarten, und die Zahl der bis jetzt auf Palawan gefundenen Arten ist durch die Forschungen des unermüdlichen Ehepaares fast verdoppelt worden. Im Folgenden gebe ich nun eine an die grossen Salvadori'schen Veröffentlichungen über die Vögel von Neu-Guinea, von den Molukken, Borneo etc. sich in der Reihenfolge anlehnende systematische Liste der aufgefundenen Arten und füge, um zugleich ein vollständiges Bild der Vogelfauna von Palawan nach dem Stande unserer jetzigen Kenntnisse zu geben, ohne Nummern diejenigen 8 Arten hinzu, die früher schon (aber jetzt von Dr. Platen nicht wieder) dort aufgefunden worden sind. Synonyme und Hinweise auf frühere Veröffentlichungen füge ich nur soweit hinzu, als es mir erforderlich scheint, um Zweifel über die betreffende Form zu heben und die bisherigen Beweise für frühere Vorkommnisse auf Palawan zu sammeln. Dabei citire ich abgekürzt die beiden oben erwähnten ersten Abhandlungen über die Vogelfauna von Palawan aus der Feder S h a r p e's und T w e e d d a l e's mit der Jahreszahl des Erscheinens: 1877 und 1878. Bei denjenigen Arten, welche für die Wissenschaft noch ganz neu zu sein scheinen, gebe ich eine kurze vorläufige Beschreibung; *Turnix Haynaldi* wird in dem vorliegenden Aufsatze zuerst beschrieben, ebenso *Carpophaga aenea* (Linn.) var. *palawanensis*. *Prionochilus Plateni* und *Prioniturus Platenae* habe ich bei Gelegenheit einer ersten Mittheilung über die Platen'schen Sammlungen in der Sitzung des Vereines für Naturwissenschaft zu Braunschweig am 2. Februar 1888 zuerst beschrieben (Braunschweigische Anzeigen Nr. 37 vom 12. Februar 1888, p. 335), *Syrnium Wiepkeni*, *Siphia Ramsayi*, *Siphia Platenae* und *Hyloterpe Plateni* in der Sitzung desselben Vereines am 16. Februar 1888 (ibid. Nr. 52 vom 1. März 1888, p. 467). Die dort gegebenen ursprünglichen Beschreibungen gebe ich im Folgenden wörtlich wieder, da die »Braunschweigischen Anzeigen« schwer zugänglich sind, und ergänze dieselben nur durch Maassangaben, indem ich mir eine weitere Ausführung der Beschreibung für später vorbehalte.

Falconidae.

* 1. *Hypotriorchis severus* (Horsf.)

  2. *Falco peregrinus*, Gml.

* 3. *Astur trivirgatus* (Temm.)

* 4. *Spizaëtus limnaëtus* (Horsf.)

Diese Art scheint neben der folgenden, sich
eng an *Sp. alboniger* von Borneo anschliessenden,
Art auf Palawan vorzukommen.

* 5. *Spizaëtus philippensis*, Gurney.

* 6. *Cuncuma leucogaster* (Gml.)

* 7. *Spilornis bacha* (Daud.)

Es ist diese Art und nicht *Sp. holospilus* auf
Palawan erlegt.

† — *Butastur indicus* (Gml.)

Tweeddale 1878, l. c. p. 612.

* 8. *Pernis ptilonorhynchus* (Temm.)

Strigidae.

* 9. *Ninox scutulata* (Raffl.)

Es ist die echte kurzflügelige *Ninox scutulata*
der malayischen Fauna, die auf Palawan vorkommt.

* 10. *Syrnium Wiepkeni*, W. Blas. Br. Anz. Nr. 52 vom
1. März 1888, p. 467.

»Diese ziemlich grosse Eule (benannt zu Ehren
des verdienstvollen Directors des Grossherzogl.
Naturhistorischen Museums in Oldenburg) ist dem
javanischen Kauze: *seloputo*, ähnlich, unterscheidet
sich aber von demselben durch die rostbräunliche
Grundfärbung der Laufbefiederung, der ganzen
Unterseite und der unteren Flügeldeckfedern bei
regelmässiger Ausbildung schmaler dunkelbrauner
Querbänder am Leibe und an der Befiederung
der Läufe. Die ganze Oberseite ist dunkelchoco-
ladenfarbig mit zahlreichen kleinen weissen Tropfen-
flecken, wobei die langen Schulterfedern mehr
oder weniger zu einer helleren, gelblichen oder
gar weissen Färbung mit breiteren dunklen Querbändern hinneigen. Die Federn an den Seiten des
Halses und an der Brust haben zum Theil, bei
rostbräunlicher Färbung des Grundtheiles, an der
Spitze mehrere ziemlich breite mit einander ab-
wechselnde weisse und dunkelbraune Querbänder.«

Maasse in Long. tot.	Ala	Cauda	Culmen incl.	Tarsus
Centim.:			Wachshaut (Schne)	
♂ 43,0	32,5	17,7	3,8	6,0
♀ 46,0	35,4	19,3	4,9	6,3

* **11.** *Scops Everetti*, Tweeddale, Proc. Zool. Soc. 1878, p. 942 (»Mindanao«).

Cacatuidae.

✕ **12.** *Cacatua haematuropygia* (L. S. Müll.).
Sharpe, Ibis 1884, p. 316.

Psittacidae.

✸ **13.** *Prioniturus Platenae*, W. Blas. Br. Anz. Nr. 37 v. 12. Februar 1888, p. 335.

Diese Form, »zu Ehren der Frau Dr. Platen benannt, ist am nächsten der gewöhnlichen Philippinen-Art, *discurus* Vieill., verwandt, unterscheidet sich aber von derselben durch vollständig blaue Färbung des ganzen Kopfes, oberwärts bis zum Nacken und Vorderrücken hin, an den Seiten und unterwärts allmälig in die durchaus bläulich überflogene Unterseite des Körpers übergehend; dabei sind die unteren Schwanzdeckfedern theils vollständig gelb, theils wenigstens mit breiten gelben Rändern versehen. An der letzteren Färbung sind selbst Jugendkleider, die im Uebrigen noch grün gefärbt erscheinen, als zu dieser Art gehörig zu erkennen.«

Maasse in Long. tot.	Ala	Rectrices		Culmen	Tarsus
Centim.:		laterales	mediae		
♂ 31,0	15,5	8,0	15,0	2,0	1,70
♀ 29,5	15,4	7,0	13,0	2,0	1,65

. **14.** *Tanygnathus lucionensis* (Linn.)

T. luzoniensis, Sharpe 1877, l. c. p. 312. — *T. luzonensis*, Tweeddale 1878, l. c. p. 612. — *T. luconensis*, Sharpe, Ibis 1884, p. 316.

Picidae.

15. *Thriponax Hargitti,* Sharpe, Ibis 1884, p. 317
(»Palawan«).
> *T. javensis,* Sharpe 1877, l. c. p. 314.

* 16. *Alophonerpes pulverulentus* (Temm.).

. 17. *Chrysocolaptes erythrocephalus,* Sharpe 1877, l. c.
p. 315.
> Tweeddale 1878, l. c. p. 612. — Sharpe,
> Ibis 1884, p. 317.

. 18. *Tiga Everetti,* Tweeddale 1878, l. c. p. 612.
> *T. javanensis,* Sharpe 1877, l. c. p. 315. —
> *T. Everetti,* Sharpe, Ibis 1884, p. 317.

Cuculidae.

* 19. *Cuculus canoroides,* S. Müll.

* 20. *Hieracoccyx strenuus,* Gould.

† 21. *Cacomantis merulinus* (Scop.).
> Tweeddale 1878, l. c. p. 613 (mit ?).

* 22. *Chrysococcyx xanthorhynchus* (Horsf.).

† 23. *Surniculus lugubris* (Horsf.).
> Tweeddale 1878, l. c. p. 613.

* 24. *Eudynamis mindanensis* (Linn.).

* 25. *Eudynamis malayana,* Cab. u. Hein. (? = *nigra* [L.]).
> Nach den Grössenverhältnissen gehört das vor-
> liegende Stück eher zu der indischen Form *nigra*
> (Linn.), mit welcher wahrscheinlich *malayana*
> Cab. u. Hein. vereinigt werden muss.

† 26. *Dryococcyx Harringtoni,* Sharpe 1877, l. c. p. 321
(»Balabac«).
> *Phoenicophaës Harringtoni,* Tweeddale 1878, l. c.
> p. 613. — *Dryococcyx Harringtoni,* Sharpe,
> Ibis 1884, p. 316.

* 27. *Centrococcyx javanensis* (Dumont).

† 28. *Centrococcyx eurycercus*, A. Hay.
Tweeddale 1878, l. c. p. 614. — Sharpe
Ibis 1884, p. 316.

Buccrotidae.

✕ 29. *Anthracoceros Marchëi*, Oustalet, Naturaliste, Paris,
1885 p. 108.
A. *Lemprieri*, Sharpe, Proc. Zool. Soc. 1885,
p. 446.

Alcedidae.

30. *Alcedo meninting*, Horsf.

✕ 31. *Alcedo bengalensis*, Gml.
Sharpe, Ibis 1884, p. 318.

32. *Pelargopsis Gouldi*, Sharpe, Proc. Zool. Soc. 1870,
p. 63 (»Luzon«).
Nach Grösse und Färbung liegen mir Exemplare dieser Art vor. Obgleich Sharpe selbst die
Bestimmung der folgenden Art ausgeführt hat,
bin ich überzeugt, dass nicht beide nahe verwandte
Pelargopsis-Arten neben einander auf Palawan vorkommen, und dass entweder die eine oder die
andere in der Liste gestrichen werden muss.

— *Pelargopsis leucocephala* (Gml.)
Sharpe 1877, l. c. p. 317. — Sharpe, Ibis 1884,
p. 318.

✕ 33. *Ceyx rufidorsa*, Strickl.
Sharpe, Ibis 1884 p. 318.

＊ 34. *Entomobia pileata* (Bodd.).

＊ 35. *Sauropatis chloris* (Bodd.).

Coraciidae.

† 36. *Eurystomus orientalis* (Linn.).
Tweeddale 1878, l. c. p. 613.

Caprimulgidae.

* 37. *Caprimulgus manillensis,* G. R. Gray.

Cypselidae.

* 38. *Cypselus Lowi,* Sharpe, Proc. Zool. Soc. 1879,
p. 333 (»Labuan«).

Die von Sharpe als Unterscheidungsmerkmal
von *infumatus* angegebene geringe Gabelung des
Schwanzes beweist das Vorkommen dieser Form
der Borneofauna auf Palawan.

* 39. *Hirundinapus giganteus* (Hasselt).

* 40. *Collocalia troglodytes,* Wall. ex Gray.

Hirundinidae.

* 41. *Hirundo gutturalis,* Scop.

† 42. *Hirundo javanica,* Sparrm.
Tweeddale 1878, 1. c. p. 615. — Sharpe,
Ibis 1884, p. 321.

Muscicapidae.

✕ — *Siphia Lemprieri,* Sharpe, Ibis 1884, p. 319.

* 43. *Siphia Ramsayi,* W. Blas. Br. Anz. Nr. 52 vom
1. März 1888, p. 467.
Cyornis banyumas, Tweeddale 1878, l. c. p. 615.
— *Siphia elegans,* Sharpe, Cat. Birds Brit. Mus.
Vol. IV, p. 447. 1879. — *Cyornis sp. indet.* Ward-
law Ramsay, Ibis 1886, p. 159.

»Diese Fliegenschnäpper-Art (benannt zu Ehren
des englischen Ornithologen Ramsay, welcher sich
grosse Verdienste um die Erforschung der Ornis
der Philippinen und der malayischen Inseln erworben
hat) steht in Betreff der vorzugsweise oliven-
artigen Rückenfärbung des Weibchens den indischen Arten *rubeculoides* und *magnirostris* nahe,
unterscheidet sich aber von ersterer Form durch

den bedeutend längeren Schnabel und dadurch,
dass bei dem Männchen die Kehle nicht blau-
schwarz oder blau, sondern hell gefärbt ist, wie
beim Weibchen. Von letzterer Art ist das Männchen hauptsächlich durch die dunkleren Füsse
verschieden, das Weibchen dagegen durch eine
braungraue Färbung der Oberseite des Kopfes mit
deutlich bläulichem Scheine, der vorzugsweise
sichtbar über dem hellen Stirn- und Oberaugenstreifen hervortritt, sowie auch durch eine fast
braunrothe Farbe des Schwanzes. Es ist dies die
Form, von welcher bis dahin nur weibliche Individuen auf Palawan gesammelt waren, und die
Tweeddale fälschlich als *banyumas* bezeichnet,
Sharpe als *elegans* aufgeführt und Ramsay erst kürzlich als mit *rubeculoides* verwandt erkannt hat. Die
anderen neuerdings von Sharpe, bezw. Ramsay
beschriebenen Philippinen-Arten: *Lemprieri* und
Herioti, scheinen von der vorliegenden Form
wesentlich verschieden zu sein.«

Maasse in Centim.: Long. tot. Ala Cauda Culmen Tarsus

	Long. tot.	Ala	Cauda	Culmen	Tarsus
♂	15,0	7,9	6,4	1,6	1,9
♀	14,8	7,6	6,2	1,55	1,8

⚹ **44.** *Siphia Platenae*, W. Blas. Br. Anz. Nr. 52 vom
1. März 1888, p. 467.

Diese Species »(benannt zu Ehren der Frau
Dr. Platen) gehört im Gegensatz zu denjenigen
Arten, die wenigstens im männlichen Geschlecht
ein vorzugsweise blaues Gefieder haben, zu denjenigen Formen, welche in beiden Geschlechtern
eine mehr oder weniger oliven-gelbe oder bräunliche Färbung des Rückens besitzen (*strophiata*, *ruficauda*, *poliogenys* und *olivacea*). Charakteristisch
für die vorliegende Art ist die geringere Grösse, die
gleichmässige, hellolivenbräunliche Färbung des
Rückens und der Kopf-Oberseite, der einfarbig
hell rostrothe Schwanz und die zweifarbige Unter-

seite des Körpers mit scharfer Grenze in der Mitte,
wobei die vordere Hälfte orangeroströthlich, die
hintere dagegen einfarbig weiss erscheint.« Maasse
eines Männchens: Long. tot. 11,5; Ala 6,5; Cauda
4,9; Culmen 1,2; Tarsus 2,05 *cm.* Bemerkenswerth ist die verhältnissmässig sehr bedeutende
Länge der Tarsen im Vergleiche zu den Arten der
Banyumas- und *Rubeculoides-*Gruppen.

† 45. *Hypothymis occipitalis*, Vigors.
> *H. azurea*, Tweeddale 1878, l. c. p. 615.
> Vielleicht ist doch *H. occipitalis* als Art von *azurea*
> nicht abzutrennen.

* 46. *Muscicapa griseosticta* (Swinhoe).

* 47. *Hemichelidon sibirica* (Gml.).
> Ein einzelnes Individuum dieser Art ist mit
> zahlreichen Exemplaren der vorigen zusammen
> erlegt worden.

* 48. *Culicicapa panayensis* (Sharpe).
> *Xantholestes panayensis*, Sharpe, 1877, l. c.
> p. 327 (»Panay«).

. 49. *Zeocephus cyanescens*, Sharpe 1877, l. c. p. 328.
> Sharpe, Ibis 1884, p. 320.

. 50. *Rhipidura nigritorquis*, Vigors.
> Sharpe 1877, l. c. p. 325.

Campophagidae.

. 51. *Graucalus sumatrensis* (S. Müll.).
> Sharpe 1877, l. c. p. 323. — Tweeddale 1878,
> l. c. p. 614. — *Artamides sumatrensis,* Sharpe,
> Ibis 1884, p. 319.

* 52. *Lalage dominica* (L. S. Müll.).

. 53. *Pericrocotus igneus*, Blyth.
> Sharpe 1877, l. c. p. 324; Ibis 1884, p. 319.

? [*Pericrocotus cinereus*, Lafresn.
> Diese Art (cf. Sharpe, Ibis 1884, p. 319) scheint
> nur fälschlich angeführt zu sein].

Artamidae.

* 54. *Artamus leucogaster* (Valenc.).

Dicruridae.

† 55. *Dicruropsis palawanensis* (Tweeddale).

Dicrurus palawanensis, Tweeddale 1878, l. c. p. 614. — *Chibia palawanensis*, Sharpe, Ibis 1884, p. 318.

. 56. *Buchanga leucophaea* (Vieill.).

B. cineracea, Sharpe 1887, l. c. p. 324. — *B. leucophaea*, Tweeddale 1878, l. c. p. 615; Sharpe, Ibis 1884, p. 318.

. 57. *Irena Tweeddalei*, Sharpe 1877, l. c. p. 333.

Sharpe, Ibis 1884 p. 321.

Laniidae.

† 58. *Lanius lucionensis*, Linn.

L. luzionensis, Tweeddale 1878, l. c. p. 614. Die zahlreichen vorliegenden Bälge nähern sich in der Färbung des Kopfes sehr *L. cristatus*; doch sollen Jugendkleider von *L. lucionensis* nur eine sehr geringe Entwicklung des Grau am Kopfe zeigen.

* 59. *Hyloterpe Plateni*, W. Blas. Br. Anz. Nr. 52 vom 1. März 1888, p. 467.

»Diese Dickkopf-Würgerart (benannt zu Ehren des unermüdlichen Sammlers) ist der malayischen Form *grisola* am nächsten stehend, unterscheidet sich aber durch einen längeren Schnabel, durch eine fast gleichmässig olivenbraune Färbung der ganzen Oberseite mit Einschluss des Kopfes und des Schwanzes, sowie durch eine graue Färbung der Brust, die sich an Kehle und Kinn mehr mit Weiss mischt. Jüngere Individuen haben eine braunrothe Berandung der Schwungfedern und statt der schwarzen eine bräunliche Färbung des Schnabels.« Maasse eines alten Männchens: Long. tot. 15,2; Ala 8,4; Cauda 6,5; Culmen 1,5; Tarsus 2,2 *cm*.

Paridae.

. — *Parus elegans*, Less.
   Sharpe 1877, l. c. p. 338.

* 60. *Parus amabilis*, Sharpe 1877, l. c. p. 338 (»Balabac«).
   Diese Art ist von der vorigen scharf zu unterscheiden. Es scheinen demnach in der That beide
   Meisenarten neben einander bei Puerto-Princesa
   vorzukommen.

Certhiidae.

. 61. *Dendrophila frontalis* (Horsf.).
   Sharpe 1877, l. c. p. 338.

Nectariniidae.

† 62. *Cyrtostomus aurora*, Tweeddale 1878, l. c. p. 620.
   Cinnyris aurora, Sharpe, Ibis 1884 p. 321.

. 63. *Aethopyga Shelleyi*, Sharpe, »Nature«, August 1876,
   p. 297.
   Sharpe 1877, l. c. p. 342. — Tweeddale 1878,
   l. c. p. 621.

† — *Chalcostetha insignis*, Jardine.
   Tweeddale 1878, l. c. p. 621. Vielleicht ist
   diese im männlichen Geschlechte unverkennbare
   Art auch unter den von Platen gesammelten weiblichen und jugendlichen *Nectariniidae* vertreten,
   deren Bestimmung oft sehr schwierig sein kann.

† 64. *Cinnyris sperata* (Linn.).
   Nectarophila sperata, Tweeddale 1878, l. c.
   p. 620.

. 65. *Anthreptes malaccensis* (Scop.).
   Sharpe 1877, l. c. p. 342. — Tweeddale 1878,
   l. c. p. 621.

. 66. *Arachnothera dilutior*, Sharpe, »Nature«, August
   1876, p. 298.
   Sharpe 1877, l. c. p. 341. — Tweeddale 1878,
   l. c. p. 621.

Dicaeidae.

† 67. *Dicaeum pygmaeum* (Kittlitz).

    Myzanthe pygmaea, Tweeddale 1878, l. c. p. 620.

⁎ 68. *Prionochilus Plateni,* W. Blas. Br. Anz. Nr. 37 v. 12. Februar 1888, p. 335.

    Prionochilus sp. Sharpe 1877, l. c. p. 340. — *P. xanthopygius* (?) Wardlaw Ramsay: Revised List of Birds . . . Philippine Islands: Ornithological Works of Tweeddale; Appendix p. 658. 1881.

    Diese »zu Ehren des Sammlers genannte Blüthen-picker-Art ist sehr ähnlich den auf Borneo u. s. w. vorkommenden Arten *percussus* (Temm.) oder *igni-capillus* (Eyton) und *xanthopygius,* Salvadori, unterscheidet sich jedoch von der letzteren Form durch weisse Bartstreifen von der ersteren dagegen durch die gelbe Färbung des Bürzels«. Maasse eines Männchens: Long. tot. 9,0; Ala 5,4; Cauda 2,6; Culmen 1,1; Tarsus 1,45 *cm.*

Brachypodidae.

. 69. *Aegithina viridis* (Bp.).

    Jora scapularis, Sharpe 1877, l. c. p. 333. — *Aegithina scapularis,* Tweeddale 1878, l. c. p. 619.

. 70. *Phyllornis palawanensis,* Sharpe 1877, l. c. p. 333. Tweeddale 1878, l. c. p. 619.

† 71. *Pycnonotus cinereïfrons* (Tweedd.).

    Brachypus cinereïfrons, Tweeddale 1878, l. c. p. 617.

† 72. *Micropus melanocephalus* (Gml.).

    Brachypodius melanocephalus, Tweeddale 1878, l. c. p. 618.

. 73. *Criniger frater,* Sharpe 1877, l. c. p. 334. Tweeddale 1878, l. c. p. 618.

† 74. *Criniger palawanensis,* Tweeddale 1878, l. c. p. 618.

Timeliidae.

. 75. *Mixornis Woodi,* Sharpe 1877, l. c. p. 331. Tweeddale 1878, l. c. p. 617.

. 76. *Ptilocichla falcata*, Sharpe 1877, l. c. p. 332.

† 77. *Anuropsis cinerëiceps* (Tweedd.).

Drymocataphus cinerëiceps, Tweeddale 1878, l.c. p. 617. — *Anuropsis cinerëiceps*, Sharpe, Ibis 1884, p. 321.

† 78. *Trichostoma rufifrons*, Tweeddale 1878, l. c. p. 616.

Pittadae.

. 79. *Pitta sordida*, L. S. Müll.

Brachyurus sordidus, Sharpe 1877, l. c. p. 331. — *Pitta sordida,* Sharpe, Ibis 1884, p. 321.

* 80. *Pitta propinqua* (Sharpe).

Brachyurus propinquus, Sharpe, 1877, l. c. p. 330 (»Balabac, Mindanao«).

Saxicolidae.

. 81. *Cittocincla nigra*, Sharpe 1877, l. c. p. 335. Tweeddale 1878, l. c. p. 619.

† 82. *Monticola solitarius* (L. S. Müll.). Tweeddale 1878, l. c. p. 619.

Sylviidae.

. 83. *Orthotomus ruficeps* (Less.).

Sharpe 1877, l. c. p. 337. — Tweeddale 1878, l. c. p. 619.

* 84. *Acrocephalus orientalis* (Temm. u. Schleg.).

* 85. *Phylloscopus borealis* (I. H. Blas.).

Motacillidae.

* 86. *Budytes viridis* (Gml.).

* 87. *Anthus Gustavi*, Swinhoe.

Zahlreiche unverkennbare Vertreter dieser Art liegen vor. Es ist nicht auffallend, dass dieselbe neben der folgenden auf Palawan vorkommt, da beide der Philippinen-Fauna angehören.

† — *Anthus maculatus*, Hodgs.

Tweeddale 1878. l. c. p. 610.

Plocëidae.

. 88. *Oxycerca Everetti*, Tweeddale, Proc. Zool. Soc.
1877, p. 699 (»Monte Alban«).
Munia leucogastra, Sharpe 1877, l. c. p. 345.
Oxycerca Everetti. Tweeddale 1878, l. c. p. 622.
Munia leucogastra, Wardlaw Ramsay, Revised
List of Birds... Philippine Islands: Ornithological
Works of Tweeddale; Appendix p. 659. 1881.
Weshalb Ramsay zuletzt wieder *M. leucogastra*
für Palawan anführt und nicht *O. Everetti*, die er
auf Luzon und Zebu beschränkt, weiss ich nicht, da
Tweeddale selbst Palawan-Exemplare zu seiner
Oxycerca Everetti zog. Die Artberechtigung dieser
Form neben *leucogastra* scheint mir allerdings noch
zweifelhaft zu sein.

Sturnidae.

89. *Sturnia violacea* (Bodd.).

. 90. *Calornis panayensis* (Scop.).
C. chalybeus, Sharpe 1877, l. c. p. 343. —
C. panayensis, Tweeddale 1878, l. c. p. 622; —
Sharpe, Ibis 1884, p. 321.

. 91. *Gracula javanensis* (Osb.).
Sharpe 1877, l. c. p. 344. — Tweeddale 1878,
l. c. p. 622. — *Eulabes javanensis*, Sharpe, Ibis
1884 p. 321.

Oriolidae.

† 92. *Broderipus acrorhynchus* (Vigors) var. *palawanen-
sis*, Tweeddale (als Art).
Broderipus palawanensis, Tweeddale, 1878, l. c.
p. 616. — *Oriolus palawanensis*, Sharpe, Ibis 1884,
p. 319.
Guillemard's vollständige Identificirung dieser
Form mit *Oriolus chinensis*, Linn. = *acrorhynchus*
Vigors erscheint mir noch sehr fraglich.

† 93. *Oriolus xanthonotus,* Horsf.
Tweeddale 1878, l. c. p. 616.

Corvidae.

† 94. *Corvus pusillus,* Tweeddale 1878, l. c. p. 622.
Corone pusilla, Sharpe Ibis 1884, p. 318.

Treronidae.

† 95. *Osmotreron vernans* (Linn.).
Tweeddale 1878, l. c. p. 623.

. 96. *Treron nasica,* Schlegel
Sharpe 1877, l. c. p. 346. — Tweeddale 1878.
l. c. p. 623.

✻ 97. *Leucotreron Leclancheri* (Bp.).
Leucotreron Gironieri, I. Verr. u. O. D. Murs,
Ibis 1862, p. 342. (»Tallawan [Philippines]«); —
Ptilopus Geversi, Schlegel (errore); — *Ptilopus
Hugonianus,* Schlegel (»Philippinen«) etc. — *Leu-
cotreron Leclancheri,* Salvadori, Atti Acc. Torino
Vol. XIII 1877/8 p. 425; — *Ptilopus Leclancheri,*
Salvadori, Ornit. della Papuasia Vol. III, p. 64
(1882); — Wardlaw Ramsay: Revised List of the
Birds... Philippine Islands: Ornithological Works
of Tweeddale; Appendix p. 659, 1881.
Von Tweeddale für Luzon, Negros, Guimaras
nachgewiesen. Die Uebereinstimmung der Anfangs
fälschlich als Neu-Guinea-Vogel beschriebenen *L.
Leclancheri* mit der für verschiedene Philippinen-
Inseln nachgewiesenen *L. Gironieri* bestätigen die
mir vorliegenden Exemplare durchaus.

✕ — *Ptilopus melanocephalus* (Forsten).
Sharpe, Ibis 1884, p. 322.

. 98. *Carpophaga aenea* (Linn.) nov. var. *palawanensis.*
Carpophaga aenea, Sharpe 1877, l. c. p. 346. —
Tweeddale 1878, l. c. p. 623. — Sharpe, Ibis 1884,
p. 322.
Die Palawan-Vögel haben einen verhältnissmässig
bedeutend längeren und blaueren Schwanz; der

Rücken zeigt neben einem kupferfarbigen Glanze einen starken blauen und grünen, dagegen nicht oder doch weniger einen röthlichen Schiller. Untere Schwanzdecken dunkel kastanienbraun. Die Maasse eines alten Männchens sind: Long. tot. 43,0; Ala 24,8; Cauda 16,2; Culmen 2,95; Tarsus 3,4 cm.

. **99.** *Myristicivora bicolor* (Scop.)
fide Steere, Sharpe 1877, l. c. p. 347.

Columbidae.

* **100.** *Macropygia tenuirostris*, G. R. Gray.
* **101.** *Turtur Dussumieri* (Temm.).

Gouridae.

. **102.** *Chalcophaps indica* (Linn.).
Sharpe 1877, l. c. p. 348.

Caloenatidae.

* **103.** *Caloenas nicobarica* (Linn.).

Megapodidae.

† **104.** *Megapodius Cumingi*, Dillwyn.
Tweeddale 1878, l. c. p. 624. — Sharpe, Ibis 1884, p. 322.

Phasianidae.

* **105.** *Gallus bankiva*, Temm.
† **106.** *Polyplectron Napoleonis*, Lesson.
P. emphanes, Tweeddale 1878, l. c. p. 623.

Turnicidae.

* **107.** *Turnix Haynaldi*, nov. sp.
Dieses, wie es scheint, mit keiner bekannten Art übereinstimmende Laufhühnchen (benannt auf Veranlassung des Herrn Oberamtmann Nehrkorn zu Ehren des um die Wissenschaft hochverdienten Cardinals, Erzbischofs von Kolocsa in Ungarn, Herrn Dr. Ludwig Haynald) hat eine graubraune Oberseite des Körpers und Schwanzes mit zahlreichen schwarzen wurmförmigen Querwellen und

vielen verwaschenen rostrothen Federn, die im
Nacken sich etwas häufen. Einzelne Rückenfedern,
und besonders die langen Schulterfedern mit je
einem unregelmässigen, grossen, subterminalen
schwarzen Flecken, der am Aussenrande von je
einem sichelförmig gekrümmten, weissen Längs-
flecken unterbrochen wird. Die oberen Flügeldeckfedern mit einigen breiteren schwarzen und weisslich-
gelben Querbändern. Eine ähnliche gebänderte Zeichnung an dem freiliegenden Theile der übrigens, wie
die Handschwingen, braungrauen Mittelschwingen.
Federn der Kopfplatte braun mit roströthlichen
Rändern, an der Stirn und in einer jederseits von
der Stirn ausgehenden über den Augen sich hinziehenden bis zum Nacken verlaufenden Linie mit
weissen Spitzenflecken oder Querbändern. Durch
die ähnliche Zeichnung einiger Federn in der Mitte
der Kopfplatte wird eine weisse mittlere Scheitel-
linie angedeutet. Kopfseiten weisslich mit schwarzen
Flecken. Kinn und Kehle weiss. Brust- und
Bauchseiten bei rostgelblicher Grundfarbe mit breiten schwarzen Querbändern.
Hinterleib und untere Schwanzdecken dunkelrost-
gelb. Leib ebenso, in der Mitte heller. Oberschnabel dunkel, Unterschnabel heller. Füsse
gelblich in's Graue oder Bräunliche übergehend.

Diese Form gehört zu den kleineren Arten
mit mässig entwickeltem Schnabel, bei schwarz-
gebänderter Brust. Sie dürfte *T. rufilata* Wallace
von Celebes am Nächsten stehen, ist aber durch
die an die europäische Art *sylvatica* erinnernde
Färbung des Kopfes und Halses zu unterscheiden.

Maasse in Long. tot. Centim.:	Ala	Cauda	Culmen	Tarsus
♂ 11,3	7,3	2,4	1,2	2,1
♀ 11,7	7,9	2,4	1,25	2,1

* 108. *Turnix fasciata* (Temm.).

Rallidae.

* 109. *Rallina fasciata* (Raffl.).

* 110. *Amaurornis phoenicura* (Penn.).

Haematopodidae.

* 111. *Strepsilas interpres* (Linn.).

Charadriidae.

112. *Charadrius fulvus*, Gml.

* 113. *Aegialitis vereda* (Gould.).

† 114. *Aegialitis Geoffroyi* (Wagl.).

  Eudromias Geoffroyi, Tweeddale 1878, l. c.
p. 624. — *Aegialitis Geoffroyi*, Sharpe, Ibis 1884,
p. 322.

* 115. *Aegialitis dubia* (Scop.).

† — *Aegialitis cantiana* (Lath.).

  Aegialitis cantianus Tweeddale 1878, l. c. p. 624.
— *Aegialitis cantiana*, Wardlaw Ramsay: Revised
List of Birds . . . Philippine Islands: Ornithological
Works of Tweeddale; Appendix p. 659. 1881.

  Sharpe vermuthete (Ibis 1884, p. 322), dass
diese Form von Tweeddale falsch gedeutet sei
und mit der folgenden zusammenfalle; wer die
geringere Grösse des Schnabels nicht beachtet,
kann möglicherweise auch die vorige Art für
cantiana ansprechen. Eine neue Vergleichung von
Tweeddale's Exemplaren auf *dubia* und *Peroni*
würde erwünscht sein.

✕ 116. *Aegialitis Peroni* (Temm.).

  Sharpe, Ibis 1884, p. 322.

Scolopacidae.

117. *Limicola platyrhyncha* (Temm.).

* 118. *Tringa subminuta*, Middend.

  Ich gebrauche den Middendorff'schen Namen,
weil die Identificirung mit *salina*, *ruficollis*, *damacensis* etc. noch angezweifelt werden kann.

* 119. *Tringa albescens*, Temm.

† 120. *Tringoides hypoleucus* (Linn.).

  Tweeddale 1878, l. c. p. 624.

* 121. *Totanus incanus* (Gml.).
* 122. *Totanus glareola* (Linn.).
* 123. *Totanus calidris* (Gml.).

Ardeidae.

* 124. *Ardea sumatrana*, Raffl.
. 125. *Bubulcus coromandus* (Bodd.).

> Sharpe 1878, l. c. p. 349. — Tweeddale 1878, l. c. p. 624.

† 126. *Butorides javanica* (Horsf.).

> Tweeddale 1878, l. c. p. 624.

* 127. *Gorsachius melanolophus* (Raffl.).

> Nach Büttikofer's Auseinandersetzungen gebrauche ich diesen Namen, weil unter G. *Goisagi* wahrscheinlich die japanische Art abgetrennt werden muss.

Laridae.

* 128. *Sterna Bergi*, Licht.
* 129. *Sterna melanauchen,* Temm.
* 130. *Anous stolidus* (Linn.).

Mit Einschluss der in obiger Liste ohne Nummern aufgeführten 8 Arten, die in den Platen'schen Sammlungen fehlen, und deren dortiges Vorkommen zum Theile noch zweifelhaft erscheinen dürfte, würden nunmehr auf Palawan im Ganzen 138 Arten beobachtet sein; von diesen sind nicht weniger als 68, also ungefähr die Hälfte, durch das Platen'sche Ehepaar zum ersten Male dort nachgewiesen, worunter sich allerdings drei Arten befinden (*Siphia Ramsayi*, W. Blas., *Prionochilus Platenae*, W. Blas. und *Leucotreron Laclancheri* (Bp.), die vorher schon, mit einem anderen Namen oder mit einer falschen Heimatsangabe versehen, verzeichnet waren. Diese 68 Arten sind in der obigen Liste durch einen vorgesetzten Stern (*) kenntlich gemacht.

Braunschweig, Herzogliches Naturhistorisches Museum.

9. März 1888.

IV. Jahresbericht (1885)

des

Comité's für ornithologische Beobachtungs-Stationen

in

Oesterreich-Ungarn.

Redigirt unter Mitwirkung von

Dr. Karl von Dalla-Torre,

Mandatar für Tirol,

von

Victor Ritter von Tschusi zu Schmidhoffen,

Präsident des Comité's und Mitglied des perman. internat. ornith. Comité's.

(Schluss).

---

225. *Ardea egretta*, Bechst. — Silberreiher.

Böhmen. Haida (Hegenbarth). Vor mehreren Jahren wurde ein Paar dieser Vögel auf dem Hirsener Grossteich mit einem Doppelschuss erlegt.

Bukowina. Solka (Kranabeter). Gehört zu den sel tenen Zugvögeln.

Dalmatien. Spalato (Kolombatović). 24. März.

Ungarn. Béllye (Mojsisovics). Etliche Paare brüteten 1884 in der Obedska bara, erheblich mehr in dem damals glücklicher Weise noch weniger »erforschten« Kolodjvár; von dort besitze ich ein Exemplar im Hochzeitsschmucke, auch Eier. Vereinzelte Exemplare trieb ich während einer Kahnfahrt von der Draumündung nach der Szrebernicza (am 11. Mai) aus dem Rohre auf. Am 6. November 1884 traf ein Zug von mindestens hundert Edelreihern im Kopácser Riede ein, der sich zur Nächtigung in die »Rohrriegel« begab; tagsüber hielten sie sich vereinzelt oder zu 2 bis 6 Stücken auf den seichteren Wässern im Röhrichte auf. In einem Briefe des Herrn Waldbereiters Pfeningberger vom 17. Juni 1885 heisst es: »Auffallend ist die grosse Menge von Edelreihern; sie halten sich in Flügen von 50 und mehr Individuen auf; in Menge kann man ihre Schmuckfedern, die sie jetzt verlieren, einsammeln« etc. »Die Edelreiher müssen en masse irgend wo um ihre Gelege gekommen sein, sonst wäre ihr Aufenthalt im Kopácser Riede zu dieser Zeit nicht recht erklärlich. Junge sind nicht zu sehen.« Auch im Sommer 1885 fand ich in grösserer Zahl als je zuvor den Edelreiher im Béllye'er Drauriede und am Kopácser Teiche; ein junges Exemplar erbeutete ich daselbst. — **Neusiedler See** (Reiser). Erschien endlich wieder seit langer Zeit heuer etwas häufiger auf dem See. An dem Westufer nächst Oedenburg soll ein Paar im Rohre genistet haben, ebenso mehrere bei Apethlon und Pamhagen. Es wird jedoch auf die schönen Thiere von allen Seiten geknallt, und wie die Exemplare auf dem Wiener Wildpretmarkte zeigten, öfters mit Erfolg. Die Ueberbringer der herrlichen Beute an die Wildprethändler sind die Fischer, welche allwöchentlich Freitags die Fische in Wien veräussern. Am 15. Mai sah ich 18 Stücke auf einer Wiese nächst Apethlon.

226. *Ardea garzetta*, Linn. — Seidenreiher.

Dalmatien. **Spalato** (Kolombatović). Vom 16. April bis 29. Mai; 20., 21. August.

Litorale. **Monfalcone** (Schiavuzzi). 23. April einige am Seeufer, 1 ♀ erlegt; 30. April zwei am Seeufer.

Ungarn. **Béllye** (Mojsisovics). Im Frühjahre 1884 fand ich ihn in grösster Zahl auch südlich von Béllye brütend; einzelne Exemplare sah ich im Kopácser Reviere. Der Sommer 1885 führte sie mir im ganzen Riedgebiete theils in isolirten Individuen, theils in ansehnlichen Scharen, meist im Gros der übrigen Reiher vor; ein schönes Exemplar mit Schmuckfedern schoss ich Ende August.

227. *Ardea ralloides*. Scop. — Rallenreiher.

Dalmatien. **Spalato** (Kolombatović). Vom 16. April bis 3. Mai; 20., 21. August, 10. September.

Ungarn. **Béllye** (Mojsisovics). Fast genau wie voriger, eher noch zahlreicher.

228. *Ardetta minuta*, Linn. — Zwergreiher.

Böhmen. Haida (Hegenbarth). Ist nicht besonders selten auf dem Hirsener Grossteich, wiewohl nicht jedes Jahr in gleicher Anzahl und macht auch hier sein Gelege. Er wird »teichüblich« mehr mit seinem zweiten Namen »kleine Rohrdommel« bezeichnet.

Dalmatien. Spalato (Kolombatović). Vom 16. April bis 23. Mai, 20. August.

Mähren. Kremsier (Zahradník). 10. Mai.

Steiermark. Mariahof (Hanf & Paumgartner). 7. Mai 1 ♂.

Ungarn. Béllye (Mojsisovics). Obwohl das Thier durchaus keine Rarität ist, sieht man es doch selten in den syrmischen Sümpfen und am Drauecke; es liebt nicht die grossen lärmenden Colonien; ich sah nur wenige Exemplare überhaupt, da der Vogel sich trefflich zu bergen versteht; in Béllye fand ich den ersten (1884) am 10. Mai in Keskenyerdö (am Canalufer). — **Neusiedler See** (Reiser). Konnte ihn nur bei Neusiedl am See beobachten, wo er im Vorjahre auf einer abgestorbenen Weide genistet haben soll.

229. *Nycticorax griseus*, Strickl. — Nachtreiher.

Dalmatien. Spalato (Kolombatović). Vom 31. März bis 22. April, ein Exemplar am 2. Juni; 20., 21., 26. August.

Ungarn. Béllye (Mojsisovics). Frühjahr 1884: der erste am 1. April im Béllye'er Riede; ich traf ihn massenhaft in Kolodjvár. Am 8. Juni wurden theils flügge, theils noch ganz kleine Exemplare angetroffen. Im Sommer 1885 (vom Juli bis September) war er überall gemein im Riedgebiete von Béllye; daselbst 1885, 28. März der erste. Ein am 9. Juni erlegtes Exemplar hatte sieben grosse Mäuse im Kropfe.

230. *Botaurus stellaris*, Linn. — Rohrdommel.

Böhmen. Haida (Hegenbarth). War 1884 und 1885 auf dem Hirsener Grossteich ziemlich häufig. Ein Freund von mir lobt das Wildpret des »Wasserochsen« als vorzüglich fettes,

21*

schmackhaftes Fleisch und bedauerte sehr, dass ich von mehreren geschossenen, zum Ausstopfen gegebenen Exemplaren, das »Wildpret« achtlos wegwarf.

Bukowina. Solka (K r a n a b e t e r). Erscheint im Mai und September.

Dalmatien. Spalato (Kolombatović). 28. Februar, 5., 10., 11. März; 9., 17., 18., 29. September, 5. October, 1., 2., 26. November.

Litorale. Monfalcone (Schiavuzzi). 15. und 20. März je 1 Stück in Lisert - Sumpf erlegt.

Mähren. Kremsier (Zahradnik). 20. April. — **Oslawan** (Čapek). 4. April wurde ein Stück bei Eibenschitz geschossen.

Ungarn. Béllye (Mojsisovics). Ich hörte sie im Frühjahre 1884 im »Béllye'er Riede« nächst Essegg in den sogenannten Zsombékmooren, auch bei Dárda in ähnlichem Terrain. Sie ist im allgemeinen selten. Die erste meldete sich 1884 im Daróczer Riede am 1. März. — **Neusiedler See** (Reiser). Mitte Mai im ganzen Seegebiete zu hören und brüllte hier auch bei trübem, regnerischen Wetter. Ein Brutpaar selbst in der verhältnissmässig kleinen Binsenlacke.

231. *Rallus aquaticus.* Linn. — Wasserralle.

Dalmatien. Spalato (Kolombatović). Dann und wann vom Januar bis 16. April; vom 2. November bis Ende December.

Litorale. Monfalcone (Schiavuzzi). 14. März einige in Lisert erlegt.

Mähren. Oslawan (Čapek). 7. November ein todtes ♀.

Siebenbürgen. Nagy - Enyed (Csató). Am 22. Januar 2 ♂ erlegt.

Ungarn. Béllye (Mojsisovics). Besässe nicht das Riedmuseum einen aus dem Kopácser Riede stammenden Repräsentanten dieser Art, so wäre ich fast geneigt zu glauben, dass sie in Béllye eine Rarität sei; mir ist das Thier in Süd-Ungarn (vielleicht seines »tagscheuen, allzu versteckten Wesens« zufolge) noch nie zu Gesicht gekommen. — **Pressburg** (Stef.

Chernel). Im November, ja selbst noch im December sehr zahlreich in den Donauarmen. — **Szepes-Béla** (Greisiger). 1. September bei Béla an der Poper ein Stück gesehen.

232. *Crex pratensis*, Bechst. — Wiesenralle.

Böhmen. Aussig (Hauptvogel). Am 11. Mai die erste beim Schreckenstein gehört. Sie müssen in diesem Jahre verunglückt sein, da ich keine auf den Wiesen bis Pömmerle fand, wo sich früher jedes Jahr mehrere aufhielten. — **Bausnitz** (Demuth). Erste den 17. Mai (schwacher N.-W.-Wind, kühl sowie tagszuvor); erstes Schnarren am Tage der Ankunft. Nimmt seit Jahren an Zahl zu. — **Blottendorf** (Schnabel). Erste den 27. April, am selben Tage sie gehört. — **Braunau** (Ratoliska). Erste den 11. Mai, am selben Tage geschnarrt. — **Haida** (Hegenbarth). Ein hier bekannter Vogel, der, nicht gerade häufig, das Schicksal der Goldamsel, wie anderen Orts erwähnt, insofern theilt, als ihn ausser dem Jäger, viel mehr Leute hören als sehen. — **Johannesthal** (Taubmann). Erste den 13. Mai von S. nach N.-O. (N.-O.-Wind, angenehm lau, tagsvorher O.-Wind, warm, trocken). Mehrzahl Mitte bis Ende Mai nach N.-O. (N.-O.- und O.-Wind, tagsvorher O.-Wind); zieht zur Nachtzeit; erstes Schnarren den 13. Mai in der Dämmerung, allgemein abends im Juni; Gelege (14 Eier) den 16. Juni; Abzug vom 20. bis 30. August (später einzeln) gegen S.-O. (S.-O.-Wind, Mondschein). — **Nepomuk** (Stopka). Kommt selten vor, da sie keine weiten Ebenen findet.

Bukowina. Gurahumora (Schnorfeil). Erste den 5. März (schwacher O.-Wind, schön), Mehrzahl den 7. März von O. nach W. (schwacher O.-Wind, schön, tagsvorher trüb): Abzug den 12. October nach O. (stärkerer W.-Wind, trüb, tagsvorher heiter). — **Kaczyka** (Zemann). Erste den 21. Februar von N.-O. nach N. (N.-O.-Wind, Schnee, Thauwetter, tagsvorher N.-Wind, Schnee kalt). Es scheint, dass die Wiesenralle hier überwintert'). — **Karlsberg** (?) Die ersten am 25. Mai

---

*) Ob nicht mit der Wasserralle (*Rallus aquaticus*) verwechselt, die vielfach überwintert!   v. Tschusi.

(bewölkt, windig, N.-O.) schnarren gehört. — **Solka** (Krana-beter). Ziemlich seltener Sommervogel; erscheint im Mai und zieht im September ab. — **Terebleszty** (Nahlik). Erste den 26. April nach O. (leichter O.-Wind, warm, tagsvorher ebenso), Mehrzahl den 28. April nach O. **Dalmatien.** Spalato (Kolombatović). 14., 16., 29. April, 14. Mai; zahlreich am 6., 8., 9. October, einzeln bis 20. September. **Galizien. Tolszczow** (Madeyski). Erste den 10. Mai, Mehrzahl vom 12. bis 15. Mai (schön). **Litorale. Triest** (Moser). Am 20. April von L. Sandri erhalten. **Mähren.** Kremsier (Zahradnik). 25. April. — **Osla-wan** (Čapek). 26. April zuerst gehört; 13. Juni 12 frische Eier. — **Römerstadt** (Jonas). Erste den 12. April (leichter S.-O.-Wind, sowie tagsuvor sehr schön); den 12. August zuletzt gehört (sehr schön, tagsuvor stärkerer W.-Wind, schön). **Salzburg.** Hallein (Tschusi). 29. April ♂, 2. Juni einige Brutpaare. **Schlesien. Dzingelau** (Želisko). »Alte Mäd«. 5. Mai 1 Stück, 7. Hauptankunft; vom 14. bis 21. September Haupt-züge, 4. October Nachzügler. — **Lodnitz** (Nowak). Am 9. oder 10. October wurde ein Stück verhungert aufgefunden. **Siebenbürgen. Fogaras** (Czýnk). Erste den 2. Mai nach N.-O. (N.-W.-Wind, warm, heiter, tagsvorher S.-W.-Wind, warm, heiter), Mehrzahl den 7. Mai (S.-Wind, warm, trüb, tagsvorher S.-W.-Wind, warm, bewölkt); erstes Schnarren den 5. Mai, allgemein den 7.; letzte den 7. November (N.-W.-Wind, kalt, heiter, tagsuvor kühl und trüb). — **Kolozsvár** (Hönig). Häufig, da kein Mangel an nassen Wiesen. — **Nagy - Enyed** (Csató). Am 5. Mai 1 Stück bei Oláh-Lapád, am 11. October 1 Stück bei Nagy-Enyed. **Steiermark.** Mühlthal (Osterer). Erste den 13. Mai (windstill, tagsvorher N.-W.-Wind). — **Paldau** (Augustin). »Strohschneider«. Bei Feldbach häufig, heuer zahlreicher als 1884. Am 10. Mai die ersten gehört, seitdem häufig zu allen Tag- und Nachtzeiten, ausgenommen zur Mittagszeit, wo sie sich selten meldete: am 19. Juli zuletzt gehört. Seit Anfang September bemerkte ich keine mehr. — **Pikern** (R e i s e r). In diesem Jahre wurden in unserer Gegend während der ganzen Hühner - Saison nur 3 Stücke zu Schuss gebracht. — **Pöls** (W a s h i n g t o n). Sehr sparsam vertreten.

Tirol. Innsbruck (L a z a r i n i). Im allgemeinen dieses Jahr spärlich vertreten; das Schnarren des Wachtelkönigs war im Frühjahre kaum zu hören, wenigstens konnte weder ich, noch einer meiner Bekannten constatiren, dasselbe vernommen zu haben. Es mag daran die grosse Trockenheit, welche zu Ende April und anfangs Mai herrschte, Ursache gewesen sein. Am 21. October 1 Stück in der Hallerau, 25. October 1 Stück bei den Sillhöfen lebend gefangen.

Ungarn. Béllye (M o j s i s o v i c s). Im Frühjahre 1884 schnarrten ziemlich viele auf der sogenannten Kaiserwiese im Béllye'er Riede; von dort stammen meine Exemplare. Die erste wurde am 29. April gehört. Sommer 1885 sah ich keine. — **Güns** (C. C h e r n e l.) Erste den 25. April (windstill, gelindes Wetter), sonst erst anfangs Mai. — **Landok** (S c h l o m s). Erste den 15. Mai (S.-W.-Wind, trüb, Regen, tagsvorher S.-Wind, ebenso). — **Mosócz** (S c h a f f g o t s c h). Heuer seltener als sonst. — **Nagy-Szt-Miklós** (K u h n). Erste den 24. April. Mehrzahl den 5. Mai; schnarrten am Tage der Ankunft; Abzug den 20. October. — **Pressburg** (Stef. C h e r n e l). Den 13. Mai die erste. Bei diesem Vogel bemerkte ich eine auffallende Verminderung.

233. *Gallinula pygmaea*, Naum. — Zwergsumpfhuhn.

Dalmatien. Spalato (K o l o m b a t o v i ć). 22. März, 16., 17., 22. April, 20. August.

Steiermark. Mariahof (H a n f & P a u m g a r t n e r). 31. Juli 1 Stück.

234. *Gallinula minuta*, Pall. — Kleines Sumpfhuhn.

Dalmatien. Spalato (K o l o m b a t o v i ć). Vom 21. März bis 12. Mai und den 20. August.

235. *Gallinula porzana*, Linn. — Getüpfeltes Sumpfhuhn.

Dalmatien. Spalato (Kolombatović). Vom 21. März bis 6. April; einzeln vom 3. October bis 22. November.

Litorale. Monfalcone (S c h i a v u z z i). 28. Februar angekommen, 14. und 20. März einige in Lisert erlegt; 15. August 1 ♂ aus dem Pietra-rossa-Sumpfe erhalten.

Siebenbürgen. Fogaras (Czýnk). Erstes den 21. März; noch am 18. December, trotz fusshohem Schnee, beim »todten Alt« gefunden.

Steiermark. Mariahof (Hanf & Paumgartner). Bisweilen brütend. 8. und 20. April je 1 Stück, 3., 8., 21., 22. Mai je 1 Stück, ebenso den 28., 31. Juli, 2. und 25. August. — **Paldau** (A u g u s t i n). Selten bei Kornberg.

Tirol. Innsbruck (Lazarini). Am 25. Februar in der Höttingerau erlegt; 4. März 1 Stück in der Höttingerau und am 3. und 6. November je 1 Stück in der Hallerau.

236. *Gallinula chloropus*, Linn. — Grünfüssiges Teichhuhn.

Böhmen. Aussig (Hauptvogel). Hielt sich frühere Jahre auf der Elbe bei Nestersitz auf, jetzt sind sie ausgeblieben. Ich gebe die Schuld dem Fahren, besonders der norddeutschen Raddampfer, welche grosse Wellen werfen und das Wasser tief aufrühren; ebenso nachtheilig dürfte der Kettendampfer geworden sein, da auch dadurch diese Vögel sehr beunruhigt werden. — **Haida** (Hegenbarth). Auf dem ofterwähnten Grossteich erlegt und scheint dortselbst zu brüten.

Bukowina. Solka (Kranabeter). Seltener Zugvogel, der im April kommt und im September geht.

Dalmatien. Spalato (Kolombatović). Einzeln dann und wann durch das ganze Jahr; zahlreicher vom 20. März bis 5. April und vom 3. October bis 22. November.

Mähren. Kremsier (Zahradník). 25. April.

Steiermark. Mariahof (Hanf & Paumgartner). Bisweilen brütend. 3. bis 10. November je ein Stück. — **Paldau** (A u g u s t i n). Kommt sparsam auf den Teichen bei Kornberg vor.

Tirol. **Innsbruck** (Lazarini). Am 17. Februar 1 ♂ in der Höttingerau erlegt.

Ungarn. **Béllye** (Mojsisovics). Ich fand von dieser Art wohl zufällig kein Nest. Nirgends sah ich indess das Teichhuhn in so auffälliger Menge, wie Landbeck berichtete.

237. *Fulica atra*, Linn. — Schwarzes Wasserhuhn.

Böhmen. **Haida** (Hegenbarth). Ist auf dem Grossteich häufig, wenn auch nicht übermässig und brütet daselbst. Die Wasser- oder Blasshühner beleben den Teich, besonders zur Brutzeit ungemein, sind aber dem Entenjäger eine unleidliche Beigabe, wenn sie flatternd, mit den Rudern das Wasser tretend, laut plätschernd über den Teich fegen, und so manche Stockente aufmerksam und für den Jäger verloren machen. Kommt man plötzlich im Kahn mitten unter sie, so hat man öfters den nicht uninteressanten Anblick, auf der Wasserfläche einen mehr oder minder regulären Stern zu sehen, dessen Strahlen je durch eine enteilende »Blasse« bis zum nächsten Schilfrande sich verlängern. Meine Uhu's kröpfen sie wohl, aber, wie alles »Wasserwild«, nur ungern. Der Flug der »Blassente«, wie sie hier fälschlich heisst, ähnelt, wie Herr Raoul von Dombrowski sehr richtig angibt, ganz und gar dem Birkhahn. Auf dem in der Nähe liegenden Rohrteich, sowie dem Bretteich brütet sie ebenfalls, wenn auch, wenigstens auf ersterem, der nicht gross ist, nicht alle Jahre. Als Wild wird sie hier weder regelrecht gejagt, noch gekauft, obwohl das Wildpret mit abgezogener thraniger Haut leidlich schmeckt. — **Nepomuk** (Stopka). Am 7. September 1 Stück geschossen.

Bukowina. **Kotzmann** (Lurtig). Am 16. März angelangt. — **Solka** (Kranabeter). Selten; kommt im April und zieht im September weg.

Dalmatien. **Spalato** (Kolombatović). Einzeln dann und wann vom Januar bis 18. April und vom 5. September bis Ende December.

Mähren. **Kremsier** (Zahradník). 23. April; überwinterte hier 1885/86. — **Oslawan** (Čapek). Brütet bei Namiest; 10. Mai daselbst schwach bebrütete Eier. Im Herbste zuweilen an den Flüssen, 13. November bei Eibenschitz.

Siebenbürgen. Koloszvár (Hönig). Auf den grösseren Seen äusserst zahlreich. Bei einem verspäteten Jagdausfluge im Mezöség bei Fóhát sah ich sie zu Hunderten auf dem noch sehr dünnen neuen Eise auf der Blänke sitzen, wahrscheinlich um sich an der Sonne zu wärmen. — **Nagy-Enyed** (Csató). Am 18. März viele bei Hasszuaszo, am 20. October 1 Stück bei Nagy-Enyed.

Steiermark. Mariahof (Hanf & Paumgartner). Früher jährlicher Brutvogel. 3.—10. November.

Ungarn. Béllye (Mojsisovics). 1884: Die ersten meldeten sich auf der Insel Petres am 1. Februar; im Szigetfok am 24. Februar; 1885: am 26. Februar in Vémely (wurden während einer nächtlichen Fischotterjagd gehört). Die trockenen Riede waren Ursache, dass im Sommer und Frühjahre 1885 die »Rohrhendeln« an Masse (gegenüber den Hunderttausenden der Vorjahre) erheblich zurücktraten; gleichwohl bedeckten sie die seichteren Stellen des Kopácser Teiches wie schwarze Wölkchen. Ueberwintert in Syrmien (Landbeck). Während meiner Frühjahrsreise traf ich Wasserhühner an jeder geeigneten Localität. — **Neusiedler See** (Reiser). Massenhaft. Am 14. Mai Gelege von 5 — 8 Stücken, darunter eines mit einem Zwergei; bei dem Achter-Gelege waren die Eier in zwei Schichten angeordnet.

XIII. Ordnung.

Scolopaces. Schnepfen.

238. *Numenius arquatus*, Cuv. — Grosser Brachvogel.

Böhmen. Haida (Hegenbarth). Habe ihn den Grossteich im Sommer überstreichen sehen. Es war ein einzelnes Exemplar, das in der Richtung des secartigen Hirschberger Teiches zog.

Dalmatien. Spalato (Kolombatović). Dann und wann vom Januar bis 4. April und vom 6. October bis Ende December.

Litorale. Monfalcone (Schiavuzzi). 11. Januar und 10., 21. März, 14. und 23. Juli einige am Seeufer. — **Triest** (Moser). Am 27. März von L. Sandri erhalten. **Siebenbürgen. Koloszvár** (Hönig). Sehr selten; im Beobachtungsgebiete habe ich wohl schon einzelne rufen gehört, doch noch keinen gesehen. **Tirol. Innsbruck** (Lazarini). Am 17. März circa 12 Stücke in der Völserau, 22. März 1 Stück in der Hallerau. **Ungarn. Béllye** (Mojsisovics). S. *N. phaeopus.* — **Pressburg** (Stef. Chernel). Den 13. October kamen sie zahlreicher vor.

239. *Numenius tenuirostris*, Vieill. — Dünnschnäbeliger Brachvogel.

Dalmatien. Spalato (Kolombatović). 22. März. 11. April. **Böhmen.** (Reiser). Anfangs März traf am Wiener Wildpretmarkte eine grosse Sendung »Goiser« aus der Umgebung von Eger ein, unter denen sich ein schönes Exemplar *N. tenuirostris* befand, das nun in unserer Sammlung in Marburg steht. Im Brustkorbe fand sich ein eingekapseltes Schrott; das Wildpret des Vogels war äusserst wohlschmeckend.

240. *Numenius phaeopus*, Linn. — Regenbrachvogel.

Dalmatien. Spalato (Kolombatović). 20., 21., 22., 28. März, 4. April, 6., 8. October. **Ungarn. Béllye** (Mojsisovics). Beide, häufig vergesellschaftet, von Ende Juli bis September 1885 im Kopácser Riede in grossen Scharen; einzelne auf der Insel Petres. Sie sind unglaublich scheu und vorsichtig; hielten sich stets etwas abseits von der artenreichen übrigen Gesellschaft, die heuer das Ufer belebte; einzelne Exemplare stehen oft von der Truppe entfernt und geriren sich dabei wie Wachtposten.

241. *Limosa aegocephala*, Bechst. — Schwarzschwänzige Uferschnepfe.

Bukowina. Solka (Kranabeter). Erscheint anfangs Mai und zieht im September weg.

Dalmatien. Spalato (Kolombatović). Am 21. Februar, dann vom 5. März bis 4. April; 6., 7. October, 12. November.

Steiermark. Mariahof (Hanf & Paumgartner). 21., 22. und 23. Mai je 1 Stück.

Ungarn. Béllye (Mojsisovics). Zu dem in meinem Besitze befindlichen Belegstücke kam in dem wunderbaren Sommer 1885 (August) ein weiteres Exemplar, das im Kopácser Riede für das Riedmuseum erbeutet wurde.

242. *Scolopax rusticola*, Linn. — Waldschnepfe.

Böhmen. Haida (Hegenbarth). Bin ihr wenigstens die zehn oder eilf Jahre meines ununterbrochenen Hierseins nicht oft begegnet, habe auch von Freunden über nennenswerthes, aussergewöhnliches Vorkommen nichts erfahren. Auf den Herbstjagden begegnet man ihr öfters als im Frühjahre. Der Frühjahrsstrich wird hier mit minimalen Resultaten ausgeführt, meistens aber, der Nutzlosigkeit halber, ganz unterlassen. Gebrütet hat sie im Tanneberger Revier und sah Freund E., der dortige Förster, welcher zufällig über das Weibchen mit den ausgelaufenen Jungen kam, wie die Alte die Jungen eines nach dem anderen im Stecher an eine entferntere Stelle trug. — **Johannesthal** (Taubmann). Erste den 20. März; Abzug vom 20. September bis 20. October. — **Litoschitz** (Knežourek). Erste den 12. März im Schnee beobachtet; den 30. September einige geschossen. Vor 17 Jahren ein Paar hier nistend gefunden. — **Nepomuk** (Stopka). Selten zu sehen. — **Voigtsbach** (Thomas). Kommt im Herbst häufiger vor. Im Mai wurde hier ein Nest derselben gefunden.

Bukowina. Fratautz (Heyn). Erste den 28. März nach N.-W-. (stärkerer S.-W.-Wind, warm und hell, tagsvorher warm und bewölkt), die Mehrzahl den 15. April nach N.-W. (warmer Abend, tagsvorher warm und hell); den Ruf vernommen am 15. April; Gelege den 6. Juni. (Dieses späte Datum mag als neuer Beweis der Richtigkeit der Annahme Hoffmann's dienen, dass manche Schnepfe ungestört zu einer zweiten, sehr schwer zu beobachtenden Brut schreitet, denn eine zweite Brut, hervor-

gerufen durch eine Störung der ersten, müsste denn doch noch
in den Mai fallen. O. Reiser). Abzug den 3o. October nach
S.-W. (steifer S.-O.-Wind, kühl und klar, tagsvorher ebenso).
— **Gurahumora** (S c h n o r f e i l). Erste den 21. März von
O. nach W. (schwacher O.-Wind, schön), Mehrzahl den 22. März
von O. nach W. (schwacher O.-Wind, schön); Abzug den 29. October nach O. (schwacher W.-Wind, kalt und heiter). — **Illischestie** (Zitný). Erste den 23. März nach N.-O. (schwacher
W.-Wind, schön, tagszuvor warm und schön); erstes Gelege den
21. April; Abzug den 10. October nach S. (kühl und heiter, tagsvorher schwacher Landregen). — **Kaczyka** (Z e m a n n). Erste den
17. März, Mehrzahl den 4. April, Abzug den 6. September. —
Karlsberg (?). Die ersten zogen am 28. März von S.-W. nach N.-O.
(bewölkt, dann hell), die Mehrzahl am 3o. nach S.-O. (trüb,
dann hell), ungewöhnlich starker Durchzug am 3o. März nach
N.-W. (N.-O.-Wind, am vorhergehenden Tage trüb, dann hell);
zuerst und gleich allgemein balzend am 3o. März gezogen; im
ganzen zogen gegen .200 durch. — **Kotzmann** (Lustig). Am
18. März eingetroffen. — **Kuczurmare** (Miszkiewicz). Die
ersten Ende März; bis 7. April war der Strich infolge kalter
Winde schlecht, vom 8.—17. aber besser; im October wurden
nur wenigen im Walde aufgestossen. — **Kupka** (Kubelka).
Erste den 20. März nach W. (mässiger N.- und S.-Wind, kühl),
Mehrzahl den 2. April nach W. (S.-, hierauf N.-W.-Wind.
schliesslich windstill, warm, tagsvorher mässiger N.-W.- und
O.-Wind); Abzug vom 25. September bis 2. November nach O.
(mässiger O.- und W.-Wind, warm, tagsvorher mässiger W.- und
S.-O.-Wind). — **Petroutz** (Stránský). Erste den 22. März,
Abzug den 26. September. — **Straza** (Popiel). Erste den
7. April (W.-Wind, schön, tagsvorher N.-W.-Wind, regnerisch).
Abzug den 27. October (schwacher O.-Wind, Nebel, tagsvorher
hell). — **Solka** (Kranabeter). Ziemlich häufig; erscheint Mitte
März, oft erst anfangs April, und zieht im October ab. — **Tereb-
leszty** (Nahlik). Erste den 29. März nach O. (stärkerer
W.-Wind, kühl, tagsvorher ebenso), Mehrzahl den 4. April nach
N. (schwacher O.-Wind, warm wie tagszuvor); Abzug den 19. No-
vember nach S. (schwacher O.-Wind, schön wie tagszuvor);

noch am 29. November ein Stück geschossen. — **Toporoutz** (Wilde). Erste den 19. März nach N.-O.

Dalmatien. Spalato (Kolombatović). Einzelne im Januar und Februar, in Menge vom 13. bis 19. März. Ein Paar nistete heuer auf einem Berge unweit Spalato. Einzeln vom 19. bis 31. October und vom 4. November bis 3. December; vom 4. bis 20. in Menge.

Galizien. Tolszczow (Madeyski). Erste den 27. März (schwacher N.-O.-Wind, schön, tagsvorher trüb), Mehrzahl den 1. April (kalt und trüb, tagvorher schön).

Litorale. Monfalcone (Schiavuzzi). Erste den 4. Februar (bewölkt, tagsvorher leichter N.-O.-Wind, Regen) unter den Telegraphendrähten todt gefunden, 5. März eine bei Pietra rossa erlegt. — **Triest** (Moser). Nach gefälligen Mittheilungen des Hrn. E. Dolenz aus Nussdorf bei Adelsberg wurde die erste Schnepfe am 2. October 1885 daselbst geschossen. Die Schnepfen verblieben dort den ganzen Monat, so dass an 100 Stücke derselben erlegt wurden. Im Küstenlande, in der nächsten Umgebung von Triest, war die Schnepfe bis in den Jänner hinein sichtbar. Noch am 8. Januar 1886 flog bei der Suche ein solcher Vogel in einiger Entfernung vor mir auf.

Mähren. Oslawan (Čapek). 19. März zuerst ein Stück am Anstande, dann immer einige, am 14. April zuletzt. Ein Paar hat im Padoschauer Reviere gebrütet; 30. April vier frische Eier, 21. Mai die Jungen ausgeschlüpft; das ♀ sass sehr fest. Vom 2. bis 24. October hie und da ein Stück. — **Römerstadt** (Jonas). Im Frühjahre keine zu bemerken. Durchzug den 12. October nach S. (schwacher W.-Wind, schön).

Niederösterreich. Mödling (Gaunersdorfer). Den 8. März in hiesiger Gegend eingetroffen.

Salzburg. Hallein (Tschusi). 30. März (W., + 6°, trüb) 1 Stück, 31. (W., + 5°, heiter) 3 Stücke, 1. April (W., trüb) 2 Stücke von N.-O. nach W. 7 Uhr abends (bei Kaltenhausen bei Hallein), Hallein 11. April 1 Stück im Tauglwald, 13. und 14. 1 Stück in Kuchl.

Schlesien. Dzingelau (Zelisko). Erste den 16. März nach O. (starker N.-W.-Wind, + 3° R., tagsvorher Schneefall, + 1° R.), Abzug den 23. October (N.-O.-Wind, heiter, im Ge-

birge Schnee, tagsvorher O.- und W.-Wind, — 3⁰ R.); den
14. November noch einen Nachzügler angetroffen. — **Wagstadt** (Wolf). Besuch traf den 1. April 1 Stück am Gamlichbache.

Siebenbürgen. Fogaras (Czýnk). Erste den 21. März
nach W. (N.-O.-Wind, kühl, bewölkt, tagsvorher mild und trüb),
Mehrzahl den 23. nach S.-W. (warm, heiter, tagsvorher kühl
und trüb); Abzug den 31. October (N.-Wind, kalt wie tagszuvor). Der Herbstzug war diesmal sehr stark. — **Koloszvár**
(Hönig). Am 12. März 1885 die erste. Der Schnepfenstrich
ist äusserst flau, der Herbstzug gewöhnlich stark. Die Ursache
glaube ich in den Temperaturverhältnissen suchen zu müssen;
das Frühjahr mit seinen starken Temperaturschwankungen zur
Tag- und Nachtzeit schreckt die Wanderer entweder zurück, oder
heisst sie den Weg schleunigst fortsetzen, während sie die regelmässig andauernd schöne, gleichmässigere Herbsttemperatur lange
Zeit im Zuge zurückhält. So schoss ich 1885 eine Waldschnepfe
noch Ende November, und trotzdem ich dieselbe auf eine Schuss-
wunde untersuchte, fand ich keine Spur einer solchen, und war
der Vogel sehr gut an Wildpret. Die stärksten Schnepfen-
züge waren 1879 und 1885. — **Nagy-Enyed** (Csató). Am
9. März 1 Stück bei Gyula Fehérvár erlegt, am 9. October
einige bei Nagy-Enyed, am 15. November 1 Stück geschossen.

Steiermark. Paldau (Augustin). Kam früher viel
häufiger nach Feldbach als jetzt; heuer erschienen am 8. und
9. September, der gewöhnlichen Zugzeit, nur wenige, da das
Wetter sehr warm war; erst als es kälter wurde, Ende November, waren auf den Jagden mehrere zu sehen. — **Pikern**
(Reiser). Am 24. Mai traf ich eine am Beginne des Missling-
thales (1300 m. hoch) zur Zeit des Sonnenunterganges über
eine Bergwiese streichend; am 1. October wurde bei Pikern die
einzige Schnepfe geschossen, die den ganzen Herbst überhaupt
bei uns vorkam, und welche wahrscheinlich den Sommer über
hier zugebracht haben dürfte. — **Pöls** (Washington). Blieb
im Frühjahre fast gänzlich aus; im Herbste wurden nur sehr
wenige bemerkt.

Tirol. Innsbruck (Lazarini). Am 11. März sah ich die
ersten im Oberinnthal erlegten Waldschnepfen. Am 17. März

wurde in hiesiger Umgebung die erste am »Strich« gesehen,
und zwar oberhalb des sogenannten »Planizenhofes« am Höttinger Berge; 26. März 1 Stück am Paschberge; 1. April wurden
mehrere bei Natters am »Strich« gesehen; 2. April wurden bei
Natters 7 Stücke von Westen kommend gesehen und zwei davon
geschossen; 8. April (Südwind) guter Schnepfenstrich im
Wiltner Berge in tiefer, vor dem Anpralle des Südwindes geschützter Lage; 9. April 3 Stücke im Wiltner Berge am Strich
beobachtet, 10. April bei Natters »in der Eich« 6 — 7 Stücke
gestrichen, 11. April ebendort wieder mehrere, 12. April ebendort 3 Stücke, 14. April bei Natters im »G'farch« 2 Stücke
gestrichen; 4. October einzelne bei Igls, 10. October 3 Stücke
am Paschberge bei Vill, 22. October 3 Stücke ebendort, 24. October einige bei Mühlau, 28. October erlegte ein Jäger 4 Stücke
am Paschberge gegen Aldrans, 15. November 1 Stück in tiefer
Lage bei Vill. Herbststrich im ganzen schwach.

Ungarn. Béllye (Mojsisovics). 1884 am 3. Februar in
Béllye die erste, am 5. März in der Szrebernicza (Draueck). Auffallend geringe Zahl im Herbste desselben Jahres. 1885 wurde am
7. März die erste in Danoczerdö gesehen und erlegt. Die ersten
des Herbstzuges erschienen circa am 8. October. Letzterer gestaltete sich übrigens seit dem Jahre 1879 noch nie so günstig,
wie heuer. Die »beste« Zugzeit fällt nach Hrn. Waldbereiter
Pfeningberger's Aufzeichnungen der letzten Jahre zwischen den
24. October und 10. November, ausnahmsweise wurden aber in
diesem Jahre von demselben Gewährsmanne am 11. November
im Béllye'er Riede die meisten (9 Stücke) erlegt. — **Güns**
(C. Chernel). Erste den 8. März aus S. (warm und mild wie
tagsvorher). — **Landok** (Schloms). Erste den 29. März nach
N. (S.-W.-Wind, heiter, tagsvorher S.-Wind, warm), Mehrzahl
den 5. April nach O. (schwacher S.-Wind, heiter, tagsvorher
ebenso). — **Mosócz** (Schaffgotsch). Am 21. März die erste
(bei Agram am 12.), im Herbst zuerst am 12. October, zuletzt
am 18. November. — **Nagy - Szt. - Miklós** (Kuhn). Erste den
9. März nach N., Mehrzahl den 17.; Durchzug den 25. November nach S. — **Pressburg** (Stef. Chernel). Den 6. März
die erste. Von da an konnte man täglich einige finden und
auch am Anstand strichen sie fleissig; nur am 13. März

sahen wir keine streichen (Witterung kalt, düster, N.-W.-Wind). Bei windigem und stürmischen Wetter liegen die Schnepfen sehr häufig auch in grasigen Schlägen, sonst in feuchten, aber nicht grasigen Dickichten. Den 23. März (bei 5 cm. hohem Schnee und unausgesetztem Schneefalle) strichen sie fleissig und laut, aber langsam. In diesem Wetter findet man sie tagüber in Tannendickichten. Einen temporären Rückzug nahm ich nicht wahr. Im Frühling sind hier immer viel mehr Schnepfen, als im Herbst. Beim Wegzug meldete sich die erste am 2. October; einzelne kamen bis zu Ende dieses Monates vor. Im Herbste halten sie sich ausschliesslich in feuchten Thälern auf und sind sonst nur sporadisch sichtbar. — **Szepes - Béla** (Greisiger). Den 28. März (O.-Wind, heiter und warm, ebenso viele Tage vorher) zeigten sich bei Rokusz 2 Stücke auf dem Strich; den 6. April (warmer S.-Wind, vorher mehrere Wochen hindurch ein ununterbrochener kalter N.-O.-Wind) im Bélaer Walde (unter der Tátra) 13 Stücke am Abendstrich gesehen.

243. *Gallinago scolopacina*, Bp. — Becassine.

Böhmen. Haida (Hegenbarth). Ist auf dem Grossteiche häufig und brütet dort. Noch zahlreicher fällt sie bei ihrem Herbstzuge dort ein. Einzelne Exemplare sah ich in nassen Sommern im Felde, weit von Gewässern; so einmal in Lindenau gelegentlich einer Rebhühnerjagd im Kraut. — **Johannesthal** (Taubmann). Im grossen Moore bei Oschitz-Kunersdorf und beim Hammerteich nächst Wartenberg. Erscheint am Durchzuge häufig Mitte Februar; den 12. October bei linder Witterung unstätt umherfliegend; im December und Januar etwa 20 Stücke beobachtet und einige erlegt. — **Mauth** (Soukup). Erste den 25. Februar (W.-Wind, kalt, hell), Abzug den 30. October (W.-Wind, kalt). — **Nepomuk** (Stopka). Selten zu sehen.

Bukowina. Kotzmann (Lustig). Am 16. März angelangt. — **Kupka** (Kubelka). Zuerst und paarweise den 15. März nach W. (mässiger W.- und O.-Wind, heiter), Abzug den 30. September nach S. (mässiger W.- und O.-Wind, warm). — **Straza** (Popiel). Erste den 9. April. — **Terebleszty**

(Nahlik). Erste den 26. März nach W. (stärkerer O.-Wind,
Thauwetter, tagsvorher ebenso), Mehrzahl den 5. April nach
W. (stärkerer O.-Wind, warm, sowie tagszuvor); Abzug den
17. October nach S. (O.-Wind, schön), ein Stück noch den
29. October an einem Waldsumpfe geschossen.

Dalmatien. Spalato (Kolombatović). Einige im Januar
und Februar, in Menge vom 13. bis 19. März, einzeln bis
30. April; vom 3. September bis Ende December, zahlreich vom
4. bis 20. December.

Galizien. Tolszczow (Madeyski). Zuerst, und zwar in
Mehrzahl, den 28. März (schön).

Litorale. Monfalcone (Schiavuzzi). Den 5. März sehr
viele in Pietra rossa (windstill, bewölkt, tagsvorher schwacher
N.-O.-Wind, bewölkt, Regen). — **Triest** (Moser). Am 19. Februar zuerst, 17. März von L. Sandri erhalten.

Mähren. Römerstadt (Jonas). Erste den 18. Februar
von W. nach N.-O. (W.-Wind, ungünstige Witterung, tagsvorher schön, hell, abends kalt), Abzug den 20. October
(schwacher S.-W.-Wind, schön, tagsvorher schwacher W.-Wind,
regnerisch).

Salzburg. Hallein (Tschusi). 15. August 1 Stück.

Siebenbürgen. Fogaras (Czýnk). Zuerst und in Mehrzahl den 10. März nach S.-W. (S.-W.-Wind, sowie tagsvorher
mild und heiter), Abzug den 10. November (N.-O.-Wind,
kalt, tagszuvor kühl und trübe); den 30. December bei fusshohem Schnee noch eine in einem offenen Bruche gefunden. —
Kolozsvár (Hönig). Ziemlich häufig, doch scheint sie im
Beobachtungsgebiete nicht zu brüten; wenigstens ist es mir bis
heute mit einer einzigen Ausnahme nicht gelungen, ein Nest zu
finden. — **Nagy-Enyed** (Csató). Am 26. und 28. December
2 Stücke bei Réa.

Steiermark. Mariahof (Hanf & Paumgartner).
1. April 1 Stück, 29. 2 Stücke, 4. Mai 1 Stück, 20. Juli,
4. und 18. September je ein, 1. und 9. November je 2 Stücke.
— **Paldau** (Augustin). Im Raabthale von Kirchberg bis
Fehring sehr selten.

Tirol. Innsbruck (Lazarini). 21. Februar 2 Stücke am Höttinger Giessen, 21. October mehrere, am 3., 6. und 25. November je 1 Stück in der Hallerau.

Ungarn. Béllye (Mojsisovics). S. *G. gallinula.* — **Nagy - Szt. - Miklós** (Kuhn). Erste den 17. März nach N., Mehrzahl den 26. März. — **Neusiedler See** (Reiser). Volles frisches Gelege mit grossen vereinzelten Flecken am 8. Mai.

244. *Gallinago major,* Bp. — Grosse Sumpfschnepfe.

Bukowina. Solka (Kranabeter). Wurde nur während des Durchzuges im März und October beobachtet. — **Tereblezty** (Nahlik). Durchzugsvogel.

Dalmatien. Spalato (Kolombatović). 4., 5., 6. April einige.

Steiermark. Mariahof (Hanf & Paumgartner). 8., 18. und 19. Mai je 1 Stück.

Ungarn. Béllye (Mojsisovics). S. *G. gallinula.*

245. *Gallinago gallinula,* Linn. — Kleine Becassine.

Böhmen. Litoschitz (Knežourek). Kommt hier vor und zwar in einem Paare jährlich; es scheint, dass sie hier auch nistet*).

Bukowina. Solka (Kranabeter). Nur während des Zuges im März und October beobachtet.

Dalmatien. Spalato (Kolombatović). Einzeln dann und wann vom Januar bis 30. März und vom November bis Ende December.

Mähren. Kremsier (Zahradník). 21. März.

Tirol. Innsbruck (Lazarini). Am 25. November 1 Stück in der Hallerau.

Ungarn. Béllye (Mojsisovics). »Im Frühjahre kömmt die Moosschnepfe Ende März, Anfangs April und bleibt öfter bis Anfangs Mai vereinzelt hier.« Ende Juli oder in den ersten Augusttagen erscheint sie wieder und zieht die Mehrzahl im September ab; indessen werden auch noch im November welche

---

*) Dürfte wohl *G. scolopacina* gemeint sein!   v. Tschusi.

22 *

angetroffen. Sie ist unter den drei Sumpfschnepfenarten die häufigste und kömmt mitunter sogar in grossen Mengen in allen ihr irgendwie zusagenden Oertlichkeiten vor, am liebsten aber an solchen Stellen, wo das »Wasser einer Ueberschwemmung« kurz vorher zurückgetreten ist, und erscheinen dann oft urplötzlich grosse Züge, die dem fallenden Wasser nachziehen. Die Becassine erscheint auch öfter plötzlich auf trockenem Felde nach wolkenbruchartigen Regengüssen, »wo der Boden das Wasser rasch einsaugt; ihr Vorkommen dauert jedoch dort nur ein bis zwei Tage«, auch halten sie in der Regel auf solchem Terrain nur schlecht aus. Ist hingegen die Becassine einmal fett und hält sie sich mehr vereinzelt in Rohrbuchten, ausgetrockneten Teichen, in Haferstoppelfeldern zwischen sumpfigem Terrain, so kann sie mit Erfolg gejagt werden. Die Doppelschnepfe oder grosse Sumpfschnepfe ist in Béllye die seltenste und zeigt sich wie die kleine oder stumme Schnepfe häufiger im Frühjahre wie im Herbste; erstere liebt (im Frühjahre) überschwemmte Wiesen »und hält meistens gut aus«, die kleine bevorzugt jedoch brüchiges und morastiges Terrain, bewachsen mit Typha und Carex, kömmt n i e im offenen Riede nach rasch zurücktretendem Wasser, sondern nur in stagnirendem Wasser vor (Pfeningberger). Ich habe im Frühjahre 1884 und zwar noch am 11. Mai (nahe am Drauecke), sowie im vergangenen Sommer (mit Sicherheit) nur die Becassine beobachtet, so während des kurzen Drauhochwassers vom 20. und 21. Juli im südlichen Theile des Kopácser Riedes, Mitte und Ende August bei dem abnorm niedrigen Wasserstande an den Ufern des Kopácser Teiches und Ende September auf der Insel Petres.

246. *Totanus fuscus*, Linn. — Dunkler Wasserläufer.

Dalmatien. Spalato (Kolombatović) 22. März, 28. August, 5. September.

247. *Totanus calidris*, Linn. — Gambettwasserläufer.

Dalmatien. Spalato (Kolombatović). 4., 5. April, 15. August.

Litorale. Monfalcone (Schiavuzzi). 11. Jänner einige am Seeufer bei Monfalcone.

Mähren. Oslawan (Čapek). Brütet in etlichen Paaren auf den Teichen bei Namiest. — **Hanság** (Reiser). Unter den aus dem Hanság nach Wien zu Markte gebrachten Kiebitzeiern befand sich am 10. Mai ein schönes Gelege von drei Stücken dieser Art, welches auf sehr lichtem Grunde am spitzen Ende gar keine Zeichnung aufweist, während sich die Flecken am stumpfen derart häufen, dass auf demselben fast nur ein einziger dunkelbrauner Flecken erscheint.

Ungarn. Béllye (Mojsisovics). Im Frühjahre 1884 sah ich kein einziges Exemplar. Enorm zahlreich bevölkerten sie aber im August und anfangs September (vielleicht auch noch später) 1885 das Kopácser Ried, woselbst viele Exemplare erlegt wurden. Der niedrige Wasserstand in den Teichen scheint ihm heuer sehr willkommen zu sein; in »normalen« Jahren lässt er sich in Béllye gerne suchen.

248. *Totanus glottis*, Bechst. — Heller Wasserläufer.

Dalmatien. Spalato (Kolombatović). 4., 5. April, 6., 7. October, 23. December.

Siebenbürgen. Fogaras Czynk). Nach dem 27. August gefunden.

Steiermark. Mariahof (Hanf & Paumgartner). 27. April 1 Stück, 16. Mai 2 Stücke.

Ungarn. Béllye (Mojsisovics. Erlegte mehrere Exemplare im Frühjahre 1884 am Ufer des Béllyeer Teiches, unweit von Essegg; sehr viele sah ich im Sommer 1885 im Kopácser Riede in Gesellschaft seiner nächsten Verwandten.

249. *Totanus stagnatilis*, Bechst. — Teichwasserläufer.

Bukowina. Solka (Kranabeter). Selten, in grösserer Anzahl während des Herbstdurchzuges.

Dalmatien. Spalato (Kolombatović. Vom 13. März bis 5. April, 5., 20. September, 23. December.

Ungarn. Béllye (Mojsisovics). Im Frühjahre 1884 wurde er in einigen Exemplaren im Béllye'er Riede gesehen, zahlreicher im Sommer 1885 mit vorigem und dem Rothschenkel am Kopácser Teiche. Kolodjvár ist kein Terrain für Wasserläufer; Brutplätze fand ich bisher in meinem Beobachtungsgebiete noch nicht. Er ist überhaupt von den hier aufgeführten Wasserläufern der seltenste.

250. *Totanus ochropus*, Linn. — Punktirter Wasserläufer.

Böhmen. Litoschitz (Knežourek). Den 21. April am Zuge geschossen.

Dalmatien. Spalato (Kolombatović). Vom 13. März bis 15. April und vom 1. August bis 3. September.

Mähren. Oslawan (Čapek). Vom 12. März bis 19. April 5 Stücke am Flusse (einzeln) angetroffen.

Salzburg. Hallein (Tschusi). 2. April 1 ♀.

Siebenbürgen. Nagy - Enyed (Csató). Am 4. Januar 3 Stücke in Muzsina.

Steiermark. Mariahof (Hanf & Paumgartner). 30. März 2, 16. April 1 Stück.

Tirol. Mareith (Sternbach). 4. September 1 Stück thalaus gegen Osten fliegend gesehen.

Ungarn. Béllye (Mojsisovics). Vom Frühjahr bis zum Herbst allenthalben am flachen Stromufer, an Teichen, Pfützen und Morästen verschiedenster Art anzutreffen. — **Mosócz** (Schaffgotsch). Den 8. September wurden bei starkem W. 2 Stücke gefangen; sonst nie beobachtet.

251. *Totanus glareola*, Linn. — Bruchwasserläufer.

Dalmatien. Spalato (Kolombatović). Vom 13. März bis 5. April und vom 6. August bis 20. September.

Litorale. Triest (Moser). Bei Servola am 12. April von L. Sandri erhalten.

Mähren. Oslawan (Čapek). 10. Mai 1 Stück auf einem Teiche bei Namiest.

Steiermark. Mariahof (Hanf & Paumgartner). 27. April 2 Stücke, 29. 1 Stück, 2. Mai 3, 8. 6, 10. 3, 14. 2, 15. 5., 19. 3, 20. Mai 5 Stücke, 16. Juli 1 Stück.

Ungarn. Béllye (Mojsisovics). Weniger häufig als voriger, immerhin zahlreich genug vom Frühjahre bis zum Herbste.

252. *Actitis hypoleucus*, Linn. — Flussuferläufer.

Bukowina. Solka (Kranabeter). Erscheint im März und zieht im October ab.

Dalmatien. Spalato (Kolombatović). Vom 24. Februar bis 6. April und vom 7. September bis Ende October.

Mähren. Oslawan (Čapek). Längs des Flusses; 19. April zuerst, 2. Juli flügge Junge, 18. September keine.

Salzburg. Hallein (Tschusi). 11. April 2 Stücke an der Salzach.

Steiermark. Mariahof (Hanf & Paumgartner). Seltener Brutvogel. 2., 16., 17. und 27. April je 1 Stück, 2., 4., 7. Mai 1 Stück, 8. Mai 5, 9. Mai 2, 16., 17. und 19. 2, 20. Mai 5 Stücke, 15. August und 10. September je 1 Stück.

Tirol. Innsbruck (Lazarini). Am 22. und 24. März je 2 Stücke, am 29. März 1 Stück und am 24. Mai 4 Stücke am Inn in der Hallerau.

Ungarn. Béllye (Mojsisovics). Wie *Totanus ochropus*.

253. *Machetes pugnax*, Linn. — Kampfschnepfe.

Dalmatien. Spalato (Kolombatović). Vom 23. Februar bis 28. März.

Litorale. Triest (Moser). Am 8. März 6 Stücke im Winterkleid von L. Sandri erhalten.

Siebenbürgen. Fogaras (Czynk). Noch am 27. August.

Steiermark. Mariahof (Hanf & Paumgartner). 8. Mai 1 Stück, 13. 7 ♀, 14. 2 Stücke, 15. 11 ♀, 18. und 20. Mai je 1 ♂, 21. Mai 2 Stücke.

Ungarn. Béllye (Mojsisovics). Am 6. Juni 1885 wurde ein ♂ Exemplar beobachtet und für das Riedmuseum erlegt. Ein zweites ♂ Exemplar im Uebergangskleide acquirirte ich während eines Hochwassers am 22. Juli d. J. bei Kopács. Drei weitere Exemplare ♂ und ♀ (jung) erhielt ich durch Herrn Revierförster Ruzsovitz (Mitte August).

254. *Tringa alpina*, Linn. — Alpenstrandläufer.

Dalmatien. Spalato (Kolombatović). 21. Februar, dann vom 2. März bis 3. Mai; 5., 6., 31. October, 1., 2. November.

Ungarn. Béllye (Mojsisovics). Bisher nur ein im Kopácser Riede erlegtes Exemplar bekannt. Möglicher Weise wurde er in Béllye zu wenig beachtet.

255. *Tringa subarquata*, Güldenst. — Bogenschnäbliger Strandläufer.

Dalmatien. Spalato (Kolombatović). 4., 6. April.

Ungarn. Béllye (Mojsisovics). Mehrere Exemplare wurden im August 1885 am Kopácser Teiche beobachtet, eines als Belegstück für das Riedmuseum erlegt.

256. *Tringa Temmincki*, Leisl. — Temminck's Zwergstrandläufer.

Dalmatien. Spalato (Kolombatović. 24. April, 1., 5., 7., 23. Mai. 30. September, 1., 3. October.

257. *Tringa minuta*, Leisl. — Zwergstrandläufer.

Dalmatien. Spalato (Kolombatović). 24. April, 1., 2., 4., 5., 7., 23. Mai, 30. September, 1., 3., 6. October.

258. *Himantopus rufipes*, Bechst. — Grauschwänziger Stelzenläufer.

Dalmatien. Spalato (Kolombatović). 26. März, 4., 5., 6., 7. April.

Siebenbürgen. Kolozsvár (Hönig). Sehr selten, kommt jedoch zur Zugzeit vor.

Ungarn. Béllye (Mojsisovics). Am 22. Juli 1885 traf ich, nach einem plötzlichen Hochwasser, im südlichen Theile des Kopácser Revieres, inmitten einer Schar verschiedenartigster Sumpfläufer die seit Jahren vergeblich gesuchte Storchschnepfe; als ich das eine Exemplar erbeutet hatte, fahndete ich vergeblich nach einem zweiten für das Riedmuseum. Wie ich bereits anderen Orten hervorhob, ist sie am linken Donauufer, so im Bácser Comitate stellenweise in grossen Scharen zu sehen. — **Neusiedler See** (R e i s e r). Den 13. Mai in etwa 5 Paaren an der Salzlacke bei Tétený angetroffen. Da die Brutzeit schon eingetreten sein musste, so war die Vermuthung naheliegend, dass sie hier brüteten. Dies bestätigte sich auch, indem ich im mittelhohen Binsengrase am Rande der Lacke, aber doch im Wasser schwimmend, drei Nester mit je 4, 4 und 3 etwa acht Tage bebrüteten Eiern antraf. Die Nester waren sehr flach, oben mit Schilfblättern belegt und ragten eine halbe Spanne über den Wasserspiegel hervor. Die Vögel schwebten unter ängstlichem Gepfeife über unseren Köpfen herum, während sie sich sonst sehr scheu zeigten. Auch auf der Binsenlacke und bei Apethlon sah ich die Storchschnepfe, aber nur in wenigen Paaren. Ueberhaupt bleibt der Vogel in anderen Jahren gänzlich aus und wird bei dem Fortpflanzungsgeschäfte, so wie andere Sumpfvögel, durch die kolossalen Rinderherden ausserordentlich beeinträchtigt. Die Eier sind sehr verschieden. Gewöhnlich haben sie auf dem gelbbraunen Grunde der Kiebitzeier, denen sie überhaupt entschieden ähneln, sehr eigenthümliche hieroglyphenartige Schnörkel. Seltener ist der Grund ein lichtes, etwas bräunliches Grün und häufig zeigen sie eine asymmetrische seitliche Deformation. Charakteristisch sind grosse braune Flecken in der Schale, als ob dieselbe mit schmutzigen Fett durchtränkt wäre. An den Embryonen waren schon sehr deutlich die überlangen Ständer zu bemerken.

259. *Recurvirostra avocetta*, Linn. — Avosett-Säbler.

Ungarn. Neusiedler See (R e i s e r). Ich war auf's höchste erstaunt, ihn am 13. Mai in 3 Stücken an der Salzlacke zu finden. Vergeblich suchten wir dort nach seinem Gelege. Von P. I u k o v i t s war seinerzeit die Zicklacke als Brutort angegeben und in der That fand ich am folgenden Tage auf einer Insel dieser grossen Lacke ein Paar, konnte aber auch hier kein Ei auffinden. Bei einem zweiten Besuche am 17. Mai fand ich jedoch zu meiner Freude ein frisches Ei, welches ich, da ich die Gegend verlassen musste, und dasselbe überhaupt sehr schwer wiederzufinden war, mitnahm. Der Dotter ist von sehr schöner purpurrother Farbe. Das Ei ähnelt sehr dem von *Sterna anglica*, welche aber fast um ein Monat später nistet. Ein grosser brauner Fleck auf demselben dürfte von der feuchten, lehmigen Unterlage herrühren, auf welcher das Ei lag.

XIV. Ordnung.

Anseres. Gänseartige Vögel.

260. *Anser cinereus*, Meyer. — Graugans.

Böhmen. Haida (Hegenbarth). Kommt im März, oft im Februar schon auf den Hirnsener Grossteich, brütet dort und sind oft schon die Jungen flügge, ehe unser Jagdgesetz den Abschuss gestattet. Diesem Umstande zufolge werden vom 1. Juli bis zum Zeitpunkte, wo alle weggezogen sind, verhältnissmässig sehr wenige Graugänse, trotz aller erdenklichen Mühe, geschossen. Es sind im Frühjahre 60 bis 100 alte Gänse da, von denen viele Paare hier bleiben. Ich hatte einmal des Abends Gelegenheit, nachdem tagsüber erfolglos auf Gänse gejagt worden war, in welcher Zeit dieselben in ganzen Ketten oft weitliegende Felder der Aesung halber aufsuchen. vier Ketten mit zusammen 33 Stücken über mich dahin ziehen zu sehen.

Bukowina. Kuczurmare (Miskiewicz). Im April zwei Scharen, dann im October mehrere, zuerst grössere, dann kleinere. Im Frühlingszuge meist paarweise an Waldbächen angetroffen. — **Solka** (Kranabeter). Erscheint während des Durchzuges im März, heuer den 15. und im September, heuer den 29., auch noch im October. — **Terebleszty** (Nahlik). Erste den 29. März nach O. (starker W.-Wind, kühl, tagsvorher ebenso), starke Züge den 2. April nach N. (schwacher O.-Wind, warm); Abzug den 29. September nach S. (leichter O.-Wind. schön wie tagsvorher).

Dalmatien. Spalato (Kolombatović). 21., 22. Februar, 15. November.

Mähren. Goldhof (Sprongl). Am 9. März ein Flug von 27 Stücken, am 11. März drei Flüge am Durchzuge bemerkt.

Schlesien. Lodnitz (Nowak). 17. März zogen 21 Stücke bei S.-Wind nordöstlich, 19. bei mässig starkem W.-S.-Wind 18 Stücke und nachts ebenfalls sehr viele nordwärts. — **Jägerndorf** (Winkler). Am 20. October (regnerisch, tagsvorher Nebel) gegen S.-W. — **Wagstadt** (Wolf). Nach Schiller flogen am 12 Mai um $^1/_2$9 Uhr morgens (heiter, S.-O.-Wind) 4 Stücke ostwärts.

Ungarn. Béllye (Mojsisovics). Sie erschien 1884 bereits Mitte Februar in Béllye; am 11. Mai desselben Jahres sah ich etwa 20 Stücke in der Szrebernicza, unweit der Hulló-Mündung. Im Sommer 1885 traf ich sie nirgends. — **Pressburg** (Stef. Chernel). Den 9. März 7 Uhr abends zog eine Schar mit halbem Winde gegen die March (Wind S.-O.); 17. März zwischen 6 — 7 Uhr abends grosser Zug Wildgänse von S.-O.-N.-W.). 7 Stücke fliegen noch nicht in V - Form, sondern in einer schiefen Linie. In Modern zogen seit Mitte October grosse Scharen über die Berge, von N.-W nach S.-O. Bei Nebel lassen sie sich bis zu den Baumspitzen nieder.

261. *Anser segetum*, Meyer. — Saatgans.

Bukowina. Solka (Kranabeter). Erscheint in grösseren Scharen während des Herbstdurchzuges. — **Straza** (Popiel). Erste den 11. März nach N.-O. (N.-O.-Wind, nebelig, tagszuvor N.-W.-Wind), Abzug den 18. August nach S.-O. (schwacher N.-O.-Wind, Nebel, tagszuvor schwacher N.-O.-Wind). — **Toporoutz** (Wilde). Erste den 9. März nach N.-W. (stärkerer N.-W.-Wind), Mehrzahl den 18. März nach O. (stärkerer N.-W.-Wind).

Dalmatien. Spalato (Kolombatović). Dann und wann vom Januar bis 22. Februar; 20. August, vom 15. November bis Ende December.

Galizien. Tolszczow (Madeyski). Erste den 7. März nach N.-O. (schwacher O.-Wind, trüb, tagsvorher Regen und Schnee).

Litorale. Triest (Moser). Ende December am Triester Markte, ebenso in den ersten Tagen des März 1886.

Mähren. Kremsier (Zahradník). 10. März.

Siebenbürgen. Fogaras (Czýnk). Erste den 17. März nach N.-O. (S.-Wind, warm und regnerisch, tagszuvor ebenso). Den 10. December (S.-O.-Wind, warmer Regen, tagszuvor ebenso) zogen 30—40 um 4 Uhr nachmittags über die Stadt. — **Koloszvár** (Hönig). Einzelne verirrte oder zurückgebliebene Exemplare, selten mehrere Stücke zu sehen. So wurden einige Tage hindurch im Spätherbste 1884 10—12 bei Szamosfalva nächst Klausenburg angetroffen.

Ungarn. Béllye (Mojsisovics). Am 11. November 1884 trafen auf der Blösse des Kopácser Riedes Grau- und Saatgänse in Massen ein. — **Nagy - Szt. - Miklós** (Kuhn). Erste den 17. März nach N., Mehrzahl den 26. März nach N.: Durchzügler, der aber über den Winter in grosser Zahl hier bleibt.

262. *Cygnus musicus*, Bechst. — Singschwan.

Dalmatien. Spalato (Kolombatović). 12. Januar, 26., 27. December.

Siebenbürgen. Nagy - Enyed (Csató). Am 23. October 2 Stücke bei Gyulafehérvár, das ♂ erlegt.

263. *Spatula clypeata*, Linn. — Löffelente.

Böhmen. Aussig (Hauptvogel). Am 8. April je 1 Stück auf der Elbe in Kleinpriesen geschossen. — **Haida** (Hegenbarth). Kommt auf dem Grossteiche als Brutvogel, wenn auch nicht gerade häufig, so doch auch nicht selten vor. Ich habe Alte und Junge erlegt, auch mit noch nicht flugbaren Jungen rinnend getroffen.

Dalmatien. Spalato (Kolombatović). Einzeln dann und wann vom Januar bis 4. April; vom 12. October bis Ende December.

Mähren. Oslawan (Čapek). Am 31. Mai 3 Paare auf den Namiester Teichen als Brutvögel.

Siebenbürgen. Kolozsvár (Hönig). Im Beobachtungsgebiete sehr selten. Im Frühjahre 2 ♂ ♂ erlegt.

Steiermark. Mariahof (Hanf & Paumgartner). 2. April ♂, ♀.

Ungarn. Béllye (Mojsisovics). Ich fand sie im Mai 1884 als Brutvogel nur in Kolodjvár; in Béllye sah ich gewiss zufällig keinen Brutplatz, acquirirte aber dort in demselben Frühjahre ein Paar.

264. *Anas boschas*, Linn. — Stockente.

Böhmen. Aussig (Hauptvogel). Am 28. Februar auf der Elbe bei Grosspriesen 1 Paar geschossen. — **Haida** (Hegenbarth). War früher auf dem Grossteiche häufiger, brütet und liegt dort auf dem Zuge oft zu mehreren Hunderten. Beim ersten Schuss steigen Wolken mit weithörbarem, donnerähnlichen Geräusch hoch in die Luft und ziehen fort; wenige fallen wieder ein, um beim zweiten Schuss ebenfalls ganz zu verschwinden. Bei der Grösse und der für Enten ein Dorado bildenden Rohr-Schilflagen ist eigentlich die Stockente spärlich vertreten. Ob es allein an den verpachteten Wiesen des Teichufers liegt, wobei die Mäher bis an die Hüften im Wasser stehend, das Schilfgras abmähen, folglich die Enten stören, will ich nicht behaupten. — **Nepomuk** (Stopka). Am 1. Juli wurden junge Stockenten am Teiche geschossen; ein Paar soll hier genistet haben.

Bukowina. Solka (Kranabeter). Seltener Strichvogel. — **Terebleszty** (Nahlik). Findet sich an offenen Gewässern den ganzen Winter hindurch. Gelege durch Hagel und Hochwässer vernichtet. — **Toporoutz** (Wilde). Erste den 18. März nach S.-O.

Dalmatien. Spalato (Kolombatović). Dann und wann vom Januar bis 4. April; 7 Exemplare am 13. Juni; vom 3. September bis Ende December; sehr selten in den letzten Tagen des Jahres.

Litorale. Monfalcone (Schiavuzzi). 10. März einige am Meere.

Mähren. Goldhof (Sprongl). Am 10. März einige Exemplare am Durchzuge. — **Oslawan** (Čapek). Sehr zahlreich bei Namiest; schon am 10. Mai Junge gesehen. Durch den ganzen Winter am Oslawaflusse, besonders nachts bei der Zuckerfabrik.

Salzburg. **Hallein** (Tschusi). 5. Januar 2 Stücke, 10.
+ ♀ ♀, 7. Februar ♂, ♀, 18. und 19. 3 Stücke, 6. Juli circa
20 Stücke von S. nach N., 28. Juli 3, 30. 5.

Schlesien. **Troppau** (Urban). Am 24. September lagen
auf dem Teiche bei Stablowitz 2 Stücke.

Siebenbürgen. **Kolozsvár** (Hönig). Brütet ziemlich zahlreich; ich erlege jährlich im ersten Beobachtungsgebiete 50—70
Stücke. Es scheint auch eine kleinere Varietät vorzukommen,
welche zu beobachten ich mir Gelegenheit nehmen werde.

Steiermark. **Mariahof** (Hanf & Paumgartner). 22.,
23. und 24. März je 1 ♀, 1. April 2, 11. und 19. je 3, 16. November 2, 17. 6 Stücke. — **Pöls** (Washington). Brütete
weniger zahlreich an der Kainach als im vergangenen Jahre.
Grössere Züge am 26., 29. und 30. December.

Tirol. **Innsbruck** (Lazarini). Am 22. Februar circa 30
am Inn, 1. März 16 Stücke, 15. April ♂ und ♀ am Inn in der Ambraserau; 21. October 8 in der Hallerau, 2 wurden damals auch
an den Obernberger Seen erlegt; 26. October 4 in der Hallerau, 3. November 1 ♂ mit verfärbtem Kopfe geschossen.

Ungarn. **Béllye** (Mojsisovics). Von Baja an bis Semlin
waren im April 1884 die Ufer des Stromes infolge der Trockenheit der Riede mit Stockenten belebt; gepaarte Paare sah man
allenthalben, auch auf den halbsumpfigen Wiesen der Saveniede-
rung. Am 11. Mai fand ich in den Zsomhék's bei Dárda ein
Nest mit zehn stark bebrüteten Eiern; zahlreich brüteten Stock-
énten in Kolodjvár am Rande der Reihercolonie. Im Sommer
1885 concentrirten sich die Stockenten zur Zeit der grössten
Trockenheit in den Materialgruben des Albrechtsdammes und
am Kopácser Teiche, auch auf trocken gelegten Wiesen des
Kopácser Riedes fand ich vereinzelte Exemplare. — **Mosócz**
(Schaffgotsch). 16. März 1 Stück. — **Pressburg** (Stef.
Chernel). Nachdem sich den 14. Februar das Eis in Bewegung
gesetzt, erschien das erste ♀, den 22. Februar 5 ♂ ♂; im
März sehr häufig auf der Donau. In St. Georgen, wo der 1000
Joch grosse Wald »Soór« beinahe während des ganzen Jahres
überschwemmt ist, brütet daselbst eine grosse Anzahl Enten.
— **Szepes - Béla** (Greisiger). Den 18. Januar wurde bei
Busócz auf der Poper ein ♂ geschossen.

265. *Anas acuta*, Linn. — Spiessente.

Dalmatien. Spalato (Kolombatović). 6. Januar, 28. Februar, 1., 5., 20. März, 24. September, 12., 22. October, 20. November.

Steiermark. Mariahof (Hanf & Paumgartner). 22. März 1 ♀, 27. März 1 ♂, 11. April 1 ♀.

Tirol. Innsbruck (Lazarini). 7. März 5 Stücke am Inn in der Ambraserau; 21. October wurde 1 ♀ bei den Obernberger Seen erlegt; 3. November 1 ♀, welches sich schon einige Tage dort aufhielt, in der Hallerau geschossen.

Ungarn. Béllye (Mojsisovics). Bisher kenne ich sie nur als Wintergast in Béllye; besitze von dort zwei ♂ Exemplare. E. v. Homeyer beobachtete diese Art im Frühjahre auf dem Hauptstrome.

266. *Anas strepera*, Linn. — Mittelente.

Bukowina. Terebleszty (Nahlik). Am 4. April in Mehrzahl, Herbstzug nicht bemerkt; Gelege durch Hagel und Hochwasser vernichtet.

Dalmatien. Spalato (Kolombatović). 2., 6. Januar, 12., 20., 21., 28. Februar, 1., 2., 20. März, 3. September, 3., 12. October, 1., 20. November, 3. December.

Ungarn. Béllye (Mojsisovics). Ich besitze aus Béllye nur ein im Winter 1883 erlegtes ♀ Exemplar; sah diese Art während meiner Frühjahrsreise auch in Syrmien nicht, woselbst sie nach Landbeck »zahlreich« brütete. Massenhaft bevölkerte sie aber im November 1884, nebst der Zier- und Stockente das Kopácser Ried. — **Neusiedler See** (Reiser). Diese Ente sah ich ziemlich häufig am See. Sie brütete nicht im Rohr. sondern auf Aeckern oder auf einsamen Kiesflächen, wo Graswuchs vorhanden ist. Die schön gelblichen Eier gleichen sehr denen von *Anas penelope*. welche auch von Baron Fischer als Brutvogel für das Seegebiet angeführt wird, was ich jedoch bezweifeln muss. weil sich diese Ente knapp vor der eigentlichen Legezeit plötzlich an ihre nördlich gelegenen Brutplätze zurückzuziehen pflegt. Auf der mehrfach erwähnten Insel der Zicklacke

fand ich am 14. Mai fünf frische Eier in einer hübschen Mulde
im hohen Grase und am 17. Mai in einem anderen Neste ebendaselbst vier Stücke. Noch Ende des Monates wurden mir
von dort, wahrscheinlich von einem der gestörten Paare, drei
frische Eier nachgeschickt. In Form und Grösse variiren dieselben ziemlich.

267. *Anas querquedula*, Linn. — Knäckente.

Böhmen. Haida (Hegenbarth). Ist ebenfalls Brutvogel
des Hirnsener Grossteiches und nicht besonders selten.

Bukowina. Solka (Kranabeter). Selten.

Dalmatien. Spalato (Kolombatović). 24. Februar, dann
vom 1. März bis 4. April, 12. Juni, 9., 12. August.

Litorale. Monfalcone (Schiavuzzi). 28. Februar am
Seeufer vor Monfalcone erschienen, 10. März einige am Meere,
14. März einige im Lisert erlegt, 21. März einige in Rosega.
25. März abends Abzug bei S.-O.-Wind.

Mähren. Oslawan (Čapek). Brütet bei Namiest, ein
Paar auch oberhalb Strutz mit einem Paare *A. boschas.*

Siebenbürgen. Kolozsvár (Hönig). Sehr häufig; auf
den Teichen des Mezöség in Ketten zu 14—16, auch 24 Stücken.
— Nagy-Enyed (Csató). Am 22. März 30 Stücke bei
Alvinz.

Steiermark. Mariahof (Hanf & Paumgartner). 26.
März 1 Stück, 28. 15 — 20, 30. März 2, 1. April 8, 3. 10,
16. 4 Stücke, 18. 1 Stück, 21. April 4 ♂ und 3 ♀, 22. April
20—30 Stücke, 2. und 17. Mai je 1 ♂. — Pöls (Washington).
Sehr häufig während des ganzen Decembers.

Tirol. Innsbruck (Lazarini). 4. März 7 Stücke am Inn
(Ambraserau).

Ungarn. Béllye (Mojsisovics). Siehe auch *A. crecca*, L.
— Neusiedler See (Reiser). Bei Apethlon nahm ich aus
einem Kornfelde am 16. Mai vier frische Eier dieser Ente, welche
dieselben beim Aufscheuchen schon am 13. verlassen hatte. Sie
haben gestrecktere Form und sind etwas grösser als die von
A. crecca.

268. *Anas crecca*, Linn. — Krickente.

Böhmen. Haida (Hegenbarth). Ist gleichfalls Bewohnerin des Hirnsener Teiches, aber seltener und vielleicht bloss auf dem Zuge dort erscheinend.

Bukowina. Solka (Kranabeter). Selten.

Dalmatien. Spalato (Kolombatović). Dann und wann vom Januar bis 4. April; 24. September; vom 12. October bis Ende December.

Litorale. Monfalcone (Schiavuzzi). 19. August angekommen.

Mähren. Kremsier (Zahradník). 25. Februar. — **Oslawan** (Čapek). Brutvogel bei Namiest, im Winter selten am Fiusse.

Siebenbürgen. Nagy - Enyed (Csató). Am 22. März mehrere bei Alvinz.

Steiermark. Mariahof (Hanf & Paumgartner). 3. April 2 Stücke, 4. ♂ und ♀, 9. 1 Stück, 11. 2, 15. April 9 Stücke, 20 und 22. October je 1 Stück, 31. 31 Stücke. — **Pöls** (Washington). 23. December 4 ♂ ♂, 27. 2 ♂ ♂ und ein ♀.

Tirol. Innsbruck (Lazarini). 22. März circa 40 Stücke in der Hallerau, 28. März 2 ♂ ♂ im Zillerthale erlegt, 2. April 5 Stücke in der Hallerau; 3. November 3 und 6. November 2, 25. November 3 Stücke in der Hallerau. — **Mareith** (Sternbach). Am 28. August 7—8 Stücke am oberen Weiher.

Ungarn. Béllye (Mojsisovics). Obwohl die Krickente oder der »Ratscher« auffallender Weise nicht zu den regelmässigen Brutvögeln Béllye's zählt, ist sie doch auch hier eine der gemeinsten Arten; die Knäckente, obwohl regelmässig im Gebiete brütend, sah ich bisher nur in wenigen Exemplaren; daran trägt aber wohl die abnorme Trockenheit der zwei letzten Frühjahre und des Sommers 1885 die vorwiegende Schuld; sobald sich zur wärmeren Jahreszeit die Mulden und Vertiefungen des Riedes mit Wasser füllen, findet stets ein Massenanzug der verschiedensten Entenarten statt; das beobachtete ich auch heuer durch einige Tage; leider konnte man aber den auf den Blössen concentrirten Thieren nicht einmal so nahe ankommen, dass die vertretenen Arten mit Sicherheit zu erkennen gewesen wären; sobald das Wasser fiel, fand ein Rückzug nach dem Rohre statt und später (im August) waren nur mehr einzelne Parcellen mässig, zumeist mit Stockenten, besetzt. — **Mosócz** (Schaffgotsch). 19. October 1 Stück. — **Pressburg** (Stef. Chernel). Zahlreich im Januar, Februar und März, brütet im »Soór« bei St. Georgen.

269. *Anas penelope*, Linn. — Pfeifente.

Böhmen. Aussig (Hauptvogel). 1. März 4 Stücke auf der Elbe bei Pömmerle und Grosspriesen.

Dalmatien. Spalato (Kolombatović). 2., 22., 28. Februar, 1., 5., 20., 28. März, 24. September, 20. November, 1. December.

Siebenbürgen. Fogaras (Czýnk). Erste den 18. März, letzte den 22. November. Sonst eine seltene Erscheinung, war sie heuer ziemlich oft zu treffen. — **Koloszvár** (Hönig). Im engeren Beobachtungsgebiete nur zur Zugszeit zu 6—10 Stücken in Ketten.

Steiermark. Mariahof (Hanf & Paumgartner). 30. September 12 ♂ ♂ und 3 ♀ ♀, 16. October 1 ♂ und 4 ♀ ♀, 3. November 6 Stücke.

Tirol. Innsbruck (Lazarini). 22. März 1 Stück in der Hallerau, 26. März 1 Stück bei Flauerling im Ober-Innthal erlegt.

Ungarn. Béllye (Mojsisovics). Scheint ein seltener Durchzügler zu sein; ich kenne nur zwei in Béllye erlegte Exemplare.

270. *Fuligula nyroca*, Güldenst. — Moorente.

Dalmatien. Spalato (Kolombatović). 2., 25., 28. Februar, vom 5. März bis 4. April, 12. October, 1. November, 5., 20. December.

Steiermark. Mariahof (Hanf & Paumgartner). 6. April und 16. November je 1 Stück.

Ungarn. Béllye (Mojsisovics). Häufiger und regelmässiger Brutvogel, den ich im Frühjahre 1884 sowohl in Kolodjvár, als in Béllye antraf; besitze von dort zwei schöne

Exemplare. Dass im Neste der Moorente auch Eier einer anderen Entenart angetroffen werden, erwähnte ich bereits (l. c. Lit. Verz. Nr. 15). Seither erhielt ich ein ♂ Exemplar, dieser damals mir als »Vidravecze« bezeichneten zweiten Art — es ist, wie ich vermuthe, die Tafelente: die Eier der Moorente waren bei zwei von Hrn. Waldbereiter Pfeningberger untersuchten Nestern in grösserer Zahl als jene der Tafelente (von dieser nur 1 bis 2 Stücke) vorhanden und dürfte der Ansicht dieses Beobachters zufolge auch die Moorente das Brutgeschäft besorgt haben.

271. *Fuligula ferina*, Linn. — Tafelente.

Böhmen. Haida (Hegenbarth). Ziemlich häufiger Brutvogel des Grossteiches in Hirnsen. Die hier, respective dort gebräuchlichen Namen für diese Enten sind: »Braunkopf« und »Kapuziner«. Sie ist im Flug an dem dicken Kopfe leicht kenntlich.

Dalmatien. Spalato (Kolombatović). Dann und wann vom Januar bis 21. März und vom 2. November bis Ende December.

Mähren. Römerstadt (Jonas). Den 16. November 12 Stücke auf einer sumpfigen Wiese gesehen.

Steiermark. Mariahof (Hanf & Paumgartner). 28. Februar. 1. April und 3. November je 1 Stück.

Tirol. Innsbruck (Lazarini). 26. März 1 Stück bei Flauerling im Ober-Innthal erlegt, 21. October 1 ♀ bei den Obernberger Seen am Brenner geschossen.

Ungarn. Béllye (Mojsisovics). Ist in den sumpfigen Gegenden sowohl an der Save, wie an der Drau ein sehr häufiger Brutvogel; dass er in Béllye »als solcher« nicht fehlt, versteht sich wohl von selbst, ich habe ihn aber dort nicht gerade sehr oft angetroffen. Besitze aus Béllye zwei Exemplare.

272. *Fuligula marila*, Linn. — Bergente.

Böhmen. Nepomuk (Stopka). Hat im Schilfe an den circa zwei Stunden von hier entfernten Teichen genistet.

Dalmatien. Spalato (Kolombatović). 2., 5. Januar, 2., 23., 28. Februar, 1., 5., 28. März, am 30. Juni 1 Stück; vom 5. November und dann und wann bis Ende December. **Ungarn.** Béllye (Mojsisovics). Nicht häufiger Wintergast, der gelegentlich zwischen Ende November und Anfang März beobachtet wird. Besitze nur ein Exemplar aus Béllye.

273. *Fuligula cristata*, Leach. — Reiherente.

Dalmatien. Spalato (Kolombatović). 12. Januar, 12., 20. Februar, 5., 6. März, 4. April, 12. October. **Litorale.** Monfalcone (Schiavuzzi). 10. Januar einige am Pietra - rossa See. 11. Januar einige am Meere, 7. März einzelne. **Steiermark.** Mariahof (Hanf & Paumgartner). 22. März mehrere, 26. März 1 ♂.

274. *Clangula glaucion*, Linn. — Schellente.

Dalmatien. Spalato (Kolombatović). Dann und wann vom Januar bis 4. April; vom 3. November bis Ende December; ungewöhnliche Menge von jungen Exemplaren im December. **Litorale.** Monfalcone (Schiavuzzi). 6. Januar 1 ♀, den 4. Februar 2 ♀ ♀ bei Monfalcone erlegt. **Siebenbürgen.** Nagy-Enyed (Csató). Am 30. Januar 2 Stücke. **Ungarn.** Béllye (Mojsisovics). In jedem Winter am Drauecke und keineswegs selten; wird öfter noch im März und April angetroffen. Ein schönes ♂ Exemplar erhielt ich 1884 aus Béllye; ist daselbst auch im »Riedmuseum« vertreten.

275. *Harelda glacialis*. Leach. — Eisente.

Ungarn. Pressburg (Stef. Chernel). Den 18. Januar zwei Exemplare auf der Donau.

276. *Oidemia fusca*. Linn. — Sammtente.

Steiermark. Pöls (Washington). Meine im ersten Jahresberichte gegebene Angabe über das Vorkommen von *Oidemia nigra*, Linn., bezieht sich auf *Oidemia fusca*.

Tirol. Innsbruck (Lazarini). Am 21. October wurde
: ♂ an den Obernberger Seen am Brenner erlegt und dann hier
für die Sammlung des »Ferdinandeums« präparirt. Dasselbe
zeigte bereits einige Federn des Prachtkleides.

277. *Erismatura leucocephala*, Scop. — Ruderente.

Dalmatien. Spalato (Kolombatović). Am 20. November 1 ♂.

278. *Mergus merganser*, Linn. — Grosser Säger.

Böhmen. Aussig (Hauptvogel). Am 7. und 12. April
auf der Elbe bei Schwaden und Grosspriesen 2 ♂ ♂ und 2 ♀ ♀
geschossen.

Dalmatien. Spalato (Kolombatović). 8., 20. Januar,
20. December.

Litorale. Triest (Moser). Am 27. März 2 Stücke von
L. Sandri erhalten.

Siebenbürgen. Kolozsvár (Hönig). In strengeren Wintern
häufiger zu 6—8 auch 14—16 Stücken; 1885 nur ein Paar
angetroffen. — **Nagy-Enyed** (Csató). Am 17. October 1 Stück
bei Alvincz erlegt.

Ungarn. Pressburg (Stef. Chernel). Den 9. Januar auf
der Donau häufig — 4 — 10 Stücken zusammen —, 19. März
die letzten.

279. *Mergus serrator*, Linn. — Mittlerer Säger.

Dalmatien. Spalato (Kolombatović. 12., 21., 28.
Februar, 5., 6. März, 20., 23. December.

Steiermark. Mariahof (Hanf & Paumgartner).
5. November ♂ und ♀.

Tirol. Innsbruck (Lazarini). Am 21. October wurden
ausser verschiedenen anderen Enten 2, anscheinend Weibchen
dieser Art, bei den Obernberger Seen, oberhalb des Brenner-
passes erlegt.

Ungarn. Pressburg (Stef. Chernel). Im Winter häufig.

280. *Mergus albellus*, Linn. — Kleiner Säger.

Dalmatien. Spalato (Kolombatović). Vom Januar bis
5. März und vom 20. November bis Ende December.
Ungarn. Pressburg (Stef. Chernel). Im Winter häufig.

XV. Ordnung.

Colymbidae. Taucher.

281. *Podiceps cristatus*, Linn. — Haubentaucher.

Böhmen. Haida (Hegenbarth). Brütet auf dem Neuschlösser (Hirnsener) Grossteiche und zeichnet sich durch grosse
Scheu aus. Er hat den landesüblichen Namen »Rohatsch« (von
Rohač), wie der Steissfuss oftmals auch diese Bezeichnung
bekommt.

Dalmatien. Spalato (Kolombatović). 5. Januar, 2.,
5., 22. Februar, 6., 15., 17. März, 3., 5., 30. November,
20. December.

Mähren. Oslawan (Čapek). Brutvogel der Namiester
Teiche; am 10. Mai habe ich hier mit dem Glase ein schönes
♂ beobachtet.

Siebenbürgen. Kolozsvár (Hönig). 1—2 Paare brüten
jährlich am Bergsee oberhalb Apahida. Im Frühjahre 1885, wo
mir dort ein Kahn zur Verfügung stand, habe ich mich zu
wiederholten Malen an den Tauch-Exercitien der Jungen ergötzt.

Steiermark. Paldau (Augustin). Erscheint mitunter
einzeln am Wörthersee in Kärnten.

Ungarn. Béllye (Mojsisovics). Frühjahr 1884 und
Sommer 1885 ziemlich zahlreich am Kopácser Teiche. — **Neusiedler See** (Reiser). Im ganzen Seegebiete, wie bekannt und
auch zu erwarten, sehr häufig. Er liebt kleine vom Rohr rings
umsäumte Wasserflächen. Den 16. Mai fand ich bei fürchter-
lichem Sturmwinde im Mittelsee bei Apothlon 2 Gelege, jedes
mit 5 Stücken. Das erste war vollkommen frisch und die Eier
lagen in dem schwimmenden, aber trockenen Neste völlig offen
da, weil ich den Vogel ·durch einen in der Nähe des Nestes

abgefeuerten Schuss erschreckt hatte und er sofort untergetaucht
sein musste. Beim zweiten Neste sah ich von weitem schon
den Taucher umherschwimmen, und als ich hinzukam, waren
die hochbebrüteten und daher fast braunen fünf Eier vollkommen
mit faulendem Schilf und Gras zugedeckt. Nach der Beseitigung
des Verdeckungmateriales sah ich, dass die Eier wirklich bis
zur Hälfte in einer lauwarmen, schlammigen Brühe lagen. Die
bald nachher vorgenommene Präparation derselben war der vor-
geschrittenen Bebrütung wegen sehr mühsam, und als hiebei
eines der Eier brach, zeigte der Embryo noch deutliche Spuren
von Leben. Bei Neusiedel am See war *P. cristatus* dagegen am
18. Mai noch im Legen begriffen und hatte erst drei Eier.

282. *Podiceps rubricollis*, Gm. — Rothhalsiger Steissfuss.

Dalmatien. Spalato (Kolombatović). 5. Februar. 6. September, 30. November, 18., 20. December.

283. *Podiceps arcticus*, Boie. — Hornsteissfuss.

Dalmatien. Spalato (Kolombatović). 30. November,
18. December.

284. *Podiceps nigricollis*, Sundev. — Ohrensteissfuss.

Dalmatien. Spalato (Kolombatović). 15., 17., 20.
März, 2. April, 3., 5., 30. November.
Litorale. Monfalcone (Schiavuzzi). 11. Januar einige
am Meere bei Monfalcone.

285. *Podiceps minor*, Gm. — Zwergsteissfuss.

Böhmen. Nepomuk (Stopka). Wird häufig auf Teichen
gesehen.
Dalmatien. Spalato (Kolombatović). Durch's ganze
Jahr. dann und wann in Menge vom 13. October bis 30. November.
Mähren. Oslawan (Čapek). Brutvogel auf allen bewachsenen Teichen; im Winter immer einige unterhalb Oslawan,
weil hier das Wasser nie vollkommen zufriert; im Frühjahre bis
Mitte März, dann von Mitte November.

Steiermark. Mariahof (H a n f & P a u m g a r t n e r).
11. April 1 Stück, 18. August 1 Stück, 22. September und vom
16. October bis 10. November täglich 2 Stücke.
Tirol. Innsbruck (Lazarini). 3. November 1 Stück im ·
Taurer Giessen in der Hallerau.
Ungarn. Béllye (Mojsisovics). Frühjahr 1884 in allen
Riedteichen, ebenso im Sommer 1885. — **Pressburg** (Stef.
(Chernel). Im Winter häufig; 5. November die ersten.

286. *Colymbus arcticus*, Linn. — Polarseetaucher.

Dalmatien. Spalato (Kolombatović. 3. Januar, 4. December.
Schlesien. Troppau (U r b a n). Am 28. December wurde
1 Stück vom Troppau'schen Baumeister Hrn. H a a l a nächst
Mokrolasetz bei Stettin erlegt.
Steiermark. Mariahof (H a n f & P a u m g a r t n e r).
5. Mai 1 Stück im Hochzeitskleide, 3. November kamen um
$^{1}/_{2}$4 Uhr nachmittags 3 Stücke von N.-O. und zogen um 6 Uhr
aufgescheut in südlicher Richtung weiter; 4. November 2 Stücke,
5. November 1 Stück, alle alte Vögel in theilweiser Vermausung;
23. November 1 Stück in Stadl ober Murau an der Mur. —
Pikern (R e i s e r). 2 Stücke wurden vor einigen Jahren bei
Faal im Herbste in der Drau erlegt und befinden sich gestopft
im Schlosse daselbst; alle sind im Jugendkleide. Ich selbst
erhielt ein Stück aus Murack von der Pössnitz.
Ungarn. Béllye (Mojsisovics). Die ersten trafen im
Winter 1884/85 am 11. November auf dem Kopácser Teiche
ein; erhielt im Winter 1884 und 1885 je ein auffallend grosses
Exemplar (juv.) aus Béllye.

287. *Colymbus septentrionalis*, Linn. — Nordseetaucher.

Dalmatien. Spalato (Kolombatović). Vom Januar bis
22. März und vom 22. November bis Ende December.

288. *Pelecanus onocrotalus*, Linn. — Gem. Pelikan.

Siebenbürgen. Fogaras (Czýnk). Kam den 29. Juli über
Bucsum, das ist aus S.-W., in 70—80 Exemplaren auf die

Mundraer Sümpfe, woselbst sich die Vögel bis 3o. Juli nachmittags aufhielten und wieder über Bucsum über das Gebirge, wahrscheinlich nach Rumänien, zogen.

289. *Carbo cormoranus*, M. & W. Kormoranscharbe.

Dalmatien. Spalato (Kolombatović). 25. Februar, 5. März.

Ungarn. Béllye (Mojsisovics). Ich traf sie im Frühjahre 1884 nur in Kolodjvár brütend, fand sie dann im Béllye'er und Kopácser Riede, aber nicht zahlreich, ebenso in den zwei zuletzt genannten Rohrdistricten im Sommer 1885. — **Pressburg** (Stef. Chernel). Den 19. März zu Hunderten auf der Donau; brütet auf den Inseln und in den Donauarmen.

290. *Carbo graculus var. Desmaresti*, Payr. — Südliche Krähenscharbe.

Dalmatien. Spalato (Kolombatović). Standvogel auf den nahen Inseln.

291. *Carbo pygmaeus*, Pall. — Zwergscharbe.

Ungarn. Béllye (Mojsisovics). Vereinzelte Exemplare begegneten mir im Mai 1884 im Kopácser Riede; sehr selten war das Thier im Sommer 1885 in Béllye; ich erhielt nur ein Exemplar.

292. *Puffinus Kuhlii*, Boie. — Grauer Tauchersturmvogel.

Dalmatien. Spalato (Kolombatović). 5. Januar, 3. Februar, 25. October.

293. *Puffinus anglorum*, Kuhl. — Nordischer Tauchersturmvogel.

Dalmatien. Spalato (Kolombatović). 5. März.

XVI. Ordnung.

Laridae. Mövenartige Vögel.

294. *Lestris parasitica.* Temm. — Schmarotzer-Raubmöve.

Ungarn. Pressburg (Stef. Chernel). Sehr selten; den 18. Januar ein Exemplar an der Donau.

295. *Larus marinus.* Linn. — Mantelmöve.

Mähren. Kremsier (Zahradník). 16. Mai, nach Mittheilung des Revierförsters Stolička, im Fürstenwalde.

296. *Larus argentatus var. Michahellesi*, Bruch. — Südliche Silbermöve.

Dalmatien. Spalato (Kolombatović). Durch's ganze Jahr.

297. *Larus fuscus,* Linn. — Heringsmöve.

Dalmatien. Spalato (Kolombatović). 5. Februar, dann vom 6. April bis 15. September, 4. November.
Ungarn. Béllye (Mojsisovics). Bisher nur ein Exemplar im Béllye'er Riedmuseum.

298. *Larus canus,* Linn. — Sturmmöve.

Dalmatien. Spalato (Kolombatović). Vom Januar bis 20. März und vom 19. August bis Ende December.
Litorale. Triest (Moser). ♀ ad. am 8. Februar von L. Sandri erhalten.
Ungarn. Béllye (Mojsisovics). Drei Exemplare von der Insel Petres in meinem Besitze. — **Pressburg** (Stef. Chernel). Während des Winters.

299. *Rissa tridactyla,* Linn. — Dreizehige Möve.

Tirol. Innsbruck (Lazarini). Am 21. October erhielt Hr. Prof. Dr. Carl von Dalla-Torre ein Exemplar aus Sand im Taufererthal zugeschickt und im September 1878 wurde ebenfalls ein Exemplar dieser Art an einer kleinen Wasserlache bei Natters im Mittelgebirge geschossen.

300. *Xema melanocephalum*, Natt. — Schwarzköpfige Möve.

Dalmatien. Spalato (Kolombatović). Vom 13. bis 31. März.

301. *Xema minutum*, Pall. — Zwergmöve.

Dalmatien. Spalato (Kolombatović). Ungewöhnliche Menge von alten Vögeln im Januar.

302. *Xema ridibundum*, Linn. — Lachmöve.

Böhmen. Aussig (Hauptvogel). Am 19. März angekommen. — **Haida** (Hegenbarth). Die auf dem Grossteiche in Hirnsen befindliche Mövencolonie zählt nach Hunderten. Sind die Jungen flugbar, so erreicht ihre Zahl weit über tausend Stücke. Es stehen oft Wolken auf, die als ob es schneite, sich langsam wieder zur Wasserfläche senken. Die Möve erscheint im halben März bestimmt und ist Anfang August wieder abgezogen. Was später den Teich besucht, sind Gäste aus nördlicheren Gegenden. Die Grossartigkeit dieser Colonie veranlasste, wie erwähnt, Se. kais. Hoheit den Herrn Kronprinzen Erzherzog Rudolf, von Schloss Reichstadt aus den Grossteich zweimal in Gesellschaft mehrerer hohen Herren zu besuchen und hörte ich später von den unglaublich weiten Schüssen, die Se. kais. Hoheit, unser Kronprinz, auf Möven, die so holzartig schrotfest sind, zu aller Erstaunen mit Erfolg fast durchwegs machte. Noch heute sagt der Fischknecht, der die Ehre hatte, Se. kais. Hoheit zu fahren, wenn ein weiter Schuss gelingt: »Das war su a (so ein) Kronprinzenschuss.« Beim Uhu ist sie durch ihre Masse, welche ihn stets beunruhigt, eine Plage des Hüttenjägers. — **Nepomuk** (Stopka). Am 16. März erschienen zwei auf der Wiese bei dem noch gefrorenen Teiche und eben daselbst waren bereits am 29. gegen 50 Stücke; im April kamen sie fast täglich hieher, im Sommer bis Mitte Juli, erschienen tagsüber am Teiche bloss 2 — 3. — **Rosenberg** (Zach). Am

10. Juni wurden an der Moldau zwei geschossen; hier eine Seltenheit.

Dalmatien. Spalato (Kolombatović). Vom Januar bis 20. März und vom 19. August bis Ende December.

Litorale. Monfalcone (Schiavuzzi). 4. März schon mit dunklem Kopfe, 21. März sehr viele in Rosega.

Mähren. Goldhof (Sprongl). Am 24. März 30 Stücke nach Norden durchgezogen. — **Kremsier** (Zahradník). 19. Februar. — **Oslawan** (Čapek). Eine Colonie von etwa 70 Paaren belebt den »Neuen Teich« bei Namiest; gegen den 8. Mai die meisten Gelege. Im Frühjahre ziehen sie längs der Flüsse herauf; 21. März 13 Stücke, später, bis Ende Juni. immer eine oder mehrere am Flusse bei Oslawan fischend. Im Herbste habe ich sie nicht gesehen, da sie wahrscheinlich von Namiest direct südlich ziehen.

Niederösterreich. Wien (Reiser). Am 29. December kamen mehrere Lachmöven längs des Donaucanales bis zur Aspernbrücke in die Stadt geflogen und noch mehr hielten sich bei der Sofienbrücke auf.

Salzburg. Hallein (Tschusi). 2. Juli 2 ad. nach S. um 11 Uhr vormittags.

Schlesien. Troppau (Urban). 18. März bei Gilschowitz 6 Stücke an und auf der Mora.

Steiermark. Mariahof (Hanf & Paumgartner). 21. Juni 5, 1. Juli 7 Stücke, 17. Juli 1 Stück. — **Pöls** (Washington). Ist seit der Regulirung der Mur an die früheren Brutplätze in der Nähe von Wildon nicht mehr zurückgekehrt.

Tirol. Innsbruck (Lazarini). Am 22. März (Ostwind mit etwas Schneefall) 1 Stück in der Hallerau, 25. März 5 Stücke in der Ambraserau.

Ungarn. Béllye (Mojsisovics). Im Frühjahre 1884 traf ich relativ nur wenige Exemplare am Drauecke, um so zahlreicher aber im Sommer 1885, wo sie scharenweise die Ufer des eingeengten Kopácser Teiches bedeckten. — **Pressburg** (Stef. Chernel). Den 16. März zu Hunderten.

303. *Sterna anglica*. Mont. — Lachmeerschwalbe.

Dalmatien. Spalato (Kolombatović). 19. Mai, 13. August.

Ungarn. Neusiedler See (Reiser). Selten und wenig beobachtet, jedoch ist ihr Vorkommen durch Eier von demselben Brutplatze, den auch *St. fluviatilis* besetzt hält, und welche ich von dort erhielt, sicher constatirt. Ich selbst sah dort die alten Vögel, von denen nur 3 Paare daselbst brüteten.

304. *Sterna cantiaca*, Gm. — Brandmeerschwalbe.

Dalmatien. Spalato (Kolombatović). Vom 5. Februar bis 18. März.

305. *Sterna fluviatilis*, Naum. — Flussseeschwalbe.

Dalmatien. Spalato (Kolombatović). Vom 1. bis 19. Mai; 22., 26. Juli.

Steiermark. Pikern (Reiser). Steigt an der Drau über St. Nikolai nicht aufwärts, jedoch überfliegt sie meist in Gesellschaft die weite Landstrecke bis Rothwein, um daselbst in einem kleinen Teiche, mitten in Kukuruzfeldern, zu fischen; dort erlegte ich ein Stück am 23. Juli. — **Pöls** (Washington). Hat infolge der Murregulirung die früheren Brutplätze verlassen.

Ungarn. Béllye (Mojsisovics). Frühjahr 1884: Syrmien, Draueck, Kolodjvár. 1885: am Drauecke in grösster Zahl. Gelege zweiter Brut sind mir seit 1883 nicht bekannt geworden. — **Neusiedler See** (Reiser). Ueberall in Menge. Auf der Zicklacken-Insel ist der Hauptbrüteplatz der am See vorkommenden *Sterna*-Arten. Am 14. Mai waren dieselben schon in Massen auf der Insel und begannen die Stellen, wohin sie die Eier legen wollten, auszukratzen und mit einigen Strohhalmen zu belegen. In den letzten Tagen dieses Monates und der ersten des Juni war die Sandbank buchstäblich bedeckt mit Eiern und brütenden Vögeln, welche sich bei der Annäherung eines Kahnes gleich einer weissen Wolke erhoben und unter ohrenzerreissendem Lärm auf den Störenfried herabstiessen, ja dessen Kopf mit den Flügelspitzen streiften. Die Farbennüancen dieser Eier gehen in's unendliche, man kann aber eine braune und eine grüne Gruppe unterscheiden. Es wird denselben von Seite der Bevölkerung, weil zu dieser Zeit die Kiebitzeier-Saison glücklicherweise schon vorbei ist, wenig oder gar nicht nachgestellt.

306. *Sterna minuta*, L. — Zwergseeschwalbe.

Ungarn. Béllye (Mojsisovics). Frühjahr 1884 in Syrmien, in grösserer Zahl am Kopácser Teiche; Sommer 1885: relativ zahlreich in Béllye. Exemplare im Jugendkleide.

307. *Hydrochelidon leucoptera*, M. & Sch. — Weissflügelige Seeschwalbe.

Dalmatien. Spalato (Kolombatović). Vom 1. bis 24. Mai und vom 12. bis 28. August.

Ungarn. Béllye (Mojsisovics). Frühjahr 1884 in Syrmien und Kolodjvár. August 1885 im Kopácser Riede (selten!).

308. *Hydrochelidon hybrida*, Pall. — Weissbärtige Seeschwalbe.

Dalmatien. Spalato (Kolombatović). Vom 5. Mai bis 24. August.

Ungarn. Béllye (Mojsisovics). Frühjahr 1884: in Syrmien und Kolodjvár. Sommer 1885: Kopácser und Béllye'er Riede; ein altes Exemplar erlegt (in meinem Besitze), eines im Riedmuseum.

309. *Hydrochelidon nigra*, Boie. — Schwarze Seeschwalbe.

Böhmen. Haida (Hegenbarth). Auf dem Grossteiche in Hirnsen im Sommer erlegt. Sie scheint dort oder auf dem Hirschberger Teiche Brutvogel zu sein.

Dalmatien. Spalato (Kolombatović). Vom 1. bis 22. Mai und vom 7. bis 28. August.

Mähren. Oslawan (Čapek). Nur am 10. Mai 1 Stück auf einem Teiche bei Namiest fischend beobachtet.

Steiermark. Mariahof (H a n f & P a u m g a r t n e r).
15. Mai 4 Stücke, 21. August 1 Stück, 22. 2 Stücke, 23. und
28. August und 4. September je 1 Stück.

Ungarn. Béllye (M o j s i s o v i c s). Frühjahr 1884: in
Syrmien, in den Banater Sümpfen, Donau, Drau und Save, in
Kolodjvár und Béllye unsäglich gemein. Ebenso im Frühjahre
und Sommer 1885. Sogar weit ab von ihrem eigentlichen Ele-
mente traf ich sie bei Darócz, unweit von Nyerges mit nütz-
licher Kerfjagd beschäftigt hinter dem Pfluge am Ackerfelde. —
Neusiedler See (R e i s e r). Noch häufiger als die anderen
Seeschwalben-Arten. Sie soll in grossen Gesellschaften auf dem
Schilfwuste nisten, den die Wellen an seichten Stellen zu-
sammentragen.

Sendungen von der k. k. Seebehörde in Triest,
in der Reihenfolge ihres Eintreffens.

1. *Turdus musicus.* Die Hafenagentie von G r a d o über-
sendet eine Singdrossel, welche am Leuchtthurme in Golametto
am 17. Februar 1885 um $2^1/_2$ Uhr Mitternacht anstossend,
zugrunde ging.

Grado, 17. Februar 1885.

Giacomo Marco *m. p.*

2. *Sturnus vulgaris.* Das Hafencapitanat von Rovigno zeigt
die Absendung eines Vogels an, welcher in verflossener Nacht
am Leuchtthurme von S. Giovanni in Pelago anstiess und lebend
noch zu Boden fiel, aber nach Verlauf von zwei Tagen ver-
endete.

Rovigno, 5. März 1885.

3. *Fringilla coelebs.* Vom Hafenassistenten des Leucht-
thurmes Donzella wurden zwei Paare dieses Vogels an das
Hafenamt in Gravosa überschickt.

Donzella, 16. März 1885.

Luca Baburizza *m. p.*

4. *Hirundo rustica* und *Hirundo urbica*, *Gallinula por-*
zana. Mit Bericht des Leuchtthurm - Assistenten von Zaglava
auf Cherso vom 9. April 1885 erhielt ich 33 todte Rauchschwalben, eine Hausschwalbe und eine *Gallinula porzana*.

5. *Alauda arvensis*, *Dandalus rubecula* und *Sturnus vul-*
garis. Mit Bericht vom Leuchtthurm-Assistenten A. Omero auf
Punta d' Ostro vom 19. October 1885 erhielt ich zehn *Alauda*
arvensis, einen *Dandalus rubecula* und einen *Sturnus vulgaris*,
welche Vögel am Zuge in der Nacht vom 18. auf 19. October,
gegen 3 Uhr morgens, bei leichtem Regen am Leuchtthurme
anstiessen.

6. *Sturnus vulgaris*. Mit Bericht des Assistenten von Gollo-
metto bei Grado ddo. 2. März 1886 flogen um Mitternacht
1 Uhr an die Laterne zwei Staare an, deren Schnäbel gebogen
und gespalten waren.

Hafenagentie G r a d o, 2. März 1886.

Der Mandatar für Istrien:

Dr. L. K. M o s e r.

IV. Report on Birds in Danmark, 1886.

Compiled by

Oluf Winge.

(With a Map-Plate I.)

Observations have been communicated by:

A.: H. Arctander, physician, **Storehedinge**, Stevns, Själland. Observations in Stevns.

F.: A. H. Faber, cand. pharm. Notes from **Viborg** and surroundings, within three or four (Danish) miles from the town. Species from Viborg 88. — Also some notes from visits to **Mors**, where the observer lived during 1884 and 1885 *).

Hs.: P. Herschend, possessor of **Herschendsgave**, S. E. of Skanderborg Sö, Jylland.

K.: Th. N. Krabbe, stud. med. Chiefly observations from the island of **Amager**, especially the coasts and the northern part close to Kjöbenhavn, with the fortification territory. — Also some notes from **Thy**, north-western Jylland, taken from end of July to about September 1st.

W.: the compiler of this report. Notes from **Kjöbenhavn**. For general remarks see Report 1885. Area of observation still smaller than last year, and excursions beyond immediate surroundings fewer; number of species observed therefore only 93 **).

*) Mr. Faber has published his observations in Mors in a separate pamphlet, »Morsö's Fugle«, Viborg, 1887.

**) Besides those mentioned in text, the following: *Circus aeruginosus, Syrnium aluco, Corvus corax, Pica caudata, Picus major, Picus medius, Sitta europaea* (s. str.), *Certhia familiaris, Poecile palustris, Parus major, Parus coeruleus, Sylvia nisoria, Miliaria europaea, Passer domesticus, Passer montanus, Coccothraustes vulgaris, Carduelis elegans, Cygnus olor, Anas boschas, Larus marinus, Larus argentatus, Larus canus, Sterna fluviatilis.*

Some notes from various sources, indicated in each case, have been added by the compiler.

In the last Report were stated the preliminary results of the endeavours of Prof. Lütken to utilize the opportunities for observations on birds afforded by lighthouses and light-vessels. In 1886 it was ordered by the Government, that birds killed on striking the lights should be sent to the Zoological Museum of Kjöbenhavn (in some cases only samples, in other only parts of the birds), date and weather being noted; the necessary means for postage etc. were granted. Lightkeepers were also asked for such other information on birds as they might be able to give. The scheme began to work on May 1st.

Clear nights being very common during the time of passage not very many birds came to the lights. From 24 stations (out of 63) were received 469 specimens (entire or in parts) of 37 species (identified by the compiler). — On the morning of May 14th many birds had arrived at Kjöbenhavn, both fresh species and fresh individuals of others; late in the previous evening I heard *Actitis hypoleucus* passing overhead; the night was dark and rainy, with a strong easterly wind. I therefore had expected something from the lights; but only a few birds were sent or noted, the night being however one of the very few in May when any birds struck the lights. — In autumn by far the most birds came to the lights in two periods, the first being September 30th to October 2d, the next October 18th to 25th, more especially 21st to 24th. There was a marked movement of a few species at the close of December.

A feature of the year was the exceptionally long and continuous (though not very hard) frost, with considerable snow, lasting to about March 20th and greatly delaying the arrival of the earliest migrants. On March 21st thaw set in at Kjöbenhavn, but no real passage was felt till 24th, when it was very marked. The species that habitually come near this date or a little later were not at all delayed.

List of Lights and Keepers.

I. North Sea, Skagerak, and Limfjord.

1. **Esbjerg** L. H. Two, white, fixed; 3d class *); height of light above water 84 and 40 feet. — Reske.
2. **Blaavands Huk** L. H. (building 1886).
3. **Horns Rev** L. V. White flash every half minute; height 3o feet. Fog syren, 3 blasts quickly every 2 minutes. — N. Kromann.
4. **Bovbjerg** L. H. White, fixed; 1st class; height 196 feet. — E. Rasmussen.
5. **Thyborön Kanal** L. V. Red, fixed; height 3o feet. — N. Nielsen.
6. **Lodbjerg** L. H. White. double flash every 20 seconds; 1st class; height 155 feet. — J. L. Winslöw.
7. **Hanstholm** L. H. White flash every half minute; 2d class; height 212 feet. — Chr. Heering.
8. **Hirtshals** L. H. White. fixed, flashing up every 2 minutes; 1st class; height 182 feet. Fog syren, at 120 feet from tower; 2 blasts quickly every 2 minutes. — E. T. B. Jensen.

II. Kattegat.

9. **Skagen** L. H. White, fixed; 1st class; height 140 feet. — M. G. Poulsen.
10. **Skagens Rev** L. V. Red flash every half minute; height 3o feet. Fog syren, one blast every 2 minutes. — J. G. Steinmann.
11. **Hirtsholm** L. H. White flash every half minute; 6th class; height 42 feet. — W. Schultz.
12. **Nordre Rön** L. H. White 5o seconds, red 10 seconds; 3d class; height 5o feet. Fog syren, at 40 feet from tower; 3 blasts quickly every 2 minutes. — A. Kruse.
13. **Läsö Trindel** L. V. White flash every 3o seconds; height 3o feet. Fog syren, 2 blasts quickly every 2 minutes. — J. Poulsen.

*) The lanterns of light-vessels do not enter into this classification.

14. **Läsö Rende** L. V. White, fixed; height 3o feet. Fog horn, 2 blasts quickly every minute. — L. Lauritzen.

15. **Egense** L. H. Two, white, fixed; 4th class; height 20 and 53 feet. — C. F. Laug.

16. **Kobbergrunden** L. V. White, fixed; height 3o feet; Fog horn, one blast every minute. — V. T. Schnipp.

17. **Anholts Knob** L. V. White, double flash every minute; height 3o feet. Fog syren, 3 blasts quickly every 2 minutes. — M. Dyreborg.

18. **Anholt** L. H. White flash every 20 seconds; 1st class; height 13o feet. — J. Christiansen.

19. **Hesselö** L. H. White, fixed; 2d class; height 115 feet. — A. G. Saxtorph.

20. **Spotsbjerg** L. H. White flash every half minute; 6th class; height 120 feet. — Lehm.

21. **Schultz's Grund** L. V. Two, white, fixed; height 3o feet. — H. Svarer.

22. **Fornäs** L. H. White flash every half minute; 4th class; height 67 feet. — J. O. Böving.

23. **Hjelm** L. H. White, fixed, flashing up every minute; 2d class; height 16o feet. — H. J. Henningsen.

24. **Äbeltoft Vig** L. H. Two, white, fixed; 3d class; height 101 and 36 feet. — H. P. Mönsted.

25. **Sletterhage** L. H. White, fixed; 6th class; height 52 feet. — A. Nielsen.

26. **Thunö** L. H. White, fixed; 5th class; height 98 feet. — J. P. Mynster.

27. **Sejrö** L. H. White flash every 2 minutes; 3d class; height 100 feet. — H. J. Skow.

28. **Vestborg** L. H. White, fixed, flashing up every minute; 3d class; height 115 feet. — C. Schröder.

III. Sound.

29. **Nakkehoved** L. H. Two, white, fixed; 3d class; height 143 and 95 feet. — P. Rydahl.

30. **Lappegrunden** L. V. White, double flash every minute; height 3o feet. Fog signal, 2 blasts quickly every minute. — J. Jörgensen.

31. **Kronborg** Castle. White 25 seconds, red 5 seconds: 3d class, smallest size; height 117 feet. Fog horn, one blast every minute. — G j ö r u p.

32. **Trekroner** L. H. White, fixed, flashing up every minute; 4th class; height 63 feet; two accessory lights, red, fixed, 4th class. Fog horn, one blast every 35 seconds. — R. E. H e u s e r.

33. **Prövesten** L. H. Two, red, fixed; 6th class; height 32 and 42 feet. — H. J a p p e.

34. **Nordre Röse** L. H. White, fixed, red flash every half minute; 3d class; height 44 feet. Fog signals from passing vessels are answered by a fog horn. — C. A. S. Ö r u m.

35. **Dragör** L. H. Two, red, fixed; 3d class; height 30 and 60 feet. — B. R. L e t h.

36. **Drogden** L. V. White flash every 20 seconds; height 30 feet. Fog horn, one blast every minute. — R. G o m m e s e n.

37. **Stevns** L. H. White flash every half minute; 2d class; height 203 feet. — B. R o s e n.

IV. Store Belt, etc.

38. **Refsnäs** L. H. White, fixed; 4th class; height 77 feet. — P. C. J e n s e n.

39. **Romsö** L. H. Red, fixed; 5th class; height 50 feet. — F. A n d e r s e n.

40. **Halskov** L. H. White, fixed; 6th class; height 51 feet. — J. W i n c k l e r.

41. **Korsör** L. H. Two, white, fixed; 6th class; height 33 and 25 feet. — J. W i n c k l e r.

42. **Sprogö** L. H. White flash every 2 minutes; 3d class; height 140 feet. — J. H. B e n c k e.

43. **Knudshoved** L. H. White, fixed; 5th class; height 59 feet. — L ö w e.

44. **Slipshavn** L. H. Red, fixed; 6th class: height 20 feet. — N. N i e l s e n.

45. **Helholm** L. H. White, fixed; 6th class; height 28 feet. — D o r t h e a H o l s t.

46. **Ore** L. H. Two, white, fixed; 6th class; height
3o and 9 feet. — F. Bertelsen.
47. **Orehoved** L. H. Red, fixed; 6th class; height
3o feet. — F. Bertelsen.
48. **Vejrö** L. H. White flash every 15 seconds; 6th class;
height 5o feet. — V. Humble.
49. **Tranekjär** L. H. White, fixed; 6th class; height
41 feet. — J. Larsen.
5o. **Taars** L. H. Two, white, fixed; 6th class; height
3ᵃ and 18 feet. — C. Lupnold Hansen.
51. **Fakkebjerg Hovedfyr** L. H. White, fixed; 3d class;
height 125 feet. — H. F. Lund.
52. **Fakkebjerg Bifyr** L. H. — N. Rasmussen.

V. Lille Belt.

53. **Äbelö** L. H. White, double flash every half minute;
3d class; height 65 feet. — S. Thorsen.
54. **Strib** L. H. White, fixed; 3d class; height 65 feet.
— A. H. Andersen.
55. **Baagö** L. H. White, fixed; 4th class; height 38 feet.
— B. Bruun.
56. **Assens** L. H. White, fixed; 6th class; height
2o feet. — B. Bruun.
57. **Skjoldnäs** L. H. White flash every 3o seconds;
2d class; height 103 feet. Fog syren, one blast every minute.
— J. Beldring.

VI. Baltic.

58. **Christiansö** L. H. White flash every half minute;
2d class; height 92 feet. — O. C. F. Christensen.
59. **Hammershus** L. H. White, fixed; 1st class; height
290 feet. Fog syren, 2 blasts quickly every 2 minutes. —
J. H. Beldring.
60. **Dueodde Hovedfyr** L. H. White, fixed, flashing
up every 1½ minute; 1st class; height 150 feet. — W. Lund.
61. **Dueodde Bifyr** L. H. White, fixed; 3d class,
smallest size; height 5o feet. Fog syren, one blast every
2 minutes. — L. Wedén.

62. **Möen** L. H. White, fixed; 3d class; height 80 feet.
— C. Thaarup.

63. **Gjedser** L. H. White, fixed; 3d class; height
62 feet. — Chr. Lindgaard.

64. **Gjedser Rev** L. V. Red flash every half minute;
height 3o feet. Fog horn, one blast every minute. — H.
Gommesen.

General Report.

1. *Milvus regalis*, auct. — Glente.

Storehedinge. March 14th (frost) first. Breeds in
Gjorslev Skov. (A.)

Herschendsgave. March 20th arrival. (Hs.)

Viborg. Breeds in some of the woods. **Lindum Skov,**
May 2d, nest with three eggs. **Hald Bögeskov,** May 4th,
nest with three eggs. (F.)

2. *Cerchneis tinnunculus*, L. — Taarnfalk.

Kjöbenhavn. Not often observed; seen twice during
the hard part of the long winter, January 23d and February
28th. October 31st one, last. (W.)

Storehedinge. March 17th shot. Breeds on **Stevns
Klint.** (A.)

Viborg. In **Tjele** garden June 3d sitting on five eggs
in an old crow's nest. Within a few paces a crow's nest
with young about able to fly. (F.)

3. *Hypotriorchis aesalon*, Tunst. — Dvärgfalk.

Kjöbenhavn. Singly, not in actual migration, April
22d, September 25th and 27th, October 14th and 20th. (W.)

Storehedinge. September 10th young male shot at
Sigerslev. This year frequently seen. (A.)

4. *Falco subbuteo*, L. — Lärkefalk.

Kjöbenhavn. Singly in or near north-eastern suburb May 9th and 18th, August 21st, September 4th and 5th. (W.)

5. *Falco peregrinus*, Tunst. — Vandrefalk.

Kjöbenhavn. In town and suburbs several times from January to April 9th. September 10th one; again September 25th and October 12th. A few times in December. (W.)

6. *Astur palumbarius*, L. — Duehög.

Viborg. Hald **Bögeskov**, April 30th, nest with three eggs. **Viskum Skov**, May 7th, nest with three fresh eggs. (F.)

7. *Accipiter nisus*, L. — Spurvehög.

Kjöbenhavn. Several times; the following probably in actual migration: April 25th, 11 A. M., one to N.; clear, N. W. strong. August 29th, 10,45 A. M., one to W. October 12th, 8,40 A. M., two in company to W. (W.)

Viborg. Often seen flying over the town and in other places: certainly breeds in the woods. (F.)

8. *Pandion haliaëtus*, L. — Fiskeörn.

Storehedinge. May 11th female shot at nest in **Kongeskov**. (A.)

9. *Haliaëtus albicilla*, L. — Havörn.

Kjöbenhavn. March 28th, about 10,35 A. M., one old bird slowly circling away to N., not very high above a much frequented road along coast in north-eastern suburb; mild, S. W. strong. (W.)

Storehedinge. In December young male shot at **Lillehedinge**. (A.)

Viborg. As far as I know, there is now only one breeding pair in these parts, in **Lindum Skov**. April 4th nest in a giant beech, sixty-four feet from ground. Two eggs, one addled, the other incubated probably for a fortnight. (F.)

10. *Pernis apivorus*, L. — Hvepsevaage.

Kjöbenhavn. May 22d, 7.40 A. M., one circling above
North Harbour; thence straight inland, to W. — In August
passing garden as follows: 28th, 4,5o P. M., three, high, to
W. 29th, 10,5 to 11 A. M., altogether about 143 to W.,
not very high, in larger and smaller straggling flocks, keeping so nearly along the same line, that most of the birds
just crossed the house; mild, bright, W. fresh. 3oth, 2,15
P. M., two to W. — September 5th one. (W.)

11. *Archibuteo lagopus*, Brünn. — Vinter-Musevaage.

Storehedinge. In November one male and one female
shot at **Sigerslev**. (A.)

12. *Buteo vulgaris*, Leach. — Musevaage.

Kjöbenhavn. Breeds. March 14th, when still hard
winter, one in a wood. March 28th, 9,15 A. M. to 12,10
P. M., in actual migration: one to N. E., ten (going out
over the Sound) to N. E., one N. E., two N. E., four N.,
two N.; mild, S. W. strong. — August 2oth to October
17th several times in migration localities; the following
probably actually migrating: September 26th, 10 A. M.,
one soaring very high over coast, mounting much higher
still and then going away to S. W. October 3d, c. 10,45
A. M., one at coast, circling out at sea to E.; when far off
and very high up it flew down the Sound to S. or S. W.;
at 11 A. M., in the same place, four came in from sea,
from E., circled over coast and went away to W.; wind
N. W. October 17th, 10,15 A. M., one speedily to W., just
in advance of a squall; E. strong. (W.)

Storehedinge. March 25th (mild) first. (A.)

Viborg. Commonly breeding in most woods. In April·
and May nests with two or three eggs (**Hald Bögeskov,
Rindsholm, Avnsbjerg, Viskum, Bigum, Lindum**). (F.)

13. *Circus cyaneus*, L. — Blaa Kjärhög.

Storehedinge. September 3oth young male found dead
at **Lille Taaröje**, by a man who had wounded it a week

before. (A.) (The structural details characteristic of the
species observed by Mr. Arctander. W.)

Male, in nearly full blue plumage, shot near **Kallundborg**, N. W. Själland, in latter part of February and sent
for stuffing to Conservator E. Hansen of the Zoological
Museum.

14. *Syrnium aluco*, L. — Natugle.

Viborg. **Hald Egeskov**, June 8th, two large young
in a hollow tree, only four feet from ground. (F.)

15. *Brachyotus palustris*, Forster. — Mose-Hornugle.

Amager. September 29th one was shot on west coast
and given to me. (K.)

16. *Cypselus apus*, L. — Mursvale.

Kjöbenhavn. Breeds. May 8th one, 10th four, 11th
and 12th but few, 13th a good many, 14th probably not
far from full numbers. August 3d still numerous; to 8th
rather many; at garden continually some to 18th (11th ten,
15th eleven, 18th five — generally at least five near a
nesting-place). August 22d and 26th, September 1st, one
each day. (W.)

Amager. May 12th first, not many; 14th generally
arrived. (K.)

Storehedinge. May 13th arrival. August 10th gone.
August 17th the last ones. (A.)

Viborg. Breeds numerously in the town. May 14th
two, first; 15th large numbers.

17. *Hirundo rustica*, L. — Forstuesvale.

Kjöbenhavn. Breeds. April 25th one, 27th and 28th
some, 30th one. May 1st and 2d not seen; from 3d continually some; from 7th common; 14th perhaps full numbers.
— September, during first half numerous, yet probably
fewer than at close of August; decrease more marked from
19th and especially from 22d; continually some to 29th;
27th to 29th a swarm (nearly all young birds) in a place

at North Harbour, and occasionally spreading further; on
3oth the place was not visited, but on October 1st there
were none. October 1st to 6th some, 9th several (all young,
as most often at this time), 11th two, 12th one, 18th a
small party. (W.)

Amager. April 28th and 3oth singly in one place;
further in that place May, 3d none, 7th and 9th four or
five, 12th and 14th several, and not till 16th in large numbers, generally arrived. — September 19th still very many
on east coast; 26th very few on west coast, passing to W.
(S. W. light). October 3d not a few on east coast; later
none. (K.)

Storehedinge. May 7th arrival. (A.)

Herschendsgave. April 27th arrival. (Hs.)

Viborg. Breeds very numerously. Arrived in first days
of May. October 20th still one seen.

18. *Hirundo urbica*, L. — Bysvale.

Kjöbenhavn. Breeds. April 28th a pair visiting an old
nest. None till May 6th (one); 8th some; thence continually,
but till 14th scarce; full numbers perhaps about 18th to
21st. — In August very numerous, but probably decreasing
during the later part; 31st still many. September, during
first half rather numerous but decreasing; decrease (as in
Hirundo rustica) more marked from 19th and 22d; continually a few to 29th; 16th to 19th young heard in a nest.
October 1st and 2d, 4th, and 5th, a few. (W.)

Amager. May 12th a pair, 16th one, 21st a few; in
numbers not till 28th. (K.)

Herschendsgave. May 4th arrival. (Hs.)

Viborg. Breeds very commonly in the town. (F.)

19. *Hirundo riparia*, L. — Digesvale.

Kjöbenhavn. Breeds. May 8th some, probably too late
for first arrival; from 14th more often. — August, to 28th.
September 5th two; 9th, 12th, and 15th singly; 27th to
29th some in the swarm of *Hirundo rustica* mentioned for
these days (there were also some *H. urbica*). October 9th
one. (W.)

Amager. May 17th first, a pair. July 4th rather plentiful; but else during June and July I found it uncommonly scarce. September 5th two; none later. (K.)

Viborg. Several larger and smaller settlements in sand or gravel-pits. (F.)

Thy. On some of my excursions not found; only twice in considerable numbers, on August 3d and 8th, in two places. — On the whole I have, I think, found it considerably scarcer in 1886 than in other years. (K.)

20. *Cuculus canorus*, L. — Gjög.

Kjöbenhavn. Breeds. May 14th first, calling in two places. (W.)

Herschendsgave. April 28th first heard; appears to me to be annually decreasing here. (Hs.)

Viborg. May 18th first heard. (F.)

21. *Alcedo ispida*, L. — Isfugl.

Herschendsgave. Its nest I have not yet found; but at a small stream running through the wood I saw in July several times a pair with four young. (Hs.)

Viborg. November 12th I saw one at **Vint Mölle Sö.** (F.)

Stuffed for privates by Conservator E. Hansen of the Zoological Museum: female, **Ordrup.** near Kjöbenhavn; male, **Nästved**, Själland; female, **Stubbekjöbing,** Falster. All shot in first half of March.

22. *Sturnus vulgaris*, L. — Stär.

Kjöbenhavn. Breeds. January 10th one on heaps of garbage. Real arrival several weeks later than usual, on account of the long frost. March 18th, when still hard winter, a party of three. Thaw set in on the 21st; yet none seen till 23d, a party of six. 24th some (first at garden); 25th numerous. — June 4th first young flown in garden; 6th many, 8th decreasing, after 11th none. In two other places feeding young in nest June 27th and July 7th. — October, many, decreasing; from 22d very suddenly but few, and not every day, to 28th. November 22d one. (W.)

Amager. February 14th three; next on March 6th, a large flock. Not till March 28th found in numbers everywhere. — June 6th first flocks of young. June 14th, in the reeds of the moats, three, young, quite drenched, allowing themselves to be taken by hand; plumage fully developed. — October 24th last flock; 31st two. November 21st and December 25th. each day one. (K.)

Storehedinge. January 9th (hard winter) a few had arrived. (A.)

Herschendsgave. One came on February 15th, but after a few days it disappeared; not till March 12th was the Starling observed again. According to my notes it has never before arrived so late; even in the hard winter of 1880—81, when a single one had appeared in the beginning of February, it came again on March 8th. (Hs.)

Viborg. February 28th one, but not till March 21st a larger flock. Exceedingly numerous in and around Viborg. In autumn every afternoon enormous numbers gather in all high trees in town, whence they fly off at dusk to roost in the reeds of the lake. October 25th the bulk left, and after that day only single birds or sometimes a small flock were seen. (F.)

Sent from the Lights. S e p t e m b e r: 3oth *) Anholt 1. O c t o b e r: 2d Hammershus 1. 9th Hesselö 1. 19th Anholt 1. 21st Anholt 1 (12 killed). 22d Schultz's Grund L. V. 1, Christiansö 1, Hammershus 2, Gjedser Rev L. V. 1. 23d Anholt 1 (5 killed), Hesselö 3 (20 killed). 24th Läsö Rende L. V. 1, Anholt 1 (4 killed). 25th Schultz's Grund L. V. 1. N o v e m b e r: 3d Schultz's Grund L. V. 1.

23. *Lycos monedula*, L. — Allike.

Kjöbenhavn. Breeds. From beginning to close of year. Actual migration observed in March as follows: 24th, 11,10 A. M. to 1,30 P. M.: ten to E., nine to E. N. E., two and one crossing Sound to E., nearly forty crossing Sound to

---

*) A night always dated with the day following.

N. E. 28th, forenoon: six crossing Sound to E.; eight to
E. N. E. (W.)

Viborg. A few times seen moving about in flocks. (F.)

24. *Corvus corax*, L. — Ravn.

Viborg. Hald Bögeskov, April 6th, nest with four fresh
eggs; on these being taken the pair removed to an older
nest, and on May 4th had again four eggs. In **Bigum Skov**
a pair built, but on being disturbed removed to the ad-
joining **Lindum Skov**; here May 2d six eggs, yet only two
fertile and somewhat incubated, the other four addled
Avnsbjerg Skov March 3oth a pair; no nest found.

25. *Corvus cornix*, L. — Krage.

Kjöbenhavn. Breeds. As usual large numbers in both
winters. But little seen of actual migration: March 24th
a few crossing Sound to E. 25th a good many to E. and
a few to N. E. 26th and 27th some to E. April 2d three
crossing Sound to N. E. — October 3d three and six to
N. W. (against the wind), from manner of flight certainly
migrating. 16th a few to W. 19th several to S. W. (W.)

Amager. As usual numerous except during the summer months when very few are found. Largest numbers
from close of October until towards April. (K.)

Viborg. Very numerous, breeding in most woods. In
February, in a garden where crows roost, on the ground
below the trees large numbers of castings, generally con-
taining undigested vegetable matter, small stones, etc. (F.)

A specimen intermediate between *C. cornix* and *C.
corone* shot at **Jonstrup,** N. E. Själland, near the end of
March, and presented to the Zoological Museum by Cand.
Mortensen; it was believed to be a cross, a black and a
grey crow having been observed to nest together at the
spot last summer. A nearly black specimen, shot from nest
on May 12th at **Möllerup,** Rönde, not far from Aarhus,
presented to the Zoological Museum by Mr. Frederiksen,
gardener.

Sent from the Lights: October: 20th Schultz's Grund L. V. 1.

26. *Corvus frugilegus*. L. — Raage.

Kjöbenhavn. Breeds. During the long cold only one March 5th and two March 12th. From March 24th numbers. Actual migration in spring: March 24th, 9,50 A. M. to 1,20 P. M., six to E., one crossing Sound to E. and three to N. E. 25th, 10 A. M. to 4 P. M., not a few to E., two (singly) crossing Sound to N. E. 28th, 10,10 A. M., thirteen crossing Sound to E. — Continually to October 31st. A few single birds November 1st, 17th and 19th. (W.)

Amager. Some are seen in summer; a few may breed. March 28th first, one. (K.)

Viborg. Sometimes found moving about the country. (F.)

27. *Pica caudata*, auct. — Skade.

Amager. Compare Report 1885. (K.)

Viborg. Rather rare; only single pairs to be met with here and there. May 28th a nest with seven young. (F.)

August 16th some at a farm in **Dover**, southern **Thy** (compare Heiberg: Thylands Fugle). (K.)

28. *Garrulus glandarius*, L. — Skovskade.

Viborg. Rather common in all the woods. (F.)

29. *Picus major*, L. — Stor Flagspet.

Viborg. In some of the woods I have seen it in spring and believe it to breed there. (F.) [July 10th 1881 some young birds. W.]

30. *Jynx torquilla*, L. — Vendehals.

Kjöbenhavn. In migration localities: April 25th one in garden. August 20th one. August 22d and 23d one in garden. (W.)

Amager. August 27th one was shot in **Taarnby**. (K.)

This summer a pair nested (from May 16th) in an apple-tree, at **Broballe**, Langeland, where uncommon. (D. H. Pape, »Jagttidende«, June 1886.)

31. *Sitta europaea*, L. (caesia). — Spetmejse.

Viborg. Common in the woods throughout the year. (F.)

32. *Certhia familiaris*, L. — Träpikker.

Viborg. I have only seen very few in the woods. (F.)

33. *Upupa epops*, L. — Härfugl.

Mosbjerggaard, Vendsyssel, September 14th one shot. (H. Rosenkrantz, »Jagttidende«, December 1886.)

34. *Lanius excubitor*, L. — Stor Tornskade.

Herschendsgave. In autumn some were seen; thus on October 30th and November 12th, when two males were shot. (Hs.)

35. *Lanius collurio*, L. — Tornskade.

Kjöbenhavn. Breeds. May 14th first, one male in garden (migration locality). August 25th last, one young bird in garden. (W.)

Amager. May 28th first, a pair; in same place often singly during summer; July 24th some, a young bird being shot. September 5th one in another place, last. (K.)

Viborg. June 10th nest with five eggs. (F.)

Mors. In the plantation of **Nykjöbing** June 13th three nests (eggs five, four, and one). (F.)

36. *Muscicapa grisola*, L. — Graa Fluesnapper.

Kjöbenhavn. Breeds. May 14th one in garden; thence continually. — In garden young left nest June 28th; July 11th fully grown; July 18th beginning to lose first dress; August 1st only a trace left. July 18th in garden a brood just flown; August 13th but little of first dress left. — Moulted birds nearly continually to August 22d (several). Singly August 28th and 31st, September 1st, 4th, and 6th.

Herschendsgave. May 5th first. (H.)

Viborg. June 3d two nests with five eggs. (F.)

37. *Muscicapa luctuosa*, Scop. — Broget Fluesnapper.

Kjöbenhavn. Breeds, but most pass on. April 28th some males, 29th one, 30th several. May 1st to 17th rather continually in migration localities; females from 8th or 9th; most numerous, it would seem, on 8th and 12th (12th four in garden alone). — Appeared singly, clean-moulted, in garden on many days from August 6th to 29th and again September 3d, 4th, and 5th. (W.)

Storehedinge. May 1st arrival. (A.)

Herschendsgave. April 30th the first ones; some days later exceptionally many; before the middle of May all gone. I have been told, that it has been found breeding in the woods to the W. of **Skanderborg.** (Hs.)

Viborg. Hald Skove April 30th several. **Bigum Skov** May 2d many. (F.)

In the summer of 1886 some pairs breeding in the large beech-woods round **Aarhus;** May 29th nest with eight eggs. (E. Petersen, »Jagttidende«, March 1887.)

Sent from the Lights. October: 2d Hammershus 1.

38. *Accentor modularis*, L. — Jernspurv.

Kjöbenhavn. Breeds. A few during January, February, and the cold part of March; January 10th to March 20th one in garden. March 25th some arrived. — A few to close of year. (W.)

Viborg. Observed January 19th and December 3d. (F.) [July 8th to 10th 1881 in four places near Viborg. W.]

39. *Troglodytes parvulus*, Koch. — Gjerdesmutte.

Kjöbenhavn. Breeds. In migration and winter localities from beginning of year to March 22d; again March 28th; not observed in April; May 2d one. — First back in same localities September 24th; none till October 6th; thence continually to end of year. (W.)

Viborg. Pretty common throughout the year. (F.)

Sent from the Lights. October: 23d Anholt 1. 28th Hjelm 1.

40. *Cinclus aquaticus*, Bechst. (*melanogaster*). — Vandstär.

Sent from the Lights. October: 25th Anholt 2; strongly marked *melanogaster*; delicate dark borders to white feathers.

41. *Poecile palustris*, L. — Graamejse.

Viborg. Common throughout the year in all woods and plantations. (F.)

42. *Parus ater*, L. — Sortmejse.

May 9th nest with nine eggs found in a stone-fence in **Grib Skov**; presented to the Zoological Museum by Cand. Mortensen.

May 6th a pair in a wood north of **Aarhus**. (E. Petersen, »Jagttidende«, March 1887.)

43. *Parus major*, L. — Musvit.

Viborg. Common throughout the year in all woods and plantations. (F.)

Sent from the Lights. November: 11th Gjedser Rev L. V. 1.

44. *Parus coeruleus*, L. — Blaamejse.

Viborg. As the preceding. (F.)

45. *Acredula caudata*, L. — Halemejse.

Viborg. Viskum Skov April 2d several. (F.)

46. *Regulus cristatus*. Koch. — Fuglekonge.

Kjöbenhavn. Breeds. March 14th, probably wintered. Spring migration not noticed. In autumn in migration localities: September 19th to 26th on most days; October 2d and 3d; very often October 9th to November 4th; December 24th. (W.)

January 3d one in a village-garden one (Danish) mile north of **Kjöbenhavn.** (K.)

Viborg. In all spruce-plantations very common throughout the year. (F.)

Sent from the Lights. October: 9th Hesselö 1 ♂*).
20th Kronborg 1 ♂. 21st Anholt 1 ♂. 22d Kobbergrunden
L. V. 1 ♂ (4 killed), Skjoldnäs 2 caught (♂♀), Christiansö 1 ♂.
23d Anholt 2 (♂♀), Hesselö 5 (4 ♂, 1 ♀; 8 killed), Hjelm 6
(2 ♂, 4 ♀), Gjedser 1 ♂. 24th Skagen 1 ♂, Hesselö 1 ♀
(3 killed). 25th Läsö Rende L. V. 1 ♂, Anholt 1 ♀. 26th
Hjelm 1 ♀. 27th Schultz's Grund L. V. 1 ♀, Hjelm 1 ♀.
30th Romsö 1 ♂. November: 1st or 2d Läsö Trindel
L. V. 1 ♀. 2d Drogden L. V. 1 ♂.

47. *Phyllopneuste sibilatrix*, Bechst. — Grön Lövsanger.

Kjöbenhavn. Breeds. May 7th one singing at a breeding-
place. May 14th two singing in migration localities. (W.)

48. *Phyllopneuste trochilus*, L. — Lövsanger.

Kjöbenhavn. Breeds. April 24th one singing; 27th,
28th, and 30th a few. Not till May 5th (several); common in
migration localities 7th to 14th, especially on 8th; some
of those observed later (to 22d) probably still passing. —
In August often to close of month; in decided migration
localities on 9th and 10th, 23d, 28th to 30th. September
1st, 4th, 5th and 10th. October 2d one, singing rather
vigorously. (W.)

Storehedinge. April 27th arrival. (A.)

Sent from the Lights. May: 14th Hjelm 1. August:
30th Hirtshals 2. 31st Skagen 1. September: 30th Hanstholm 1.

49. *Phyllopneuste rufa*, Bechst. — Gransanger.

Sent from the Lights. September: 30th Hanstholm**) 4, Anholt 4. October: 1st Skagen 1. 2d Schultz's
Grund L. V. 1. 20th Läsö Rende L. V. 1.

50. *Hypolais salicaria*, Bp. — Gulbuget Sanger.

Kjöbenhavn. Breeds. May 19th one singing in garden,
and thence daily. In garden young just flown July 10th;

---

*) In the lists of birds from the Lights sex is generally only
indicated from plumage: the statements therefore must be taken with
due reserve, it being especially probable, that in some species some of
the specimens entered as females may have been young males.

**) Species not mentioned in Dr. P. Heiberg's «Thylands Fugle».

after 23d none in garden till August 4th; again 10th and 12th. (W.)

Herschendsgave. May 18th first song. This year rather common; nest pretty often found. (Hs.)

Mors. In the plantation of **Nykjöbing** June 13th nest with four eggs, June 30th another nest with four young. (F.)

I have not yet found this species at **Viborg.** (F.) [July 8th to 10th 1881 in seven places near Viborg. W.] [*Phyllopneuste trochilus*, July 8th to 10th 1881 in eleven places near Viborg. W.]

51. *Acrocephalus arundinaceus*, Lightf. — Rörsanger.

Kjöbenhavn. Breeds. May 13th one singing in a breeding-place, 14th one at another; from 17th common in ordinary breeding-places. In garden one singing on 21st; again 24th and thence daily. Bred in garden as last year (nest also in Syringa, but in top); July 18th young flown; often in garden to August, 12th, and one on 19th. (W.)

Amager. Many breed in the reeds of the fortification-canals. May 29th first, not a few. Found twelve nests, and revised them with the following results:

Nest	June 20th	June 24th	June 27th	July 4th
1.	nothing	1 egg	4 eggs	4 eggs
2.	4 eggs	4 eggs	4 eggs	3—4 young
3.	4 eggs	nest gone		
4.	3 eggs	3 eggs	1 egg, 2 young	2—3 young
5.	nothing	4 eggs	4 eggs	nest gone
6.	1 egg	4 eggs	nest gone	
7.	4 eggs	4 eggs	4 eggs	4 young
8.	2 eggs	4 eggs	4 eggs	nest gone
9.	nothing	4 eggs	4 eggs	nest gone
10.	4 eggs	2 eggs, 2 young	4 young	nest gone
11.	2 eggs, 2 young	young; nest at the water's surface	nest under water; void.	
12.	4 eggs	4 eggs	4 young	4 young

The revision was not continued beyond July 4th. In only one nest the full set consisted of three eggs, in all the others of four. The nest that got under water did so by the bending of the reeds. The six nests that disappeared were probably taken by children, the nests themselves being entirely removed in all cases; the trampling down of grass and reeds, difficult to avoid on looking at the nests, unfortunately marks the place to some degree. (K.)

Viborg Sö, numerously breeding in the reeds and in bushes and trees on shore. In a garden at this lake June 9th five nests with two to five eggs, three in dense small bushes, one in an elder, and one in a young beech, eight feet from ground; June 19th a nest with four young, also in a beech; June 22d a nest with four eggs; July 6th and 9th two nests with two eggs each (these clutches did not become larger). Also pretty commonly breeding in the reeds of other lakes around Viborg. (F.)

52. *Calamoherpe phragmitis*, Bechst. — Sivsanger.

Kjöbenhavn. Breeds. May 9th singing in a breeding-place. (W.)

Amager. July 24th I found one on east coast. (K.)

Herschendsgave. May 6th first observed. (Hs.)

Viborg. In the meadows of **Skals Aa** May 14th several among the reeds. (F.)

53. *Sylvia curruca*, L. — Gjerdesanger.

Kjöbenhavn. Breeds. April 27th one singing; none till May 8th (some); on 9th pretty common. In garden (where it breeds) first song May 8th, again on 13th, and thence daily; June 23d young out of nest, July 7th fully grown. Almost daily, especially in garden, to August 24th. September 5th one, 24th one. (W.)

Herschendsgave. May 8th first observed. (Hs.)

Viborg. June 8th a pair. (F.) [July 8th to 10th 1881 in four places near Viborg. W.] [*Sylvia cinerea*, July 8th to 10th 1881 in eight places near Viborg. W.]

390 Oluf Winge.

54. *Sylvia cinerea*, Bechst. — Tornsanger.

Kjöbenhavn. Breeds. May 13th one singing; 14th one in garden (migration locality). (W.)

55. *Sylvia nisoria*, Bechst. — Brystvatret Sanger.

Mors. In the plantation of **Nykjöbing**, where I have before found it breeding, May 23d two pairs. — I have not seen it at Viborg. (F.)

56. *Sylvia atricapilla*, L. — Munk.

Kjöbenhavn. Breeds. No proper observation of first arrival. In garden (migration locality) May 12th a female, 17th one singing; again July 23d male, 26th one (brown head); August 16th one (brown head); September 16th two (brown head, black head), 18th one singing. September 26th in another place one (head black). (W.)

Herschendsgave. May 4th first song. (Hs.)

Sent from the Lights. September: 3oth Hanstholm*) 1 (cap brown), Anholt 2 (1 cap brown, 1 black). October: 2d Skagen 1 (cap brown).

57. *Sylvia hortensis*, Bechst. — Havesanger.

Kjöbenhavn. Breeds. May 17th several singing; thence daily commonly. In garden, where it breeds, first song on 20th, and thence daily. August, to 17th often; not observed later. (W.)

Viborg. In June and July found several nests with four or five eggs. (F.) [*Sylvia atricapilla*, July 8th to 10th 1881 in four places near Viborg. W.]

58. *Merula vulgaris*, Leach. — Solsort.

Kjöbenhavn. Breeds. March 14th, when still hard winter. two pairs, probably wintered. (W.)

Storehedinge. January 13th there were some in **Kongeskov**. (A.)

---

*) Species not mentioned in Dr. P. Heiberg's »Thylands Fugle«.

Viborg. Very common throughout the year, breeding in all woods and plantations. In winter often in the gardens of the town. May 15th nest with four eggs; June 9th nest with six eggs (July 9th young able to fly). (F.) Sent from the Lights. December: 19th Läsö Trindel L. V. 1 ♀. 3oth Kobbergrunden L. V. 1 old male, Anholt 2 (1 old male, 1 ♀), Skjoldnäs 1 ♀.

59. *Merula torquata*, L. — Ringdrossel.

Viborg. Hald Egeskov April 3oth some. (F.) Sent from the Lights. September: 3oth Lodbjerg 1 ♂ (about 60 killed), Hanstholm 3 ♂, Anholt 2 (♂ ♀; 12 killed). October: 1st Skagen 1 ♀, Hesselö 1 ♀ (2 killed), Sejrö 1 ♂. 2d Hjelm 3, Gjedser Rev L. V. 1 ♀. 18th Anholt 1 ♀.

60. *Turdus pilaris*, L. — Sjagger.

Kjöbenhavn. From beginning of year common to March 25th (a few days after the cease of the long frost). December 21st, 23d, and 31st, some. (W.)

Amager. During the latter part of the winter 1885 — 1886 very common, sometimes in flocks of sixty to eighty. March 6th considerably scarcer; 12th a few, last. In autumn not till December 19th, a small flock; later common. (K.)

Viborg. January 29th one. April 3oth several in **Hald Skove,** May 2d many in **Lindum Skov,** May 4th many in **Avnsbjerg Skov,** May 7th enormous numbers in **Thorsager Skov.** November 7th a small flock.

Sent from the Lights. May: 8th Kobbergrunden L. V. 1 (♀ by dissection). October: 24th Läsö Rende L. V. 1. November: 1st Hjelm 1. 3d Skjoldnäs 1. December: 25th Christiansö 3 (6 killed). 28th or 3oth Kobbergrunden L. V. 1. 29th Läsö Trindel L. V. 1, Läsö Rende L. V. 1 (8 killed), Anholt 8 (12 killed), Schultz's Grund L. V. 6. 3oth Anholt 20 (21 killed), Hesselö 1 (22 killed), Hjelm 2, Skjoldnäs 6, Gjedser Rev L. V. 9.

61. *Turdus viscivorus*, L. — Misteldrossel.

Storehedinge. January 29th shot (very lean). (A.)

62. Turdus musicus, L. — Sangdrossel.

Kjöbenhavn. Breeds. In migration localities, generally singly, March 28th, April 28th (four in garden), May 8th and 11th, September 25th (two in garden) and 27th, October 9th, 15th, and 23d. (W.)

Herschendsgave. March 26th first song. (Hs.)

Viborg. Breeds in plantations and woods, but not in great numbers. May 18th nest with young able to fly. (F.)

Sent from the Lights. May: 8th Kobbergrunden L. V. 2 (♂ ♀, by dissection). September: 27th Läsö Rende L. V. 1. 30th Läsö Rende L. V. 1 (3 killed), Schultz's Grund L. V. 1. October: 1st Skagen 2 (16 killed), Läsö Trindel L. V. 4 (5 killed), Hesselö 1 (2 killed). 2d Skagen 5. 5th Hjelm 1, Skjoldnäs 1. 9th Hesselö 1. 18th Anholt 3. 19th Läsö Rende L. V. 1, Anholt 1 (81 of this and *T. iliacus* killed), Schultz's Grund L. V. 1. 20th Läsö Trindel L. V. 1, Schultz's Grund L. V. 1, Sejrö 2. 21st Anholt 6 (159 of this and *T. iliacus* killed), Hesselö 4 (about 200 Thrushes killed), Hjelm 6. Sejrö 1. 22d Skagen 6, Hjelm 1, Hammershus 1. 23d Anholt 2 (20 Thrushes killed). 24th Skagen 2.

63. Turdus iliacus, L. — Vindrossel.

Kjöbenhavn. Only observed during the hard winter. January 9th to 25th several times one or some. February 28th. March 14th one. (W.)

Sent from the Lights. September: 30th Lodbjerg 1 (about 15 killed). October: 1st Sejrö 1. 18th Anholt 2. 19th Anholt 1 (81 of this and *T. musicus* killed). 21st Anholt 3 (159 of this and *T. musicus* killed), Sejrö 1. 22d Skagen 1, Christiansö 1. 24th Anholt 2 («20 of these killed»). December: 28th or 30th Kobbergrunden L. V. 1. 29th Anholt 2 (4 killed). 30th Skjoldnäs 1.

64. Ruticilla phoenicura, L. — Rödstjert.

Kjöbenhavn. Breeds, but most pass on. April 28th two males, 29th one, 30th several. In migration localities from May 2d at least to 15th, in greater numbers 8th to

15th; females from 8th, males still on 15th. — Appeared again in migration localities (chiefly in garden). clean-moulted: August 4th, 20th to 23d, 28th and 30th; September 1st and 2d, 5th and 6th, 15th to 21st, 25th, 29th; October 2d one. — August 15th at a breeding-place a fully grown young bird still in almost unmixed first plumage. (W.)

Storehedinge. April 30th first. (A.)

Sent from the Lights. May 8th Kobbergrunden L. V. 2 ♂. 14th Läsö Rende L. V. 1 ♂. August: 11th Läsö Trindel L. V. 1 young male (second plumage). 30th Läsö Trindel L. V. 1 ♀. 31st Hanstholm 1 ♀ (about 25 killed). September: 30th Hanstholm 3 ♀. October: 1st Hesselö 1 ♀. 3d Christiansö 1 ♀. 25th Anholt 1 (ordinary male, fresh; very late date).

65. *Luscinia philomela*, Bechst. — Nattergal.

Kjöbenhavn. Breeds. May 14th first heard. (W.)

Herschendsgave. The Nightingale, which seemed of late years to be annually increasing here, in 1886 did not appear at all. (Hs.)

66. *Dandalus rubecula*, L. — Rödkjälk.

Kjöbenhavn. Breeds. A few in January, February, and the cold part of March. In migration localities, continually March 26th to April 2d, April 4th, continually 10th to 19th, 23d, 25th, 28th, May 7th (one in garden). August 27th first back; again September 4th and 12th; from 16th continually to November 30th, and often to end of year (also in garden); most numerous perhaps October 12th, 14th, 15th, and 18th (W.)

Amager. In winter localities January 8th and 31st; November 7th, 14th, 21st. (K.)

Viborg. In smaller numbers throughout the year. (F.)

Sent from the Lights. September: 30th Hanstholm 8, Läsö Rende L. V. 2 (8 killed), Anholt 2 (48 killed), Hesselö 1 (2 killed). October: 1st Skagen 6, Hesselö 3 (13 killed). Schultz's Grund L. V. 1, Sejrö 1. 2d Skagen 2, Hammershus 2. 3d Hjelm 1. 4th Gjedser Rev L. V. 2. 5th Schultz's Grund L. V. 1, Skjoldnäs 1. 19th Kronborg 1. 20th Läsö

Rende L. V. 2, Kronborg 1. 21st Anholt 3. 22d Läsö
Rende L. V. 2, Kobbergrunden L. V. 1, Christiansö 1,
Hammershus 3, Gjedser Rev L. V. 2. 23d Anholt 4, Schultz's
Grund L. V. 1, Hjelm 11. 24th Skagen 3, Kobbergrunden
1.. V. 1 (2 killed), Anholt 2 (16 killed), Hesselö 1 (4 killed),
Skjoldnäs 1. 25th Anholt 1. 26th Hjelm 1. 3oth Schultz's
Grund L. V. 3 (4 killed). November: 3d Schultz's Grund
L. V. 1, Skjoldnäs 1.

67. *Saxicola oenanthe*, L. — Stenpikker.

Kjöbenhavn. Breeds. First April 2d, one male. Moulted
birds August 15th and 19th (old male), September 1st. (W.)

Amager. March 28th first, one. (K.)

Storehedinge. March 26th first. (A.)

Herschendsgave. April 21st arrival. (Hs.)

Viborg. In two places April 4th and 11th. (F.) [July
8th to 10th 1881 in one place near Viborg. W.]

Sent from the Lights. May: 1st Läsö Rende L. V. 1 ♂.
August: 3oth Hirtshals 1 old ♂, Läsö Trindel L. V. 1 ♂
(not old), Läsö Rende L. V. 1 (♀?), Kobbergrunden L. V.
2 ♂ one old, one younger). 31st Hanstholm 1 ♂ ad. (about
25 killed). September: 3oth Hanstholm 4 (3 ♂, 1 ♀),
Anholt 1 ♂, Hesselö 1 ♀. October: 1st Skagen 2 (1 ♂;
one probably ♀, with remains of first plumage), Schultz's
Grund L. V. 1.

68. *Pratincola rubetra*, L. — Bynkefugl.

Kjöbenhavn. Breeds. April 3oth one male at a breeding-place. May 1st male in garden (migration locality);
7th and 8th a few; 9th found remarkably numerous everywhere during a rather long walk, evidently a considerable
passage, most males, some females (in one place four males
perched on a small heap of twigs). (W.)

Storehedinge. April 27th first. (A.)

Herschendsgave. May 4th arrival. (Hs.)

Viborg. Observed (in three places) May 7th, 12th, and
14th. (F.) [July 8th to 10th 1881 in ten places near Viborg. W.]

Thy. July 3oth a pair about one (Danish) mile north of **Thisted** [compare Heiberg, Thylands Fugle]. (K.)

69. *Motacilla alba*, L. — Hvid Vipstjert.

Kjöbenhavn. Breeds. March 25th one, 28th one. — September, common to 29th. most perhaps on 15th and 18th. October 2d two (Amager), 6th two, 10th some. (W.)

Amager. March 28th four and one. Not again till April 11th, one. April 2oth seven or eight at the pool on Amager Common mentioned last year; in similar numbers there to close of May; in June and July only singly there and a few elsewhere. September 8th numbers on the pool; 19th still some there, last [October 2d two at that place, W.]. (K.)

Storehedinge. March 26th first. (A.)

Herschendsgave. March 26th arrival. Bred in a box for starlings, on gable-end of a barn, among other boxes occupied by starlings; in June five young in box. (Hs.)

Viborg. March 31st two pairs. (F.) [July 8th to 10th 1881 in nine places near Viborg. W.]

70. *Budytes flavus*, L. — Gul Vipstjert.

Kjöbenhavn. Breeds. April 24th one; a few to 3oth; in May not till 6th, thence continually. — September, first half not a few; 18th last, a party of six. (W.)

Amager. April 26th about ten at the pool on Amager Common mentioned last year. April 3oth and May 3d sixty to eighty there; thence gradually decreasing, in June generally few (common elsewhere). In September again numbers at the pool, last on 19th. (K.)

Herschendsgave. April 26th arrival. (Hs.)

Viborg. Skals Aa May 14th some pairs. (F.) [July 8th to 10th 1881 in thirteen places near Viborg. W.]

71. *Anthus rupestris*, Nilss. — Skjärpiber.

Sent from the Lights. October: 1st Skagen 1. 2d Skagen 1. 25th Anholt 1.

72. *Anthus pratensis*, L. — Engpiber.

Kjöbenhavn. Breeds. In migration localities March 24th and 25th; April 14th and 16th, 24th to 27th, 30th (27th and 30th a good many); May 7th to 9th (several). First back September 19th; from 24th to October 15th common, some of them in actual migration as follows (all during forenoon): September 29th some to S. W.; October 2d several to S. W. or S. S. W., 3d numbers to S. W. (some seen coming in from Sound, of these a party of three going to N. W., against the wind), 11th one to S. W., 15th four to S. W. and one to S. (W.)

Amager. February 7th one on east coast; next March 28th, several. April 28th considerable numbers at the pool on Amager Common. Throughout summer. October 31st still several. November 7th one. (K.)

Herschendsgave. March 14th arrival. (Hs.)

Viborg. Pretty common in the meadows. **Skals Aa** May 14th nest with four eggs, hard sat. (F.)

Sent from the Lights. September: 30th Anholt 1. October: 1st Läsö Rende L. V. 1 (5 killed; about 10 stayed on ship in daytime, apparently healthy), Schultz's Grund L. V. 1. 2d Schultz's Grund L. V. 3. 16th Gjedser Rev L. V. 1.

73. *Anthus arboreus*, Bechst. — Skovpiber.

Kjöbenhavn. Breeds. May 7th several singing in breeding-places. (W.)

Viborg. Hald April 30th a large company. (F.) [July 8th to 10th 1881 in six places near Viborg. W.]

Sent from the Lights. May: 14th Hjelm 1.

74. *Galerida cristata*, L. — Toplärke.

Herschendsgave. Increasing; is now seen everywhere both winter and summer. I have found its nest on an island in **Skanderborg Sö.** (Hs.)

Viborg. Throughout winter a few pairs in the streets of the town and on the neighbouring roads. (F.) [July 11th 1881 at **Rödkjärsbro** railway-station. W.]

75. *Lullula arborea*, L. — Hedelärke.

Kjöbenhavn. March 25th, 3,45 P. M., a small party flying N. along coast. September 19th twice singly. October 2d a party of about ten. (W.)

76. *Alauda arvensis*, L. — Lärke.

Kjöbenhavn. Breeds. During the long frost only one seen on February 7th. March 21st, when the weather had just changed, one singing. March 23d one. March 24th very many had arrived, and to 1,20 P. M. numbers passed to E. (two and one seen crossing Sound), some to N. E. (two seen crossing Sound); two came in from Sound and went W. 25th to 29th considerable movement; 25th some to E.; 28th, with a strong S. W., most flying in westerly directions, between S. and N. N. W., but one passing high to N. E. — September 19th no little movement; from 26th to October 15th common also in migration localities; some seen in actual migration as follows: September 26th some to W. and S. W.; October 1st some to S., one to W.; 3d several to S. W. or W., one to N. W.; 10th some to W. or S. W.; 12th several to S. W. and W.; 15th one to W. — October 20th; 31st several. November 10th a party of four. (W.)

Amager. January 31st four. February 7th, 14th, and 20th a flock in same place. February 28th many large flocks in different places. Not till March 28th I heard it singing everywhere. Common until towards middle of November. November 21st a pair; December 5th a flight of twenty to thirty; December 19th a pair. — In beginning of June I found a nest with six eggs; June 14th three eggs, three young; some days later five young only. (K.)

Storehedinge. January 14th many seen. (A.)

Herschendsgave. March 4th first song. (Hs.)

Viborg. Very numerous everywhere. In spring found many nests with three or four eggs.

Sent from the Lights. August: 3d Hirtshals 1 (old, in strongly worn dress). October: 1st Skagen 6, Läsö Trindel L. V. 1. 2d Skagen 5, Hammershus 3. 3d Christiansö 1. 5th Hjelm 1. 9th Hesselö 1. 21st Anholt 3 (4 killed), Skjoldnäs 1. 22d Kobbergrunden L. V. 1 (3 killed), Christiansö 1, Hammershus 2. 23d Anholt 3, Hesselö 1 (3 killed), Hjelm 1. 24th Skagen 3, Läsö Rende L. V. 1, Kobbergrunden L. V 1, Hesselö 3 (12 killed). 25th Anholt 1. 3oth Schultz's Grund L. V. 2 (3 killed). November: 3d Schultz's Grund L. V. 1. December: 23d Fakkebjerg Hovedfyr 1.

77. *Phileremos alpestris*, L. — Bjerglärke.

Amager. January 24th on west coast a party of nine, of which I shot some. February 4th on east coast at least fifteen together; 7th four in same place, one shot; 14th the three others were still there. — December 4th one was shot out of about ten on west coast and given to me. December 25th I shot one out of four on east coast. (K.)

Storehedinge. At **Lillehedinge** shot: February 25th one male, two females; March 1st one male, one female. (A.)

February 19th one received in the flesh at the Zoological Museum, presented by Mr. Knudsen, **Öster Lindholt**, near Holstebro, with the remark, that it was at that time to be found in large flocks on west coast of Jylland.

78. *Miliaria europaea*, Swains. — Bomlärke.

Viborg. Very common throughout the year. January 26th and December 3d in thousands on Viborg fields. June 18th nest with two eggs and one young. (F.)

Sent from the Lights. December: 23d Fakkebjerg Hovedfyr 1.

79. *Emberiza citrinella*, L. — Gulspurv.

Kjöbenhavn. Breeds. First songs (not quite complete) heard March 12th and 14th, during the wintry part of the month. (W.)

Viborg. Common throughout the year. (F.)

Sent from the Lights. October: 24th Skagen 1.

80. *Emberiza hortulana*, L. — Hortulan.

Herschendsgave. May 2oth a male shot here. (Hs.)

April 3oth I saw one at **Ludvigsholm**, W. of Aarhus. (E. Petersen, »Jagttidende«, March 1887.)

81. *Schoenicola schoeniclus*, L. — Rörspurv.

Kjöbenhavn. Breeds. Of first arrival no proper observation. In migration localities: April 4th a male, 27th a female;
October 3d some. October 12th a few in places where it
also breeds. (W.)

Amager. January 31st I shot one on east coast; else
not seen. (K.)

Viborg. August 10th some at **Loldrup Sö.** (F.) [July
9th 1881 in another place near Viborg. W.]

Sent from the Lights. S e p t e m b e r: 3oth Hanstholm 2
(1 ♂, 1 ♀?), Läsö Trindel L. V. 1 ♀. O c t o b e r: 1st Skagen
1 ♂, Schultz's Grund L. V. 1 ♂. 3d Christiansö 1 ♀. 9th
Hesselö 1 ♀. 21st Anholt 6 (4 ♂, 2 ♀). 23d Läsö Rende
L. V. 2 (♂ ♀), Anholt 2 (♂ ♀). 24th Skagen 1 ♀, Kobbergrunden L. V. 1 ♂ (2 killed), Anholt 3 ♂. 25th Anholt 1 ♂,
Skjoldnäs 1 ♂.

82. *Plectrophanes nivalis*, L. — Snespurv.

Kjöbenhavn. February 28th eight and one, in fields
and roads. (W.)

Amager. Very common during the winter 1885/86.
January 8th about fifteen, 15th about twenty-five, 24th some
large flights, 31st some flights. February 4th about thirty; 7th.
14th, and 20th some large flights; 28th very considerable
flocks in different places. March 6th several, 9th a flight.
12th last time in large numbers; 23d and 28th six to ten.
April 11th one on east coast. — November 14th one.
December 19th about thirty, 25th two small flocks. (K.)

Viborg. January 29th three. December 3d three. (F.)

Sent from the Lights. O c t o b e r: 24th Skagen 1 jun.
N o v e m b e r: 1st or 2d Läsö Trindel L. V. 1 ♂ ad.
D e c e m b e r: 3oth Hesselö 1 ♂ ad.

83. *Passer montanus*, L. — Skovspurv.

Viborg. Throughout the year in and near Viborg, but
not in large numbers. (F.)

84. *Passer domesticus*, L. — Husspurv.

Viborg. Numerous everywhere. (F.)

85. *Fringilla coelebs*, L. — Bogfinke.

Kjöbenhavn. Breeds. A good many during January, February, and the cold part of March, also females. March 3d and 5th (hard frost) first songs, not quite complete; from 10th continually singing. — Numbers in November and December, some females. (W.)

Viborg. Very common. In winter large numbers in the streets. April 30th first nest with eggs. (F.)

Sent from the Lights. October: 1st Hesselö 3 (2 ♂, 1 ♀). 16th Gjedser Rev L. V. 2 (♂ ♀).

86. *Fringilla montifringilla*, L. — Kväker.

Kjöbenhavn. March 4th two, 5th and 7th one. April 28th one. — September 21st and 26th; October 3d, 12th, and 23d (some); December 3d and 25th (six); generally singly. (W.)

Amager. February 14th one. March 23d a flock of about thirty. (K.)

Viborg. February 7th and 8th two; 16th a small flock. March 3d two. (F.)

Mors. April 26th a pair in the plantation of **Nykjöbing.** (F.)

Sent from the Lights. September: 30th Lodbjerg 1, Hanstholm 2, Hesselö 1 (9 killed). October: 1st Skagen 2. 2d Hammershus 1. 9th Hesselö 1. 21st Anholt 1 ♀, Hesselö 1 ♂, Sejrö 1. 22d Christiansö 1 ♀, Hammershus 1. 23d Anholt 2 (♂ ♀). 24th Anholt 1 ♀, Hesselö 2 ♂. 25th Anholt 1 ♀. December: 20th Skagens Rev L. V. 1 ♀. 30th Hesselö 1 ♂.

87. *Coccothraustes vulgaris*, Pall. — Kirsebärfugl, Kjärnebider.

Storehedinge. January 11th two males shot. Breeds in **Gjorslev Skov.** (A.)

Mors. In October an old male was caught in the plantation of **Nykjöbing.** (F.)

88. *Ligurinus chloris*, L. — Svenske.

Kjöbenhavn. Breeds. January four times singly. After January 25th not observed till March 10th. March 13th first song, 18th next; from 20th daily. — Throughout November some, to 29th. December 27th. (W.)

Amager. In winter and migration localities January 8th and 31st, February 28th (each day some); September 5th and 19th; October 3d, 24th, and 31st, November 7th (each day some small flights); November 14th, December 5th and 12th (each day a few); December 19th and 25th many in larger and smaller flights. (K.)

Viborg. June 3d nest with six eggs. Many in winter. (F.)

89. *Chrysomitris spinus*, L. — Sisken.

Kjöbenhavn. September 26th. (W.)

Viborg. January 20th a small flock in a wood. February 16th a flock of about twenty in another wood. (F.)

90. *Carduelis elegans*, Steph. — Stillits.

Amager. January 15th one, February 14th about seven, March 23d two. Not seen else. (K.)

Viborg. In winter in small flocks here and there. (F.) [July 8th to 10th 1881 in three places near Viborg. W.]

91. *Cannabina sanguinea*, Landb. — Irisk.

Kjöbenhavn. Breeds. Not observed during the cold part of winter and spring. March 24th first. — October, several, last on 24th. December 20th two in company. (W.)

Viborg. Common in spruce-plantations. May 18th nest with four young; May 28th nest with six fresh eggs. (F.)

92. *Cannabina flavirostris*, L. — Bjergirisk.

Amager. January 24th about thirty. February 7th six, 28th some small flocks in different places. March 12th some. — December 5th and 19th a flock of about fifteen. (K.)

93. *Linaria alnorum*, C. L. Br. — Graasisken.

Kjöbenhavn. February 7th two single birds. (W.)

94. *Columba palumbus*, L. — Ringdue.

Kjöbenhavn. Breeds. February 28th one. March 14th a party of six (still hard winter). — December 25th, when there was much snow, one in garden (never seen there before). (W.)

Storehedinge. January 26th seen. (A.)

Herschendsgave. In the hard winter 1885—86 large flocks in the woods, suffering much. March 22d first cooing. (Hs.)

Viborg. Pretty commonly breeding in the woods. May 16th nest with two eggs. In a garden at Viborg during the hard winter in February and March a party of eight or ten, feeding on the cabbage. (F.)

95. *Columba oenas*, L. — Huldue.

Storehedinge. March 26th (mild) considerable passage. (A.)

96. *Starna cinerea*, Lath. — Agerhöne.

Amager. As in 1885. (K.)

Viborg. In some places pretty numerous. Suffered much from the hard winter in the first part of 1886. At Viborg Sö March 3d a party of nine, having dug runs through the snow from a spruce-plantation down to the moist border of the lake, in this place kept soft by a spring, while everything else was frozen and covered by snow. (F.)

97. *Charadrius squatarola*, L. — Strandhjejle.

Amager. September 26th not a few on southern part of west coast; singly, or in small flocks, or with *Tringa alpina;* I shot one. October 3d I shot one on northern part of east coast, where I have never seen it before. October 10th again on southern part of west coast, in larger numbers than ever before; nearly all day with short intervals to be seen or heard flying about coast, either singly or a few at a time, or in small flocks (up to fifteen), or one or two as leaders to the flights of *Tringa alpina;* I shot one, and a friend four; only very few *Charadrius* *pluvialis* were seen on that day. Of those shot no one had the summer dress. (K.)

98. *Charadrius pluvialis*, L. — Hjejle, Brokfugl.

Amager. Again this autumn very scarce. September 12th I shot one in nearly complete summer dress. September 26th smaller flocks, often in company with *Tringa alpina.* October 10th very few. December 12th I saw one just taken, still living. All on west coast. (K.)

Viborg. Avnsbjerg, March 30th flock of about hundred. **Tjele,** April 11th a smaller flock. (F.)

Thy. In August as usual in large numbers, often in very considerable flocks, in various places, as **Hjardemaal Klit** and the Kjär's of **Hillerslev, Bro Mölle, Dover** and **Heltborg.** (K.)

Sent from the Lights. October: 1st Sejrö 1 old bird.

99. *Aegialites cantianus*, Lath. — Hvidbrystet Prästekrave.

Amager. April 26th many, sometimes about ten at a time, on northern part of east coast. June 27th three or four on the pool on Amager Common close to town. (K.)

Avedöre Holme, east coast of Själland. April 21st large numbers, in small flocks, or two or three together. (K.)

100. *Aegialites hiaticula*, L. — Prästekrave.

Kjöbenhavn. In migration localities, October 2d four, 3d one. (W.)

Amager. March 28th first; an enormous flock and some smaller ones on northern part of east coast. In same place large numbers during April and very small flocks during June and July. July 18th not a few on an islet at west coast. September 12th and 26th very few on southern part of west coast. October 3d I shot one young bird on east coast; it was alone. Not seen later. (K.)

Avedöre Holme, east coast of Själland. April 21st a few. (K.)

Viborg. Avnsbjerg March 30th one. **Hjarbäk Vig** May 26th some pairs; found a nest with two eggs. (F.) [July 10th 1881 a pair in dry fields near Viborg. W.]

26*

Thy. In August as usual numerous in various places on lakes and sea-coasts and in many ploughed fields. (K.)

101. *Aegialites minor*, M. — Lille Prästekrave.

Kjöbenhavn. Breeds. I generally find a pair or two in some place or another during summer, but I had never before seen them till well into May. This year, April 14th one, excellently identified; next May 7th. (W.)

Amager. Again this year in the usual places on the fortification territory. On the pool on Amager Common April 30th a pair, May 14th to 22d often singly. On northern part of east coast often a pair or one June 3d to 17th. On the pool again July 4th a pair, 22d three, 24th four; September 5th four, 8th three young birds of the year (two shot; I have not seen young ones before). (K.)

102. *Vanellus cristatus*, M. & W. — Vibe.

Kjöbenhavn. Breeds. Not seen during the long frost in spring. March 24th first; one high to S. W. at 11,30 A. M., three high to N. E. at 4,10 P. M. 25th one crossing Sound to E. at 3,20 P. M., and one to S. E. at 3,50 P. M. 28th, from 9,10 A. M. to 12,15 P. M., with a strong S. W.: two to N. W., one low to S. W.; seven, coming in from Sound, low to W.; one low to W.; one high to N. (W.)

Amager. March 28th first, single ones passing overhead. Not seen after September 12th (one). (K.)

Storehedinge. March 26th (mild) first. (A.)

Herschendsgave. March 22d first. (Hs.)

Viborg. Arrived late on account of the long and severe winter. March 23d first, one; March 30th somewhat larger numbers. In autumn in large flocks in the meadows till into November. (F.)

Thy. In August as usual numerous everywhere. (K.)

103. *Haematopus ostralegus*, L. — Strandskade.

Amager. East coast, March 28th first, some large flocks; likewise April 11th, 18th and 26th; June 3d and 6th a flock of about twenty; later none. On southern part of west coast September 12th a party of about fifteen; October 24th one shot (being alone) and given to me. (K.)

Mors. June 13th nest with three eggs on Ōrodde, Nykjöbing. (F.)

104. Grus cinerea, M. — Trane.

Kjöbenhavn. April 22d, 11 A. M., a flock of 110—120 flying due N., along coast in north-eastern suburb, keeping over the land. with great cries; clear, E. or E. S. E., rather strong. (W.)

Storehedinge. April 20th to 25th some flocks passing. September 6th passage to south. (A.)

Kallundborg. April 18th at Jyderup railway-station in the course of the day three flocks passing, varying from about forty to about hundred birds. April 19th, over the town of Kallundborg, at 8 A. M. a flock of about forty, and at 9 A. M. a flock of two or three hundred. All these flocks were going N. E. (Mr. O. Lund, of Kallundborg, in letter to Prof. Lütken).

105. Ciconia alba, Bechst. — Stork.

Kjöbenhavn. Breeds. — August 4th, 4.40 P. M., at garden, one flying high and straight to S.; sunshine, cloudy, N. W. strong. (W.)

Herschendsgave. April 21st arrival. (Hs.)

Viborg. There are but few pairs in these parts. A few nests on houses in Viborg. April 10th first pair in Viborg; April 11th a pair at Tjele. (F.)

Thy. During August only seen once; on 8th a pair in Hillerslev Kjär. (K.)

106. Ciconia nigra, L. — Sort Stork.

Viborg. Breeds in some of the woods. Avnsbjerg Skov April 13th first seen; May 4th nest with four eggs. Hald Bögeskov April 30th nest with four eggs. Viskum Skov May 7th nest with five eggs. (F.)

107. *Ardea cinerea*, L. — Hejre.

Amager. July 18th one on west coast. (K.)

Storehedinge. March 22d (mild) seen. (A.)

Viborg. August 16th one flying over **Viborg Sö**. August 18th five at **Vejrum Sö**. (F.)

108. *Botaurus stellaris*, L. — Rördrum.

August 8th one shot in southern end of **Nissum Fjord** by Mr. H. Eskesen of Husby. (L. Pedersen, »Jagttidende«, March 1887.)

109. *Gallinula chloropus*, L. — Rörhöne.

Viborg. August 21st I shot one at **Loldrup Sö**. (F.)

110. *Fulica atra*, L. — Blishöne.

Kjöbenhavn. Breeds. April 13th, 8,15 P. M., heard flying over garden. (W.)

Thy [where it breeds commonly; Heiberg, Thylands Fugle]. August 22d a young bird, still unable to fly, was shot in **Sindrup Vejle**. August 25th I shot an adult in **Voldum Sö**; saw no others. (K.)

Sent from the Lights. October: 22d Sejrö 1 ad.

111. *Numenius arquatus*, L. — Regnspove.

Amager. July 18th rather many round an islet on west coast. September 12th and 26th some, singly or a few together, on southern part of west coast. (K.)

Thy. Single birds in the Kjär's of **Heltborg** and **Dover** August 16th and 17th. (K.)

112. *Numenius phaeopus*, L. — Lille Regnspove.

Thy. August 3d considerable numbers (about fifty birds in some of the flocks) in **Hjardemaal Klit**; I shot one, and saw some that had been shot on the previous day. (K.)

113. *Limosa lapponica*, L. — Kobbersneppe.

Amager. October 10th one was shot on southern part of west coast and shown to me an hour later. (K.)

Storehedinge. August 27th male shot at **Höjrup.** (A.)

114. *Scolopax rusticula*, L. — Skovsneppe. Holtsneppe.

Notes by different authors on its breeding in various part of the country, »Jagttidende«, April and November 1886.

Sent from the Lights. October: 21st Schultz's Grund L. V. 1. 24th Hesselö 1 (3 killed).

115. *Gallinago scolopacina*, Bp. — Horsegjög. Dobbelt Bekkasin.

Amager. East coast, in the reedy pools on shore mentioned last year, during September, October, and first half of November; generally a few, most on September 19th (about ten) and October 24th (about thirteen); November. 7th and 14th only one flushed. (K.)

Viborg. On **Skals Aa** several during breeding-season. In fall large numbers on passage in the moist meadows near all the lakes. (F.)

Mors. At **Faarup** May 23d nest with egg-shells thrown off by the young. (F.)

Thy. In August as usual large numbers (most young) everywhere in the bogs and at the lakes. (K.)

116. *Gallinago major*, Gm. — Tredäkker.

Viborg. On **Skals Aa** May 14th a pair: I think it breeds there. In August and September not a few on passage. (F.)

Thy [where it breeds]. **Heltborg,** August 16th one shot. **Dover,** August 22d one shot. (K.)

117. *Gallinago gallinula*, L. — Buk. Enkelt Bekkasin.

Amager. October 3d two flushed on northern part of east coast; no others seen. (K.)

Viborg. In October and November I shot several at **Vint Mölle.** (F.)

Sent from the Lights. September: 3oth Anholt 2 (3 killed), Sejrö 1 (bird of the year). November: 4th Skjoldnäs 1. 18th Hjelm 1.

118. *Totanus calidris,* L. — Rödben.

Amager. May 21st one at the pool on Amager Common. September 12th often heard along west coast. December 19th one on northern part of east coast, in a place where the thin ice along shore had melted away; it allowed an approach of about twenty-five paces before taking wing; this somewhat unusual tameness excepted, it did not show signs of suffering from the cold and made off with its wonted power of flight, being soon lost to the eyes. (K.)

Avedöre Holme. April 21st numbers. (K.)

Thy. In August as usual large numbers (most young) at nearly all fresh or salt water. (K.)

119. *Totanus glottis,* Bechst. — Hvidklire.

Thy. August 22d I saw two being shot at **Dover.** (K.)

120. *Totanus ochropus,* L. — Svaleklire.

Thy. August 8th one rose close to me in **Hillerslev Kjär.** August 22d I shot one at **Dover.** August 25th one at **Voldum Sö.** (K.) [Species not mentioned in Heiberg's »Thylands Fugle«. Correctly determined; compare also Report 1884. W.]

121. *Totanus glareola,* L. — Tinksmed.

Viborg. On Skals Aa May 26th a pair; at **Vejrum Sö** August 18th some. (F.) [July 10th 1881 singly in two places near Viborg. W.] [*Actitis hypoleucus.* July 8th and 9th 1881 one at a lake near Viborg, from its behaviour evidently breeding. W.]

Mors. At **Taarup** May 23d nest with four fresh eggs. (F.)

Thy [where it breeds]. August 3d and 8th some seen (and two shot) in three places. (K.)

122. *Actitis hypoleucus,* L. — Mudderklire.

Kjöbenhavn. May 8th one on coast; 9th one inland: 13th, 10,5 P. M., heard passing over garden (heavy rain, S. E. strong); 14th four inland. July 19th passing over garden at 10,55 P. M.; again 29th at 11 and 11,5 P. M. August 3d some on coast; 7th passing over garden at 10,50 P. M.; 14th again some to S. or S. W. at 9,10 P. M.; 21st several on coast. (W.)

Amager. April 30th one at the pool on Amager Common. On east coast July 4th one, July 24th a few, September 5th a pair. (K.)

Thy. Some in two places, August 20th and 25th. One that I wounded from a boat, on falling upon the water several times tried to escape by diving and swimming short distances under water with great agility, not farther than one metre and a half at a time, and at most twenty centimetres below the surface. (K.)

Sent from the Lights. August: 3d Hirtshals 1 (old, in strongly worn dress). 11th Läsö Trindel L. V. 1 (bird of the year). 30th Kobbergrunden L. V. 1 (old, in worn dress, only just commencing moult).

123. *Machetes pugnax,* L. — Brushane.

Viborg. Skals Aa May 14th one. (F.)

Thy. In August, in various places: 3d some, 16th three, 22d one, 25th one. (K.)

124. *Tringa cinerea,* L. — Islandsk Ryle.

Amager. On southern part of west coast September 12th seven (two shot), September 26th two and later ten (three shot). All young. (K.)

125. *Tringa alpina,* L. — Ryle.

Amager. Northern part of east coast, April 18th first, not a few; April 26th two flocks. July 18th several outside west coast; 24th some on northern part of east coast. September 12th very few on southern part of west coast; but on 26th and on October 10th very large numbers there, in larger and smaller flights, often with *Charadrius pluvialis* or *Ch. squatarola* as leaders; none in summer dress. October 17th about twelve on northern part of east coast. October 21st I received three, shot on same day on southern part of west coast, one of them still in almost pure summer dress. October 24th two on northern part of east coast. (K.)

Avedöre Holme. April 21st large numbers, in small flocks or singly; in all the black breast-patch still mixed with many white feathers. (K.)

Viborg. Common in the meadows on **Skals Aa, Vejrum Sö,** and other places.

126. *Tringa Temmincki*, Leisl.

Amager. At the pool on Amager Common mentioned last year: May 14th about eight, 16th and 17th about eighteen each day, 19th six, 21st nearly thirty (seven shot). Again July 22d three, 24th six. Later none. — *Tringa minuta* and *Tr. subarquata* I did not see this year, though I have used to do so. (K.)

127. *Limicola platyrhyncha*, Temm. — Brednäbet Ryle.

Amager. One was shot on southern part of west coast July 25th, and given to me on the same day. (K.)

128. *Anser minutus*, Naum. — Dvärggaas.

A young male, shot near **Kallundborg,** sent for stuffing to Conservator E. Hansen of the Zoological Museum (examined there in the flesh on October 12th, W.). The bones of the body were given to the Museum by Mr. Hansen.

129. *Cygnus musicus*, Bechst. — Sangsvane.

Amager. January 24th a party of four passing along west coast. (K.)

130. *Tadorna cornuta*, S. G. Gm. — Gravand.

Amager. September 12th a party of nine swimming outside southern part of west coast. (K.)

131. *Anas boschas*, L. — Stokand, Graaand.

Amager. In the moats June 24th a brood of ten very small ducklings, without any old duck; not seen later. As usual not very many seen on east coast. During winter the flocks generally keep rather far from shore. — Sergeant E h l e r s, living in a house on east coast, about one hundred paces from shore, tells me that in fall often one or two wild ducks associate during night with his tame ones which spend most of their time at the shore-line; in early forenoon the wild birds fly away. This year, in the beginning of September, a wild female continued to stay with the tame flock, speedily becoming familiar and after a very few days allowing a close approach when in company with the others. It remained six months, to the beginning of March 1887. It was not caught and pinioned but was allowed to have quite its own way, to see how it would behave. I saw it twice or thrice a month, each time making it fly, to convince myself that its powers of flight were normal. Already on October 17th I saw it feeding with the tame ducks just outside the house. When the flock was driven into the stable, the wild bird rose on the door being reached; in December it once entered but never did so again, having seen two of the tame ones being taken for the table. It often flew away, yet generally only for a day; twice it did not come back for two days and nights. At the beginning of February 1887 a wild drake associated with the duck, soon becoming nearly as familiar. By and by the two wild birds kept more apart from the others, and they were seen to copulate. On March 6th I saw both make off at the report of a gun fired in the neigbourhood, and they never appeared again. They had however often heard shots in their proximity, without showing much fear. (K.)

In **Thy**, where it breeds numerously, I saw it during August in several places. But it was much scarcer than usual, as all over the country, owing to the extraordinarily long winter of 1885—86. During the latter part of that winter it was told from all quarters, that exhausted mallards had been taken by hand, and that all were in so poor condition as to be of no worth as game. (K.)

Viborg. Breeds at some lakes. In fall flocks in the lakes. (F.)

132. *Anas discurs*, L.

A male in full dress was shot on the sea-coast at **Säby**, N. E. Jylland, in the middle of April, and stuffed by Miss Claussen of Fredrikshavn. Being unknown to all there it was sent for determination to Mr. Julius Wulff of Hjörring, who again sent it (in the beginning of August) to the Zoological Museum of Kjöbenhavn, where it is now. Baron H. Rosenkrantz, from personal inquiry on the spot, furnished to Prof. Lütken the following additional details. It had been shot by a cottager, Jens Vestenvejen, when out to look for woodcocks; at **Sulsbäk Mölle**, a little north of Säby, he had seen close to shore a party of »Teal and Black Sea-Ducks« swimming with one strange duck among them; on firing into the flock he secured the stranger rather casually.

The specimen is in very perfect plumage; the left inner toe and hind toe are a little deformed. It may be an escape. Yet it is said by Sclater (P. Z. S. 1880, p. 521), that up to 1880 this species had not been imported alive into Europe. The uncertainty thrown upon questions like this by the »ornamental waterfowl« is to be regretted; the recording of places where each species is kept, suggested by some, is obviously not a sufficient remedy, though it may be useful. The keeping of ornamental waterfowl should not be encouraged; the ornamental waters, when of any size, should be left to spontaneous occupation by wild species, probably much fewer and often less showy, but more interesting to the observer of nature. On quite small waters ornamental fowl might be kept without so much inconvenience, it being more possible to have an eye upon every single bird; to do this for its own birds ought especially to be the duty of every zoological garden.

133. *Anas querquedula*, L. — Atling.

Thy. Hillerslev Kjär, August 8th, four shot out of nine and three, by myself and another. (K.)

134. *Anas crecca*, L. — Krikand.

Viborg. Vejrum Sö September 10th and 14th small flocks. **Laastrup Aa** November 7th. (F.)

Thy. In August, two shot on 8th; no others seen with certainty. (K.)

135. *Anas penelope*, L. — Pibeand.

Sent from the Lights. October: 24th Hesselö 1 (not ♂ ad.; 2 killed).

136. *Clangula glaucion*, L. — Hvinand.

Kjöbenhavn. On Sound close to shore October 20th two (no old male). (W.)

Amager. March 21st two were shot outside west coast. (K.)

Viborg. Small flocks in the lakes in winter, as long as there is open water. (F.)

137. *Oidemia nigra*, L. — Sortand.

Sent from the Lights. May: 8th Läsö Rende L. V. 1 ♂. October: 31st Läsö Rende L. V. 1 ♀. November: 29th Kobbergrunden L. V. 1 ♀.

138. *Oidemia fusca*, L. — Flöjelsand.

In the night April 22d—23d*) I heard many passing over **Viborg**, and on 23d I saw several in **Viborg Sö**. (F.)

---

*) At the close of April newspapers mentioned a very large passage of birds (believed to be Curlews, Ducks, &c.) heard late in the evening of April 22d at several towns, especially in Jylland (e. g. Fredericia, Horsens, Holstebro; also Assens in Fyen).

139. *Mergus serrator*, L. — Toppet Skallesluger.

Amager. March 21st a male was shot outside west coast. (K.)

140. *Podiceps cristatus*, L. — Stor Lappedykker.

Viborg. Breeds commonly in **Viborg Sö** and some other lakes. **Viborg Sö** May 12th first nest commenced, later destroyed by storm; June 11th three nests, with five, three, and one egg, and on these being taken, two of the nests had five and four eggs on June 25th. **Loldrup Sö** June 4th two nests with three eggs; in August and September always large numbers. **Hald Sö** May 16th two pairs. (F.)

Thy. August 25th on **Voldum Sö** a pair of old birds with two young still unable to fly; I shot one of the young. (K.)

141. *Podiceps minor*, Gm. — Lille Lappedykker.

Sent from the Lights. September: 5th Ducodde Hovedfyr 1 (moult into winter dress very nearly ended).*)

142. *Carbo cormoranus*, M. & W. — Skarv.

I saw a very large flock on **Ejerslev Rön** in the Limfjord on July 27th, when passing in a steamer. (K.)

143. *Thalassidroma Leachii*, Temm. — Stor Stormsvale.

Sent from the Lights. October: 1st Horns Rev L. V. 1 (»struck lantern«), Läsö Rende L. V. 1 (»fell on deck«).

December 4th a male found dead at **Skagen** by a fisherman, against whose house it had flown; sent in the flesh to the Zoological Museum by Mr. M. A n c k e r.**)

---

*) Mentioned by Collin (»Bidrag til Kundskaben om Danmarks Fuglefauna«, 1888, p. 104), but the proper date not given.

**) All the specimens from 1886 received by the Zoological Museum have been recorded by Collin (Bidrag til Kundskaben om Danmarks Fuglefauna, 1888, p. 108), but the proper dates of occurrence are not given.

144. *Larus marinus*, L. — Svartbag.

Amager. As usual on the coast throughout the year, most in fall and winter, generally young, never very numerous. Old birds January 31st, April 18th, October 24th and 31st, December 19th; not more than two each time. Flocks of any size consisting of this species alone are very rare; but in the large flocks of *Larus canus* there are often a few *Larus marinus*. (K.)

145. *Larus argentatus*, Brünn. — Havmaage.

Viborg. A single one now and then on **Viborg Sö**. (F.)

146. *Larus fuscus*, L. — Sildemaage.

Kjöbenhavn. On Sound close to shore November 1st one old, 2d two old. (W.)

147. *Larus canus*, L. — Stormmaage.

Amager. In usual numbers. (K.)

Viborg. Often in small flocks on **Viborg Sö** and other lakes. (F.)

A white specimen (female), with a pale brownish tail-bar, shot in **Kalvebod Strand** in the first days of January, bought in the flesh by the Zoological Museum.

148. *Rissa tridactyla*, L. — Tretaaet Maage.

A young female, shot at **Skagen** October 27th, presented in the flesh to the Zoological Museum by Mr. M. Ancker.*)

149. *Xema minutum*, Pall. — Dvärgmaage.

Kjöbenhavn. October 18th I watched one for a long time in North Harbour; it was in the characteristic dress of the young bird. It skimmed about over the water, quite low or some feet up, never touching the surface, from its

---

*) Specimen mentioned by Collin (Bidrag til Kundskaben om Danmarks Fuglefauna, 1888, p. 109), but the year by mistake given as 1887.

movements evidently hawking for small insects (the weather was calm, damp, and mild); some *Xema ridibundum* (most young) among which it often passed were on the contrary busy to pick up small things from the water. Shape in flight very like that of *Xema ridibundum*, but wing-strokes much quicker. (W.)

Adult male in winter-dress shot at **Kjerteminde**, Fyen, a couple of days previously to October 21st, presented in the flesh to the Zoological Museum by Mr. Joh. Larsen of Kjerteminde.

150. *Xema ridibundum*, L. — Hättemaage.

Kjöbenhavn. Breeds. — On Sound in January a few, old and young, on 9th, 17th, and 31st. February 14th a large flock, most old, some young; 24th many old, some young. March 8th some old and young, two old with a little brown on head; thus also on 18th; 25th one old with full hood; 28th many old with full hoods, very noisy. — August 4th and 13th old birds with hood in moult; September 21st with pure white head. — Throughout October to 28th, most young. November 1st, 2d, and 11th a few young. December 21st one old, one young. (W.)

Amager. On northern part of east coast April 11th and 18th some, 26th many; July 4th many, 24th some. July 18th some outside west coast. (K.)

Viborg. I have not found it breeding, but I have often seen larger and smaller flocks on **Viborg Sö** and other lakes; thus very numerous on **Vejrum Sö** May 7th. (F.)

151. *Sterna anglica*, Mont. — Sandterne.

Thy. During August several times considerable numbers, both old and young; at **Voldum Sö**, and in the Kjär's of **Heltborg, Dover,** and **Ballerum.** (K.)

152. *Sterna argentata*, C. L. Br. — Havterne.

Kjöbenhavn. First young in North Harbour July 17th, two, with their parents. — September 11th a young Tern, *St. argentata* or *fluviatilis*, much later than usual. (W.)

Amager. On northern part of east coast some on June 24th, July 4th and 24th. (K.)

Viborg. At **Hjarbäk Vig** and in the meadows of **Skals Aa** several times some; eggs not found. (F.) [*Sterna fluviatilis.* July 10th 1881 many at a lake near Viborg. W.] [*Sterna anglica.* July 9th 1881 one passing overhead near Viborg; 10th some over dry fields near a lake there. W.] **Thy.** July 30th considerable numbers on the shore at **Klitmöller.** (K.)

153. *Sterna fluviatilis,* Naum. — Terne.

Thy. **Voldum Sö** considerable numbers August 3d and 25th. **Hillerslev Kjär** not a few August 8th. (K.)

154. *Sterna minuta,* L. — Dvärgterne.

Amager. On northern part of east coast June 17th and 20th two, 24th some. (K.)

Viborg. July 31st I saw a bird of the year on **Viborg Sö**; a heavy gale made its flight unsteady, so that I often approached it within a pace and might easily have killed it with a stick. (F.) **Thy.** July 30th considerable numbers on the shore at **Klitmöller.** (K.)

155. *Hydrochelidon nigra,* L. — Moseterne.

Viborg. May 7th several in the meadows at **Vejrum Sö.** May 26th two pairs in a small peat-bog one (Danish) mile north of Viborg, certainly breeding. (F.) [July 10th 1881 one at a lake near Viborg. W.] **Thy. Voldum Sö,** August 3d numerous, August 25th some young birds. **Hillerslev Kjär** August 8th not a few. (K.)

Various Notes from the Light-Stations.

Esbjerg. Grey Geese as a rule appear in considerable numbers when the bay is being filled with ice. — **Reske.**

Horns Rev L. V. The direction of flight against the lantern cannot be well determined, the birds hovering round the light before striking. When the wind is blowing across the ship most fall into the sea. No proper migration in daytime has been observed this autumn. — Of sea-birds two species of Gull (Strandmaage, Havmaage) are here during the greater part of the year, yet more numerous in winter than in summer. — N. Kromann.

Hirtshals. This spring nearly no birds have struck the lantern; although all the species I use to see have passed the place, only a single bird (a Starling) has been killed as far as I know. — In the beginning of April a couple of times larger flocks of Grey Geese passed north; in the sea were seen three old and two young Swans. First Woodcock probably in the first days of April. The Lapwing appeared here April 9th. The »Ryle« came by the middle of April. The Stork was seen April 24th. May 1st large flocks of birds under the coast; there were several species of Sea-Ducks and no small numbers of Eiders. May 7th first Swallow. — October 19th; the Starlings are in large flocks inland and seem to be preparing for departure; generally however a few are seen here in winter. — E. T. B. Jensen.

Skagen. The assistants say, that much fewer birds have been killed than is generally the case (I have only been here since September 1885). — No sea-birds breed near the station; but during the greater part of the year many Gulls are seen where the fishermen are at work. — M. G. Poulsen.

Skagens Rev L. V. October 26th great flights of Ducks passed to S. E. and E.; S. W. and westerly, very light; cloudy. October 27th great flights of Ducks passed to E.; S. E. light, cloudy. October 31st great flights of Ducks to E.; several settled at some distance from the ship and remained all day; S. light, overcast, thick. November 3d during forenoon some flights of Ducks to S. E.; S. and W. light, hazy. — J. G. Steinmann.

Hirtsholm. Breeding birds*): Tiste, Ryle, Gravand, Terne, Maage, Strandskade, Skrogand, Rödben, Ederfugl, (a few). — W. Schultz.

Nordre Rön. In April three Starlings were killed striking. — This autumn, especially during the time of passage, there has been no thick or foggy weather here; probably for this reason no birds have been killed. — Breeding birds: Terner of three species, Ederfugl, Rödben, Prästekrave, Strandlärke, Strandskade, Tejste, Flör (Polsk Vibe), Gravand, Spidsand, Maage (only the small blue one). — A. Kruse.

Läsö Trindel L. V. Grey Geese passing: May 3d eighteen to N. E. May 5th about two hundred to E. N. E. May 27th ten to N. E. — J. Poulsen.

Läsö Rende L. V. May 2d, immediately after sunset, a flock of small birds (about 150) to E. — Grey Geese passing in May and June: May 4th, at 5 P. M., a flight of about fifty to E. N. E.; westerly, clear. May 5th, at $8^3/_4$ A. M., a flight of about hundred to E.; N. E., clear. June 5th a flight of about forty to N. E.; S. W. light, clear. June 10th a flight of about thirty to E. N. E.; E. light, clear. — June 25th a starling, chased by a larger unknown bird, kept in the rigging from 10 to 11 A. M.; flew away to N. E. — September 29th a flight of Grey Geese (about thirty) to S. W.; W. fresh, cloudy. October 4th Crows in very large numbers (up to a hundred in some of the flocks) to S. W.; some small birds also to S. W. October 6th a flight of Grey Geese (about thirty) to S. W. October 11th several Crows and small birds to S. W.; many Gulls and Ducks round ship. October 26th very large numbers of Gulls and Ducks round ship; 27th as the preceding day, and especially very many over the

---

*) This and similar lists are given in the names employed by the observers. The names are sometimes evidently used in another sense than is usual in books; some of them are generic rather than specific, or else of uncertain application; a few have probably not been printed before. Generally, however, the species intended by such names may be guessed with some certainty.

Dvalegrund. October 28th, 29th, and 30th very large numbers of Ducks and Grey Geese round station, especially over the shoal. November 11th, 12th, 13th, and 14th large numbers of Ducks and Gulls over the shoal all day; overcast; wind easterly (12th S. E.), light. November 24th five Swans to W. S. W.; W. S. W. fresh, overcast. November 27th, forenoon, five Swans to E.; afternoon, three Swans to S. W.; S. W. light, clear. December 3d three Swans to N. W.; W. light, clear.

Sea-birds keeping about the station are: some species of Ducks, Gulls, in April and May many Brent Geese, and from the middle of May Terns. Large numbers of Terns were round the ship in August and September, to September 22d; after that day no Tern seen. — L. Lauritzen.

Egense. No sea-birds breed near the light. — C. F. Laug.

Kobbergrunden L. V. May 6th about hundred Grey Geese passing to N. E.; calm, clear. September 30th, at 7 A. M., about hundred small birds passing from E. to W. — V. T. Schnipp.

Anholt. Thirty-one years' experience. Most birds perish with S. E. wind and fog. The main passage is believed to be in autumn from N. E. to S. W., and in spring from S. W. to N. E. The smaller birds, when not killed at the first stroke, will fly at the light again and again, mostly on the lee side, till they are hurt or exhausted. The larger birds (ducks, snipes, curlews, &c.) I have never observed striking more than once: if unhurt they continue their voyage; when one of a company has been disabled, the others may be heard calling for some time, but they do not strike again. The birds breeding here have never been observed to strike. — Breeding birds: Maage (three species), Terne (one species), Möller (or Strandlöber), Möller of a somewhat larger species (or Strandsneppe), Strandskade, Vibe (a few), Brokfugl (a few), Ederfugl, Graaand, smaller grey Duck. — J. Christiansen.

Hesselö. The direction of birds coming to the light cannot well be stated, as they arrive mostly in fog and are not seen till the whole flight is hovering round the lantern; they also disappear before daybreak. — Birds not breeding: Curlew, a few. Hawks, Buzzards, and Owls, single ones now and then in summer. Crows, considerable flocks in spring and fall, generally staying only a few days. »Ryler«, considerable flocks from late summer far into the autumn. In winter flocks of Snow Buntings and Sparrows. Considerable flocks of the Grey Lag Goose come in the moulting-time. — Breeding birds: Graaand, Gravand, Skallesluger, Tejste, Maage, Terne, Strandskade, Ederfugl, Vibe. — A. G. Saxtorph.

Schultz's Grund L. V. October 30th some large flocks of Ducks and Eiders on the water near the ship. Troughout December, especially from 2d to 23d, large flocks of Eiders close to the ship. — H. Svarer.

Hjelm. Breeding birds: in large numbers Maage (of one size) and Terne (of two sizes); in smaller numbers Strandskade, Strandlöber, Gravand, Rödtop (en spidsnäbet And). — H. J. Henningsen.

Kronborg. A day at the end of April a few small flocks of Swans, about ten in each flock, passing from North to South, at a height of a hundred feet above the Sound; S. E. light, clear. — October 3d, at 8 P. M., a flock of Geese, about twenty, from E. to W.; N. W., force 1, clear. October 16th, at 7 A. M., a flock of Ducks, about fifty, from S. to N.; at 9 A. M. a similar flock in same direction; S. E., force 5, hazy. October 21st, at 7 A. M., twelve Ducks to N.; S. E., force 5, rain. October 23d, at $7^1/_2$ A. M., twenty-four Ducks to N.; N. E., force 2, cloudy. October 28th, at 8 A. M., twelve Ducks from N. to S.; E. S. E., force 2, cloudy. — Gjörup.

Drogden L. V. May 15th, at 8 P. M., a flock of about two hundred birds, believed to be Geese, passed high from W. to E.; W. S. W. light, light clouds. — In the absence of the master, Jeppesen, mate.

Stevns. A few birds have struck the lantern, but none have been killed. — B. Rosen.

Refsnäs. In spring some passage of Eiders, coming from S. and flying to N. N. E. — In spring on the coast a few Sheldrakes; it is not known whether they breed or not. No other sea-birds breed near the station. — P. C. Jensen.

Romsö. Breeding birds: on shore Blaa Maage, Hättemaage, Strandskade, Pytte, Rylle; in field and wood Gravgaas, Graaand, Spidsnäb (a duck with a long acute bill). — F. Andersen.

Halskov. Sea-birds rarely seen in numbers; the flocks of Eiders, Long-tailed Ducks and other species of Duck that daily pass on the Belt and near Sprogö are too far off to be observed. — J. Winckler.

Helholm. Breeding birds: Strandskade, Strandmaage, Sorthovedet Maage, Gravgaas, Spidsnäbet And. — Dorthea Holst.

Äbelö. Towards the middle of October considerable flocks of Eiders arrived; they stayed at the north end of the island to near the middle of December, when most disappeared. Long-tailed Ducks arrived in smaller flocks at the middle of November, and some were still here at the close of the year. December 23d a small flock of Shore Larks [NB.] stayed in the garden of the lighthouse. — Birds breeding near the station: only Sand Martins, and two or three pairs of Sheldrakes. — S. Thorsen.

Strib. September 20th some flights of Grey Geese passing from N. E. to S. W.; S. E. cloudy. Eiders in larger and smaller flocks have been in the Belt in October, November, and December. — A. H. Andersen.

Christiansö. October 3d two or three hundred Wood Pigeons and several small birds passing the island to S. — O. C. F. Christensen.

Hammershus. Against custom rarely seen birds on lantern, fog having been scarce in the fall. Of the birds under the coast in winter the most numerous are Long-tailed Duck and Eider; »Söhane« and Goldeneye are also found. — J. H. Beldring.

Dueodde Hovedfyr. No sea-birds breed near the lighthouse, it being situated five thousand feet from the sea. —
W. Lund.

Dueodde Bifyr. Birds breeding on shore: Maage,
Terne, Graaand, Spidsand, Ryle. — L. Wedén.

Diary of Birds coming to the Lights.

Till May 1st 1886, when the future regular communi-
cation between the Lights and the Museum commenced,
observations have only been recorded in a few places, and
specimens were not sent to the Museum.

December 6th 1885.

Kronborg. At 11 P. M. (on 5th) »a female Redpoll
(*Fringilla linaria*)«, found dead on eastern side of balcony.
W. S. W. strong, cloudy.

January 29th 1886.

Drogden L. V. One »Sösvale« killed. E. S. E. light,
overcast.

January 31st.

Drogden L. V. One Duck killed. S. S. E. strong,
snow squalls.

March 2d.

Sprogö. Three Ducks, killed instantly on striking roof
of lantern; »een graa Lysand og to sorte Änder (kaldes her
Torskeänder)«. S. E. 7; 5.

March 28th.

Egense. One Starling and one Lark killed. W., thick.

March 3oth.

Drogden L. V. One Long-tailed Duck (Havlit) killed.
S. S. W. strong, squalls and rain.

March 31st.

Egense. Two Starlings killed. S. W. storm.

April 2d.

Egense. One Starling and one Lark killed. S. W., hazy.

April 5th.

Sprogö. At 2 A. M. a Duck (Lysand), killed instantly on striking roof of lantern. S. W. 5; 4.

April 10th.

Drogden L. V. Two Ducks killed. N. N. E. light, cloudy.

April 12th.

Christiansö. Two Redbreasts and two Thrushes*) killed. E. by S., hazy.

April 16th.

Christiansö. One Thrush killed. E. by S., thick.

April 26th.

Christiansö. One Thrush killed. E. by S., hazy.

May 1st.

Läsö Rende L. V., S. W., rain and snow showers. *Saxicola oenanthe* 1 **).

May 6th.

Trekroner, N. E. clear. A small bird (Digesmutter) fluttering on panes.

---

*) »Thrush« being often used in English as a specific name for the Song-Thrush, it should be stated, that in this Report »Thrush« means *Turdus* (incl. *Merula*).

**) The specimens recorded in this form were received at the Museum. When samples only have been received, the number killed is added from the statements of the keepers.

May 8th.

Läsö Rende L. V., W. S. W. light, overcast; a Duck fell on deck, another and two Thrushes over board; several Thrushes hovered round light. **Kobbergrunden** L. V., same weather, with rain; five birds fell on deck, about thirty over board; several small birds round light.

Turdus pilaris Kobbergrunden 1.
Turdus musicus Kobbergrunden 2.
Ruticilla phoenicura Kobbergrunden 2.
Oidemia nigra Läsö Rende 1.

May 14th.

Läsö Rende L. V., E. S. E., overcast, rain. **Hjelm**, S. E., rain, thick. **Christiansö**, S. E., thick; several small birds on panes, none killed.

Phyllopneuste trochilus Hjelm 1.
Ruticilla phoenicura Läsö Rende 1.
Anthus arboreus Hjelm 1.

May 15th.

Hesselö, N. E. and N. W. very light, hazy, rain. During the night twenty or thirty small birds of different species came to the light; none killed.

August 3d.

Hirtshals, N. W. fresh, overcast, hazy.
Alauda arvensis 1.
Actitis hypoleucus 1.

August 11th.

Läsö Trindel L. V., southerly, rain.
Ruticilla phoenicura 1.
Actitis hypoleucus 1.

August 3oth.

Hirtshals, westerly, fresh, overcast, hazy. **Läsö Trindel** L. V., W. S. W., overcast. **Läsö Rende** L. V., W. S. W. moderate, fog; one bird on deck, a few into the sea; some small birds round light. **Kobbergrunden** L. V., W. moderate; about fifty small birds round light; three on deck, some into the water.

Phyllopneuste trochilus Hirtshals 2.

Ruticilla phoenicura Läsö Trindel 1.

Saxicola oenanthe. Hirtshals 1. Läsö Trindel 1. Läsö Rende 1. Kobbergrunden 2.

Actitis hypoleucus Kobbergrunden 1.

August 31st.

Hanstholm, S. W. very light, fog; about 50 birds killed. **Skagen**, same weather. **Christiansö**, E. by S., hazy; 2 small birds on panes, none killed.

Phyllopneuste trochilus Skagen 1.

Ruticilla phoenicura Hanstholm 1; about 25 killed.

Saxicola oenanthe Hanstholm 1; about 25 killed.

September 1st.

Christiansö, E. by S., hazy; some small birds on panes, none killed.

September 5th.

Dueodde Hovedfyr, W., nearly calm, clear.

Podiceps minor 1.

September 7th.

Christiansö, E. by S., hazy; some small birds on panes, none killed.

September 27th.

Läsö Rende L. V., S. S. W. moderate, overcast.

Turdus musicus 1.

September 30th.

Lodbjerg, S. W. and E. S. E., very light, rain, thick; about 75 birds killed and caught; many more must have been killed but have been lost in the dunes; passage largest from 10 P. M. (29th) to 2 A. M. **Hanstholm,** southerly, very light, fog: 28 birds killed. **Hirtshals**, S. light, fine rain; about thirty Thrushes (especially Redwing [probably] and Ring-Ouzel, termed »Pomerans« and »Prästekrave«, names generally employed for the Dotterel and Ringed Plover) and very large numbers of small birds of many species hovering round lantern; none killed; in the distance the Curlew's note was heard; the birds seemed to be travelling to S. W. **Läsö Trindel** L. V., southerly, rain; one bird killed. **Läsö Rende** L. V., N. E. light, rain; 11 fell on deck, about 5 into the water; all night birds of different species round light. **Kobbergrunden** L. V., westerly, fresh, overcast, small birds round light. **Anholt**, S. W. moderate, fog; 72 [or 83?] birds killed; probably about 40 others fell into the sea, and the cats pick up some. **Hesselö**. W. S. W. very light, hazy, rain; 12 birds killed; from midnight to dawn about fifty birds hovering round light, most of them Finches and Thrushes. **Schultz's Grund** L. V., westerly, rain, thick; one killed. **Sejrö**, W. N. W. moderate, rain, thick; one killed.

Sturnus vulgaris Anholt 1.

Phyllopneuste trochilus Hanstholm 1.

Phyllopneuste rufa. Hanstholm 4. Anholt 4.

Sylvia atricapilla. Hanstholm 1. Anholt 2.

Merula torquata. Lodbjerg 1; about 60 killed. Hanstholm 3. Anholt 2; 12 killed.

Turdus musicus. Läsö Rende 1; 3 killed. Schultz's Grund 1.

Turdus iliacus Lodbjerg 1; about 15 killed.

Ruticilla phoenicura Hanstholm 3.

Dandalus rubecula. Hanstholm 8. Läsö Rende 2; 8 killed. Anholt 2; 48 killed. Hesselö 1; 2 killed.

Saxicola oenanthe. Hanstholm 4. Anholt 1. Hesselö 1.

Anthus pratensis Anholt 1.

Schoenicola schoeniclus. Hanstholm 2. Läsö Trindel 1.

Fringilla montifringilla. Lodbjerg 1. Hanstholm 2. Hesselö 1; 9 killed.

Gallinago gallinula. Anholt 2; 3 killed. Sejrö 1.

October 1st.

Horns Rev L. V., S. S. E., overcast; one killed.
Skagen, S. light, fog; 38 killed; large numbers of Thrushes round light; the birds struck from all quarters. **Läsö Trindel** L. V., southerly, fog, thick; 6 killed, besides many falling into the sea. **Läsö Rende** L. V., W. S. W. light, overcast, very dark; 6 killed; many birds round lantern all night; about ten of one species [*Anthus pratensis*] stayed on ship in daytime, apparently healthy (calm, fog). **Hesselö,** variable and calm, rain, thick; 21 killed; all night small birds round lantern, about a hundred. **Schultz's Grund** L. V., westerly, thick; 5 killed. **Sejrö,** westerly, moderate, rain, fog; 4 killed.

Phyllopneuste rufa Skagen 1.

Merula torquata. Skagen 1. Hesselö 1; 2 killed. Sejrö 1.

Turdus musicus. Skagen 2; 16 killed. Läsö Trindel 4; 5 killed. Hesselö 1; 2 killed.

Turdus iliacus Sejrö 1.

Ruticilla phoenicura Hesselö 1.

Dandalus rubecula. Skagen 6. Hesselö 3; 13 killed. Schultz's Grund 1. Sejrö 1.

Saxicola oenanthe. Skagen 2. Schultz's Grund 1.

Anthus rupestris Skagen 1.

Anthus pratensis. Läsö Rende 1; 5 killed; about ten stayed on ship in daytime, apparently healthy. Schultz's Grund 1.

Alauda arvensis. Skagen 6. Läsö Trindel 1.

Schoenicola schoeniclus. Skagen 1. Schultz's Grund 1.

Fringilla coelebs Hesselö 3.

Fringilla montifringilla Skagen 2.

Charadrius pluvialis Sejrö 1.

Thalassidroma Leachii. Horns Rev 1. Läsö Rende 1.

October 2d.

Skagen, S. W. moderate, fog; 14 killed. **Hesselö,** variable and calm, rain, thick; all night several Thrushes, Finches, and Redbreasts round light; none killed. **Schultz's Grund** L. V., S. E., thick; 4 killed. **Hjelm,** S. S. E. fresh, thick: 3 Thrushes killed; some Thrushes round lantern, striking without becoming disabled. **Hammershus**, S. E. moderate, overcast but not misty; 8 killed; about fifty others on panes. **Gjedser Rev** L. V., W. S. W., rain; one killed.

Sturnus vulgaris Hammershus 1.
Muscicapa luctuosa Hammershus 1.
Phyllopneuste rufa Schultz's Grund 1.
Sylvia atricapilla Skagen 1.
Merula torquata. Hjelm 3. Gjedser Rev 1.
Turdus musicus Skagen 5.
Dandalus rubecula. Skagen 2. Hammershus 2.
Anthus rupestris Skagen 1.
Anthus pratensis Schultz's Grund 3.
Alauda arvensis. Skagen 5. Hammershus 3.
Fringilla montifringilla Hammershus 1.

October 3d.

Läsö Rende L. V., S. W. fresh, overcast; one Thrush killed (not sent), others about light. **Hjelm**, W. strong. squalls; one killed; some small birds round lantern, striking without becoming disabled. **Christiansö**, E. by S., thick; 3 killed.

Ruticilla phoenicura Christiansö 1.
Dandalus rubecula Hjelm 1.
Alauda arvensis Christiansö 1.
Schoenicola schoeniclus Christiansö 1.

October 4th.

Gjedser Rev L. V., calm, thick; 2 killed.
Dandalus rubecula 2.

October 5th.

Schultz's Grund L. V., S. E., cloudy; one killed. **Hjelm**, S. E. moderate, hazy; 2 killed; some Thrushes and small birds round lantern, striking without becoming disabled. **Skjoldnäs**, E. S. E., cloudy; 2 killed.
Turdus musicus. Hjelm 1. Skjoldnäs 1.

Dandalus rubecula. Schultz's Grund 1. Skjoldnäs 1.
Alauda arvensis Hjelm 1.

October 6th.

Horns Rev L. V., E. S. E., overcast; 3o killed (12 Larks, 18 Thrushes), not sent.

October 9th.

Hesselö, E. S. E. light, rain; 6 killed; from 2 A. M. to dawn twenty or thirty of the same sorts round lantern. **Refsnäs**, E. S. E., rain, thick; three Starlings and two Larks fluttered on different panes and flew away again.
Sturnus vulgaris Hesselö 1.
Regulus cristatus Hesselö 1.
Turdus musicus Hesselö 1.
Alauda arvensis Hesselö 1.
Schoenicola schoeniclus Hesselö 1.
Fringilla montifringilla Hesselö 1.

October 12th.

Äbelö, southerly, hazy; one Thrush found wounded by striking.

October 16th.

Gjedser Rev L. V., overcast, rain; 3 killed. **Möen**, S. E. strong, squall; one Lark killed, not sent.
Anthus pratensis Gjedser Rev 1.
Fringilla coelebs Gjedser Rev 2.

October 18th.

Anholt, S. E. fresh, rain and fog; 46 Trushes killed.
Merula torquata 1.
Turdus musicus 3.
Turdus iliacus 2.

October 19th.

Hirtshals, E. fresh, rain; about eighty Thrushes (especially Redwings [probably]). one Starling and some

Redbreasts [any killed?]. **Läsö Rende** L. V., E. N. E. moderate, overcast. rain; one killed; some other birds round lantern for the greater part of night. **Anholt**, S. E., rain and fog; 81 Thrushes and one Starling killed. **Schultz's Grund** L. V., E. S. E., cloudy; one killed. **Kronborg**, S. E. 2, cloudy; one killed.

Sturnus vulgaris Anholt 1.

Turdus musicus. Läsö Rende 1. Anholt 1; 81 of this and *T. iliacus* killed.

Turdus iliacus Anholt 1; 81 of this and *T. musicus* killed.

Dandalus rubecula Kronborg 1.

October 20th.

Horns Rev L. V., E. S. E., rain, thick; 9 killed (3 Larks, 4 Thrushes, 2 Starlings), not sent. **Lodbjerg**, E. N. E. fresh, rain, thick, hazy; 10 Thrushes killed, not sent. **Nordre Rön**, easterly, overcast; a few Starlings at light (altogether a score this and the two following nights), coming from N. E., none killed. **Läsö Trindel** L. V., S. E., rain, thick; 4 fell on deck, large numbers into the water. **Läsö Rende** L. V., E. moderate, overcast, dry; 3 killed; many round lantern. **Schultz's Grund** L. V., E. S. E., cloudy; 2 killed. **Sejrö**, E. S. E. moderate, hazy; 2 caught, dazzled by light. **Kronborg** (19th, 7 P. M.), S. E. 2, cloudy; 2 killed; a small bird. striking at the same time, flew away after having been senseless for a moment; they came from N.

Corvus cornix Schultz's Grund 1.

Regulus cristatus Kronborg 1.

Phyllopneuste rufa Läsö Rende 1.

Turdus musicus. Läsö Trindel 1. Schultz's Grund 1. Sejrö 1.

Dandalus rubecula. Läsö Rende 2. Kronborg 1.

October 21st.

Horns Rev L. V., E., overcast; 6 killed (2 Larks, 1 Thrush, 3 Starlings), not sent. **Lodbjerg**, E. N. E. fresh, rain, thick, hazy; 8 Thrushes killed, not sent. **Nordre Rön**,

easterly, overcast; a few Starlings at light, coming from
N. E., none killed. **Anholt**, S. E. very strong, rain, thick;
186 killed, besides about 5o that fell into the sea. **Hesselö**,
E. S. E. very strong, rain; about 200 Thrushes and one
Brambling killed; from 7 P. M. (20th) to 4 A. M. several
hundred Thrushes round light. **Schultz's Grund** L. V.,
S. S. E., rain; one killed. **Hjelm**, S. E. storm, rain, thick;
6 Thrushes killed; some Thrushes round lantern, striking
without becoming disabled. **Sejrö**, E. S. E. storm, rain
squalls; 3 killed. **Skjoldnäs**, E., overcast; one caught.

Sturnus vulgaris Anholt 1; 12 killed.

Regulus cristatus Anholt 1.

Turdus musicus. Anholt 6; 159 of this and *T. iliacus*
killed. Hesselö 4; about 200 Thrushes killed. Hjelm 6.
Sejrö 1.

Turdus iliacus. Anholt 3; 159 of this and *T. musicus*
killed. Sejrö 1.

Dandalus rubecula Anholt 3.

Alauda arvensis. Anholt 3; 4 killed. Skjoldnäs 1.

Schoenicola schoeniclus Anholt 6.

Fringilla montifringilla. Anholt 1. Hesselö 1. Sejrö 1.

Scolopax rusticola Schultz's Grund 1.

October 22d.

Skagen, S. E. fresh, rain; 7 Thrushes killed; only
Thrushes in small numbers at light. **Nordre Rön**, easterly,
overcast; a few Starlings at light, coming from N. E., none
killed. **Läsö Rende** L. V., S. E. strong, overcast; 2 killed;
some others fell into the sea; some small birds round lantern
all night. **Kobbergrunden** L. V., E. N. E. strong; 8 killed;
many small birds round light. **Hesselö**, S. E. moderate,
overcast; one Woodcock killed, not sent. **Schultz's Grund**
L. V., S. E., rain, thick; one killed. **Hjelm**, S. E. moderate, rain, thick; one Thrush killed; a few Thrushes and
Starlings round lantern, striking without becoming disabled.
Sejrö, southerly, light, misty; one Coot killed; fell on south
side of balcony. **Refsnäs**, S. E., thick; one Starling and one
Lark struck but immediately flew away again. **Skjoldnäs**,

E., overcast; forty or fifty Goldcrests were at panes; two caught. **Christiansö**, E. by S.; 23 killed. **Hammershus**, S. E. moderate, overcast; about 20 killed; from previous evening to 2 A. M. great passage of birds from N. N. W.; about a hundred struck panes. **Möen**, E. fresh, thick; 2 small birds killed, not sent; one caught and let loose in morning. **Gjedser Rev** L. V., variable, overcast; 3 killed.

Sturnus vulgaris. Schultz's Grund 1. Christiansö 1. Hammershus 2. Gjedser Rev 1.

Regulus cristatus. Kobbergrunden 1; 4 killed. Skjoldnäs 2. Christiansö 1.

Turdus musicus. Skagen 6. Hjelm 1. Hammershus 1.

Turdus iliacus. Skagen 1. Christiansö 1.

Dandalus rubecula. Läsö Rende 2. Kobbergrunden 1. Christiansö 1. Hammershus 3. Gjedser Rev 2.

Alauda arvensis. Kobbergrunden 1; 3 killed. Christiansö 1. Hammershus 2.

Fringilla montifringilla. Christiansö 1. Hammershus 1.

Fulica atra Sejrö 1.

October 23d.

Horns Rev L. V., S. E., overcast; 4 killed (1 Lark, 1 Thrush, 2 Starlings), not sent. **Läsö Rende** L. V., S. E. fresh, overcast, rain; 2 killed; some small birds round lantern all night. **Anholt**, S. E. fresh, rain or fog; 39 killed. **Hesselö**, E. S. E. moderate, overcast; 31 killed; all night very many Starlings, a few Thrushes, about twenty Goldcrests, and several other small birds at light. **Schultz's Grund** L. V., E. S. E., cloudy; one killed. **Hjelm**, S. E. strong, overcast; 18 killed; small birds of different species in large numbers at lantern. **Gjedser**, E. S. E., overcast; one killed; probably more killed but lost.

Sturnus vulgaris. Anholt 1; 5 killed. Hesselö 3; 20 killed.

Troglodytes parvulus Anholt 1.

Regulus cristatus. Anholt 2. Hesselö 5; 8 killed. Hjelm 6. Gjedser 1.

Turdus musicus Anholt 2; 20 Thrushes killed.
Dandalus rubecula. Anholt 4. Schultz's Grund 1.
Hjelm 11.
Alauda arvensis. Anholt 3. Hesselö 1; 3 killed. Hjelm 1.
Schoenicola schoeniclus. Läsö Rende 2. Anholt 2.
Fringilla montifringilla Anholt 2.

October 24th.

Horns Rev L. V., E., overcast; 3 Thrushes killed,
not sent. **Skagen,** S. E. fresh, rain; 12 killed; of the Goldcrest very large numbers at lantern, but only one killed
striking. **Läsö Rende** L. V., E. N. E. moderate, overcast;
3 killed; some smaller birds round lantern all night.
Kobbergrunden L. V., N. E. moderate, overcast; 6 killed
(one Starling besides the species noticed below); only a few
birds at light. **Anholt,** S. S. E. moderate, hazy; 44 killed.
Hesselö, E. N. E. moderate, overcast; 26 killed; about
fifty Larks and twenty other small birds round light. **Skjoldnäs,** E. N. E., overcast; one killed.

Sturnus vulgaris. Läsö Rende 1. Anholt 1; 4 killed.
Regulus cristatus. Skagen 1. Hesselö 1; 3 killed.
Turdus pilaris Läsö Rende 1.
Turdus musicus Skagen 2.
Turdus iliacus Anholt 2; »20 of these killed«.
Dandalus rubecula. Skagen 3. Kobbergrunden 1; 2
killed. Anholt 2; 16 killed. Hesselö 1; 4 killed. Skjoldnäs 1.
Alauda arvensis. Skagen 3. Läsö Rende 1. Kobber-
grunden 1. Hesselö 3; 12 killed.
Emberiza citrinella Skagen 1.
Schoenicola schoeniclus. Skagen 1. Kobbergrunden 1;
2 killed. Anholt 3.
Plectrophanes nivalis Skagen 1.
Fringilla montifringilla. Anholt 1. Hesselö 2.
Scolopax rusticola Hesselö 1; 3 killed.
Anas penelope Hesselö 1; 2 killed.

October 25th.

Läsö Rende L. V., E. light, cloudy; one killed; a few
small birds at lantern all night. **Anholt,** S. E. moderate,

hazy; 9 killed. **Schultz's Grund** L. V., E. S. E., cloudy; passage from S o u t h; one bird fell on deck; many struck and were lost over board. **Skjoldnäs,** E. N. E., overcast; one killed.

Sturnus vulgaris Schultz's Grund 1.
Cinclus aquaticus (melanogaster) Anholt 2.
Regulus cristatus. Läsö Rende 1. Anholt 1.
Ruticilla phoenicura Anholt 1; very late date.
Dandalus rubecula Anholt 1.
Anthus rupestris Anholt 1.
Alauda arvensis Anholt 1.
Schoenicola schoeniclus. Anholt 1. Skjoldnäs 1.
Fringilla montifringilla Anholt 1.

October 26th.

Hjelm, S. E. moderate, overcast; 2 killed; a few small birds round light. **Möen,** E. very strong, thick; one small bird killed, not sent.

Regulus cristatus Hjelm 1.
Dandalus rubecula Hjelm 1.

October 27th.

Schultz's Grund L. V., S. E. cloudy; one killed. **Hjelm,** S. E. strong, overcast; one killed.

Regulus cristatus. Schultz's Grund 1. Hjelm 1.

October 28th.

Hjelm, S. E., very strong, cloudy; one killed.

Troglodytes parvulus 1.

October 30th.

Horns Rev L. V., S., overcast; 4 killed (2 Larks, 1 Thrush, 1 Starling), not sent. **Schultz's Grund** L. V., S. E., fog: 7 killed. **Romsö,** calm, misty; one killed.

Regulus cristatus Romsö 1.
Dandalus rubecula Schultz's Grund 3; 4 killed.
Alauda arvensis Schultz's Grund 2; 3 killed.

28*

October 31st.

Horns Rev L. V., S. S. W., overcast; 4 killed (1 Lark, 2 Thrushes, 1 Starling), not sent. **Läsö Rende** L. V., S. S. W. light, overcast, hazy; one Duck killed; some Ducks continually flying round light. **Äbelö**, S. E., hazy; 2 Thrushes killed, not sent; a Brambling and another small bird struck and flew away again.

Oidemia nigra Läsö Rende 1.

November 1st.

Horns Rev L. V., S., overcast or cloudy; 4 killed (1 Lark, 2 Thrushes, 1 Starling), not sent. **Hjelm**, S. S. E. fresh, thick; one killed.

Turdus pilaris Hjelm 1.

November 1st and 2d.

Läsö Trindel L. V,; »two birds caught on deck on November 1st and 2d«.

Regulus cristatus 1.

Plectrophanes nivalis 1.

November 2d.

Drogden L. V., S. S. E. light, clear and cloudy; one killed.

Regulus cristatus 1.

November 3d.

Schultz's Grund L. V., S. S. W., fog; 3 killed. **Skjoldnäs**, S. S. E., hazy; one killed striking; one caught.

Sturnus vulgaris Schultz's Grund 1.

Turdus pilaris Skjoldnäs 1.

Dandalus rubecula. Schultz's Grund 1. Skjoldnäs 1.

Alauda arvensis Schultz's Grund 1.

November 4th.

Refsnäs, S. S. W., misty; three very small birds fluttered a little on panes and then flew away. **Skjoldnäs**, S., hazy; one killed.

Gallinago gallinula Skjoldnäs 1.

November 5th.

Möen, S. W. strong, rain; 2 small birds killed, not sent; a third caught and let loose in morning.

November 6th.

Horns Rev, L. V., S. S. E., overcast; 4 killed (1 Lark, 3 Thrushes), not sent. **Refsnäs**, E. S. E., misty; one Lark came to the light and flew away again immediately.

November 7th.

Äbelö, S. W., squalls; one Redbreast and one Goldcrest came to the light and flew away again.

November 9th.

Möen, E. very strong, rain; 2 small birds killed, not sent.

November 10th.

Äbelö, S. S. W.; one Redbreast killed, not sent.

November 11th.

Gjedser Rev L. V., rain, thick; one killed.
Parus major 1.

November 17th.

Möen, S. W. fresh, thick; one small bird killed, not sent.

November 18th.

Hjelm, S. W. strong, rain, thick; one killed.
Gallinago gallinula 1.

November 22d.

Fakkebjerg Hovedfyr, northerly, overcast, hazy; one Starling killed (not sent), three caught and let loose again.

November 29th.

Kobbergrunden L. V., S. S. W. moderate, overcast; one Duck killed. **Möen**, S. W. storm, thick; one Lark killed, not sent.

Oidemia nigra Kobbergrunden 1.

November 3oth.

Möen, S. W. strong, squall; one Thrush killed, not sent.

December 1st.

Skagens Rev L. V., W. S. W. rather strong, squally; at 11½ P. M. (November 3oth) a Gull flew right at lantern and fell down at some distance from the ship.

December 19th.

Läsö Trindel L. V., N. N. E., cloudy; one killed.
Merula vulgaris 1.

December 2oth.

Skagens Rev L. V., N. N. E. light, snow showers; a Brambling found dead on deck in morning; it came the previous evening and sought shelter under the bowsprit.
Fringilla montifringilla 1.

December 23d.

Fakkebjerg Hovedfyr, variable, snow; 2 killed striking; five caught and let loose.
Alauda arvensis 1.
Miliaria europaea 1.

December 24th.

Vestborg (23d, 10½ P. M.), northerly, hazy; a Duck (Graaand) killed striking lantern on N. W. side, not sent.

December 25th.

Christiansö, S.
Turdus pilaris 3; 6 killed.

December 28th and 3oth.

. **Kobbergrunden** L. V., 28th, E. S. E. light, overcast, snow at intervals; 3 killed. 3oth, E. N. E. very light, overcast, snow at intervals; 2 killed.

Turdus pilaris 1.
Turdus iliacus 1.

December 29th.

Läsö Trindel L. V., easterly, snow; one killed. **Läsö Rende** L. V., E. S. E. light, snow; 9 killed (one Duck, not sent). **Anholt**, S. E. moderate, snow; 16 killed. **Schultz's Grund** L. V., S. W., snow, thick; 6 killed.
Turdus pilaris. Läsö Trindel 1. Läsö Rende 1; 8 killed. Anholt 8; 12 killed. Schultz's Grund 6.
Turdus iliacus Anholt 2; 4 killed.

December 3oth.

Kobbergrunden L. V. (compare »December 28th and 3oth«), E. N. E. very light, overcast, snow showers; 2 killed (the Blackbird expressly stated to have struck on 3oth). **Anholt**, S. S. E., snow and hazy; 23 killed. **Hesselö**, E. N. E. light, overcast; 24 killed; from 2 A. M. to dawn two or three hundred Fieldfares round light. **Hjelm**, E. light, rain and snow, thick; 2 killed; some others struck dome. **Skjoldnäs**, E. N. E., overcast; at 3 A. M. 8 caught and killed; numbers round light. **Gjedser**; numbers of Thrushes round lantern; some struck and fell to the ground, but could not be found, having probably been taken by cats. **Gjedser Rev** L. V., rain, thick; 9 killed, falling on deck; very many fell into the sea.
Merula vulgaris. Kobbergrunden 1.Anholt 2. Skjoldnäs 1.
Turdus pilaris. Anholt 20; 21 killed. Hesselö 1; 22 killed. Hjelm 2. Skjoldnäs 6. Gjedser Rev 9.
Turdus iliacus Skjoldnäs 1.
Plectrophanes nivalis Hesselö 1.
Fringilla montifringilla Hesselö 1.

Berichtigungen zum zweiten Jahresberichte (1884).

(Ornis 1886, Seite 49—100).

Pag. 73 *Alauda arvensis*, Zeile 8, lies: 9., statt: 3.

» 79 *Cannabina flavirostris*, Zeile 1, lies: Ostküste Amagers entlang, statt: Ostküste entlang.

» 91 *Tringa alpina*, Stück 3, Zeile 1, lies: März, statt: Mai.

» 92 *Tringa alpina*, Zeile 5, lies: noch viele, statt: nicht viele.

Erratum in Third Report (1885).

(Ornis 1886, p. 551—600.)

Page 580 *Aegialites hiaticula*, line 1, for 8th read 6th.

Dybbøl

Boo

Christiansö

Hammershus

Hasle

Bornholm   Rönne

Svaneke

Aakirkeby

Nexö

Duodde

DANMARK
• Fyr, Fyrskib.
Vendsyssel
KATTEGAT
Anholt
Thy
Mors
Salling
Viborg
JYLLAND
Aarhus
Samsø
Store
Belt
SJÆLLAND
FYEN
Belt
LANGE
LAND
FALSTER
LOLLAND
Møen
Sund
Bornholm

Liste des oiseaux

observés depuis cinquante ans dans le Royaume de Pologne.

Par

L. Taczanowski.

⸗

1. *Vultur monachus* (Gm.).

Accidentel; il n'apparait que rarement, solitaire ou par petites troupes composées de quelques individus, dans les différentes epoques de l'année. Le Musée de Varsovie possède 2 exemplaires, dont un tué sur la montage de Ste. Croix dans le gouvernement de Radom, l'autre pris vivant à Rakolupy au voisinage de Chełm. Dans la collection privée du feu Chanoine Wyszyński il y a aussi un exemplaire pris vivant aux environs de Skierniewice. En outre je connais encore quelques captures et apparitions dans les différentes contrées du pays, entre autres une capture aux environs de Łomźa, dont j'ai obtenu des débris.

2. *Gyps fulvus* (Briss.).

Accidentel; plus rare que le précédent. Le Musée de Varsovie possède un oiseau adulte tué en decembre 1851, aux environs de Zamość, l'année suivante on a tué un exemplaire à Nieborów près de Varsovie, et qui se trouve dans la collection du feu Chanoine Wyszyński.

3. *Aquila chrysaëtus* (L.).

Je ne comprends pas suffisamment la question sur l'existence d'une ou de deux formes de ces aigles. Les caractères différentiels entre elles ne sont pas aussi constants ni aussi évidents pour qu'ils puissent servir à une distinction ou à une réunion de ces formes. L'observation en nature est la seule capable de constater la vérité, mais ce qui présente beaucoup de difficultés, car les aigles élevés en captivité ne peuvent servir à éclaircir tous les dontes qui se présentent.

Les individus des deux formes visitent notre contrée non rarement, chaque an on tue plusieurs exemplaires dans les différentes localités du pays, surtout en automne, en hiver et au commencement de printemps, en été on ne les voit pas; je peux assurer qu'actuellement ils ne nichent nul part dans le pays. La dernière forêt où j'ai observé l'aigle royal nichant dans le pays est celle du cercle forestier de Przasznysz, située entre les villages de Jednorożec et de Przejmy, voisine de la frontière de la Prusse. En 1859 le chef forestier Znatowicz y a tué la femelle sur le nid, et a pris la dépouille pour sa collection, l'unique œuf enlevé de ce nid se trouve dans la collection du Musée de Varsovie. L'année suivante j'ai visité ce nid, ainsi que plusieurs autres qui se trouvaient dans les forêts voisines. Tous ces nids furent non occupés, excepté un, sur le quel le faucon pélérin couvait ses œufs. Tous étaient placés au sommet des pins vieux, mais d'une taille médiocre, et situés sur des monticules qui dominaient au-dessus de la contrée. Les deux adultes du nid cité plus haut ont eu la queue largement blanche à la base, appartenaient donc à la forme *nobilis* Pall.

4. *Aquila heliaca* (Savign.).

Accidentel et très rare. Les seuls documents sur l'apparition de cet aigle dans le pays, constituent deux exemplaires, dont un jeune oiseau en premier plumage, du Musée Zoologique de Varsovie, fut tué dans la moitié de mai aux environs de Karczew à 20 kilomètres de Varsovie, l'autre probablement de trois ans, tué en 1885, se trouve au Musée du Comte Branicki à Varsovie.

5. *Aquila naevia* (Mey. et Wolf).

Commun en été dans tout le pays. Il arrive à la fin d'avril, niche dans beaucoup de forêts, même quelquefois assez petites, et à la fin de septembre il quitte le pays.

6. *Aquila clanga* (Pall.).

En été aussi commun que le précédent, mais moins repandu dans le pays; niche dans beaucoup de forêts situées sur le coté droit de la Vistule, où il est presque aussi commun que la forme précédente, surtout dans le voisinage des grands marais; dans les forêts de la rive gauche de la Vistule il est beaucoup moins nombreux en général, et ne s'établit point dans tout le gouvernement de Kielce, et dans une grande partie des gouvernements de Radom, de Piotrkow et de Kalisz.

7. *Aquila pennata* (Gm.).

Rare en général; je ne connais qu'une seule trouvaille de son nid dans la forêt de Chańsk, au voisinage de la frontière de la Polésie Volhynienne. Le Musée de Varsovie ne possède que deux exemplaires tués dans le pays, dont un ♂ ad. blanc en dessous et un jeune oiseau en premier plumage, tués dans le gouvernement de Lublin, en mai 1851 et en septembre 1853; je les ai vus aussi plusieurs fois dans les mêmes localités du même gouvernement, chassant en automne aux souris ou planant dans l'air; en septembre j'ai vu aussi une paire passant au-dessus de la forêt de Tarchomin, à 10 kilomètres au nord de Varsovie.

8. *Haliaëtus albicilla* (L.).

Plus commun que tous les aigles de grande taille et en partie sédentaire. Avant trente ou quarante ans le pygargue nichait dans beaucoup de grandes forêts du pays, mais à la suite du déboisement continuel de la contrée le nombre des nids diminue graduellement. Dans la forêt de Lubartow, qui contenait plus de 20 milles arpents dans une masse, deux paires nichaient tous les ans, ils nichaient aussi dans les forêts de Łęczna, de Wytyczno et dans plusieurs autres forêts du gouvernement de Lublin; actuellement la forêt de Lubartow n'éxiste plus, et n'a laissé aucune place où l'oiseau pourrait établir son aire, une grande partie des autres forêts a subie le même sort. Il nichait aussi dans les forêts des autres gouvernements, situés du coté droit

de la Vistule, mais qui ont également disparu, ou perdu
leurs conditions indispensables. Actuellement il m'est im-
possible d'indiquer les lieux de la nidification et le nombre
approximatif des nids qui se trouvent encore dans le pays.
En automne et en hiver un certain nombre visite toutes les
contrées du pays, et chaque année on tue plusieurs individus.

9. *Pandion haliaëtus* (L.).

Tout ce qui est dit sur la nidification de l'éspèce
précédente s'applique aussi au balbuzard, qui nichait presque
en même nombre et dans les mêmes forêts, voisines des
grandes eaux, que ce dernier, mais dont le nombre à diminué considérablement. Il arrive dans les derniers jours de
mars ou au commencement d'avril, quitte le pays jusqu' au
commencement d'octobre.

10. *Circaëtos gallicus* (Gm.).

Ce rapace se trouve en été partout, mais en petit
nombre, et a également diminué comme les précédents,
mais en nombre certainement moins grand, car il niche
aussi dans les forêts beaucoup plus petites. Il arrive à la
fin d'avril et quitte définitivement le pays vers la fin de
septembre.

11. *Buteo vulgaris* (Bechst.).

En partie sédentaire; pendant la nidification le plus
commun de tous les rapaces diurnes, reste dans le pays
en hiver en nombre relativement petit.

12. *Buteo vulgaris desertorum* (Daud.).

Cette race orientale, plus petite que la buse commune,
et caractérisée par la couleur rousse plus ou moins repandue
sur la queue et sur quelques autres parties du plumage,
niche en nombre inférieur que la précédente dans les forêts
du gouvernement de Lublin, et surtout dans la partie sud
orientale; en nombre moins considérable dans le gouvernement de Siedlce, et rarement jusque dans les environs de
Varsovie. Je ne l'ai jamais observée en hiver.

13. *Archibuteo lagopus* (Brünn.).

Elle n'apparait qu'à la fin d'octobre ou au commencement de novembre pour y passer l'hiver, disparait en mars ou au commencement d'avril. Dans certains hivers elle est abondante, beaucoup plus nombreuse que la buse commune dans cette saison, dans les autres hivers elle est plus ou moins rare, mais on la rencontre toujours.

14. *Milvus ictinus* (Savign.).

En été assez commun, mais peu nombreux partout. Il apparait ordinairement en mars, sitôt que la neige commence à fondre; niche dans toutes les forêts du pays, même petites, et commence à abandonner le pays depuis la moitié d'août. pendant tout le reste de l'été il est rare, et ce n'est que dans les derniers jours d'âout qu'on voit çà et là des troupes composées de quelques individus, qui passent directement du nord sans s'arrêter. En plein hiver il est accidentel et très rare, je ne connais que deux cas de capture, un ♂ adulte, assez gras, tué en decembre de 1872 dans les environs de Łódź et un autre exemplaire tué à la fin de janvier dans les environs de Varsovie, également non maigre.

15. *Milvus ater* (Gm.).

Beaucoup plus commun que le précédent dans les localités marécageuses du pays, dans les autres contrées moins humides il se trouve presque en même nombre que le milan royal, et ne niche point dans les contrées sèches dépourvues de marais, comme p. e.: dans toute la partie sud-occidentale du Royaume. En général beaucoup moins nombreux sur toute la rive gauche de la Vistule que sur la droite. Il arrive au commencement d'avril, toujours au moins quelques jours plus tard que le précédent, depuis la moitié d'août on ne le voit plus. Une fois j'ai vu une troupe, composée d'une dizaine de ces milans, qui en juin de 1846 ou 7, époque de la nidification, voyageait à une hauteur considérable en se dirigeant directement du nord vers le sud.

16. *Pernis apivorus* (L.).

Oiseau assez commun dans tout le pays, mais peu nombreux, nichant partout dans les grandes et petites forêts; il arrive vers la fin d'avril, plus tard que les autres oiseaux de proie et jusqu'à la fin de septembre tous quittent le pays. Il y a des années rares dans les quelles les bondrées passent en nombre extraordinaire, comme cela a eu lieu à la fin de l'été de 1884, elles étaient aussi abondantes, qu'on les apportait continuellement, et pendant toute ma carrière ornithologique je ne me souviens pas de pareille abondance.

17. *Falco gyrfalco* (L.).

Je ne connais qu'un seul cas de la capture de ce faucon du nord, qui a eu lieu aux environs de Siedlce en novembre de 1874; cet exemplaire se trouve au Musée Zoologique de Varsovie.

18. *Falco peregrinus* (Briss.)

Sédentaire, mais peu nombreux dans le pays. Il ne niche que dans quelques grandes forêts du pays; autrefois il a niché dans la forêt de Lubartow et dans plusieurs autres forêts du gouvernement de Lublin; j'ai visité aussi les nids de ce faucon dans le gouvernement de Plock, et dans le gouvernement de Suwałki. Tous ces nids du faucon que j'ai connu furent construits sur un grand nid abandonné du pygargue, du balbuzard et du corbeau, situé à une grande hauteur, jamais je n'ai pas rencontré de nid bati par lui même. En hiver on le rencontre çà et là. Souvent un ou deux individus passent tout l'hiver dans la ville de Varsovie, sur les tours et les corniches des différentes églises. Les habitants de la ville ont connus une ♀, qui pendant plus de dix ans, depuis le mois d'août jusqu'au commencement de mars, occupait tous les jours régulièrement les lieux privilégiés sur les corniches des églises de Ste. Croix, des Carmelites, de la Cathédrale et des Bernardins, et s'y reposait pendant plusieurs heures de suite, sans faire attention au mouvement et au bruit de la ville;

vers 10 heures du matin elle apportait chaque jour un pigeon sur la corniche de Ste. Croix; en 1860 elle a disparu. A sa place il y a eu successivement plusieurs autres, qui y passaient l'hiver, mais aucun d'eux n'y a pas habité aussi longtemps.

19. *Falco subbuteo* (L).

Commun et assez nombreux dans tout le pays pendant tout l'été; il arrive à la fin d'avril et reste jusqu'à la fin d'octobre.

20. *Lithofalco aesalon* (Gm.).

Commun mais peu nombreux en hiver; il arrive en septembre, reste en petit nombre tout l'hiver, et les individus au retour des contrées plus méridionales passent en mars, en avril et quelquefois même en mai.

21. *Erythropus vespertinus* (Gm.).

Quelquefois en mai des nombreuses troupes de ces oiseaux viennent dans le gouvernement de Lublin et s'arrêtent pendant quelques jours dans des lieux favorables, où ils sont en mouvement continuel, occupés de la chasse aux hannêtons dans les champs de froment; de temps en temps toute la bande se réunit sur un arbre voisin et les individus qui la composent s'élancent petit à petit pour recommencer la chasse. Dans les environs de Varsovie il est très rare. Je n'ai nul part rencontré son nid dans le Royaume, mais il me parait qu'il niche quelquefois dans certaines localités marécageuses de la partie orientale du gouvernement du Lublin, car j'ai vu plusieurs fois en juin des oiseaux, qui arrivaient des forêts marécageuses chasser dans les prairies. Une fois aussi j'ai vu deux ou trois paires aux environs de Pułtusk dans l'époque de la nidification chassant dans les prairies du bord de la Narew. Dans certaines années on ne les voit point. En automne il passe aussi en nombre plus ou moins considérable dans les differentes années; il chasse alors dans les champs, se tient en compagnies plus dispersées qu'au printemps, composées en grande majorité de jeunes individus, et restent ordinairement quelques jours dans le même lieu.

22. *Cerchneis tinnunculus* (L.).

La plus nombreuse et la plus repandue dans tout le pays des petits faucons. Souvent elle se montre déjà dans le mois de mars, et dans le commencement d'avril toutes les paires sont établies à leur place; quitte le pays dans la deuxième moitié d'octobre.

23. *Cerchneis cenchris* (L.).

Cette espèce ne se trouve en été que dans certaines localités du gouvernement de Lublin, où dans certaines années dans des lieux favorables elle est plus abondante que la cresserelle commune, comme cela a eu lieu en 1850 dans les forêts de Lubartów. En 1853 je l'ai trouvée aussi nichant dans plusieurs petites forêts des environs de Radom, partout au voisinage des prairies. Elle ne vient pas tous les ans en nombre aussi considérable; elle n'arrive ordinairement que dans la moitié d'avril, par petites troupes composées de quelques paires, qui se dispersent bientôt dans les lieux de la nidification. Jamais je ne l'ai pas observée aux environs de Varsovie, et tant plus plus au nord.

24. *Astur palumbarius* (L.).

Sédentaire et repandu partout.

25. *Accipiter nisus* (L.).

Sédentaire et beaucoup plus nombreux partout que le précédent; il parait aussi qu'un certain nombre vient encore du nord hiverner dans le pays.

26. *Circus aeruginosus* (L.).

Repandu en été dans tout le pays en nombre médiocre, partout où il y a des étangs, des lacs et des marais. Il n'arrive que dans le commencement d'avril et quitte le pays plutôt que les espèces suivantes.

27. *Strigiceps cyaneus* (L.).

Repandu en été dans tout le pays, surtout dans les contrées où il y a des vastes prairies et des marais, au printemps il arrive si tôt que la neige commence à fondre; les males précédent de quelques jours les femelles, puis un certain nombre s'établit pour nicher dans des lieux convenables; en automne le passage est plus nombreux, surtout des jeunes, qui quittent le pays plutôt que les adultes, les males adultes avant les femelles; quelquefois, mais rarement le male adulte apparait en plein hiver, mais ne s'y arrète pas longtemps.

28. *Strigiceps cineraceus* (Montag.).

Cette éspèce est moins nombreuse dans l'époque de la nidification que l'éspèce précédente, mais en revanche beaucoup plus nombreuse dans certaines années dans le passage d'automne, surtout les jeunes, qui sont quelquefois très abondants depuis le mois d'août jusqu'à la fin d'octobre. Elle voyage dans les mèmes époques que la précédente, mais jamais je ne l'ai pas vue en hiver.

29. *Surnia funerea* (L.).

Chouette accidentelle en hiver, ne visitant le pays que dans des années exceptionnelles; en général plus commune dans le gouvernement de Suwałki, que dans les partiés du pays plus méridionales.

30. *Surnia nyctea* (L.)

Accidentelle en hiver et généralement rare; je ne connais que deux hivers dans lesquels elle a apparu en certain nombre, surtout celui de 1858 sur 59, présentait une migration assez considérable, on la tuait et observait dans les différentes contrées du pays; en hiver de 1865 sur 66 on a tué deux dans les environs de Varsovie et on a vu plusieurs autres; dans d'autres circonstances des dizaines d'années s'ecoulent sans qu'on remarque cette chouette. Au nord du Gouvernement de Suwałki on la voit plus souvent. L'irrégularité des apparitions de cette chouette dans notre clima dépend probablement de certaines influences cosmiques, qui ne nous sont pas encore connues; on ne peut pas prétendre que les hivers fort rigoureux poussent l'oiseau à cette migration, car les deux hivers cités appartenaient aux plus légers, non seulement chez nous, mais aussi au nord de l'Europe.

31. *Glaucidium passerinum* (L.).

Sédentaire, mais peu nombreuse dans le pays, surtout difficile à trouver; dans le gouvernement de Suwałki dans les hivers rigoureux elle se retire quelquefois dans l'intérieur des bâtiments, voisins de la forêt.

32. *Athene noctua* (Retz.).

Sédentaire et la plus commune de toutes les petites chouettes du pays.

33. *Nyctale tengmalmi* (Gm.)

Rare en hiver et en automne, presque accidentelle, jamais je ne l'ai pas trouvée en été; dans la partie septentrionale du gouvernement de Suwałki on la trouve plus souvent, et peutêtre qu'elle y niche aussi.

34. *Syrnium lapponicum* (Retz.).

Le seul document de son apparition accidentelle dans le Royaume de Pologne constitue un exemplaire du Musée de Varsovie, qui fut tué dans les premiers jours de decembre de 1872, dans la forêt de Żulin, dans le district de Chełm.

35. *Syrnium uralense* (Pall.).

Je ne connais qu'un exemplaire, tué en 1854 dans les forêts d'Iłża, gouvernement de Radom; on prétend qu'on la rencontre aussi dans le district de Maryampol, mais ce n'est qu'un temoignage verbal que j'ai recueilli des chasseurs de cette contrée, la plus septentrionale du pays.

36. *Syrnium aluco* (L.).

Sédentaire, la plus commune et la plus repandue dans le pays.

37. *Strix flammea* (L.).

Sédentaire partout, beaucoup moins nombreuse que la précédente.

38. *Bubo ignavus* (Forst.).

Sédentaire, actuellement assez rare dans le pays, dont le nombre est diminué considérablement depuis trente ans, à la suite de la disparition de beaucoup de grandes forêts.

39. *Ephialtes scops* (L.)

Très rare dans le pays, je ne connais qu'un exemplaire tué avant quarante ans dans une forêt du gouvernement de Varsovie et qui se trouve au Musée de Varsovie. Pendant toute ma carrière ornithologique je n'ai rencontré qu'un seul individu à 20 kilomètres au sud-ouest de Lublin, mais qui n'a pas été tué.

40. *Otus vulgaris* (Gerini).

Sédentaire et assez commun partout.

41. *Otus brachyotus* (Forst.).

Très commun partout dans l'époque de la migration d'automne, qui commence chaque année à la fin des moissons, c'est-à-dire en août et se prolonge jusqu'au commencement d'hiver; quelquefois, mais rarement, on trouve des individus isolés en plein hiver maigres et affaiblis; quelquefois aussi en plein hiver, lorsque la neige disparait pour quelque temps, un certain nombre de ces chouettes apparait çà et là. La migration de printemps commence plutôt que celle des autres oiseaux de proie, mais sans être aussi considérable que celle d'automne et se termine plus vite. Quant à la nidification dans notre pays elle n'est qu'exceptionelle et très rare; pendant tout le temps que je me suis occupé de la chasse et des excursions ornithologiques je n'ai trouvé que deux nids, dont un avec des œufs frais dans un marais aux environs de Łęczna, dans le gouvernement de Lublin; l'autre à Obory à 16 kilomètres de Varsovie avec des petits. En outre de ces deux trouvailles je n'ai jamais rencontré d'adulte dans cette saison.

42. *Caprimulgus europaeus* (L.).

Assez commun partout en été. Il arrive dans le commencement ou dans la moitié d'avril, et quitte la contrée jusqu'à
la moitié d'octobre.

43. *Cypselus apus* (Briss.).

Commun dans les villes où il y a des édifices élevés,
dans les forêts où il y a des vieux arbres, et dans les
rochers de la partie sud-occidentale du pays. Ses migrations
sont très régulières; il arrive dans son complet presque
entier à la fin de la première moitié de mai, et quitte aussi
le pays à la fois vers le 15 août, dans l'époque où il
pourrait encore trouver une nourriture suffisante; ces époques
d'arrivée et du départ varient très peu dans les différentes
années. Le dernier printemps de 1888 fut exceptionel sous
ce rapport, ils arrivèrent beaucoup plutôt qu'à l'ordinaire,
le 3 mai après midi ils apparurent à Varsovie en assez
grand nombre, mais le lendemain la température a baissé
subitement, le thermomètre tombait la nuit jusqu'à $+2^0$ centigr.
et dépassait rarement 7^0 dans la journée; pendant ce temps
les martinets ont du souffrir beaucoup, on les voyait peu,
mais presque chaque jour, j'ai vu encore un le 12; lorsque
le 14 de ce mois le vent tourna du sud, et a échauffé
considérablement, les martinets apparurent en nombre normale dans toute la ville et furent très animés.

44. *Hirundo rustica* (L.).

La plus commune des hirondelles; elle commence à arriver
dans les années favorables vers le 10 avril, et dans la fin de la
deuxième moitié de ce mois toutes les paires sont à leur
place; dans les années à printemps plus retardé les hirondelles
retardent aussi plus ou moins leur arrivée. Dans la moitié
de septembre elles commencent à quitter le pays, et jusqu'au
10 octobre elles disparaissent complètement; quelques
retardataires, ordinairement jeunes, restent encore plusieurs
jours. En outre des hirondelles de cheminée qui nichent
dans le pays, les oiseaux des contrées plus septentrionales
passent en grandes bandes dans les premiers jours de mai,

s'arrêtent de temps en temps au-dessus des paturages et des prairies pour y chasser aux insectes, puis elles s'élèvent dans les airs et se dirigent vers le nord; toutes ces hirondelles sont plus fortement colorées de roussâtre en dessous que celles qui nichent chez nous. En 1888 on a vu à Varsovie la première hirondelle le 21 avril, une troupe le 25 de ce mois; pendant le froid de la première moitié de mai, les hirondelles étaient plus animées que les martinets.

45. *Chelidon urbica* (L.).

Cette hirondelle était beaucoup plus nombreuse chez nous qu'elle n'est actuellement, en 1840 ou 41 une pluie continuelle de quelques jours, qui a eu lieu au commencement de juillet a exterminée des miliers de ces oiseaux, qui depuis ce temps ne peuvent pas recompenser ces pertes. A Varsovie elle est très peu nombreuse, on ne la voit point dans le centre de la ville même, et ce n'est que dans les faubourgs qu'on la voit nicher en petit nombre. Elle arrive chez nous quelques jours plus tard que la précédente, ordinairement les premières commencent à se montrer vers le 20 avril, et dans les printemps retardés vers le 5 mai; dans la moitié d'août elles commencent à se réunir en bandes, qui se mettent bientôt en route; dans la première moitié de septembre les grandes troupes passent du nord, et ont l'habitude de s'arrêter pour un moment dans des lieux privilégiés; le palais de Wilanow à 8 kilomètres de Varsovie est un de ces étapes, les troupes innombrables y arrivent, se mettent sur les corniches de l'édifice, et après une ou deux heures de repos la bande se met en route, après son départ arrive souvent une autre bande pour un repos également court; il y a des journées dans le courant desquelles 4 ou 5 bandes se succèdent.

46. *Cotyle riparia* (L.).

Commune le long des rivières du pays; voyage dans les mêmes epoques que la précédente.

47. *Coracias garrula* (L.).

Commun, mais en général peu nombreux dans toutes les forêts du pays. Il commence à arriver dans le commencement de mai, et jusqu'à la moitié de ce mois toutes les paires sont à leur place; la plus grande partie abandonne la contrée à la fin d'août, et ce n'est que les individus retardataires qu'on rencontre encore dans les premiers jours de septembre.

48. *Merops apiaster* (L.)

Accidentel, excessivement rare; je ne connais qu'un seul cas de la capture d'un exemplaire aux environs de Piaski à 25 kilomètres au sud de Lublin.

49. *Alcedo ispida* (L.).

Sédentaire, repandu en petit nombre dans tout le pays le long de toutes les rivières et d'un grand nombre de ruisseaux.

50. *Ceryle rudis* (L.).

Dans les premiers jours d'août de 1859 en chassant aux petits oiseaux sur les bords de la Vistule, au voisinage de Jeziorna, en compagnie avec M. Alphonse Parvex, nous avons aperçu un oiseau inconnu, qui se perchait sur les buissons riverains; nous l'avons levés plusieurs fois, mais malheureusement il fut manqué. Nous avons eu cependant l'occasion de l'observer aussi bien, que je peux garantir pour sa détermination.

51. *Upupa epops* (L.)

Commune partout en été; elle arrive dans la première moitié d'avril, et quitte la contrée avant le 15 septembre.

52. *Sitta caesia* (Wolf et Mey.).

Sédentaire et commune partout. Nos oiseaux ont le roux des parties inférieures du corps moins intense que celui des sitelles du sud de l'Europe, et du Caucase, même que celles des montagnes de Tatra, mais on rencontre aussi un certain nombre d'individus à couleur rousse beaucoup plus faible que dans la grande majorité; rarement on trouve des individus à moitié antérieure du dessous blanchâtre jusqu'à la poitrine, coloration la plus commune en Lithuanie; on trouve aussi des individus très rares d'un blanchâtre uniforme sur tout le dessous du corps, mais pas aussi nette comme celui des sitelles des environs de la Winnica en Podolie.

53. *Certhia familiaris* (L.).

Sédentaire et commun partout. Nos oiseaux ont le bec de longueur intermédiaire entre les grimpereaux de la Sibérie et ceux de l'Algérie; la coloration également intermédiaire, plus roussâtre en dessus que chez les premiers, moins roussâtre que celle des derniers.

54. *Troglodytes vulgaris* (Temm.).

Commun partout et en grande partie sédentaire. Dans les belles journées d'hiver le male chante beaucoup; dans les hivers rigoureux un grand nombre meurt de faim, et c'est la raison qu'il ne se multiplie autant qu'il le pourrait.

55. *Cinclus aquaticus* (Bechst.).

Ne se reproduit dans le pays qu'en petit nombre dans la vallée d'Ojcow et aux bords de quelques ruisseaux de la contrée sud-occidentale du Royaume, ainsi qu'aux environs de quelques tributaires du fleuve Niemen, c'est-à-dire dans la contrée nord-orientale du pays, partout ailleurs il n'est qu'accidentel en hiver.

56. *Cinclus aquaticus melanogaster* (Brehm).

Cette race septentrionale vient aussi rarement en hiver. Le Musée de Varsovie possède un exemplaire tué en decembre à Jakubowice près de Lublin.

57. *Accentor modularis* (L.).

Assez commun partout dans les époques des migrations, c'est-à-dire en mars et en avril, en septembre et en octobre,

je ne l'ai trouvé nichant que dans les forêts du gouvernement de Suwałki.

58. *Calamoherpe turdoïdes* (Mey.).

Commune en été sur toutes les eaux du pays; elle
arrive dans les derniers jours d'avril et disparait à la fin
d'août.

59. *Calamoherpe arundinacea* (Gm.).

Beaucoup plus nombreuse partout que la précédente;
arrive et quitte le pays en même temps que cette dernière.

60. *Calamoherpe palustris* (Bechst.).

Presque aussi commune que la précédente; elle niche
aussi dans les buissons des jardins et dans les broussailles
éloignées des eaux et des prairies; elle arrive en avril et
quitte le pays en septembre.

61. *Calamodyta phragmitis* (Bechst.).

Commune et peut-être plus nombreuse en général que
chacune des deux précédentes; à la fin d'avril elle apparait
par paires dans les lieux de la nidification, en septembre
elle se réunit en troupes plus ou moins nombreuses, qu'on
rencontre partout dans les buissons au milieu des prairies
et au bord des eaux pendant tout le mois de septembre,
quelquefois même pendant quelques premiers jours d'octobre.

62. *Calamodyta aquatica* (Lath.).

Espèce moins commune et beaucoup moins repandue
que la précédente; elle niche en nombre assez considérable,
mais pas aussi grand que celui des *phragmitis*, dans les
vastes marais de la rive droite de la Vistule, depuis le sud
du gouvernement de Lublin jusqu'au nord du gouvernement de Suwałki, surtout dans les surfaces fort humides,
couvertes d'herbe non épaisse et peu élevée, parsemée de
phragmites nains; dans les prairies ordinaires, sur les bords
des étangs et des courants d'eau elle ne s'établit que dans
les époques des migrations. Sur la rive gauche de la Vistule

elle ne niche que dans des lieux excéptionnels, et ne se montre jamais dans beaucoup de localités sèches. Elle arrive à la fin d'avril, et disparait complétement au commencement de septembre. Au vol on la distingue facilement de la précédente par la couleur plus claire et plus jaune, ainsi que par une taille plus petite et la queue plus courte.

63. *Locustella luscinioïdes* (Savi).

Cette locustelle niche sur les grands étangs couverts en grand partie d'une végétation épaisse, sur les bords des lacs couverts de buissons de saules, mélangés de roseaux et d'herbes aquatiques, et dans les parties des marais fort inondées et couvertes d'herbes épaisses et hautes, mélangées çà et là de parties de roseaux, situés dans toute la partie orientale du Royaume de Pologne, depuis le sud jusqu'à la frontière de la Prusse orientale; dans la partie du Royaume située sur la rive gauche de la Vistule il y a très peu de lieux convenables pour cet oiseau. Elle arrive dans les derniers jours d'avril (en 1853 je l'ai aperçue le 24 avril, en 1855 le 3 mai); la date de son départ m'est inconnue. Elle est facile à distinguer des autres salicaires par son chant bizarre et sonore qu'elle fait entendre au fond des roseaux et qu'on peut imiter par la syllabe bjjjj........ longuement prolongée.

64. *Locustella fluviatilis* (Wolf et Mey.).

Espèce en général plus nombreuse dans le pays que la précédente, et plus repandue, car elle y trouve beaucoup plus de lieux convenables; elle s'établit principalement dans les bois des aulnes marécageux couverts d'herbes denses et élevées, entremélées de buissons de saules, traversés de courants d'eau et de fossés, ou dépourvus complétement d'eau découverte, également dans les bois pareils isolés au bord des rivières ou des prairies, comme dans des parties semblables situées au fond des grandes forêts. On la trouve aussi plus ou moins abondante dans les broussailles fort inondées au bord des grands étangs et des lacs, ainsi que dans les parties fort humides des grandes prairies et des

marais, couvertes d'herbes élevées et de buissons de saules
et d'aulnes, dans des lieux pareils elle se rencontre quelquefois dans des lieux fort humides avec l'espèce précédente,
et dans des lieux moins submergés avec la suivante. Elle
arrive dans les premiers jours de mai, et quitte le pays en
août. Une fois j'ai eu l'occasion de rencontrer une troupe de
ces oiseaux dans le jardin de Lubartów, dans un lieu parfaitement sec mais voisin d'un bassin d'eau, c'était dans
l'époque du passage de printemps, ils y ont passé toute la
journée. Sont chant est un zizizizi....... tremblant longuement prolongé.

65. *Locustella rayi* (Gould.).

Espèce la plus commune et la plus repandue du
genre, on la trouve dans toutes les prairies médiocrement
humides, à herbe assez haute et dense, parsemées de rares
buissons, dans les marais peu profonds, dans les broussailles
plus ou moins humides, et même dans les champs de blé;
elle évite cependant les contrées tout à fait sèches, comme
p. e. la contrée sud-occidentale du Royaume. Elle arrive et
quitte le pays presque en même temps que la précédente;
immédiatement après son arrivée elle commence à chanter,
ce chant est monotone et semblable ou chant d'une locuste,
qu'on peut exprimer par sirrrrr...... longuement prolongé,
elle ne cesse de le produire qu'au commencement d'août;
en chantant elle a l'habitude, comme les deux autres locu-
stelles, de monter en grimpant sur une graminée ou sur
une branche d'un buisson et y rester à découvert.

66. *Hypolais icterina* (Vieil.) Gerbe. Seeb.

Commune en été dans toutes les forêts, dans les
broussailles hautes, et même dans beaucoup de jardins et
de vergers. Elle arrive à la fin d'avril et occupe de suite
les lieux de la nidification, disparait à la fin d'août.

67. *Phyllopneuste sibilatrix* (Bechst.).

Commun et repandu en été dans toutes les forêts
et les hautes broussailles. Arrive dans la deuxième moitié
d'avril et s'en va avant la fin d'août.

68. *Phyllopneuste trochilus* (Lath.).

Très commun et repandu partout, précède les autres congénères au printemps en arrivant ordinairement dans la moitié d'avril lorsqu'il est encore frais, et passe alors le temps dans les bouquets d'arbres au bord des eaux, en automne il reste plus longtemps que les autres, ordinairement jusqu'à la moitié d'octobre.

69. *Phyllopneuste rufa* (Briss.).

Presque aussi commun que le précédent, il arrive presque en même temps que le *Ph. sibilatrix* et quitte le pays quelques jours plutôt que le précédent, avec lequel on le trouve partout pendant la migration d'automne.

70. *Curruca nisoria* (Bechst.).

Très commune et nombreuse en été dans la moitié méridionale du pays, moins nombreuse dans les environs de Varsovie, et encore moins dans le gouvernement de Suwałki. Elle arrive vers le 15 mai et quitte complétement le pays dans le commencement d'août.

71. *Curruca cinerea* (Lath.).

Fauvette la plus commune dans le pays, repandue dans tous les jardins, dans toutes les broussailles, dans les bords de toutes les forêts, dans tous les bouquets d'arbres; elle arrive dans la moitié d'avril et quitte la contrée avant la moitié de septembre.

72. *Curruca garrula* (Briss.).

Commune partout, mais moins nombreuse que la précédente, elle arrive dans la moitié d'avril et quitte la contrée dans la moitié de septembre.

73. *Sylvia hortensis* (Penn.).

Presque aussi commune et aussi nombreuse que la *S. cinerea*, mais évite les petites broussailles et se repand en plus grand nombre dans les forêts; elle arrive quelques jours plus tard que les deux précédentes et reste dans le pays jusqu'à la fin de septembre.

74. *Sylvia atricapilla* (Briss.).

Commune, mais en général moins nombreuse que la précédente. Elle arrrive un peu plutôt que cette dernière et reste plus longtemps en automne, on la rencontre même dans le commencement d'octobre.

75. *Ruticilla phoenicurus* (Lath.).

Commune, quoique peu nombreuse partout; elle arrive au commencement d'avril et s'en va dans la moitié d'octobre; quelquefois cependant on la rencontre jusqu'à la fin de ce mois.

76. *Ruticilla tithys* (Lath.).

Cette espèce habite en été en nombre assez considérable la partie rocheuse sud-occidentale du Royaume, en commençant depuis la Czenstochowa et Kielce, ailleurs je ne l'ai nul part rencontrée, à l'excéption de la ville de Varsovie, où un petit nombre de paires s'établit pour le temps de la nidification dans les magazins de bois le long du bord gauche de la Vistule, on peut donc supposer qu'on la trouvera encore ailleurs dans des lieux convenables. L'époque de son arrivée m'est inconnue, quitte le pays en septembre.

77. *Cyanecula leucocyana* (Brehm).

Commune en été dans toutes les broussailles marécageuses, et dans toutes les aulnaies humides de tout le pays. Elle arrive dans le commencement d'avril, même avant que les feuilles commencent à se développer sur les buissons; pendant tout les mois d'août et de septembre elles sont très communes dans les champs de pomme de terre et dans les plantations potagères.

78. *Cyanecula suecica* (L.).

Eccessivement rare dans la migration de printemps; probablement qu'elle est plus nombreuse en automne entre les cyanécules très nombreuses dans cette saison dans les champs, mais comme elles sont en habit d'hiver et beaucoup de jeunes elles sont presque impossibles à distinguer.

79. *Lusciola philomela* (Bechst.).

Rossignol commun en été dans toute la partie du pays située sur le côté droit de la Vistule, surtout dans les localités humides, où il est beaucoup plus nombreux en général que l'espèce suivante, et dans beaucoup de localités il est seul et remplace complétement ce dernier; au contraire il est beaucoup moins nombreux en général sur toute la rive gauche du fleuve, mais au voisinage du fleuve et de plusieurs autres courants d'eau il est plus ou moins commun et ce n'est que dans des contrées complétement sèches et dépourvues d'eaux il manque et est remplacé complétement par son congénère, comme cela a lieu dans presque tout le gouvernement de Kielce et une grande partie de celui de Radom. Il arrive vers le 25 avril, et commence immédiatement à chanter, il cesse chanter dans la moitié de juin; dans les derniers jours de septembre il quitte complétement le pays. En 1888 le rossignol n'a commencé à chanter dans les jardins de Varsovie que le 4 mai, ce qui présente une grande différence avec l'arrivée du martinet.

80. *Lusciola luscinia* (L.).

En général moins nombreux que le précédent, presque complétement absent dans les localités humides de la rive droite de la Vistule, dans les contrées sèches de cette rive il se trouve mais en nombre très médiocre, au contraire sur la rive gauche son nombre est prédominant et comme il est dit plus haut il est le seul habitant dans beaucoup de localités. Les époques de la migration sont les mêmes que celles de l'espèce précédente. Le chant de ce rossignol est inférieur sous tous les rapports que celui du précédent, j'ai remarqué cependant dans beaucoup d'occasions qu'il chante très mal lorsqu'il est seul dans la contrée, mais lorsqu'il habite mélangé avec le rossignol précédent il chante beaucoup mieux.

81. *Erithacus rubecula* (L.).

Très commun dans le pays, son arrivée précède celle de tous les sylvides, souvent il se montre déjà en mars, dans les printemps retardés au commencement d'avril, et reste jusqu'en automne tardive. Quelques-uns restent même pour tout l'hiver, mais dans les années rigoureuses ils périssent en grande partie.

82. *Saxicola oenanthe* (L.).

Commun partout en été; il arrive à la fin d'avril et quitte le pays en septembre, dans les premiers jours d'octobre on voit rarement des individus isolés.

83. *Pratincola rubetra* (L.).

Commun et abondant partout; il arrive dans la deuxième moitié d'avril, en septembre il commence petit à petit à quitter le pays, et disparait vers la moitié ou dans les autres années à la fin de ce mois.

84. *Pratincola rubicola* (L.).

Cette espèce ne vient nicher que dans la partie sud-occidentale du pays, renfermée entre Czenstochowa, Kielce et Sandomierz, la plus commune dans les environs d'Ojcow; dans les autres contrées du pays je ne l'ai jamais observée. Les époques de ses migrations me sont inconnues.

85. *Turdus viscivorus* (L.).

Sédentaire et commune dans tout le pays, mais beaucoup moins nombreuse que la suivante, pendant les migrations plus nombreuse que dans les autres saisons. Le male chante quelquefois dans les belles journées d'hiver.

86. *Turdus pilaris* (L.).

Sédentaire et nombreuse dans tout le pays, également comme la précedente beaucoup plus nombreuse dans les époques des migrations que dans les autres saisons, elle niche cependant dans un nombre beaucoup plus grand.

87. *Turdus iliacus* (L.).

Très commune et abondante dans les époques des deux passages, dont la première commence ordinairement dans les premiers jours d'avril et se termine à la fin de ce mois, dans la deuxième elles arrivent également en masse à la fin de septembre et sont communes pendant tout le mois d'octobre, le plus tard je la rencontrais le 4 ou le 6 novembre. Ne niche jamais chez nous, et ce n'est qu'une seule fois que j'ai entendu en 1860 dans les premiers jours de juin un male chantant au fond d'une petite forêt marécageuse, voisine de Pilwiszki, au nord du gouvernement de Suwałki; on peut supposer qu'elle y nichait, mais sans pouvoir dire, si c'est accidentel ou normal dans la contrée.

88. *Turdus musicus* (L.).

Très commune et repandue en été dans tout le pays; elle arrive lorsque la neige commence à fondre, ordinairement dans la deuxième moitié de mars, et dans les printemps retardés dans les premiers jours d'avril; niche en grand nombre dans toutes les forêts; dans la deuxième moitié de septembre les grandes troupes arrivent du nord; pendant tout le mois d'octobre elles quittent petit à petit le pays et disparaissent dans les derniers jours de ce mois, quelque fois cependant on la rencontre en petit nombre jusqu'au 4 ou 6 novembre.

89. *Turdus torquatus* (L.).

Ce merle n'arrive qu'accidentellement dans le Royaume de Pologne, dans les époques des migrations, toujours en petit nombre. Je ne connais que 5 exemplaires pris dans le pays, dont 2 aux environs de Lublin et 3 aux environs de Varsovie.

90. *Turdus merula* (L.).

Très commun et nombreux en été dans tout le pays; hiverne en petit nombre et toujours par exemplaires soli-

taires, dans les fourrés des buissons et dans les bords des
forêts au voisinage des ruisseaux qui ne gêlent jamais; sur
quelques dizaines d'individus que j'ai vu en hiver tous
furent males et aucune femelle. Dans les epoques de migrations ils passent en grand nombre dans les mêmes dates
que le *T. musicus.*

91. *Monticola saxatilis.* (L.).

L'aire de la dispertion de cette espèce dans le Royaume
est réduite à une petite région rocheuse du district
d'Olkusz, renfermée entre Czenstochowa, Żarki, Olsztyn,
Jerzmanowice et Ojcow, où un petit nombre de paires vient
nicher chaque année. En outre de cette petite région, l'oiseau n'a pas été remarqué, même dans les époques des
migrations, dont les dates me sont inconnues.

92. *Regulus cristatus* (Koch).

Très commun dans toutes les forêts en automne et
pendant tout l'hiver, et ne reste nicher dans les forêts de
conifères du pays qu'en nombre fort réduit.

93. *Regulus ignicapillus* (Brehm).

Beaucoup plus rare que le précédent, on le rencontre
cependant de temps en temps dans les forêts de conifères
de tout le pays.

94. *Aegithalus pendulinus* (L.).

Le remiz niche dans plusieurs localités du Royaume
de Pologne, surtout au bord des eaux du Gouvernement
de Lublin et de Siedlce, les deux étangs de Siemén et de
Buradów sont les plus remarquables sous ce rapport, plusieurs paires s'y établissent chaque année; il niche aussi en
nombre inférieur dans les marais profonds, couverts de
broussailles et dans les parties marécageuses des forêts, le
long des bords du Bug et de Wieprz, même en petit nombre
dans des lieux favorables sur les bords de la Vistule, comme
p. e. tout près de Varsovie sur les ilots de Bielany et sur la
Saska Kępa. Les époques des migrations me sont inconnues,

on ne le trouve jamais en hiver, au printemps il doit arriver de bonne heure, car dans les premiers jours d'avril il commence la construction du nid, qui n'est pas encore complétement terminé à la fin de juin, la femelle couve ordinairement dans le nid inachevé et le male ne cesse pas à continuer le travail. Au commencement d'août on rencontre des troupes des jeunes dans les environs des lieux de la nidification.

95. *Panurus biarmicus* (L.).

Je n'ai jamais vu cet oiseau dans le pays, on m'a assuré seulement qu'il niche en petit nombre sur un grand étang aux environs de Hrubieszów. Comme je n'ai pas pu constater ce fait et comme il n'y a aucune preuve je me borne à cette simple indication.

96. *Mecistura caudata* (L.).

Sédentaire et commune dans tout le pays; il me parait qu'il n'y a point de passages de cette mésange vers le nord, car elle n'est jamais plus abondante qu'à l'ordinaire. Je n'ai jamais vu chez nous d'oiseau à sourcils noirs (*M. rosea*).

97. *Parus major* (L.).

Sédentaire et très commune partout.

98. *Parus ater* (L.).

Sédentaire et très commune partout, mais strictement forestière; il me parait qu'un certain nombre vient du nord pour passer chez nous l'hiver, car elle est alors beaucoup plus nombreuse qu'en été, on peut dire la plus nombreuse des mésanges.

99. *Cyanistes coeruleus* (L.).

Sédentaire et très commune partout.

100. *Cyanistes cyanus* (Pall.).

Accidentelle et très rare; je ne connais que deux captures de cette mésange orientale, dont une a eu lieu en

octobre de 1858 sur la Saska Kępa, vis-à-vis de la Ville de
Varsovie, où on a tué quelques individus, dont deux se
trouvent au Musée du Comte Dzieduszycki à Lemberg; en
hiver de 1860 on a tué un exemplaire aux environs de
Varsovie, qui se trouve au Musée de Varsovie. Moi mème
je n'ai vu qu'un exemplaire en automne dans les environs
de Lublin, mais je n'ai pas pu le tuer ayant mon fusil
chargé à gros plomb.

101. *Poecile palustris* (L.)

Sédentaire et très commune partout.

102. *Poecile palustris borealis* (Selys.).

Race septentrionale qui ne vient qu'en hiver, et qui est
alors beaucoup moins nombreuse que la précédente.

103. *Lophophanes cristatus* (L.).

Sédentaire et commune dans les forêts du pays, beaucoup moins nombreuse que les *P. major, ater, coeruleus* et
palustris, ne vient jamais aux bâtiments.

104. *Bombycilla garrula* (L.).

Oiseau d'hiver, qui visite le pays en grand nombre
ou en nombre plus ou moins réduit dans les différentes années.
Il arrive en bandes plus ou moins nombreuses à la fin d'octobre
ou en novembre et reste ordinairement jusqu'au commencement d'avril, il y a cependant des rares printemps dans lesquels
il retarde considérablement son départ, on les voit encore
pendant tout le mois d'avril et pendant quelques jours du
mois de mai, ils s'apparient mème à la fin de leur séjour,
et dispaissent par paires. En hiver de 1887 sur 8 ils furent
nombreux.

105. *Muscicapa collaris* (Bechst.).

Très rare, je ne connais que deux captures dans le
pays, dont une d'un male adulte tué par M. Stronczyński
dans la grande forêt de Kampinos, à 20 kilomètres de Varsovie.

106. *Muscicapa luctuosa* (Temm.).

Commun en été dans toutes les forêts et les vergers du pays; il apparait dans les différentes années entre le 10 et le 3o avril, et s'en va dans la moitié de septembre.

107. *Erythrosterna parva* (Bechst.).

Rare, ou plutôt difficile à remarquer, car il se tient principalement dans les couronnes des vieux arbres de la forêt. Je l'ai trouvé dans les forêts de la partie orientale du gouvernement de Lublin, dans les forêts voisines de Varsovie, et dans le gouvernement du Suwałki. Les époques de sa migration ne me sont pas connues.

108. *Butalis grisola* (L.).

Gobe mouche commun et repandu partout en été, mais au voisinage des bâtiments, où il niche souvent; il arrive à la fin d'avril où dans les premiers jours de mai, et quitte régulièrement la contrée avant le 20 septembre.

109. *Lanius excubitor* (L.).

Sédentaire, elle niche en très petit nombre dans le pays, en hiver on voit çà et là des individus isolés, et leur nombre est alors considérablement supérieur à celui d'été, ce qui permet à supposer qu'un certain nombre vient du nord.

110. *Lanius minor* (Gm.).

On la trouve en été en nombre assez considérable dans tout le pays, nichant également dans les bords de toutes les forêts grandes et petites, dans les jardins, dans les allées et en général partout où il y a des arbres. Elle commence à arriver entre le 6 et le 12 mai, et quitte entièrement le pays jusqu'au 24 août, elle se tient régulièrement de ces dates. Dans le nord du pays, c'est-à-dire dans le district de Maryampol j'ai remarqué en 1861 sa première apparition le 3o mai, ce qui présente une grande différence avec son arrivée dans les contrées plus méridionales du pays.

111. *Lanius rufus* (Briss.).

Espèce moins nombreuse que la précédente, mais nichant partout, voyageant dans les mêmes époques.

112. *Lanius collurio* (L.).

La plus nombreuse et la plus commune de toutes les pie-grièches du pays, elle se repand pour nicher partout où il y a des arbres, des buissons et des haies. Son arrivée commence entre le 4 et le 15 mai dans les différentes années; quitte complétement le pays jusqu'au 20 septembre.

113. *Oriolus galbula* (L.).

Commun partout, quoique peu nombreux en été; il apparait dans la première moitié de mai, lorsque les forêts se couvrent de verdure; dans la moitié d'août il commence à quitter la contrée et on ne le rencontre que rarement dans les premiers jours de septembre.

114. *Budytes flava* (L.).

Commune et nombreuse partout en été; elle ne commence à apparaître que dans la moitié d'avril, et dans la deuxième moitié de septembre elle quitte complétement le pays; en outre des oiseaux qui viennent nicher dans le pays on voit dans les époques des deux migrations des nombreuses troupes de passage.

115. *Budytes flava borealis* (Sundev.).

Dans les derniers jours d'avril et au commencement de mai on voit souvent des troupes entières, composées des individus de cette race, ou des individus mélangés avec les bergeronettes de l'espèce précédente; qui s'arrêtent pour quelques heures dans les paturages et dans les champs; pendant le passage d'automne on ne peut pas apprécier le retour de cette race, à cause de la difficulté dans la détermination en robe d'hiver. Nul part je ne l'ai pas trouvée nichante.

116. *Budytes flava flaveola* (Temm.).

Je n'ai observé qu'un seul male, qui me parait appartenir à cette race, au commencement de mai de 1859, dans un champ de blé, à 15 kilomètres de Varsovie, je l'ai vu aussi près qu'il me parait que je ne me trompe pas, mais comme mon fusil fut chargé à gros plomb je n'ai pas pu le tuer.

117. *Pallenura melanope* (Pall.).

Cette espèce ne se trouve en été que dans la petite région sud-occidentale du Royaume, habitée par la *Pratincola rubicola*, *Monticola saxatilis*, *Ruticilla tithys* et quelques autres; où elle s'établit aux bords des ruisseaux; ailleurs je ne l'ai vue qu'une seule fois, au commencement de mai dans une troupe de *B. flava*, dans une prairie voisine de Lubartow.

118. *Motacilla alba* (L.).

Très commune et nombreuse partout; elle arrive ordinairement en petit nombre dans la moitié de mars, et lorsque le temps est favorable le nombre ne tarde pas à s'augmenter et on les voit partout; dans les printemps retardés elle retarde aussi son arrivée jusqu'à la fin de mars et même jusqu'aux premiers jours d'avril, comme cela a eu lieu en 1854, lorsqu'elle n'apparut pour la première fois que le 4 de ce mois; elle reste en automne jusqu'à la moitié d'octobre. En 1847 sur un étang de Bychawka j'ai observé une lavandière qui y a passée tout l'hiver, en se nourrissant sur le bord non gélé de la rivière, qui le traversait; pendant tout ce temps elle était animée et ne paraissait pas souffrir du froid; elle y restait jusqu'à la fin de février.

119. *Agrodroma campestris* (Bechst.).

Repandu en été dans tout le pays, mais en petit nombre, dans les champs arrides et plus ou moins sablonneux; il arrive dans les derniers jours d'avril, ou au commencement de mai, en septembre il quitte le pays.

120. *Anthus pratensis* (L.).

Très commun et nombreux partout dans les champs
et dans les prairies; il arrive plutôt que les autres pipits;
en 1848 j'ai observé sa première apparition le 4 mars, tandis
qu'en 1850 le 5 avril; il reste plus longtemps que les autres,
on les voit encore ordinairement dans les premiers jours
d'octobre et même quelquefois dans le commencement de
novembre. En outre des oiseaux qui nichent chez nous,
les grandes troupes passent au nord pendant tout le mois
d'avril et le commencement de mai, s'arrêtant dans les
marais et les prairies où elles séjournent pendant quelques
jours; en automne on rencontre également des troupes de
passage dans les prairies et dans les champs.

121. *Anthus cervinus* (Pall.).

L'apparition de ce pipit dans le pays n'est constatée
que par un exemplaire tué avant 40 ans dans le marais de
Falenty au voisinage de Varsovie, et conservé au Musée
Zoologique.

122. *Pipastes arboreus* (Bechst.).

Très commun et nombreux partout dans les forêts et
dans toutes les broussailles plus élevées; il arrive en commençant dans les différentes années entre le 10 et le 20 avril et
reste jusqu'au 10 octobre.

123. *Alauda arvensis* (L.).

Très commune; la première apparition a lieu ordinairement entre le 10 et le 24 février, le plus souvent le 14,
rarement. elle la retardent jusqu'en mars, l'année de 1845
fut exceptionelle sous ce rapport car elles ne se montrèrent
que le 27 mars; quelquefois aussi, mais rarement, avant la
date indiquée plus haut, comme cela a eu lieu en 1853,
dans le quel j'ai vu déjà quelques alouettes à la fin de
janvier. A la fin de septembre elle commencent à se réunir
en troupes, et quittent petit à petit la contrée, le passage
continue pendant tout le mois d'octobre, quelquefois même
on rencontre des individus isolés jusqu'à la fin de novembre.

124. *Alauda arborea* (L.).

Commune dans toutes les forêts du pays; elle arrive quelques jours plus tard que la précédente et quitte le pays jusqu'à la moitié d'octobre, quelquefois cependant on rencontre encore des individus isolés au commencent de novembre; j'ai observé deux ou trois fois des individus isolés en plein hiver, un d'eux à même chanté dans les belles journées de janvier.

125. *Galerida cristata* (L.).

Sédentaire et repandue dans tout le pays, mais peu nombreuse partout.

126. *Otocorys alpestris* (L.).

Cet oiseau visite notre pays à la fin d'automne et en hiver par petits vols, dans des rares années; on peut dire qu'elle y est beaucoup plus rare que dans plusieurs des contrées environnantes, comme p. e. la Galicie orientale.

127. *Sturnus vulgaris* (L.).

Très commun en été, dans tout le pays; il arrive en même temps que l'alouette des champs, souvent dans la moitié de février; dans les printemps retardés il ne se montre qu'en mars; la majorité quitte notre pays en octobre, il y a cependant des années dans lesquelles on voit encore des petites troupes pendant tout le mois de novembre, et même dans des rares années je les voyais encore jusqu'à la fin de décembre. C'est donc l'oiseau migratoire qui abandonne notre contrée pour le temps le plus court.

128. *Pastor roseus* (Briss.).

Accidentel dans les années différentes, et observé dans les différentes contrées du pays. Une fois j'ai vu un male en mai à 20 kilomètres de Lublin, qui chassait aux hannêtons sur les fleurs d'un sorbier du jardin; en 1856 on a tué deux males au bord de la Pilica, dont un se trouve dans la collection de Varsovie; en 1865 on a tué un male dans la moitié de mai à Ruda Guzowska, et on a vu un individu à 15 kilomètres au nord de Łomża. En mai de 1875 notre contrée fut le plus abondamment visitée par ces oiseaux dans tout le période que je m'occupe d'Ornithologie. dans les différentes localités du pays on a observé des troupes composées jusqu'à 12 exemplaires, et on a fourni plusieurs pour les collections.

129. *Garrulus glandarius* (L.).

Sédentaire et commun dans toutes les forêts.

130. *Pica caudata* (Ray).

Sédentaire et commune partout; il y a cependant des localités qu'elle évite constamment comme p. e. la ville de Varsovie, tandis que dans les environs il y en a partout, de l'autre coté du fleuve il y a toujours quelques paires qui nichent sur les arbres de la Saska Kępa, mais aucune d'elles ne vient jamais dans la ville. ni dans les jardins du coté opposé du fleuve; dans le même cas est la ville de Suwałki, dont les habitants assurent que personne ne l'y a jamais vus et même dans les alentours, à 10 kilomètres de la ville elle se trouve déjà.

131. *Corvus corax* (L.).

Sédentaire et repandu dans tout le pays, mais partout en petit nombre.

132. *Corvus cornix* (L.).

Sédentaire et très commune partout, un grand nombre vient hiverner dans la ville de Varsovie.

133. *Corvus corone* (L.).

Accidentellement très rare.

134. *Thriponax frugilegus* (L.).

Sédentaire et très commun, mais nichant dans très peu de localités; les environs de la ville de Varsovie sont le plus abondamment habités par des colonies de freux, et surtout le parc de Łazienki situé dans la ville même, le parc de Wilanow, le groupe des arbres élevés de Szopy et les deux petits bois d'aulne à Bielawa. à 15 kilomètres au sud de la ville; ils nichaient aussi il y a vingt ans dans un petit bois de Czernice à 14 kilomètres de la ville de Przasnysz. mais je ne sais pas s'ils y existent encore; ils nichent aussi en grand nombre dans la grande heronnière de Skempe. En général les colonies des freux abandonnent facilement leur demeure à la suite de la persécution et d'autres causes et s'établissent ailleurs, mais ils ont l'habitude de revenir à leur ancienne place sitôt que les circonstances ont changé. A Varsovie il hiverne en grand nombre.

135. *Colaeus monedula* (L.).

Commun partout, mais il niche en colonies très rarement dispersées dans les différentes contrées du pays; à Varsovie très abondant en hiver, mais ne niche pas dans la ville et ne niche qu' en petit nombre dans le voisinage; il niche le plus abondamment dans la contrée rocheuse du gouvernement de Kielce où des nombreuses ruines des chateaux sont occupées tous les ans par des colonies plus ou moins nombreuses. Ailleurs ils ne nichent que dans les forêts ou il y a des vieux arbres, en plus grande abondance dans ceux de Nowogrod (gouv. de Płock) et dans quelques forêts du gouvernement de Siedlce.

136. *Nucifraga caryocatactes* (L.).

Oiseau de passage irrégulier; presque tous les ans il vient en hiver, en nombre inégal dans le gouvernement de Suwałki, tandis que dans toutes les autres contrées du Royaume, également comme dans tous les autres pays de l'Europe centrale, on ne le voit point dans la majorité des années, dans les autres il est très rare, et dans les autres plus ou moins abondant. Pendant tout le periode de mes observations il n'y a eu que l'année de 1844 dont la migration des cassenoix fut la plus abondante, pendant tout l'automne ils voyageaient en troupes aussi nombreuses que celles des freux, et partout où on allait on ne manquait pas de les rencontrer, en hiver suivant ils etaient plus communs qu'à l'ordinaire. En général on les rencontre plus souvent en automne, en commençant du mois de septembre, qu'en hiver. Une seule fois j'ai rencontré un cassenoix en juillet à 20 kilomètres de Lublin, l'oiseau fut aussi déplumé qu'il ne pouvait pas voler. Tous les exemplaires que j'ai eu l'occasion d'examiner dans notre pays appartenaient à la variété de *leptorhyncha*.

137. *Emberiza miliaria* (L.)

Sédentaire et commun dans tout le pays, sauf le gouvernement de Suwałki, où il manque complétement, la bourgeade de Szczuczyn se trouve sur la limite même de la dispertion de cet oiseau, quatre fois que j'y ai passé j'ai observé le proyer chanter sur les arbres du coté méridional de la ville, tandis qu'on le voyait plus au nord de la ville; un amateur de la chasse et bon observateur des oiseaux, habitant de la contrée et qui y voyageait souvent, m'a assuré qu'il n'a jamais vu l'oiseau au nord de cette ville, tandis qu'il le trouvait toujours du côté opposé.

138. *Emberiza citrinella* (L.).

Sédentaire et très commun partout.

139. *Emberiza hortulana* (L.).

L'ortolan se repand pour l'été dans presque toute l'étendue du Royaume de Pologne, mais d'une manière irréguliere, en nombre inégal dans les différentes contrées, et évitant complétement certaines autres contrées. La dislocation de cet oiseau dans le pays n'est pas suffisamment étudiée, je présente donc les détails qui me sont connus sous ce rapport. On le trouve le plus abondant dans les environs de Varsovie, et surtout sur la rive gauche de la Vistule, où il y a des localités dans lesquelles il est presque aussi nombreux que le bruant jaune; le long des deux bords de la Vistule il se trouve aussi partout dans des lieux convenables jusque près de la frontière méridionale du Royaume; il est moins nombreux mais se trouve partout dans les gouvernements de Radom et de Kielce; dans le gouvernement de Lublin on ne le trouvait en 1855 que le long du bord de la Vistule; le long de la grande route entre Varsovie et Lublin on ne le rencontrait çà et là en allant de Varsovie que jusqu'à 20 kilomètres au nord de Lublin, plus loin on ne le voyait plus, ni dans les environs de cette ville, ni dans toutes les contrées de ce gouvernement que je visitais continuellement, et dont la faune m'occupait sans cesse; et ce n'est qu'à la fin de mai de 1878 que j'ai aperçu un male chantant à Zdzanne situé à 16 kilomètres de Krasnystaw, mais pendant tout le temps de mon excursion de deux semaines dans la contrée et une excursion suivante qui a eu lieu en même temps en 1879 je n'ai nul part remarqué d'autres. — Dans le gouvernement de Siedlce on le rencontre çà et là dans les contrées fertiles, mais il manque dans tous les lieux sablonneux et pauvres; dans le gouvernement de Płock il est assez nombreux dans les plaines fertiles de la partie occidentale, depuis la Vistule jusqu'à Wyszogrod, Ciechanow et Przasnysz, beaucoup plus rare dans les contrées sablonneuses d'Ostrołęka et de Nowogrod, mais on le rencontre encore sporadiquement jusqu'à la ville de Łomża, et même jusqu'à 7 kilomètres au nord de cette ville, puis on ne le voyait plus dans tout le gouvernement de Suwałki, ce que j'ai constaté en 1860 et 1861 pendant mes excursions de deux mois de mai et de juin dans chacune de ces années. Selon l'opinion de M. Stronczyński, qui s'occupait beaucoup de l'étude de la faune ornithologique du pays, l'ortolan est une acquisition récente de notre faune, avant 1839 lorsqu'il collectionnait dans les environs de Varsovie il ne l'a jamais trouvé, malgré que l'oiseau est très facile à remarquer. M. Stronczyński me dit aussi que l'ortolan est très commun aux environs de Piotrkow, où il demeure actuellement ainsi que dans les environs de Kluki à 30 kilomètres à l'ouest de Piotrkow, tandis que dans cette dernière localité, parfaitement connue à cet observateur, l'oiseau manquait précédamment. Il reste donc maintenant à nos descendants de renouveller les recherches sous ce rapport pour qu'on puisse comparer la dislocation actuelle de l'ortolan dans le pays avec celle qui a eu lieu dans la sixième décade de notre siècle.

Il arrive chez nous dans les derniers jours d'avril, et quitte la contrée jusq'à la fin d'août, quelquefois cependant je le rencontrais encore jusqu'au 10 septembre.

140. *Schoenicola schoeniclus* (L.).

Très commun en été dans toutes les broussailles marécageuses, et dans les roseaux et les buissons des bords des eaux. Il arrive de bonne heure, quelquefois il apparait déjà dans la moitié de février, ordinairement en mars; le départ à lieu en octobre, quelquefois les individus isolés restent jusqu'en novembre. Dans le gouvernement de Lublin j'ai vu plusieurs fois en plein hiver des troupes ou des individus solitaires; mais plus souvent ils apparaissent subitement lorsque la neige disparait au milieu de l'hiver; dans les environs de Varsovie son apparition d'hiver est plus rare.

141. *Plectrophanes lapponicus* (L.).

Très rare accidentellement en Pologne, je ne connais qu'un exemplaire pris par les oiseleurs au commencement de mars de 1860 dans les environs de Varsovie et qui se trouve au Musée Zoologique de Varsovie.

142. *Plectrophanes nivalis* (L.).

Il ne vient qu'en hiver, mais en nombre très inégal dans les différentes années; il se montre ordinairement à la fin de novembre et disparait en février ou dans les premiers jours de mars; dans les hivers légers il est rare, dans les hivers rigoureux et neigeux plus ou moins abondant; pendant tout le temps de son séjour dans le pays il ne reste nul part sur place, mais voyage sans cesse.

143. *Passer domesticus* (Briss.).

Sédentaire et très abondant partout.

144. *Passer montanus* (Briss.).

Comme le précédent, mais peut-être en général un peu moins nombreux; en été il se disperse partout même dans les forêts, pour l'hiver il s'approche des habitations et se tient dans cette saison en troupes compactes.

145. *Coccothraustes vulgaris* (Pall.).

Sédentaire et assez commun, il parait cependant qu'il quitte en partie le pays pour l'hiver.

146. *Chlorospiza chloris* (L.).

Sédentaire en partie, très commun partout en été, la grande majorité quitte le pays en hiver.

147. *Serinus meridionalis* (Brehm).

Comme l'ortolan cet oiseau présente une acquisition récente de la faune ornithologique du pays. Le comte C. Wodzicki, ornithologiste connu et expérimenté demeurait pendant plusieurs années à Korzkiew, localité située à l'issue de la vallée d'Ojców, où il a commencé à completer une collection ornithologique locale, et a publié ensuite une liste d'oiseaux de la région de Cracovie, m'a assuré que cet oiseau ne s'y trouvait point. A la fin d'août de 1853, quelques années plus tard que le Comte Wodzicki à quitté cette contrée, je suis arrivé à Ojców, et si tôt que j'ai commencé mes excursions j'ai aperçu des grandes troupes de ces oiseaux, composées des jeunes et des adultes, qui venaient se nourrir sur toutes les pentes découvertes des rochers de la vallée. J'ai pris donc autant d'exemplaires qu'il me fallait. — Quelques jours plus tard le Comte Wodzicki m'a donné rendezvous à Korzkiew, quel était donc son étonnement à la vue de mes serins, que je venais de recueillir dans la vallée d' Ojców, et à la vue d'un male qui chantait devant la maison qu'il habitait pendant tant d'années. L'oiseau était abondant dans la vallée principale et dans toutes ses ramifications, et comme je me suis convaincu plus tard l'aire de sa dispersion s'étendait vers le nord jusqu'à Czenstochowa et Złoty Potok; ailleurs on ne l'a nul part remarqué. Puis en 1859 les oiseleurs de Varsovie ont pris en automne un male à Wilanów, et en été de l'année suivante j'ai entendu un male chanter à Sielce tout près de Varsovie. Depuis ce temps personne ne les a pas vus ni à Varsovie ni dans les environs, et ce n'est qu'en 1877. que M. Stronczyński, qui demeurait depuis quelques années à Strzyżewice à 3o kilo-

mètres à l'ouest de Piotrkow, a aperçu deux paires qui
s'établirent pour la première fois dans son jardin et y élévèrent
les petits; comme M. Stronczyński a ensuite quitté cette
localité, l'observation fut interrompue. Au contraire de Varsovie je peux présenter les données suivantes: depuis douze
ans ils s'y sont établis, et s'y sont multipliés dans le petit bois
de Bielany, à tel point, que l'oiseau est nombreux partout et
surtout auprès du couvent des Camedoules, où on le rencontre à chaque pas. — Des autres contrées du pays nous
ne possédons pas aucune donnée, et les epoques des migrations
me sont inconnues.

148. *Fringilla coelebs* (L.).

Très commun en été; il se montre sitôt que la neige
disparait, la première apparition varie donc dans les différentes années depuis les premiers jusqu'aux derniers jours
de mars; la pluralité quitte le pays en octobre et dans les
premiers jours de novembre; presque pour chaque hiver il
reste cependant dans le pays un petit nombre d'individus,
qui souffrent beaucoup dans les temps rigoureux mais réuis-
sissent à résister. Dans le gouvernement de Suwałki le
pinson n'hiverne jamais.

149. *Fringilla montifringilla* (L.).

Oiseau de passage, abondant dans les deux epoques
des migrations, qui ont lieu en mars et en avril jusqu'à
la moitié de mai; celle d'automne en octobre et en novembre; un petit nombre reste chez nous tout l'hiver.

150. *Linota cannabina* (L.).

Sédentaire et nombreux, une grande partie quitte le
pays pour l'hiver.

151. *Linota flavirostris* (L.).

Dans les hivers exceptionnels les oiseleurs de Varsovie
prennent un petit nombre d'exemplaires, les collections du
pays n'ont que des exemplaires de cette source; moi même

je ne les ai jamais rencontré, quoique je faisais toujours attention pendant mes excursions d'hiver.

152. *Acanthis linaria* (L.).

Très commun en hiver, mais en nombre très différent dans les différentes années; il arrive ordinairement en novembre et reste jusqu'en février ou en mars selon les circonstances.

153. *Acanthis linaria holbölli* (Brehm).

Rare dans certains hivers.

154. *Acanthis hornemanni exilipes* (Coues).

Rare dans les hivers exceptionnels; le Musée de Varsovie et les autres collections du pays ne possèdent les exemplaires que pris par les oiseleurs de Varsovie; jamais je ne l'ai remarqué en liberté.

155. *Chrysomitris spinus* (L.).

Très commun depuis la fin d'été, en automne, en hiver, et au commencement de printemps, niche en petit nombre dans les forêts de conifères du pays, surtout dans les contrées montueuses.

156. *Carduelis elegans* (Steph.).

Sédentaire, commun dans tout le pays, moins nombreux en hiver qu'en été.

157. *Carpodacus erythrinus* (Pall.).

Dans le temps de ma carrière ornithologique j'ai eu l'occasion d'observer cet oiseau interessant et rare dans beaucoup de localités du Royaume de Pologne, je l'ai remarqué pour la première fois dans les environs de Lublin, ensuite dans beaucoup d'autres contrées de ce gouvernement, dans les environs de Varsovie, dans ceux de Radom, dans

la partie marécageuse du gouvernement de Płock, voisine
de la frontière de Prusse et enfin dans les contrées marécageuses et forestières des gouvernements de Łomża et de
Suwałki, jusqu'aux environs de Kowno. Partout il est rare,
s'établit pour un période très court et niche dans toutes
ces contrées. Il arrive chaque printemps mais en nombre
très variable. On le rencontre principalement dans les
broussailles et dans les bosquets d'arbres verts, situés sur
les bords des cours d'eau, dans les prairies humides et dans
les buissons situés au bord et au milieu des marais plus
ou moins vastes, et surtout au voisinage des lacs, des étangs,
des rivières et des ruisseaux. Il ne vient dans des lieux plus
éloignés d'eau qu'accidentellement et pour un temps plus
ou moins court dans l'époque de la migration, comme p. e.
je l'ai entendu une fois chanter toute la journée sur les
arbres de la cour du Musée Zoologique de Varsovie.

L'époque de son arrivée est facile à remarquer, car
l'oiseau l'annonce immédiatement par son chant très caractéristique. Ordinairement il apparait vers le 15 mai, mais
dans les printemps tardifs il arrive quelques jours plus tard.
L'époque de son départ m'est tout à fait inconnue, car le
male ne continue à chanter et à se montrer volontier que
pendant la construction du nid, et pendant l'incubation,
sitôt que les œufs sont éclos il cesse à chanter et ne se
montre que lorsque on arrive tout près du nid. Après avoir
quitté le nid toute la famille mène une vie mystérieuse, et
on ne la voit plus; jamais je n'ai pas rencontré de jeune
volant, on n'apperçoit aussi la femelle que pendant la construction du nid, pendant l'incubation et auprès des poussins
au nid. Il parait que sitôt que les jeunes parviennent à
l'état de pouvoir entreprendre le voyage la famille quitte
la contrée.

L'oiseau n'est nul part nombreux, dans les lieux convenables on ne trouve ordinairement que deux ou trois
paires sur une surface assez considérable, dans les contrées
les plus favorables pour sa nidification je ne connais pas de
localité dans laquelle on trouverait dix paires établies sur
un mile carré géographique.

Chez nous l'oiseau se nourrit principalement de bourgeons et de sémences non muries de différents arbrisseaux et de buissons; il aime beaucoup les sémences mures de frène et va quelquefois dans les champs et les jardins pour ramasser le chennevis.

Le chant du male est aussi caractéristique qu'il suffit de l'entendre une seule fois pour qu'on puisse le reconnaitre. Plusieurs ornithologistes ont taché d'exprimer ce chant par des syllabes prises des différentes langues, mais je n'ai nul part rencontré une imitation qui pourrait donner une idée nette. Il me parait que la phrase suivante serait la plus convenable: tiou-tiou-fi-tiou, ou plus rarement: tiou-tiou-fi-tiou-tiou. La phrase russe des habitants de Kamtschatka tschevitschou-vidiel imite bien ce chant, ce qui signifie as-tu vu la tschevitscha? (espèce de salmonide). Comme l'oiseau y arrive en même temps que ce poisson, qui constitue la nourriture principale des indigènes, entre en masse dans les rivières du pays, les habitants prétendent que l'erithrine leur annonce une nouvelle aussi importante. Ce chant quoique court et peu varié est très agréable, la voix est pure, sonore et forte, la beauté de l'oiseau exposé au soleil ajoute beaucoup à la valeur musicale. En général l'oiseau est taciturne et mystérieux, et ce n'est que de temps en temps qu'il s'envole sur un sommet d'un arbrisseau, d'un buisson ou sur une branche externe d'un arbre voisin, d'où il fait entendre sa strophe, repétée plusieurs fois dans des intervalles courts, puis il s'enfonce de nouveau dans le fourré et continue à se nourrir en silence. En outre les deux sexes font entendre quelquefois un petit cri tchii, semblable à celui du sérin de Canaries, qu'ils produisent ordinairement lorsqu'on marche au voisinage du nid.

Il y a trente ans lorsque j'ai trouvé un nid avec quatre petits de deux ou trois jours, je les ai enlevé et nourri. L'éducation m'a réussi parfaitement, mais lorsqu'ils commencèrent à voler dans la chambre deux ont péri par des accidents. Les deux autres devinrent très familiers et les deux étaient heureusement males. En hiver ils commencèrent à chanter, mais d'une manière différente de celle des adultes, c'était un gazouillement prolongé et assez bas, j'étais donc fort intéressé à observer comment ils parviendraient à saisir les tons du chant ordinaire sans entendre celui des adultes. Un accident m'a encore enlevé un de ces oiseaux, on a marché dessus. L'autre a continué son gazouillement mais bientôt survint un autre accident qui m'a privé du dernier moyen de l'observation. Je l'ai donné en échange pour un autre oiseau à un amateur expérimenté et fort passionné, éspérant qu'il y serait comme chez moi, mais malheureusement on l'a empoissonné le lendemain avec du chennevis gaté.

158. *Corythus enucleator* (L.).

Il ne vient qu'accidentellement en hiver, dans des années exceptionnelles et rares, pendant ma mémoire il fut dans le gouvernement de Lublin assez nombreux en hiver de 1844/45, outre cela je sais qu'ils étaient peu nombreux dans trois hiver; dans le gouvernement de Suwałki il vient plus souvent, mais aussi dans les hivers exceptionnels.

159. *Loxia curvirostra* (L.).

Oiseau vagabond de passage irrégulier, dans certaines années commun partout en automne, en hiver et au printemps dans les forêts de conifères, en été il vient souvent dans les jardins sur les peupliers et sur les autres arbres pour manger les larves des insectes parasytes, qui se propagent dans les feuilles de ces arbres; en automne il visite quelquefois les champs de chanvre; quant aux forêts il préfère à s'établir dans celles de sapin; dans les autres années il est beaucoup plus rare, il y a même des années dans les quelles il est très rare, et presque invisible dans certaines saisons.

160. *Loxia pythiopsittacus* (Bechst.).

Moins commun que le précédent; préférant les vieilles forêts de pin à celles de sapin; il est également vagabond que le précédent, mais il manque presque complétement dans certaines années. Jamais je ne l'ai rencontré mélangé avec des bandes du précédent.

161. *Loxia bifasciata* (Selys).

Accidentel et très rare dans le pays, je ne l'ai jamais vu dans les forêts et je ne connais que quelques exemplaires pris par les oiseleurs dans les environs de Varsovie, et qui se trouvent dans les collections.

162. *Pyrrhula europaea* (Vieill.).

Accidentel dans le pays, je n'ai vu que deux ou trois fois des paires solitaires dans les forêts, dans l'époque de la nidification, mais sans pouvoir constater s'ils y nichaient.

163. *Pyrrhula rubicilla* (Pall.).

Ce bouvreuil vient chez nous en automne en bandes plus ou moins nombreuses et y passe tout l'hiver; il se montre en octobre, et quitte la contrée en mars ou en avril; il n'est pas cependant également abondant chaque hiver, quelquefois même il est rare, p. e. en hiver de 1887/88 il fut très rare, quoique l'hiver était rude et abondant en neige, qui couvrait le sol jusqu'à la fin de mars.

164. *Cuculus canorus* (L.).

Commun en été dans toutes les forêts, il arrive vers le 25 avril, quelquefois même avant que les feuilles commencent à se développer sur les arbres; les adultes quittent le pays en août, les jeunes restent jusqu'à la moitié de septembre.

165. *Junx torquilla* (L.).

Commun en été dans les forêts et les vergers, même au milieu des villes; il arrive dans la moitié d'avril, dans les différentes années j'ai observé sa première apparition entre le 10 et le 28 de ce mois; jusqu'à la moitié de septembre il quitte complétement la contrée.

166. *Dryopicus martius* (L.).

Sédentaire, mais peu nombreux partout.

167. *Picus major* (L.).

Sédentaire partout et le plus nombreux de pics.

31*

168. *Picus medius* (L.).

Sédentaire partout, en général il tient la deuxième place après le précédent sous le rapport numérique, mais il est plus nombreux dans les gouvernements de Lublin et de Radom que dans les environs de Varsovie, et peu nombreux dans le gouvernement de Suwałki.

169. *Picus leuconotus* (L.).

Sédentaire dans toutes les forêts vertes et mélangées, évite celles des conifères, moins nombreux que le précédent.

170. *Picus minor* (L.).

Sédentaire partout, plus nombreux que le précédent.

171. *Apternus tridactylus* (L.).

L'unique document sur l'existence du pic tridactyle dans les limites du Royaume de Pologne constitue un male adulte, que j'ai tué en 1860 dans une forêt marécageuse des environs d'Augustow, son nid contenait les petits qui éclosaient dans ce moment, au nombre de 7, j'ai enlevé les coquilles de ces œufs qui étaient encore dans le nid et j'ai laissé les petits aux soins de la mère. Il y doit être très rare, car en chassant dans les forêts des différentes contrées du gouvernement de Suwałki pendant tout le temps de la nidification de 1860 et de 1861 je ne l'ai nulpart rencontré.

172. *Gecinus viridis* (Briss.).

Sédentaire partout, moins nombreux que le pic leuconote, mais repandu également dans les forêts de conifères comme dans les forêts vertes.

173. *Gecinus canus* (Gm.).

Sédentaire partout, un peu plus commun que le précédent, préférant les forêts vertes à celles de conifères.

174. *Columba palumbus* (L.).

Commun mais peu nombreux en été; il arrive dans la moitié de mars, ou dans les printemps retardés dans le commencement d'avril, quitte le pays à la fin d'octobre.

175. *Columba oenas* (Gm.).

Commun en été, en général plus nombreux que le précédent; il commence à apparaitre dans les différentes années entre la moitié de février et la moitié de mars; quitte le pays en grandes troupes à la fin d'octobre, quelquefois cependant on le rencontre encore en petit nombre en novembre et en decembre, lorsqu'il n'y a pas de neige et de fortes gelées.

176. *Turtur aurita* (Bp.).

La plus commune et la plus nombreuse des pigeons; elle arrive dans la moitié ou à la fin d'avril, et jusqu'au 10 ou 15 mai toutes sont à leur place; quitte la contrée dans la deuxième moitié de septembre.

177. *Syrrhaptes paradoxus* (Pall.).

La grande migration des Syrrhaptes, qui a eu lieu en 1863 en Europe, fut presque inaperçue chez nous à cause des évenements politiques, qui ont empêché de chasser dans tout le pays, elle ne procura donc qu'un seul exemplaire qui s'est tué contre le fil télégraphique au voisinage de Skierniewice, se trouvait dans la collection du feu Chanoine Wyszyński et a passé ensuite à Lemberg dans la collection du Comte Dzieduszycki. Depuis ce temps on n'a pas vu aucun Syrrhapte dans le pays, et ce n'est qu'au printemps de 1888 que se repeta une migration aussi grande et peutêtre même plus nombreuse que la précédente, nous avons reçu à Varsovie des différentes contrées du pays plus de 20 exemplaires, tous tués dans des grandes troupes, dont le premier fut tué le 21 avril à deux kilomètres de Płock, un autre presque en même temps au bord de la rivière Pilica dans une bande qui contenait au moins 200 exemplaires, un autre plus loin vers le sud de Końskie, les autres des localités voisines de Varsovie; en outre on les a vus aussi dans beaucoup d'autres localités, où ils ont séjourné pendant quelques jours de suite. Ensuite les limites de cette migration se sont éloignées considérablement, les points extrèmes qui nous sont connus actuellement sont: Zambrow à 15 kilomètres au sud de Łomża le dernier point septentrional, tandis que les derniers points méridionals dans le Royaume Hrubieszow, Opatow et Radomsk, en Ucraine le dernier point méridional Koziatyn, le front donc de cette migration s'étendait au moins sur 200 kilomètres. Le 21 mai on a encore vu une troupe composée d'une cinquantaine d'exemplaires à 8 kilomètres à l'est de Varsovie, ce qui prouve qu'ils restaient encore dans cette époque dans le pays et qu'ils n'ont pas encore commencé à s'apparier; le 28 mai on a tué une femelle à Bolimów qui comme il parait a commencé à couver.

178. *Lagopus albus* (L.).

Il y a plus de quarante ans qu'il y avait encore un petit nombre de ces lagopèdes dans l'arrondissement forestier de Kidule, situé sur la rive gauche du Niemen dans l'extrème nord du Royaume, actuellement comme on le dit il y manque. On prétend aussi qu'on a observé quelques apparitions accidentelles dans les autres localités voisines de Niemen.

179. *Tetrao urogallus* (L.).

Sédentaire; rare actuellement dans le pays, il se trouve encore cependant dans les grandes forêts du gouvernement de Suwałki, en grande partie marécageuses, et dans la chaine des forêts des gouvernements de Radom et de Kielce, en commençant de la Iłża à l'est, jusqu'à Kielce et Szydłowiec à l'ouest; il habitait aussi plusieurs forêts du gouvernement de Lublin, comme celles de Dubienka, Rakołupy, Stulno, d'Ordinatie de Zamość et plusieurs autres, dans le gouvernement de Piotrkow dans les forêts de Lubochnia, et dans le gouvernement de Płock dans les grandes forêts des rives de la Narew et de Bug. Actuellement il est partout en nombre fort diminué et n'existe point dans beaucoup de forêts, dans lesquelles il se tenait encore 50 ans plutôt; il me parait que je ne me trompe pas en éstimant le nombre actuel de ce gallinacé réduit au $\frac{1}{10}$ dans cette période.

180. *Tetrao tetrix* (L.).

Sédentaire; plus commun et beaucoup plus repandu dans des lieux convenables de tout le pays que le précédent, mais son nombre est beaucoup diminué de celui qui était avant 5o ans, et diminue sans cesse.

181. *Bonasia betulina* (Scop.).

Sédentaire. Tout ce qui est dit sous les deux tetras précédents peut s'appliquer aussi à la gélinotte, autrefois elle fut nombreuse dans un grand nombre de forêts de tout le pays, même dans les petites, actuellement elle n'existe point dans beaucoup de forêts et partout ailleurs elle ne se trouve qu'en nombre fort réduit; avant dix ans on la rencontrait encore dans les forêts voisines de Varsovie, maintenant on n'y voit plus.

182. *Perdix cinerea* (Briss.).

Commune et sédentaire partout, son abondance dépend des habitants de la contrée.

183. *Coturnix dactylisonans* (Mey.).

Commune en été dans tout le pays, son nombre est cependent beaucoup diminué de ce qui etait avant trente ou quarante ans, dans les localités favorables un chasseur pouvait tuer 3o males avec facilité en marchant deux ou trois heures en mai, s'il le voudrait; actuellement on entend les males dispersés à des grandes distances entre eux; en âutomne elles sont aussi beaucoup moins abondantes. Elle arrive à la fin d'avril ou au commencement de mai; en septembre elle commence à se retirer petit à petit et on les rencontre continuellement jusqu' à la moitié de novembre, si la neige ne la force pas à quitter plus tôt la contrée.

184. *Otis tarda* (L.).

L'outarde niche en petit nombre dans plusieurs localités du Royaume, comme: dans les vastes plaines des environs de Łowicz et de Błonie, dans le gouvernement de Płock dans les plaines situées entre Wyszogrod et Ciechanow, dans le gouvernement de Siedlce dans les environs de Międzyrzec et de Czemierniki, dans le sud du gouvernement de Lublin aux environs de Komarow et Sniatycze, on dit qu'il niche aussi quelquefois dans quelques localités du gouvernement de Kalisz. — Dans les autres contrées il ne vient qu'accidentellement et rarement, tantôt en automne, tantôt en plein hiver.

185. *Tetrax campestris* (Leach).

La cannepetière ne visite le pays qu'accidentellement, dans les années exceptionnelles, elle se montre en automne ou au commencement d'hiver, solitaire ou en petites troupes.

186. *Houbara macqueni* (Hardw.).

Le seul exemplaire (♂ ad.) pris en decembre de 1862 aux environs d'Ilża, et qui se trouve au Musée de Varsovie, sert de preuve que cet oiseau vient accidentellement dans le pays. Un autre male du Musée de Varsovie fut tué en 1800 à Katowice en Silésie au voisinage de la frontière du Royaume, et fut acquis avec la collection Minkwitz.

187. *Oedicnemus crepitans* (Temm.).

Cet oiseau arrive dans la moitié d'avril et s'établit pour nicher dans les lieux favorables le long des bords sablonneux de la Vistule, ainsi que dans plusieurs contrées sablonneuses du pays, dénuées ou parsemées de rares buissons; pendant la migration d'automne il s'arrète quelquefois dans les autres contrées du pays. Il manque dans tout le gouvernement de Suwałki.

188. *Grus cinerea* (Bechst.).

Dans les epoques des migrations on la voit partout, mais pour nicher elle ne reste qu'en petit nombre et dans des rares localités; le plus grand nombre niche dans les vastes marais du gouvernement de Suwałki, situés le long du canal d'Augustow et le long des rivières voisines; la deuxième contrée où la grue niche aussi en nombre assez considérable est la contrée orientale du gouvernement de

Lublin, située entre les rivières Wieprz et Bug; en outre sur le coté droit de la Vistule les paires solitaires se propagent çà et là dans quelques localités marécageuses et forestières, tandis que du coté gauche du fleuve il n'y a qu'un très petit nombre de localités habitées par des paires solitaires. L'époque de la première migration dépend du commencement de printemps, ainsi donc en 1848 je les ai observé pour la première fois le 1 mars, en 1845 elles ne se montrèrent que le 3 avril; elles quittent le pays jusqu'à la fin d'octobre ou jusqu'au commencement de novembre.

189. *Glareola pratincola* (L.).

Je n'ai vu qu'un seul exemplaire dans le pays, qui à la fin de mai de 1858 passait tout près de moi dans un marais de Wytyczno (gouv. de Lublin), où je m'occupais de la recherche des œufs et dans le moment que mon fusil fut déposé à cent pas de moi; depuis ce temps on ne l'a nul part observé, et ce n'est qu'en juillet de 1887 qu'une troupe s'est arrêtée dans une prairie auprès de Wilanów et y restait deux jours, M. Bilkiewicz a fait tout son possible de s'en procurer, mais les vanneaux le lui ont empêché.

190. *Charadrius pluvialis* (L.).

Oiseau de passage régulier dans les époques des deux migrations, commun et très nombreux en automne dans les champs de certaines localités, où les adultes commencent à arriver par petites troupes en juillet; les bandes considérables composées de jeunes et des adultes viennent à la fin d'août et en septembre et restent jusqu'à la neige, c'est à dire ordinairement jusqu'à la fin d'octobre ou jusqu'à la fin de la première moitié de novembre, mais dans les automnes fort prolongées et sans neige les troupes des pluviers passent dans les prairies et y restent jusqu'à ce que la neige ne les force pas à abandonner la contrée; dans une année pareille j'ai vu une troupe assez grande le 24 décembre. La migration de printemps est beaucoup moins abondante et de courte durée, ils s'arrêtent rarement dans les champs et dans les prairies du pays, mais pour la plu-

part ils traversent indistinctement la contrée; ils voyagent
alors pendant tout le mois d'avril et le commencement de
mai. — Pendant ma mémoire il ne nichait en petit nombre
que dans deux localités du pays, c'est à dire dans les marais
du district de Maryampol, aux bords des lacs Ajurelis et
Jouvinta, et dans le district d'Ostrołęka dans plusieurs
marais forestiers. En 1861 j'ai rencontré un male dans
l'époque de la nidification dans la première de ces deux
contrées. Les chasseurs m'ont raconté qu'autrefois ils y
nichaient en plus grand nombre et que depuis un certain
temps ils deviennent de plus en plus rares.

191. *Charadrius fulvus* (Gm.).

Nous n'avons qu'une seule preuve de son apparition
dans le pays, c'est un jeune oiseau que j'ai tué en novembre
de 1846 dans une prairie d'Abramowice à 4 kilomètres de
Lublin. Il etait réuni à une troupe assez grande des pluviers
communs, et fut reconnaissable de loin par une taille plus
petite, la couleur générale plus claire et par ce qu'il se
tenait à l'extérieur de la troupe; cette troupe s'envolait
devant moi plusieurs fois, et chaque fois qu'elle se posait
à terre notre oiseau se trouvait au milieu de la troupe les
autres le pourchassaient et l'obligeaient à sortir à l'extérieur
de la bande. Cet exemplaire se trouve au Musée de Varsovie.

192. *Eudromias morinellus* (L.).

Rare dans les passages irréguliers, en mai ou en juin,
en août jusqu'au novembre, observé dans les différentes contrées du pays, dans les champs en automne, et quelquefois
dans les prairies au printemps.

193. *Hiaticula annulata* (Gray).

Niche en petit nombre sur les bords sablonneux le long
de la Vistule, et en très petit nombre sur les bords
sablonneux des grands tributaires du fleuve, comme: Wieprz,
Pilica, Bug etc., ailleurs peu nombreux dans les epoques
des passages. Il arrive en mai; les oiseaux qui ont niché
dans le pays commencent à quitter la contrée en août, la

migration des oiseaux du nord a lieu jusqu'à la fin de septembre, même on les voit encore pendant quelques premières journées d'octobre.

194. *Hiaticula minor* (Mey. et Wolf).

Beaucoup plus commun et plus repandu que le précédent, en outre des lieux indiqués plus haut aux bords sablonneux de toutes les rivières et des ruisseaux, des lacs et des étangs, dans les dunes sablonneuses éloignées plus ou moins d'eau, et même dans les champs sablonneux et stériles. Il commence à arriver au commencement d'avril et se retire en septembre.

195. *Squatarola helvetica* (L.).

Dans des rares années commun au passage d'automne, surtout en septembre et en octobre lorsque viennent les troupes des jeunes; les adultes viennent par paires ou solitaires à la fin de juillet et en août; rare au passage de printemps; dans les années ordinaires ils sont aussi rares en automne, et c'est alors qu'on les rencontre quelquefois dans les champs avec les troupes des pluviers.

196. *Chettusia gregaria* (Pall.).

Je n'ai vu qu'une seule fois à la fin de septembre de 1842, à 20 kilomètres de Lublin, dans un champ fraichement labouré, une paire de ces oiseaux adultes, en compagnie d'une troupe de pluviers, je les ai vu de près et je peux garantir de la détermination, quoique je n'ai pas réussi à les tuer.

197. *Vanellus cristatus* (Mey. et Wolf).

Très commun en été et nichant partout, il arrive trop tôt mais variant dans les différentes années, comme en 1848 je l'ai aperçu pour la première fois le 20 fevrier, en 1872 le 21 fevrier, tandis qu'en 1845 le 25 mars. A la fin de juin ils commencent à se rassembler pour le départ, à la fin de juillet tous les vanneaux qui nichaient dans le pays quittent les lieux de la nidification; ceux qu'on rencontre en bandes dans les mois de septembre et d'octobre sont en passage du nord.

198. *Haematopus ostralegus* (L.).

Accidentellement très rare; le Musée du Comte Branicki possède un exemplaire tué aux environs de Varsovie en 1886 à la fin d'été; je n'ai vu qu'une paire au commencement d'octobre de 1853 au bord de la Vistule entre Gołąb et la forteresse d'Iwangrod, mais qui ne s'est pas laissée approcher, M. Segno a vu aussi un individu à Jeziorna auprès de Varsovie, mais malheureusement il était sans fusil.

199. *Strepsilas interpres* (L.).

Accidentel et très rare, je n'ai vus que quelques exemplaires en automne de 1853, sur la Vistule au voisinage de Gołąb, et c'était un passage très abondant en échassiers.

200. *Calidris arenaria* (L.).

A la fin d'octobre de 1853 j'ai rencontré dans plusieurs localités aux bords de la Vistule des petites troupes de cet oiseau, ou des individus solitaires réunis aux troupes des bécasseaux, et j'ai tué plusieurs qui se trouvent au Musée de Varsovie; outre cela personne ne l'a pas observé dans le pays.

201. *Tringa canutus* (L.).

Très rare dans les epoques des migrations, le Musée de Varsovie ne possède qu'un exemplaire tué en automne de 1871 au voisinage de Varsovie.

202. *Tringa minuta* (Leisl.).

Très rare au passage de printemps, en automne il voyage à la fin de septembre par bandes, quelquefois il est presque aussi nombreux que l'espèce suivante, sur les bords vaseux de la Vistule, des autres eaux et des lacs du pays.

203. *Tringa cinclus* (L.).

Au printemps on le voit rarement par paires ou solitaire, sur les bords des eaux ; quelquefois on rencontre aussi
des oiseaux adultes en petits vols ou solitaires à la fin de
juin et en juillet, et ce n'est que dans la deuxième moitié
de septembre que les grandes troupes de jeunes, mélangées
avec quelques adultes en robe d'hiver incomplète s'établissent sur les bords vaseux de toutes les eaux du pays, et y
séjournent jusqu'à la fin d'octobre. Le passage de printemps
de tous les bécasseaux n'est pas aussi pauvre comme il
parait, jugeant de la rareté des exemplaires qu'on rencontre,
car ils passent sans s'arréter, j'ai eu l'occasion d'entendre
plusieurs fois pendant la nuit des cris de bandes au vol,
sans pouvoir distinguer l'espèce, mais qui quelquefois furent
énormes.

204. *Tringa cinclus schinzii* (Brehm).

Cette race, plus petite et plus rare que le précédent,
se rencontre dans les mèmes epoques des migrations.

205. *Tringa Temmincki* (Leisl.).

Ce bécasseau arrive chez nous en nombre beaucoup
inférieur à celui de la *T. minuta*, mais plus souvent; on le
rencontre par petits vols dans le mois de mai, puis souvent
et partout, également en petites troupes depuis le mois de
juillet jusqu'à la fin d'octobre.

206. *Limicola platyrhyncha* (Temm.).

Oiseau accidentel et très rare, je ne connais qu'un
seul exemplaire du pays, que j'ai tué en juillet de 1852, au
bord de la Vistule vis-à-vis de la ville Solec, et qui se trouve
au Musée de Varsovie; en août de 1854 j'ai vus aussi un
exemplaire au bord de la Vistule dans le voisinage de
Sandomir.

207. *Pelidna subarquata* (Güld.).

Ce bécasseau n'a pas encore été remarqué au passage
de printemps, mais on le rencontre depuis la moitié de

juillet jusqu'a la fin d'octobre, en petits vols ou isolés, sur les bords de toutes les eaux du pays, dans les marais et les paturages au bord des flaques d'eau; dans certaines années on les voit plus souvent, rarement dans les autres.

208. *Machetes pugnax* (L.).

Le combattant niche en plus grand nombre dans les vastes marais du gouvernement de Lublin situés entres les rivières Bug et Wieprz, dans la partie orientale du gouvernement de Siedlce, et surtout aux environs de Biała et Brześć, presque aussi nombreux dans les gouvernements de Suwałki et de Łomża, comme dans les marais le long du canal d'Augustow, dans les prairies de Biebrza et aux environs de Tykocin; dans le gouvernement de Płock en nombre moins considérable, surtout dans les environs d'Ostrołęka. Du coté gauche de la Vistule il niche principalement dans les environs et de Łęczyca; ailleurs il n'est que de passage. Ils arrivent dans les commencements d'avril, et jusqu'au 10 de ce mois les males ont déjà les parures nuptiales, mais qui ne sont pas encore en grande partie complétées que dans la moitié de mai, quelques uns ne complétent leur capuchon qu'à la fin de mai. Les males disparaissent complétement lorsque toutes les femelles se mettent à couver, et on ne les rencontre plus nul part dans le pays. Les femelles quittent les lieux de la nidification avec les jeunes, sitôt que ces derniers sont en état d'entreprendre le voyage, et on ne les y trouve plus depuis le milieu de juillet; ensuite on rencontre çà et là des oiseaux de passage, partout dans les prairies, et le long des rivières mais en général en nombre peu considérable. Les oiseaux de passage du nord se montrent dans la moitié d'octobre, et quelquefois dans des années rares ils sont aussi nombreux qu'on les rencontre dispersés partout dans les prairies, dans les marais et même dans les champs humides.

209. *Actitis hypoleucos* (L.).

Très repandu en été sur les bords de tous les cours d'eau, même le long de tous les ruisseaux, sur les bords des lacs et des étangs de tout le pays, mais partout en petit nombre; il arrive au commencement d'avril et reste jusqu'à la fin de septembre.

210. *Totanus glottis* (L.).

Commun aux passages, rare au printemps, mais depuis la fin de juillet jusqu'à la fin d'octobre on le rencontre partout le long de la Vistule et aux bords des autres eaux de tout le pays. Au printemps il se tient par paires ou en individus isolés, en automne ordinairement par vols composés de quelques individus.

211. *Totanus calidris* (L.).

Ce chevalier niche dans les mêmes marais que le combattant, en outre il niche aussi en petit nombre dans des prairies submergées aux bords de la Vistule, et de quelques autres rivières principales. Il arrive dans les premiers jours d'avril et s'établit bientôt dans des lieux de la nidification. Vers la moitié de juin il commence voyager par petites troupes, à la fin de ce mois on n'y rencontre que des familles retardées; jusqu'à la fin de juillet les derniers disparaissent, et pendant tout le reste de l'automne on ne voit point d'oiseaux en passage des pays plus septentrionals.

212. *Totanus fuscus* (Briss.).

Oiseau de passage, plus ou moins rare au printemps, dans les étés humides, et surtout lorsqu'en juin et juillet il y a des inondations considérables ils se montrent à la fin de juillet en nombre plus ou moins considérable; en automne son passage est terminé beaucoup plus tôt que celui du *T. glottis*.

213. *Totanus stagnatilis* (Bechst.).

Chevalier le plus rare chez nous; une seule fois j'ai vu un exemplaire tournoyant au dessus du marais de Sosnowica dans l'époque de la nidification; au commencement de juin de 1859 j'ai tué un dans une prairie aux environs de Przasnysz, et qui se trouve au Musée de Varsovie; j'ai vu aussi un tué au bord de la Vistule près de Varsovie le 4 juin 1869 et qui se trouve dans une collection particulière.

214. *Totanus ochropus* (L.).

Repandu en été dans tout le pays, aux bords des ruisseaux forestiers et niche exclusivement dans les nids abandonnés par les autres oiseaux, ou dans ceux d'écureuils placés assez haut sur les arbres; Il arrive sitôt que la neige commence à fondre, au printemps, et on le rencontre continuellement jusqu'à la fin d'octobre.

215. *Totanus glareola* (L.).

Il niche dans les grands marais de tout le pays, dispersé dans des lieux plus profonds que ceux où niche le *T. calidris* et par paires plus dispersées que celles de ce dernier; il niche aussi dans des marais plus petits mais profonds des contrées où ne niche point le chevalier cité, ainsi que dans les marais grands et petits situés au milieu des forets. Il arrive un peu plus tard que le précédent, ordinairement au commencement d'avril et ne reste qu'à la moitié d'octobre, mais en septembre il est déjà rare.

216. *Limosa melanura* (Leisl.).

Cet oiseau niche en nombre plus ou moins grand dans les vastes marais du gouvernement de Lublin situés entre les rivières Wieprz et Bug, en nombre presque aussi grand dans les marais le long du canal d'Augustów, en nombre plus petit aux bords de la rivière Biebrza et dans le gouvernement de Płock dans les marais de Gutocha et de Pułwy, ainsi que dans le gouvernement de Siedlce aux environs de Biała; les autres contrées ne sont visitées que dans les epoques des migrations. Sitôt que la neige commence à fondre les barges s'établissent dans les lieux de la nidification, et y attendent jusqu'à ce que les eaux leur découvrent les lieux privilégiés pour nicher. Elles quittent de bonne heure la contrée et dans la moitié de juillet elles y sont déjà rares. — Au passage d'automne elles sont généralement rares, mais dans les années dans lesquelles il y a des innondations en juillet on les voit en plus grand nombre, et elles ne s'arrètent pas longtemps.

217. *Limosa rufa* (Briss.).

Accidentelle et excessivement rare, je ne connais qu'une capture dans les marais de Lęczyca.

218. *Numenius arquatus* (L.).

Il niche dans les mêmes marais que la barge à queue noire, mais en nombre beaucoup plus petit et en paires dispersées; il arrive à la fin de mars, en juillet il quitte la contrée; dans les migrations d'automne il arrive quelquefois en nombre plus considérable, et s'arrète pour quelques jours dans les paturages et mème dans les champs, depuis la fin d'août on ne le voit plus.

219. *Numenius phaeopus* (L.).

Très rare dans les migrations de printemps et d'automne.

220. *Himantopus melanopterus* (Wolf u. Mey.).

Je ne connais qu'un exemplaire tué dans le pays sur un marais de Sosnowica à la fin de mai, et qui se trouve au Musée de Varsovie.

221. *Recurvirostra avocetta* (L.).

Son apparition dans le pays n'est basée que sur des relations verbales.

222. *Scolopax rusticola* (L.).

La bécasse niche en petit nombre dans les forêts du pays, en plus grand nombre dans les forêts marécageuses du gouvernement de Suwałki qu'ailleurs; il arrive ordinairement dans la moitié de mars et en automne on le rencontre jusqu'à la moitié de novembre. La migration d'automne est en général faible dans notre pays, il y a cependent des rares années dans lesquelles elle se montre en plus grande abondance, mais n'égalant jamais celle de l'Ucraine et de la Podolie.

223. *Gallinago major* (Gm.).

La bécassine double niche en nombre assez considérable dans beaucoup de marais du Royaume: les deux
régions principales de sa nidification sont: les marais vastes
du gouvernement de Suwałki situés le long du canal
d'Augustów, prolongés vers le sud jusqu'au Tykocin et
vers le nord dans le district de Maryampol; l'autre région
fut citée plusieurs fois sous les autres échassiers et se ren-
ferme entre les rivières de Bug et de Wieprz c'est à dire entre
Łęczna, Chelm, Włodawa et Parczew; il niche aussi en
nombre beaucoup moins considérable dans les environs
d'Ostrołęka; en outre de ces trois contrées principales elle
niche aussi en nombre moins grand dans plusieurs autres
marais du pays, dispersés dans les différentes contrées, ou
sporadiquement dans certains lieux dans les différentes années,
situés sur la rive droite de la Vistule. Dans toute la partie
située sur la rive gauche du fleuve, je ne connais pas même
de marais convenable où elle pourrait se propager. Actuellement les circonstances sont considérablement changées; il
y a cinquante ans lorsque j'ai commencé à chasser, on se
pleignait déja sur la grande diminution du gibier de marais
dans le pays en général, depuis ce temps cette diminution
continue sans cesse. Il y a deux causes principales qui
l'amènent: le desséchement des marais en général et l'ex-
termination directe des oiseaux dans l'epoque de la nidification; la becassine double a beaucoup souffert et nous
arriverons probablement bientôt à la perte complète de la
génération qui nichait dans le pays. Au printemps le passage a
lieu depuis le commencement d'avril jusqu'à la moitié de
mai, mais outre les oiseaux qui s'établissent pour nicher un
petit nombre s'arrète dans nos prairies et pour un temps
très court; au retour il y a deux migrations, dont la première commence dans les derniers jours de juillet, elles se
repandent alors dans toutes les prairies humides, et dans
tous les marais convenables de tout le pays, y restent jusq'au
20 août, s'engraissent et se mettent en route, depuis ce temps
on ne les voit que rarement et en petit nombre, et ce n'est
que dans la deuxième moitié de septembre que commence

la deuxième migration de retour, composée d'oiseaux qui
ont niché loin au nord, cette migràtion est moins nombreuse
que la première et beaucoup plus courte, dans cette migration les oiseaux ne s'établissent pas dans leurs lieux privilégiés, mais dans les différents autres où on ne suppose pas
même leur présence, comme: dans les prairies évitées au
premier passage, dans les buissons humides ou dans des
champs de chaume huméctés par les pluies, etc. — Dans
les différentes années les deux migrations de retour varient
beaucoup sous le rapport numérique et sous le rapport de
leur distribution dans le pays. Les becassines doubles voyagent toujours pendant la nuit et se mettent inapercues
dans leurs lieux privilégiés, elles aiment à voyager pendant
les orages, quelquefois cependant dans des cas très rares
elles voyagent en plein jour immédiatement avant l'orage.

224. *Gallinago scolopacina* (B.).

Beaucoup plus commune et plus nombreuse dans le
pays que la précédente; elle niche partout où elle trouve
des lieux convenables, même en paires solitaires; elle arrive
plus tôt que la précédente, et reste en automne plus longtemps, jusqu'à ce que la neige et les gélées ne la forcent
pas à abandonner la contrée. Dans les cas exceptionnels les
oiseaux solitaires restent tout l'hiver dans des parties de
marais qui ne gélent jamais.

225. *Limnocryptes gallinula* (L.).

La bécassine sourde passe régulièrement deux fois par
an, et s'arrête pendant un certain temps dans les marais du
pays; la migration de printemps commence en même temps
que celle de la bécassine précédente, et jusqu'à la moitié
de mai on la rencontre dans nos marais, quelquefois même en
abondance dans des lieux convenables. Au retour elle arrive
à la fin de septembre et reste ordinairement jusqu'aux derniers jours de novembre; l'hiver de 1872 fut exceptionnel
sous ce rapport, il n'y avait de neige ni de gélée jusqu'à
la moitié de decembre, le 7 de ce mois on a tué à Nieborow
5 de ces bécassines, très grasses, on peut donc supposer

32*

qu'elle se trouvait aussi également dans les autres marais
du pays. Elle ne niche dans nos marais qu'accidentellement,
en 1842 j'ai trouvé dans le marais de Kaniawola en juin
une famille de jeunes qui volaient aussi bien que les adultes
et j'en ai tué 3, en 1849 à la fin de mai on a tué à Sosnowica dans ma présence une femelle qui couvait.

226. *Falcinellus igneus* (S. G. Gm.).

Accidentel; pendant ma mémoire on a tué plusieurs
individus dans les différentes contrées du pays, le plus souvent en mai; l'exemplaire du Musée de Varsovie en 1859
au nord de Łomża, le jeune exemplaire du Musée de Varsovie fut tué à Lubartow le 1 novembre de 1880, celui de
la collection de M. Stronczyński en 1856 dans le gouvernement de Kielce, l'exemplaire de la collection de M. Segno
fut tué à Jeziorna.

227. *Platalea leucorodia* (L.).

Accidentelle et très rare, je ne connais qu'un petit
nombre de captures et d'apparitions dans le pays; l'exemplaire adulte du Musée de Varsovie fut tué à la fin d'avril
de 1868 dans les environs de Brześć; on a tué aussi une à
Zawichost sur la Vistule, et qui fut gardée dans la collection
de l'école de Sandomierz; en mai de 1866 j'ai rencontré
une troupe de 5 individus sur un des ilots sablonneux au
milieu de la Vistule tout près de Varsovie; on a vu aussi
une à Zawieprzyce près de Lublin.

228. *Ciconia alba* (Belon.).

La cigogne blanche appartient aux échassiers qui étaient
autrefois beaucoup plus nombreux qu'ils ne le sont actuellement, il y avait certains villages en Podlachie, dont presque
chaque grange et chaque cabane a eu un nid sur son toit,
il y avait même quelques unes qui en avaient sur les deux
angles, en outre il y avait encore quelques nids sur les arbres
voisins; actuellement il n'y a que quelques paires dans
toutes la contrée. La cause de cette diminition n'est pas
bien connue, mais il parait qu'un grand nombre a péri par

des catastrophes en voyage, car il y avait des années dans lesquelles elles arrivaient en nombre fort diminué, comme cela a eu lieu dernièrement en 1882; il me parait cependant que le desséchement continuel des marais du pays est aussi une des causes de cette réduction. La cigogne est fort régulière dans ses voyages, elle apparait ordinairement le 19 ou le 20 mars, dans les printemps retardés le 25 de ce mois; ces dates s'appliquent aux contrées meridionales du Royame, dans le gouvernement de Suwałki l'arrivée est retardée d'une semaine ou même plus. Vers le 26 août les troupes se mettent en route, et ce n'est que quelques individus isolés qu'on rencontre encore ça et là pendant quelques jours suivants, même jusqu'à 2 semaines. En outre des cigognes qui nichent dans le pays on voit aussi quelquefois dans les contrées marécageuses des troupes steriles, composées jusqu'à une centaine d'exemplaires, qui pendant tout le temps du séjour dans le pays se promènent continuellement dans les marais et dans les champs de la contrée.

229. *Ciconia nigra* (Belon.).

Dispersée en petit nombre dans les grandes forêts marécageuses de la moitié orientale du pays et ne nichant qu'en paires isolées. Elle arrive en même temps que la précédente et quitte le pays quelques jours plus tard.

230. *Ardea cinerea* (L.).

Héron le plus commun et le plus nombreux du genre, mais qui niche en nombre médiocre en général; les plus grandes héronnières que je sache sont: la plus nombreuse est celle de Skępe, dans le gouvernement de Płock, établie dans un bois de pins, situé au bord du lac, on y compte actuellement un millier de nids occupés; il y a trois ans qu'un certain nombre a passé dans une forêt de Mirosławice, éloigné de 25 kilomètres de Skępe et y a établi une nouvelle héronnière, qui est actuellement presque aussi nombreuse que la précédente; dans le même gouvernement il y a aussi une héronnière aux environs du village de Czernice et une aux environs de Przasnysz; je connaissais aussi deux héron-

nières en Podlachie dont une assez grande dans le jardin
et dans un bois voisin à Romanow, et une autre à Demblin,
mais je ne sais pas si elles existent encore. Dans le gouvernement de Lomża il y avait une assez grande au voisinage
de Tykocin et dans le gouvernement de Suwałki à Urdomin,
situé entre Kalwarya et Seyny; dans le gouvernement de
Varsovie il y a une entre Lowicz et Nieborow. — En outre
il y avait encore des petites colonies dans les différentes
forêts du pays, mais dont quelques unes ont disparu pendant
ma présence. Ce héron arrive au commencent d'avril, ou
même dans les derniers jours de mars, et reste en automne
tant qu'il peut, quelquefois même on le rencontre jusqu'à
la fin de novembre.

231. *Ardea purpurea* (L.).

Oiseau de passage irrégulier, il y a des années dans
lesquelles il vient en nombre plus ou moins grand, jusqu'à
ce qu'il devient quelquefois aussi nombreux que le précédent,
surtout en automne et surtout les jeunes, comme cela a
eu lieu en 1844 et 1851; dans les autres années il est très
rare ou on ne le voit point. Il ne niche nulpart dans le
pays, les adultes se montrent rarement au printemps.

232. *Ardea alba* (L.).

Accidentel, très rare; le Musée de Varsovie ne possède
qu'un exemplaire tué en 1861 aux environs de Lomża, et je
ne connais que deux ou trois cas de son apparition dans
le gouvernement de Lublin.

233. *Ardea garzetta* (L.)

Plus rare encore que le précédent, je ne connais que
deux captures, dont une auprès de l'embouchure de la
rivière Wieprz, et une autre sur la rivière Bobra près
d'Augustow, où on a rencontré un vol de 5 exemplaires.

234. *Buphus comatus* (Pall.).

Je ne connais que quelques captures dans le gouvernement de Lublin, dont une à Wojciechów, mais on a négligé

de me fournir l'exemplaire à temps. Aucune collection ne possède pas d'exemplaire tué dans le pays.

235. *Nycticorax europaeus* (Steph.).

Ne niche nulpart dans le pays, mais vient plus souvent que les trois précédents, rarement au printemps en mai et en juin, plus souvent et quelquefois en nombre assez grand en automne, surtout sur les grands étangs lorsqu'on y baisse l'eau pour faire la pèche.

236. *Botaurus stellaris* (L.).

Commun, mais peu nombreux dans tout le pays, il arrive à la fin de mars ou au commencement d'avril, et reste jusqu'à la fin d'octobre. Quelquefois les individus isolés restent tout l'hiver dans des lieux où l'eau ne gèle pas, comme j'ai eu l'occasion de constater à Tuszów à 15 kilomètres de Lublin, où un butor s'est établi auprès du conduit d'eau d'un petit étang dans un autre, et y a passé toute la saison rude.

237. *Ardeola minuta* (L.).

Commun, mais assez peu nombreux dans tout le pays, parraissant être beaucoup plus rare qu'il ne l'est réellement à cause de ses habitudes mystérieuses; niche partout. Je ne connais pas les époques de ses migrations.

238. *Crex pratensis* (Bechst.).

Très commun partout dans les champs de blé et en automne dans les broussailles; il arrive vers le 10 mai, et reste jusqu'à la fin d'octobre.

239. *Rallus aquaticus* (Briss.).

Beaucoup moins nombreux que le précédent, la grande pluralité quitte le pays pour l'hiver, mais un petit nombre reste tous les ans hiverner dans le pays, dans les parties des marais qui ne gélent jamais, ou sur les bords des ruisseaux couverts de broussailles et d'herbe touffue.

240. Ortygometra porzana (L.).

Très commune et fort repandue partout, elle commence à arriver à la fin de mars ou au commencement d'avril, et reste jusqu'aux gelées, quelquefois on la rencontre encore dans les premiers jours de novembre, jamais en hiver.

241. Ortygometra pusilla (Gm.).

Moins commune et moins nombreuse que la précédente; elle habite en été les grands étangs fort couverts de végétation, dans les bords des lacs marécageux, et dans les marais profonds couverts d'herbes épaisses; difficile à observer, je ne connais donc pas les époques de sa migration.

242. Gallinula chloropus (Lath.).

Commune dans tout le pays, même dans les mares d'eau les plus petites, elle arrive au commencement d'avril et reste jusqu'à la fin d'octobre.

243. Fulica atra (L.).

Commune partout, arrive au commencement d'avril et reste jusqu'à la fin d'octobre.

244. Phalacrocorax carbo (L.).

Accidentel au printemps et en automne, mais avant cinquante ans il nichait quelquefois par petites colonies ou en paires solitaires dans quelques localités du pays; comme en 1837 il y avait une petite colonie à Zegrze au voisinage de Serock, et dans plusieurs autres localités des bords de la Narew et du Bug; en même temps une paire nichait pendant quelques années de suite sur un vieux peuplier de la Saska Kepa vis-à-vis de Varsovie, le professeur Waga a observé ce nid et dit que l'oiseau le quitta à force de la prosécution.

245. Haliaetus pygmaeus (Pall.).

Accidentel, très rare. Je ne connais que deux exemplaires tués dans le pays, dont un tué à la fin d'été à Daniszew dans le gouvernement de Radom, se trouve au

Musée de Varsovie, l'autre pris en hiver de 1861 à Skulimow près de Jeziorna se trouvait dans la collection de M. Segno.

246. *Pelecanus onocrotalus* (L.).

Le pélican ne visite le pays qu'accidentellement en individus isolés ou par petites troupes; le Musée de Varsovie possède deux exemplaires tués dans le pays, dont un en 1829 aux environs de Łomża, l'autre en 1860 à Rakołupy au voisinage de Chełm, année remarquable par la migration extraordinaire de ces oiseaux, on les a observé alors dans les différentes contrées du Royaume et de Lithuanie, et on a tué plusieurs. Je connais aussi quelques captures dans les différentes autres années.

247. *Sylochelidon caspia* (Pall.).

Je n'ai vu qu'un seul exemplaire en avril de 1862. passant tout près de moi à Czerniaków près de Varsovie, mais malheureusement mon fusil était sur la voiture a cent pas de moi.

248. *Sterna fluviatilis* (Brehm).

Espèce commune en été tout le long du cours de la Vistule, des autres rivières principales, sur les lacs et sur les grands étangs, repandue partout en petit nombre; visitant dans ses migrations toutes les contrées du pays; elle arrive à la fin d'avril et quitte le pays jusqu'à la fin d'août. — La migration d'automne est assez considérable le long de la Vistule. Un de mes amis a trouvé une ponte d'œufs de cette Sterne déposée sur une dune de sable éloignée de toutes eaux au moins de 8 kilomètres et les a dans sa collection.

249. *Sterna minuta* (L.).

Moins nombreuse que la précédente, elle ne niche que sur les sables le long de la Vistule et nulpart sur ses tributaires, et ne va sur ces derniers dans l'époque de la nidification qu'à 7—8 kilomètres de l'embouchure; dans les autres contrées du pays on la rencontre très rarement dans les époques des migrations.

250. *Hydrochelidon leucopareia* (Natt.).

Rare dans le pays, je ne l'ai rencontrée que dans la
contrée marécageuse du gouvernement de Lublin, sur un
petit lac situé au milieu du marais et entouré de broussailles,
en compagnie des deux espèces suivantes, elles y étaient
pendant tout le mois de mai et probablement elles y allaient
nicher; j'ai vus aussi plusieurs individus à la fin de mai
sur l'étang de Siemień; ailleurs je ne l'ai jamais rencontré.

251. *Hydrochelidon nigra* (L.).

La plus commune et la plus nombreuse des espèces
du genre, elle niche dans beaucoup d'étangs, sur les
lacs, et dans beaucoup de marais du pays, par colonies plus
ou moins nombreuses; dans les époques des migrations on
la rencontre partout; elle arrive à la fin d'avril ou dans
les premiers jours de mai; la migration la plus remarquable
est celle du retour, qui se prolonge pendant tout le mois
de juillet et la moitié d'août, on voit continuellement des
grandes troupes qui s'avancent le long de la Vistule contre
le courant.

252. *Hydrochelidon leucoptera* (Meisn.).

Cette sterne niche en petit nombre dans les années
ordinaires dans les marais de la partie orientale du gouverne-
nement de Lublin et des contrées voisines du gouvernement
de Siedlce, mais dans les années très humides, lorsque les
lieux de sa nidification principale dans la Polésie sont fort
inondées, un plus grand nombre de ces sternes vient nicher
dans plusieurs autres marais voisins de cette contrée, comme
cela a eu lieu en 1853. Dans les époques des migrations
elles voyagent à travers cette région en assez grand nombre,
dans les autres contrées de ce gouvernement elle est rare
au passage, beaucoup plus rare dans les environs de Varsovie,
en mai de 1865 on y a tué un male.

253. *Larus marinus* (L.).

Cette mouette visite rarement notre contrée pendant
la crue des eaux en été et en automne, très rarement au

printemps et jamais en hiver. Je n'y ai jamais vu d'oiseau adulte.

254. *Larus fuscus* (L.).

Elle visite souvent notre contrée, devant chaque crue de la Vistule des troupes et des individus solitaires se dirigent contre le courant d'eau, et reviennent pendant la baisse; on les voit le plus souvent en mai et en juin, pendant le mauvais temps et froid, et on les observe alors dans toutes les contrées du pays, même éloignées des eaux, en automne les jeunes viennent le plus souvent solitaires; jamais en hiver.

255. *Larus glaucus* (Brünn.).

Accidentelle et très rare; ne vient qu'en hiver, en individus solitaires et jeunes; je ne connais que 3 exemplaires tués dans les différentes contrées du gouvernement de Lublin, qui se trouvent dans la collection du Musée de Varsovie.

256. *Larus argentatus* (Brünn.).

Accidentelle et très rare; je ne connais que deux captures dans le pays, dont un jeune oiseau que j'ai trouvé mort à Bychawka, à 20 kilomètres au sud de Lublin en février de 1851, et qui se trouve au Musée de Varsovie, l'autre adulte fut tué en 1874 aux environs de Czarkowa.

257. *Larus canus* (L.).

Aussi commune aux passages que le *Larus fuscus*; pendant les inondations de printemps, on la voit sur toutes les rivières et les lacs du pays; elle voyage aussi en automne; à chaque crue de la Vistule et du Niemen un certain nombre va contre le courant et revient ensuite; quelquefois aussi on observe des individus solitaires en plein hiver.

258. *Chroicocephalus ridibundus* (L.).

L'unique mouette qui niche dans le pays régulièrement; la contrée principale de sa nidification est située entre les

rivières Bug et Wieprz, citée plusieurs fois dans ce travail,
les deux lacs, entourés de marais, de Wytyczno et de Zawa-
dówka sont occupés chacun par une colonie de 200 paires.
On dit aussi qu'elle niche sur les bords marécageux du lac
Gopło à la frontière de Prusse, mais je n'ai pas pu le
constater moi même. Dans toutes les autres contrées elle
n'est que de passage irrégulier, et ne se montre pas même
aussi souvent que la précédente et le *L. fuscus.* Dans les
lieux de la nidification elle arrive pendant les inondations
de printemps, et les quitte en juillet, sitôt que les jeunes
deviennent capables d'entreprendre le voyage.

259. *Chroicocephalus minutus* (Pall.).

Accidentelle et très rare; je l'ai vue plusieurs fois
sur la Vistule en septembre et en octobre de 1853; le Musée
de Varsovie possède un exemplaire adulte tué en decembre
de 1869 dans le district d'Opatów, le Musée du Comte Branicki possède un exemplaire également adulte tué aux environs de Varsovie en 1886.

260. *Rissa tridactyla* (Lath.).

Rare chez nous; elle ne vient qu'en individus isolés
en automne et en plein hiver.

261. *Stercorarius catarrhactes* (L.).

Je n'ai vu qu'une seule fois en automne une paire de
ce gros stercoraire passant au dessus d'un marais voisin de
Lubartow, aussi près de moi qu'il n'y a aucun doute qu'ils
appartenaient à cette espèce, ils allaient à cent pas un après
l'autre. Aucune collection ne possède d'exemplaire tué dans
les pays.

262. *Stercorarius pomarinus* (Temm.).

Très rare; je ne connais qu'un jeune enlevé aux cor-
neilles en hiver de 1871 dans le village de Rudka au voisinage de Ciechanowiec, et qui se trouve au Musée de Varsovie.

263. *Stercorarius parasiticus* (L.).

Accidentel et rare en général, mais moins rare que tous les autres; je connais plusieurs captures dans le pays, entre autres une femelle adulte tuée au commencement d'automne de 186o à Mniszew sur la Vistule, qui se trouve au Musée de Varsovie; un jeune oiseaux tué dans les environs de Czenstochowa en août de 1853, dont je n'ai obtenu que des débis; un jeune oiseau tué en automne de 1887 qui se trouve au Musée du Comte Branicki à Varsovie, et plusieurs autres, même au milieu de l'été.

264. *Stercorarius buffoni* (Boie).

Je ne connais que deux captures dans le pays, dont une d'un jeune oiseau tué en septembre de 1858 dans les environs d'Ostroleka, qui se trouve au Musée de Varsovie, l'autre du Musée du Comte Branicki tué près de Varsovie en automne de 1887.

265. *Anser cinereus* (Wolf et Mey.).

Il y a à peu près 5o ans qu'un certain nombre nichait dans les marais de la rivière Bzura, dans le district de la Łęczyca, actuellement elle ne niche nulpart dans le pays, et elle est beaucoup moins nombreuse dans les époques des migrations que les deux oies suivantes. Une fois j'ai vu à la fin de mai une troupe composée d'une vingtaine de paires sur un lac des environs de Łęczna, qui y a séjournée pendant plusieurs jours.

266. *Anser arvensis* (Brehm).

Commune dans les deux migrations, en mars et au commencement d'avril, en automne depuis le commencement d'octobre jusqu'à la neige et la gélée.

267. *Anser segetum* (Gm.).

La plus commune et la plus nombreuse dans les epoques des deux migrations, nombreuse surtout en automne; les epoques des passages sont les mêmes que celles de la précédente.

268. *Anser albifrons* (Gm.).

On l'observe rarement dans les epoques des passages, et surtout on la tue très rarement quoique on la voit de temps en temps.

269. *Anser erythropus* (L.).

Cette petite oie est plus commune pendant les passages que la précédente; on la tue plus souvent quoique en général en petit nombre.

270. *Bernicla brenta* (Briss.).

On l'observe rarement dans les différentes contrées du Royaume, plus souvent aux environs du fleuve Niemen qu'ailleurs.

271. *Bernicla leucopsis* (Bechst.).

Plus rare que la précédente; en octobre de 1854 j'ai rencontré 4 exemplaires sur la Vistule aux environs de Kozienice; un exemplaire tué à Piotrawin sur la Vistule se trouve au Musée de Varsovie, dans la collection du chanoine Wyszyński il y avait aussi un exemplaire tué dans le pays.

272. *Bernicla ruficollis* (Pall.).

Je ne connais qu'un cas de l'apparition de cette oie dans le pays, qui a eu lieu en automne de 1848 dans les environs de Lubartów, une troupe passait à une petite hauteur aussi près de mon ami Papiewski, qu'il a abattu un exemplaire, mais avant qu'il accourut pour la prendre il s'envola et n'a pas pu être retrouvé.

273. *Cygnus olor* (Gm.).

Il ne visite notre pays qu'accidentellement, en hiver, à la fin d'automne ou au commencement de printemps, en petits vols ou en individus isolés.

274. *Cygnus musicus* (Bechst.).

Plus rare que le précédent, mais on l'observe de temps en temps dans les différentes contrées du pays.

275. *Vulpanser tadorna* (L.).

Canard accidentel et rare dans le pays; l'exemplaire du Musée de Varsovie fut tué en decembre de 1869 aux environs de la Warka sur la Pilica, dans une troupe composée de 5 individus; en 1853 j'ai rencontré à la fin d'août 4 individus sur la Vistule auprès de la ville Korczyn; l'automne dernier et l'hiver de 1887/8 fut remarquable par l'apparition de cette espèce, on a tué plusieurs exemplaires dans les différentes contrées du pays.

276. *Anas boschas* (L.).

Très commun partout dans toutes les saisons de l'année, la grande pluralité quitte le pays pour l'hiver.

277. *Anas querquedula* (L.).

Sarcelle aussi commune que le canard sauvage, mais ne reste jamais en hiver, les epoques de son arrivée dépendent de l'état de l'atmosphère en varient dans les différentes années depuis le commencement de mars jusqu'aux premiers jours d'avril; jusqu'à la fin d'octobre ou le commencement de novembre toutes quittent le pays.

278. *Anas crecca* (L.).

Egalement commune comme la précédente, ne reste jamais en hiver, arrive un peu plus tôt et reste plus long temps en automne.

279. *Anas strepera* (L.).

Beaucoup plus rare que les trois précédents, niche en petit nombre et même au passage d'automne plus rare que les autres; arrive en avril et disparait à la fin d'octobre.

280. *Dafila acuta* (L.).

Peu nombreux chez nous, mais plus nombreux que le précédent, niche en plus grand nombre et dans les temps des migrations on le voit plus souvent; au printemps il se montre en même temps que la sarcelle d'été, mais reste plus longtemps en automne, se retirant lorsque les eaux commencent à se couvrir de glace.

281. *Spatula clypeata* (L.).

Presque aussi nombreux que le précédent, niche à peu près en même nombre; au printemps il se montre en même temps que les sarcelles, reste jusqu'à la fin d'octobre; la migration du nord est petite.

282. *Mareca penelope* (L.).

Commun et assez abondant dans les epoques des migrations, il apparait au printemps au commencement des inondations, par paires ou en troupes, le plus souvent en mars; pendant tout le mois d'avril il est commun, mais ne niche nulpart dans le pays; plus nombreux au passage d'automne et reste jusqu'à ce que toutes nos eaux ne se couvrent de glace; en juin et en juillet viennent les vols plus ou moins nombreux des males et s'établissent sur nos eaux pour changer le plumage.

283. *Fulix ferina* (L.).

Assez commun dans le temps des migrations, on le rencontre sur toutes les eaux; reste en petit nombre pour nicher sur les lacs, sur les grands étangs et dans les marais profonds, surtout dans les contrées marécageuses; il arrive dans le commencement d'avril et reste jusqu'à la fin d'octobre.

284. *Fulix nyroca* (L.).

Le plus commun des platypes, niche partout en nombre assez grand, arrive au commencement d'avril et reste longtemps en automne; on le rencontre même très rarement en plein hiver.

285. *Fulix cristata* (Leach.).

Commun dans les epoques des deux migrations; au printemps il se montre assez tôt mais la migration principale n'a lieu que depuis la fin d'avril jusqu'à la fin de mai, en automne il arrive en abondance en septembre et en octobre, et reste jusqu'à ce que les gélées ne le forcent à quitter la contrée.

286. *Fulix marila* (L.).

Moins nombreux que le précédent dans les epoques des migrations, surtout au printemps, en automne il reste longtemps sur nos eaux, et on le rencontre même en decembre dans des lieux qui ne gèlent pas.

287. *Branta rufina* (Pall.)

Je ne connais qu'un cas de la capture d'un male de cette espèce aux environs de Turobin dans le sud du gouvernement de Lublin.

288. *Oidemia fusca* (L.).

Visite rarement le pays, par petites troupes, ou en individus solitaires, le plus souvent au commencement de printemps ou à la fin d'automne; quelquefois en hiver ou en plein été.

289. *Oidemia nigra* (L.).

Beaucoup plus rare que le précédent, je ne connais que trois exemplaires tués dans le pays, tous males, dont un sur la rivière Bobrza dans le gouverment de Suwałki. l'autre en automne qui se trouve dans une collection particulière, et un tué au commencement de mai de 1872 aux environs de Varsovie et qui se trouve au Musée Zoologique.

290. *Clangula glaucion* (L.).

Il vient chez nous en nombre assez considérable en octobre el quelquefois même à la fin de septembre, reste en partie en hiver, plus ou moins grande relativement à l'état de la saison et se retire vers le nord sitôt que la neige commence à fondre; pendant tout le mois de mars et d'avril il émigre vers le nord.

291. *Harelda glacialis* (L.).

Visite rarement notre pays à la fin de l'automne, en hiver ou au commencement de printemps, et ce n'est qu'une seule fois que j'ai vu un male adulte en juin.

292. *Somateria mollissima* (L.).

En 1830 on a tué un male adulte dans le gouvernement de Płock, qui se trouve au Musée Zoologique de Varsovie, depuis on ne l'a nul part observé, et ce n'est que le 8 mars de 1880 qu'on a tué un male également adulte aux environs de Nieszawa, à la frontière de Prusse, qui est gardé chez une personne particulière. Ce sont les seuls documents sur son apparition dans le pays.

293. *Mergus merganser* (L.).

Commun dans les deux epoques des migrations, et on le rencontre partout en hiver sur les rivières dans des lieux qui ne gélent pas, même sur les plus petites. Avant trente ans il nichait encore en petit nombre dans des trous des vieux arbres situés sur les bords de plusiers lacs du gouvernement de Suwałki, et surtout celui de Wigry, Saino et Douś; en 1861 lorsque j'ai visité cette contrée on m'a montré plusieurs de ces arbres mais il n'y avait plus de nids; probablement il ne niche plus dans la contrée.

294. *Mergus serrator* (L.).

Moins nombreux que le précédent, on le trouve le plus souvent en troupes dans le mois de novembre, rarement au milieu d' hiver et au printemps, en mai cependant, lorsque les deux autres harles ne se montrent pas dans le pays, on rencontre encore sur nos eaux des males adultes, qui en général sont rares dans le pays.

295. *Mergus albellus* (L.).

Commun au printemps et en automne, il hiverne en petit nombre sur les rivières non gélées; il arrive ordinairement en novembre, en mars il quitte le pays.

296. *Podiceps cristatus* (L.).

Commun partout en été, il arrive sitôt que les glaces commencent à dégéler, il reste en automne jusqu'à ce que les eaux ne se couvrent pas de glace; je ne connais qu'une seule capture d'un jeune oiseau au commencement de janvier de 1873.

297. *Podiceps subcristatus* (Jacq.).

Moins commun que le précédent, niche dans le pays en nombre beaucoup plus petit.

298. *Podiceps cornutus* (Gm.).

Rare dans les epoques des migrations, au printemps on l'observe en mai et quelquefois en juin, en automne le plus souvent les jeunes dans le mois d'octobre.

299. *Podiceps nigricollis* (Brehm).

Plus commun dans les epoques des migrations que le précédent; on le rencontre au printemps par petites troupes depuis la moitié d'avril jusqu'à la fin de mai, en automne il arrive en septembre et en octobre et reste jusqu'aux gélées.

300. *Podiceps minor* (Briss.).

Commun partout, niche partout, et reste en grande partie pendant tout l'hiver; tous ceux que j'ai vus en hiver étaient des jeunes.

301. *Colymbus glacialis* (L.).

Accidentel et très rare dans le pays; le Musée de Varsovie ne possède qu'un seul exemplaire jeune, tué à la fin d'automne.

302. *Colymbus arcticus* (L.).

Le plus commun dans le pays. chaque automne il se montre sur nos eaux en nombre plus ou moins grand, on le trouve aussi pendant la migration de printemps, quelquefois au milieu d'hiver, et au milieu d'été; dans des rares

33*

années les adultes apparaissent en été en nombre plus ou
moins considérable et on trouve alors des oiseaux à terre
au milieu des champs, qui ne peuvent plus s'envoler.

303. *Colymbus septentrionalis* (L.).

Moins commun que le précédent, les jeunes viennent
plus souvent que les adultes; les epoques de son apparition
sont aussi irrégulières que celles du précédent.

Varsovie le 1 juin 1888.

Ein seltener Rackelhahn

(Tetrao medius, Meyer).

Vermuthlicher Bastard zwischen *Tetrao tetrix* ♂
und *Tetrao medius* ♀ (ex *T. tetrice* ♂ et *T. urogallo* ♀).

Von

Victor Ritter von Tschusi zu Schmidhoffen.

(Mit einer Tafel).

———

In seinem schönen Werke »Unser Auer-, Rackel- und
Birkwild und seine Abarten*)«, von dem ich wünschen
würde, dass es sich zum Nutzen der Wissenschaft in der
Hand eines jeden Hahnenjägers befände, beschreibt Hr. Dr.
A. B. Meyer (p. 49—50) einen auf Taf. XI abgebildeten
Rackelhahn mit Birkhahntypus, der im Juli 1885 auf dem Gute
Ranzen in Livland erlegt und von Hrn. Baron A. v. Krüdener
auf Wohlfahrtslinde dem königl. zoologischen Museum in
Dresden als Geschenk übergeben wurde. Baron v. Krüdener
kennzeichnet dieses Exemplar in der Hugo'schen Jagdzeitung (1885, p. 502) in Kürze wie folgt: »Dieser Hahn fällt
sofort durch seine Kleinheit auf. Der Kopf ähnelt dem
Birkhahn, denn die Rose ist stark entwickelt, der Schnabel
schwarz, am Vorderhalse hat er weissliche Streifen und
Pünktchen. Der Fächer ist nur wenig ausgeschnitten. Die
äussersten Steuerfedern etwa derartig geschwungen wie bei
alten Birkhennen. Das Brustschild grünlich schillernd, und
die Flügeldeckfedern bräunlich wie beim Auerhahn«. — »Der
Gesammteindruck dieses Hahnes ist«, wie A. B. Meyer
(l. c.) bemerkt, »der eines kleinen Rackelhahnes mit
stahlgrüner Brust, lebhaft weiss gefleckter Kehle und
ebensolchen Halsseiten«. Meyer ist geneigt, diesen Rackel-

---

*) Wien. 1887. Fol. 93 pp. 17. Taf.

hahn — bisher ein Unicum — als Bastard zweiten Grades (aus Rackelhahn ✕ Birkhenne [aus Birkhahn ✕ Auerhenne]) anzusprechen.

Seit Se. k. k. Hoheit, der Kronprinz Rudolf, durch seine Arbeiten über das Rackelwild (Mittheil. d. ornith. Ver. in Wien. IV. 1880. p. 41—43 und VII. 1883, p. 105—109) die Aufmerksamkeit auf selbes lenkte, aus deren letzteren erhellt, dass wir es nicht mit einer, sondern mit verschiedenen Rackelwild-Formen, bezüglich Bastardirungs-Graden zu thun haben, drang das Interesse für dieses merkwürdige Wild, welches bisher mehr ornithologische — als jagdliche Beachtung fand, in immer weitere Kreise, und während früher die Erlegung eines Rackelhahnes als ein ausserordentliches Ereigniss galt, mehren sich jetzt die Berichte über die Erbeutung socher alljährlich. Dank dem Interesse, welches gegenwärtig auch von Seite der Jägerwelt dem Rackelwilde zugewendet wird, hat sich unsere Kenntniss der verschiedenen Formen desselben wesentlich erweitert, obgleich deren Deutung — eine Form ausgenommen — ausser auf speculativem Wege, noch nicht gelungen ist.

Ein besonderes Verdienst erwarb sich Hr. C. Kralik Ritter von Meyerswalde in Adolf bei Winterberg in Böhmen durch seine Kreuzungsversuche von Birk- mit Auergeflügel, worüber ich in den Mittheilungen d. ornith. Vereines in Wien (VIII, 1884, p. 172. m. Taf.) kurz berichtete. Hatte man früher schon — obgleich nur aus rein theoretischen Gründen — den Birkhahn und die Auerhenne als die Eltern des Rackelwildes angesehen, so fand doch erst infolge der v. Kralik'schen Züchtung diese Annahme ihre volle Bestätigung durch die Praxis.

Leider erfuhren die so schön begonnenen Versuche einen nur zu raschen Abschluss, indem das gesammte Zuchtmaterial ohne scheinbare Ursache eines nach dem andern einging. Wir hoffen jedoch, dass Hr. v. Kralik, wenn es ihm gelingt, Birk- und Auergeflügel zu beschaffen, seinem ersten Versuche werde weitere folgen lassen; denn nur auf diesem Wege allein ist es ermöglicht, die vielen noch offenen Fragen, die insbesondere seit der Kenntniss verschiedener

Rackelformen sich uns aufdrängen, ihrer endlichen Lösung zuzuführen, an deren Stelle wir uns jetzt mit Hypothesen begnügen müssen.

Bei der heute so weit verbreiteten Liebhaberei und Züchtung des verschiedensten Ziergeflügels, wäre es eine dankenswerthe Aufgabe, wenn sich das Interesse speciell nach jener Richtung concentriren würde, wo es die Wissenschaft zu unterstützen und zu fördern — und zur Lösung noch offener Fragen beizutragen vermag.

Wie mir im Spätherbste des vergangenen Jahres mein verehrter Freund, Hr. Baron Ludw. Lazarini, in Innsbruck mittheilte, erhielt im October Kaufmann Witting einen ungewöhnlich kleinen Rackelhahn zum Ausstopfen. Auf meine Bitte mir den Vogel zur näheren Untersuchung einzusenden, kam mir selber Ende Januar in Begleitung eines fast zur gleichen Zeit erlegten jungen Spielhahnes und eines gewöhnlichen Rackelhahnes mit folgenden Zeilen Baron Lazarini's zu: »Wie Du sehen wirst, ist der Hahn, über den ich Dir vor längerer Zeit schrieb, ein sehr interessantes Thier. Ich glaube ihn für einen Rackelhahn halten zu müssen, obwohl er in der Färbung vom gleich alten (jungen) Spielhahn nur unbedeutend abweicht; aber er ist doch zu gross, namentlich für einen jungen Hahn. Wie schade, dass er gerade an dem Tage kommen musste, wo ich nicht zu Hause, sondern, wie Du weisst, im ornithologischen Interesse an den Obernberger Seen weilte! Aus diesem Grunde vermag ich Dir leider die am frischen Vogel genommenen Masse nicht mitzutheilen, will jedoch bemerken, dass der Präparator, wie ich mich oft zu überzeugen Gelegenheit hatte, die natürlichen Verhältnisse ziemlich genau einhält, so dass eine Vergrösserung des Vogels — er übertrifft in seinen Dimensionen selbst einen alten Hahn — ausgeschlossen erscheint.

An eine hahnenfedrige Henne ist wohl nicht zu denken, denn die müsste doch kleiner und nicht grösser als ein Birkhahn sein. Gegen die Annahme eines hennenfedrigen Hahnes spricht wieder der Umstand, dass nicht die braunen, sondern die schwarzen Federn Blutkiele haben, dass zur

Erlegungszeit (October) andere junge normale Birkhähne auch noch und sogar weit mehr Reste des Jugendkleides tragen und dann übertrifft er immer noch, wenigstens meinen alten Birkhahn, in manchen Massen. Aus diesem Grunde und wegen der geraden Stossfedern, dem unten gelblicheren und mehr in die Längen gezogenen Schnabel und auch wegen des grünlicheren Schimmers der Federsäume, namentlich am Unterrücken, stimmt er nicht mit einem gleich alten Birkhahn. Letztere haben überdies im ersten Herbstkleide schon krumme Sichelfedern, wie auch mein Exemplar vom 18. October 1887, das mitfolgt, beweist.«

Im Nachstehenden gebe ich die detaillirten Angaben der plastischen und der Färbungsverhältnisse dieses Vogels:

Allgemeiner Eindruck.

Ungewöhnlich kleiner Rackelhahn mit Birkhahn-Typus und blaugrünem Schimmer.

Plastische Verhältnisse.

Grösse, bezüglich Stärke, weit bedeutender als der stärkste einjährige Birkhahn, ja selbst ausgewachsene Hähne übertreffend.

Stoss 18federig: geöffnet, fast gerade, nur die beiden äussersten Federn beiderseits ganz unbedeutend nach Aussen gebogen; geschlossen nur sehr wenig ausgeschnitten, noch weniger als bei der ♀. Untere Stossdecken unvollständig, sehr kurz, lange nicht die mittleren Stossfedern erreichend.

Flügel länger, Federn desselben gewölbter, viel breiter als beim alten Birkhahn; Reihenfolge der Schwingen nach ihrer Länge: 4., 5., 3., 6., 2., 7., 1.

Schnabel etwas gestreckter.

Rose unbedeutend (dem Alter entsprechend) entwickelt.

Masse.

Zur besseren Vergleichung der Verhältnisse habe ich ausser den Massen des hier beschriebenen Rackelhahnes (Nr. 2) auch die eines gewöhnlichen typischen (aus *T. tetrix* ♂ × *T. urogallus* ♀) (Nr. 1) und dreier Birkhähne verschiedenen Alters (Nr. 3, 4, 5) beigefügt.

Laufende Nummer, Geschlecht und Alter. Fundort und Datum. Sammlung.	*Tetrao medius*, Meyer.		*Tetrao tetrix*, L.			
	1. ♂ ad. Tirol Unterinn-thal. ? Bar. Ludw. Lazarini, Innsbr.	2. ♂ jun. Tirol, Windisch-Matrei. 20. X. 1887 Mus. Ferdinandeum, Innsbr.	3. ♂ jun. Tirol, Ob.-Innthal, Gem. See, 8. X. 1887. Bar. Ludw. Lazarini, Innsbr.	4. ♂ semi ad. Salzburg, Gaisberg 27. V. 1887 v. Tschusi, Hallein, Salzburg	5. ♂ ad. Ungarn, Oravitz, Mai 1881. v. Tschusi, Hallein, Salzburg	? mm.
Totallänge	?	?	243	555	268	»
Flügellänge	313	270	31	253	40	»
Entfernung der 1. Schwinge von der 2.	45	35	10	32	15	»
» » » 3.	20	02	26	29	06	»
» » » 4.	04	20	—04	—03	—05	»
» » » 5.	—03	—09	—13	—08	—10	»
» » » 6.	12	—12	—26	—15	—23	»
» » » 7.	32	—29	45	—28	60	»
» » » 8.	70	60	162	52	172	»
Länge der äussersten Stossfedern	220	151	90	160	107	»
Länge der mittleren Stossfedern	186	125	25	108	26	»
Breite der äusserst. Stossfed an den längst. Oberdecken	34	28	33	24	35	»
Breite der mittl. Stossfed. an den längsten Oberdecken	50	34	15	33	12	»
Mittlere Stossfedern von den oberen Decken unbedeckt	48	29	bedeckt	33	bedeckt	»
Mittlere Stossfedern von den unteren Decken bedeckt oder unbedeckt	62	49	31	bedeckt	32	»
Schnabellänge vom Culmen an in gerader Richtung	45	34	37	32	30	»
Schnabellänge von der Mundspalte	46	37	19	33	18	»
Schnabellänge vom Nasenloche	27	21	12	18	13	»
Länge des Unterschnabels vom Astwinkel	20	13	09	13	11	»
Schnabelbreite vor dem Nasenloche	10	12	11	11	10	»
Oberschnabelhöhe vor dem Nasenloche	13	11	04	09	06	»
Freie Unterschnabelhöhe	06	05	13	05	13	»
Gesammthöhe	17	12	41	14	47	»
Länge der Tarsen	53	50	45	39	47	»
Länge der Mittelzehe ohne Nagel	49	45	14	41	13	»
Länge des Nagels an der Mittelzehe	10	15	32	15	30	»
Länge der äusseren Zehe ohne Nagel	38	31	11	29	11	»
Länge des Nagels an der äusseren Zehe	13	13	31	10	29	»
Länge der Innenzehe ohne Nagel	37	30	10	26	12	»
Länge des Nagels an der Innenzehe	17	13		11		»

Färbungsverhältnisse.

Schnabelbefiederung matt schwarz. Kopf, Wangen und Ohrengegend schwarz, mit schwachem blaugrünen Schimmer; an den Schläfen beiderseits rostbraune, schwarz und weiss gewellte Federn des Jugendkleides. Nacken und Hinterhalsfedern schwarz, mit bläulichgrünem Schimmer, untermischt mit einzelnen weisslich und schwarz gewellten Jugendfedern. Bart schwarz, nach unten zu bläulichgrün glänzend und am Ende mit einzelnen schmalen weisslichen Federrändern. Oberster Theil des Kieferastwinkels weisslich befiedert, ebenso eine kleine Stelle längs der Unterseite der Kieferäste und Mundwinkel. Vorderhals und Halsseiten schwarzbraun, jede Feder breit blaugrün gesäumt, mit einzelnen kleinen weisslichen, an der rechten Seite mit mehreren grossen beisammen stehenden gelblich und schwarzbraun gebänderten Federn untermischt. Oberbrust schwarzbraun, mit ca. 3 mm. breiten blaugrünen Säumen, welche soweit von einander entfernt sind, dass sie sich von der Grundfarbe schuppenartig abheben. Unterbrust, Bauch und Seiten schwarzbraun, bei darauffallendem Lichte einen grünlichen Schimmer zeigend; letztere vielfach mit schmalen weissen Federsäumen, die sich auch an der Brust, jedoch nur als schwache undeutliche Reste fortsetzen. Rücken matt schwarz, mit ausgesprochen grünlichen Endsäumen an seinem obersten und untersten Theile, während der mittlere solche entbehrt oder nur ganz schwache Andeutungen davon zeigt; vom Mittel bis zum Unterrücken haben die Federn feine weissliche und gelbbräunliche Ränder und vielfach eine mehr oder weniger undeutliche gelbbraune Wässerung. Bürzel und obere Schwanzdecken mehr in's Schwarzbraune ziehend, mit schwachem, kaum merklichem Schimmer an den Federenden, keiner oder noch schwächerer Säumung und da und dort wie verschwommen, an den Seiten und den grossen Schwanzdecken — an letzteren mit Ausnahme der Mitte — aber ziemlich deutlich gelblichbraun gewässert. Schwingen matt schwarzbraun; Handschwingen dunkler als die Primärschwingen, welche von der Wurzel bis zu $^2/_3$ ihrer Länge weissliche Schäfte haben, die gegen das Ende zu in Braun übergehen und lichtere — graubraune — Aussenfahnen besitzen, wovon die 6. vom 2. Drittel an erst weisslich, dann gelblich gewässert ist und die ihr zunächst stehenden 5. und 7. sehr schwache Andeutungen zeigen. Secundarien auf der Aussenfahne weisslich und gelblichbraun bespritzt, die untersten mit breiten weissen Rändern, welche sich gegen die oberen zu immer mehr verschmälern. Weisser Spiegel an den Secundärschwingen sehr stark entwickelt, grösstentheils infolge unrichtiger Präparirung wenig sichtbar. Grosse Decken der Primär- und Secundärschwingen mattschwarz; erstere einfärbig, letztere dicht rostbraun gewässert. Kleine Flügel- und die Schulterdecken von gleicher Grundfarbe; von ersteren nur einzelne gelbbraun —, von letzteren die obersten sehr fein und lebhaft rostgelb gewässert, während die übrigen diese Zeichnung nur theilweise und meist verschwommen aufweisen. Unter den Schulterfedern befindet sich noch eine lebhaft gelbbraune, unten schwarz gewässerte, vor dem hellen Endrande breit schwarz gebänderte Feder des Jugendkleides mit gelblichweissem Schaftstrich. Grosse und kleine Unterflügeldecken grösstentheils weiss, nur die der Handschwingen an der Wurzelhälfte — und die äussersten entweder ganz oder auf der Innenfahne aschgrau. Innerer Flügelrand schwarz, mit Weiss untermischt. Unterseite der Schwingen aschgrau, mit lebhaftem Glanze. Weisser Axillarfleck vorhanden. An der Wurzel der Aussenfahnen der beiden längsten Daumenfedern je ein weisser bohnenförmiger Fleck. Stoss und Kiele schwarz, mit schwachem Glanze, ganz ohne jedes Weiss an der Wurzel, hingegen mit schmaler, rein weisser Beränderung an den Mittelfedern, die sich nach den Seiten hin immer mehr verschmälert. Stoss auf der Unterseite mehr in's Bräunliche ziehend, mit Atlasglanz; Kiele bis über die Mitte hell, dann schwarzbraun. Untere Stossdecken weiss, fast jede derselben mit einem ziemlich grossen, mehr oder weniger keilförmigen schwarzen Fleck an der Innenfahne, welcher der sehr breiten weissen Beränderung wegen gar nicht sichtbar ist oder nur durchschimmert, so dass die Federn weiss erscheinen.

Afterfedern schwarzgrau, weiss gerändert und bespritzt.
Hosen weiss, grauschwarz gebändert, letztere Farbe der
hellen Säume wegen nur undeutlich sichtbar. Tarsen-
befiederung ziemlich stark, schmutzigweiss, mit an den Seiten
durchschimmerndem Braun. Bindehäute der Zehen von
der bräunlichen Befiederung nicht überragt. Oberschnabel
hornschwarz, mit heller Spitze; Unterschnabel nur an den
Schneiden dunkel, in der Mitte gelbbräunlich, längs der
Kieferäste fast wachsgelb.

Dieser Vogel — ein junger Hahn im ersten Herbstkleide
—, den, wie schon erwähnt, Kaufmann Witting in Innsbruck
den 20. October 1887 aus Windisch-Matrei erhielt, steht
nun im Museum Ferdinandeum in Innsbruck.

Indem ich mich hier auf die früher gegebenen brief-
lichen Bemerkungen Baron Lazarini's berufe, muss auch
ich den Vogel nach Erwägung aller Umstände und genauer
Untersuchung und Vergleichung als einen Rackelhahn
ansprechen. Wir haben es aber in diesem Falle mit einem
Vogel zu thun, der dem Birkhahne noch viel näher steht
als der gewöhnliche Rackelhahn mit Birkhahn-Typus; denn
während sich dieser in seinen Grössenverhältnissen weit
mehr dem Auerhahne nähert, übertrifft jener nur um
weniges den Birkhahn und weist einen blaugrünen Schimmer
gegenüber dem violetten der grossen Form auf.

Da wir — Dank den v. Kralik'schen Züchtungs-
versuchen — mit apodiktischer Gewissheit das Kreuzungs-
product zwischen Birkhahn $\times$ Auerhenne kennen und an
eine Bastardirung zwischen Auerhahn $\times$ Birkhenne in
Anbetracht der geringen Grösse unseres Vogels absolut
nicht zu denken ist, ebenso weder Hahnenfedrigkeit noch
Hennenfedrigkeit in Frage kommen können, so bleibt — wenn
auch bis heute die Frage bezüglich der Fruchtbarkeit des
Rackelwildes in der Praxis nicht nachgewiesen ist — doch
keine andere Möglichkeit übrig, als nach dem Vorgange
A. B. Meyer's auch in diesem Vogel das Produkt einer
Bastardirung zweiten Grades zu vermuthen. Der Eingangs
dieser Arbeit erwähnte kleine livländische Rackelhahn mit
stahlgrüner Brust hat mit unserem Exemplar manche Aehn-

lichkeit, wenn auch dieser den grünen Schimmer nicht so ausgeprägt zeigt, wie es bei jenem der Fall ist und auch in der Grösse und in anderen Stücken abweicht. A. B. Meyer äussert sich bezüglich der Abstammung dieses Vogels (l. c. p. 72) wie folgt:

»Ich halte es für möglich, dass dieser Rackelhahn aus Livland ein Product ist aus *Tetrao tetrix urogallus* mit der Birkhenne. Die Grösse spricht dafür, denn er ist grösser als der Birkhahn und kleiner als *Tetrao tetrix urogallus*. Alle anderen Combinationen müssten grösser ausfallen, nur Birkhahn mit *Tetrao tetrix urogallus*-Henne könnte noch in Frage kommen, hiergegen spricht aber die Färbung, denn bei dieser Combination würde, so kann man voraussetzen, das Violett vorherrschen, nach Analogie des Productes aus Birkhahn mit Auerhenne, es würde auch der Stoss dem Birkhahnstoss in der Form noch näher stehen, während er bei dem Krüdener'schen Hahn demselben noch ferner steht, als der Stoss von *Tetrao tetrix urogallus*.«

Obgleich es immer eine missliche Sache ist, an Stelle von Thatsachen theoretische Erklärungen zu setzen, so wird man dies in manchen Fällen doch nicht umgehen können, solange uns die Lösung derselben durch die Praxis verschlossen bleibt. Derartigen Annahmen, welche wie hier die grösste Wahrscheinlichkeit für sich haben, wird man wohl die Berechtigung nicht versagen können, zumal sie durch die Herausforderung der Kritik die Wahrheit fördern helfen.

Vom theoretischen Standpunkte kann ich der Meyer'schen Deutung des livländischen Rackelhahnes nichts entgegenstellen und adoptire dieselbe vollständig.

Was nun den kleinen tiroler Rackelhahn anbelangt, der zwar manche Aehnlichkeit mit dem vorerwähnten hat, aber doch nicht unerheblich abweicht, so bleibt meines Erachtens nach keine andere Möglichkeit übrig, als in ihm das Product einer Kreuzung zwischen *Tetrao tetrix* ♂ × *Tetrao medius* ♀ (*ex T. tetrice* ♂ × *urogallo* ♀) zu erblicken. Es spricht dafür nicht nur die Kleinheit des Vogels, sondern auch der bläulichgrüne Schimmer und

der — den Stoss ausgenommen — im allgemeinen birk-
hahnartige Charakter.

Durch die Auffindung dieses Exemplares erscheint
die Kenntniss des Kleides einer neuen Rackelform wieder
vermehrt.

Möge sich das Interesse für dieses Wild in Jägerkreisen
erhalten, mögen ganz besonders die Züchter die vielfach
noch offenen Fragen, zu denen das Rackelwild herausfordert,
in das Bereich ihrer Versuche ziehen, wo gerade sie berufen
wären. der Wissenschaft einen bedeutenden Dienst zu leisten.

Villa Tännenhof bei Hallein, im Februar 1888.

Tetrao medius Meyer
(ex T. tetrix ♂ × T. med.♀)

Die Vögel von Gross-Sanghir

(mit besonderer Berücksichtigung der in den Jahren 1886 und
1887 von Herrn Dr. Platen und dessen Gemahlin bei Manganitu auf Gross-Sanghir ausgeführten ornitholog. Forschungen)

nebst einem Anhange über die Vögel von Siao.

Von

Professor Dr. Wilh. Blasius

in Braunschweig.

(Mit 2 Tafeln.)

— —

Einleitung.

Gross-Sanghir ist die grösste von den Inseln, welche
zwischen der Nordspitze von Celebes und der Südspitze von
Mindanao liegen und ungefähr vom 2. bis zum 6. Grade
nördlicher Breite sich ausdehnen. Von diesen etwa 80 verschiedenen Inseln gehören die südlichsten geographisch
mehr oder weniger zu Nord-Celebes, die nördlichsten zu
Mindanao; die mittleren werden unter dem Namen Sanghir-
Inseln zusammengefasst, in deren Nähe, nach Osten und
Norden zu, noch zwei besondere Inselgruppen, südlicher die
den Sanghir-Fürsten tributpflichtigen Talaut- und nördlicher die Meangis-Inseln unterschieden werden. Mindestens
50 grössere und kleinere Inseln sind es, welche, zwischen
dem 2. und 4. Breitengrade gelegen, den unter hollän-
discher Oberhoheit stehenden und zu Niederländisch-Indien
gehörenden politischen Verband der Sanghir-Inseln im
weiteren Sinne des Wortes ausmachen. Es besteht dieser
aus sechs Radjaschaften, von denen vier auf Gross-Sanghir
selbst liegen, nämlich auf der Ostseite dieser Insel sich aus-

breitend Tabukan, mit sieben Dörfern, worunter Tabukan
und Pejta, und auf der Westseite Kandahr, Taruna und
Manganitu, während zwei andere nach zwei südlicher gelegenen (Mittelpunkte von besonderen Inselgruppen bildenden)
mittelgrossen Inseln bezeichnet werden, von denen Siao
die nördlichere und Tagulanda die südlichere ist. — Gross-
Sanghir liegt ungefähr in der Mitte zwischen Celebes und
Mindanao, Siao etwa einen Breitegrad südlicher, ungefähr
in der Mitte zwischen der Nordspitze von Celebes und
Gross-Sanghir, während Tagulanda wieder ungefähr einen
halben Breitegrad südlicher als Siao gelegen ist. — Um die
drei genannten grösseren Inseln herum gruppiren sich zahlreiche kleinere Inseln von sehr verschiedener Grösse. Die
kleinsten werden oft nur von einem einzelnen öden Felsen
gebildet, der aus dem Ocean hervorragt. — Die näher-
liegenden und grösseren dieser Inseln und Inselchen sind
von Menschen gut bewohnt, die kleineren und ferneren oft
nur spärlich, manche sogar überhaupt nicht. Sämmtliche Inseln
sind gebirgig; die Vegetation ist üppig, das saftigste Grün
bedeckt die Gebirge vom Meeresstrande bis zu den Gipfeln,
und mit Gartenanlagen verbundene Wohnungen sollen nach
der Schilderung der Reisenden die Abhänge bis zu den
Spitzen der Berge bedecken. Nur drei noch bis in die
neueste Zeit hinein thätige hohe Vulcane machen mit ihrer
kahlen Spitze, an welcher die Schwefeldämpfe und Lava-
ausbrüche alle Vegetation zerstört haben, hierin eine Ausnahme. Der eine dieser Vulcane (etwa 3000 Fuss hoch) liegt
auf Ruang, einer unbewohnten zur Radjaschaft Tagulanda
gehörigen kleinen Insel im Westen der Hauptinsel gleichen
Namens; ein zweiter Vulcan ist auf Siao gelegen und der
dritte (Gunong Awu) auf Gross-Sanghir. Bei einem Ausbruch des letzteren am 2. März 1856 sollen beiläufig bemerkt etwa 3000 Menschen. d. h. die Hälfte der durch-
schnittlichen Bevölkerung von Gross-Sanghir, ihr Leben
verloren haben. Ein anderer, Verderben bringender Ausbruch
desselben hat nach den Ueberlieferungen im December 1711
stattgefunden. Im Jahre 1871 beobachtete A. B. Meyer einen
Ausbruch des Vulcanes von Ruang aus nächster Nähe, den er

später anziehend geschildert hat (Rowley's Ornithological Miscellany, Vol. II, Part. VIII, p. 324, Mai 1877).

Dass dieser politische Gesammtbegriff der Sanghir-Inseln in zoologischer Beziehung nicht beibehalten werden darf, darauf hat besonders scharf letztgenannter Forscher und Forschungs-reisende hingewiesen, z. B. an verschiedenen Stellen seiner Schrift »Ueber neue und ungenügend bekannte Vögel, Nester und Eier aus dem Ostindischen Archipel im Königl. Zoologi-schen Museum zu Dresden. Dem ersten internationalen Orni-thologen-Congresse in Wien gewidmet« (Sitzb. und Abh. Ges. Isis Dresden 1884, Abh. I., vergl. z. B. p. 31). Auch S c h l e g e l hat bei der Aufzählung der Vögel des Leydener Museums stets Siao und Sanghir (so nennt man auch Gross-Sanghir schlechtweg) auseinander gehalten. Die Nothwendigkeit, wenigstens Siao faunistisch von Gross-Sanghir zu trennen, hat sich mit aller Bestimmtheit und Deutlichkeit besonders daraus ergeben, dass einige Vogelarten Siao's auf Gross-Sanghir Repräsentativformen zeigen, wie z. B. Arten der Gattungen *Ardeiralla*, *Pitta* und *Dicruropsis*. In Folge dessen habe ich im Folgenden zunächst nur die Vögel von »Gross-Sanghir« oder »Sanghir« berücksichtigt, während ich sodann anhangsweise noch eine Liste der Vögel von Siao gebe. Selbstverständlich ist es, dass man diejenigen Inseln, welche in der nächsten Nachbarschaft von Gross-Sanghir liegen, von den faunistischen Betrachtungen über Gross-Sanghir und von der Liste der dort beobachteten Vögel nicht aus-schliessen kann, und in diesem Sinne gebrauche ich im Folgenden bisweilen den Ausdruck »Sanghir-Inseln im engeren Sinne des Wortes« für Gross-Sanghir mit Ein-schluss der kleineren in der Nähe desselben gelegenen Inseln.

Nach dieser geographischen Erörterung gehe ich dazu über, eine g e s c h i c h t l i c h e Übersicht über d i e bis-h e r i g e n ornithologischen Durchforschungen der S a n g h i r - I n s e l n zu geben. Es ist dabei nicht immer möglich, Gross-Sanghir und Siao getrennt zu halten; und da die meisten Forschungs- und Sammelreisen in diese Gebiete beide Inseln zugleich berührt haben, so erscheint es sogar zweckmässig, bei dieser geschichtlichen Einleitung die genannten Inseln

nicht zu trennen: Vor Mitte der sechsziger Jahre unseres
Jahrhunderts ist nur hie und da vereinzelte Kunde über
die Vögel der Sanghir-Inseln zu uns gedrungen. Einzelne
Vogelarten brachten von dort holländische Forschungs-
reisende, z. B. Forsten, nach Europa. Meist waren aber
die Heimatsangaben zweifelhaft, so dass die Wissenschaft
keinen grossen Nutzen davon hatte. Mehr schon konnte
Wallace auf seinen ausgedehnten Reisen im malayischen
Archipel von 1854—1862 unsere Kenntniss fördern, wie er
z. B. der Erste war, der Sanghir als die eigentliche Heimat
von *Eos histrio* erkannte. Mehrere Abhandlungen von
Wallace sind bemerkenswerth, die in den »Proceedings of
the Zoological Society of London« (über die Papageien,
1864, p. 272, mit einer guten Karte des malayischen Ar-
chipels) und in »The Ibis« erschienen sind (über die
Tauben, 1865, p. 365, und über die Raubvögel, 1868,
p. 1); allein von Sanghir-Vögeln sind in diesen Aufsätzen
nur ganz wenige erwähnt. — Vom Jahre 1864 an scheint
auf den Sanghir-Inseln zuerst systematisch gesammelt worden
zu sein, und zwar durch von Rosenberg im October 1864,
durch Hoedt 1864 und 1865 und durch R. v. Duyvenbode 1866, welche sämmtlich, wie es scheint, das ganze
damals zusammengebrachte Material dem Leydener Museum
übergeben haben. Wissenschaftliche Verwerthung fanden
besonders die zuerst erwähnten und zuerst in Leyden ange-
langten Sammlungen bald durch H. Schlegel in dessen
»Observations zoologiques I« (Nederl. Tijdschr. v. Dierkunde,
Bd. III, p. 184, 1866). Nach Hoedt'schen Exemplaren, die
das britische Museum vom Leydener erhalten hatte, beschrieb ferner Sharpe 1868, die schon von Schlegel auf
den Etiketten so benannte *Cittura shanghirensis* (Proc.
Zool. Soc., 1868, p. 270. pl. 27). Von Letzterem wurden
später längere Zeit keine Veröffentlichungen über die erwähnten Sanghir-Sammlungen herausgegeben, und erst in
den seit 1873 erschienenen letzten Lieferungen des »Muséum
d'histoire naturelle des Pays-Bas« erwähnte er einzelne
Sanghir-Vögel, z. B. in der 10. Lieferung die *Columbae*
(März 1873) und die *Rapaces* (Revue, Juli 1873), in der

11. Lieferung die Arten der Gattung *Pitta* (Revue, April 1874), die *Psittaci* (Revue, Mai 1874) und *Alcedines* (Revue, Juni 1874) und in der 13. Lieferung die *Megapodii* (Juni 1880), nachdem er kurz vorher in den »Notes from the Leyden Museum« (Vol. II. Note XVI, p. 91. März 1880) *Megapodius sanghirensis* als neue Art beschrieben hatte. So kommt es, dass zu Ende der sechsziger Jahre noch verhältnissmässig sehr wenig über die Vögel von Sanghir bekannt war, und dass in Gray's Hand-List (Part I, 1869; II, 1870; III, 1871) nur sehr wenige Nummern auf solche zu beziehen oder zu deuten sind (z. B. in Part. I, Sp. 139, 1066 und 4360; in Part. II. Sp. 8190 = 8199, 9080). Beiläufig sei bemerkt, dass der erste genauere Erforscher der Ornis der Sanghir-Inseln, v. Rosenberg, in verschiedenen seiner Schriften gelegentlich auch seiner Beobachtungen auf Sanghir gedenkt. Besonders möge sein Aufsatz über »Die Papageien von Insulinde« (Zoolog. Garten, 1878, p. 344 bis 348) und sein Buch »Der malayische Archipel« in drei Abtheilungen (1878 und 1879) hervorgehoben werden. — Sehr wesentlich wurde zu Anfang der siebenziger Jahre unsere Kenntniss von der Ornis der Sanghir-Inseln durch A. B. Meyer gefördert, welcher selbst ausser auf Celebes 1871 auch auf Siao sammelte und später, zuletzt 1874, kundige Jäger zum Sammeln nach derselben Insel und nach Tabukan auf Gross-Sanghir sandte. Einen grossen Theil der Meyer'schen Celebes-Sammlungen erhielt zur wissenschaftlichen Bearbeitung Walden. Es ist natürlich, dass dessen grosse Abhandlung über die Vögel von Celebes (A List of the Birds known to inhabit the Island of Celebes, nebst Appendix; Transact. Zool. Soc., London, Vol. VIII, Part. 3, p. 23—118, 1872, nebst 11 Tafeln) bei der grossen Verwandtschaft der Celebes- und Sanghir-Fauna manche Förderung unserer Kenntnisse von den Sanghir-Vögeln brachte. Auch A. B. Meyer selbst hat in seinem »Field notes on the Birds of Celebes« (Ibis, 1879, p. 43—70 und 125—147) öfters Bezug genommen auf Vorkommnisse von den Sanghir-Inseln. Die Hauptausbeute Meyer's von Siao und Gross-Sanghir ist aber erst sehr allmählich und in zahlreichen einzelnen zer-

streuten Abhandlungen zur wissenschaftlichen Veröffentlichung gelangt. Zunächst beschrieb Cabanis im »Journal
für Ornithologie« (1872, p. 392) nach einem Meyer'schen
Siao-Balge: *Oriolus formosus*. Einige Jahre später, 1874,
hat Meyer bei Gelegenheit einer Abhandlung über papua-
sische Vögel in den Sitzungsberichten der Wiener Akademie
der Wissenschaften, beiläufig *Chalcostetha sanghirensis* beschrieben und einige Mittheilungen über andere Sanghir-
Vögel gebracht (Bd. LXX, 1874, p. 124), und wiederum einige
Jahre später stellte derselbe eine grössere Menge von Einzel-
aufsätzen Rowley zur Verfügung, die dieser, mit anderen
Angaben zu eigenen Abhandlungen verarbeitet, in seinem
»Örnithological Miscellany« veröffentlicht und mit schönen
Tafeln begleitet hat. Hervorzuheben ist von diesen Aufsätzen: 1. »On *Broderipus formosus* (Cab.)« (Vol. II, Part. VII,
p. 227, pl. 56, März 1877), mit Tafel; 2. »On a few Species belonging to the *Genus Loriculus*« (Vol. II, Part. VII,
p. 236, pl. 57, März 1877), mit Abbildung von *Loriculus
catamene*; 3. On the *Genus Pitta* (Vol. II, Part. VIII, p. 324,
pl. 64 und 65, Mai 1877), wobei *Pitta coeruleitorques* und
sanghirana abgehandelt und abgebildet werden; 4. »On
Domicella coccinea (Latham)«, (Vol. III, Part. XIII, p. 123,
pl. 98, Febr. 1878), mit Abbildung; 5. »On the *Genus
Cittura*« (Vol. III, Part. XIII, p. 132, pl. 100, Febr. 1878),
mit Abhandlung über und Abbildung von *Cittura sanghirensis*.
In demselben Werke gab endlich A. B. Meyer selbst die
erste Beschreibung von *Zeocephus* (nach Sharpe richtiger
Hypothymis) *Rowleyi* (Description of two Species of Birds
from the Malay Aschipelago, ibid. p. 163).

Kurz darauf erschien in den »Mittheilungen aus dem
Königl. Zoologischen Museum zu Dresden« (III. Heft, Dresden
1878, p. 349—372, mit drei Tafeln) ein Aufsatz R. Bowdler
Sharpe's: »On the Collections of Birds made by Dr.
Meyer during his Expedition to New Guinea and some neighbouring Islands«, in welchem besonders die *Rapaces*, *Dicruridae* und *Campophagidae*, dabei auch Arten von Sanghir
und Siao abgehandelt werden. Auch in den seit 1879 erscheinenden »Abbildungen von Vogelskeletten« hat A. B.

Meyer viele osteologische Tafeln und Mittheilungen über Sanghir-Vögel nach den von ihm selbst gemachten Sammlungen geliefert, auf welche letzteren auch Salvadori in den später zu erwähnenden Abhandlungen vergleichsweise öfter Bezug nimmt. Andere Resultate seiner eigenen Forschungen auf Sanghir und Siao hat A. B. Meyer mit Berücksichtigung der noch weiter unten zu erwähnenden, inzwischen zur Veröffentlichung gelangten Ergebnisse der Fischer'schen und Bruijn'schen Sammlungen aus der Mitte der siebenziger Jahre, in einem schon oben erwähnten »dem ersten internationalen Ornithologen-Congresse in Wien« gewidmeten Aufsatze »Ueber neue und ungenügend bekannte Vögel etc.« (Sitzb. und Abh. Ges. Isis Dresden, 1884, Abh. I) gegeben und zu einer dem damaligen Stande unseres Wissens ungefähr entsprechenden Gesammtliste der Vögel von Siao und Sanghir verarbeitet, auf welche ich noch weiter unten des Näheren zu sprechen komme.

Auf A. B. Meyer folgend ist zunächst als Sammler im Gebiete der Sanghir-Inseln George Fischer zu erwähnen, welcher ausser einer grossen Menge von Celebes-Vögeln auch solche aus »Sanghir«, worunter offenbar Siao mit verstanden ist, dem Darmstädter Museum übergab. Nachdem Fr. Brüggemann dieselben bestimmt und wissenschaftlich bearbeitet hatte, wurden die Doubletten im Februar 1876 von dem Director des Museums, G. v. Koch, anderen Sammlungen angeboten. Es ist das zu diesem Zwecke von demselben herausgegebene »Verzeichniss einer Sammlung von Vogelbälgen aus Celebes und Sanghir, welche vom Grossherzoglichen zoologischen Museum zu Darmstadt im Tausch oder gegen Baarzahlung zu erhalten sind«, die erste Veröffentlichung über die Fischer'schen Sammlungen. Gleichzeitig wurde die erst etwas später erschienene Arbeit Friedr. Brüggemann's: »Beiträge zur Ornithologie von Celebes und Sanghir« in den »Abhandlungen herausgegeben vom naturwissenschaftlichen Vereine zu Bremen« (V. Bd., 1. Heft, erschienen April 1876, p. 35—102) gedruckt, in welcher mehrere Arten zum ersten Male für die Sanghir-Inseln nachgewiesen werden. »Nachträgliche Notizen zur

Ornithologie von Celebes u. s. w.« erschienen später von demselben 1877 (ibid., 3. Heft. erschienen October 1877, p. 464—466), und der Sammler G. Fischer selbst gab etwas später noch einige erläuternde »Bemerkungen über zweifelhafte celebensische Vögel«, in denen auch die Vorkommnisse von Sanghir berührt werden (ibid., 4. Heft, erschienen April 1878, p. 538). Auf die Fischer'schen Sammlungen und Brüggemann's Abhandlung bezieht sich auch ein Brief T. Salvadori's vom 15. Juni 1876, der im »Ibis« (1876, p. 385 und 386) veröffentlicht worden ist.

Letzterer hatte inzwischen eine kleine Sammlung von Vögeln zur Untersuchung erhalten, welche A. A. Bruijn (zum grossen Theile im September und October 1875, zum Theile vielleicht. wie Meyer meint, gleichzeitig mit den von A. B. Meyer ausgesandten Jägern) bei Pejta (Salvadori schreibt Pettà) auf Gross-Sanghir gesammelt und dem Museo Civico in Genua gesandt hatte. und veröffentlichte darüber im October 1876 in den »Annali del Museo Civico di Storia Naturale di Genova« (Vol. IX, 1876/77, p. 50—65), eine Abhandlung unter dem Titel »Intorno a due piccole Collezioni di Uccelli, l' una di Pettà (Isole Sanghir) etc.. in welcher mehrere neue Arten: *Pitta coeruleitorques, Dicaeum sanghirense, Prionochilus sanghirensis* und *Calornis sanghirensis* beschrieben und manche andere zuerst für Sanghir nachgewiesen werden. Derselbe Autor gibt über die *Nectarinien* von Sanghir bald nachher weitere wichtige Auskunft in seiner monographischen Abhandlung: »Intorno alle Specie di *Nettarinie* della *Papuasia*, delle *Molucche* e del gruppo di *Celebes* (Atti della R. Accademia delle Scienze di Torino (Vol. XII, 1876/77, Februar-März 1877, p. 299—321). Kurze Zeit darauf erhielt T. Salvadori zur Bearbeitung eine zweite, von A. A. Bruijn herrührende Sammlung, ebenfalls von Pejta auf Gross-Sanghir, die durch Vermittlung des Herrn Léon Laglaize an das Museum des Grafen Turati in Mailand gelangt war. Von den sieben Arten, die in dieser Sammlung enthalten waren, konnte T. Salvadori 1878 drei als neu beschreiben in seiner Abhandlung: »Descrizione di tre nuove specie di Uccelli e note intorno ad altre poco conosciute delle Isole Sanghir (Atti della R. Accademia delle Scienze di Torino, Vol. XIII, 1877/78, p. 1184—1189), nämlich *Dicruropsis axillaris, Macropygia sanghirensis* und *Ardetta melaena*. Auch Wulf v. Bültzings-löwen scheint einige in europäische Museen gelangte Vögel von Sanghir geliefert zu haben; wenigstens erwähnt H. Lenz in seinen »Mittheilungen über malayische Vögel« (Journ. für Ornith., 1877, p. 359—382), dass das Lübecker Museum durch denselben *Anous stolidus* von dort erhalten habe, wodurch dessen dortiges Vorkommen zuerst nach-gewiesen worden ist. Nach Paris scheinen ebenfalls Sanghir-Vögel gelangt zu sein; wenigstens beschrieb E. Oustalet in seinen »Notes d'Ornithologie. Observations sur divers Oiseaux de l'Asie et de la Nouvelle Guinée« (Bulletin de la Société Philomathique de Paris, 7. ser., Vol. V, 1880/81, p. 71) von dort zuerst *Pinarolestes sanghirensis*.

Ausser diesen Arbeiten, welche sich auf besondere Vogelsammlungen von den Sanghir - Inseln stützen, kann man in Betreff der Kenntniss der Vogelfauna von Sanghir und Siao selbstverständlich viel Belehrung schöpfen aus dem seit 1874 im Erscheinen begriffenen Catalogue of the Birds in the British Museum, besonders aus Vol. I (*Acci-pitres*) von Sharpe 1874; Vol. II (*Striges*) von demselben 1875; Vol. III (*Corvidae, Oriolidae, Dicruridae* etc.) von demselben 1877; Vol. IV (*Campophagidae, Muscicapidae* etc.) von demselben 1879; Vol. V (*Turdidae*) von See-bohm 1881; Vol. IX (*Nactariniidae* etc.) von Gadow 1884 und Vol. X (*Dicaeidae, Hirundinidae, Motacillidae* etc.) von Sharpe 1885 veröffentlicht, wobei auch Salvadori's »Remarks on the Eighth and Ninth Volumes of the Cata-logue etc.« (Ibis 1884, p. 322 — 329) zu berücksichtigen sind. — Selbstverständlich nimmt auch Salvadori's »Or-nitologia della Papuasia e delle Molucche« (Vol. I 1880, II 1881, III 1882) bei der Nähe des abgehandelten Faunen-Gebietes öfters Bezug auf die Vögel der Sanghir - Inseln. Von monographischen Arbeiten neueren Datums kommen ferner besonders G. E. Shelley's »Monograph of the *Cinnyridae* or Family of Sun Birds« (in 12 Theilen von 1876 bis 1880

erschienen) mit Beschreibungen und Abbildungen der auf
Sanghir gefundenen *Nectarinien* und A. Reichenow's
Arbeiten über die Papageien in Betracht, welch' letztere aus
dem von 1878 bis 1883 erschienenen grossen Tafelwerke
unter dem Titel: »Vogelbilder aus fernen Zonen. Abbildungen und Beschreibungen der Papageien« und dem »*Conspectus Psittacorum*. Systematische Uebersicht aller bekannten Papageienarten« (Journ. für Ornith. 1881, p. 1—49,
113—177, 225—289 und 337—398) bestehen.

In den letzten Jahren habe ich selbst mich mehrfach
mit grösseren Vogelsammlungen aus Celebes beschäftigt,
und bei der Verwandtschaft der Faunen von Celebes und
den Sanghir-Inseln habe ich in den von mir veröffentlichen
Arbeiten ebenfalls vielfach Bezug nehmen müssen auf die
Vogelarten, die auf den Sanghir - Inseln vorkommen. Ich
erwähne hier meine Arbeit »Ueber neue und zweifelhafte
Vögel von Celebes (Vorarbeiten zu einer Vogelfauna der
Insel)« (Journ. für Ornith. 1883, p. 113—162) und meine
»Beiträge zur Kenntniss der Vogelfauna von Celebes«, die
in Madarász' Zeitschrift für die gesammte Ornithologie erschienen sind, und zwar in drei Theilen: I. 1885 (p. 201
bis 327), II. 1886 (p. 81—176) und III. 1886 (p. 193—210).

Hiermit glaube ich eine Zusammenstellung der wichtigsten Arbeiten gegeben zu haben, welche zur Vervollständigung unserer Kenntniss von der Ornis der Sanghir-Inseln
beigetragen haben. Die letzte Zusammenstellung der dortigen
Vögel hatte, wie ich schon oben angeführt habe, 1884
A. B. Meyer (l. c. p. 6) gegeben. Derselbe zählte im
Ganzen von Gross-Sanghir 62 Arten, von Siao dagegen 39
auf. Die letztere Zahl ist jedoch um eine Art, nämlich
Callialcyon rufa, zu erhöhen, welche schon 1866 Duyvenbode von Siao an das Leydener Museum geschickt hat.
Die erstere Zahl würde um zwei Arten zu erhöhen sein,
nämlich um *Ptilopus xantorrhous*, eine Art, die von Rosenberg, Hoedt und später auch von Bruijn auf Gross-
Sanghir gefunden worden ist, und *Pinarolestes sanghirensis*,
welche Oustalet 1881 von Sanghir beschrieben hat. Dagegen glaube ich, dass das von Meyer ohne Fragezeichen

erwähnte Vorkommen von *Prioniturus flavicans* nicht besser
beglaubigt erscheint, als dasjenige von *Eudynamis melanorhyncha* und deshalb bis auf Weiteres zunächst verneint oder
doch als sehr fraglich hingestellt werden muss. Auf diese
Weise würde die Meyer'sche Liste der Vögel von Gross-
Sanghir sich auf 63 Arten erhöhen. Dies war der Stand-
punkt unserer Kenntniss bevor die Forschungen des
Herrn Dr. Platen und seiner Gemahlin auf Gross-
Sanghir begannen. Im Sommer 1886 beauftragten dieselben
zuerst einheimische Jäger damit, dort für wissenschaftliche
Zwecke Vögel zu sammeln. Dieselben brachten bei Manganitu im Ganzen 195 auf 31 verschiedene Arten sich ver-
theilende Bälge zusammen, die ich durch meinen Freund,
Herrn Ober-Amtmann A. Nehrkorn in Riddagshausen,
zur Bestimmung und wissenschaftlichen Bearbeitung erhielt.
Unter denselben befanden sich vier Arten, welche früher
noch nicht auf Gross - Sanghir gefunden waren, nämlich
Haliastur girrenera var. ambiguus, *Munia molucca*, *Nycticorax caledonicus* und *Onychoprion anaesthetus*. Eine erste
vorläufige Mittheilung über diese Bereicherung der Vogelfauna und über das erste Auffinden der typischen dunklen
Form von *Demiegretta sacra* auf Gross - Sanghir, wobei
ich die *Onychoprion*-Art noch unbestimmt lassen musste,
konnte ich in der Sitzung des Vereins für Naturwissenschaft
zu Braunschweig am 10. März 1887 machen (Braunschweigische Anzeigen vom 30. März 1887. Nr. 75, p. 695).
— Angespornt durch die Erfolge der einheimischen Jäger
siedelten später Herr und Frau Dr. Platen selbst nach
Manganitu auf Gross - Sanghir über und erbeuteten dort
vorzugsweise im December 1886, sowie im Januar und Februar 1887, leider gerade zur Regenzeit, wo die Durchforschung der Insel mit besonderen Schwierigkeiten verbunden
ist, weitere 95 Vogelbälge, die ich auf die gleiche Weise
im Spätsommer 1887 zur wissenschaftlichen Bearbeitung
erhielt. Diese letzteren Sammlungen zeigten sich bedeutend
interessanter, als die ersten. Nicht allein befanden sich
wiederum vier, früher noch nicht nachgewiesene Arten
darunter vertreten, nämlich *Herodias nigripes*, *Cuculus*

canoroides und je eine bisher noch nicht beschriebene *Zosterops-* und *Criniger*-Art, sondern es boten die Sammlungen auch genügend Material, um einige bis dahin zweifelhaft gebliebene Formen genauer festzustellen, in Folge dessen ich glaube eine *Ninox* - Art als neu und ausserdem neue Varitäten von *Eudynamis mindanensis* und *Chalcophaps indica* beschreiben zu können. Auf die wichtigsten Ergebnisse dieser Sammlungen machte ich in der Sitzung des Vereins für Naturwissenschaft zu Braunschweig am 5. Januar 1888 aufmerksam (Braunschweigische Anzeigen vom 11. Januar 1888, Nr. 9, p. 86; Russ' Isis 1888, p. 78). Die Zahl der bis jetzt bekannten Vögel von Gross-Sanghir war auf diese Weise auf 71 gestiegen. Nachdem auch inzwischen der Sammler, Herr Dr. Platen, selbst sich über die Fledermaus-Papageien von Gross - Sanghir in einem kleinen Aufsatze in Russ' »Gefiederter Welt« (1887, p. 263) ausgesprochen hat, gebe ich im Folgenden eine dem jetzigen Standpunkte unserer Kenntniss entsprechende genaue Liste der 71 Vogelarten von Sanghir. Den einzelnen Arten füge ich den Hinweis auf die Originalbeschreibung und auf die wichtigsten die Fauna der Sanghir - Inseln betreffenden Veröffentlichungen hinzu. Bei den Arten, von denen das Platen'sche Ehepaar Exemplare eingesandt hat, gebe ich, meist in Verbindung mit den Tabellen der von mir selbst an den Bälgen genommenen Maasse, die überaus werthvollen Originalnotizen der Sammler über die Farbe der Iris und der nackten Theile u. s. w. und, soweit es mir erforderlich scheint, ausführlichere Erörterungen über das mir vorliegende Material; bei den anderen, von Platen nicht eingesandten Arten, erwähne ich wenigstens die bisherigen Beweisstücke für das Vorkommen derselben auf den Sanghir-Inseln und füge einige Bemerkungen über die allgemeine Verbreitung derselben hinzu. Zweifelhafte Arten führe ich ohne Nummer und mit Fragezeichen in der Liste an.

Diejenigen Exemplare der Platen'schen Sammlungen, welche als Belegstücke in dem Herzoglichen Naturhistorischen Museum in Braunschweig aufbewahrt bleiben, werden im Folgenden mit einem Stern (*) bezeichnet. Es sind dies im Ganzen 75 Exemplare, 45 aus der ersten und 30 aus der zweiten Sendung.

Fam. Falconidae.

1. *Pandion haliaëtus* (Linn.)

Falco haliaëtus, Linné, Syst. Nat. Vol. I, p. 129, 1766.
Pandion haliaetus, Schlegel, Mus. Pays-Bas, *Accipitres*, p. 123, Juli 1873. — J. H. Gurney, Ibis 1882, p. 597. — W. Blasius, Braunschweig. Anzeigen v. 11. Jan. 1888, Nr. 9, p. 86. — Idem, Russ' Isis 1888, p. 78.
Pandion leucocephalus partim, Salvadori (nec Gould), Ornitol. della Papuasia, Vol. I, p. 11, 1880. — A. B. Meyer, Sitzb. und Abh. Ges. Isis 1884, Abh. I, p. 6.
Ausführliche Synonymie vgl. bei Sharpe, Cat. Birds Brit. Mus. Vol. I, p. 449.

Durch Dr. Platen erhielten wir drei Exemplare, zwei Männchen (a und b) und ein Weibchen (*c), aus der Umgegend von Manganitu auf Gross-Sanghir, sämmtlich übereinstimmend bezeichnet: »Iris goldgelb, Schnabel schwarz, Füsse hellgraublau«. Die Wachshaut ist bei dem von Platen's Jägern gesammelten Balge a als »graubraun«, bei b und c als »hellgraublau« bezeichnet. Letztere beiden Exemplare hat Dr. Platen selbst gesammelt.

Schon das Männchen a trägt zahlreiche braune Schaftflecken auf dem übrigens weissen Kopfe; mehr als 20 Federn besitzen solche braune Färbung, und es ergibt sich daraus eine sehr grosse Aehnlichkeit mit europäischen Exemplaren von *Pandion haliaëtus*, deren ich viele vergleichen kann. Noch mehr zeigen b und c die dunklen Schaftflecken auf dem Kopfe entwickelt, so dass ich nach der Färbung keinen Unterschied zwischen den Sanghir-Vögeln und den europäischen aufzufinden vermag. Während ich daher die Berechtigung der Abtrennung der australischen Vögel mit dem Namen »*leucocephalus* Gould« als Species oder Subspecies vorläufig noch dahin gestellt sein lassen möchte, glaube ich, dass sich die Hauptform von Amerika und der alten Welt östlich bis über Sanghir, vielleicht sogar bis über die Molukken hinaus in ihrer Verbreitung ausdehnt. Ist diese

Anschauung richtig, so würden die von Salvadori in der
Ornitologia della Papuasia gegebenen Hinweise auf das
Vorkommen von *leucocephalus* Gould in Sanghir und Siao
zu streichen sein. Die Frage, ob die Celebes-Vögel der
australischen Form angehören oder nicht, bedarf noch einer
besonderen Prüfung. Sharpe dürfte vielleicht im Catalogue
of the Birds in the British Museum (Vol. I, p. 448 u. 451)
in der Abgrenzung der Formen das Richtige getroffen haben.
Allerdings ist die geringere Grösse der australischen Form
nur im Durchschnitt bei Vergleichung eines grossen Materials
bemerkbar. nicht aber im Einzelnen verwendbar, wie schon
Gurney (l. c.) nachgewiesen hat. Die wichtigsten Maasse
der drei Sanghir-Vögel mit den ursprünglichen Geschlechts-
und Datum-Angaben der Sammler sowie mit den im frischen
Zustande von letzteren genommenen Maassen (Long. tot. =
L.; Differ. = D. = Abstand der Spitze des in Ruhelage
befindlichen Flügels von der Schwanzspitze) sind folgende:

	Geschlecht	Long. tot. cm	Differ. cm	Ala cm	Cauda cm	Culmen (gerade gemessen) cm	Rictus cm	Tarsus cm	Datum
a	♂	51	minus 2	42,0	18,2	3,5	?	5,4	9. Aug. 1886
b	♂	53	minus 5	49,5	20,2	3,9	4,0	5,6	20. Jan. 1887
*c	♀	58	0	48,5	24,7	3,9	4,0	5,8	20. Jan. 1887

Dieser Tabelle stelle ich einige Maasse von Individuen
des Braunschweiger Museums aus anderen Gegenden gegenüber:

Heimat	Geschlecht	Ala cm	Cauda cm	Culmen (gerad gem.) cm	Rictus cm	Tarsus cm
Austral.(*leucoc.*)	?	46,4	20,3	3,8	4,0	5,7
Celebes	♂ ?	44,5	20,4	4,1	4,3	5,6
Deutschland Harz	♂	51,0	22,5	3,8	4,1	5,6
» Braunschweig	♀ ?	47,3	20,7	3,7	3,9	c. 5,6

Bemerkenswerth ist noch, dass bei den Individuen *b* und *c* eine vollständig weisse Färbung des Kinns und der Kehle ohne dunkle Schaftstriche zu finden ist, und dass bei diesen die braunen Schaftflecken erst an der Vorderbrust beginnen. Beim Männchen *b* sind die eigentlichen Brustfedern einfarbig braun, während dieselben beim Weibchen *c* gemischt braun und weiss erscheinen. — Die Art war bisher in drei weiblichen Exemplaren von Sanghir bekannt, die im Leydener Museum aufbewahrt werden (am 4. Aug. und 3. Nov. 1865 durch v. R o s e n b e r g und am 24. Jan. 1866 von H o e d t gesammelt); ebenda befindet sich ein 1866 auf Siao von D u y v e n b o d e gesammeltes Weibchen (cf. S c h l e g e l l. c.). — G u r n e y (l. c.) maass ein Individuum unbestimmten Geschlechtes von Sanghir.

2. *Butastur indicus* (Gml.)

Falco indicus Gmelin, Syst. Nat. Vol. I, p. 264. 1788 (ex Latham).

Buteo poliogenys, Schlegel, Vog. Nederl. Ind. p. 33—70 pl. 21, Fig. 2 u. 3 (1866); — Idem, Mus. Pays-Bas, *Accipitres* p. 111, Juli 1873 (»Sanghir«).

Poliornis poliogenys Wallace Ibis 1868, p. 19. — Gray, Hand-List. Vol. I, p. 16, sp. 139 (1869).

Butastur indicus. A. B. Meyer, Sitzb. und Abh. Ges. Isis 1884, Abh. I, p. 6.

Ausführliche Synonymie vgl. bei Salvadori, Ornitol. della Papuasia, Vol. I, p. 14. und Sharpe, Cat. Birds Brit. Mus., Vol. I, p. 297.

Wir erhielten aus Gross-Sanghir von Dr. P l a t e n selbst gesammelt zwei Männchen (*a* und *b*), übereinstimmend bezeichnet: »♂. Iris goldgelb. L. 42, D. 2 *cm*. Schnabel schwarz. Wachshaut und Füsse goldgelb«.

a hat eine stärkere Entwickelung des Rothbraun in der Färbung des Gefieders, besonders im Flügel, als *b* und und dabei vier schwärzliche Querbinden im Schwanze, während *b* nur deren drei besitzt.

Die wichtigsten Maasse sind die folgenden:

Geschlecht		Ala cm	Cauda cm	Culmen mit Wachshaut gerade gem. cm	Tarsus cm	Datum
a	♂	32,5	18,4	2,9	6,3	1. Dec. 1886
b	♂	32,0	20,1	2,9	6,0	18. Jan. 1887

Die bisher einzigen Beweisstücke für das Vorkommen dieser vom östlichen Asien, China, Japan, Malakka bis Papuasien weitverbreiteten Art in Sanghir scheinen zwei im Leydener Museum aufbewahrte Weibchen zu sein, von welchen je eines durch von Rosenberg am 3o. Oct. 1864 und durch Hoedt am 15. Jan. 1866 dort gesammelt worden ist. Letzterer erlegte im October und November 1865 auch auf Siao drei Exemplare (cf. Schlegel l. c.).

3. *Haliastur girrenera* (Vieill.) var. *ambiguus* Brüggemann.

Haliaetus girrenera, Vieillot, Gal. Ois. Vol. I, p. 31. pl. X (1825).

Haliaetus indus (Bodd.) var. *ambiguus* Brüggemann, Abh. Naturw. Ver. Bremen. Bd. V, p. 45 (specim. ex Celebes) März 1876.

Haliaëtus indus Schlegel, Mus. Pays-Bas, *Accipitres* p. 119 (specim. ex Celebes et Siao), Juli 1873.

Haliastur indus, subsp. α) *intermedius* + β) *girrenera*, Sharpe Cat. Birds Brit. Mus. Vol. I, 1874 (specim. ex Celebes).

Haliastur intermedius (an *girrenera?*) Gurney, Ibis 1878, p. 462/3 (specim. ex Celebes).

Haliastur girrenera, A. B. Meyer, Sitzb. und Abh. Ges. Isis 1884, Abh. I. p. 6 und 9 (specimina ex Siao).

Haliastur girrenera var. *ambiguus*, W. Blasius, Madarász' Zeitschrift f. d. ges. Ornithologie 1885, p. 227 (specim. ex Celebes). — Idem, Braunschweig. Anzeigen v. 3o. März 1887, Nr. 75, p. 695 (Gross-Sanghir).

Haliastur girrenera var. *ambigua* Salvadori, Ornitol. della Papuasia. Vol. I. p. 17, 1880 (specim. ex Celebes), wo auch die übrige Synonymie zu vergleichen ist.

Dr. Platens Jäger sammelten auf Gross-Sanghir drei Exemplare (*a* bis *c*). Bei allen ist die »Iris hellbraun« bezeichnet.

a »♂ L. 5o, D. — cm, Schnabel horngrau. Wachshaut graugelb. Füsse graugelb. 15. Juli 1886.«

b »♀ L. 52, D. —2 cm, Schnabel hellgelb. Wachshaut graugelb. Füsse graugelb. 31. Mai 1886.«

c »♂ juv 4o, D. 1 cm., Schnabel schwarz, Wachshaut schwarz. Füsse gelb. 25. Juli 1886.«

Das Männchen *a* hat auf Kopf und Nacken ganz schmale Schaftstriche, von denen etwa sechs auf einen Millimeter gehen würden; das Weibchen *b* dagegen hat keine

Spur von dunklen Schaftstrichen auf dem weissen Gefieder des Vorderkörpers. Beide ähneln durchaus den alten Vögeln, welche ich aus Süd-Celebes, ebenfalls durch Dr. P l a t e n gesammelt, erhielt. Der dritte Balg c trägt ein Jugendkleid, sehr ähnlich einem jugendlichen Männchen, welches kürzlich Dr. Platen aus Rurukan in Nord-Celebes einsandte, nur hat das vorliegende Sanghir-Exemplar mehr bräunliche Längs- flecken an der Brust, an welcher nämlich die Federn in der Mitte längs des Schaftes weiss und an den Rändern rost- braun gefärbt sind. An der Uebereinstimmung der Sanghir- und Celebes-Vögel kann ich nicht zweifeln. Ich verweise daher in Betreff der obigen Namengebung auf das, was ich bei Besprechung der Celebes-Bälge (l. c.) gesagt habe. Die Maasse sind folgende:

	Geschlecht	Ala cm	Cauda cm	Culmen cm	Tarsus cm
a	♂	39,5	19,5	3,4	5,0
b	♀	43,0	21,4	3,7	5,3
c	♂ juv.	40,3	20,3	3,3	4,8

Es dürfte gerechtfertigt sein, die Verbreitung der drei nahe verwandten Formen in grossen Zügen folgendermaassen anzunehmen: 1. *Haliastur indus* (die Hauptform mit den breiten Schaftstrichen) in Indien, Ceylon und ostwärts bis etwa Burmah; 2. *H. intermedius* in Siam, Malakka, auf den Sunda-Inseln und den Philippinen; 3. *H. girrenera* in Neu-Holland, Papuasien, auf den Molukken und westwärts bis Celebes und bis zu den Sanghir-Inseln. In letzteren Gebieten und auf einigen nahe gelegenen Molukken-Inseln bildet sich die zu *intermedius* hinüberneigende Brüggemann'- sche Varietät *ambiguus* aus.

Auf Gross-Sanghir ist diese letztere (und überhaupt eine *Haliastur*-Art) durch die Platen'schen Sammlungen zuerst nachgewiesen, da bis dahin die Art durch H o e d t (♀ ad., 2. Nov. 1865, cf. S c h l e g e l l. c.) und A. B. M e y e r (l. c.) nur auf Siao angetroffen war.

4. *Tachyspizias soloënsis* (Horsf.)

Falco soloënsis, Horsfield, System. Arrang. Birds Java (read April 18.
1820), Transact. Linn. Soc. Vol. XIII, 1822, p. 137, sp. 6. —
Latham, Gen. Hist. Vol. I, p. 209 (1821).

Nisus soloënsis, Schlegel, Mus. Pays-Bas, *Accipitres*, p. 97, Juli 1873
(Sanghir, Siao).

Tachyspizias soloënsis, A. B. Meyer, Sitzb. und Abh. Ges. Isis 1884,
Abh. I, p. 6.

Ausführliche Synonymie vgl. bei Salvadori, Ornitol. della Papuasia,
Vol. I p. 65.

Die Art ist von China, den Philippinen und den Sunda-
Inseln bis über die Molukken und einzelne Gebiete von
Papuasien verbreitet. Die einzigen Beweisstücke für das
Vorkommen auf Gross-Sanghir scheinen im Leydener Museum sich zu befinden (♀ ad. 3. Jan. 1866 von Hoedt;
♀ 24. Oct. 1864 durch von Rosenberg; ♂ 3. Nov. 1864
durch von Rosenberg gesammelt).

Ebendaselbst werden drei im October 1865 von Hoedt
gesammelte Exemplare von Siao aufbewahrt.

Fam. Strigidae.

5. *Scops menadensis*, Quoy et Gaimard.

Scops menadensis, Quoy et Gaimard: Voy. de l'Astrolabe, Zool. I,
p. 170, pl. 2, Fig. 2 (1830) (Menado, Celebes). — A. B. Meyer:
Sitzb. und Abh. Gesellsch. Isis 1884, Abh. I, p. 13.

Scops menadensis et siaoënsis, Schlegel: Muséum Pays-Bas. Aves
Noctuae Revue, p. 12, 13 (Juillet 1873).

Scops magicus subsp. ε. *menadensis* et subsp. ζ. *siaoënsis*, Sharpe, Cat.
Birds Brit. Mus. Vol. II, p. 76 und 78 (1875), wo auch die übrige
Synonymie zu finden ist.

Zwei Weibchen (**a* 2. Jan. 1887, *b* 24. Jan. 1887),
übereinstimmend bezeichnet: »♀. Iris hellgelb. L. 19. D.
— cm. Schnabel und Füsse braun.«

Die beiden Stücke, von denen *a* weniger Rostfarbe im
Gefieder besitzt und heller erscheint als *b*, sind mit weiblichen Exemplaren von Nord-Celebes, obgleich kleine individuelle Unterschiede aufgefunden werden können, im Wesentlichen vollständig übereinstimmend. In der Grösse
sind sie den Celebes-Stücken gleich, oder sie übertreffen
dieselben sogar, besonders in der Flügellänge, die bei den

von mir verglichenen drei weiblichen Individuen von Nord-Celebes nur zwischen 14,9 und 15,2 cm schwankt.

Die Maasse der beiden mir vorliegenden Bälge sind folgende:

	Ala cm	Cauda cm	Rictus cm	Tarsus cm
*a	16,2	7,9	1,9	2.6
b	16,0	7,2	2.0	2.6

Hoedt erlegte auf Gross-Sanghir am 10. Januar 1866 ein Männchen (cf. Schlegel, l. c. p. 12). Später erhielt auch A. B. Meyer ein Exemplar von Tabukan (cf. Meyer, l. c.). — Auf Siao-oudang erwarb Jonkheer Renesse van Duyvenbode ein auffallend kleines Stück, das Schlegel Veranlassung zur Aufstellung seiner *Scops siaoënsis* gab (cf. Schlegel, l. c. p. 13), die ich in Uebereinstimmung mit A. B. Meyer für nicht genügend begründet erachten kann. — Die vorliegende Art ist ausserdem auf Celebes und einigen benachbarten Inseln aufgefunden worden.

6. *Ninox macroptera*, W. Blas.

Noctua sp. (ex Sanghir) Schlegel, Observations zoologiques I. Nederl. Tijdschr. voor Dierk. III (1866) p. 183.

Noctua hirsuta (ex Sanghir) Schlegel, Mus. Pays-Bas, *Rapaces*, Aves Noctuae Revue 1873, p. 24.

»*Ninox scutulata* (Raffl.)?« Salvadori, Ann. Mus. Genova, Vol. IX. October 1876, p. 52. — Ornitologia della Papuasia, Vol. I, p. 81 (1880).

»*Ninox scutulata* (Raffl.)? an n. sp?« A. B. Meyer, Sitzungsber. Ges. Isis 1884, Abh. I., p. 14 (♀).

Ninox macroptera W. Blasius, Braunschweig, Anzeigen v. 11. Jan. 1888, Nr. 9, p. 86; — Idem Russ' Isis 1888, p. 86 (»Manganitu, Gross-Sanghir«).

Fünf Exemplare, alle übereinstimmend bezeichnet: »Iris goldgelb, Schnabel dunkelbleigrau, Füsse hellgelb«.

*a	»♂	L. 27	D. — cm		11. Dec. 1886«
*b	»♂	» 28	» — »		20. Jan. 1887«
c	»♂	» 28	» — »		1. Febr. »
*d	»♂	» 27,5	» — »		3. » »
*e	»♀	» 29	» 1 »		18. Dec. 1886«

35*

Wenn ich glaube, die Sanghir-Vögel aus derjenigen
Gruppe der *Ninox*-Arten, als deren Typus *scutulata* Raffles
(1822 von Sumatra beschrieben) oder *hirsuta* Temminck
(1824 von Ceylon beschrieben) betrachtet werden kann, mit
einem besonderen Namen benennen zu dürfen, so bin ich
mir bewusst, dass der Name vielleicht nur eine vorüber-
gehende Bedeutung hat, und dass das Ergebniss späterer
Untersuchungen und Vergleichungen möglicherweise die
specifische Uebereinstimmung mit *Ninox japonica* (Bp.) (ex
Schlegel, 1850 von Japan) beweisen wird. Ich vermuthe,
dass dann *Ninox florensis* (Wallace) (1863 von Flores beschrieben) mit der vorliegenden Form zugleich als Artname
bestehen oder fallen wird. Ist *Ninox japonica* ein Wandervogel, wie Sharpe (Cat. Birds Brit. Mus., Vol. II, p. 166)
annimmt, so ist es wohl möglich, dass dieselben Vögel, die
den Sommer in Japan und Nord-China zubrachten, später,
weil sie während des Winters südlichere Breiten aufsuchten
und das Unglück hatten, auf Flores und Sanghir getödtet
zu werden, nunmehr als *Ninox florensis* und *Ninox sanghirensis* verzeichnet werden. Wenn *Ninox japonica* dagegen
nicht wandert, so geben die kleinen Unterschiede, die an
den Sanghir-Vögeln aufgefunden werden, und die durch
insulare Isolirung sich mehr und mehr herausgebildet
haben können, gewiss das Recht, hier von einer besonderen
Form, zum Wenigsten von einer besonderen Local-Rasse
zu sprechen. — Die Beurtheilung der betreffenden
Sanghir-Vögel ist von Seite derjenigen Ornithologen, die
Gelegenheit hatten, Exemplare zu untersuchen, in sehr verschiedener Weise geschehen. Schlegel erwähnte zunächst
Nederl. Tijdschr. v. Dierk. III, 1866, p. 183) ein Exemplar
von Sanghir und bezeichnet dasselbe wegen seiner viel
dunkleren Färbung als ähnlich seiner *Noctua hirsuta borneensis*, aber als etwas grösser. Später konnte derselbe in
dem Muséum des Pays-Bas (*Noctuae*, p. 24) 1873 fünf Exemplare aufzählen, nämlich vier von Sanghir selbst (1. ♀ 30. Oct.
1864, von Rosenberg; 2. ♂ 23. Nov. 1865, Hoedt,
»teinte claire de la gorge tirant fortement aux roux«; 3. ♂
5. Dec. 1865, Hoedt; 4. ⚲ 17. Jan. 1866, Hoedt) und

eines von Siao (26. Oct. 1865, Hoedt). Er bezeichnete dieselben als »semblables à ceux de Celèbes. Aile 8" 1'''—8" 9''';
queue 4" 2'''—4" 11'''«. Die fünf Celebes-Exemplare, die
Schlegel vergleichen konnte, werden folgendermassen
beschrieben: »Teintes rappelant tantôt celles de l'individu de
la Chine, tantôt celles des individus du Japon. Aile 8" 2'''
à 8" 10'''; queue 4" 7'''—5"«. Ausserdem führt Schlegel
ein Männchen von Soula-Mangola (Aile 8" 10'''; queue
4" 11''') und ein altes Individium von Ternate (Aile 8" 2''';
queue 4" 6") als den Celebes-Bälgen ähnlich an. Alle diese
werden zusammen mit den Stücken des indischen Festlandes unter dem von Temminck diesen letzteren gegebenen
Namen *Noctua hirsuta* aufgeführt und zu gleicher Zeit auch
Athene florensis, Wallace und *Ninox madagascariensis*, Bp.
damit identificirt. Ausser dieser Form unterschied Schlegel
noch die *Noctua hirsuta minor* von Malacca, Borneo. Bangka
und wahrscheinlich auch von Sumatra, und führt als Synonyme *Athene borneensis*, Bp. von Borneo und Malaiasien an
und mit fraglicher Identität *Strix scutulata*, Raffles von
Sumatra. — Sharpe lagen weder aus Sanghir, noch aus
Celebes Exemplare vor, doch vereinigte er (Cat. Birds Brit.
Mus., Vol. II, 1875, p. 156) die Formen aus Flores, China,
Japan, ja selbst diejenigen aus Malacca, Borneo, Labuan etc.
mit der indischen Form und bezeichnete sie mit dem die
Priorität besitzenden, den Sumatra-Vögeln gegebenen Namen
scutulata, Raffles. Salvadori erhielt später ein Exemplar
von Gross-Sanghir und bezeichnete dasselbe provisorisch
nach Sharpe's Vorgange als »*Ninox scutulata* (Raffl.?)«
erwähnte aber dabei: »esso differisce da uno di Malacca per
le dimensioni molto maggiori, per le parti superiori più
oscure, e per le parti inferiori decisamente più bianche, con
grandi macchie brune, non confluenti, ed inclino a credere
che appartenga ad una specie distinta« (Ann. Mus. Civ.
Genova Vol. IX, October 1876, p. 52). Derselbe Forscher
kam 1880 in seiner Ornitologia della Papuasia (Vol. I, p. 81)
wieder auf die Sanghir-Vögel zu sprechen bei Gelegenheit
der Beschreibung des einen einzigen bekannten Ternate-
Stückes von »*Ninox scutulata* (Raffl.)« im Leydener Museum,

dessen ich schon oben Erwähnung that, und von dem er.
wie früher schon Schlegel. sagt, dass dasselbe sich nicht
wesentlich von Celebes-Exemplaren unterscheidet, wobei er
aber fortfährt: »Invece gli individui di Sanghir sono più
grandi ed hanno le parti superiori e le macchie delle inferiori di un colore bruno più cupo e meno volgente ad
grigio.« — Der Letzte, der sich über die Sanghir-Vögel
ausgesprochen hat, ist A. B. Meyer, der 1884 in den
Sitzungsberichten der Gesellschaft Isis (Abh. I, p. 14) ein
von seinen Jägern 1874 auf Gross-Sanghir erbeutetes Exemplar unter dem Namen: »*Ninox scutulata* (Raffl.)? an n.
sp.?« erwähnt und als möglicherweise einer neuen Art angehörend ganz genau beschreibt, ohne über die Artberechtigung Entscheidendes beibringen zu können. Ueber die
Celebes-Vögel, denen die Sanghir-Individuen offenbar am
Nächsten stehen, hat sich ausser Schlegel (s. oben) hauptsächlich Walden (Transact. Zool. Soc., Vol. VIII, 1872
p. 401 ausgesprochen. Derselbe nennt sie »*Ninox japonicus*«,
hebt aber ausdrücklich hervor, dass erst nach einer genauen
Vergleichung aller Formen aus dieser Gruppe von *Ninox*-
Arten der richtige Name für dieselben festzustellen sein
werde. Im folgenden Jahre erwähnte von Pelzeln (Verh.
k. k. zool. bot. Ges., Wien 1873, 2. April) ein durch von
Scherzer offenbar aus Celebes erhaltenes Exemplar unter
dem Namen: »*Ninox hirsuta*, Temm.?« und fügt hinzu:
Athene japonica, T. & Schl. sehr ähnlich, aber noch bedeutend grösser, Flügel 8″ 9‴, Flügelspitze 2″, Schwanz
5¹/₂″, Tarse 14‴. Später führte A. B. Meyer diese Form
unter dem Namen »*Ninox japonicus* (Bp.)« als nahe bei
Menado beobachtet an (Ibis 1879, p. 57). — Es ergibt sich
hieraus. dass die Vögel von Celebes sowohl, als auch diejenigen von den Sanghir-Inseln bis jetzt von den verschiedenen Autoren sehr verschieden beurtheilt sind, und dass
noch manche Exemplare verglichen und untersucht werden
müssen, bis vollständige Klarheit herrschen wird. — Bei dem
Studium der diesbezüglichen Literatur habe ich nun die
Ueberzeugung gewonnen, dass Sharpe und z. Th. Schlegel
mit ihrer grossen Zusammenziehung der Formen Unrecht

haben; es sind offenbar unter den Vögeln, die Sharpe als
scutulata und Schlegel als *hirsuta* vereinigt, zwei ganz verschiedene Formen zu unterscheiden, die in der Färbung
sich sehr ähnlich sehen, die aber in der Grösse und Form
der Flügel durchgreifende Unterschiede darbieten: eine
kleinere Form mit stumpferem, kürzerem Flügel und eine
grössere Form mit spitzerem, längerem Flügel. Zu der ersteren
gehört sicher, wie ich durch Vergleichung feststellen kann,
N. malaccensis, die allgemein mit der Sumatra-Art, auf
welche Raffles den Namen *scutulata* begründete, identificirt wird, und die *Ninox*-Art von Palawan, die ich in zwei
von Platen gesammelten Exemplaren vergleichen kann. Zu
der spitz- und langflügeligen Form gehört nach den Beschreibungen und einem mir zur Vergleichung vorliegenden,
von den Gebrüdern Dörries am 25. Mai 1886 an dem
Sidimi-Flusse in der Amur-Bai erbeuteten weiblichen Exemplare die echte *Ninox japonica* von Ost-Sibirien, Nord-
China und Japan, sowie meine vorliegenden fünf Sanghir-
Vögel, und ich vermuthe, dass die Exemplare von Celebes,
Soula-Mongola, Flores, Ternate zu dieser letzteren Gruppe
ebenfalls gehören. Die Vögel von Ceylon und dem indischen
Festlande, also diejenigen Exemplare, auf welche Temminck
seine *S. hirsuta* begründet hat, scheinen sich in Bezug auf
die Flügelform nach Schlegel (Fauna japon. Aves, p. 28)
an die erste Gruppe anzuschliessen; ebenso auch die Vögel
von Borneo. Schlegel und Bonaparte (Consp. Av. 1
p. 41) sind überhaupt, wie es scheint, die Ersten gewesen,
die die Grössenverhältnisse der Schwungfedern bei der
Unterscheidung der hierher gehörigen verwandten *Ninox*-
Arten angewendet haben. Es sei mir gestattet, ihre Diagnosen, insoweit sie sich auf die Unterschiede in Grösse und
Flügelbildung beziehen, wörtlich zu citiren.

Schlegel schreibt:

Strix hirsuta du Bengale et de Bornéo: 4. rémige à
peine plus longue que la 3. et la 5., qui sont à peu près
d'égale longueur; ailes de 7 pouces et $1'$, à $^3/_4$.

Strix hirsuta japonica: 3. et 4. rémiges d'égale longueur; 5. beaucoup plus courte, et égalant à peu près la
2.; ailes d'environ 8 pouces et $^1/_4$.

Bonaparte fasst diese Unterschiede in folgende Worte:

borneensis: minor, alis pollices octo non aequantibus,
remigum quarta tertiam et quintam emarginatam subae-
quales non excedente.

japonica: major, alis pollices octo longitudine superantibus; remigum tertia et quarta subaequalibus; quinta
valde breviore, vix emarginata.

‹ Wenn auch in dieser Form die Diagnosen nicht auf
alle mir vorliegenden Exemplare passen und kleine individuelle Unterschiede sich finden, die dazu zwingen, die
Charaktere etwas weiter zu fassen, so ist doch in den angeführten Worten schon deutlich der Gegensatz in der Flügelform ausgesprochen, und ich zweifle nicht, dass R. B.
Sharpe zu einer so weit gehenden Vereinigung der Formen,
wie solche in seinem genannten Werke zu finden ist, nicht
gelangt sein würde, wenn er diese Unterschiede beachtet
hätte. In neuerer Zeit hat besonders deutlich L. Tadza-
nowski diesen Unterschied bei Besprechung eines männlichen Exemplares von *Ninox japonica* von der Insel Askold
wiederholt (Journ. für Ornith. 1881, p. 179). Während für
die echten japanischen Exemplare das von Bonaparte bezeichnete Verhältniss gelten soll, wobei die fünfte Schwinge
der zweiten fast gleich wird, beobachtete Taczanowski bei
dem Askold-Balge: »die dritte Schwinge die längste und
offenbar länger als die vierte; die fünfte dagegen kürzer
als die vierte und bedeutend kürzer als die zweite. Das
Ende der fünften ist 25 mm vom Ende des ganzen Flügels
entfernt, das der sechsten 52 mm.« Vielleicht war in diesem
Falle die fünfte Schwinge noch nicht zur vollständigen Länge
entwickelt; denn bei dem von mir verglichenen Balge von
der Amur-Bai ist die fünfte Schwinge etwas grösser als die
zweite. Bei den Vögeln von Borneo und Malakka schildert
Taczanowski die dritte und vierte Schwinge gleich und am
längsten; die fünfte nur etwas kürzer als diese und viel
länger als die zweite. Das Ende der fünften ist 6—9 mm

vom Ende des ganzen Flügels entfernt, das der sechsten
16—28 mm. — Ich finde diese Unterschiede im Grossen und
Ganzen an den Bälgen von Sanghir einerseits und an dem
Material von Malakka, Palawan etc. anderseits vollständig
bestätigt, und es ist daher an der specifischen Verschiedenheit der Sanghir-Vögel von den malayischen Vögeln, denen
der Name *scutulata* (Raffl.) bleiben würde, nicht zu zweifeln. Eine andere Frage ist es nur, die späterer Entscheidung
vorbehalten bleiben muss, ob dieselben auch von *Ninox
japonica* verschieden sind. Zur Entscheidung dieser Frage
fehlt mir genügendes Vergleichsmaterial. Allein der Umstand, dass schon Salvadori und A. B. Meyer, die ein
grosses Material von den anderen Formen zu untersuchen
im Stande waren, nach je einzelnen Sanghir-Exemplaren
auf bemerkenswerthe Färbungsverschiedenheiten aufmerksam
machen konnten, die ich jetzt an fünf Sanghir-Bälgen neben
einem Amur-Balge mehr oder weniger bestätigt finde, gibt
mir, wie ich denke, das Recht, die Form vorläufig unter
einem besonderen Namen abzutrennen und mit folgenden
Worten zu beschreiben:

*Ninox macroptera: N. supra fusco-brunnea, capite
paullo obscuriore, nigrescente; tectricibus alarum imma-
culatis, paullo rufescentibus; fronte et loris albidis nigro
striatis; subtus albida, maculis magnis longitudinalibus
cordiformibusque brunnescentibus medio plumarum no-
tata; tibiis et tarsis vestitis fusco-brunneis; cauda fasciata, margine apicali fulvescente-albido; subcaudalibus
albis, maculis longitudinalibus fuscis ornatis; primariis
fuscis, pogoniis internis concoloribus aut obsolete fulvescente maculatis aut fasciatis, secunda, tertia et quarta
conspicue, quinta, valde breviore, minus emarginatis,
margine externo rufis aut rufescentibus obsolete fasciatis,
prima secundarias fere aequante aut paullo superante,
tertia et quarta maximis, secundarias valde (min. 5 cm)
superantibus; secundariis fuscis, pogoniis internis fulves-
centi-albido fasciatis; scapularibus maculis albis celatis
notatis, subalaribus fusco et fulvescente variegatis. Iride
aurea, rostro obscure plumbeo, pedibus pallide flavis.*

Die Art ist ähnlich *Ninox scutulata* (Raffl.), doch grösser und mit längeren Flügeln versehen, an deren, die Mittelschwingen um wenigstens 5 cm (bei *scutulata* höchstens 3 cm) überragender, Spitze sich die hinter der dritten und vierten bedeutend an Länge zurückbleibende fünfte Schwungfeder nicht mit betheiligt, während die erste Schwungfeder an Grösse die Mittelschwingen fast erreicht oder etwas übertrifft (bei *scutulata* um einige Centimeter kürzer bleibt): in der Färbung durch die dunklere Oberseite, die rostrothe Berandung der zweiten bis fünften Schwungfeder und die weissere Unterseite unterschieden, auf welcher die mehr dunkel rothbraunen Flecken schärfer begrenzt sind und weniger zusammenfliessen.

Dass die von Meyer hervorgehobene weissere Färbung der Kehle, die rostbraune Färbung eines Halsbandes, die Einfarbigkeit der ersten beiden Schwungfedern, die Zahl der Schwanzbinden etc. nicht als Art-Charakter zu verwenden sind, vielmehr als zum Theile von Alter und Geschlecht abhängige individuelle Eigenschaften aufgefasst werden müssen, wird die weiter unten folgende Beschreibung der einzelnen Bälge ergeben.

Das Verhältniss zu *Ninox japonica* (Bp.) und *hirsuta* (Temm.), sowie zu *florensis* (Wallace) und den unter verschiedenen Namen aufgeführten Individuen von Celebes und Ternate bedarf noch weiterer Aufklärung; doch scheinen die oben angeführten Kennzeichen in der Färbung auch die Unterscheidung von diesen spitzflügeligen Arten zu ermöglichen.

Was nun die einzelnen vorliegenden Bälge anbetrifft, so zeigen dieselben einige nicht unwesentliche Verschiedenheiten von einander.

Die sämmtlichen Männchen sind kleiner und haben eine hellere, weniger in's Rothbraune übergehende Oberseite, als das Weibchen; die Schwanzspitze ist bei denselben mehr weisslich und weniger rostfarben, als bei dem Weibchen; dieser helle schmale Spitzenrand geht aus einer hellbraunen Endbinde allmählich hervor und ist nicht überall sehr deutlich entwickelt bei den Männchen, während die

weisslich - rostfarbene Schwanzspitze des Weibchens unmittelbar eine dunkle, schwarzbraune Endbinde begrenzt.
Die dunklen Bänder der mittleren Schwanzfedern sind beim
Weibchen nach hinten concav geformt, bei den Männchen
dagegen gerade oder nach hinten convex. Das Weibchen
hat an den weissen unteren Schwanzdeckfedern dreieckige,
breite, dunkle Spitzenflecken, die Männchen dagegen linea-
rische schmale Schaftstriche, die nicht überall bis zur
Spitze reichen. Das Weibchen zeigt die erste und zweite
Schwinge vollständig einfarbig, die Männchen haben dagegen auf der zweiten Schwinge mindestens Andeutungen
von Querbändern, und auf der ersten mindestens Spuren
einer Fleckung. — Bei sämmtlichen Männchen ist die fünfte
Schwinge verhältnissmässig kürzer. als beim Weibchen,
nämlich nur ungefähr so lang, als die zweite, während die
Spitze der fünften Schwinge beim Weibchen in der Mitte
zwischen der von der dritten Schwungfeder gebildeten Flügelspitze und der Spitze der zweiten Schwinge steht. Was
von diesen Unterschieden auf constante Geschlechtsver-
schiedenheiten zurückzuführen ist, entzieht sich vorläufig noch meiner Beurtheilung.

An dem Weibchen, das alle Zeichen eines recht alten
Individuums an sich trägt (A. B. Meyer hat offenbar bei
seiner Beschreibung ein ähnliches Stück in Händen gehabt),
ist im Uebrigen der Kopf verhältnissmässig dunkel. schwärz-
lich-braun, der Schwanz hat deutlich entwickelt fünf dunkle
Querbinden und an der Basis noch die Spur einer sechsten;
die Rostfarbe an dem Aussenrande der zweiten bis fünften
Schwungfeder ist sehr stark entwickelt, Kinn und Kehle
sind reinweiss mit schwärzlichen oder bräunlichen Schaftstrichen, und nur die Federn des Vorderhalses haben eine
etwas rostfarbene Grundfarbe mit braunen Flecken, wodurch der Eindruck eines weisslich-rostfarbenen Halsbandes
hervorgerufen werden kann. — Alle diese letzterwähnten
Eigenschaften finde ich auch bei dem Männchen *b* ausgesprochen, das ganz den Eindruck eines alten ausgefärbten
Vogels macht, und bei dem auch wie beim Weibchen die
dritte Schwungfeder die Flügelspitze bildet. Ich glaube daher,

dass die aufgeführten Kennzeichen für das ausgebildete Kleid der Alten charakteristisch sind.

Einen etwas jüngeren Entwicklungszustand scheinen die beiden Männchen *a* und *c* darzubieten: die Färbung des Rückens ist etwas matter braun; auch die dunklere Färbung des Kopfes ist matter als bei den erst-erwähnten beiden alten Individuen, der rostrothe Rand an den Schwungfedern ist nicht so leuchtend, Kinn und Kehle sind wie Hals und Brust von rostfarbener, nicht weisser Grundfarbe; die Bänderung des Schwanzes ist wie bei den Alten, aber der helle Spitzenrand ist nur gering entwickelt. Auffallenderweise ist bei diesen jüngeren Individuen die vierte Schwungfeder die längste, die dritte bei *c* fast gleich lang, bei *a* 3 mm kürzer, als die vierte; schon die erste Schwungfeder zeigt bei denselben Spuren einer Querbän-derung, während bei dem alten Männchen nur Spuren von Flecken daran zu sehen sind. Der Balg *c* hat eine etwas dunklere Färbung des Rückens als *a*.

Der offenbar jüngste Vogel *d* ist auf dem Rücken und an den Flügeln noch matter in der Färbung; auch die dunklen Flecken auf der Unterseite zeigen sich mattbraun und nicht leuchtend rothbraun. Die erste Schwungfeder ist deutlich gebändert. Die Färbung von Kinn und Kehle ist wie bei *a* und *c* nicht reinweiss. Der Schwanz hat nur vier gut entwickelte dunkle Querbinden und an der Basis noch die Spur einer fünften. Wie bei den alten Individuen ist die dritte Schwungfeder die längste, die vierte einige Millimeter kürzer.

Im Folgenden gebe ich, zur Veranschaulichung des Gesagten, noch eine Maasstabelle. Zur Vergleichung füge ich die Maasse eines Exemplares von *Ninox scutulata* (Raffl.) von Malakka (»*malaccensis Eyton*«) und eines Weibchens von Palawan aus dem Braunschweiger Museum hinzu, sowie diejenigen eines Weibchens von *Ninox japonica* vom Sidimi-Flusse an der Amur-Bai. Bei der Beschreibung der Art und der ausführlicheren Ausmessung der Individuen hatte ich den Balg *c* (Ala 22,0; Cauda 11,5; Culmen [exclusive Wachshaut] 1,5; Tarsus 3,0 cm) nicht mehr in Händen.

	Flügel cm.	Schwanz cm.	Sehne der Firste vor der Wachshaut cm.	Lauf cm.	Entfernung der Flügelspitze von der Spitze der							
					1. Schwinge cm.	2. Schwinge cm.	3. Schwinge cm.	4. Schwinge cm.	5. Schwinge cm.	6. Schwinge cm.	7. Schwinge cm.	Mittelschw. cm.
macroptera:												
*a	22,6	11,4	1,4	3,0	6,0	1,9	0,3	—	1,7	4,5	6,5	5,8
*b	22,3	11,9	1,4	3,0	5,9	1,8	—	0,2	1,7	?	6,3	6,2
*d	22,7	11,8	1,45	3,1	5,6	1,7	—	0,25	2,1	5,0	6,1	5,7
*c	24,0	13,3	1,65	3,3	6,8	2,4	—	0,25	0,85	3,4	5,7	6,4
scutulata:												
a) von Malacca	17,7	10,0	1,33	c. 2,5	4,8	1,3	0,1	—	0,25	1,8	3,3	2,3
b) von Palawan ♀	18,7	9,9	1,35	2,6	4,4	1,2	—	0,1	0,3	1,1	?	3,7
japonica ♀	24,2	13,2	1,4	3,3	6,6	1,9	—	0,1	1,5	4,45	6,3	6,2

Bis jetzt ist diese Art, wie ich sie begrenze, mit Sicherheit nur auf Siao und Sanghir in den oben schon erwähnten Exemplaren gefunden. Vielleicht ist sie auch auf Celebes verbreitet. Stellt sich die Uebereinstimmung mit der japanischen Form heraus, so ist die Art als *Ninox japonica* zu bezeichnen, die dann von Japan und überhaupt vom östlichen Asien nach Süden bis zu den Sunda-Inseln, und vermuthlich auch bis Flores, vorkommen würde, wie oben ausführlich erläutert ist.

7. *Strix Rosenbergi*, Schlegel.

Strix Rosenbergi, Schlegel, Observations zoologiques I., Nederl.
Tijdschr. v. Dierk, T. III, p. 181 (1866) (»Celebes«).

Strix Rosenbergi, A. B. Meyer: Sitzb. und Abh. Gesellsch. Isis 1884,
Abh. I, pp. 6 und 14 (Tabukan, Sanghir); — W. Blasius, Madarász'
Zeitschr. f. d. ges. Ornithologie 1885, p. 227 (Celebes). — In Betreff
der übrigen literarischen Nachweise vgl. Sharpe Cat. Birds Brit.
Mus., Vol. II, p. 293 (und 298).

*»♀ Iris braun. L. 38, D. —2 cm. Schnabel horngrau.
Füsse braun. Gross-Sanghir, 1. Febr. 1887«.

Das Exemplar stimmt mit weiblichen Individuen von
Rurukan (Nord-Celebes) vollständig überein und hat die
für das weibliche Kleid offenbar charakteristische dunkel-
rostgelbe Färbung der Unterseite und der Tarsus - Befiederung. Die erste Schwungfeder hat linkerseits vier verwaschene dunkle Binden, rechterseits auch noch die Spur
einer fünften Binde an der Basis; nur wenn man die dunklere
Spitze der ersten Schwungfeder als Binde mitzählen wollte,
würde sich die Zahl jederseits um Eins erhöhen; die
Schwanzfedern haben vier dunkle Querbinden. Die Maasse
dieses Stückes:

Ala 33,6; Cauda 14,5; Rictus 4,8; Tarsus 7,8 cm
stimmen vollständig mit den Maassen anderer weiblichen
Exemplare überein.

A. B. Meyer (Sitzber. Isis 1884, Abh. I, p. 14) war
der Erste, und, soviel ich weiss, auch vor Platen der
Einzige, der das Vorkommen dieser Art auf Sanghir feststellen konnte. Meyer's bei dieser Gelegenheit geäusserter
Zweifel an der Artberechtigung im Verhältniss zu *St. javanica*, Gml. halte ich nicht für gerechtfertigt. Im Uebrigen
scheint die Art auf Celebes beschränkt zu sein.

Fam. Psittacidae.

8. *Tanygnathus Mülleri* (Temm.).

Psittacus Mülleri, Temminck in Mus. Lugd. Batav. — S. Müller und
Schlegel, Verhandl. Land- en Volkenk., p. 108 (»Celebes«) (1839).
Eclectus Mülleri, Schlegel, Observations zoologiques I, Nederl.
Tijdschr. voor Dierk., T. III, p. 185 (1866) (»Sanghir«).

Tanygnathus Mülleri, Walden Transact. Zool. Soc., Vol. VIII, p. 31
(1872). — Salvadori, Ann. Mus. Civ. Genova, Vol. IX, p. 53
(Ottobre 1876). — Reichenow, Vogelbilder aus fernen Zonen, Taf.
27, Fig. 9. — Idem Conspectus Psittacorum, Journ. f. Ornithol. 1881,
p. 245. — A. B. Meyer, Sitzb. u. Abh. Ges. Isis 1884. Abh. I, p. 6. —
W. Blasius, Madarász' Zeitschr. f. d. ges. Ornithol. 1885, p. 209.
Ausführliche Synonymie vgl. bei Walden (l. c.), Finsch (Papageien,
Bd. II, p. 357) u. A.

Von Dr. Platen sind keine Sanghir-Exemplare dieser
Art gesandt. — Walden (l. c.) bezieht sich auf das oben
angegebene Zeugniss Schlegel's für das Vorkommen dieser
Art auf den Sanghir-Inseln. Auffallenderweise enthalten
jedoch die von dem Letzteren im Muséum des Pays-Bas
(*Psittaci*, Revue, Mai 1874, p. 25) gegebenen Listen des
Leydener Museums keine Exemplare von Sanghir. — Abgesehen von diesen Angaben scheint Salvadori (l. c.)
die ersten und bis jetzt einzigen in der Literatur erwähnten
Bälge dieser Art von Pejta (Gross-Sanghir) untersucht zu
haben, nämlich fünf von A. A. Bruijn gesammelte Individuen, von denen drei alt und zwei jung waren, und über
welche Salvadori ausführlich berichtet hat. Wenn nun
Reichenow (l. c.) so weit geht, und als Heimat von *Tanygnathus Mülleri* allein die Sanghir-Inseln angibt, so ist
dies unrichtig. Selbst wenn man, wie es Reichenow thut,
die rothschnäbelige Form im Gegensatze zur weissschnäbe-
ligen *(albirostris)* als eine gute Art ansehen will, so muss
man die Verbreitung derselben nach zahlreichen in der
Literatur besprochenen Exemplaren auch auf Celebes und
die Sula-Inseln ausdehnen. Auch haben die jungen Individuen von Sanghir nach Salvadori ebenfalls keinen rothen,
sondern nur einen röthlich-weissen Schnabel. — v. Rosenberg hat in seinem Aufsatze über »Die Papageien von
Insulinde« (Zoolog. Garten 1878, p. 344) Sanghir in den
Verbreitungsbezirk der Art anderseits sogar nicht einmal
mit eingeschlossen.

9. *Tanygnathus megalorhynchus* (Bodd.)

Psittacus megalorhynchus, Boddaert, Tabl. Pl. Enl. p 45 (1783) (ex
D'Aubenton).

Tanygnathus megalorhynchus, Wallace, Proc. Zool. Soc. 1864.
p. 285. — Brüggemann, Abh. Naturw. Ver. Bremen, Bd. V, p. 37
(Febr. 1876). — Salvadori, Ann. Mus. Civ. Genova, Vol. IX, p. 52
(Ottobre 1876). — A. B. Meyer, Ibis 1879, p. 49. — Idem, Rowley's
Ornitholog. Miscellany Vol. III, Part XIII, p. 127 (Febr. 1878).
— Idem, Sitzb. u. Abh. Ges. Isis 1884, Abh. I, p. 6.
Eclectus megalorhynchus, Schlegel, Observations zoologiques I,
Nederl. Tijdschr. v. Dierk., III. p. 184 (1866). — Idem, Muséum Pays-
Bas, *Psittaci*, Revue, p. 23 (Mai 1874). — v. Rosenberg, Zoolog.
Garten 1878, p. 345.
Ausführliche Synonymie vgl. bei Salvadori, Ornit. della Papuasia,
Vol. I, p. 129.

Dr. Platen sandte acht Bälge (fünf Männchen und
drei Weibchen). Bei allen ist die »Iris hellgelb; Schnabel
lackroth« angegeben, die Füsse bei den Männchen »grau-
grünlich«, bei den Weibchen »graugrün«.

Geschlechtsunterschiede sind in der Färbung nicht zu
bemerken; die Männchen haben durchschnittlich eine bedeutendere Grösse, besonders der Flügel und des Schnabels,
wie folgende durch die Originalangaben der Sammler ver-
vollständigte Tabelle veranschaulicht:

	Geschlecht	Long. tot.	Diff.	Ala	Cauda	Culmen (Sehne vor d. Wachs- haut)	Tarsus	Datum
		cm	cm	cm	cm	cm	cm	
a	♂	40	7	25,3	15,5	5,1	2,4	1. August 1886
b	♂	39	7	25,3	16,8	5,0	2,4	14. » »
c	♂	39	7	26,2	15,6	5,23	2,3	29. Juli 1886
*d	♂	40	8	25,0	15,3	5,2	2,2	30. » »
e	♂	40	7	26,0	16,3	5,0	2,4	31. » »
f	♀	39	7	24,8	16,2	4,45	2,3	28. » »
g	♀	40	8	24,0	15,2	4,2	2,2	1. August 1886
h	♀	39	7	23,5	13,2	4,35	2,2	6. » »

Die ersten Angaben über das Vorkommen dieser Art
auf Sanghir scheint Wallace (l. c.) 1864 gemacht zu haben.
In demselben Jahre sammelte v. Rosenberg während der

Monate October und November dort zahlreiche Exemplare, welche im Leydener Museum aufbewahrt werden (cf. Schlegel l. c.). Auch Hoedt lieferte demselben Museum ein auf Sanghir am 24. Januar 1866 erlegtes männliches Individuum, sowie gleichfalls zwei Stücke von der Insel Siao. Brüggemann (l. c.) und Salvadori (l. c.) lag je ein Individuum dieser Art von Sanghir vor, und A. B. Meyer (l. c.) scheint dieselbe dort vielfach beobachtet und gesammelt zu haben. Im Uebrigen ist die Art in Papuasien und auf den Molukken weit verbreitet.

10. Tanygnathus lucionensis (Linn.)

Psittacus lucionensis, Linn., Syst. Nat. I. p. 146, Nr. 31 (1766) ex Brisson. *Tanygnathus luçonensis*, Brüggemann, Abh. Naturwiss. Verein Bremen. Bd. V. p. 38 (Februar 1876). — G. v. Koch, Verzeichniss einer Sammlung von Vogelbälgen aus Celebes und Sanghir, Febr. 1876, p. 1. — A. B. Meyer, Sitzb. u. Abh. Ges. Isis 1884, Abh. I. p. 6 Ausführliche Synonymie vgl. bei Walden, Transactions Zoolog. Soc. London, Vol. IX, p. 133 (1875).

Brüggemann ist der erste und einzige Gewährsmann für das Vorkommen dieser Art auf Sanghir. Es lagen ihm nicht weniger als sechs von Dr. George Fischer dort gesammelte Bälge vor. Obgleich unter den von Fischer gesammelten Bälgen Verwechselungen des Fundortes vorgekommen zu sein scheinen, so mag in diesem Falle die Angabe doch sehr glaubwürdig sein, da zu jener Zeit Fischer nur in Nord-Celebes und auf Sanghir (u. Siao) gesammelt hat, die in Rede stehende Art bis jetzt aber in Celebes noch nicht vorgekommen ist. Es erscheint sehr wohl möglich, dass diese Philippinen-Form bis Sanghir sich ausbreitet, ohne das weiter gelegene Celebes zu erreichen. — Reichenow (l. c.) lässt Sanghir trotz der Brüggemann'schen Angaben in dem Verbreitungsbezirke der Art aus.

11. Prioniturus platurus (Vieill.)

Psittacus platurus, Vieillot, Nouv. Dict. d'Hist. Nat., T. XXV, p. 314 (1817). — Kuhl, *Conspectus Psittacorum*, p. 43 (1820). *Eclectus platurus*, Schlegel, Mus. Pays-Bas, *Psittaci*, Revue, p. 22 (Mai 1874) (»Siao«). — v. Rosenberg, Zoolog. Garten 1878, p. 345. *Prioniturus platurus*, Brüggemann, Abh. Naturw. Verein Bremen.

Bd. V, p. 39 (Februar 1876). — G. v. Koch, Verzeichniss einer Sammlung von Vogelbälgen aus Celebes und Sanghir, Febr. 1876, p. 1. — A. B. Meyer, Sitzb. u. Abh. Ges. Isis 1884, Abh. I, p. 6. — W. Blasius, Madarász' Zeitschr. f. d. g. Ornithol. 1885, p. 212.

Andere Synonymie vgl. bei Walden, Transact. Zool. Soc. VIII, p. 32 (1872), und Finsch, Papageien Bd. II, p. 395.

Brüggemann (l. c.) untersuchte sieben von Dr. George Fischer auf Sanghir gesammelte Bälge. Im Leydener Museum zählt Schlegel (l. c.) vier auf Siao von R. van Duyvenbode gesammelten Individuen auf. Da bei den von Fischer gesammelten Stücken eine Unterscheidung zwischen Siao und Sanghir nicht immer vorgenommen ist, so scheint es noch zweifelhaft zu sein, ob sich diese Celebes-Art wirklich über Siao hinaus bis Gross-Sanghir ausbreitet. Es ist dies allerdings sehr wohl möglich, da die Form überhaupt einen etwas weiteren Verbreitungsbezirk besitzen soll. Platen hat keine Vertreter derselben auf Gross-Sanghir erbeutet.

? *Prioniturus flavicans* Cassin.

Proc. Ac. Nat. Sc. Phil. VI. p. 73 (1853). — Brüggemann, Abh. Naturw. Verein Bremen, Bd. V, p. 40 (Februar 1876). — A. B. Meyer, Sitzb. u. Abh. Ges. Isis 1884, Abh. I, p. 6. — W. Blasius, Madarász' Zeitschr. f. d. g. Ornithol. 1886, p. 83 (Celebes).

Andere literarische Hinweise vergleiche bei Finsch, Papageien, p. 399.

Brüggemann hat neben 30 von Dr. George Fischer auf Celebes gesammelten Bälgen auch einen einzigen in der Färbung etwas abweichenden Balg mit der Aufschrift »Sanghir« erhalten. — Bei den offenbaren Ungenauigkeiten, die in Betreff der Heimatsbezeichnung des Brüggemann'schen Materials untergelaufen sind, erscheint es mir noch sehr zweifelhaft, ob die Art wirklich auf Gross-Sanghir vorkommt, da kein anderer Sammler dieselbe dort gefunden hat. Es ist ebensogut möglich, dass die Art auf Celebes beschränkt ist, oder dass sie sich doch höchstens bis Siao nach Norden ausbreitet.

12. *Loriculus catamene* Schlegel.

Nederl. Tijdschr. v. Dierkunde, Vol. IV, p. 7, 1873. — Idem, Muséum Pays-Bas, *Psittaci*, Revue, p. 62 (Mai 1874). — Rowley u. A. B. Meyer,

Rowley's Ornithological Miscellany, Vol. II, Part VII, p. 231 ff.,
pl. LVII. (März 1877). — v. Rosenberg, Zoolog. Garten 1878, p. 347.
— A. B. Meyer, Sitzb. u. Abh. Ges. Isis 1884, Abh. I, p. 6. — Idem,
Gefied. Welt 1887, p. 264.

Coryllis catamenia. Reichenow, *Conspectus Psittacorum,* Journ. f.
Ornith. 1881, p. 230. — Idem, Vogelbilder aus fernen Zonen
(Papageien), Nachtrag Nr. 52 (1883).

Coryllis catamene, C. Platen, Russ' Gefied. Welt. 1887, p. 263.

Dr. Platen sandte 13 Exemplare (drei alte Männchen
a, *b* und *c* und vier junge Männchen *k* bis *n*, sowie vier
alte Weibchen *d*, *e*, *f* und *g* und zwei junge Weibchen
h und *i*).

Die Männchen *a*, *b* und *c* sind offenbar alt und entsprechen mit ihrem rothen Vorderkopfe der von S c h l e g e l
gegebenen Beschreibung; die Weibchen *d* bis *g* scheinen
auch alt zu sein und stimmen mit der von R o w l e y gelieferten Abbildung eines solchen überein (Orn. Miscellany,
Vol. II, Part VII, Taf. 57). Während bei den Männchen die
rothen oberen Schwanzdeckfedern die Spitze der Schwanzfedern beträchtlich überragen und fast ganz verdecken, so erreichen dieselben bei den Weibchen die Spitze nicht ganz oder
überragen dieselben nur sehr wenig und einzeln, so dass
der grüne Schwanz durch die rothen Deckfedern hindurch
sichtbar bleibt. Dem Weibchen fehlt der rothe Vorderkopf,
und es ist die rothe Färbung der unteren Schwanzdeckfedern,
die bei jüngeren Individuen oft nur grüngelblich mit ganz
schmalen rothen Spitzenrändern erscheinen, weniger intensiv
als bei den Männchen. Bei den beiden j u n g e n W e i b c h e n
(*h* und *i*) ist der rothe Kehlfleck, der bei beiden Geschlechtern
vorhanden ist, sehr viel weniger entwickelt; die oberen
Schwanzdecken sind roth, bleiben aber mit ihrer Spitze weit
von der Schwanzspitze entfernt; die unteren Schwanzdecken
sind grüngelblich mit breiteren röthlichen Spitzen. *i* mit
den kürzesten oberen Schwanzdeckfedern hat noch eine gelbliche Färbung des Schnabels. Die vier j u n g e n M ä n n c h e n
(*k* bis *n*), die sämmtlich schon schwarze Schnäbel besitzen,
stimmen in der Färbung mit dem alten Weibchen überein;
nur scheint die Färbung der unteren Schwanzdeckfedern
schon früh die Intensität der alten Männchen anzunehmen,

	Geschlecht	Long. tot. cm	Dill. cm	Ala cm	Cauda cm	Culmen von der Wachshaut an cm	Iris	Schnabel	Wachshaut	Füsse	Datum
a	♂	13	1	8,2	4,3	1,02	gelb	schwarz	"	gelborange	2. August 1886
b	♂	13	1,5	8,0	4,3	1,0	orangeroth	"	bräunlichgelb	orange	14. Januar 1887
*c	♂	13	1,5	7,8	4,0	1,0	"	"	"	"	17. " "
d	♀	12	1	8,1	4,0	1,0	braun	"	"	gelborange	7. Juli 1886
e	♀	13	1,5	8,25	4,5	1,0	hellbraun	"	bräunlichgelb	orange	8. Dec. "
*f	♀	13	1,5	8,2	4,4	1,0	"	"	"	"	19. Januar 1887
g	♀	13	1,5	8,3	4,2	1,0	"	"	"	"	3. Februar 188-
*h	♀ juv.	12	1	7,9	3,8	0,95	braun	dunkelbraun	"	gelbbraun	11. Juli 1886
*i	♀ juv.	12	1	8,0	2,8	0,8	"	gelb	graubraun	orange	25. " "
k	♀. juv.	13	1,5	8,1	4,4	1,0	hellbraun	schwarz		orange	2. Januar 188-
l	♂ juv.	13	1,5	8,3	4,3	1,0	"	"		"	17. " "
m	♂ juv.	13	1,5	8,1	4,3	1,05	"	"	bräunlichgelb	"	2. Februar "
n	♂ juv.	13	1,5	8,2	4,1	1,0	"	"	"	"	3. " "

während noch keine Spur von der rothen Färbung des Kopfes zu beobachten ist.

In der nebenstehenden Tabelle sind die Original-Notizen der Sammler mit den von mir an den Bälgen genommenen Maassen der Flügel, des Schwanzes und des Schnabels vereinigt.

Der Umstand, dass Rowley (l. c.) nur ein junges und nicht ein ausgefärbtes Männchen abgebildet hat und in Folge dessen vermuthlich Reichenow (l. c.) in der Diagnose und Beschreibung der Art die Erwähnung des rothen Vorderkopfes beim alten Männchen verabsäumt hatte, gab Platen (l. c.) Veranlassung, fälschlich anzunehmen, dass das alte Männchen eine von *L. catamene* verschiedene Art repräsentire, was aber schon A. B. Meyer (Gef. Welt 1887, p. 264) aufgeklärt hat. — Die Art scheint auf Gross-Sanghir beschränkt zu sein.

Fam. Trichoglossidae.

13. *Eos histrio* (P. L. S. Müller).

Psittacus histrio, P. L. S. Müller. Syst. Nat. Suppl., p. 76 (1776).

Psittacus indicus, Gmelin, Syst. Nat., Vol. I, p. 318 (1788).

Psittacus coccineus, Latham, Ind. Ornith., Vol. I, p. 89 (1790). — Russ, Papageien, p. 760 (1881).

Eos indica, Wallace, Proc. Zool. Soc. 1864, p. 290 (Siao und Sanghir).

Lorius coccineus, Schlegel, Muséum Pays-Bas, *Psittaci*, p. 128 («Sanghir» Forsten, Wallace, August 1864). — Idem, l. c., *Psittaci*, Revue, p. 58 («Siao» Hoedt, R. van Duyvenbode, Mai 1874). — H. v. Rosenberg, Zoolog. Garten 1878, p. 346 («Sanghir»).

Domicella coccinea, Finsch, Papageien, Bd. II, p. 800 (1868). — Rowley u. A. B. Meyer in Rowley's Ornithological Miscellany, Vol. III, Part. XIII, p. 123, und Tab. 98 (Febr. 1878). — A. B. Meyer, Ibis 1879, p. 55. — C. Platen, Gefied. Welt, 1887, p. 263.

Lorius coccineus («J. of Saugor» err?) et *Eos histrio* («Moluccas, Shangir Islands» err.), Gray, Hand-List, Vol. II, p. 153 u. 154, sp. 8190 et 8199 (1870).

Lorius histrio, G. v. Koch, Verzeichniss einer Sammlung von Vogelbälgen aus Celebes und Sanghir, Febr. 1876, p. 1 («Celebes» err.). — Brüggemann, Abh. Naturw. Ver. Bremen, Bd. V, p. 41 u. 100 (Febr. u. März 1876) («Celebes» err.). — G. Fischer, ibid., p. 538 (Jan. 1878) («Sanghir»).

Domicella histrio, Reichenow, *Conspectus Psittacorum*, Journ. f. Ornith. 1881, p. 167. — Idem, Vogelbilder aus fernen Zonen (Papageien) Taf. 31, Fig. 1.

Eos coccinea, Salvadori, Ornitologia della Papuasia, Vol. I, p. 268.

Eos histrio A. B. Meyer, Sitzb. u. Abh. Ges. Isis 1884, Abh. I, p. 6.

Dr. Platen sandte vier Exemplare (zwei alte und ein junges Männchen, sowie ein Weibchen).

*a. »♂ Iris orangegelb. L. 33, D. 8 cm. Schnabel orangeroth. Füsse dunkelgrau. 28. Juli 1886«.

  b. »♂ Iris orangegelb. L. 33, D. 8 cm. Schnabel orangeroth. Füsse grau. 6. Aug. 1886«.

  c. »♀ Iris orangegelb. L. 32, D. 7 cm. Schnabel orangeroth. Füsse dunkelgrau. 6. Aug. 1886«.

*d »♂ juv. Iris hellbraun. L. 26, D. 6 cm. Schnabel orangegelb. Füsse grau. 28. Juli 1886«.

Das offenbar ausgefärbte oder doch fast ausgefärbte Weibchen *c* unterscheidet sich von den beiden alten Männchen *a* und *b* durch eine geringere Breite des blauen Brustbandes und der blauen Rückenfärbung; auch scheinen die rothen Grundhälften einiger Brustfedern noch stärker durch das blaue Brustschild hindurch. Im Uebrigen ist, abgesehen von der etwas bedeutenderen Grösse der Männchen, kein Geschlechtsunterschied zu bemerken.

Das junge Männchen *d* entspricht der Beschreibung, welche Brüggemann (Abh. Naturw. Verein Bremen, Bd. V, p. 41) von dem Jugendzustande des Männchens gegeben hat. Besonders interessant ist die carminrothe Färbung an denjenigen Stellen des Rückens, die sich später blau färben sollen, neben der rothen Färbung an solchen Stellen des Kopfes und Nackens, die später blau werden.

Ich lasse noch die wichtigsten Masse folgen:

	Ala	Cauda	Culmen (Sehne)	Tarsus
	cm	cm	cm	cm
*a	17,4	14,6	2,4	2,1
b	17,5	14,2	2,35	2,1
c	16,7	12,4	2,4	2,0
*d	16,9	11,6	2,35	2,1

Erst spät ist es gelungen, zu erkennen, dass diese Art ursprünglich im wilden Zustande nur auf den Sanghir-Inseln im weiteren Sinne vorkommt. Der Umstand, dass schon seit langer Zeit dieser Vogel gern in der Gefangenschaft gehalten und auf benachbarte Inseln übergeführt worden ist, wo er dann wohl auch entflogen und verwildert sein kann, wie A. B. Meyer (l. c.) dies z. B. von Nord-Celebes erzählt, hatte die früheren Forscher, und besonders auch die Gelehrten des vorigen Jahrhunderts, welche die Art unter drei verschiedenen Namen beschrieben haben, in Bezug auf die Heimat irre geführt. Erst Wallace war es vorbehalten, auf seinen Reisen im malayischen Archipel die Fundstelle genauer festzustellen. Je ein Sanghir-Exemplar von Wallace und Forsten befindet sich im Leydener Museum, das dann später auch durch Hoedt und R. van Duyvenbode vier Exemplare von Siao erhielt (cf. Schlegel, l. c.). In den siebenziger Jahren haben hauptsächlich G. Fischer (l. c.) und A. B. Meyer (l. c.) zahlreiche Individuen auf Sanghir gesammelt und beobachtet. — In Folge der Verwirrung in der Nomenclatur und eines Schreibfehlers bei der Heimatsbezeichnung scheint Gray (l. c.) zwei Nummern seines Verzeichnisses dieser Art gewidmet zu haben.

Fam. Cuculidae.

14. *Cuculus canoroides* S. Müller.

Verh. Land- en Volkenk. p. 235, not. sp. 1 (1839—1844) (Java etc.). — W. Blasius, Braunschweig. Anzeigen v. 11. Jan. 1888, Nr. 9, p. 86 (»Gross-Sanghir«). — Idem, Russ' Isis 1888, p. 78. Ausführliche Synonymie vgl. bei Salvadori, Ornitol. d. Papuasia, Vol. I, p. 328.

Dr. Platen sammelte selbst ein Weibchen im jugendlichen, oberseits rothbraun und schwarz, unterseits weisslich und schwarz gebänderten Kleide:

*»♀ Iris hellbraun. L. 30, D. 5 cm. Schnabel oben schwarz, unten gelblich. Füsse ockergelb. Gross-Sanghir 25. Jan. 1887«.

Die Maasse dieses mit einem jugendlichen, dem Braunschweiger Museum angehörenden Individuum aus Rurukan
(Nord-Celebes) im Wesentlichen übereinstimmenden Balges
sind die folgenden:

Ala 18,7; Cauda 15.7; Culmen 2,2; Tarsus 1,7 cm.

Diese Art ist durch die Platen'schen Sammlungen
zuerst für Gross-Sanghir, überhaupt für die Sanghir-Inseln,
nachgewiesen. Da dieselbe eine sehr weite Verbreitung von
China über die Molukken bis Celebes, Borneo, Timor etc.
und östlich bis Neu-Holland zeigt, so ist das Vorkommen
auf Gross-Sanghir nicht auffallend.

? *Eudynamis melanorhyncha* S. Müller.

Verhandl. Land- en Volkenk. p. 176 (1839—1844) (»Celebes«). —
Brüggemann, Abh. Naturw. Ver. Bremen, Bd. V, p. 466 (Mai
1877) (»Sanghir«). — A. B. Meyer, Sitzb. u. Abh. Ges. Isis 1884,
Abh. I, p. 19. — W. Blasius, Madarász' Zeitschr. f. d. ges. Ornithol.
1886, p. 96.
Andere literarische Hinweise vgl. bei Walden, Transact. Zool. Soc.
VIII, p. 53, 1872.

Brüggemann (l. c.) erwähnt eines von Dr. George
Fischer gesammelten Exemplares dieser Art von Sanghir.
A. B. Meyer (l. c.) vermuthet jedoch eine Etiketten-Ver-
wechslung und glaubt nicht an das dortige Vorkommen
dieser sonst auf Celebes beschränkten Form; es dürften
hier mindestens dieselben Gründe wie bei *Prioniturus flavicans* vorliegen, um bis auf Weiteres den Namen nur mit
einem Fragezeichen in der Liste anzuführen. Möglicherweise
ist es auch nur Siao, bis wohin die Art sich nach Norden
ausbreitet, und wo sie sich dann mit *E. mindanensis* begegnen
würde.

15. *Eudynamis mindanensis* (Linn.) var. nov. *sanghirensis*.

Cuculus mindanensis, Linn., Syst. Nat. I, p. 169 (1766).
Eudynamis orientalis, G. v. Koch, Verzeichniss einer Sammlung von
Vogelbalgen aus Celebes und Sanghir, Febr. 1876, p. 1.
Eudynamis niger, Brüggemann, Abh. Naturw. Ver. Bremen, Bd. V,
p. 37 (Febr. 1876).
Eudynamis nigra, G. Fischer, ibid. p. 538 (Jan. 1878).
Eudynamis sp., Salvadori, Atti Acc. Torino, Vol. XIII, 1877/8, p. 1188.

»*Eudynamis mindanensis* (L.)?« A. B. Meyer, Sitzb. u. Abh. Ges.
Isis 1884. Abh. I. p. 6 u. 17.
Eudynamis mindanensis, W. Blasius, Braunschweig. Anz. v. 11. Jan.
1883, Nr. 9 p. 86. — Idem, Russ' Isis 1888, p. 78.
Ausführliche Synonymie vgl. bei Walden, Transact. Zool. Soc. Vol.
IX, p. 162 (1875).

Zwei ausgefärbte alte Männchen (* *a*, 29. Nov. 1886,
b, 16. Jan. 1887), übereinstimmend bezeichnet: »♂ Iris
blutroth. L. 37, D. 9 cm. Schnabel gelblichgrün. Füsse
dunkelblaugrau. Gross-Sanghir«.

Auf Sanghir kommt, wie oben wahrscheinlich gemacht,
nicht zugleich die schwarzschnäblige *Eudynamis*-Art von
Celebes, sondern nur eine gelbschnäblige Form vor, die bis
jetzt von den verschiedenen Autoren sehr verschieden gedeutet worden ist: Brüggemann beschrieb im Februar
1876 die von G. Fischer auf Sanghir gesammelten fünf
Exemplare unter dem Namen *Eudynamis niger* (L.). In dem
gleichzeitig herausgegebenen, dieselben Stücke behandelnden
»Verzeichniss einer Sammlung von Vogelbälgen aus Celebes
und Sanghir«, in welchem G. von Koch die Doubletten
des Museums zu Darmstadt zum Kauf oder Tausch anbietet,
steht die Art als *E. orientalis* verzeichnet. Im Januar 1878
erklärt G. Fischer, dass er alle seine Stücke von »*Eudynamis nigra* (L.)« auf Sanghir gesammelt habe. In demselben Jahre führt Salvadori ein altes männliches Exemplar dieser Art, welches Bruijn auf Sanghir gesammelt
und Graf Turati durch Léon Laglaize erhalten hatte,
als »*Eudynamis sp. nov.?*« an und erwähnt, dass es sich
keinenfalls um *E. nigra* von Indien handeln könne, und dass
die Sanghir-Form sich von *E. mindanensis* durch bedeutendere Grösse unterscheide. A. B. Meyer endlich zählt
die von ihm selbst oder seinen Jägern auf Siao und Sanghir
gesammelten Bälge als »*Eudynamis mindanensis* (L.)?« auf
und beweiset, dass Cabanis' Beschreibung des Weibchens
(Mus. Heineanum IV, 1, p. 53) sehr gut zu dem ihm vorliegenden weiblichen Individuum stimmt, und auch die
Grössenverhältnisse nicht dagegen sprechen, die Sanghir-Art
als *E. mindanensis* zu bezeichnen. Unter dem letzteren
Namen habe ich geglaubt, die Platen'schen Sanghir-Vögel

ebenfalls zunächst aufführen zu dürfen, während ich jetzt,
nachdem ich ein grösseres Vergleichsmaterial dieser Art von
den Philippinen - Inseln Palawan und Sulu erhalten habe,
der Ansicht zuneige, dass eine besondere gut erkennbare
Varietät *sanghirensis* unterschieden werden kann. — Ich
selbst kann augenblicklich, gerade wie Salvadori, nur
ausgefärbte männliche Exemplare von Sanghir mit den
anderen Arten vergleichen, und diese sind leider weniger
charakteristisch. Da jedoch Brüggemann und Meyer
ziemlich genaue Angaben über die Färbung des weiblichen
und Jugendkleides der Sanghir-Vögel gemacht haben, so
wird mir dadurch die Beurtheilung erleichtert, zumal mir
von *E. orientalis* (Linn.), *cyanocephala* (Lath.), *nigra* (Linn.),
malayana (Cab. u. Heine), *melanorhyncha* (S. Müll.) und
mindanensis (Linn.) auch solche Kleider zur Vergleichung vorliegen. Von den fünf erst aufgezählten Arten scheint das
Weibchen und junge Männchen eine ganz andere Färbung
darzubieten, als die Sanghir-Weibchen; besonders verschieden
sind in dieser Beziehung *E. nigra* (Linn.), *malayana* (Cab.
und Heine) (wenn dies eine gute Art ist) und *cyanocephala*
(Lath.). — Auch in Bezug auf die Schnabelform bestehen
wesentliche Unterschiede: *E. orientalis* und *cyanocephala*
haben einen schlankeren und weniger breiten Schnabel mit
schärferer Firste. Dieser Schnabelform nähert sich auch *E.
melanorhyncha*, während *E. nigra* einen kürzeren, breiten,
an der Firste breit gerundeten Schnabel besitzt, eine Form,
der sich die Sanghir-Stücke eng anschliessen. Da nun
Cabanis (l. c.) gerade für *E. mindanensis* als charakteristisch anführt: »Major omnino, rostro breviore robustiore«,
so glaube ich berechtigt zu sein, die Sanghir-Vögel als
E. mindanensis zu bezeichnen. Dabei finde ich jedoch die
Meyer'sche Angabe, dass das alte Männchen von Sanghir
sich von *E. orientalis* ♂ ad. durch einen mehr grünlichen
Reflex, besonders auf dem Rücken, unterscheidet, vollständig
bestätigt. Dieser grünliche Reflex tritt auch deutlich im
Vergleich zu den blaueren Sulu-Vögeln und den einen
ausserordentlich starken blauen Schein darbietenden Pala-
wan-Vögeln von *E. mindanensis* hervor. Dazu kommt, dass

bei den Sanghir-Vögeln der Schnabel breiter und stärker und an der Firste im Querschnitt bedeutend mehr abgerundet erscheint, ein Verhältniss, das sich zwar schwierig, aber doch einigermassen durch die in den drei letzten Columnen der folgenden Maasstabelle aufgeführten Quermaasse des Schnabels veranschaulichen lässt. Diese Charaktere scheinen mir für die Annahme einer Varietät *sanghirensis* zu sprechen.

Von den beiden mir vorliegenden Bälgen befindet sich *a* noch in der Mauser; vielleicht erklären sich dadurch die etwas geringeren Grössenverhältnisse von Flügel und Schwanz dieses Vogels.

Die Hauptform *mindanensis* ist auf den Philippinen verbreitet, die von mir charakterisirte Varietät kenne ich bis jetzt nur von Gross-Sanghir und Siao (Meyer).

Art, Geschlecht u. Heimat	Ala	Cauda	Long. Culminis	Latitudo Rostri basal.	Lat. Culmin.	Distant. nar.
	cm	cm	cm	cm	cm	cm
a *mindanensis* var. sanghirensis ♂ Sanghir	19,3	19,4	3,1	1,92	0,45	0,82
b dto. dto.	20,9	20,3	3,15	1,92	0,5	0,85
mindanensis ♂ Palawan	19,8	20,6	3,1	1,83	0,4	0,7
" ♂ Sulu	20,4	19,3	3,0	1,82	0,4	0,77
" ♀ "	19,6	20,8	2,9	1,9	0,45	0,73
cyanocephala juv. Broken Bay, Australien	22	21	3,2	1,9	0,35	0,7
orientalis ♀ (»Ransoni«) Amboira	21,0	20,9	3,25	1,85	0,37	0,76
orientalis ♂ Timor	20,1	19,4	3,1	1,8	0,3	0,74
" ♀ " (Coll. Nehrkorn)	20,1	19,4	3,1	1,8	0.34	0,72
nigra ♂ juv. Madras	18,7	20,3	2,8	1,8	0,42	0,76
" ♀ "	19,0	19,0	2,7	?	0,4	0,8

16. *Centrococcyx javanensis* (Dumont).

Cuculus javanensis, Dumont de St. Croix, Dict. Sc. Nat. XI, p. 144
(1818).

Centrococcyx affinis. A. B. Meyer, Sitzb. u. Abh. Ges. Isis, Abh. I,
p. 6 u. 18 »Siao, Tabukan« (Gross-Sanghir).

Centrococcyx javanensis, W. Blasius, Madarász' Zeitschr. f. d. ges.
Ornithol. 1885, p. 263.

Ausführliche Synonymie vgl. bei Walden, Transact. Zool. Soc. VIII,
p. 56 u. 60 unter *Centrococcyx affinis* und *javanensis* (1875).

Die in Malakka und auf den Sunda-Inseln weit verbreitete Art ist zuerst und bis jetzt allein von A. B. Meyer
für die Sanghir-Inseln nachgewiesen, und zwar sowohl für
Gross-Sanghir als auch für Siao. Dass *javanensis* und *affinis*
artlich zusammenfallen, glaube ich unwiderleglich nachgewiesen zu haben (l. c.).

Fam. Meropidae.

17. *Merops ornatus* Latham.

Index Ornitholog. Suppl. p. 35 (1801). — Brüggemann, Abh. Naturw.
Ver. Bremen Bd. V. p. 49 (Febr. 1876) (»Sanghir«); — A. B.
Meyer, Sitzb. u. Abh. Ges. Isis 1884. Abh. I, p. 6 u. 19.

Ausführliche Synonymie vgl. bei Salvadori, Ornit. d. Papuasia,
Vol. I, p. 401.

Brüggemann konnte nach einem von Dr. Fischer
gesammelten Balge zuerst das Vorkommen dieser weit verbreiteten Art auf den Sanghir-Inseln feststellen. A. B. Meyer
erhielt die Art von Tabukan (Gross-Sanghir). Bei dem
grossen Verbreitungsbezirke der Art von Neu-Holland und
Neu-Guinea über die Molukken bis zu den Sunda-Inseln
ist das Vorkommen nicht auffallend.

Fam. Alcedidae.

18. *Alcedo bengalensis* Gmelin.

Syst. Nat. Vol. I, p. 450 (1788). — A. B. Meyer, Sitzb. u. Abh.
Ges. Isis 1884. Abh. I, p. 6.

Alcedo minor, Schlegel, Mus. Pays-Bas, Alcedines Revue p. 3 (Juni
1874) (»Siao, Sanghir«).

Alcedo moluccensis, A. B. Meyer, Ibis 1879, p. 64 (»Siao«).

Ausführliche Synonymie vgl. bei Salvadori, Ornit. d. Papuasia Vol. I,
p. 407.

Dr. Platen sammelte von dieser Art selbst ein Pärchen (*a, ♂ und b, ♀), übereinstimmend bezeichnet: »Iris dunkelbraun. Füsse lackroth«.

Ein Geschlechtsunterschied besteht darin, dass der Schnabel, wie schon der Sammler in dem frischen Zustande der Vögel festgestellt hat und wie auch noch am Balge zu erkennen ist, beim Männchen gleichförmig dunkel schwarzbraun gefärbt ist, während beim Weibchen der Oberschnabel allein diese Färbung, der Unterschnabel dagegen eine hellröthliche besitzt. Auch ist, wie Salvadori schon hervorgehoben hat, das Männchen leuchtender als das Weibchen gefärbt, da der bläuliche Farbenton der Oberseite beim Männchen stärker entwickelt ist, als beim Weibchen. Beide Exemplare scheinen vollständig ausgefärbt zu sein, da die ganze Unterseite mit Ausnahme der weisslichen Färbung von Kinn und Kehle und der blaugrünen Färbung der Brustseiten bei beiden Exemplaren intensiv rostroth erscheint. Die Einzelmaasse in Verbindung mit den Messungen und Angaben des Sammlers sind folgende:

Geschlecht	Long. tot. cm	Differ. cm	Ala cm	Cauda cm	Culmen cm	Schnabelfarbe	Datum
*a ♂	15,5	1,5	6,8	3,1	3,8	dunkelbraun	11. Jan. 1887
b ♀	15	2,0	7,1	3,4	3,7	oben dunkelbraun, unten rothbraun	12. Jan. 1887

Die ersten, im Leydener Museum aufbewahrten Exemplare dieser von Nordost-Afrika durch Asien bis zu den Molukken verbreiteten Art hat 1865 Hoedt auf Siao und Sanghir gesammelt (cf. Schlegel l. c.), und zwar am 27. October auf Siao, am 11. December auf Sanghir. — Die anfängliche Vermuthung Meyer's, dass er auf Siao A. molluccensis angetroffen habe, eine Art, welche von Salvadori und Anderen unter dem Namen »ispidoides Lesson« neben bengalensis aufrecht erhalten wird, scheint später von ihm selbst aufgegeben zu sein.

19. *Ceycopsis fallax* (Schlegel).

Dacelo fallax, Schlegel, Observat. zoolog. l. Nederl. Tijdschr. voor
Dierkunde Bd. III, p. 187 (1866) »Celebes«.

Ceycopsis fallax, A. B. Meyer, Ibis 1879, p. 63 (Gross-Sanghir); —
Idem, Sitzb. u. Abh. Ges. Isis 1884, Abh. I, p. 6.

Ausführliche Synonymie vgl. bei Sharpe, Monogr. Alcedinidae pt. V,
Nr. 37.

Diese sonst nur auf Celebes vorkommende Art hat
A. B. Meyer von Tabukan auf Gross-Sanghir offenbar
zahlreich erhalten. (»Near Tabukan, on Great Sangi Islands,
it appears to be plentiful«). Von Anderen scheint dieselbe
dort nicht aufgefunden zu sein.

20. *Callialcyon rufa* (Wallace).

Halcyon rufa, Wallace, Proc. Zool. Soc. 1862, p. 338 (»Sula Islands
Celebes«).

Dacelo coromanda (partim), Schlegel, Mus. Pays-Bas. Alcedines
Revue p. 17 (Gross-Sanghir und Siao) Juni 1874.

»*Halcyon coromanda* (Lath.) var. *rufa* (Wall.)«, Brüggemann, Abh.
Naturwiss. Verein Bd. V, p. 54 (Febr. 1876).

Callialcyon rufa, A. B. Meyer, Sitzb. u. Abh. d. Ges. Isis 1884,
Abh. I, p. 6. — W. Blasius, Madarász' Zeitschr. f. d. ges. Ornithologie 1885, p. 246.

Dr. Platen sammelte selbst ein männliches Exemplar,
bezeichnet: »♂. Iris dunkelbraun. L. 27, D. 4 cm. Schnabel
und Füsse lackroth. Gross-Sanghir. 9. Februar 1887«.

Das Stück unterscheidet sich von zwei Celebes-Exemplaren des Braunschweiger Museums durch einen matteren
Ton der violetten oder lila Färbung des Rückens, durch
eine hellere Färbung der Unterseite mit nur ganz geringem
violetten Anfluge an der Brust, durch eine sehr geringe
Entwicklung der bläulich-silberweissen Bürzelfedern, die in
der Basalhälfte braunroth, in einem schmalen mittleren
Bande violett oder lila und in der Endhälfte silberweiss mit
etwas bläulichem Schimmer erscheinen; ferner durch einen
schlankeren, seitlich etwas zusammengedrückten Schnabel,
der in der Mitte der Seitenränder kaum eine erkennbare
convexe Ausbuchtung zeigt und etwa am hinteren Rande
der näher zusammenliegenden Nasenlöcher dieselbe Breite
besitzt, wie die anderen am vorderen Rande. Dabei ist in

Uebereinstimmung mit den mir vorliegenden Bälgen von *Callyalcyon rufa* aus Celebes der Unterschnabel auch an der Wurzel in charakteristischer Weise gleichmässig lackroth gefärbt, während ein Borneo-Exemplar von *C. coromanda* hier eine weissliche Färbung zeigt. — Auffallend ist es, dass die oben erwähnten Farbenverschiedenheiten, die auf ein weibliches oder jugendliches Individuum schliessen lassen könnten, bei einem verhältnissmässig grossen vom Sammler als Männchen bezeichneten Stücke vorkommen. Ob die erwähnten Verschiedenheiten zur Abtrennung einer Varietät berechtigen, möchte ich, da nur ein einziges Exemplar von Sanghir mir vorliegt, unentschieden lassen. Zur Veranschaulichung der Grössenverhältnisse diene auch die folgende Maasstabelle:

Heimat	Ala cm	Cauda cm	Culmen cm	Mandibula (Rictus) cm	Distant. nar. cm	Tarsus cm
rufa Sanghir ♂	12,2	6,9	5,7 (def.)	6,5	0,70 !	1,75
Celebes Riedel (♂ ad)	11,4	6,6	5,9	6,5	0,76	1,7
Celebes ♂ (juv.) Platen	11,5	6,6	5,7	6,5	0,76	1,7
coromanda Borneo ♀ ad	10,3	6,2	(def.)?	6,0	0,78	1,65

Hoedt sammelte am 22. Januar 1866 ein männliches Stück auf Gross-Sanghir, R. van Duyvenbode 1866 ein Weibchen auf Siao (cf. Schlegel l. c.). Brüggemann lagen zwei von Dr. G. Fischer auf Sanghir erbeutete Exemplare vor. Andere Nachweise sind in der Literatur nicht zu finden. Außerdem ist diese Form auf Celebes und den Sula-Inseln beobachtet.

21. *Sauropatis chloris* (Bodd.).

Alcedo chloris, Boddaert, Tabl. Pl. Enl. p. 49 (1783) (ex D'Aubenton).
Dacelo chloris, Schlegel: Muséum Pays-Bas. Alcedines Revue, p. 23 (Juni 1874) («Siao»).

Sauropatis chloris, Salvadori, Ann. Mus. Civ. Genova, Vol. IX,
(Ottobre 1876) p. 53 (»Petta« Gross-Sanghir); — A. B. Meyer,
Sitzb. u. Abh. Ges. Isis 1884. Abh. I, p. 6. — W. Blasius, Madarász'
Zeitschr. f. d. ges. Ornithol. 1885, p. 244.

Ausführliche Synonymie vgl. bei Salvadori, Ornitol. d. Papuas., Vol. I
p. 470.

Dr. Platen sandte drei Exemplare (zwei Männchen *a* und
b, von denen er letztes selbst gesammelt hat und ein Weibchen *c*) alle drei übereinstimmend bezeichnet: »Iris braun,
Schnabel schwarz, unten weisslich«.

Die Stücke *a* und *c* sind ausgefärbte alte Individuen ohne
jede Spur einer Trübung im Weiss der Unterseite und des
Nackenbandes. Das Männchen *a* hat eine schönere und
leuchtendere Färbung der grünblauen Farbe. Bei dem
Männchen *b* finden sich zarte dunkle Querwellen an der
Brust und den Seiten des Leibes. Die Maasse in Verbindung
mit den Notizen der Sammler sind die folgenden:

	Geschlecht	Long. tot.	Diffcr.	Ala	Cauda	Culmen	Tarsus	Farbe der Füsse	Datum
		cm	cm	cm	cm	cm	cm		
a	♂	23	5	10,0	7,2	4,9	1,5	grau	8. August 1886
b	♂	22	5	10,3	6,6	4,8	1,5	braungrün	12. Januar 1887
c	♀	23	5	11,0	6,9	4,5	1,4	grau	4. Juli 1886

Das Leydener Museum besitzt zwei weibliche Exemplare von Siao, von denen je eines am 11. November 1865
von Hoedt und 1866 durch R. van Duyvenbode gesammelt worden ist (Schlegel l. c.).

Bruijn erlegte drei Individuen bei Pejta auf Gross-
Sanghir, auf Grund deren Salvadori (l. c.) das dortige
Vorkommen der vom Rothen Meere durch Asien bis zu
den Molukken und Papuasien weit verbreiteten Art zuerst
und bis Platen allein nachweisen konnte.

22. *Sauropatis sancta* (Vig. & Horsf.).

Halcyon sanctus, Vigors et Horsfield, Transact. Linn. Soc. Vol. XV, p. 206 (1826).

Dacelo sancta, Schlegel, Mus. Pays-Bas, Alcedines Revue p. 26 (»Siao«).

Halcyon sancta, Brüggemann, Abh. Naturw. Ver. Bremen, Bd. V, p. 54 (Febr. 1876) »Sanghir«.

Sauropatis sancta, A. B. Meyer, Sitzb. u. Abh. Ges. Isis 1884, Abh. I, p. 6.

Ausführliche Synonymie vgl. bei Salvadori, Ornit. della Papuasia, Vol. I, p. 476.

Die Platen'schen Jäger haben auf Gross-Sanghir 4 als »juv.« bezeichnete Exemplare (*a, b, c* und **d*) erbeutet, sämmtlich mit der Aufschrift; »Iris braun. Schnabel schwarz, unten weiss. Füsse grau.«

Alle tragen das charakteristische Kleid der Jugend, allerdings in sehr verschiedenen Abstufungen. Doch glaube ich, dass die Platen'schen Jäger die Bezeichnung »juv.« nur deshalb hinzugefügt haben, weil sie die Vögel für junge Individuen von *S. chloris* gehalten haben. Bemerkenswerthe Unterschiede sind, dass *c* noch weisse Ränder an den oberen Flügeldeckfedern besitzt, dass *a* den dunkelsten und schmutzigsten Farbenton des Grün auf der Oberseite trägt, und dass bei *b* und *d* das Blau der Flügel schon am schönsten entwickelt und die Oberseite am Wenigsten dunkelgrün erscheint. — Ein Amboina-Exemplar des Braunschweiger Museums in einem älteren Entwicklungszustande, daher mit wenig heller Rostfarbe an den Stirnfedern und mit sehr wenig dunklen wellenförmigen Bändern an den Seiten der Brust, unterscheidet sich im Uebrigen nicht wesentlich von den Sanghir-Exemplaren; ebenso auch ein ähnliches Stück aus Australien, das nur vor dem hellen Nackenbande deutlicher die schwarze Begrenzung zeigt. Ein anderes Exemplar aus Süd-Australien hat neben dieser Färbung des Nackens eine wesentlich schmutzigere Rückenfärbung. Die folgende Tabelle gibt die wichtigsten Maasse in Verbindung mit den Originalnotizen der Sammler:

Geschlecht	Long. tot.	Diff.	Ala	Cauda	Culmen	Tarsus	Datum
	cm	cm	cm	cm	cm	cm	
a ♂ juv.	21	+	8,2	5,9	4,25	1,3	8. Juli 1886
b ♂ juv.	21	4	9,35	6,6	3,85	1,25	15. " "
c ♀ juv.	22	4	8,7	6,15	3.95	1,2	20. " "
*d ♀ juv.	21	4	8,9	6,1	3.9	1,2	8. August 1886

Bisher hatte Duyvenbode nur ein Weibchen auf Siao (cf. Schlegel l. c.) und Fischer nur ein Weibchen auf Sanghir gesammelt (cf. Brüggemann l. c.). Uebrigens ist die Art von den Sunda-Inseln durch Papuasien bis Neu-Holland verbreitet.

23. *Cittura sanghirensis* Sharpe.

Cittura sanghirensis, (»Schlegel, Ms. in litt.«), Sharpe Proc. Zool. Soc. 1868, p. 270, pl. 27 (»Sanghir«). — Salvadori, Ann. Mus. Civ. Genova, Vol. IX. (Ottobre 1876) p. 53. — A. B. Meyer, Ibis 1879, p. 63. — Idem, Sitzb. u. Abh. Ges. Isis 1884, Abh. I. p. 6 u. 19. — W. Blasius, Madarász' Zeitschr. f. d. ges. Ornithologie 1886, p. 91. — Rowley & A. B. Meyer, Rowley's Ornitholog. Miscellany Vol. III, Part XIII, p. 132 ff. pl. 100 (Febr. 1878). — A. B. Meyer, Abb. v. Vogelskeletten. Taf. XXVI (1882).

Dacelo sanghirensis, Schlegel, Mus. Pays-Bas, Alcedines Revue, p. 14 (Juni 1874). — Gray, Hand-List. Vol. I, p. 89.

Cittura cyanotis (partim). Lenz, Journ. f. Ornithol. 1877, p. 368.

Die Jäger des Herrn Dr. Platen erlegten 18 Exemplare: 9 alte Männchen *a*, *b* bis *i*, 6 Weibchen *k*, *l* bis *p* und drei junge Individuen beiderlei Geschlechts *q*, *r* u. *s*. Bei den drei letzteren Stücken ist der »Schnabel rothbraun«, bei allen anderen als »lackroth« bezeichnet. Bei allen wiederholt sich auf den Etiquetten die Bezeichnung: »Iris hellroth. Füsse rothbraun.«

Diese grosse Reihe bestätigt vollständig die Ansicht A. B. Meyer's über die Selbständigkeit der Art und über die Geschlechtsunterschiede. Verwechselt könnten mit dieser nur weibliche Individuen von *Cittura cyanotis* werden, da dieselben auch weisse Flecken über dem Superciliarstreifen besitzen; allein bei *C. cyanotis* sind diese weissen Flecken viel kleiner und findet sich kein schwarzer Flecken im Gefieder an der Basis des Unterschnabels und keine mehr oder weniger breite schwarze Stirnbinde, durch welche Färbungen, wie S c h l e g e l richtig bemerkt, sich *C. sanghirensis* auszeichnet. Dazu kommt bei letzterer Art noch bedeutendere Körpergrösse, besonders längerer Schnabel und die intensiv violette Färbung von Halsseiten und Brust.

Die Weibchen stimmen sämmtlich im Wesentlichen mit der von R o w l e y (l. c.) gegebenen Abbildung überein und haben nur wenig oder gar keine blaue Färbung an den dunklen Augenstreifen und Flügeldecken, die Männchen sind hier meist intensiv dunkelblau.

Die letzterwähnten weiblichen Bälge *o* und *p* und die drei jugendlichen Individuen zeigen einige besondere Färbungseigenthümlichkeiten. So ist das Weibchen *o* mit rothem, langem Schnabel an den dunklen Augenstreifen und Flügeldecken etwas mehr blau gefärbt, als die übrigen Weibchen, und die Abbildung in R o w l e y's Ornithological Miscellany; dabei zeigen die Flügeldecken noch helle Spitzenfleckchen. Der Balg *p* mit kürzerem Schnabel, der im jetzigen Zustande nicht mehr lackroth erscheint, hat helle Spitzen an den oberen Flügeldeckfedern, die nebst den Augenstreifen übrigens schwarz ohne blaue Färbung erscheinen. *q* und *r* tragen das gewöhnliche weibliche Kleid, ohne helle Spitzenflecken an den Flügeldecken, obgleich die Schnäbel noch sehr unentwickelt sind, *s* dagegen besitzt bei ähnlich unvollkommen entwickeltem Schnabel das charakteristische männliche Kleid mit ganz kleinen hellen Spitzenflecken an den Flügeldecken.

Eine ähnliche Fleckenbildung findet sich auch bei *k* und *m* dem Kleide alter Weibchen beigemischt.

Die Art ist zuerst im December 1865 und Januar 1866 durch H o e d t auf Gross-Sanghir entdeckt worden. S c h l e g e l erkannte die Art als eine neue und nannte dieselbe brieflich und auf den Etiketten der an andere Museen abgegebenen Bälge »*sanghirensis*«. Die erste Beschreibung und Abbildung der Art veröffentlichte S h a r p e 1868 nach den in das Britische Museum gelangten Exemplaren der H o e d t'schen Sammlungen. Inzwischen hatte 1866 das Leydener Museum noch Exemplare der Art von D u y v e n b o d e aus Gross-Sanghir erhalten, von wo später auch A. B. M e y e r und B r u i j n dieselben empfingen, letzterer in fünf Exemplaren (cf. Salvadori l. c.). A. B. M e y e r fand sie auch auf Siao. Ueber die Gruppe der Sanghir-Inseln hinaus scheint dieselbe nicht verbreitet zu sein. Die gegentheiligen Annahmen von L e n z (l. c.) sind genügend widerlegt worden.

Die wichtigsten Maasse sind in der folgenden Tabelle mit den Originalaufzeichnungen der Sammler vereinigt:

	Geschlecht	Long. tot. cm	Diff. cm	Ala cm	Cauda cm	Culmen cm	Tarsus cm	D a t u m
a	♂	26	7	11,2	10,2	4,5	1,7	24. Juni 1886
*b	♂	27	8	11,4	10,4	4,2	1,7	5. Juli »
c	♂	27	8	10,9	9,7	4,3	1,7	6. » »
d	♂	27	8	11,2	10,2	3,95	? def.	13. » »
e	♂	27	7	11,3	10,4	4,0	1,7	18. » »
f	♂	26	7	11,3	10,2	4,2	1,6	24. » »
g	♂	27	8	11,2	10,5	4,5	1,6	8. Aug. »
h	♂	27	8	10,6	9,8	4,4	1,7	11. » »
i	♂	27	8	11,3	10,3	4,4	1,7	13. » »
k	♀	26	7	11,35	10,6	4,1	1,8	26. Mai »
*l	♀	27	7	11,7	10,0	4,25	1,75	28. » »
m	♀	27	8	10,9	10,1	4,5	1,7	2. Juni »
n	♀	26	7	11,4	10,9	4,1	1,7	13. » »
o	♀ (jun.)	26	7	11,1	10,3	4,2	1,7	21. » »
p	♀ (jun.)	27	8	11,2	9,7	3,7	1,7	14. Aug. »
*q	♀ juv.	24	6	11,0	9,3	3,6	1,6	16. Juli »
r	♀ juv.	24	6	11,3	9,0	3,6	1,65	1. Aug. »
*s	♂ juv.	26	7	11,0	9,5	3,45	1,65	16. Juli »

Fam. Coraciidae.

24. *Eurystomus orientalis* (Linn).

Coracias orientalis, Linn. Syst. Nat. Vol. I p. 159, n. 4 (1776), (ex Brisson).

Eurystomus orientalis, Salvadori, Ann. Mus. Civ. Genova Vol. IX (Ottobre 1876), p. 53. — A. B. Meyer, Sitzb. und Abh. Ges. Isis 1884, Abh. I, p. 6. — W. Blasius, Madarász' Zeitschr. f. d. ges. Ornithologie, 1886, p. 89.

Ausführliche Synonymie vgl. bei Salvadori, Ornitol. della Papuasia, Vol. I, p. 508.

Drei Exemplare, ein Männchen *a* und zwei Weibchen *b* und *c*, übereinstimmend bezeichnet: »Iris hellbraun. Schnabel lackroth, Schnabelspitze schwarz. Füsse braunroth.«

Die Färbung dieser drei Bälge stimmt mit derjenigen der Celebes-Bälge überein; die Schwanzfedern zeigen von oben gesehen nur an der Basalhälfte der Aussenfahne blaue Färbung. Auch die grösseren oberen Flügeldeckfedern und die Schwungfederspitzen sind verhältnissmässig nicht sehr stark blau gefärbt, und es treten hier Spuren grünlicher Ränder auf. — Ein Geschlechtsunterschied ist nicht zu beobachten.

Bisher hatte nur B r u i j n diese von Indien bis zu den Sunda-Inseln und den Molukken verbreitete Art in fünf Exemplaren bei Pejta (Gross-Sanghir) erbeutet (cf. S a l v a d o r i 1876 l. c.).

Die wichtigsten Maasse sind:

	Geschlecht	Long. tot.	Diller.	A l a	Cauda	Culmen	Rictus	Tarsus	D a t u m
		cm	cm	cm	cm	cm	cm	cm	
a	♂	24	2,5	18,3	10,7	3,0	3,9	2,0	25. Januar 1887
*b	♀	25	3	18,9	10,8	3,1	4,0	2,0	16. » »
c	♀	25	3	18,6	10,2	3,2	4,0	1,9	19. » »

Fam. Hirundinidae.

25. *Hirundo gutturalis* Scopoli.

Del. Flor. et Faun. Insubr. II, p. 96 n. 115 (1786) (ex Sonar.) —
Salvadori, Ann. Mus. Civ. Genova Vol. IX, p. 55 (Ottobre 1776).
A. B. Meyer, Sitzb. und Abh. Ges. Isis 1884, Abh. I, p. 6 u. 22. —
W. Blasius, Madarász' Zeitschr. f. d. ges. Ornithologie, 1886,
p. 109.
Ausführliche Synonymie vgl. bei Salvadori, Ornitol. della Papuasia.
Vol. III, p. 1.

Der einzige Beweis für das Vorkommen dieser Art auf
Sanghir ist ein bei Pejta am 7. October 1875 von Bruijn
erlegtes Individuum (cf. Salvadori l. c.). Da der Verbreitungsbezirk derselben von Indien bis Australien sich ausdehnt, so ist das dortige Vorkommen nicht überraschend.

26. *Hirundo javanica* Sparrmann.

Mus. Carls. t. 100 (1789); — A. B. Meyer, Sitzb. u. Abh. Ges. Isis
1884, Abh. I. p. 6 u. 22.
Ausführliche Synonymie vgl. bei Salvadori, Ornitol. della Papuasia.
Vol. II, p. 3.

Dr. Platen sammelte selbst ein einzelnes Männchen,
bezeichnet: »*♂ Iris braun. L. 14. D. — 1,5 cm. Schnabel
und Füsse schwarz. Gross-Sanghir, 5. Februar 1887.«

Es ist ein schön ausgefärbtes Exemplar mit bis über
die Augen stark roth-kastanienbraun gefärbtem Vorderkopf
und weiss berandeten schwarzen Spitzen der unteren
Schwanzdeckfedern.

Die von Indien bis Australien weit verbreitete Art ist
vor Platen allein von A. B. Meyer von Tabukan (Gross-
Sanghir) nachgewiesen.

Die wichtigsten Maasse sind:
Ala 11,0; Cauda 4,8; Culmen 0,9; Tarsus 1,1 cm.

Fam. Muscicapidae.

27. *Monarcha commutatus* Brüggemann [?]

»*Monarcha commutata*«, Brüggemann, Abh. Naturw. Verein, Bremen
Bd. V, p. 68 (März 1876) (»Celebes«).

Monarcha commutatus, W. Blasius, Journ. f. Ornith. 1883, p. 120, 156 u. 161. — A. B. Meyer, Sitzb. u. Abh. Ges. Isis 1884, Abh. I. p. 6 u. 22. »Siao, Tabukan« (Gross-Sanghir).

A. B. Meyer hat ein altes Männchen dieser Art, das er mit dem von Nord-Celebes stammen sollenden Typus vollständig übereinstimmend fand, auf Siao erbeutet und hält es für wahrscheinlich, dass auch das typische Exemplar nicht von Celebes, sondern Siao gekommen ist. Von Gross-Sanghir erhielt A. B. Meyer, und zwar von Tabukan ein junges Individuum, bei welchem er nicht ganz sicher ist, ob dasselbe zu dieser oder einer anderen nahe verwandten *Monarcha*-Art gehört. — Sharpe (Cat. Birds Brit. Mus. Vol. IV p. 431. 1879) hat diese Form fälschlich mit *M. inornatus* vereinigt.

Die Art scheint den Sanghir-Inseln im weiteren Sinne des Wortes eigen zu sein und sich höchstens ausnahmsweise nach Celebes zu verbreiten.

28. *Hypothymis Rowleyi* (Meyer).

Zeocephus Rowleyi, A. B. Meyer, Rowley's Ornitholog. Miscellany Vol. III, Part. XIII (Februar 1878), p. 163. — Idem, Sitzb. u. Abh. Ges. Isis 1884, Abh. I, p. 6.

Hypothymis Rowleyi, Sharpe, Cat. Birds Brit. Mus. Vol. IV, p. 278 (1879).

Das einzige bis jetzt bekannte typische Exemplar dieser Art ist von einem Jäger des Herrn Dr. A. B. Meyer in den Siebenziger-Jahren bei Tabukan auf Gross-Sanghir erlegt, und befindet sich in dem Dresdener Museum. Bis jetzt ist die Art nur von dort bekannt.

Fam. Campophagidae.

29. *Graucalus leucopygius* Bonaparte.

Consp. Av. Vol. I, p. 354 (Mai 1850). — Hartlaub, Journ. f. Ornith. 1864, p. 443; — Sharpe, On the Collections of Birds made by Dr. Meyer, Mittheilungen aus dem k. Zoologischen Museum zu Dresden, III. Heft, p. 365 (1878) (»Tabukan«. Gross-Sanghir). — A. B. Meyer, Sitzb. u. Abh. Ges. Isis 1884, Abh. I, p. 6. — W. Blasius, Madarász' Zeitschr. f. d. ges. Ornithologie 1885, p. 280.

A. B. Meyer erhielt von Tabukan (Gross-Sanghir) ein junges Individuum, das Sharpe mit den jungen Exemplaren dieser Celebes-Art von Nord-Celebes, abgesehen von etwas bedeutenderer Grösse der Flügel bei dem Sanghir-Vogel, übereinstimmend fand.

Erst die Untersuchung alter Vögel wird vollständig sicher stellen können, ob auf Gross-Sanghir die Celebes-Form oder eine nahe verwandte andere Art vorkommt.

Auffallenderweise lässt Sharpe, der doch selbst zuerst des auf Sanghir erbeuteten Stückes Erwähnung gethan hat, im Catalogue (Bird's Brit. Museum Vol. IV, p. 33 [1879]) die Art nur auf Celebes, ihrem Hauptverbreitungsgebiete, vorkommen, und gibt Sanghir nicht mit als Heimat an.

30. *Edoliisoma Salvadorii* Sharpe.

On the Collections of Birds made by Dr. Meyer, Mittheilungen aus dem k. Zoologischen Museum zu Dresden, III. Heft, p. 367 (1878) («Tabukan», Gross-Sanghir); Idem. Cat. Birds Brit. Mus. Vol. IV, p. 48 (1879); — A. B. Meyer, Sitzungsber. u. Abh. Ges. Isis 1884, Abh. I, p. 6 u. 28.

A. B. Meyer erhielt aus der Gegend von Tabukan (Gross-Sanghir) drei Exemplare, ein altes und zwei junge Männchen. Das Kleid der letzteren, die dem *E. morio* ♀ ähnlich sind, hat Sharpe, wie von Meyer (l. c.) neuerdings erläutert worden ist, als weibliches beschrieben. Das alte Männchen zeigt sich dem *E. ceramensis* am Nächsten verwandt. Die typischen Exemplare befinden sich in dem Dresdener und Britischen Museum. Die Art ist auf Siao und an anderen Punkten noch nicht beobachtet, und weibliche Individuen sind überhaupt noch nicht erbeutet und untersucht worden.

Fam. Dicruridae.

31. *Dicruropsis axillaris* Salvadori. ?

Atti Acc. Torino Vol. XIII, p. 1184 (1877/78), Pejta (Gross-Sanghir). — A. B. Meyer, Sitzb. und Abh. Ges. Isis 1884, Abh. I, p. 6 u. 31. — W. Blasius, Madarász' Zeitschr. f. d. ges. Ornithologie 1885, p. 283.

Dicruropsis leucops (partim) Sharpe: On the Collections of Birds made by Dr. Meyer, Mittheilungen aus dem k. Zoologischen Museum zu Dresden, III. Heft, p. 361 (1878) (specimina ex Tabukan, Gross-Sanghir); — A. B. Meyer, ibid. Anmerkung. — W. Blasius, Madarász' Zeitschr. f. d. ges. Ornithologie, 1885, p. 283.

Die Jäger des Herrn Dr. Platen erbeuteten bei Margaritu ein junges männliches Exemplar, bezeichnet:

*»♂ (Iris fraglich). L. 29 D. 7 cm. Schnabel und Füsse schwarz. 20. Mai 1886«.

Leider ist bei demselben die für die Unterscheidung dieser Art von der nahe verwandten, auch auf Siao angetroffenenen Celebes-Form (*D. leucops*) so wichtige Farbe der Iris nicht aufgezeichnet worden.

Salvadori lagen bei der Beschreibung vier von Bruijn bei Pejta gesammelte und durch Laglaize an den Grafen Turati verkaufte Bälge vor, zwei alte und zwei junge Individuen, welche letzteren noch keine glänzenden Kopffedern und Brustflecken besassen, während sich die alten Vögel von *D. leucops* wesentlich durch die kleineren glänzenden Brustflecken und durch die sehr grossen weissen Spitzenflecken an den Spitzen der unteren Flügeldecken unterschieden.

Die Meyer'schen Sammlungen enthielten ein Männchen und Weibchen von Tabukan, deren Flügellänge 15,3 bis 16,2 cm betrug.

Das einzige mir vorliegende, den beiden jugendlichen Exemplaren Salvadori's ähnelnde Stück kann zur Entscheidung der von mir bei einer früheren Gelegenheit (l. c.) angeregten Frage der Artberechtigung nicht verwendet werden. Ich kann nur erwähnen, dass die unteren Flügeldecken auffallend weiss erscheinen. Die Maasse des Stückes sind: Ala 14,8 (15,0); Cauda 13,5; Culmen 2,6; Tarsus 2,5 cm.

Die Art ist bis jetzt nur von Gross-Sanghir bekannt und wird auf Siao durch die celebresische Art *leucops* vertreten.

Fam. Laniidae (Prionopidae).

32. *Pinarolestes sanghirensis* E. Oustalet.

Notes d'Ornithologie. Observations sur divers Oiseaux de l'Asie etc.
— Bulletin Soc. Philomath. Paris, 7 sér. Bd. V (1880/81), p. 71
(12. März 1881); — Reichenow u. Schalow, Compendium, Journ.
f. Ornith. 1884, p. 400.

Diese 1881 von Oustalet nach einem Sanghir-Exemplar beschriebene Art fehlt noch in der 1884 von A. B. Meyer gegebenen Liste der Sanghir-Vögel (Sitzb. u. Abh. Ges. Isis 1884, Abh. I, p. 6).

Die Art scheint auf Sanghir beschränkt zu sein.

Fam. Nectariniidae.

33. *Hermotimia sanghirensis* (Meyer).

Chalcostetha sangirensis, A. B. Meyer. Sitzb. Akad. Wien 1874
Bd. LXX, p. 124 (♂ ad) (»Siao«) + »*Nectarinea Duyvenbodei* ♀«,
A. B. Meyer nec Schlegel (= ♂ juv.) (»Siao«).
Hermotimia sangirensis, Salvadori. Atti Accad. Torino, Vol. X (1874),
p. 233, tav. I., fig. 2; — Idem, Ann. Mus. Civ. Genova, Vol. IX.
Ottobre 1876) p. 56; — Idem, Atti Accad. Torino, Vol. XII (1877
Febr., Marz), p. 312. — A. B. Meyer, Sitzb. u. Abh. Gesellsch. Isis
1884. Abh. I, p. 6 u. 37.
Cinnyris sangirensis, Shelley, Monogr. Nect. p. 97, pl. 33 u. 32, fig. 2.
Cinnyris sanghirensis, Gadow, Cat. Birds Brit. Mus., Vol. IX, 1884,
p. 74.

Dr. Platen sandte im Ganzen 34 Individuen, worunter 25 alte ausgefärbte Männchen (*a* bis *z*), wobei *k* und *r* und *z*, sechs junge Männchen (*aa* bis *ff*), dabei *cc* und *dd*, von denen die ersten drei (mit orangegelber Kehle) und das vierte (ohne solche) ausdrücklich als »♂ juv.« bezeichnet sind, und drei Weibchen (*gg*, *hh* und *ii*, zu dem letzteren sind zugehörige Eier gesandt). Bei allen wiederholt sich auf den Etiquetten: »Iris braun« (nur bei *x*, *y* und *z*, die Platen selbst frisch untersucht hat, »graubraun«), »Schnabel und Füsse schwarz«.

Von der Ausbildung des vollendeten männlichen Kleides, wie es Salvadori (Ann. Mus. Civico Genova, Vol. IX, p. 56) beschrieben hat, macht unter den ersten 25 Exemplaren der Balg *r* eine kleine Ausnahme, indem bei sonst vollständiger

Ausbildung des Gefieders noch zwei gelbe Federn an der Kehle zurückgeblieben sind. Bei keinem dieser 25 Individuen zeigt sich eine Spur von »hochgelben, fast orangefarbigen« Federn an den Seiten der Brust, wie solche von Meyer als häufig vorkommend angegeben worden sind. — Die folgenden drei Bälge (*aa, bb, cc*) entsprechen dem von Salvadori beschriebenen Kleide Nr. 9; die darauf angeführten drei Individuen (*dd, ee, ff*) gleichen Salvadori's Kleide Nr. 6, und die drei sicheren Weibchen *gg, hh, ii* dem Kleide Nr. 8, welches schon von Meyer als das Kleid der Weibchen erkannt und beschrieben worden ist. Mit Recht wurde von Salvadori darauf aufmerksam gemacht, dass die Weibchen dieser Art sich von denen aller anderen Arten der Gattung durch den nicht grünen, sondern grünlich olivenfarbenen Kopf unterscheiden. Das für ganz junge Männchen charakteristische Kleid Nr. 9 mit der orangefarbenen Kehle hatte Meyer Anfangs für das weibliche von *Aethopyga Duyvenbodei* gehalten. Die Färbung der Kehle wechselt von Kupfergelblich bis Kupferroth; letztere Färbung zeigen z. B. sehr auffallend die alten Männchen *y* und *z*.

Die wichtigsten Maasse, verbunden mit den nach den frisch erlegten Exemplaren gemachten Aufzeichnungen der Sammler sind in der umstehenden Tabelle zusammengestellt.

Die Art ist ursprünglich von Siao beschrieben. Doch erbeutete Bruijn bei Pejta auf Gross-Sanghir nicht weniger als 44 Individuen (cf. Salvadori l. c.), und A. B. Meyer erhielt auch von Tabukan (Gross-Sanghir) eine grössere Reihe derselben Art. — Die Art scheint somit auf Gross-Sanghir häufig vorzukommen. Ueber den Sanghir-Archipel hinaus ist dieselbe bis jetzt nicht beobachtet.

34. *Anthreptes chlorigaster* Sharpe.

Sharpe, Trans. Linn. Soc. (2.) Zool. I. p. 342 (1877) (»Negros«).

Anthothreptes malaccensis, Salvadori, Ann. Mus. Civico Genova. Vol. IX (Ottobre 1876), p. 57 (»Petta«); — Idem Atti Accad. Torino, Vol. XII (1876/77). p. 320 (Febr. März 1877).

Anthreptes chlorigastra, Shelley, Monogr. Nect., p. 321, pl. 103, fig. 1 (specimen ex »Siao« error. rect. Tabukan).

	Geschlecht	Long. tot. cm	Differ. cm	Ala cm	Cauda cm	Culmen cm	Datum
a	♂	11	2	6,0	4,2	? def.	20. Mai 1886
b	♂	11	2	6,05	4,3	1,6	21. " "
c	♂	11	2	6,2	4,5	1,6	22. " "
d	♂	11	2	6,15	4,3	1,6	4. Juni "
e	♂	11	2	6,1	4,3	1,65	4. " "
f	♂	11	2	6,0	4,4	1,7	5. " "
g	♂	11	2	5,9	4,3	1,5	9. " "
h	♂	11	2	6,0	4,1	1,6	9. " "
i	♂	11	2	5,9	4,4	1,5	9. " "
*k	♂	11	2	5,85	4,1	1,65	14. " "
l	♂	11	2	6,2	4,5	1,55	15. " "
m	♂	11	2	5,9	4,1	1,6	16. " •
n	♂	11	2	6,15	4,6	1,55	18. " "
o	♂	11	2	6,1	4,1	1,6	19. " "
p	♂	11	2	5,9	4,05	1,55	1. Juli "
q	♂	11	2	6,1	4,6	1,55	3. " "
*r	♂	11	2	6,2	4,2	1,6	3. " "
s	♂	11	2	5,7	4,15	1,5	3. " "
t	♂	11	2	6,0	4,1	1,52	3. " "
u	♂	11	2	5,9	4,1	1,5	6. " "
v	♂	11	2	6,2	4,2	1,7	7. " "
w	♂	11	2	6,0	4,1	1,55	10. " "
x	♂	11	3	6,0	4,2	1,65	12. Dec. "
y	♂	11	3	6,2	4,5	1,65	20. " "
*ᶻ	♂	11	3	6,1	4,3	1,55	26. " "
a a	♂ juv.	10	2	5,4	3,55	1,55	22. Mai "
b b	♂ juv.	10	2	4,9	3,5	1,35	11. Juni "
*c c	♂ juv.	10	2	5,55	3,3	1,55	15. Juli "
*d d	♂ juv.	10	2	5,85	4,0	1,5	12. Juni "
e e	(♀?)♂juv.?	10	2	5,7	3,8	1,6	28. Mai "
f f	(♀?) ♂juv.?	10	2	5,4	3,5	1,5	1. Juli "
*g g	♀	10	2	5,3	3,65	1,45	16. Juni "
*h h	♀	10	2	4,95	3,3	1,4	12. Jan. 1887
i i	♀	10	2	5,1	3,5	1,5	28. " "

Anthothreptes chlorigaster, A. B. Meyer, Sitzb. u. Abh. Ges. Isis, 1884, Abh. I, p. 6 u. 38 (»Siao« u. »Tabukan«).

Anthothreptes malaccensis, partim (*A. chlorogaster*, part.) Gadow, Cat. Birds Brit. Mus. Vol. IX, p. 123 u. 126.

Dr. Platen's Jäger sammelten 12 Exemplare (*a — m*), Platen selbst später noch ein schönes Männchen *a'*.

Bei allen Exemplaren ist die Bezeichnung zu finden: »L. 12 D. 2 cm. Schnabel schwarzbraun, Füsse braungelb«, nur das später von Platen selbst gesammelte alte ♂ *a'* trägt die Bezeichnung: »Schnabel schwarz, Füsse hellbräunlich-grün«, bei allen alten Männchen: »Iris blutroth«, bei allen Weibchen und jungen Vögeln: »Iris rothbraun«.

Salvadori führte zwei junge von Bruijn bei Pejta gesammelte Individuen unter dem Namen *malaccensis* an.

A. B. Meyer hat meines Wissens zuerst feststellen können, dass es diese Art ist, welche auf den Sanghir-Inseln vorkommt. Es war ein Meyer'sches Exemplar (Männchen) von Tabukan (nicht Siao, wie Shelley fälsch-lich angibt), das Letzterer in seiner Monographie abgebildet hat. Die Art ist ausserdem auf verschiedenen Inseln der Philippinen nachgewiesen.

Die Form zeichnet sich vor der besonders in der grün-lichen Färbung der Unterseite sehr ähnlichen *A. celebensis* durch bedeutendere Grösse aller Theile, besonders des Schnabels, und durch kleine Färbungsverschiedenheiten aus. Bei allen Männchen ist der Metallglanz des Gefieders auf Kopf und Rücken grünlich mit wenig Purpurschein, die Kehle matt rothbraun, die Flügeldeckfedern wenig bräunlich gerandet. Die Männchen *a'* und *a*, **b* bis *f* sind ausgefärbt. *i* (»♀« bezeichnet aber offenbar ein ♂ juv.) und **k* haben weibliches Gefieder mit einzelnen metallglänzenden Federn auf Kopf und Nacken. Die übrigen besitzen weibliches Gefieder; die als »♀« bezeichneten beiden Bälge und zweifel-losen Weibchen **g* und *h* zeichnen sich durch eine gelb-lichere Färbung an Kinn und Kehle aus.

Die wichtigsten Maasse in Verbindung mit den Original-notizen der Sammler sind folgende:

Geschlecht	Ala cm	Cauda cm	Culmen cm	Tarsus cm	Datum
a′ ♂	7,1	5,1	1,8	1,9	5. Januar 1887
a ♂	7,3	4.7	1,8	1,9	4. Juni 1886
*b ♂	7.25	4,7	1.95	1,85	28. „ „
c ♂	7,3	4.9	1,8	1,85	30. „ „
d ♂	7.3	5,2	1,9	1,9	30. „ „
e ♂	7,0	4.9	1,85	1,8	2. Juli „
f ♂	7,45	5,3	1.9	1,8	2. „ „
*g ♀	6,9	4,8	1.9	1,8	12. Juni „
h ♀	6,9	4.2	1,75	1,8	6. Juli „
i „♀„ (♂ juv.)	7,1	4,7	1.85	1,8	22. Juni „
*k „♂ juv.„	7,2	4.9	1.9	1,8	26. „ „
l „♂ juv.„	6,8	4.5	1,9	1,9	2. Juli „
m „♂ juv.„	7,1	4,3	1.8	1,85	2. „ „

35. Aethopyga Duyvenbodei (Schl.)

Nectarinia Duyvenbodei, Schlegel, Nederl. Tijdschr. v. Dierk, IV
p. 14, (1871); — A. B. Meyer, Sitzb. Akad. Wien 1874, LXX,
p. 125 (exclus. descript. fem.).

Aethopyga (?) *Duyvenbodei*, Salvadori, Ann. Mus. Civico Genova
Vol. IX (Ottobre 1876), p. 57.

Aethopyga Duyvenbodei, Salvadori, Atti Accad. Torino, Vol. XII
1876/77, p. 316 (Febr. März 1877); — Gadow, Cat. Birds Brit.,
Mus., Vol. IX (1884), p. 30.

Eudrepanis Duyvenbodei, Shelley, Monogr. Nect. p. 81, pl. 27. —
A. B. Meyer, Sitzb. u. Abh. Ges. Isis 1884, Abh. I, p. 6 u. 37.

Beide Sendungen zusammen enthielten 15 Exemplare,
13 Männchen (a bis n) und 2 Weibchen o und p.

Bei allen findet sich die Bezeichnung: »Iris braun.
Schnabel und Füsse schwarz«.

Alle Männchen sind schön ausgefärbt. Bemerkenswerth
ist, dass das Kinn, der Leib und die unteren Schwanzdeckfedern orangegelb erscheinen, während Kehle und Brust
schwefelgelb ist. Letztere Stelle zeigt bei a, f, l, m sehr
stark entwickelte orange Querbänder auf den gelben Federn,
und bei b, e, h und k Spuren solcher Bänder, während der-
artige Querzeichnung bei c, d, g, i und n fehlt.

Die beiden Weibchen *o* und *p* entsprechen der von
Salvadori veröffentlichten und von Gadow (Cat. Birds
Brit. Mus. Vol. IX, 1884, p. 30) kurz wiedergegebenen
Beschreibung. Bemerkenswerth ist, dass bei beiden Ge-
schlechtern die Augenlidfedern rings um das Auge herum
gelb und die Zügelfedern gelb mit dunkleren Spitzen er-
scheinen. Der Leib und das Kinn des Weibchens sind orange-
gelb gefärbt, wenn auch weniger leuchtend als die gleichen
Theile des Männchens; Kehle und Brust haben beim Weib-
chen entschieden einen grünlichgelben Farbenton. — Das
Weibchen ist in allen Theilen auffallend kleiner als das
Männchen, wie sich in Uebereinstimmung mit Salvadori's
Angabe aus folgender Maasstabelle ergibt:

	Geschlecht	Long. tot.	Differ.	Ala	Cauda	Culmen	Tarsus	Datum
		cm	cm	cm	cm	cm	cm	
a	♂	10.5	2	5,55	3,3	c. 1,8 del.	1,7 verkrüpp.	4. Juni 1886
b	♂	10,5	2	5,60	3,6	1,8	1,8	24. " "
*c	♂	10,5	2	5,80	3,3	1,78	1,75	27. " "
d	♂	10	2	5,60	3,2	1,8	1,75	8. Dec. "
*e	♂	10,5	2	5,75	3,8	1,75	1,7	8. " "
*f	♂	11	2,5	5,85	3,4	1,7	1,7	8. " "
g	♂	10,5	2	5,45	3,3	1,75	1,8	11. " "
h	♂	10.5	2	5,60	3,65	1,7	1,75	12. Dec. 1886
i	♂	11	2,5	5,60	3,6	1,7	1,75	12. " "
k	♂	10,5	2	5,75	3,7	1,75	1,7	3. Januar 1887
l	♂	10,5	2	5,55	3,3	1,75	1,75	5. " "
m	♂	10,5	2	5,85	3,5	1,8	1,75	21. " "
n	♂	10,5	2	5,70	3,65	1,7	1,7	15. " "
*o	♀	9	2	5,20	2,9	1,6	1,6	13. Dec. 1886
p	♀	9	1	5,15	2,9	1,62	1,6	15. Januar 1887

Schlegel (l. c.) hatte nur Männchen von Gross-
Sanghir erhalten. Die Beschreibung, die A. B. Meyer (l. c.)
glaubte von einem Weibchen aus Siao geben zu können,

bezog sich auf ein junges Männchen von *Hermotimia sanghirensis*, und ist von ihm selbst später widerrufen. — Meyer erhielt Exemplare dieser Art von Tabukan, und Salvadori zwei Männchen und drei Weibchen von Pejta. Die Art scheint nur auf Gross-Sanghir vorzukommen.

Fam. Dicaeidae.

36. *Dicaeum sanghirense* Salvadori.

Ann. Mus Civ. Genova, Vol. IX (Ottobre 1876), p. 58. (»Petta« Gross-Sanghir). — A. B. Meyer, Sitzb. u. Abh. Ges. Isis 1884, Abh. I, p. 6. — Sharpe, Cat. Birds Brit. Mus. Vol. X, p. 24 (1885). — W. Blasius, Madarász' Zeitschr. f. d. ges. Ornithol. 1885, p. 292.

Platen sandte im Ganzen 12 Exemplare dieser Art: neun alte Männchen (*a—i*) und ein junges Männchen (*m*), sowie zwei alte Weibchen *k* und *l*. Sämmtliche alte Individuen *a* bis *l* sind übereinstimmend bezeichnet: »Iris braun. Schnabel und Füsse schwarz«, das junge Männchen *m* dagegen: »Iris bräunlich, Schnabel bräunlich, Spitze und Füsse schwarz«.

Diese Bälge kann ich mit sechs mir im Augenblick vorliegenden, gleichfalls grossentheils von Platen gesammelten Exemplaren ausgefärbter Männchen von *Dicaeum celebense* vergleichen. Dabei finde ich die von Salvadori angegebenen Erkennungszeichen beider Formen durchaus bestätigt. Es mag allerdings zweifelhaft bleiben, ob man nicht doch nur die Form als eine Varietät oder Localrace von *D. celebense* ansprechen soll. Das junge Männchen *m* hat noch keine Spur von rother Färbung an Kehle und Brust; die Färbung der Unterseite ist vielmehr durchwegs grau mit grünlichgelber Farbe gemischt; die der Oberseite einfarbig dunkelgrau; an Schwanz- und Flügelfedern mit etwas metallischem Glanze. — Die Maasse der Bälge sind:

Geschlecht	Long. tot. cm	Differ. cm	Ala cm	Cauda cm	Culmen cm	Tarsus cm	D a t u m
a	♂	8	1	4,95	2,9	0,9	1,2	28. Mai 1886
*b	♂	8	1	4,9	2,7	0,9	1,15	9. Juni »
c	♂	8	1	4,7	2,7	0,9	1,1	6. Juli »
d	♂	9	1	5,1	2,9	0,9	1,2	7. Jan. 1887
e	♂	9	1	5,0	2,8	0,9	1,2	7. » »
f	♂	9	1	5,1	2,7	0,95	1,2	9. » »
g	♂	9	1	5,1	2,75	0,9	1,15	11. » »
h	♂	9	1	5,0	2,7	0,95	1,2	12. » »
i	♂	9	1	4,95	2,8	0,9	1,2	14. » »
k	♀	9	1	5,1	2,8	0,9	1,2	5. » »
*l	♀	9	1	4,9	2,8	0,9	1,15	7. » »
*m	♂ juv.	9	1	4,55	2,45	0,85	1,15	6. » »

Bruijn sammelte bei Pejta sechs Männchen und ein Weibchen (Salvadori l. c.). Dies waren bisher die einzigen bekannten Individuen dieser vermuthlich auf Gross-Sanghir beschränkten Art.

37. *Prionochilus sanghirensis*, Salvadori.

Ann. Mus. Civ. Genova, Vol. IX (Ottobre 1876), p. 59. (»Pettà«, Gross-Sanghir); — A. B. Meyer, Sitzb. u. Abh. Ges. Isis 1884. Abh. I, p. 6. — Sharpe, Cat. Birds Brit. Mus. Vol. X, p. 71 (1885).

Dr. Platen sandte im Ganzen 13 Exemplare, sieben Männchen (a bis g) und sechs Weibchen (h bis n).

Bei fast allen alten Männchen*) und Weibchen wiederholt sich auf den Etiketten die Bezeichnung: »Iris gelbbraun (nur bei den ersten beiden Männchen und Weibchen jedesmal rothbraun). Schnabel und Füsse schwarz«.

———

*) Das Männchen d hat eine geringere Ausdehnung und geringere Intensität der orangegelben Brustfärbung und ist deshalb als ein jugendlicheres Individuum zu betrachten.

Es sind ganz geringe, aber deutlich erkennbare Farbenverschiedenheiten, welche diese Form von *P. aureolimbatus*
trennen. Im Allgemeinen hat Salvadori bei seiner ersten
Beschreibung das Richtige getroffen. Doch kann man, wie
ich glaube, die Verschiedenheit noch bestimmter ausdrücken.
Mit anderen Worten kann man sagen: Bei *P. aureolimbatus*
ist die gelbe Färbung an der Brust, die in der Mittellinie
deutlich unterbrochen wird, sowie an den Seiten des Leibes
und an den unteren Schwanzdeckfedern von gleicher Stärke;
bei *P. sanghirensis* geht ein in der Regel medianwärts zu-
sammenhängendes, selten in der Mittellinie an einer schmalen
Stelle unterbrochenes, orangegelbes Band in der Breite von
etwa 7 mm über die Brust, bezw. Vorderleib, während die
Seiten des übrigen Leibes und bis zu einem gewissen Grade
auch die Mitte des Leibes mattgelbgrünlich und die unteren
Schwanzdeckfedern blassgelb gefärbt sind.

Einen Geschlechtsunterschied vermag ich nicht zu bemerken, höchstens ist das orangegelbe Brustband beim
Männchen etwas breiter und leuchtender gefärbt und das
Männchen etwas grösser als das Weibchen. In der Grösse
sind die beiden verwandten Arten nicht viel verschieden.
Wenn aber ein Unterschied besteht, so ist *sanghirensis* als
die grössere Art zu bezeichnen, wie auch schon Salvadori
erwähnt hat, nicht *aureolimbatus*. Die entgegengesetzte Be-
hauptung von Sharpe (Cat. Birds Brit. Mus. Vol. X, p. 64)
beruht wahrscheinlich auf einem Schreibfehler, da die später
bei Besprechung der einzelnen Arten gegebenen Maasse das
richtige Verhältniss veranschaulichen. Die folgende Tabelle
gibt die wichtigsten Maasse an.

Bruijn sammelte bei Pejta zwei Individuen (ein ausgefärbtes und ein anscheinend junges), nach denen Salvadori die Art beschrieb. Die Art scheint auf Gross-Sanghir
beschränkt zu sein.

Geschlecht	Long. tot. cm	Differ. cm	Ala cm	Cauda cm	Culmen cm	Tarsus cm	Datum
*a	♂	9	1	5,25	2,65	0.9	1.30	14. Juni 1886
*b	♂	9	1	5.45	2.85	0.95	1,35	6. Juli »
c	♂	9,8	1	5,35	2,6	1,0	1,35	5. Januar 1887
*d	♂	9,5	1	5,1	2,7	0,95	1,30	7. » »
e	♂	9,5	1	5,25	2,8	0,95	1,35	8. » »
f	♂	9,8	1	5,1	2,7	0,9	1,35	10. » »
g	♂	9,8	1	5,1	2.4	1,05	1,35	10. » »
*h	♀	9	1	5.1	2,5	0,9	1,35	8. Juli 1886
i	♀	9	1	5,2	2.6	0,85	1,30	6. August »
k	♀	9	1	5.25	2.6	0,9	1,35	5. Januar 1887
*l	♀	9	1	5,0	2,5	0,95	1,35	8. » »
m	♀	9	1	5,0	2,4	0,95	1.30	10. » »
n	♀	9,5	1	5.1	2,5	0,9	1,30	10. » »

Fam. Meliphagidae.

38. Zosterops Nehrkorni, W. Blasius.

[Taf. IV. Fig. 1.]

Braunschweig. Anzeigen vom 11. Januar 1888, Nr. 9, p. 86. — Idem, Russ' Isis 1888, p. 78 (»Gross-Sanghir«).

Dr. Platen selbst hat ein männliches Exemplar dieser Art gesammelt mit der Bezeichnung: »♂. Iris rothbraun. L. 10,5, D. 2,5 cm. Schnabel oben dunkelbraun. Unterschnabel und Füsse hellbraun. Gross-Sanghir. 21. December 1886«.

Zosterops Z. chrysolaemati Salvad. similis, sed pectore lateribusque abdominis cineraceis, tibiis pallide flavis, fronte et regione anteoculari nigro-fuscis, regione suboculari viridi-flavescente, rectricibus nigro-fuscis, interne haud albido, externe vix olivaceo marginatis, iride rubro-fusca, rostro fusco, mandibula pedibusque pallide fuscis. Long. tot. 12,0; Ala 5,9; Cauda 4,25; Culmen 1,2; Tarsus 1,6 cm.

Die Art gehört zur Gruppe derjenigen Formen, die durch einen dunklen Vorderkopf bei gelblicher Färbung von Kinn, Kehle und unteren Schwanzdeckfedern und übrigens grauer, beziehungsweise weisslicher Unterseite ausgezeichnet sind, zu welcher von den bis jetzt bekannten Arten *atrifrons* Wallace von Nord-Celebes, *atricapilla* Salvadori von Sumatra, *delicatula* Sharpe von dem südöstlichen Neu-Guinea, *frontalis* Salvadori von den Aru-Inseln und *chrysolaema* Salvadori von den Arfak-Bergen im nordwestlichen Neu-Guinea gehören. Der letzten Form scheint die vorliegende Art am Nächsten zu stehen; doch wie schon die geographische Verbreitung für eine specifische Verschiedenheit spricht, so dürften die oben angeführten Unterschiede zur Abtrennung der Arten genügen. Die Unterscheidung von *Z. atrifrons*, welche Art geographisch der vorliegenden am Nächsten kommt, ist leicht zu bewerkstelligen: *Z. Nehrkorni* ist grösser*) und auf der Oberseite, besonders am Bürzel und den oberen Schwanzdecken heller und leuchtender grüngelblich, hat eine leuchtend goldgelbe Färbung von Kinn, Kehle und unteren Schwanzdeckfedern und besitzt die oben in der Diagnose genauer bezeichnete andere, und zwar hellere Färbung des Schnabels und der Füsse, die selbst an dem Balge im Vergleich zu zahlreichen von mir untersuchten Exemplaren der *Z. atrifrons* von Rurukan, Nord-Celebes, sich noch sehr gut erkennen lässt. Von der neuguineischen Form *Zosterops delicatula* Sharpe scheint die neue Art abgesehen von kleinen Färbungsverschiedenheiten durch einen kürzeren Schwanz und längeren Tarsus ausgezeichnet zu sein.

Bis jetzt ist von *Zosterops Nehrkorni* nur das eine oben erwähnte Exemplar bekannt, das der Collection Nehrkorn angehört. Dasselbe ist der Abbildung (Taf. IV, Fig. 1) zu Grunde gelegt.

---

*) Von *Zosterops atrifrons* habe ich zahlreiche von Dr. Platen in Nord-Celebes gesammelte Exemplare beiderlei Geschlechts messen können; die Grössen halten sich in folgenden Grenzen: Long. tot. c. 9,0 cm; Ala 5,1—5,45 cm; Cauda 3,5—3,85 cm; Culmen c. 1,1 cm; Tarsus c. 1,46 cm.

Fam. Brachypodidae.

39. *Criniger Platenae*, W. Blasius.

[Taf. IV. Fig. 2.]

Braunschweig. Anzeigen vom 11. Januar 1888, Nr. 9, p. 80. — Idem, Russ' Isis 1888, p. 78 (»Gross-Sanghir«).

Dr. Platen und dessen Gemahlin sammelten selbst auf Gross-Sanghir zwei Männchen, *a* und *b*, beide übereinstimmend bezeichnet: »♂. Iris rothbraun. L. 26. D. 7 cm. Schnabel und Füsse blaugrau. Gross-Sanghir 18. Jan. 1887«.

Supra olivaceo-flavo-viridis unicolor, subtus vivide flavus pectore lateribusque abdominis viridi-flavis. loris annuloque periophthalmico, subalaribus, axillaribus cubitalibusque vivide flavis, regionibus infraoculari et auriculari olivaceo et flavo variegatis, remigibus fuscis, exterius flavo-viride marginatis, primariis basin versus, secundariis totis interne flavo marginatis; rectricum duabus mediis flavo-viridibus, ad apicem anguste flavo-marginatis, aliis decem externe flavo-viridibus, ad apicem et marginem internam totam late flavis, supracaudalibus dorso concoloribus, obsolete pallide flavo terminatis. Setis rictualibus ante oculum quaternis magnis, basi flavis, apice nigris. Rostro et pedibus caerulescente-cinereis. Long. tot. 26; Ala 12,6; Cauda 11,7; Tarsus 2,15; Culmen 2,6 cm.

Diese Art gehört mit *aureus* Walden von den Togian-Inseln und *longirostris* Wallace von den Sula-Inseln zu einer und derselben Gruppe. Sie haben alle drei eine gelbe Kehle, und die Schwanzfedern sind in eigenthümlicher Weise mit gelben Spitzen versehen: die beiden mittleren Schwanzfedern haben nämlich nur einen schmalen gelben Spitzenrand, während die anderen an der Spitze und auf dem Innenrande breit gelbgefärbt sind; dabei ist die Grundfärbung des Gefieders besonders auf der Oberseite olivengelbgrün oder gelbgrün. — Von *aureus* und *longirostris* lagen mir keine Vergleichsexemplare vor; doch habe ich die deutlichen Originaldiagnosen und die von Sharpe später

gegebenen ausführlichen Beschreibungen (Cat. Birds Brit.
Mus. Vol. VI, p. 87) genau verglichen. Danach unterscheidet sich die vorliegende neue Art von *Cr. longirostris*
durch den kürzeren Schnabel, die fast ganz gleichfarbige
olivengelbgrüne Oberseite des Körpers, die grell gelbe
Färbung an der breiten Innenfahne sämmtlicher jederseits
fünf äusseren Schwanzfedern längs des ganzen Innenrandes
von der Spitze bis zur Basis, die lebhaft gelbe Färbung
von Kinn, Kehle, der Zügelgegend und einem Ringe um
die Augen u. s. w. Ich gebe vergleichsweise die Maasse von
Criniger longirostris in Centimeter umgewandelt: Long.
tot. 26; Ala 12,2; Cauda 11,4; Tarus 2,16; Culmen 3,05 cm.
— Die Unterschiede von *aureus* sind noch bedeutender, da
der Sanghir-Form z. B. die für *aureus* charakteristische
Orange-Färbung des Gefieders fehlt u. s. w.

Es ist sehr bemerkenswerth, dass von den in der Nähe
von Celebes gelegenen Inselgruppen eine jede ihre besondere
Criniger-Art zu beherbergen scheint, und dass diese alle
einer Abtheilung der Gattung *Criniger* angehören, die
anderwärts nicht vertreten ist und von welcher sogar auf Celebes selbst bis jetzt kein Vertreter aufgefunden worden ist.

Die oben angegebenen Maasse sind von dem Balge *a*
genommen, der in dem Museum Brunsvicense verbleibt und
auch der Abbildung Taf. IV, Fig. 2, zu Grunde gelegt ist;
der der Collection Nehrkorn angehörende Balg *b*, der in
der Färbung in allen wesentlichen Beziehungen mit *a* übereinstimmt, ist etwas kleiner (Ala 12,4; Cauda 11,6, Tarsus
2,1; Culmen 2,6 cm).

Fam. Pittidae.

40. *Pitta sanghirana*, Schlegel.

Pitta atricapilla sanghirana, Schlegel, Ned. Tijdschr. v. Dierk.,
Vol. III, p. 190 (1866).

»*Melanopitta sanghirana*, Schlegel«, Gray, Hand. List. Vol. I, p. 295,
sp. 4360 (1869).

»*Pitta sanghirana*, Schlegel«, Elliot, Ibis 1870, p. 411. — Walden, Transact. Zool. Soc. Vol. IX, p. 188 (1875). — Salvadori, Ann. Mus. Civ. Genova, Vol. IX (Ottobre 1876) p. 54. — Idem, Atti Accad. Torino, Vol. XIII, 1877/8, p. 1187. — Rowley u. Meyer, Rowley's Ornitholog. Miscellany, Vol. II, Part. VIII, p. 329, Tab. 65, Mai 1877. — A. B. Meyer: Sitzb. u. Abh. Ges. Isis 1884, Abh. I, p. 6.

Brachyurus sordidus partim, Elliot, Ibis, 1870, p. 419 (specim. ex Sanghir).

Pitta atricapilla partim, Schlegel, Mus. Pays-Bas. Pitta Revue, p. 5 (April 1874).

Es sind im Ganzen 25 Bälge eingesandt, und zwar 20 Männchen (*a*—*u*), von denen 14 (*g*—*u*) von Dr. Platen selbst gesammelt sind, und 3 alte Weibchen (*v*, *w*, *x*), sowie 2 junge Weibchen (*y* und *z*).

Bei allen wiederholt sich auf den Etiketten: »Iris braun. Schnabel schwarz.« Die Farbe der Füsse ist bei den von den eingeborenen Jägern gesammelten Stücken als »blaugrau«, von Platen selbst als »grauröthlich« bezeichnet.

Alle, ausser den beiden letzten Bälgen *y* und *z*, erscheinen alt und schön ausgefärbt. Die ersten zwanzig Exemplare, als Männchen bezeichnet, unterscheiden sich von den drei alten Weibchen durch einen helleren Farbenton des Grün auf der Unter- und Oberseite. Sie stimmen mit Rowley's Abbildung (Ornithol. Miscellany, Vol. II, Part. VIII, Tab. 65) überein, nur ist der Schwanz schwarz mit nur ganz schmalem bläulichem Rande, welch' letzterer sogar auch fehlen kann, und nicht durchweg von bläulichem Farbentone. Die silberblauen Federn an den oberen Flügel- und Schwanzdecken sind viel leuchtender, als auf der erwähnten Tafel. Die beiden jungen Weibchen *y* und *z* entsprechen ungefähr der ebendort gegebenen Abbildung von einem jungen Thiere, nur ist das Weiss der Kehle nicht so rein und das Silberblau der oberen Schwanzdecken, sowie das Roth der unteren Schwanzdecken noch nicht so leuchtend und ausgedehnt entwickelt. Bemerkenswerth ist, dass die weisse Färbung an den Schwungfedern bei beiden jungen Individuen wenig weit ausgebreitet ist, dass die erste Schwungfeder überhaupt noch keine Spur von weisser

Färbung besitzt, die zweite sehr wenig u. s. w., und dass
an allen Schwingen eine mindestens 2 cm breite Spitze
schwarz bleibt. Auch bei den alten Individuen zeigt die
weisse Färbung der Flügel in der Ausdehnung viele Schwankungen; bei einigen Stücken werden die Spitzen der innersten
Handschwungfedern weiss, und es bleibt nur ein kleiner
seitlicher dunkler Spitzenfleck übrig, bei anderen bleiben
alle Schwungfederspitzen mindestens auf ungefähr 1 cm
dunkel. Der Grad der Ausdehnung des weissen Fleckes
an der ersten Schwungfeder ist bei der Vergleichung einer
grösseren Reihe scheinbar ausgefärbter Individuen ein sehr
verschiedener. Ich habe z. B. die mir später in die Hände
gelangten 14 ausgefärbten Individuen *g* bis *u* danach geordnet
und finde, dass bei *g* das Weiss von innen her nur etwas
über die Mitte der Innenfahne sich ausdehnt, also den Schaft
nicht erreicht, dass bei *r* der Schaft auf einer kleinen, bei
i, *h* und *o* auf einer grösseren Strecke erreicht wird, ohne
dass das Weiss darüber hinaus geht, dass bei *l*, *t* und *q*
die weisse Färbung nur jedesmal auf einer Seite den Schaft
überragt, bei *l* linkerseits, bei *t* rechterseits sehr wenig, bei
q rechterseits bedeutender, während bei *m* und *p* beiderseits
das Weiss sehr wenig, bei *u*, *s*, *n* und *k* sehr viel und bis
zum Aussenrande der ersten Schwungfeder den Schaft überragt. Im Allgemeinen dehnt sich die Weissfärbung der
Schwungfedern um so weiter nach der Spitze hin aus, je
weisser die erste Schwinge gefärbt ist, sodass es die letzt-
genannten 4 Bälge sind, bei denen nur eine kleine schwarze
Spitze an den innersten Handschwingen übrig bleibt.

Von *Pitta melanocephala*, Forsten aus Celebes, die ganz
schwarze Schwungfedern und eine bedeutendere Grösse.
besonders auch des Schwanzes, besitzt, ist die Unterscheidung leicht.

Pitta sordida von den Philippinen ist kleiner und hat
einen sehr viel helleren, fast gelblichen Farbenton des Grün
auf Rücken und Leib, wie ich an zahlreichen Exemplaren
von Palawan und Sulu feststellen kann, so dass ich im
Gegensatz zu Salvadori (l. c.) eine specifische Trennung
für leicht halte.

Ueber die Artberechtigung im Vergleich zu *P. Mülleri* oder *atricapilla* von Borneo, mit welcher Art S c h l e g e l die Sanghir-Exemplare vereinigt, wage ich kein Urtheil, da mir von dieser zu wenig Vergleichsmaterial vorliegt. Ein von G r a b o w s k y gesammelter Balg von *P. Mülleri* ist sehr ähnlich gefärbt und besitzt vielleicht nur einen etwas helleren Farbenton des Grün, sowie ein reineres Schwarz am Kopfe und einen verhältnissmässig kürzeren Schnabel. — Die Maasse desselben sind: Ala 10,5; Cauda 4,1; Culmen 2,1; Tarsus 3,9 cm. — Bei der geographischen Lage der Sanghir-Inseln ist ein artliches Zusammenfallen dieser Formen allerdings nicht wahrscheinlich, und S a l v a d o r i (l. c.) hat ausführlich mehrere Unterschiede hervorgehoben.

Durch v. R o s e n b e r g erhielt S c h l e g e l (l. c. 1866) ein altes am 19. Oct. 1864 erlegtes Männchen von Sanghir, nach welchem er die Form zuerst als Varietät unterschied. Später 1865 und 1866 wurden noch zahlreiche Exemplare von H o e d t (22. Sept. und 17. und 29. Dec. 1865, Januar 1866) und 1866 von R. v. D u y v e n b o d e erbeutet (cf. S c h l e g e l 1874 l. c.).

B r u i j n sammelte bei Pejta 2 alte und 1 junges Individuum (cf. S a l v a d o r i 1876, l. c.) und später noch 2 alte und 2 junge Exemplare (cf. Salvadori 1877/8, l. c.). A. B. M e y e r erhielt ebenfalls Bälge dieser Art von Tabukan auf Gross-Sanghir, von denen ein altes Männchen und ein junges Individuum durch R o w l e y abgebildet worden sind (cf. Rowley l. c.).

Auf Siao ist die Art oder eine Repräsentativform derselben noch nicht angetroffen worden. — Je nach der Anschauung über das Zusammenfallen dieser Form mit den naheverwandten, besonders der *P. Mülleri*, von Borneo ist der Verbreitungsbezirk enger oder weiter anzunehmen. Im ersteren Falle sind bis jetzt nur die Sanghir-Inseln im engeren Sinne des Wortes als Heimath zu bezeichnen.

Ich lasse eine Zusammenstellung der wichtigsten Maasse und Originalnotizen der Sammler umstehend folgen.

	Geschlecht	Long. tot. cm	Diff. cm	Ala cm	Cauda cm	Culmen cm	Tarsus cm	Datum
a	♂	17	0,5	10,5	3,7	2,4	4,0	9. Mai 1886
b	♂	17	0,5	10,2	3,7	2,3	4,15	1. Juni »
c	♂	17	0,5	10,3	3,8	2,4	4,1	7. » »
d	♂	18	0,5	10,9	4,1	2,4	4,1	8. » »
e	♂	18	0,5	10,5	3,6	2,15	4,0	15. » »
f	♂	18	0,5	10,9	3,9	2,2	4,1	19. » »
*g	♂	15	0	10,7	4,1	2,3	4,1	14. Jan. 1887
h	♂	15	0	10,4	4,1	2,2	4,3	15. » »
i	♂	15	0	10,7	4,1	2,4	4,1	15. » »
k	♂	15	0	10,6	4,2	2,3	4,1	16. » »
l	♂	15	0	10,6	4,0	2,2	3,9	17. » »
m	♂	15	0	10,5	4,5	2,6	4,0	21. » »
n	♂	15	0	10,6	3,9	2,3	4,1	25. » »
*o	♂	15	0	10,6	3,8	2,3	4,3	29. » »
p	♂	15	0	11,0	4,2	2,4	4,4	30. » »
q	♂	15	0	10,6	4,0	2,2	4,2	3. Febr. »
r	♂	15	0	10,7	3,9	2,3	4,1	6. » »
s	♂	15	0	10,8	3,4	2,2	4,1	7. » »
t	♂	15	0	11,1	4,2	2,5	4,2	8. » »
u	♂	15	0	10,6	4,5	2,4	4,2	14. » »
v	♀	17	0,5	10,9	3,9	2,1	4,0	21. Mai 1886
w	♀	17	0,5	10,8	3,5	2,2	3,9	3. Juni »
x	♀	18	0,5	10,5	4,0	2,45	4,0	10. » »
y	♀ juv.	17	0,5	9,8	3,1	2,0	3,8	8. » »
z	♀ juv.	17	0,5	9,7	3,3	? def.	3,8	11. » »

41. *Pitta coeruleitorques*, Salvadori.

Ann. Mus. Civ. Genova, Vol. IX (Ottobre 1876), p. 53. — Idem, Atti Accad. Torino, Vol. XIII, 1877/8, p. 1187. — Rowley u. Meyer, Rowley's Ornitholog. Miscellany Vol. II, Part. VIII. p. 324, plate 64 (Mai 1877. — Ibid. Errata in Vol. II. — A. B. Meyer, Sitzb. u. Abh. Ges. Isis 1884, Abh. I, p. 6.

Dr. Platen sandte ein männliches Exemplar, bezeichnet: »♂. Iris braun. L. 17. D. 0,5 cm. Schnabel schwarz. Füsse blaugrau. 17. Juli 1886.«

Dasselbe befindet sich in der Mauser, in Folge dessen vermuthlich der schwarze Kehlfleck und die schwarze Binde, welche zwischen der blauen Brust und dem rothen Leibe liegt, nur schmal und nicht sehr deutlich ausgebildet sind. Die längeren unteren Schwanzdecken zeigen im Gegensatz zu Salvadori's Diagnose keine blauen Spitzen, und die beiden ersten Handschwingen sind ganz schwarz und haben nicht den rundlichen weissen Fleck, welcher bei den beiden folgenden Federn verhältnissmässig gross entwickelt ist. — Ich kann mit dem vorliegenden Balge, der im Wesentlichen mit der Rowley'schen Abbildung übereinstimmt (dass die Beinfedern eigentlich auf der Tafel schwarz sein müssten, hat Rowley selbst später hervorgehoben), fünf Exemplare von *P. erythrogastra* von Sulu vergleichen und finde die von Salvadori angegebenen Unterschiede beider Arten gut bestätigt. Bei den Sulu-Bälgen ist die Brust mit Aus-nahme geringer Spuren von Blau fast ganz grün und die weissen Flecke der dritten und vierten Handschwinge (bei einigen auch an der zweiten zu beobachten) scheinen kleiner zu sein, als bei *P. coeruleitorques*.

Die Maasse des vorliegenden Männchens der letzteren Art entsprechen fast genau den von Salvadori angegebenen Maassen: Ala 9,8; Cauda 3,8; Culmen 2,2; Tarsus 3,8 cm.

Von dieser Art erbeutete Bruijn zunächst nur ein einziges zum ersten Beschreiben der Art benutztes Exemplar bei Pejta, später noch vier Bälge, welche er durch Léon La-glaize Graf Turati erhielt, dabei auch junge Individuen, die Salvadori (l. c. 1877/8) beschrieben hat. Auch A. B. Meyer hat die Art in verschiedenen Exemplaren von Ta-

bukan auf Gross-Sanghir erhalten (cf. Rowley l. c., p. 328);
die beiden von Rowley abgebildeten Exemplare (♂ und ♀)
werden wahrscheinlich von demselben herstammen. — Die
Art scheint auf Gross-Sanghir beschränkt zu sein.

? *Pitta palliceps,* Brüggemann
(Literatur und Synonymie s. weiter unten, p. 637, im Anhang)

ist nach Exemplaren von »Sanghir« beschrieben (Abh.
Naturw. Verein Bremen, Bd. V., p. 64, Februar 1876), wobei
sich der Autor auch auf die »Siao«-Exemplare des Leydener
Museums stützt. Gleichzeitig hat G. v. Koch (Verzeichniss
einer Sammlung von Vogelbälgen aus Celebes und Sanghir,
Febr. 1876) Sanghir als Heimath der im Tausch oder Kauf
angebotenen Exemplare angegeben. Wie jedoch Meyer und
Salvadori nachgewiesen haben, ist wahrscheinlich bei den
von Brüggemann beschriebenen Exemplaren »Siao« statt
Sanghir zu setzen. Auf Siao scheint *celebensis* durch *palliceps* vertreten zu sein, sowie *coeruleitorques* auf Gross-
Sanghir als Vertreterin der Philippinenform *erythrogastra*
vorkommt. Bei der nahen Verwandtschaft aller dieser vier
Arten untereinander kann man auch *palliceps* und *coeruleitorques* wieder untereinander als Repräsentativformen
bezeichnen.

Fam. Saxicolidae.

42. *Monticola solitarius* (P. L. S. Müller).

Turdus solitarius, P. L. S. Müller, Syst. Nat. Suppl. p. 142, Nr. 46,
(1776) (ex Pl. Enl. 564, f. 2).
Monticola solitaria (P. L. S. Müller), Salvadori, Ann. Mus. Civ.
Genova, Vol. IX (Ottobre 1876) p. 59. — A. B. Meyer, Sitzb. u.
Abh. Ges. Isis 1884, Abh. I, p. 6.
Monticola solitarius, Salvadori, Ornit. d. Papuasia, Vol. II, p. 418 (1881);
— W. Blasius, Madarász' Zeitschr. f. d. ges. Ornithologie 1886, p. 99.
Ausführliche Synonymie vgl. in Salvadori's Ornitologia etc. (l. c.)

a »♂ Iris braun, L. 22, D. 3 cm, Schnabel schwarz, Füsse
   schwarz, 29. Nov. 1886«;

b »♂ Iris braun, L. 22, D. 3 cm, Schnabel schwarz, Füsse
   schwarz, 5. Dec. 1886«;

'c »♂ juv. Iris dunkelbraun, L. 21, D. 3,5 cm, Schnabel horn-
   graubraun. Füsse braunschwarz, 20. Jan. 1887«;

d »♀ Iris braun, L. 22, D. 3,5 cm, Schnabel dunkelbraun, Füsse dunkelbraun, 28. Nov. 1886«;

'*e* »♀ Iris braun, L. 22, D 3 cm, Schnabel dunkelbraun, Füsse dunkelbraun, 18. Dec. 1886«;

.*f* »♀ Iris braun, L. 21, D. 3,5 cm, Schnabel dunkelbraun, Füsse dunkelbraun, 20. Jan. 1887«.

In meinen Beiträgen zur Kenntniss der Vogelfauna von Celebes II (Madarász' Zeitschr. f. d. ges. Ornithologie 1886, p. 99) habe ich ausführlich zu begründen gesucht, weshalb mir die See boh m'sche Deutung der Kleider richtiger zu sein scheint, als die von Sal va dori in seiner Ornitologia della Papuasia gegebene. Ich habe nachträglich noch ein Pärchen dieser Art, welches Kulinowitz bei Sidimi 1884/85 gesammelt hatte, durch die Güte meines Freundes L. Taczanowski in Warschau erhalten, welches vollständig meine damalige Ansicht bestätigt hat, sowie auch Taczanowski selbst dieser Meinung beipflichtet. Betrachte ich von diesem Gesichtspunkte aus die vorliegenden Sanghir-Bälge, so erscheinen die beiden ersten Männchen noch im vollständigen Umfärbungsprocesse begriffen, im Uebergangskleide. Das Exemplar *b* ist am Weitesten in der Umfärbung vorgeschritten, doch haben die blauen Federn des Kopfes und der Brust noch dunkle, graubraune Ränder, letztere zum Theile mit hellen, schmalen Bändern vor der Spitze, und einige blaue Federn der Kehle und Halsseiten zeigen noch weisse Spitzen, während der rothbraune Leib hie und da Federn mit bläulichem Scheine, sowie mit schwarzweissen Querbändern eingemischt enthält. Anderseits besitzt *a* bei ähnlich blaugefärbter Rückseite noch gar keine scharfe Sonderung der blauen Brust von der rothbraunen Färbung des Leibes; die ganze Unterseite zeigt noch die aus hellen und dunklen Querwellen gemischte Zeichnung des Jugend- oder weiblichen Kleides als Grundfärbung, während an der Brust, sowie an Kinn und Kehle die blaue Basis der einzelnen Federn mehr und mehr sichtbar wird, und am Leibe die unter blauen Rändern sich versteckende rothbraune Färbung der mittleren Theile der einzelnen Federn mehr und mehr scheckig in's Auge fällt.

Dieser Balg hat sehr viel Aehnlichkeit mit dem früher beschriebenen Riedel'schen Balge *A* von Celebes.

Sämmtliche mir vorliegende **weibliche Exemplare** unter Einschluss des früher erwähnten Riedel'schen Balges *B* und des oben genannten Weibchens von Sidimi haben statt der hellblauen Grundfarbe der Oberseite eine braungraue mit wenig bläulichem Scheine auf dem Rücken und den Flügeldeckfedern; dabei zeigen die Federn mehr oder weniger deutlich je eine dunkle Querbinde dicht vor der etwas helleren Spitze; die Unterseite ist schmutzig weiss mit dunklen Querbinden an den einzelnen Federn; an der Brust, der Kehle und den unteren Schwanzdeckfedern, weniger bisweilen auch an dem Leibe und dem Kinn, ist die helle Grundfarbe rostfarben überflogen (die stärkste Ausbildung der Rostfarbe auf der Unterseite zeigt das Weibchen *e*).

Das junge Männchen *c* trägt noch das weibliche Kleid, besitzt aber an dem Vorderleibe eine Feder, die in Umfärbung begriffen ist, so dass Rothbraun, Blau und eine dunkle Querbinde auf schmutzigweissem Grunde sich an derselben vereinigt finden.

Die im östlichen Asien, auf den Sunda-Inseln und einem Theile des Molukken-Archipels verbreitete Art scheint zuerst durch v. Rosenberg auf Gross-Sanghir nachgewiesen zu sein. Bruijn erbeutete am 10. October 1875 bei Pejta ein Pärchen (♂ und ♀) (cf. Salvadori l. c., 1876).

Die Maasse der vorliegenden Bälge sind folgende:

	Ala cm	Cauda cm	Rictus cm	Culmen cm	Tarsus cm
a	11,9	8,1	3,2	2,2	2,0
b	12,1	8,4	3,1	2,05	3,1
*c	11,9	8,0	3,0	1,9	2,0
d	11,8	8,2	3,1	2,1	3,1
*e	10,9	7,7	3,0	2,0	2,8
f	11,3	8,0	3,0	2,05	2,9

Fam. Sylviidae.

43. *Locustella fasciolata* (G. R. Gray).

Acrocephalus fasciolatus, G. R. Gray, Proc. Zool. Soc. 1860, p. 349
(»Batchian«).

Acrocephalus insularis, Salvadori, Ann. Mus. Civ. Genova, Vol. IX
(Ottobre 1876), p. 59 (»Pettà« Gross-Sanghir).

Locustella fasciolata, Salvadori, Ornit. d. Papuasia, Vol. II, p. 420
(1881). — Seebohm, Cat. Birds Brit. Mus. Vol. V (1881), p. 100,
und plate 5. — A. B. Meyer, Sitzb. u. Abh. Ges. Isis 1884, Abh. I, p. 6.
Ausführlichere Synonymie vgl. bei Salvadori (1881, l. c.) und See-
bohm (l. c.).

B r u i j n sammelte am 9. und 10. September 1875 je
ein Exemplar dieser Art, die übrigens im östlichen Asien
und auf den Molukken vorkommt, bei Pejta (cf. S a l v a -
d o r i l. c., 1876).

44. *Phylloscopus borealis* (J. H. Blasius).

Phyllopneuste borealis, J. H. Blasius, *Naumannia*, 1858, p. 313 (»Helgoland«). — Idem, Naumann's Vögel Deutschlands, Bd. XIII, p. 69,
Taf. 375, Fig. 1.

Phylloscopus borealis, A. B. Meyer, Sitzb. u. Abh. Ges. Isis 1884,
Abh. I, p. 6 u. 47 (»Tabukan«, Gross-Sanghir).

Ausführliche Synonymie vgl. unter dem letzten Namen bei Salvadori,
Ornit. d. Papuasia, Vol. II, p. 428 (1881) und Seebohm, Cat. Birds
Brit. Mus., Vol. V, p. 40 (1881).

A. B. M e y e r (l. c.) erhielt die Art von Tabukan auf
Gross-Sanghir. Es ist dies bis jetzt der einzige Beweis für
das Vorkommen derselben auf dieser Insel, das übrigens bei
dem ausgedehnten Verbreitungsgebiete von Alaska durch das
nördliche Asien und Europa, südlich bis zu den Sunda-
Inseln und den Molukken, schon zu vermuthen war.

Fam. Ploceidae.

45. *Munia molucca* (Linn.).

Loxia molucca, Linné, Syst. Nat., Vol. I, p. 302. Nr. 17 (ex Brisson)
(1766).

Munia molucca, W. Blasius, Braunschweig. Anzeigen v. 30. März 1887,
Nr. 75, p. 695 (»Gross-Sanghir«).

Ausführlichere Synonymie vgl. bei Salvadori, Ornit. d. Papuasia,
Vol. II, p. 434.

Dr. Platen sandte ein von seinen Jägern erlegtes und ein anderes von ihm selber erbeutetes Männchen.

Bei beiden wiederholt sich auf der Etikette: »♂ Iris braun, Füsse blaugrau«.

a »♂ L. 11, D. 2,5 cm. Oberschnabel schwarz, Unterschnabel blaugrau, 16. Juni 1886«;

b »♂ L. 10,5, D. 2 cm. Schnabel blaugrau, 22. Dec. 1886«.

Beide stimmen vollständig untereinander, mit der Beschreibung der Art und mit Celebes-Exemplaren überein. Die vorliegenden Bälge sind die ersten Beweisstücke für das Vorkommen dieser Art auf Gross-Sanghir, die sonst auf den Molukken, der Insel Key, Celebes und Flores gefunden worden ist. Die Maasse sind folgende:

	Ala cm	Cauda cm	Culmen cm	Tarsus cm
*a	5,2	4,0	1,1	1,4
b	4,8	3,9	1,1	1,4

Fam. Sturnidae.

46. *Calornis sanghirensis*, Salvadori.

Ann. Mus. Civico Genova, Vol. IX (Ottobre 1876), p. 60 (»Pettà«, Gross-Sanghir). — A. B. Meyer, Sitzb. u. Abh. Ges. Isis 1884, Abh. I, p. 6 u. 48 (Siao).

Dr. Platen sandte, von seinen Jägern erlegt, im Ganzen zehn Exemplare, fünf Männchen (*a* bis *e*) und fünf Weibchen (*f* bis *k*). Bei allen ist die Färbung von Schnabel und Füssen als »schwarz« angegeben und die Grösse »L. 23, D. 5 cm« (nur bei *c* und *k* L. 22, D. 4 cm). Bei allen Männchen ist die Iris als »blutroth«, bei allen Weibchen dagegen als »orangeroth« bezeichnet.

Die ersten fünf als Männchen bezeichneten Individuen sind vollständig dunkel gefärbt, die fünf »Weibchen« dagegen sind nur oberseits dunkel und unterseits hell mit metallisch dunkelgrünen Schaftstrichen. Es scheint daher

fast, als wenn dieses bei anderen *Calornis*-Arten meist für
das Jugendkleid gehaltene Gefieder für die Weibchen charakteristisch ist. Alle zwölf Bälge zeigen auf der Oberseite
den von Salvadori als Kennzeichen angegebenen fast reinen
dunkelgrünen Glanz mit sehr wenig Purpurschein. Sehr
charakteristisch erscheint auch der lange und kräftige
Schnabel, wie überhaupt die grösseren Maasse aller Theile,
im Vergleich zu *C. panayensis*, bei welchem die Maximal-
Maasse ausgewachsener männlichen Individiuen unter zehn
von mir gemessenen Exemplaren von Sulu und Palawan
die folgenden sind: Long. tot. 22; Ala 10,7; Cauda 7,9;
Culmen 2,0; Tarsus 2,35 cm.

Die zehn Sanghir-Exemplare zeigen die nachstehenden
Maasse:

	Geschlecht	Ala cm	Cauda cm	Culmen cm	Rictus cm	Tarsus cm	Datum
a	♂	11,5	8,9	? def.	c. 3,1	2,4	8. Juni 1886
b	♂	11,5	8,2	2,2	3,1	2,5	13. » »
*c	♂	10,4	8,4	2,3	2,9	2,5	28. » »
d	♂	11,3	8,4	2,2	3,1	2,4	28. » »
e	♂	12,0	8,8	2,3	3,2	2,5	2. Aug. »
f	♀	11,2	8,3	2,1	3,15	2,6	21. Mai »
g	♀	11,2	8,4	2,2	2,85	2,45	21. » »
h	♀	11,3	7,9	2,25	3,0	2,45	21. » »
*i	♀	11,1	8,5	2,4	3,15	2,5	30. » »
k	♀	10,6	7,5	2,2	3,1	2,55	12. Juli »

Salvadori beschrieb die Art nach drei ausgefärbten
Individuen, die Bruijn bei Pejta gesammelt hatte (l. c.).
Meyer hat dieselbe auch auf Siao beobachtet (l. c.).

Fam. Oriolidae.

47. *Broderipus formosus* (Cabanis).

Oriolus acrorhynchus, partim, Schlegel, Mus. Pays-Bas, Coraces,
p. 105 (»Individus des îles Sanghir«), Fevrier 1867.

Oriolus formosus, Cabanis, Journ. f. Ornith. 1872, p. 392 (»Siao«).
— Brüggemann, Abh. Naturwiss. Verein Bremen, Bd. V, p. 61
(Februar 1876). — G. v. Koch, Verzeichniss einer Sammlung von
Vogelbälgen aus Celebes und Sanghir, p. 2, Febr. 1876. — Salva-
dori, Ann. Mus. Civ. Genova, Vol. IX (Ottobre 1876), p. 60. —
Rowley, Ornithological Miscellany »Errata in Vol. II« (cf. Ibis 1877,
p. 378). — Sharpe, Cat. Birds Brit. Mus., Vol. III, p. 205 (1877).
— Salvadori, Atti Accad. Torino, Vol. XIII, 1877/78, p. 1187. —
G. Fischer, Abh. Naturwissensch. Verein Bremen, Bd. V, p. 538
(Jan. 1878). — W. Blasius, Journ. f. Ornithologie 1883, p. 132. —
A. B. Meyer, Sitzb. u. Abh. Ges. Isis 1884, Abh. I, p. 6.

Broderipus formosus, Walden, Ibis 1873, p. 306; — Idem, Transact.
Zool. Soc. Vol. IX, p. 186 (1875). — Rowley & Meyer, Rowleys
Ornitholog. Miscellany, Vol. II, Part VII (March 1877), p. 227,
plate 56.

Drei Weibchen (*a — c*) sind von Dr. Platen gesandt,
die folgende Bezeichnung tragen:

a »♀ Iris braunroth, L. 28, D. 6 cm, Schnabel braun, Füsse
grau, 4. August 1886«;

b »♀ Iris hellbraun, L. 29, D. 5,5 cm, Schnabel fleischfarbig,
Füsse grauschwarz, 17. Januar 1887«;

c »♀ Iris hellröthlichbraun, L. 29, D. 5,5 cm, Schnabel braunschwarz. Füsse schwärzlichgrau, 17. Januar 1887«.

Alle drei Exemplare entsprechen in der Färbung des
Schwanzes und Rückens im Allgemeinen ziemlich genau der
Abbildung von Rowley (l. c.), und zwar der im Vorder-
grunde der Tafel links stehenden grösseren Figur. In der
Färbung des Kopfes, Nackens, Schnabels, der Brust u. s. w.
sind dagegen kleine Abweichungen, die ich speciell hervor-
heben will, zu beobachten.

Als ältestes Individuum mit hellröthlichem Schnabel
ist wahrscheinlich *b* zu betrachten. Bei diesem sind die
Seiten des Halses vorn mit je etwa 5—6 schwarzen kleinen
Schaftstrichen versehen, die Mitte des Halses und die Brust
dagegen leuchtend gelb ohne Schaftstriche; das Gelb der
Stirne ist matter als in der genannten Figur und dehnt sich
etwas weiter nach hinten aus; der die gelbe Stirn um-
gebende hufeisenförmige dunkle Kronenfleck ist zwar fast
ebenso schwarz im Farbentone, wie in der Figur, aber
weniger breit nach vorne sich ausdehnend und etwas mit

gelblichen Federn gemischt; dahinter ist ein ziemlich leuchtend gelbes Nackenband.

Das Weibchen *c* mit »braunschwarzem«, im Balge noch dunkel hornbraunem Schnabel ist sehr ähnlich *b*, aber der gelbe Stirnfleck und das Nackenband ist grünlich und unterscheidet sich nur sehr wenig von der gelbgrünen Rückenfarbe. Der dunkle Kronenfleck ist braunschwarz mit grünlichem und gelblichem Farbentone gemischt; die Brust weniger leuchtend gelb und mit den für das Jugendkleid als charakteristisch angegebenen zahlreichen schwarzen Schaftstrichen versehen, wie solche R o w l e y's Figur zeigt.

Bei dem Exemplar *a* mit »braunem« Schnabel, der im Balge etwas heller braun erscheint als bei *c*, ist die gelbe Färbung des Nackens und der Stirn, sowie auch der Brust und des Halses, die keine schwarzen Schaftstriche besitzen, fast ebenso grell wie bei dem älteren Individuum *b*; dabei aber ist der dunkle Kronenfleck viel weniger dunkel und ziemlich gleichmässig aus Grün und Schwarz gemischt.

Bei allen diesen Verschiedenheiten, die offenbar im verschiedenen Alter und in den Mauserungsverhältnissen begründet sind, finde ich die von B r ü g g e m a n n herausgefundenen Kennzeichen des weiblichen Geschlechtes bestätigt: »Die mittelsten Steuerfedern fast ganz olivengrün, der gelbe Spitzenfleck kaum angedeutet«, während bei im Ganzen etwas grellerer Färbung des Gefieders die Männchen »die beiden mittleren Steuerfedern längs dem Schafte und im Spitzendrittel schwarz, mit grossem gelben Endfleck« zeigen sollen.

C a b a n i s lieferte seine erste Beschreibung nach einem Vogel, den er für ein Weibchen oder jüngeres Männchen hielt (das von A. B. M e y e r auf Siao gesammelte typische Exemplar des Berliner Museums trug keine genaue Geschlechtsbezeichnung). Es scheint mir jedoch, dass dieses Stück als altes Männchen anzusehen ist.

Von den drei im Leydener Museum befindlichen, durch v. R o s e n b e r g am 28. und 29. October 1864 auf Sanghir gesammelten Exemplaren (zwei Männchen »au plumage en partie imparfait« und einem jungen Weibchen) sind die

Männchen vielleicht trotz Schlegel's entgegengesetzter Annahme doch schon ausgefärbte Stücke. Denn das Charakteristische dieser Art scheint zu sein, dass das Kleid der alten Männchen diejenige Färbung bewahrt, die bei anderen nahe verwandten Arten für das Weibchen und für die Jugendzustände charakteristisch ist.

Brüggemann (l. c.) lagen sechs von Fischer gesammelte Exemplare vor, die nach der späteren Fischer'schen Erklärung alle von Gross-Sanghir stammten. Dabei befand sich ein Jugendkleid, bei welchem noch alle Steuerfedern olivengrün gefärbt waren, während bei den drei vorliegenden von Platen eingesandten Stücken nur die beiden mittleren eine grösstentheils olivengrüne Färbung mit schmaler gelber Spitze zeigen.

Salvadori konnte 1876 zwei von Bruijn bei Pejta (Gross-Sanghir) gesammelte Männchen untersuchen und erhielt 1878 ausserdem noch vier Exemplare zur Untersuchung, welche Graf Turati von Laglaize und dieser von Bruijn aus Sanghir erhalten hatte. Bei letzteren befanden sich zwei ganz gleiche, scheinbar ausgefärbte rothschnäbelige Individuen, von denen das eine als Weibchen bezeichnet war, ein drittes, das als ♂ bezeichnet unserm ♀ b ähnlich gewesen zu sein scheint. und ein viertes, als ♀ bezeichnet, mit Platens Balge c scheinbar übereinstimmend.

A. B. Meyer sammelte die Art nicht nur auf Siao, sondern erhielt sie auch von Tabukan (Gross-Sanghir). Rowley (l. c., p. 229) erwähnt, dass er ein von Meyer erbeutetes Pärchen abbildet, wobei die Geschlechtsunterschiede als sehr gering angegeben werden, und dass ein von Meyer stammendes junges Weibchen bei gefleckter Brust kaum etwas Schwarz an der Krone des Kopfes zeigt.

An anderen Stellen, als auf den Sanghir-Inseln im weiteren Sinne des Wortes, ist die Art noch nicht beobachtet worden. Es ist offenbar die grösste bekannte Pirolart, die von *celebensis* sowohl, als auch *acrorhynchus* und *frontalis* gleich scharf unterschieden zu sein scheint.

Die Maasse der drei vorliegenden Bälge sind folgende:

	Ala	Cauda	Culmen	Tarsus
	cm	cm	cm	cm
*a	15,8	12,1	3,7	3,0
*b	16,1	12,2	3,7	3,0
c	15,7	12,3	3,65	2,9

Fam. Treronidae.

48. Osmotreron sanghirensis (Brügg. ex. Schleg.).

Treron griseïcauda (partim), G. R. Gr., Schlegel, Observations zoologiques I, Nederl. Tijdschr. voor Dierk. T. III, p. 210 (1866),
(Specim. ex Sanghir). — G. R. Gray, Hand-List II, p. 222, sp. 9080
(partim), 1870: — Schlegel, Mus. Pays-Bas. Columbae. p. 55 (partim)
1873 (Specim. ex Siao et Sanghir).
Treron sangirensis, Brüggemann, Abh. Naturw. Ver. Bremen, V,
p. 79, März 1876.
Treron (?) sanghirensis, Salvadori. Ann. Mus. Civ. Genova, Vol. IX,
p. 60, Ottobre 1876.
Treron sanghirensis. A. B. Meyer, Sitzb. u. Abh. Ges. Isis 1884,
Abh. I, p. 6.

Es liegen mir 16 Bälge (11 ♂, a bis l, 5 ♀, m bis q)
vor, die Platen gesammelt hat. Bei allen wiederholt sich
die Bezeichnung: »Iris orange. Schnabel gelb. Füsse kirschroth«. Die bedeutendere Grösse des Körpers und besonders
die sehr viel stärkere Entwicklung des Schnabels, der an
O. nasica erinnert, lassen diese Form leicht von O. griseïcauda unterscheiden; auch scheint die für die Männchen
charakteristische purpurartig kastanienbraune Färbung des
Rückens bei *sanghirensis* dunkler und weiter ausgebreitet
zu sein. — Salvadori meinte, dass die Weibchen dieser
Art sich von denen der nahe verwandten Art O. griseïcauda
durch die Art der Färbung der unteren Schwanzdeckfedern
unterscheiden. Dies scheint aber nicht der Fall zu sein.
Es zeigen sich hierin grosse Schwankungen. Die Grundfarbe derselben ist bei q z. B. rostbräunlich, bei p, n und o
in verschiedenem Grade isabellfarben, bei m endlich fast
schmutzig weisslich. Ueberall sind diese Federn mit grünen

und grauen Querbändern gezeichnet, wie sich solche auch
bei den Weibchen von *O. griseicauda* finden.

Im Folgenden gebe ich die Maasstabelle der vorliegenden Bälge in Verbindung mit den Original-Notizen der
Sammler:

	Geschlecht	Long. tot.	Diller.	Ala	Cauda	Culmen	Altitude Rostri	Tarsus	Datum
		cm	*cm*	*cm*	*cm*	*cm*	*cm*	*cm*	
a	♂	31	5	16,2	10,0	1.9	0,9	2.5	19. Juni 1856
b	♂	29	5	16.1	11,3	1.8	0,95	2,6	23. » »
c	♂	30	6	15.3	10.3	2,0	0,9	2,5	26. » »
d	♂	30	5	15,5	10.3	1,85	0.82	2,5	29. » »
e	♂	29	5	16,0	10,2	1,9	0,82	2,5	8. Juli »
f	♂	31	6	16,0	9,8	1,9	0,92	2,5	11. » . »
g	♂	30	6	15.8	9.4	1,9	0,85	2,4	23. » »
*h	♂	29	5	15.9	10,1	1,95	0.93	2,5	3. Aug. »
i	♂	30	5	16.0	11,1	1.9	0,95	2,5	7. » »
k	♂	29	6	16,0	10,1	1,9	0,89	2,6	12. » »
l	♂	30	6	16.0	10,6	1,85	0,9	2,5	16. » »
m	♀	29	5	15.7	10.3	1,9	0,85	2.4	26. Juni »
n	♀	31	6	15,5	10.3	1,8	0,9	2,4	11. Juli »
o	♀	29	6	15.6	10,5	1,9	0.92	2,4	18. » »
p	♀	29	6	15.8	9.8	1,85	c. 0,9	2,3	22. » »
*q	♀	29	5	15.5	9,7	1,8	c. 0,85	2,4	5. Aug. »

Diese in den Museen verhältnissmässig noch seltene
Art ist durch v. Rosenberg im October 1864, wie es
scheint, zuerst auf Gross-Sanghir gefunden worden, später
auch von Hoedt dort im Januar 1866 (cf. Schlegel l. c.).
A. A. Bruijn erlegte bei Pejta am 27. September 1875 zwei
Stück (cf. Salvadori l. c.). — Die Art kommt auch auf
Siao vor, da zahlreiche dort von Hoedt und van Duy-
venbode gesammelte Stücke des Leydener Museums voll-
ständig mit denen von Gross-Sanghir übereinstimmen (cf.
Schlegel l. c.).

49. Ptilopus xanthorrhous (Salvad.).

Ptilopus melanocephalus, partim, Schlegel, Observat. zoolog. I,
Nederl. Tijdschr. v. Dierk., T. III, p. 207 (1866) (specimina ex
Sanghir.) — Idem, Mus. Pays-Bas, Columbae, p. 28 et 29, Mars
1873 (specimen ex Sanghir).

Jotreron melanocephala, partim, Walden, Transact. Zool. Soc.,
Vol. VIII, p. 83 (1872).

Jotreron xanthorrhoa, Salvadori, Ann. Mus. Civ. Genova, Vol. VII,
p. 671, 1875 (ex Schlegel). — Idem, Ibis 1876, p. 385. — W.
Blasius, Journ. f. Ornith. 1883, p. 120, 160 u. 162. — Idem,
Madarász' Zeitschr. f. d. ges. Ornithologie 1885, p. 304.

Ptilinopus nuchalis, Brüggemann, Abh. Naturw. Ver. Bremen, Bd. V,
p. 80, März 1876. — W. Blasius, Journ. f. Ornith. 1883, p. 160.

Jonotreron xanthorrhoa, Salvadori, Ann. Mus. Civ. Genova, Vol. IX,
p. 61, Ottobre 1876. — A. B. Meyer, Sitzb. u. Abh. Ges. Isis
1884, Abh. I, p. 6.

Ptilopus xanthorrhous, Elliot, Proc. Zool. Soc. 1878, p. 553. —
Salvadori, Ornit. d. Papuasia, Vol. III, p. 52, 1882.

Dr. Platen sandte 29 Bälge (a bis *z*, aa bis dd), von
denen 20 (a bis u) als ♂, die übrigen 9 als ♀ bezeichnet
waren.

Bei allen sind die »Füsse kirschroth« bezeichnet, bei
allen Männchen »Iris gelb, Schnabel gelbgrün«, bei allen
Weibchen »Iris gelbgrün, Schnabel schwarz«.

Die Art ist ausgezeichnet gut durch die bedeutendere
Grösse, die hellgelbe Kehle und die dunkel orangegelbe
Färbung an dem Hinterleibe von P. melanospilus zu unter-
scheiden. Früher erwähnte ich schon, dass P. nuchalis,
Brüggemann mit P. xanthorrhous zu identificiren ist, wie
ich durch Vergleichung typischer Exemplare feststellen
konnte (Journ. f. Ornith. 1883, p. 160). Ob vorliegende
Art wirklich ausser auf den Sanghir-Inseln auch in Nord-
Celebes vorkommt, dürfte noch zweifelhaft bleiben. Die
Heimathsangaben der Brüggemann'schen Exemplare aus
Nord-Celebes sind vielfach angezweifelt worden. Mir selbst
lagen sichere Stücke dieser Art aus Celebes noch nicht vor
(vgl. übrigens Journ. f. Ornith. 1883, p. 162).

Wenn man das Vorkommen der Form in Nord-Celebes
als noch nicht erwiesen annimmt, so ist dieselbe auf die
Sanghir-Inseln im weiteren Sinne des Wortes beschränkt.
v. Rosenberg erbeutete im October 1864 zwei Männchen

	Geschlecht	Long. tot. cm	Differ. cm	Ala cm	Cauda cm	Culmen cm	Datum
a	♂	27	6	13,3	9,7	1,6	7. Mai 1886
b	♂	26	5	13,3	9,5	1,7	21. » »
c	♂	28	5,5	13,3	10,0	1,45	21. » »
d	♂	27	6	14,0	10,3	1,55	29. » »
e	♂	26	6	13,1	9,2	1,55	31. » »
*f	♂	26	6	13,4	9,4	1,6	31. » »
g	♂	26	5	13,3	9,3	1,45	5. Juni »
h	♂	26	5	13,3	8,6	1,7	5. » »
i	♂	28	6	13,9	9,8	1.65	12. » »
k	♂	26	6	13,3	9,4	1.7	13. » »
l	♂	28	5,5	13,3	9,2	1,55	14. » »
m	♂	26	5	13,7	9,1	1,65	17. » »
n	♂	27	6	13,4	9,8	1,65	18. » »
o	♂	27	6	13.3	9,2	1,6	18. » »
p	♂	26	5	14,0	9,5	1,7	20. » »
q	♂	27	6	13,4	9,9	1.75	29. » »
r	♂	27	6	13,7	9,7	1,7	18. Juli »
s	♂	27	6	13,0	9,8	1,55	18. » »
t	♂	26	5	13,5	8,4	1,55	22. » »
u	♂	27	6	13,0	9,4	1,7	15. Aug. »
*v	♀ (♂ jur. ?)	26	5	13,9	9,1	1,45	25. Mai »
w	♀	27	5,5	13,4	8,9	1,5	25. » »
x	♀	26	5	13,0	8,8	1,6	5. Juni »
y	♀	26	5	12,8	8,9	1,35	8. » »
ż	♀ (♂ jur. ?)	27	6	13.5	8,7	1,65	22. » »
a a	♀	27	5	13,1	9,1	1,6	24. » »
*b b	♀	27	6	13,1	9,1	1,6	25. » »
c c	♀	26	6	13,5	9,2	1,6	26. » »
d d	♀ (♂ jur. ?)	27	6	13,7	9,4	1,65	26. » »

und am 28. desselben Monats ein Weibchen auf Sanghir:
Hoedt ebenda im Januar 1866 zwei Männchen und ein Weibchen. Ausserdem wurde die Art in mehreren Exemplaren im
October und November 1864, sowie im October 1865 von
Hoedt und 1866 in einem männlichen Stücke von Duyvenbode auf Siao gesammelt (cf. Schlegel l. c., 1873).
Bruijn sandte von Pejta dem Museum in Genua drei Individuen, nach denen Salvadori (l. c. 1876) seine ursprüng-
liche Diagnose verbessern konnte, indem er den gelben
Kehlfleck statt »*saturate citrina*« richtiger als »*pallide
flava*« bezeichnete.

Sämmtliche Weibchen haben ein im Allgemeinen einfarbig grünliches Gefieder und eine braunschwarze Färbung
des verhältnissmässig kleineren Schnabels. Die Bälge *v.* $\tilde{z}$
und *dd* zeigen allerdings einzelne weisslich-graue Federn
den grünen Kopffedern beigemischt, *v* am meisten. Ich
vermuthe, dass bei diesen ein Irrthum in der Geschlechtsbezeichnung vorliegt, und dass es sich hier um ein jugendliches männliches Kleid handelt. Die Schnäbel sind
bei diesen Bälgen zwar auch dunkel gefärbt, erscheinen
aber, der männlichen Schnabelbildung entsprechend, etwas
grösser, wenn sich dies auch durch Messung nur bei $\tilde{z}$
und *dd* besonders deutlich nachweisen lässt. Nebenstehend
gebe ich die wichtigsten Maasse an.

50. *Carpophaga concinna*, Wallace.

Carpophaga concinna, Wallace, Ibis 1865, p. 383 (Sanghir etc.). —
Schlegel, Mus. Pays-Bas, *Columbae*, p. 83, Mars 1873. — Brügge-
mann, Abh. Naturw. Ver. Bremen, Vol. V, p. 84, März 1876. —
Salvadori, Ann. Mus. Civ. Genova, Vol. IX, p. 62, Ottobre 1876.
— A. B. Meyer, Sitzb. u. Abh. Ges. Isis 1884, Abh. I, p. 6.
Ausführliche Synonymie vgl bei Salvadori. Ornitol. della Papuasia,
Vol. III, p. 81.

Es liegen mir 6 Bälge, 3 ♂ (*a* bis *c*) und 3 ♀ (*d* bis *f*)
aus Sanghir vor.

Bei allen wiederholt sich auf den Etiketten: »Iris
orangegelb (bei *d* »orange«), Schnabel schwarz. Füsse
kirschroth«.

Den ausführlichen Beschreibungen von Wallace
(Ibis 1865, p. 383) und Salvadori (*Ornitologia della*

Papuasia, Vol. III, p. 81) ist wenig hinzuzufügen. Alle
sechs Individuen sind offenbar vollständig ausgefärbt. Es fällt
auf, dass bei den drei Männchen die weisse Farbe der
Stirnfedern reiner und etwas weiter ausgedehnt erscheint,
als bei den Weibchen, und dass der grüne Rücken bei den
Männchen in Folge breiter bläulicher Ränder an den Federn
mehr bläulichen Schein neben dem kupferfarbenen zeigt,
als bei den Weibchen. Brüggemann (Abh. Naturw.
Ver. Bremen, Bd. V, p. 84) hielt umgekehrt die blauen
Ränder an den Rückenfedern für ein Kennzeichen des
weiblichen Kleides. Vielleicht handelt es sich bei denselben
nur um Altersverschiedenheiten. — Erwähnenswerth ist es,
dass bei dieser Art fast die oberen zwei Dritttheile des
Laufes befiedert sind. — Die Verbreitung derselben ist eine
sehr' merkwürdige: Ausser auf einigen Inseln von Papuasien
und den Molukken ist sie auf der Tifore-Gruppe zwischen
Halmahera und Celebes, sowie auf den Sanghir-Inseln
gefunden, wo sie nicht nur Gross-Sanghir, sondern auch
nach Hoedt's und Duyvenbode's Funden Siao bewohnt.
Auf Gross-Sanghir scheinen die ersten drei Exemplare
durch v. Rosenberg am 30. October 1865 erbeutet zu
sein (cf. Schlegel l. c.). Später erhielt dort Bruijn
ein Individuum bei Pejta (cf. Salvadori l. c., 1876),
Brüggemann (l. c.) lagen drei von G. Fischer auf
Sanghir erlegte Exemplare vor. — Die Maasse sind folgende:

	Gesch'echt	Long. tot.	Diff.	Ala	Cauda	Culmen vor der Befiederung	Tarsus	Datum
		cm	cm	cm	cm	cm	cm	
a	♂	40	7	27,5	17,7	2,1	3,9	29. Juli 1886
*b	♂	47	7	28,1	18,0	1,9	3,8	29. „ „
c	♂	47	7	28,5	19,5	2,2	3,9	6. Aug. „
d	♀	47	7	27,6	17,1	1,9	3,8	20. Mai „
e	♀	47	6	27,8	18,4	1,9	3,8	6. Juni „
f	♀	47	7	28,6	17,8	2,25	3,9	27. Juli „

51. *Carpophaga radiata* (Qu. u. Gaim.).

Columba radiata, Quoi et Gaim., Voy. Astrol. Zool. I, p. 244,
  pl. 26 (Menado).
Carpophaga radiata, Brüggemann, Abh. Naturw. Bremen, Bd. V,
  p. 86 März 1876. (Sanghir). — W. Blasius, Madarász' Zeitschr.
  f. d. ges. Ornithologie 1885, p. 307.
Carpophaga gularis Brüggemann, l. c, p. 101 (errore).
Zonaenas radiata. A. B. Meyer, Ibis 1879, p. 135. — Idem, Sitzb.
  u. Abh. Ges. Isis, 1884, Abh. I, p. 6.

Das Vorkommen dieser sonst nur in Celebes beobachteten
Art auf Sanghir wird nach drei Exemplaren, welche Brüggemann als von Sanghir durch Dr. Fischer erhalten angibt,
und nach den Notizen A. B. Meyer's angenommen. In den
übrigen Sammlungen, die von den Sanghir-Inseln nach
Europa gelangt sind, scheint die Art gefehlt zu haben.
Merkwürdig ist es, dass nach A. B. Meyer's Angabe die
bisher von den Forschern auf Sanghir noch nicht gefundene
Celebes-Taube: *Leucotreron gularis* (Qu. et Gaim.) bei
den eingeborenen Malayen von Nord-Celebes den Namen
»Pombo-sangi«, d. i. »Taube von den Sanghir-Inseln«, führt.

52. *Myristicivora bicolor* (Scop.).

Columba bicolor, Scopoli, Sonnerat. Voy. Tab. 103; Delic. Faunae
  Flor. Insubr. II, p. 84.
Carpophaga bicolor, Schlegel, Mus. Pays-Bas, Columbae, p. 99,
  Mars 1873. — G. von Koch: Verzeichniss einer Sammlung von
  Vogelbälgen, p. 2, Februar 1876. — Brüggemann, Abh. Naturw.
  Ver. Bremen, Bd. V, p. 85, März 1876.
Myristicivora bicolor, Salvadori, Ann. Mus. Civ. Genova, Vol. IX,
  Ottobre 1876, p. 62. — A. B. Meyer, Sitzb. u. Abh. Ges. Isis,
  1884, Abh. I, p. 6. — W. Blasius, Madarász' Zeitschr. f. d. ges.
  Ornithologie, 1886, p. 197.
Ausführliche Synonymie vgl. bei Salvadori, Ornitol. della Papuasia,
  Vol. III, p. 107.

Im Ganzen sammelte Platen 9 Exemplare, 5 ♂ (a
bis e) und 4 ♀ (f bis i).

Bei allen wiederholt sich die Bezeichnung: »Iris hellbraun. Schnabel und Füsse blaugrau. Wachshaut graugrün«.

In Bezug auf die Färbung des Schwanzes zeigen sich
nur kleine Unterschiede: meist ist die schwarze Spitze

der äussersten Schwanzfedern etwa 1 *cm* breit oder etwas
breiter. Die Bälge *a* und *e* haben gar keine schwarzen
Flecken am Hinterleibe oder an den unteren Schwanzdecken,
g und *d* zeigen die Spuren eines dunklen Randes an den
grössten Schwanzdeckfedern, dabei wie die Bälge *b*, *c* und *f*
den Hinterleib ungefleckt. Von letzteren besitzen *f* und *b*
sehr schmale, *c* dagegen etwa 1 *cm* breite schwarze Spitzenflecken; *i* und *h* endlich zeigen sowohl an den unteren
Schwanzdeckfedern, als auch an dem Hinterleibe nur ganz
undeutliche, verwaschene Flecken. Bei *g*. *h* und *i* ist der
Schwanz in der Mauser begriffen, so dass nur 9 bis 12 Schwanzfedern vorhanden sind, theils alte abgeblasste, theils neue.
Bei allen anderen Exemplaren besitzt der Schwanz 14 Federn
(nur bei zweien derselben 13).

Bei dieser Gelegenheit möchte ich bemerken, dass ich
nach Vergleichung eines grösseren Materials die Über-
zeugung gewonnen habe, dass ich in meiner Arbeit über
die Vögel von Ceram (Proc. Zool. Soc. 1882, p. 700) unter
dem Namen *M. melanura* sowohl Exemplare dieser Art
(Nr. 3), als auch solche von *M. bicolor* (Nr. 4, 5 etc.) vereinigt habe. Es würde also damit das Vorkommen der
letzteren Art auf Ceram, das schon Lenz (Journ. für
Ornith. 1877, p. 379) nach einem Exemplare von Rosenberg's bekannt gemacht hat, bestätigt sein.

Die Maasse der Sanghir-Bälge sind folgende:

	Geschlecht	Long. tot.	Differ.	Ala	Cauda	Culmen	Datum
		cm	*cm*	*cm*	*cm*	*cm*	
*a	♂	38	6	24,0	14,2	2,4	19. Mai 1886
b	♂	38	6	23,2	14,0	2,3	20. » »
c	♂	36	5	22,9	13,6	2,25	25. » »
d	♂ juv.	37	5	22,2	12,7	2,3	27. » »
e	♂	38	5	23,6	13,4	2,5	15. Juli »
f	♀	38	6	22,7	12,4	2,2	19. Mai »
g	♀	36	5	22,2	12,3	2,3	27. » »
h	♀ juv.	37	5	22,2	12,0	2,2	27. » »
i	♀	36	5	22,9	11,8	2,2	13. Aug. »

Auf Sanghir ist die Art durch v. Rosenberg am 3. October 1864 und auf Siao in zahlreichen Exemplaren im October und November 1865 von Hoedt gesammelt worden (cf. Schlegel l. c.); auch ist dieselbe von G. Fischer auf Sanghir in neun Individuen erbeutet, die Brüggemann zur Untersuchung vorlagen (l. c.). Salvadori (l. c., 1876) konnte drei von Bruijn bei Pejta gesammelte Exemplare untersuchen. Uebrigens ist die Art von den Andamanen und Nicobaren und von Hinter-Indien über die Sunda-Inseln und Molukken bis Neu-Guinea verbreitet.

Fam. Columbidae.

53. *Macropygia sanghirensis*, Salvad.

[Taf. III, Fig. 1 ad u. Fig. 2 ♀ juv.]

Macropygia turtur, partim, Schlegel, Mus. Pays-Bas, Columbae, p. 111 (specimina ex Shanghir et Siao), Mars 1873.
?»*Macropygia sp.*«, Salvadori, Ann. Mus. Civ. Genova, IX, p. 62, 1876, Ottobre. — Idem, Atti Acc. Torino, Vol. XIII (1877/78), p. 1186, Anmerk. [juv.].
Magropygia sanghirensis, Salvadori, Atti Acc. Torino, Vol. XIII (1877/78), p. 1185. — A. B. Meyer's Sitzb. u. Abh. Ges. Isis 1884, Abh. I, p. 6. — W. Blasius, Braunschweig. Anzeigen vom 11. Januar 1888, Nr. 9, p. 86. — Idem, Russ' Isis 1888, p. 78.

Dr. Platen's Jäger haben vier Bälge, zwei alte Männchen (*a* u. *b*), ein ähnlich gefärbtes altes »Weibchen« (*c*) und ein junges Weibchen (*d*) gesammelt, und zwar, was mir wichtig zu sein scheint, *a* und *d* an ein und demselben Tage, am 23. Juni 1886. Bei allen wiederholt sich auf den Etiketten die Bezeichnung: »Iris rosa, innen grau, Füsse kirschroth«.

Salvadori hat die Art nach einem von Bruijn bei Pejta auf Gross-Sanghir gesammelten alten Exemplare des Museums des Grafen Turati in Mailand beschrieben und von der nahe verwandten *Macropygia albicapilla* (Temm.) aus Celebes abgetrennt, wobei von ihm noch hervorgehoben wurde, dass die Charaktere an Exemplaren, die A. B. Meyer von Sanghir und Siao erhalten, beziehungsweise dort gesam-

melt habe, von ihm im Allgemeinen übereinstimmend gefunden seien. — An den drei erstaufgeführten alten und ausgefärbten Exemplaren kann ich im Grossen und Ganzen die
Salvadori'schen Angaben bestätigen. Der Sanghir-Vogel ist
grösser als die Celebes-Art und hat eine dunklere, weniger
braunrothe Färbung des Rückens und der Flügel. Dazu
kommt, dass die Seiten des Kopfes und die Kehle bei *M.
sanghirensis* mehr einfarbig hellrostbräunlich gefärbt sind
und dass der graue Hinterkopf nach dem Nacken zu mehr
weinröthlich überflogen ist, als bei *M. albicapilla*. Ein wein-
röthlicher bis amethystfarbener Anflug der mit dunklen
Querbändern und mit rein weissen Spitzen versehenen Brustfedern scheint sich bei *sanghirensis* stärker auszubilden.
als bei *albicapilla*; besonders zeichnen sich hierin die Bälge *a*
und *c* aus. Dazu kommt noch, dass die alten weissstirnigen
Exemplare des Braunschweiger Museums von *albicapilla*,
welche ich vergleichen kann, die in der Jugend besonders
breiten rothbraunen inneren Ränder auf der Unterseite der
Schwungfedern behalten haben, während solche bei den
ausgefärbten weissstirnigen Exemplaren von *sanghirensis*
bis auf eine ganz geringe Spur verschwunden sind. Die
Nackenfärbung ist bei den ausgefärbten Sanghir-Vögeln eine
solche, dass, wenn das Licht aus der Richtung des be-
trachtenden Auges auffällt, ein fast reiner Amethystglanz
entsteht, bei *a* und *c* nur wenig mit Kupferglanz gemischt.
während die Celebes-Bälge hierin eine grosse Mannigfaltig-
keit zeigen, so dass fast alle Stufen von grünlichem, kupfer-
artigem, weinröthlichem bis purpurnem und rein ame-
thystenem Glanze vertreten sind. — Es ist kein Zweifel
darüber möglich, dass sowohl *albicapilla* als *sanghirensis*
zu derjenigen Gruppe von *Macropygia*-Arten gehören, die
Salvadori in seiner »Ornitologia della Papuasia« (Vol. III,
p. 132) unter I. *b*. *b*⁴ aufführt: »Rectricibus sex mediis uni-
coloribus. minime transfasciatis, capite superne cinerascente,
pectore conspicue fusco transfasciato«. Die weitere Trennung
dieser Gruppe: »*a*⁵ pectore conspicue vinaceo; cervice
viridi-purpureo nitente« für *dorcya*, Bp. und *keyensis*, Salvadori und »*b*⁵ pectore albido-isabellino, cervice viridi-

nitente« für *maforensis*, Salvadori ist für die Einfügung
von *albicapilla* und *sanghirensis* nicht verwendbar, weil bei
beiden, besonders bei *sanghirensis*, eine röthliche Färbung
der Brust neben der weissen Beränderung der Brustfedern
vorkommen und die Nackenfärbung, wenigstens bei *albicapilla*, eine wechselnde sein kann. Im Ganzen stehen beide
Formen wegen der rein weissen Berandung der Brustfedern
maforensis, Salvad. am nächsten; durch die röthliche Färbung von Brust und Nacken bilden sie aber Uebergänge
zu *doreya* und *keyensis*. — Uebrigens scheinen sich die
fünf in Frage kommenden Arten durch die Grösse einigermassen und wenigstens theilweise zu unterscheiden: Die
Flügellänge wird von S a l v a d o r i angegeben: bei *doreya*
zu 17—18 *cm*; *keyensis* 19 *cm*; *maforensis* 16.5 *cm*, und
ist nach meinen Messungen u. s. w. bei *albicapilla* 14,7
bis 16,5 *cm* und bei *sanghirensis* 17—18,3 *cm*.

Es bleibt nur noch übrig, das zu derselben Zeit und
und an derselben Stelle, wie das eine ♂ (*a*), erlegte jugendliche ♀ (*d*) zu besprechen. das in der Färbung von den
drei alten Individuen wesentlich abweicht.

Ich bin bei möglichster Berücksichtigung aller Verhältnisse zur Ueberzeugung gelangt, dass dasjenige junge
Individuum einer *Macropygia*-Art von Sanghir, welches
Salvadori geneigt war, als zu einer besonderen Species,
vielleicht *tenuirostris* von den Philippinen gehörig, zu betrachten, mit dem vorliegenden jugendlichen Exemplare im
Grossen und Ganzen übereinstimmt. Eine Vergleichung des
von S a l v a d o r i besprochenen Exemplares war mir allerdings leider nicht möglich. — Die gleichzeitige Erbeutung
des jugendlichen Balges *d* an derselben Stelle mit *a* spricht
nun schon entschieden für specifische Uebereinstimmung
mit *M. sanghirensis*. Dazu kommt noch, dass ich in ganz
analoger Weise gefärbte Jugendkleider von *M. amboinensis*
und *albicapilla* in Händen habe. — So glaube ich berechtigt
zu sein, in dem Balge *d* das bisher noch unbekannte
J u g e n d k l e i d von *M. sanghirensis* zu erblicken, das folgendermassen zu beschreiben sein würde: In der Gesammt-
färbung ähnlich den alten Individuen; nur sind die Ober-

seite des Kopfes von der Stirne bis zum Nacken, die Seiten des Kopfes. Kehle, Brust, Hinterrücken und Bürzel von braunschwarzen Federn bedeckt, die rothbraune Querbänder bildende Ränder (an der Kehle ebensolche Schaftflecken) besitzen. Ebenso gefärbte Ränder zeigen die oberen Flügel-deckfedern und die Spitzen der inneren Mittelschwingen. Nacken und Vorderrücken sind mit grünlich schillernden Querbändern auf hellrosströthlichem oder weisslichem, dunkel punktirtem Grunde gezeichnet. Der ganze Leib ist dunkel isabellfarben, mit Rostfarbe gemischt und mit dunkler, unregelmässiger Punktirung, die an einigen Stellen undeutliche Querbänder bildet. Die grossen unteren Schwanz-deckfedern sind fast einfarbig zimmetbraun, mit nur sehr wenigen dunklen Punkten. Schnabel hornbraun. Die Schwung-federn unterseits an der Basis des Innenrandes mit breiten. rothbraunen Rändern.

Da diese Art noch wenig bekannt sein dürfte und überhaupt aus der durch *sanghirensis* und *albicapilla* ver-tretenen Gruppe von *Macropygia*-Arten meines Wissens noch keine leicht zugänglichen guten Abbildungen existiren. so gebe ich nach einem Aquarellbilde des Herrn Museums-Assistenten Karl Heller in Braunschweig auf Tafel III die Abbildungen eines alten Vogels c), der vielleicht fälschlich vom Sammler als »♀« bezeichnet worden ist, und des oben beschriebenen Jugendkleides.

Die wichtigsten Maasse der vier mir vorliegenden Bälge sind in Verbindung mit den Originalnotizen der Sammler die folgenden:

	Geschlecht	Long. tot. cm	Diller. cm	Ala cm	Cauda cm	Culmen cm	Schnabel-farbe	Datum
a	♂ ad	38	13	17,4	19,4	1,5	schwarz	23. Juni 1886
b	♂ ad	36	13	17,0	19,4	1,7	dunkelbraun	11. Aug. »
*c	♀ ad	39	14	18,0	21,5	1,6	schwarz	7. Juli »
*d	♀ juv.	35	13	16,8	19,4	1,55	dunkelbraun	23. Juni »

Das Leydener Museum enthält sieben Individuen aus Sanghir (nämlich ein am 29. October durch v. Rosenberg erbeutetes Männchen und sechs Exemplare, vier ♂ und zwei ♀ juv., die Hoedt im November und December 1865 sowie im Januar 1866 gesammelt hat, daneben fünf von Hoedt und Duyvenbode erbeutete Exemplare aus Siao (cf. Schlegel l. c.). — Auch A. B. Meyer hat die Art in mehreren Exemplaren, von denen Salvadori bei seiner Beschreibung Gebrauch machen konnte, von Sanghir erhalten und auch auf Siao erbeutet (s. o.). Ueber die drei von Bruijn gesammelten Exemplare, welche Salvadori vorlagen, habe ich oben schon genauere Angaben gemacht. Die Art scheint auf die Sanghir-Inseln im weiteren Sinne des Wortes beschränkt zu sein.

Fam. Gouridae.

54. *Chalcophaps indica* (Linn.) var. *sanghirensis*, W. Blasius.

Columba indica, Linné, Syst. Nat., Vol. I, p. 284, Nr. 29, 1766 (ex Edwards).

Chalcophaps indica, Schlegel, Mus. Pays-Bas, Columbae, p. 147 (Mars 1873). — Brüggemann, Abh. Naturw. Ver. Bremen, Bd. V, p. 87 (März 1876. — A. B. Meyer, Sitzb. u. Abh. Ges. Isis, 1884, Abh. I, p. 6.

Chalcophaps indica (L.) var. *sanghirensis*, W. Blasius, Braunschweig. Anzeigen vom 11. Januar 1888, Nr. 9, p. 86. — Idem, Russ' Isis 1888, p. 78.

Die ausführliche Synonymie der Art vgl. bei Salvadori, Ornitologia della Papuasia, Vol. III, p. 173.

Ich erhielt von Dr. Platen vier Bälge, drei alte Männchen (*a* bis *c*) und ein junges Weibchen (*d*).

Bei allen ist die »Iris hellbraun« bezeichnet, bei den drei Männchen »Schnabel orange, Wachshaut rothbraun, Füsse kirschroth«, bei dem jungen Weibchen »Schnabel dunkelbraun, Füsse graubraun«.

Bei den drei ersten, offenbar ausgefärbten Individuen finde ich eine merkwürdige Abweichung von typischen Exemplaren der *C. indica* in der Zeichnung des Kopfes: die vordersten Stirnfedern bilden einen kleinen dreieckigen,

weinrothen Fleck; dahinter liegt eine schmale weisse Querbinde, die sich seitwärts in die weissen Oberaugenstreifen
fortsetzt; der Oberkopf ist mehr oder weniger weinroth
gefärbt; diese Farbe stuft sich nach hinten und nach den
Seiten allmälig in Bleigrau ab, welche Färbung gewisser-
massen eine ringsum laufende Krone bildet. Nacken und
Vorderrücken sind dunkel-weinroth. Die an *C. chrysochlora*
von Australien erinnernde weinrothe Färbung des Kopfes
ist bei *c* am meisten, bei *a* etwas weniger, bei *b* dagegen
am wenigsten vorhanden; bei letzterem Balge (*b*) ist der
weisse Kopfstreifen etwas mit Grau, bei den beiden Bälgen *a*
und *c* mit Weinroth gemischt. *a* und *b* haben am meisten
Kupferglanz auf dem grünen Rücken und den Flügeln, *c*
weniger; *b* hat keine graue Spitze an den Schwanzfedern,
während solche bei *a* und *c* vorhanden sind.

Von anderen mir vorliegenden Bälgen von *C. indica*
unterscheiden sich die drei Sanghir-Vögel auch noch dadurch, dass an den weissen Spitzen der weinrothen Flügel-
bugfedern sich kleine Augenflecken von grüner Farbe bilden,
die rings von weisser Farbe umgeben sind. — Ich glaube,
dass man die Sanghir-Exemplare als eine besondere Local-
rasse (var. *sanghirensis*) unterscheiden darf.

Der Balg *d* trägt ein Jugend-, beziehungsweise U e b e r-
g a n g s k l e i d, das von der Beschreibung des Jugendkleides,
die S a l v a d o r i in seiner »Ornitologia della Papuasia«
(Vol. III, p. 175) gegeben hat, etwas abweicht: Bei im
Ganzen schwärzlichbrauner Grundfarbe zeigen die Handschwungfedern unterseits auf dem Innenrande und von der
dritten an oberseits am Aussenrande eine braunrothe Färbung. Die Spitzen der Hand- und Mittelschwingen, der
Federn an den Kopfseiten, der Kehle, Brust, des Bauches
und der Schulter, sowie der unteren und oberen Flügeldeckfedern sind braunröthlich oder rostbräunlich gesäumt.
Auf den oberen Flügeldecken sind diese Ränder heller und
breiter, so dass sich mehrere (2—3) unregelmässige helle
Flügelbänder ausbilden. An den oberen und unteren
Schwanzdecken, sowie auf der Mitte des Rückens sind nur
wenige graue Federn beigemischt. An letzterer Stelle, sowie

auf dem freien Theile der Aussenfahne der Mittelschwingen
befindet sich etwas grüner Metallschimmer. Grüner, mit
Kupferfarbe gemischter Metallglanz ist dagegen schon stark
auf dem Vorderrücken und den kleinen oberen Flügeldeckfedern ausgebildet. — Die wichtigsten Maasse sind die folgenden:

	Geschlecht	Long. tot.	Diller.	Ala	Cauda	Culmen	Rictus	Tarsus	Datum
		cm	cm	cm	cm	cm	cm	cm	
a	♂	23	4	14,4	8,4	1,75	2,3	2,6	29. Mai 1886
b	♂	23	3,5	14,2	8,6	1,6	2,3	2,4	15. Juli •
*c	♂	23	4	14,3	8,5	1,75	2,4	2.6	22. " "
*d	♀ jur.	20	2,5	13,3	7,4	<1,7	2,0	2,4	26. " "

Die von Indien bis Papuasien weit verbreitete Art
(*C. indica*) ist auf Sanghir vorher schon in einem weiblichen
Exemplare am 4. Juni 1866 von Hoedt (vgl. Schlegel
l. c.) und, wie es scheint, in drei Exemplaren von G.
Fischer (vgl. Brüggemann l. c.) gefunden; auch ist
dieselbe nach den Funden Duyvenbode's und Hoedt's
in Siao vertreten (vgl. Schlegel l. c.), von woher das
Leydener Museum drei Exemplare besitzt.

Ich vermag nicht zu sagen, ob die von mir unter-
schiedene Varietät auch auf Siao vorkommt. Da die
Fischer'schen »Sanghir«-Sammlungen offenbar grossentheils auf Siao gemacht sind, so ist ein sicher in der Literatur erwähntes Sanghir-Stück nur das von Hoedt gesammelte Weibchen des Leydener Museums. Der Umstand,
dass Brüggemann an den ihm vorliegenden, wahrscheinlich von Siao stammenden Bälgen, die zum Theile ausgefärbte Männchen zu sein scheinen, keine Unterschiede
von Java-Exemplaren bemerkt hat, spricht gegen das Vorkommen der Varietät auch auf Siao. Dafür würde jedoch
sprechen, dass Schlegel (l. c.) bei einem alten Individuum
aus Siao-oudang ausdrücklich auf eine Aehnlichkeit mit
australischen Individuen (*chrysochlora*) hinweiset.

40*

Fam. Caloenatidae.

55. *Caloenas nicobaria* (L.)

Columba nicobarica, Linné, Syst. Nat., Vol. I, p. 283, Nr. 27, 1766.
Caloenas nicobarica, A. B. Meyer, Ibis 1879, p. 138. — Sitzb. u.
Abh. Ges. Isis 1884, Abh. I, p. 6 u. 52.
Ausführliche Synonymie vgl. bei Salvadori, Ornit. della Papuasia,
Vol. III, p. 209.

Die von den Nicobaren bis Neu-Guinea weit verbreitete Art wies A. B. Meyer zuerst und bis jetzt noch
allein für die Sanghir-Inseln nach, sowohl für Gross-
Sanghir als auch für Siao. Er bezeichnet diese Taube als
eine auf den Sanghir-Inseln gemeine Art.

Fam. Megapodidae.

56. *Megapodius sanghirensis*, Schleg.

Megapodius Gilberti, partim, Schlegel, Nederl. Tijdschr. v. Dierkunde,
1866, p. 263 (specimina ex Siao et Sanghir). — A. B. Meyer,
Ibis 1879, p. 139.
Megapodius sanghirensis, Schlegel, Notes from the Leyden, Vol. II,
Note XVI, p. 91, March 1880. — Idem, Mus. Pays-Bas. Megapodii,
p. 73, Mars 1880. — A. B. Meyer, Sitzb. u. Abh. Ges. Isis 1884,
Abh. I, p. 5.

Gesammelt sind Exemplare dieser Art zuerst von
Hoedt am 29. November 1865 und 23. Januar 1866 auf
Sanghir; ausserdem von Duyvenbode 1866 in mehreren
Exemplaren auf Siao und Siao-outong. Auch Meyer beobachtete später die Form, die er, wie Schlegel, Anfangs
für *M. Gilberti* hielt, auf den Sanghir-Inseln. Erst im
Jahre 1880 wurde von Schlegel eine besondere Art für
diese Vögel unterschieden und in folgender Weise beschrieben: »The bird of Sanghi, inferior in size to that of
the Philippines (Megap. Cuminghi), is, on the contrary,
larger than Megap. Lowii (N. W. Borneo) and Gilberti
(N. Celebes), and even somewhat larger than Megap. For-
steni (Ceram, Amboina, Buru). The slate-gray of the throat
and the underside of the body is tinged with dark brown,
whereas the upper surface of the head and of the body
behind the mantle is tinged with a rusty, and not with
an olivaceous colour.«

57. *Megacephalon maleo*, Temm.

Megacephalon maleo, Temminck, Bp. Compt. Rend. 1856, Vol. XLII.
p. 876. — A. B. Meyer, Ibis 1879, p. 139 (Siao). — Idem, Sitzb.
u. Abh. Ges. Isis 1884, Abh. I, p. 6 u. 53 (auch von Tabukan,
Gross-Sanghir).
Ausführlichere Synonymie vgl. bei Walden, Transact. Zool. Soc.,
Vol. VIII, p. 87, 1872.

Das Vorkommen dieser sonst nur von Celebes bekannten Art auf Siao und Gross-Sanghir ist zuerst und bis
jetzt allein von A. B. Meyer festgestellt worden, der dieselbe auf Siao antraf und auch von Tabukan erhielt.

Fam. Charadriidae.

58. *Aegialitis Geoffroyi* (Wagl.).

Charadrius Geoffroyi, Wagler. Syst. Av. gen. *Charadrius* sp. 19, 1827.
Aegialitis Geoffroyi, Salvadori, Ann. Mus. Civ. Genova, Vol. IX,
p. 63, Ottobre 1876. — A. B. Meyer, Sitzb. u. Abh. Ges. Isis
1884, Abh. I. p. 6. — W. Blasius, Madarász' Zeitschr. f. d. ges.
Ornithologie, 1886, p. 146.
Ausführlichere Synonymie vgl. bei Salvadori, Ornitologia della
Papuasia, Vol. III, p. 298.

Salvadori (l. c.) erwähnt zweier Individuen dieser
Art, welche Bruijn bei Pejta auf Gross-Sanghir gesammelt
hatte. Sonst ist diese von Europa durch Afrika und Asien
bis Neu-Holland verbreitete Art nicht weiter dort beobachtet.

Fam. Scolopacidae.

59. *Tringa albescens*, Temm.

Tringa albescens, Temminck, Pl. Col. 41, Fig. 2, 1824. — A. B.
Meyer, Sitzb. u. Abh. Ges. Isis 1884, Abh. I, p. 6 u. 55.
Ausführlichere Synonymie vgl. bei Salvadori, Ornitol. della Papuasia,
Vol. III, p. 315.

Diese Art hat A. B. Meyer zuerst und bisher allein
für Gross-Sanghir nachweisen können, und zwar als bei
Tabukan vorgekommen. Das gelegentliche Vorkommen
dieser häufig mit *T. minuta* vereinigten, von China und
Japan bis Australien verbreiteten Art ist an und für sich
höchst wahrscheinlich.

60. *Tringoides hypoleucos* (Linn.).

Tringa hypoleucos, Linn., Syst. Nat., Vol. I, p. 250, 1766.
Tringoides hypoleucos. Salvadori, Ann. Mus. Civ. Genova, Vol. IX,
  p. 63, Ottobre 1876. — A. B. Meyer, Sitzb. u. Abh. Ges. Isis
  1884, Abh. I, p. 6 u. 55.
Ausführliche Synonymie vgl. bei Salvadori, Ornitol. della Papuasia,
  Vol. III, p. 318.

Dr. Platen sandte ein weibliches Individuum mit folgender Bezeichnung:

»♀. Iris dunkelbraun. L. 19. D. 2 cm. Schnabel dunkel-
graubraun. Füsse blaugrau. 14. August 1886«.

Diese in allen Erdtheilen der alten Welt bis Australien
weitverbreitete Art ist zuerst von Salvadori nach einem
von Bruijn gesammelten Exemplare als auf Gross-Sanghir
bei Pejta vorkommend festgestellt.

A. B. Meyer erhielt dieselbe auch von Tabukan auf
Gross-Sanghir und auf Siao.

Die wichtigsten Maasse des vorliegenden Balges sind
folgende: Ala 10,6 cm; Cauda 5,4; Culmen 2,5; Tarsus
2,45 cm.

61. *Totanus incanus* (Gmel.).

Scolopax incana, Gmelin, Syst. Nat. Vol. I, p. 658, 1788.
Totanus incanus, Salvadori, Ann. Mus. Civ. Genova, Vol. IX. p. 63.
  Ottobre 1876. — Idem, Ornitol. della Papuasia, Vol. III, p. 321. —
  A. B. Meyer, Sitzb. u. Abh. Ges. Isis 1884, Abh. I, p. 6 u. 55.
Ausführliche Synonymie vgl. bei Salvadori, Ornitol. d. Papuas. l. c.

Von Dr. Platen wurde uns ein Balg männlichen Geschlechts mit folgender Bezeichnung eingesendet:

»♂. Iris hellbraun. L. 20. D. — 0,5 cm. Schnabel
dunkelgrau. Füsse hellgelbbraun. 18. August 1886«.

Das Exemplar ist ähnlich gefärbt, wie ein Weibchen,
das mir kürzlich durch Dr. Platen aus Nord-Celebes
zuging; die Brust ist einfarbig grau; an den Flügeldeckfedern zeigen sich nur Spuren weisser Berandung.

Die wichtigsten Maasse sind: Long. tot. c. 25,0 cm;
Ala 14,3 cm; Cauda 6,4 cm; Culmen 3.7 cm; Rictus 3,8 cm;
Tarsus 3,2 cm; Dig. med. c. ung. 3,2 cm.

Vorher schon hat Bruijn ein Individuum bei Pejta
auf Gross-Sanghir gesammelt (Salvadori l. c.); A. B.

Meyer erhielt die Art von Tabukan auf Gross-Sanghir und beobachtete sie auf Siao.

Dass die durch das östliche Asien, den malayischen Archipel und Polynesien bis Neu-Holland und die Westküste Amerika's verbreitete Art gelegentlich auf den Sanghir-Inseln vorkommt, ist sehr natürlich.

62. *Numenius variegatus* (Scop.).

Tantalus variegatus, Scopoli, Del. Flor. et Faun. Insubr. II, p. 92. Nr. 78, 1786 (ex Sonnerat).

Numenius uropygialis, Salvadori, Ann. Mus. Civ. Genova. Vol. IX, Ottobre 1876, p. 63. — A. B. Meyer, Sitzb. u. Abh. Ges. Isis 1884. Abh. I, p. 56.

Numenius variegatus, Salvadori, Ornitol. della Papuasia, Vol. III, p. 332/3. 1882. — A. B. Meyer, l. c., p. 6.

Numenius phaeopus, partim, Walden, Schlegel und andere Autoren. Ausführliche Synonymie vgl. bei Salvadori, Ornitol. d. Papuas. (l. c.).

Durch Dr. Platen erhielten wir ein männliches Individuum mit folgender Bezeichnung:

»♂. Iris dunkelbraun. L. 42, D. 1 cm. Schnabel dunkelbraun. Füsse blaugrau. 30. Juli 1886«.

Das verhältnissmässig langschnäbelige Exemplar stimmt mit den Bälgen von Celebes etc., die ich vergleichen kann, in der Zeichnung, besonders des Bürzels, überein.

Die wichtigsten Maasse sind die folgenden: Ala 23,6 cm; Cauda 10,0 cm; Culmen 8,9 cm; Tarsus 6,0 cm.

Bruijn sammelte bei Pejta auf Gross-Sanghir drei Individuen, die Salvadori (l. c.) von europäischen Exemplaren des *N. phaeopus* durch die geringere Grösse und durch den nicht rein weissen, sondern mit Graubraun gefleckten Bürzel unterschieden fand. — A. B. Meyer stellte das Vorkommen der Art auch auf Siao fest (l. c.). Die Art ist übrigens weit verbreitet, vom östlichen Asien bis Neu-Holland.

Fam. Ardeidae.

63. *Demiegretta sacra* (Gmel.).

Ardea sacra, Gmelin, Syst. Nat. Vol. II, p. 640. Nr. 61 (cum var. β), 1788 (ex Latham).

Demiegretta sacra, A. B. Meyer, Sitzb. u. Abh. Ges. Isis 1884.
Abh. I, p. 6 u. 56 (Siao; var. *alba*: Sanghir). — W. Blasius,
Braunschweig. Anzeigen vom 30. März 1887, Nr. 75, p. 695
(Gross-Sanghir).

Ausführliche Synonymie vgl. bei Salvadori, Ornitol. della Papuasia,
Vol. III, p. 345.

Dr. Platen sandte uns ein noch nicht vollständig ausgewachsenes männliches Exemplar, bezeichnet:

»♂. Iris hellgelb. L. 48. D. 1 cm. Schnabel dunkelbraun. Füsse gelbbraun. 31. Juli 1886«.

Dies Individuum hat noch keine verlängerten Kopf-,
Hals- und Rückenfedern. Es trägt das dunkle Gefieder, das
einen noch etwas mehr braunen und weniger schieferfarbenen,
grauschwarzen Farbenton besitzt, als dies bei mir vorliegenden alten männlichen Individuen von Waigëu und Mada-
gaskar der Fall ist; die weisse Linie an Kinn und Kehle
ist etwas breiter, besonders in der Mitte, als bei den alten
Vögeln, und an den Seiten weniger dunkel scheckig gefleckt.
Die Federn des Oberkopfes tragen ganz zarte weisse Spitzen,
ebenso einzelne Rückenfedern. Die wichtigsten Maasse sind
folgende: Ala 28,8 cm; Cauda 9,5 cm; Culmen 8,1 cm;
Rictus 9,7 cm; Tarsus 7,9 cm.

Meyer hat die Art zuerst auf den Sanghir-Inseln
entdeckt; er fand die gewöhnliche dunkle Form auf Siao
und erhielt von Tabukan auf Gross-Sanghir nur die ganz
weisse Varietät. Durch Platen's Sammlung wird zuerst
auch die dunkle Form für Sanghir festgestellt. Im Uebrigen
ist die Art bekanntlich in der indischen und australischen
Region weit verbreitet.

64. *Herodias nigripes* (Temm.).

Ardea nigripes, Temminck, Man. d' Ornith., 2. ed., Vol. III, p. 377,
1840 (Java, Borneo, Celebes).

Herodias nigripes, W. Blasius, Madarász' Zeitschr. f. d. ges. Ornithologie 1885. p. 316 (Celebes). — Idem, Braunschweig. Anzeigen vom 11. Januar 1888, Nr. 9, p. 86 (Gross-Sanghir). — Idem
Russ' Isis 1888, p. 78.

Die ältere Literatur und Synonymie vgl. bei Salvadori, Uccelli di
Borneo, 1874, p. 340, die neuere unter Ausschluss der europäischen, westasiatischen und afrikanischen Vorkommnisse bei Sal-

vadori, Ornitol. della Papuasia, Vol. III, p. 354 unter *Herodias garzetta* (Linn.).

Dr. Platen sandte ein weibliches Exemplar mit der Bezeichnung:

*»♀. Iris hellschwefelgelb. L. 49, D. — cm. Schnabel und Füsse schwarz. Wurzelhälfte hellhorngrau. Augenring und Zehen hellgelbgrün. 27. November 1886«.

Dieser Balg stimmt fast genau mit einem weiblichen Stücke des Braunschweiger Museums überein, das Platen früher bei Gunong Gilly, Sarawak, N. W. Borneo gesammelt hatte (vgl. Journ. f. Ornith. 1882, p. 253). Die wichtigsten Maasse sind: Ala 25,0 cm; Cauda 8,4 cm; Culmen 7,9 cm; Rictus 9,5 cm; Tarsus 9,9 cm. Alte Männchen haben einen ganz schwarzen Schnabel; bei den Weibchen ist vom Unterschnabel nur die Spitze ($^1/_3$ oder $^1/_2$) schwarz.

Obgleich S a l v a d o r i in der Ornitologia della Papuasia den Namen Herodias garzetta (Linn.) angenommen hat, spricht er sich doch (l. c. p. 355) für specificische Abtrennung von *H. nigripes* aus.

Durch P l a t e n ist zuerst das Vorkommen dieser von Indien bis Neu-Holland weit verbreiteten Art auf den Sanghir-Inseln festgestellt werden.

65. *Bubulcus coromandus* (Bodd.).

Cancroma coromanda, Boddaert, Tabl. Pl. Enl. p. 54, 1783 (ex D' Aubenton).
Bubulcus coromandus, A. B. Meyer, Sitzb. u. Abh. Ges. Isis 1884, Abh. I, p. 6 u. 57. — W. Blasius, Madarász' Zeitschr. f. d. ges. Ornithologie 1885, p. 318.
Ausführliche Synonymie vgl. bei Salvadori, Ornitol. della Papuasia, Vol. III, p. 357.

A. B. M e y e r (l. c.) hat zuerst und bis jetzt allein das Vorkommen dieser von Indien bis zu den Molukken weit verbreiteten Art bei Tabukan auf Gross-Sanghir festgestellt.

66. *Ardeiralla melaena*, Salvadori.

Ardetta melaena, Salvadori, Atti Real. Acc. Torino, Vol. XIII, p. 1186 (nicht 1886, wie bei Meyer steht), 1877/8. (»Sanghir und Halmahera«).

Ardeiralla melaena, Salvadori, Ornitologia della Papuasia, Vol. III,
p. 367, 1882. — A. B. Meyer, Sitzb. u. Abh. Ges. Isis 1884,
Abh. I, p. 6 u. 57.

Diese in der Grösse und Form der *Ardeiralla flavicollis* ähnelnde, aber durch die ganz schwarze oder schwärzliche Färbung sich von derselben unterscheidende Art hat
S a l v a d o r i 1878 nach einem alten Individuum von Sanghir
und einem jungen Exemplar von Halmahera beschrieben,
die beide durch die Jäger des Herrn B r u i j n erlegt worden
sind. Das alte Individuum ist bis jetzt das einzige Beweisstück für das Vorkommen der Art auf Sanghir. Dasselbe
ist von B r u i j n an L a g l a i z e in Paris gesandt worden und
von hier aus dann in das Museum des Grafen T u r a t i in
Mailand gelangt.

Ob hier nicht vielleicht ein Melanismus von *A. flavicollis* vorliegt, einer Art, welche M e y e r auf Siao aufgefunden hat? Diese Frage möchte ich weiterer Erwägung
anheimgeben.

67. *Nycticorax caledonicus* (Gmel).

Ardea caledonica, Gmelin, Syst. Nat., Bd. II, p. 626, Nr. 30, 1788.

Nycticorax caledonicus. W. Blasius Madarász' Zeitschr. f. d. ges.
Ornithologie 1885, p. 324 (Celebes). — Idem Braunschweig.
Anzeigen vom 30. März 1887, Nr. 75, p. 695 (Gross-Sanghir).

Ausführliche Synonymie vgl. bei Salvadori, Ornitol. della Papuasia,
Vol. III, p. 372.

Zwei von Dr. Platen gesammelte jugendliche Exemplare (*a* ♂, *b* ♀) liegen vor, im Uebrigen übereinstimmend
bezeichnet: »Iris gelb, D. 1 cm, Schnabel oben schwarz,
Schnabel unten gelbgrün, Füsse gelbbraun«.

Beide tragen ein Uebergangskleid, etwas weniger alt
als dasjenige, das ich früher von einem *Amboina*-Exemplar
erwähnte und das ich im hiesigen Museum vergleichen
kann. Von dem Kleide der ersten Jugend, wie ich ein
solches aus Süd-Celebes erhielt, sind bei beiden Exemplaren
nur noch wenige Spuren in den Flügeldeckfedern zu finden.
Dem erwähnten *Amboina*-Balge gleichen beide sehr ; doch
ist der Rücken etwas dunkler, beim Männchen *a* mit grossen

verwaschenen hellen Flecken versehen. Bei *b* sind die Kopfseiten, der Hals und die Brust mehr mit bräunlichen Längsstreifen versehen. Die Kopf- und Haubenfedern erscheinen
bei beiden einfarbig schwarz, letztere bei *a* stärker entwickelt
als bei *b*.

Die Maasse sind folgende:

	Geschlecht	Long. tot.	Ala	Cauda	Culmen	Tarsus	D a t u m
		cm	*cm*	*cm*	*cm*	*cm*	
a	♂ juv.	54	30,5	10,5	7,1	8,5	10. August 1886
b	♀ juv.	50	29,0	9,7	6,7	7,8	9. » »

Mit diesen Exemplaren ist das Vorkommen der von
Neu-Caledonien und Neu-Seeland an durch Papuasien und im
Molukkengebiete bis Celebes, Timor etc. weit verbreiteten
Art auf Gross-Sanghir zuerst bewiesen.

Fam. Pelecanidae.

68. *Sula leucogastra* (Bodd.).

Pelecanus leucogaster, Boddaert, Tabl. Pl. Enl. p. 57, 1783.
Sula leucogastra, A. B. Meyer, Sitzb. u. Abh. Ges. Isis, 1884, Abh. I,
    p. 6 u. 57.
Ausführliche Synonymie vgl. bei Salvadori, Ornitol. della Papuasia,
    Vol. III, p. 421.

Das Vorkommen dieser fast über den ganzen Erdkreis
verbreiteten Art bei Tabukan auf Gross-Sanghir, sowie auf
Siao hat A. B. Meyer zuerst und bis jetzt allein nachgewiesen.

Fam. Laridae.

69. *Hydrochelidon nigra* (Linn.) [?].

Sterna nigra, Linné, Syst. Nat. Vol. I, p. 227, 1766.
»*Hydrochelidon nigra?*«, Salvadori, Ann. Mus. Civ. Genova, Vol. IX,
    Ottobre 1876.
Ausführliche Synonymie vgl. bei H. Saunders, Proc. Zool. Soc.
    1876, p. 642.

Salvadori erhielt durch Bruijn von Pejta auf Gross-Sanghir ein junges Exemplar, das er nur mit Fragezeichen als zu dieser Art gehörig aufführt und das seiner Ansicht nach vielleicht zu *fissipes* zu rechnen wäre. Da Forsten *Hydrochelidon nigra* schon in Nord-Celebes aufgefunden hat, während das Verbreitungsgebiet von *H. fissipes* lange nicht so weit reicht, ist höchst wahrscheinlich das Vorkommen der von Süd-Europa durch Afrika und Asien bis zu den Sunda-Inseln verbreiteten *H. nigra* (Linn.) auf Sanghir anzunehmen.

70. *Onychoprion anaesthetus* (Scop.).

Sterna anaethetus (sic), Scopoli, Del. Flor. et Faun. Insubr. II. p. 92, Nr. 72, 1786 (ex Sonnerat).

Sterna anaestheta, H. Saunders, Proc. Zool. Soc. 1876, p. 664.

Onychoprion sp., W. Blasius, Braunschweig. Anzeigen vom 30. März 1887, Nr. 75, p. 695 (Gross-Sanghir).

Onychoprion anaesthetus, W. Blasius, Braunschweig. Anzeigen vom 11. Januar 1888, Nr. 9, p. 86. — Idem, Russ' Isis, 1888, p. 78.

Ausführlichere Synonymie vgl. bei Salvadori, Ornitol. della Papuasia, Vol. III, p. 449, und bei H. Saunders (l. c.).

Dr. Platen sandte ein männliches Exemplar, bezeichnet: *»♂ Iris braun, L. 37. D. — 3 cm, Schnabel und Füsse schwarz, 15. August 1886«.

Von der Gattung *Onychoprion*, die Saunders allerdings nicht gelten lassen will, indem er auch für diese Arten den Gattungsnamen *Sterna* anwendet, kann ich in dem Braunschweiger Museum vergleichen:

1. *O. fuliginosus* (Gml.): *a*) ein von Dr. Whitehurst gesammeltes nordamerikanisches, altes weibliches Exemplar (Fortugas, durch das Smithonian Institution) gestopft; — *b*) einen von Dr. Graeffe auf der Mac-Keans-Insel (Phönixgruppe) gesammelten, ähnlich gefärbten Balg; — *c*) einen ähnlichen Balg von Dr. Krefft von Rockhampton (Australien), und — *d*) ein jugendliches männliches, gestopftes Exemplar von Bur da Rebschi, Somali, 1858 gesammelt durch v. Heuglin als »*Hydrochelidon infuscata* (Licht.)«.

2. *O. lunatus* (Peale), ein gestopftes altes Exemplar, von
Dr. Graeffe auf der Mac-Keans-Insel (Phönixgruppe)
gesammelt mit der Bemerkung: »Selten auf Mac-
Keans-Insel«.

3. *O. anaesthetus* (Scop.): *a*) ein gestopftes Exemplar, alt,
ausgefärbt, von unbekannter Herkunft, von meines
Vaters Hand bezeichnet: »*Sterna fuliginosa* Licht. =
panayensis«, und *b*) ein junges männliches Stück von
Waigëu, durch Finsch, bezeichnet: »*Sterna panayensis* Lath., *fuliginosa* Licht.«

Es sind dies die Stücke, welche meinem Vater J. H.
Blasius bei Abfassung seiner »Kritischen Bemerkungen über
Lariden« (Journ. f. Ornith. 1866, p. 80 u. 81, cf. Nr. 60,
Haliplana lunata, Nr. 61 *H. panayensis* und Nr. 62 *H. fuli-
ginosa*) unmittelbar vorlagen.

Bei der Vergleichung dieses Materials und der ausführlichen Beschreibungen in verschiedenen Werken, besonders bei Salvadori (l. c.) und Saunders (l. c.) ergab
sich, dass der von Dr. Platen eingesendete Sanghir-Vogel
in der Färbung, besonders des Rückens, sowie in der plastischen Ausbildung der Schwimmhaut an den Zehen sich
vollständig an *O. anaesthetus* anschliesst, während er in
der Grösse die mir vorliegenden Stücke dieser Art bedeutend übertrifft und in dieser Beziehung *O. fuliginosus*
fast gleicht (Long. tot. > 41 *cm*; Ala 27,8, resp. 28,1 *cm*;
Cauda: rectr. ext. > 19,5 *cm*; Culmen > 3,6 = circa 4,0 *cm*;
Rictus > 5,1 = circa 5,5 *cm*; Tarsus 2,2 *cm**), wozu zu
bemerken ist, dass die Spitzen der weit vortretenden äusseren
Schwanzfedern offenbar sehr stark abgestossen sind, und
dass an der Schnabelspitze durch Verletzung ebenfalls etwa
4 *mm* fehlen dürften). Da durch die plastischen Charaktere
der Füsse *O. fuliginosus* und durch die dunklere Färbung
des Rückens *O. lunatus* ausgeschlossen erscheint, so bleibt
nur übrig, eine besonders grosse Form von *O.*

— ·—

*) Die von Salvadori für *O. anaesthetus* angegebenen Masse
sind: Long. tot. 31; Ala 26,5—25,5; Cauda: rectr. ext. 14,5—12,0; Rostr.
4—3,8; Tarsus 19—18 cm.

anaesthetus als vorliegend anzunehmen, die vielleicht mit einem besonderen Namen bezeichnet zu werden verdient.

Das Vorkommen dieser kosmopolitischen Art auf Sanghir wird durch das vorliegende Exemplar zuerst nachgewiesen.

71. *Anous stolidus* (Linn.).

Sterna stolida, Linné, Amoen. Acad. IV, p. 240. — Idem, Syst· Nat., Vol. I, p. 227, Nr. 1, 1766.

Anous stolidus, Lenz, Journ. f. Ornith. 1877, p. 381 (»Sanghi-Ins.«).

Ausführliche Synonymie vgl. bei Salvadori, Ornitol. della Papuasia, Vol. III, p. 452.

Das bisher einzige Beweisstück für das Vorkommen dieser Art auf den Sanghir-Inseln ist ein Exemplar, das 1875 Wulf v. Bültzingslöwen, damals in Soerabaya (Java), als von Sanghir kommend, an das Lübecker Museum eingesendet hat (cf. Lenz l. c.). Dabei ist nicht ausdrücklich angegeben, ob der Balg wirklich auf Gross-Sanghir (oder vielleicht auf Siao?) gesammelt ist. Das gelegentliche Vorkommen dieser kosmopolitischen Art an den Küsten dieser Inseln ist an und für sich in hohem Grade wahrscheinlich.

Zum Schlusse dieser Aufzählung stelle ich diejenigen zwölf Arten zusammen, die nach unserer bisherigen Kenntniss sicher oder doch höchst wahrscheinlich auf Gross-Sanghir oder doch auf die »Sanghir-Inseln im engeren Sinne des Wortes« beschränkt sind, ohne zugleich auf Siao oder auf noch ferneren Gebieten vorzukommen:

1. *Loriculus catamene*, Schlegel.
2. *Hypothymis Rowleyi* (Meyer).
3. *Edoliisoma Salvadorii*, Sharpe.
4. *Dicruropsis axillaris*, Salvadori.
5. *Pinarolestes sanghirensis*, Oustalet.
6. *Aethopyga Duyvenbodei* (Schlegel).
7. *Dicaeum sanghirense*, Salvadori.
8. *Prionochilus sanghirensis*, Salvadori.
9. *Zosterops Nehrkorni*, W. Blasius.

10. *Criniger Platenae*, W. Blasius.
11. *Pitta sanghirana*, Schlegel.
12. *Pitta coeruleitorques*, Salvadori.

Anhang.

Vögel von Siao.

In dem vorstehenden Aufsatze habe ich bei den auf Gross-Sanghir vorkommenden oder im Allgemeinen für »Sanghir« angegebenen Vögeln diejenigen Ausweise jedesmal mit anzugeben gesucht, welche auf Vorkommnisse von Siao hinweisen. Ausserdem sind für Siao noch fünf andere Arten angegeben, die auf Gross-Sanghir nicht vorkommen, und die zum Theile sogar dort durch Repräsentativformen vertreten sind (*Dicruropsis leucops* durch *D. axillaris*, *Pitta palliceps* durch *P. coeruleitorques* und *Ardeiralla flavicollis* durch *A. melaena*). Ich will diese fünf Arten zunächst mit den nöthigen Ausweisen hier anführen:

Dicruropsis leucops (Wallace).

Dicrurus leucops, Wallace, Proc. Zool. Soc. 1865, p. 478 (»Celebes«).
Chibia leucops, Sharpe, Cat. Birds Brit. Mus., Vol. III, p. 241 (1877).
Dicruropsis leucops, Sharpe, On the Collections of Birds, made by Dr. Meyer: Mitth. aus d. K. Zoologischen Museum zu Dresden, Heft III, p. 361 (1878), »Siao«. — A. B. Meyer, Sitzb. u. Abh. Ges. Isis 1884, Abh. I, p. 31. — W. Blasius, Madarász' Zeitschr. f. d. ges. Ornithologie, 1885, p. 281,
Ausführliche literarische Nachweise vgl. bei Sharpe, Cat. etc., l. c.

Diese Celebes-Art ist von A. B. Meyer in drei Exemplaren (2 ♂ und 1 ♀) auf Siao aufgefunden, wo die Sanghir-Form *axillaris* bisher nicht beobachtet ist. Die eine Art scheint die andere auf der benachbarten Insel zu vertreten.

Pitta palliceps, Brüggemann.

Abh. Naturwiss. Verein Bremen, Bd. V, p. 64 (Febr. 1876) (»Sangir« errore). — Rowley u. Meyer, Rowley's Ornithological Miscellany, Vol. II, Part. VIII, p. 327 (Mai 1877). — A. B. Meyer, Sitzber. u. Abh. Ges. Isis 1884. Abh. I, p. 6 u. 18.

Pitta celebensis, partim, Schlegel, Mus. Pays-Bas, *Pitta*, Revue, p. 10 (Avril 1874) («Individus de l'île de Siao»).

In dem Leydener Museum zählt S c h l e g e l fünf Exemplare von Siao auf, die er zwar unter *celebensis* verzeichnet, aber doch schon in der eigenthümlichen, von Brüggemann zuerst hervorgehobenen Färbungsverschiedenheit kennzeichnet. Es sind ein Weibchen (am 31. October 1863) und zwei junge Männchen (am 24. October 1865) von H o e d t erbeutet, sowie ein Weibchen und ein Junges, 1866 von R. van D u y v e n b o d e gesammelt. B r ü g g e m a n n beschrieb die Art nach drei von Dr. G. F i s c h e r gesammelten Exemplaren, wobei sich auch ein ganz junger Vogel befand. — Dass die anfängliche Heimatsangabe B r ü g g e m a n n's »Sangir« in »Siao« verändert werden muss, haben M e y e r und S a l v a d o r i nachgewiesen (s. oben p. 602). — M e y e r selbst hat keine Exemplare dieser Art erbeutet. Bis jetzt scheint die Art nirgends anders als auf Siao beobachtet zu sein.

Amaurornis moluccana (Wallace) (var.?).

Porzana moluccana, Wallace, Proc. Zool. Soc. 1865, p. 480 (»Amboina, Ternate»).

Amaurornis moluccana, A. B. Meyer, Sitzber. und Abh. Ges. Isis 1884, Abh. I, p. 6 u. 55.

Ausführlichere Synonymie der Art vgl. bei Salvadori, Ornit. d. Papuasia, Vol. III, p. 276.

A. B. M e y e r fand die Art zuerst und bisher allein auf Siao. Er macht dabei auf kleine Unterschiede des Siao-Vogels von dem Batchian-Vogel aufmerksam, so dass weiter zu prüfen sein würde, ob nicht doch für Siao eine Localrasse unterschieden werden kann. Die Art ist über die Molukken, Papuasien bis Neu-Holland verbreitet. Auf den Philippinen scheint sie noch nicht gefunden zu sein. Siao würde als ein äusserster Vorposten nach Nordwesten anzusehen sein. Um so eher ist in diesem Grenzgebiete eine Variation der Hauptform als möglich anzunehmen.

Ardea sumatrana, Raffles.

Transact Linn. Soc., Vol. XIII, p. 325 (1822) (»Sumatra»). — A. B. Meyer, Sitzb. u. Abh. Ges. Isis 1884, Abh. I, p. 56 (»Siao»). —

W. Blasius, Madarász' Zeitschr. f. d. ges. Ornithologie 1886, p. 201
Celebes).

Ausführlichere Synonymie vgl. bei Salvadori, Ornit. d. Papuasia,
Vol. III, p. 340.

A. B. Meyer ist der Erste und Einzige, der bis jetzt
die Art auf Siao aufgefunden hat. Dieselbe ist von Indien
bis Neu-Holland verbreitet und kommt auch in Celebes vor.

Ardeiralla flavicollis (Latham).

Ardea flavicollis, Latham, Ind. Ornitholog. Vol. II, p. 701, Nr. 87
(1790) («India»).
Ardeiralla flavicollis, A. B. Meyer, Sitzb. u. Abh. Ges. Isis 1884,
Abh. I, pp. 6 u. 57 (Siao). - W. Blasius, Madarász' Zeitschr. f.
d. ges. Ornithologie 1885, p. 321 (Celebes).
Ausführlichere Synonymie vgl. bei Salvadori, Ornit. d. Papuasia,
Vol. III, p. 365.

Ebenfalls von A. B. Meyer zuerst und bis jetzt von
ihm allein auf Siao gefunden. Die Art ist weit verbreitet
von Indien bis Neu-Holland, und ist auch in Celebes gefunden.

Nunmehr gebe ich noch eine dem jetzigen Standpunkte unserer Kenntnisse entsprechende, möglichst vollständige Liste der Vögel von Siao, in welcher ich
mit laufenden Nummern die 40 sicher für diese Insel nachgewiesenen Arten aufzähle, während ich mit Fragezeichen
25 möglicherweise, meist sogar höchst wahrscheinlich, vorkommende Arten einfüge. Bei jeder der ersteren 40 Arten
füge ich den Gewährsmann, d. h. den Sammler, hinzu, bei
den übrigen deute ich in Klammer das nächste Verbreitungsgebiet an.

Fam. Falconidae.

1. *Pandion haliaëtus* (Linn.) s. ob. S. 539   Duyvenbode
2. *Butastur indicus* (Gml.)   „ , 541   Hoedt
3. *Haliastur girrenera* (Vieill.)
   var. *ambiguus*, Brüggem. „ „   542   Hoedt, A. B.
                                                   Meyer
4. *Tachyspizias soloënsis*
              (Horsf.) „ „ „ 544   Hoedt

Fam. Strigidae.

5. *Scops menadensis*, Quoy u.
Gaim. (»*siaoensis*« Schleg.) s. ob. S. 544   Duyvenbode
6. *Ninox macroptera*, W. Blas.   »   » 545   Hoedt
? *Strix Rosenbergi*, Schlegel »   »   » 556 (Celebes, Gross-
Sanghir)

Fam. Psittacidae.

? *Tanygnathus Miilleri*
(Temm.)   »   »   » 556 (Celebes, Gross-
Sanghir)
7. *Tanygnathus megalo-
rhynchus* (Bodd.)   »   »   » 557   Hoedt
? *Tanygnathus lucionensis* (Linn.) » 559 (Gross-Sanghir,
Philippinen etc.)
8. *Prioniturus platurus* (Vieill.) » » 559   Duyvenbode
? *Prioniturus flavicans*, Cassin » » 560   (Celebes)

Fam. Trichoglossidae.

9. *Eos histrio* (P. L. S. Müller) » » » 563   Hoedt,
Duyvenbode

Fam. Cuculidae.

? *Cuculus canoroides*, S. Müll. » » 565 (Celebes etc.)
? *Eudynamis melanorhyncha*,
S. Müller » » » 566   (Celebes)
10. *Eudynamis mindanensis* (Linn.)
var. *sanghirensis*, W. Blasius » » 566   Meyer
11. *Centrococcyx javanensis* (Dumont) » 570   Meyer

Fam. Meropidae.

? *Merops ornatus*, Latham » » » 570 (Celebes, Gross-
Sanghir etc.)

Fam. Alcedidae.

12. *Alcedo bengalensis*, Gmelin » » » 570 Hoedt, Meyer
? *Ceycopsis fallax* (Schlegel) » » » 572 (Celebes, Gross-
Sanghir)
13. *Callialcyon rufa* (Wallace) » » » 572   Duyvenbode
14. *Sauropatis chloris* (Bodd.) » » » 573 Hoedt, Duyvenbode
15. *Sauropatis sancta* (Vig. u.
Horsf.)   »   » 575   Duyvenbode
16. *Cittura sanghirensis*, Sharpe » » 576   Meyer

Fam. Coraciidae.

? *Eurystomus orientalis* (Linn.) s. ob. S. 579 (Celebes,Gross-
Sanghir etc.)

Fam. Hirundinidae.

? *Hirundo gutturalis*, Scopoli » » 580 (Celebes, Gross-
Sanghir etc.)

? *Hirundo javanica*, Sparrm. » » 580 (Celebes, Gross-
Sanghir etc.)

Fam. Muscicapidae.

17. *Monarcha commutatus*,
Brüggem. » » » 580 Meyer

Fam. Campophagidae.

? *Graucalus leucopygius*, Bp. » » 581 (Celebes, Gross-
Sanghir)

Fam. Dicruridae.

18. *Dicruropsis leucops* (Wall.) » » » 637 Meyer

Fam. Nectariniidae.

19. *Hermotimia sanghirensis*
(Meyer) » » » 584 Meyer

20. *Anthreptes chlorigaster*,
Sharpe (var.?) » » » 585 Meyer

Fam. Pittidae.

21. *Pitta palliceps*, Brüggem. » » » 637 Hoedt, Duyvenbode, Fischer

Fam. Saxicolidae.

? *Monticola solitarius* (P. L.
S. Müll.) » » » 602 (Celebes, Gross-
Sanghir etc.)

Fam. Sylviidae.

? *Locustella fasciolata* (G. R.
Gray) » » » 605 (Gross-Sanghir,
Philippinen etc.)

? *Phylloscopus borealis* (J.
H. Blasius) » » » 605 (Gross-Sanghir,
Philippinen,
Borneo etc.)

Fam. Ploceidae.

? *Munia molucca* (Linn.) » » » 605 (Celebes, Gross-
Sanghir etc.

41*

Fam. Sturnidae.

22. *Calornis sanghirensis*, Salvadori s. ob. S. 606   Meyer
     Fam. Oriolidae.

23. *Broderipus formosus* (Cabanis) » » 607   Meyer
     Fam. Treronidae.

24. *Osmotreron sanghirensis*
     (Brügg. ex Schlegel) » » » 611   Hoedt,
                                     Duyvenbode

25. *Ptilopus xanthorrhous*
     (Salvadori)   » » » 613   Hoedt,
                                     Duyvenbode

26. *Carpophaga concinna*, Wall. » » 615   Hoedt,
                                     Duyvenbode

? *Carpophaga radiata* (Quoy,
     et Gaim.) » » » 617   (Celebes,
                                       Gross-Sanghir)

27. *Myristicivora bicolor* (Scop.) » » 617   Hoedt
     Fam. Columbidae.

28. *Macropygia sanghirensis*,
     Salvadori » » » 619   Meyer, Hoedt,
                                     Duyvenbode

     Fam. Gouridae.

29. *Chalcophaps indica*, Linn.
     (var. *sanghirensis* W. Blas.?) » » 623   Duyvenbode,
                                     Hoedt

     Fam. Caloenatidae.

30. *Caloenas nicobarica* (Linn.) » » 626   Meyer
     Fam. Megapodidae.

31. *Megapodius sanghirensis*,
     Schlegel » » » 626   Duyvenbode

32. *Megacephalon maleo*, Temm. » » 627   Meyer
     Fam. Rallidae.

33. *Amaurornis moluccana*
     (Wallace) (var?)   » » » 638   Meyer
     Fam. Charadriidae.

? *Aegialitis Geoffroyi* (Wagl.) » » » 627   (Celebes, Gross-
                                     Sanghir etc.)

Fam. Scolopacidae.

? *Tringa albescens*, Temm. s. ob. S. 627 (Celebes, Gross-Sanghir etc.)

34. *Tringoides hypoleucos* (L.) » » » 628   Meyer
35. *Totanus incanus* (Gml.) » » » 628   Meyer
36. *Numenius variegatus* (Scop.)» » » 629   Meyer

Fam. Ardeidae.

37. *Ardea sumatrana*, Raffl. » » » 638   Meyer
38. *Demiegretta sacra* (Gml.) » » » 629   Meyer
? *Herodias nigripes* (Temm.) » » » 630 (Celebes, Gross-Sanghir etc.)
? *Bubulcus coromandus* (Bodd.) » » 631 (Celebes, Gross-Sanghir etc.)
39. *Ardeiralla flavicollis* (Lath.) » » 639   Meyer
? *Nycticorax caledonicus* (Gml.) » » 632 (Celebes, Gross-Sanghir etc.)

Fam. Pelecanidae.

40. *Sula leucogastra* (Bodd.) » » » 633   Meyer

Fam. Laridae.

? *Hydrochelidon nigra* (L.) » » » 633   (Celebes! Gross-Sanghir? etc.)
? *Onychoprion anaesthetus* (Scop.) » » » 634 (Celebes, Gross-Sanghir etc.)
? *Anous stolidus* (Linn.) » » » 636 (Gross-Sanghir, Philippinen, Borneo etc.)

In dieser Liste ist nur *Pitta palliceps* als eine Art zu bezeichnen, die für Siao eigenthümlich ist, da Schlegel's *Scops siaoensis* mit *menadensis* übereinstimmt. — Es ist jedoch zu hoffen, dass bei weiterer Durchforschung der Insel noch andere Formen aufgefunden werden, welche vielleicht als Vertreter benachbarter Arten derselben eigenthümlich sind.

Werfen wir zum Schluss noch einen Blick auf die thiergeographischen Beziehungen der Sanghir-Inseln, soweit sich solche aus der dargestellten Vogelfauna ergeben, so zeigt sich, dass von den nicht ganz 50 Arten, welche keinen weit ausgedehnten Verbreitungsbezirk haben und deshalb überhaupt für thiergeographische Schlussfolgerungen in Betracht gezogen werden können, mehr als die Hälfte nach dem jetzigen Standpunkte unserer Kenntniss der Inselgruppe eigenthümlich sind, nämlich ausser den 12 oben angeführten Arten, die bisher allein auf Gross-Sanghir gefunden sind, und *Pitta palliceps* von Siao, die ebenfalls in dieser Reihe mit erwähnt werden muss, noch die auf Siao und Gross-Sanghir gemeinsam vorkommenden Arten:

> *Ninox macroptera* (vielleicht auch auf Celebes),
> *Eos histrio,*
> *Littura sanghirensis,*
> *Monarcha commutatus* (vielleicht auch auf Celebes),
> *Hermotimia sanghirensis,*
> *Calornis sanghirensis,*
> *Broderipus formosus,*
> *Osmotreron sanghirensis,*
> *Ptilopus xanthorrhous* (vielleicht auch auf Celebes),
> *Macropygia sanghirensis* und
> *Megapodius sanghirensis,*

sowie die Varietäten

> *Eudynamis mindanensis* var. *sanghirensis* und
> *Chalcophaps indica* var. *sanghirensis.*

Von denjenigen Arten, die über die Sanghir-Inseln hinaus einen etwas weiteren, aber doch immerhin noch einen beschränkten Verbreitungsbezirk haben, weisen die meisten auf Beziehungen zu Celebes hin, sowie auch schon in der obigen Liste sich drei Arten befinden, die vielleicht auch auf Celebes vertreten sind. Abgesehen von den beiden echten Celebes-Arten *Prioniturus flavicans* und *Eudynamis melanorhyncha,* deren Vorkommen auf den Sanghir-Inseln noch sehr zweifelhaft ist, müssen als charakteristische Celebes-Formen erwähnt werden:

> *Scops menadensis,*
> *Strix Rosenbergi,*
> *Tanygnathus Mülleri,*

Prioniturus platurus,
Cercopsis fallax,
Callialcyon rufa,
Graucalus leucopygius,
Dicruropsis leucops (nur auf Siao),
Carpophaga radiata und
Megacephalon maleo.

Von echten Philippinen-Vögeln sind im Gegensatz dazu nur zu erwähnen:

Tanygnathus lucionensis,
Eudynamis mindanensis und
Anthreptes chlorigaster.

Von Molukken-Vögeln, die sich nordwestlich bis zu den Sanghir-Inseln ausbreiten, gibt es auf den Sanghir-Inseln nur:

Tanygnathus megalorhynchus,
Carpophaga concinna,
Amaurornis moluccana (bis jetzt nur auf Siao beobachtet) und
Ardeiralla melaena.

Gewisse und vorwiegende Beziehungen zur Molukkenfauna haben auch

Nycticorax caledonicus,
Munia molucca und
Haliastur girrenera var. *ambiguus,*

welche auf der südlich von den Sanghir-Inseln gelegenen und weiter nach Westen vorspringenden Insel Celebes die Westgrenze ihrer Verbreitung zu finden scheinen. während *Pandion haliaëtus*, *Centrococcyx javanensis* und *Hydrochelidon nigra* ungefähr auf den Sanghir-Inseln die Ostgrenze ihres grossen Verbreitungsbezirkes erreichen dürften.

Aus diesen Zusammenstellungen folgt, dass die Sanghir-Inseln, welche eine verhältnissmässig grosse Zahl eigenthümlicher Formen beherbergen, im Uebrigen thiergeographisch den nächsten Anschluss an Celebes zeigen. Damit stimmt auch überein, dass die meisten den Sanghir-Inseln eigenthümlichen Vogelarten ihre nächsten Verwandten in der Fauna von Celebes finden, so z. B. *Loriculus catamene* in *L. stigmatus*, *Cittura sanghirensis* in *C. cyanotis*, *Hypothymis Rowleyi* in *H. puella*, *Edoliisoma Salvadorii* in *E. morio*, *Dicruropsis axillaris* in *D. leucops*, *Hermotimia sanghirensis* in *porphyrolaema*, *Dicaeum sanghirense* in *celebicum*, *Prionochilus sanhirensis* in *aureolimbatus*, *Pitta palliceps* in *P. celebensis*, *Ptilopus xantorrhous* in *P. melanospilus*, *Macropygia sanghirensis* in *M. albicapilla* und *Megapodius sanghirensis* in *M. Gilberti*. Einige Arten sind zugleich mit Celebes-Formen und mit anderen nahe verwandt, so *Zosterops Nehrkorni* mit *Z. atrifrons* von Celebes und *Z. chrysolaema* von Neu-Guinea, *Pitta sanghirana* mit *P. melanocephala* von Celebes u. a., *Calornis sanghirensis* mit *C. neglecta* von Celebes und *panayensis* von den Philippinen, und *Osmotreron sanghirensis* mit *O. griseïcauda* von Celebes und *axillaris* von den Philippinen. In diese Reihe gehören auch, da die Togian-Inseln zur Celebes-Fauna zählen und die Sula-Inseln gleichfalls viel Verwandtschaft mit Celebes zeigen, *Criniger Platenae* ähnlich *Cr. aureus* von den Togian- und *Cr. longirostris* von den Sula-Inseln, und *Broderipus formosus* ähnlich *frontalis* von Sula und *acrorhynchus* von den Philippinen.

Alleinige Beziehungen zur Philippinen-Fauna scheinen von den dem Sanghir-Archipel eigenthümlichen Formen nur *Aethopyga Duyvenbodei*, mit *Ae. pulcherrima* verwandt, und *Pitta coeruleïtorques*, ähnlich *erythrogastra*, zu besitzen. Alleinige oder doch vorwiegende Beziehungen zu der Molukken-Fauna haben nur *Eos histrio* und *Monarcha commutatus*, während *Pinarolestes sanghirensis* vereinzelt der papuasischen Fauna nahe steht und *Ninox macroptera*, abgesehen von den verwandten Formen von Celebes und Flores, auf Japan und die gegenüber liegenden Küstengebiete des asiatischen Festlandes hinweist.

Braunschweig, Herzogliches Naturhistor. Museum.
Februar 1888.

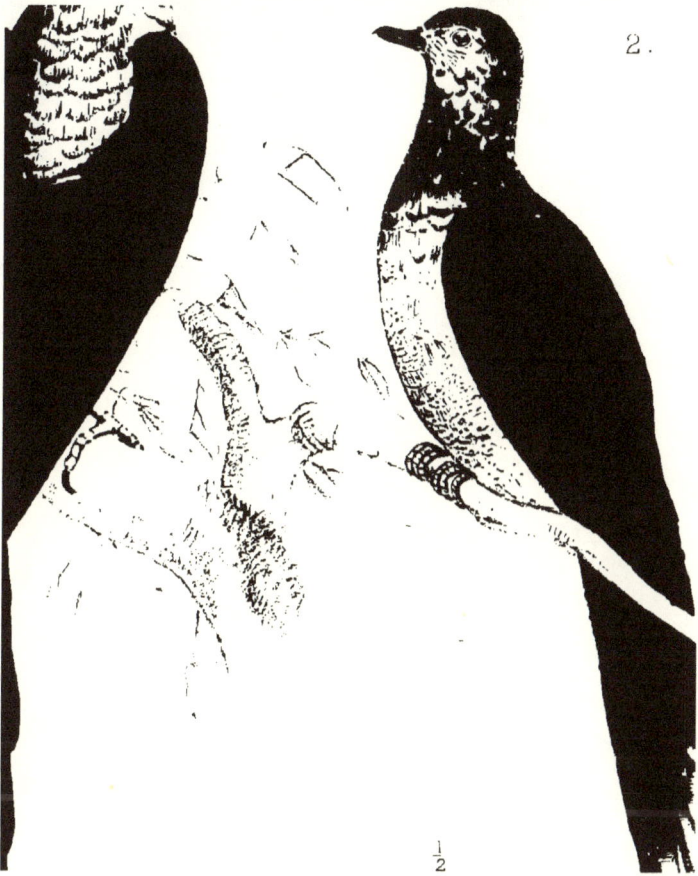

2.

$\frac{1}{2}$

2.

$\frac{4}{5}$

Fig.1. *Zosterops Nehrkorni* W. Blasius. ♀ adult.
Fig.2. *Criniger Platenae* W. Blasius. ♂ adult.

Bemerkungen
über das Vorkommen der Vögel
von
Mainz und Umgegend
von
Wilhelm von Reichenau.

1. *Milvus regalis,* auct.

Brutvogel im Taunus. Ankunft 6. März 1887, 25. Februar 1878.

2. *Milvus ater,* Gm.

Brutvogel auf den höchsten Bäumen der Rheininseln. Ankunft 22. März 1888, 3. April 1887, 23. Februar 1885, 20. März 1880, 31. März 1879.

3. *Cerchneis tinnunculus,* L.

Gemeinster Raubvogel, Stand-, Strich- und Zugvogel.

4. *Erythropus vespertinus,* L.

Vor vielen Jahren einmal im Herbst erlegt worden; altes ♂: Museum.

5. *Hypotriorchis aesalon,* Tunstall.

Selten auf dem Zuge.

6. *Falco subbuteo,* L.

Spärlicher Brutvogel im Taunus, häufig auf dem Herbststrich. Ich sah ihn stets vergebens nach Rauchschwalben, aber mit Erfolg nach Mehlschwalben stossen.

7. *Falco peregrinus,* Tunst.

Durchzugsvogel, Ankunft 20. Februar 1888. Ein ♂ wurde einst beim vierten Angriff auf einen zahmen Gänserich erlegt: Museum.

8. *Astur palumbarius*, L.

Brutvogel im Taunus. Auf dem Striche häufiger. Ich schoss am 3o. März 1885 ein ♂, welches einen Hamster gekröpft hatte.

9. *Accipiter nisus*, L.

Gemeiner Stand- und Strichvogel.

10. *Aquila naevia*, Wolf.

Wurde vor Jahren einmal in Mainz geschossen.

11. *Aquila chrysaëtus*, L.

Wurde vor langer Zeit im Taunus erlegt: Wiesbadener Museum.

12. *Haliaëtus albicilla*, L.

Wurde im Jugendkleide etwa zwölfmal seit 1840 erlegt.

13. *Pandion haliaëtus*, L.

Als Brutvogel ausgerottet, auf dem Durchzuge 21. September 1886.

14. *Circaëtus gallicus*, Gm.

Wurde im Taunus schon als Brutvogel beobachtet und wiederholt geschossen. Ich sah ein Paar im Juli 1884 nahe dem Waldrande bei Walluf, wo es viele Eidechsen gibt.

15. *Pernis apivorus*, L.

Seltener Brutvogel im Taunus, z. B. bei Neudorf im Rheingau, wo ich ihn auch auf Waldwegen Wespennester ausgraben sah.

16. *Archibuteo lagopus*, Brünn.

Spärlicher Wintergast in der rheinhessischen Ebene.

17. *Buteo vulgaris*, Bechst.

Als Brutvogel häufig, noch häufiger als Wintergast. Einmal fand ich einen Hamster, im strengen Winter 1879/80 ein Haushuhn von ihm gekröpft.

18. *Buteo desertorum*, Daud.

Ich sah ein bei Mainz erlegtes junges ♂ am 2. Januar 1880.

19. *Circus aeruginosus*, L.

Seltener Brutvogel am Mittelrhein.

20. *Circus cyaneus* L.

Seltener Brutvogel, auf dem Durchzuge häufig.

21. *Circus cineraceus*, Mont.

Nur selten beobachtet.

22. *Athene noctua*, Retz.

Ueberall gewöhnlicher Standvogel.

23. *Syrnium aluco*, L.

Häufiger Standvogel im Eichenhochwalde des Taunus.

24. *Strix flammea*, L.

Unterseite rostgelb, seltener schneeweiss. Gemeinste Eule; sitzt oft in Taubenschlägen, Hauptfeind des Seglers, welchen sie Nachts aus den Mauerritzen zieht. Im strengen Winter 1879/80 verhungerten viele.

25. *Otus vulgaris*, Flemm.

Häufiger Brutvogel im Walde; einzelne überwintern und jagen dann im Röhricht auf Spitzmäuse und Wasserratten.

26. *Brachyotus palustris*, Forst.

Als Durchzugsvogel zur Schnepfenstrichzeit in der Ebene nicht selten, z. B. 9. März 1888.

27. *Caprimulgus europaeus*, L.

Auf Haiden beiderseits des Rheines häufig. Abendliches Schnurren von Anfang Mai ab.

28. *Cypselus apus*, L.

Gemeiner Sommervogel von Ende April bis Ende Juli. Fällt bei anhaltendem Regen oft matt hernieder, erholt sich jedoch bald wieder, wenn man ihn nach Aufhören des Regens in die Luft wirft, wie ich oft gethan. Neue Telegraphen- und Telephonleitungen werden manchen zum Verderben. Ankunft der ersten: April 16. 1888, 26. 1887, 26. 1886, 12. 1885, 23. 1884, 27. 1883, 24. 1882,

18. 1881, 27. 1880, 20. 1879, 16. 1878. Letzte gesehen: August 20. 1887 und 11. 1882.

29. *Hirundo rustica*, L.

Häufigste Schwalbenart von Mitte April bis Ende September. Einzelne mit rostfarbener Unterseite. Erste gesehen: April 3. 1888, 6. 1887, 5. 1886, 7. 1885, 4. 1884, 9. 1883, 5. 1882, 10. 1881, 10. 1880, 6. 1879, 7. 1878. Letzte Schaaren 8. October 1887, allerletzte Exemplare 14., 27. September 1886, allerletzte Exemplare 15. October.

30. *Hirundo urbica*, L.

In Städten meist am Nisten verhindert, daher häufiger auf dem Lande. Ankunft: April 23. 1888, 25. 1887, 9. 1880, 20. 1879. Letzte 20. October 1887, 20. October 1879. Eine Schaar von mehr als 1000, 28. August 1886, einige Bruten noch nicht flügge 4. October 1878.

31. *Hirundo riparia*, L.

Am Rhein häufig, nistet besonders zwischen Niederwalluf und Geisenheim. Ankunft beobachtet 17. April 1881.

32. *Cuculus canorus*, L.

Häufiger Waldvogel. Ankunft 19. April 1888, 13. 1887, 26. 1883, 15. 1878. Paarung beobachtet 3. Mai 1886.

33. *Alcedo ispida*, L.

Häufiger Stand- und Strichvogel: Hauptstrich 17. October 1887.

34. *Coracias garrula*, L.

Nistete vor einigen Jahren in hohlen Eichen des Gross-Gerauer Waldes.

35. *Oriolus galbula*, L.

Häufiger Sommervogel, selbst in Gärten. Vertilgt haarige Raupen und Baumwanzen. Ankunft bemerkt Mai 6. 1888, 7. 1887. 3. 1886, April 30. 1885, Mai 4. 1884, 2. 1882, 5. 1881, 6. 1880, 10. 1879, 4. 1878. Abzug im August, z. B. 17. August 1880. »Goldamsel«.

36. *Sturnus vulgaris*, L.

Stand- und Strichvogel. Ankunft 16. Februar 1888 (blieb geschaart bis 22. März), 9. Februar 1884, 7. Februar

1878. Im Herbste in Flügen zu mehreren Hunderten bis Tausenden die Weinberge brandschatzend.

37. *Lycos monedula*, L.

Häufiger Brutvogel in Städten und Dörfern; Stand- und Strichvogel. Paarung Anfangs März.

38. *Corvus corax*, L.

Brutvogel im Taunus; in der Ebene Strichvogel, besonders im October.

39. *Corvus corone*, L.

Häufiger Brutvogel im Walde.

40. *Corvus cornix*. L.

Häufiger Wintergast. Ankunft 25. October 1887, 16. October 1886, 1. November 1879. Letzte gesehen 23. März 1888, 1. April 1887, 25. März 1883.

41. *Corvus frugilegus*, L.

Spärlicher Brutvogel in der Ebene. Mit den beiden Vorigen zur Winterszeit Flüge von Tausenden bildend. Noch geschaart 16. März 1888.

• 42. *Pica caudata*, Boie.

Häufiger Standvogel, nistet besonders auf Pappeln und Weiden von Rhein und Main.

43. *Garrulus glandarius*, L.

Gemeiner Waldvogel. Ich schoss einen mit einer jungen Amsel im Schnabel, einen andern mit einem Turteltaubenei im Kropfe.

44. *Nucifraga caryocatactes*, L.

Sehr selten als Wandervogel im October vorkommend.

45. *Gecinus viridis*, L.

Kaum noch häufiger Brutvogel.

46. *Gecinus canus*, Gm.

Früher häufiger Brutvogel, jetzt sehr vermindert.

47. *Dryocopus martius*, L.

In den sechsziger Jahren hörte ich seinen Ruf öfter im Taunus; seitdem nicht mehr.

48. *Picus major*, L.

Ziemlich spärlicher Standvogel.

49. *Picus medius*, L.

Im Laubholzhochwalde häufiger Stand- und Strichvogel.

50. *Picus minor*, L.

Brutvogel im Taunus; im Winter in der Ebene.

51. *Jynx torquilla*, L.

Erster Ruf: April 24. 1888, 19. 1887, 12. 1884. 13. 1883, 15. 1882, 12. 1881, 20. 1880, 22. 1879, 13. 1878. Häufiger Brutvogel.

52. *Sitta europaea*, L.

Häufiger Brutvogel im Walde, Strichvogel in Gärten.

53. *Tichodroma muraria*, L.

Wurde vor Jahren einmal an einer Mainzer Festungsmauer bemerkt.

54. *Certhia familiaris*, L.   .

Ueberall häufiger Standvogel.

55. *Upupa epops*, L.

Früher häufig, durch Ausbesserung des Rheindammes jetzt spärlicher Brutvogel. Ankunft notirt 10. April 1881.

56. *Lanius excubitor*, L.

Spärlicher Brutvogel, häufiger als Wintergast. Das Paar am Brutplatz 24. Februar 1885, 8. März 1879.

57. *Lanius minor*, L.

Brütet in mehreren Paaren um Mainz auf Alleepappeln.

58. *Lanius rufus*, Brss.

Brutvogel auf Obstbäumen und Kiefern; stösst auf erwachsene Singvögel. Ankunft notirt 30. April 1883.

59. *Lanius collurio*, L.

Nistet häufig in Hecken. Vier Nester mit vollem Gelege 11. Mai 1878. Spiesst hier hauptsächlich Hummeln,
Wespen und Grillen, manchmal auch Wühlmäuse (*Hypu-
daeus arvalis*).

60. *Muscicapa grisola*, L.

Häufiger Brutvogel. Ankunft 27. April 1883, 10. Mai
1879, 10. Mai 1888.

61. *Muscicapa luctuosa*, L.

Nicht seltener Brutvogel, nistet in Baumlöchern.

62. *Bombycilla garrula*, L.

In manchen Jahren als Wandervogel im Herbste ein-
treffend. Er war im Spätherbste 1866 in allen Gärten anzutreffen.

63. *Accentor modularis*, L.

Seltener Brutvogel im Taunus.

64. *Troglodytes parvulus*, L.

Sehr häufiger Standvogel. In einem ruinenhaften Wach-
holderbusche brütend gefunden 6. Mai 1886.

65. *Cinclus aquaticus*, L.

Spärlicher Brutvogel der Taunusbäche; gemein in den
oberbairischen Voralpen.

66. *Poecile palustris*, L.

Häufiger Standvogel.

67. *Parus ater*, L.

Im Nadelwalde häufig; in Gärten Strichvogel.

68. *Parus cristatus*, L.

Als Brutvogel nicht selten im Nadelwalde.

69. *Parus major*, L.

Ueberall sehr häufig. Die von Ende Mai an flüggen
Jungen werden auch mit Ringelspinnerraupen gefüttert.

70. *Parus coeruleus*, L.

Sehr häufig in Vorhölzern und Gärten.

71. *Acredula caudata*, L.

Brutvogel im Taunus. im Winter in Gärten.

72. *Regulus cristatus*, Koch.

Sehr häufig zur Winterszeit in Wäldern und Parks; auch Brutvogel.

73. *Regulus ignicapillus*, Chr. L. Br.

Einmal im Sommer in den Wiesbadener Anlagen gesehen.

74. *Phyllopneuste sibilatrix*, Bchst.

Häufig im Walde.

75. *Phyllopneuste trochilus*, L.

Ueberall häufig. Erster Gesang 24. März 1881.

76. *Phyllopneuste rufa*, Lath.

Sehr häufig im Walde; von Mitte März bis Mitte October. Letzte 21. October 1887.

77. *Hypolais salicaria*, Bp.

Brutvogel, verwendet zuweilen Papierschnitzel zum Nestbau.

78. *Acrocephalus arundinaceus*, Nm.

Sehr häufiger Brutvogel im Röhricht.

79. *Acrocephalus turdoides*, Meyer.

Häufiger Brutvogel im Röhricht.

80. *Calamoherpe phragmitis*, Bchst.

Häufiger Brutvogel im Röhricht.

81. *Sylvia curruca*, L.

In Vorhölzern und Gärten häufiger Brutvogel. Ankunft 20. April 1879.

82. *Sylvia cinerea*. Lath.

Häufiger Brutvogel im Dorngestrüppe. Ankunft 4. Mai, Gelege 18. Mai 1878.

83. *Sylvia atricapilla*, L.

Hier überall häufigste Grasmücke. Ankunft 20. April 1888.

84. *Sylvia hortensis,* auct.

Brutvogel in Gärten. Ankunft 25. April 1879.

85. *Merula vulgaris,* Leach.

»Schwarzamsel«. In Gärten Standvogel, im Walde meist Strichvogel. Sehr häufig. Erster Gesang 13. März 1888, 2. März 1887, 22. März 1886, 18. Februar 1885, 4. März 1884, 12. Februar 1883, 22. Februar 1881, 20. Februar 1878; singt bis Ende Juli. Ende Juni ertönt ein eigenes Sommerlied: dä di ditt, dih di dä. Dasselbe besteht aus den Noten:

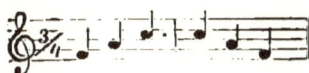

und scheint eine Nachahmung menschlichen Pfeifens zu sein, obwohl ich es von verschiedenen Amseln, welche über eine Stunde Wegs von einander wohnen, in den letzten Jahren hörte. In diesen Tagen (26.—30. Juni) singt eine Gartenamsel allabendlich tüt tüt tüt dahüh — zirrrrr', wobei ganz entschieden das dahüh — zirrrrr' der vortrefflich nachgemachte Pfiff von Locomotive und Zugführer ist. Im Frühjahre hörte ich niemals die Amsel »spotten«; erst in den letzten Jahren fällt mir auf, dass sie, wenn die erste Brut erwachsen, statt ihres Liedes dies thut.

86. *Merula torquata,* Boie.

Zuweilen Durchzugsvogel im Taunus.

87. *Turdus pilaris,* L.

Durchzugsvogel und Wintergast. Letzten Flug gesehen 4. März 1888.

88. *Turdus viscivorus,* L.

Häufiger Brutvogel im Nadelwalde, auch Standvogel. Erster Gesang 18. Februar 1885, 4. März 1884, 5. Februar 1883, 15. Februar 1879.

89. *Turdus musicus,* L.

Häufig im Laub- und Nadelwalde, kommt im März und zieht im September. Erster Gesang 22. März 1886.

15. März 1884, 30. März 1883, 27. März 1880, 20. März 1879.

90. *Turdus iliacus*, L.

Im Herbste in Weinbergen.

91. *Monticola saxatilis*, L.

Brutvogel am Mittelrhein, so weit die Felsen reichen, von Bingen an abwärts.

92. *Monticola cyanea*, L.

Im Herbste 1869 in Flügen am Stoppelberge bei Wetzlar. Von mir selbst beobachtet; es wurden sieben Stück in Dohnen gefangen, die jedoch durch Heher des Hirnes beraubt waren, daher zum Ausstopfen untauglich. Den scheuen Vögeln konnte man nicht schussgerecht nahen.

93. *Ruticilla tithys*, L.

Häufig in Ortschaften und Steinbrüchen; März bis October, einzelne bis Anfangs November. Ankunft März 27. 1888, 11. 1887, 22. 1886 (Junge ausgeflogen 15. Mai), 19. 1885, 13. 1884, 30. 1883, 15. 1882, 9. 1880, 18. 1879, 2. April 1878.

94. *Ruticilla phoenicura*, L.

Kaum häufig; Nester in hohlen Bäumen. Ankunft 20. April 1879.

95. *Luscinia minor*, Chr. L. Br.

Vor zwanzig Jahren noch zahlreich, seitdem mehr und mehr durch Vogelsteller, Wegfall geeigneter Niststellen und Zunahme der Katzen vermindert. Ankunft April 18. 1888, 19. 1887, 26. 1883, 19. 1882, 20. 1880, 27. 1879, 19. 1878.

96. *Cyanecula leucocyanea*, Chr. L. Br.

Am Rhein selten, mehr am unteren Main. Ankunft 26. März 1887.

97. *Dandalus rubecula*, L.

Häufig im Walde, sonst einzeln. Erster Gesang März 25. 1888, 24. 1887, 23. 1886, 12. 1883.

98. *Saxicola oenanthe*, L.

Spärlicher Brutvogel. Nester in Erdgruben. Ankunft
17. April 1887.

99. *Pratincola rubetra*, L.

Brutvogel auf allen Wiesen.

100. *Pratincola rubicola*, L.

Häufiger Brutvogel an Hecken. Ankunft März 22.
1888, 20. 1887, 30. 1886, 7. 1882, 13. 1880, 17. 1879;
Gelege Mitte Mai.

101. *Motacilla alba*, L.

Gemeiner Brutvogel. Einzelne halten in gelinden
Wintern aus. Ankunft 9. März 1888, 26. Februar 1887,
26. Februar 1885, 2. März 1884, 6. März 1883, 8. März
1879, 25. Februar 1878.

102. *Motacilla sulphurea*, Bchst.

Häufig längs den Ufern der Flüsse und Bäche. Vom
ersten Frühjahre bis Wintersanfang. Ankunft 10. März
1888.

103. *Budytes flavus*, L.

Häufiger Brutvogel auf feuchten Wiesen. Ankunft
April 20. 1888, 21. 1880, 20. 1879, 13. 1878. Im März
hier noch nie beobachtet.

104. *Anthus arboreus*, Bchst.

Häufiger Brutvogel im lichten Walde und in Baum-
stücken auf dem Felde. Gesang von Anfang Mai bis in den
August; Gelege gegen Ende Mai.

105. *Galerita cristata*, L.

Gemeiner Standvogel um Städte und Dörfer, singt
früher als die Feldlerche, oft Anfangs Februar.

106. *Lullula arborea*, L.

Häufig im Kiefernwalde, Gesang 4. März 1884, 22. Februar 1881, 8. März 1879.

107. *Alauda arvensis*, L.

Häufig im Felde, im Herbste oft in grossen Schaaren.
Ankunft Februar 20. 1888, 24. 1887, 9. 1884, 25. 1883,
19. 1881.

42*

108. *Miliaria europaea*, Swains.

Spärlicher Brutvogel von Anfangs März bis Anfangs October.

109. *Emberiza citrinella*, L.

Gemeiner Standvogel.

110. *Schoenicola schoeniclus*, L.

Stellenweise häufig im Röhricht. Ankunft 20. März 1886.

111. *Plectrophanes nivalis*, L.

Nur in manchen Wintern vorkommend, z. B. 1879/80.

112. *Passer montanus*, L.

Gemeiner Standvogel.

113. *Passer domesticus*, L.

Gemeinster Standvogel. Im Frühlinge sehr nützlich durch Vertilgung von Frostspannerraupen.

114. *Fringilla coelebs*, L.

Strich- und Standvogel. Nicht nur alte, sondern auch junge Männchen und neuerdings immer mehr Weibchen bleiben über Winter hier. Erster Schlag März 13. 1888, 2. 1887, 8. 1886, Februar 18. 1885, 23. 1884, 25. 1883, 9. 1882, 21. 1881, 20. 1880, 26. 1879, 20. 1878. Paarung Anfangs März; flügge Junge 25. Mai.

115. *Fringilla montifringilla*, L.

Ueberall als Wintergast bis in den März.

116. *Coccothraustes vulgaris*, Pall.

Häufiger Brutvogel im Walde, vereinzelter Wintergast.

117. *Ligurinus chloris*, L.

Gemeiner Stand- und Strichvogel; erste Brut flügge 20.—25. Mai.

118. *Serinus hortulanus*, Koch.

In Parks und Gärten sehr häufiger Brutvogel. Kleine Trupps öfter auch im Winter beobachtet. Ankunft März 31. 1888, 15. 1887, 22. 1886, 2. 1885, 13. 1884, 10. 1882.

119. *Chrysomitris spinus*, L.

Brutvogel im Taunus; in der Ebene auf dem Striche.

120. *Carduelis elegans*, Steph.

Häufiger Brutvogel in Gärten.

121. *Cannabina sanguinea*, Landb.

Häufiger Brutvogel im Gebüsche, in Hecken und Gärten; Gelege Anfangs Mai.

122. *Linaria alnorum*, Chr. L. Br.

Zuweilen Wintergast, meist in Waldungen.

123. *Pyrrhula europaea*, Vieill.

Spärlicher Brutvogel im Walde. Zur Strichzeit überall häufig, ebenso als Wintergast.

124. *Loxia curvirostra*, L.

Kam vor; ich selbst sah ihn niemals.

125. *Columba palumbus*, L.

Spärlicher Brutvogel im Walde. Familienweise im Felde vor Mitte Juli; in der ersten Märzhälfte in Flügen zu fünfzig bis sechsig und mehr in der Rheinebene, zu Hunderten Mitte März 1888.

126. *Columba oenas*, L.

Ueberall, wo hohlästige Eichen vorkommen; sehr häufig im Hochwalde bei Gross-Gerau.

127. *Turtur auritus*, Ray.

Ueberall häufig. Ankunft 6. Mai 1887, 1. Mai 1886 (Paarung am 9. Mai), 29. April 1885, 6. Mai 1884, 30. April 1883, 2. Mai 1882, 5. Mai 1880, 20. April 1879, 1. Mai 1878. Junge flügge nach Mitte bis Ende Juli. Abzug Ende August bis Mitte September. Nachzügler noch im November bemerkt.

128. *Tetrao urogallus*, L.

Fehlt im Taunus, aber nicht seltener Standvogel in den Waldungen an der oberen Dill. Auch bei Reichelsheim im Odenwalde.

129. *Tetrao tetrix*, L.

Standvogel im Rhöngebirge und östlichen Odenwalde.

130. *Tetrao bonasia*, L.

Im Taunus nicht seltener Standvogel. Alljährlich z. B. mehrere Bruten unfern Neudorf im Rheingau.

131. *Starna cinerea*, L.

Häufiger Standvogel in der Rhein- und Mainebene. In kleineren Gemarkungen werden allherbstlich über hundert, in den grössten und besten, z. B. Gross-Gerau, bis tausend und mehr erlegt. Viele Bruthennen finden beim Mähen der Wiesen und des Klees, viele Hühner überhaupt bei Hochwasser ihren Tod.

132. *Coturnix dactylisonans*, M.

Ueberall in der Ebene, aber spärlicher werdend. Ankunft Mitte Mai, Abzug September, October.

133. *Phasianus colchicus*, L.

Von Jagdpächtern in hessischen Waldungen und in Weidendickungen des Rheins und Mains ausgesetzt, gedeiht befriedigend. Balze zur Zeit des Schnepfenstriches im März.

134. *Otis tarda*, L.

Kommt als Wintergast fast alljährlich, aber selten in der weiten Rhein- und Mainebene vor.

135. *Oedicnemus crepitans*, L.

Wurde vor Jahren bei Biebrich geschossen.

136. *Charadrius pluvialis*, L.

Alljährlich zur Strichzeit, besonders im October, am Rhein und Main vorkommend.

137. *Aegialites minor*, M. u. W.

Kommt mehr an den Nebenflüssen als am Rhein selbst vor.

138. *Vanellus cristatus*, L.

Vor zwanzig Jahren gemeiner Brutvogel, jetzt nur auf dem Durchzuge vorkommend. Anfangs bis Ende März grosse Flüge zwischen Schierstein und Erbach am Rhein.

139. *Haematopus ostralegus*, L.

Verirrte sich bei dichtem Nebel wiederholt an den Rhein. Ich schoss einen am 17. October 1886 bei Niederwalluf am Rhein.

140. *Grus cinerea*, Bchst.

Durchzugsvogel im März und October. Am 19. und 20. März 1888 standen reisemüde Trupps auf den schneebedeckten Feldern. Durchzug 13. März und 25. October 1887, 20.—22. März und 26. October 1886 (letztere mit lebhaftem Rückenwinde ziehend), 8. und 30. März 1885, 8. März 1880.

141. *Ciconia alba*, Bchst.

Sehr spärlicher Brutvogel, in Mainz z. B. nur ein Paar. Ankunft in Mainz 5. März 1888, 17. März 1879, in Worms 9. Februar 1884.

142. *Ciconia nigra*, L.

Seltener Durchzugsvogel. Mageninhalt eines bei Gross-Gerau geschossenen (Anfang December 1879) drei Wasserfrösche, deren Brust von unten aufgeschlitzt und deren Herz durchstochen war.

143. *Platalea leucorodia*, L.

Wurde früher auf dem Durchzuge bei Biebrich einmal geschossen.

144. *Falcinellus igneus*, Leach.

Wurde früher auf dem Durchzuge bei Biebrich einmal geschossen.

145. *Ardea cinerea*, L.

Sehr häufig am Rhein von Anfangs September bis in den März. Die Reiherstände in den benachbarten Waldungen sind alle zerstört.

146. *Ardea purpurea*, L.

Seltener Durchzugsvogel. Mageninhalt eines am Main geschossenen: eine Larve des grossen Wasserkäfers und zwei Rossäpfel.

147. *Ardetta minuta*, L.

Häufiger Brutvogel im Röhricht.

148. *Nycticorax griseus*, Stückl.

Seltener Durchzugsvogel.

149. *Botaurus stellaris*, L.

Seltener Brutvogel am Mittelrhein; im Winter alljährlich beobachtet.

150. *Rallus aquaticus*, L.

Alljährlich auf dem Durchzuge Ende October, Anfang November bemerkt.

151. *Crex pratensis*, Bchst.

Spärlicher Brutvogel.

152. *Gallinula minuta*, Pall.

Sah ich wiederholt auf dem Durchzuge im Spätherbste; am 12. December 1886 stiess sich ein Exemplar
den Kopf an einem Telegraphendrahte ein.

153. *Gallinula porzana*. L.

Auf dem Durchzuge im Spätherbste oft häufig.

154. *Gallinula chloropus*, L.

Gemeiner Brutvogel im Röhricht. Einzelne bleiben im
Winter zurück.

155. *Fulica atra*, L.

Spärlicher Durchzugsvogel, z. B. 25. März 1888,
24. September 1886.

156. *Numenius arquatus*, Cuv.

Seltener Durchzugsvogel.

157. *Scolopax rusticola*, L.

Einzelne Paare bleiben über Winter (Lagerschnepfen).
Immer spärlicher werdender Durchzugsvogel: Hauptstrich
13. April 1888, 25. März 1887, 23. März 1886, 5.—30. März
1885, 28. Februar und 25.—31. März 1883, Strichanfang
25. Februar 1878. Rückstrich 12. October bis Mitte November.

158. *Gallinago scolopacina*, Bp.

Als Durchzugsvogel in Menge vorkommend.

159. *Gallinago major*, Bp.

Als Durchzugsvogel nur paarweise oder in kleinen Trupps vorkommend.

160. *Gallinago gallinula*, L.

Spärlicher Durchzugsvogel.

161. *Totanus fuscus*, L.

Spärlicher Durchzugsvogel.

162. *Totanus calidris*, L.

Auf dem Durchzuge vereinzelt.

163. *Totanus glottis*, Bchst.

Spärlicher Durchzugsvogel.

164. *Actitis hypoleucus*, L.

Spärlicher Brutvogel, als Durchzugsvogel truppweise von Anfang August bis Ende September.

165. *Machetes pugnax*, L.

Wird zuweilen auf dem Durchzuge erlegt.

166. *Tringa alpina*, L.

Zuweilen auf dem Durchzuge beobachtet.

167. *Anser segetum*, Meyer.

Durchzugsvogel und Wintergast. Durchziehend 8. und 10. October 1886, 24. Februar 1885

168. *Cygnus musicus*, Bchst.

Zieht mitten im Winter zu vier bis sechs Stück vereint hier durch nach Süden.

169. *Tadorna cornuta*, Gm.

Früher im Winter zuweilen erlegt.

170. *Spatula clypeata*, L.

Oefter bei Eisgang im Winter beobachtet.

171. *Anas boschas*, L.

Gemeiner Brutvogel; als Wintergast oft zu vielen Hunderten geschaart auf dem Rhein. Züge beobachtet: 6. März 1888, 28. März, 28. September und 12. October

1887, 20. März, 21. September und 20. October 1886. Erste Brut streichend 29. Mai 1887.

172. *Anas acuta*, L.

Allwinterlich auf dem Rhein.

173. *Anas strepera*, L.

Allwinterlich auf dem Rhein.

174. *Anas querquedula*, L.

Durchzugsvogel.

175. *Anas crecca*, L.

Sowohl als Brutvogel wie als Durchzugsvogel nicht selten.

176. *Anas penelope*, L.

Seltener Durchzugsvogel.

177. *Fuligula nyroca*, Güldenst.

Wintergast spärlich.

178. *Fuligula ferina*, L.

Zuweilen bei Treibeis auf dem Rhein.

179. *Fuligula marila*, L.

Seltener Durchzugsvogel.

180. *Fuligula cristata*, Leach.

Als Durchzugsvogel auf Main und Schwarzbach.

181. *Clangula glaucion*, L.

Häufiger Wintergast von Anfangs November bis Ende März. Flüge von 50 bis 60 Stück.

182. *Harelda glacialis*, Leach.

Wurde früher wiederholt bei Mainz erlegt.

183. *Oidemia nigra*, L.

Seltener Wintergast.

184. *Oidemia fusca*, L.

Ausgang Winters 1886, 1887 und 1888 jüngere Vögel auf dem Rhein.

185. *Mergus merganser*, L.

Allwinterlich besonders im Februar paarweise oder zu je drei bis fünf Stück auf dem Rhein.

186. *Mergus serrator*, L.

Seltener Durchzugsvogel.

187. *Mergus albellus*, L.

Allwinterlich auf dem Rhein nicht selten.

188. *Podiceps cristatus*, L.

Hier Seltenheit; am 5. Juni 1886 schoss ich ein Paar bei Niederwalluf.

189. *Podiceps rubricollis*, Gm.

Seltener Durchzugsvogel.

190. *Podiceps minor*, Gm.

Häufiger Wintergast von Mitte October bis Ende März.

191. *Colymbus septentrionalis*, L.

Es wurden im Ganzen (Winter 1879/80, 1886/87 und 1887/88) sechs junge Vögel auf dem Rhein erlegt, die mir gezeigt wurden.

192. *Lestris pomarina*, Temm.

Wiederholt hier vorgekommen.

193. *Lestris parasitica*, L.

Einen erwachsenen Vogel im Sommer 1879 auf dem Rhein beobachtet.

194. *Thalassidroma Leachi*, Temm.

Am 15. Mai 1881 flog ein Paar in seiner eigenthümlichen Weise über den Rhein, als ich von Budenheim nach Niederwalluf übersetzte. Die Vögel kamen dem Nachen bis auf einige Schritte nahe, so dass ich ihre Art zweifellos constatiren konnte. Als ich meine Verwunderung hierüber dem alten Schiffer ausdrückte, bezeichnete er meine Bestimmung als Sturmsegler richtig und fügte hinzu, dass er die Vögel schon in früheren Jahren gesehen, die Artbezeichnung von Doctor Carl Koch erfahren; es zeigten sich die Sturmsegler stets nur am Tage vor einem starken Sturme. Ich hebe ausdrücklich hervor, dass am 16. Mai 1881 ein orkanartiger Sturm sich einstellte.

195. *Larus argentatus*, Brünn.

Wiederholt Junge im Winter auf dem Rhein beobachtet.

196. *Rissa tridactyla*, L.

Allwinterlich auf dem Rhein Anfangs November bis Anfangs März.

197. *Xema ridibundum*, L.

Spärlicher Brutvogel, aber häufiger Wintergast. Im Januar 1883 hielt sich in Folge Hochwassers bei Mainz ein Schwarm von über 600 Möven auf, aus *Larus tridactylus* und *ridibundus* gemischt.

198. *Sterna fluviatilis*, Naum.

Zuweilen auf dem Rhein beobachtet.

199. *Hydrochelidon nigra*, Boie.

Im Sommer zwischen Schierstein und Niederwalluf auf dem Rhein. z. B. Anfang August bis 20. September 1887 ein Flug von 36 Stück, wovon ich einige zur Constatirung der Art erlegte.

Ornithologisches aus der Cap-Colonie

von

W. B e s t e.

Stutterheim, Cap-Colonie, 31. Januar 1887.

Sehr geehrter Herr Doctor!

Zum Schlusse erlauben Sie mir noch einige Bemerkungen. Zuerst über den S t o r c h (kafferischer Name »Igwamza«). *Ciconia alba* L. Dies ist ein Vogel, den ich hier 22 Jahre lang beobachtet habe. Ich bin zu der Ueberzeugung gekommen, dass dieser Storch nur im beschränkten Sinne des Wortes ein Zugvogel zu nennen ist, denn sein Standort ist durchaus nicht auf irgend ein besonderes Land zu einer bestimmten Zeit beschränkt, sondern er hält sich überall da auf, wo H e u s c h r e c k e n sind, und folgt den Zügen und Schwärmen derselben. Gibt es viele Heuschrecken, wie z. B. 1876, so findet sich auch der Storch in bedeutender Anzahl ein, und umgekehrt. Während der letzten Jahre blieben wir von Heuschrecken ziemlich verschont; daher sah man in allen den Jahren auch nur wenige Störche! In diesem Jahre sind die Heuschrecken wieder zahlreicher, daher sieht man auch wiederum mehr Störche. Der Storch nistet n i c h t in unserer Gegend, wo er gewöhnlich vom N o v e m b e r bis M ä r z oder A p r i l auftaucht. Ausser Heuschrecken frisst er auch andere Insecten u. s. w. Abends beobachtete ich oft die Störche, wie sie dem Gebirge aus den Ebenen zuflogen und besonders bewaldete Höhen lieben, wo sie ihr Nachtquartier auf hohen Bäumen aufschlagen und mit Tagesanbruch erst wieder den Ebenen zufliegen, wo man sie oft in ziemlicher Anzahl findet. — Dieser grosse Heuschrecken-Vogel sieht unserem heimischen Storche sehr ähnlich. Abgesehen von den Flügeln, die schwarz sind, ist er ganz weiss. Schnabel und Beine sind roth. Im Fluge sieht er dem deutschen Storche ähnlich. Ich habe den hiesigen Storch aber n i e k l a p p e r n gehört, trotzdem derselbe gar nicht scheu ist und sich gut beobachten lässt. Er kommt in ganz Kafferland vor.

Ferner gestatten Sie mir einige Bemerkungen über hiesige S c h w a l b e n, kafferisch »Inkonjane«. Am weitaus zahlreichsten sind hier (circa 50 engl. Meilen von der Küste entfernt) die beiden Arten:

1. *Hirundo cucullata*, Bodd. oder *Hir. capensis*, Lay., d. h. die gewöhnliche Hausschwalbe der Capcolonie. Layard charakterisirt sie kurz als: the larger stripe-breasted swallow. Seit mehr als 20 Jahren nistet ein oder mehrere Paare dieser zutraulichen Thierchen unter meiner Veranda. Ihre länglichen, schlauchähnlichen Nester sind stets auf der Unterseite des Platzes angebracht, den diese Schwalben wählen. Im Uebrigen auch sind diese Nester denen der deutschen Hausschwalbe ähnlich und enthalten gewöhnlich zur Brutzeit 4—5 schneeweisse längliche Eier.

Diese so friedfertigen Thierchen besitzen arge Feinde in einer zweiten Schwalbenart, die hier fast ebenso häufig vorkommt. Es ist dies:

2. *Hirundo atrocoerulea* (the blue swallow). Diese ist etwas grösser als die vorige Art. Es sind vorzügliche Flieger, die sich fast niemals niederlassen, um auszuruhen. Die Flügel sind lang und spitz und eigenthümlich geformt, und die zwei Schwanzfedern sind schmal und lang. Ich habe nun o f t gesehen, dass diese Schwalben zur Brutzeit (meist schon Morgens, zu 2—5 bei einander) die Nester der erstgenannten Art überfallen. Eine geht hinein in das Nest und treibt die rechtmässigen Besitzer nicht nur hinaus aus demselben, sondern manipulirt auch so lange noch mit den im Neste vorhandenen Eiern, bis es ihr gelingt, eines oder mehrere derselben aus dem Neste hinaus zu prakticiren. Gewöhnlich liegen diese Eier dann zerbrochen am Boden. Mehrmals habe ich gesehen, wie sich diese Raubanfälle wiederholen, so dass das betreffende Schwalbenpaar ganz am Brutgeschäfte verhindert wurde und keine Jungen brachte. — Was die Zeit der A n k u n f t und des W e g g a n g e s der Schwalben betrifft, so habe ich für S t u t t e r h e i m (Brit. Kafferland, südl. Br. 32⁰ 34′, östl. L. 27⁰ 24′, Seehöhe 2740′) folgende Daten notirt:

1879 kam die erste s c h w a r z e Schwalbe am 23. August, die erste g e s t r e i f t e Schwalbe am 30. August und 1880 die erste gestreifte Schwalbe am 1. September an, dagegen verliessen sämmtliche Schwalben Stutterheim 1881 am 14. April und 1885 am 19. April. **W. Beste.**

Stutterheim, Cap-Colonie, 7. Februar 1888.

Sehr geehrter Herr Doctor!

Meinem Versprechen gemäss erlaube ich mir, Ihnen einige Notizen zu beliebiger Benützung zu übersenden, welche ich während des vergangenen Jahres zu sammeln Gelegenheit hatte.

1. *Serpentarius secretarius.*

Serpentarius reptilivorus, Layard.

Obgleich Layard in seinem grossen Werke über die Vögel Südafrikas S. 9 bemerkt: »The Secretary Birds eat every thing, rats, lizards, locusts, snakes, tortoises etc.«, so hat man dies hier häufig bestreiten wollen, indem man behauptete, dass sich der Secretär in seiner Nahrung nur allein auf Schlangen beschränke. Andere Beobachter haben dagegen behauptet, er stelle auch gern jungen Vögeln und Wild nach, ja liebe letzteres ganz besonders. Diese bisher offene Frage scheint aber nunmehr endgiltig entschieden zu sein. Ein in Grahamstown allgemein bekannter englischer Herr, der sich viel mit diesen Fragen beschäftigt hat, fand nämlich kürzlich in dem Kropfe eines Secretärs nicht weniger als zehn junge Rebhühner, während sich von Schlangen nur zwei darin fanden: eine nichtgiftige Baumschlange und ein recht giftiger »Ringhals« (*Naja haemachates*).

2. *Ciconia alba*, Linné.

Mit der feuchteren Witterung, die wir nach langer Dürre in den beiden letzten Jahren wieder gehabt haben, sind auch die Störche wieder zahlreicher bei uns sichtbar geworden. Sie zeigen sich am häufigsten während der Monate November, December und Januar. Reisende haben mir erzählt, dass dieser Storch im Norden des Transvaal brüte. Sein Nest baut er dort auf abschüssigen Felsen und Kränzen (wie erstere hier genannt werden).

3. *Hirundo albigularis*, Layard.

Zum ersten Male fand sich im Anfange des October (1887) bei mir ein Schwalbenpaar, so weit ich sehen kann, der obigen Species angehörend, ein. Sie nahmen Besitz von einem alten, nur halbvollendeten Neste, das ein Schwalbenpaar, einer anderen Gattung angehörend (*Hirundo cucullata*), angefangen, aber später verlassen hatte. Das Nest war an einem Dachsparren und an dem auf demselben ruhenden Eisendache befestigt, oben jedoch war es, weil noch unvollendet, noch offen. Dieses Nest bezog das neue Schwalbenpaar, ohne an demselben weiterzubauen, sich damit begnügend, dasselbe mit Federn, Wolle u. dgl. auszustaffiren. Sie legten drei mehr runde als längliche weisse Eier, welche am unteren, dickeren Ende braun punktirt waren. Leider wurden die Thierchen, die an sich schon etwas scheu waren, in ihrem offenen Neste, das ihnen nur wenig Schutz bot, im Brutgeschäfte durch die schwarzen Schwalben (*Cypselus apus?*), die mir von früher her als Störenfriede wohl bekannt sind, gestört, indem die obengenannten Feinde (im November) die Eier eins nach dem andern aus dem Neste warfen. In Folge dessen verliessen natürlich die fort und fort bedrohten Thierchen das Nest, hören jedoch nicht auf, dasselbe noch dann und wann zu besuchen. Diese Schwalben sind (Männchen und Weibchen, letzteres nur ein wenig matter in Färbung) oben (Rücken, Kopf und Schwanz) schwarz metallisch schimmernd, die Stirne dunkel rostbraun, Schnabel und Füsse schwarz, Iris schwarz, Gabelschwanz. Unterseite: Kehle weiss, darauf schwarzes Band, von beiden Seiten kommend, nach der Mitte zu sich verjüngend. Das Uebrige der Unterseite weiss, allmälig nach hinten zu in's Silbergraue sich abtönend. Diese Art habe ich hier zum ersten Male beobachtet, während sonst die kleinere Art, die auf der Brust mit braunen Längsstreifen versehenen Schwalben (*Hirundo cucullata*), hier am häufigsten ist. Die letztgenannte Art traf in diesem Jahre fast 14 Tage später hier ein als sonst. Grund war wohl das nasskalte, regnerische Wetter, das wir im August vorigen Jahres hier hatten. Das erste Schwalbenpaar erschien hier am 25. August. **W. Beste.**

Index 1888.

Acanthis hornemanni var. exilipes 479.
— linaria 479.
— — var. holbölli 479.
Accentor alpinus 132.
— modularis 133, 286, 385, 455, 653.
Accipiter nisus 44, 376, 448, 647.
— rufiventris 148.
Accipitres 148, 535.
Acredula 32, 138.
— caudata 139, 286, 386, 654.
— — var. rosea 141.
Acrocephalus arundinaceus 162, 388, 654.
— baeticatus 150.
— fasciolatus 605.
— insularis 605.
— orientalis 314.
— palustris 162.
— turdoides 163, 654.
Actitis hypoleucus 29, 298, 343, 370, 408, 409, 425, 426, 494, 663.
Aegialites 28.
— cantianus 259, 319, 403.
— hiaticula 259, 295, 403, 440.
— minor 259, 295, 404, 660.
Aegialitis cantiana 319.
— dubia 319.
— Geoffroyi 319, 642.
— Peroni 319.
— vereda 319.
Aegithalus pendulinus 141, 464.
Aegithina scapularis 313.
— viridis 313.
Aethopyga Duyvenbodei 585, 588, 636, 646.
— pulcherrima 646.
— Shelleyi 312.
Agrodoma campestris 206, 469.
Alauda arborea 471.

Alauda arvensis 209, 292, 368, 397, 425, 428—430, 432—436, 438, 440, 470, 657.
Alaudidae 153.
Alcedidae 307, 570, 640.
Alcedines 531.
Alcedinidae 149.
Alcedo bengalensis 307, 570, 640
— chloris 573.
— ispida 87, 283, 380, 454, 650.
— ispidioides 571.
— meninting 307.
— minor 570.
— moluccensis 570, 571.
— semitorquata 149.
Alophonerpes pulverulentus 306.
Amaurornis moluccana 638, 642, 645.
— phoenicura 319.
Amydrus morio 152.
Anas 23.
— acuta 299, 351, 664.
— boschas 29, 276, 299, 349, 352, 369, 411, 511, 663.
— crecca 276, 299, 352, 353, 413, 511, 661.
— cristata 160.
— discors 412.
— oxyura 160.
— penelope 300, 351, 354, 413, 434, 664.
— querquedula 352, 413, 511, 664.
— strepera 351, 511, 664.
— xanthorhyncha 154.
Anatidae 154.
Anous stolidus 320, 535, 636, 643.
Anser 298.
— albifrons 510.
— arvensis 509.
— cinereus 346, 509.
— erythropus 510.
— minutus 410.

Anser segetum 298, 347, 509, 663.
Anseres 154, 346.
Anthothreptes chlorigaster 587.
— malaccensis 585, 587.
Anthracoceros Lemprieri 302, 307.
— Marchei 302, 307.
Anthreptes celebensis 587.
— chlorigaster 585, 641, 645.
— chlorigastra 585.
— malaccensis 312, 587.
Anthus aquaticus 204.
— arboreus 28, 205, 291, 396, 425, 657.
— cervinus 470.
— chii 159.
— Gustavi 314
— maculatus 315.
— pratensis 205, 291, 396, 427 bis 430, 470.
— rupestris 395, 428, 429, 435.
Anuropsis cinereiceps 314.
Apternus tridactylus 484.
Aquila chrysaëtus 441, 648.
— — var. fulva 33, 48.
— clanga 33, 48, 443.
— heliaca 442.
— imperialis 48.
— naevia 28, 47, 442, 648.
— nobilis 442.
— pennata 28, 46, 443.
Arachnothera dilutior 312.
Archibuteo lagopus 28, 51, 377, 445, 648.
Ardea 154.
— alba 502.
— caledonica 632.
— cinerea 29, 154, 270, 406, 501, 661.
— egretta 29, 321.
— flavicollis 639.
— garzetta 29, 322, 502.
— nigripes 630.
— purpurea 29, 272, 502, 661.
— ralloides 29, 322.
— sacra 629.
— sumatrana 320, 638, 643.
Ardeidae 154, 272, 320, 629, 643.
Ardeiralla 529.
— flavicollis 632, 637, 639, 643.
— melaena 631, 632, 637, 645.
Ardeola minuta 503.
Ardetta melaena 535, 631.
— minuta 323, 661.
Artamidae 311.
Artamides sumatrensis 310.
Artamus leucogaster 311.
Ascalopax gallinago 276.

Ascalopax major 276.
Asio capensis 148.
Astur 32.
— palumbarius 42, 53, 280, 376, 448, 648.
— trivirgatus 303.
Athene borneensis 547.
— florensis 547.
— japonica 548.
— noctua 57, 281, 450, 649.
— passerina 57.

Bernicla brenta 510.
— leucopsis 510.
— melanoptera 160.
— ruficollis 510.
Bolborrhynchus andicola 159.
Bombycilla garrula 132, 466, 653.
Bonasia betulina 487.
Botaurus stellaris 154, 323, 406, 503, 662.
Brachyotus palustris 62, 378, 649.
Brachypodidae 313, 595.
Brachypodius melanocephalus 313.
Brachypus cinereifrons 313.
Brachyurus propinquus 314.
— sordidus 314, 597.
Branta rufina 513.
Broderipus acrorhynchus 646.
— — var. palawanensis 315.
— formosus 532, 607, 608, 642, 644, 646.
— frontalis 646.
— palawanensis 315.
Bubo ignavus 451.
— maculosus 148.
— magellanicus 158.
— maximus 60.
Bubonidae 148.
Bubulcus coromandus 320, 631, 643.
Bucerotidae 149, 307.
Buchanga assimilis 151.
— cineracea 311.
— leucophaea 311.
Bucorax caffer 149.
Budytes flavus 202, 291, 395, 468, 469, 657.
— — var. borealis 468.
— — var. flaveola 469.
— melanocephalus 204.
— viridis 314.
Buphus comatus 502.

Butalis grisola 467.
Butastur indicus 304, 541, 639.
Buteo 32.
— desertorum 648.
— erythronotus 158.
— jakal 148.
— poliogenys 541.
— unicinctus 158.
— vulgaris 28, 53, 54, 280, 377, 444, 648.
— — var. desertorum 444.
Butorides javanica 320.

Cacatua haematuropygia 305.
Cacatuidae 305.
Cacomantis merulinus 306.
Calamodyta aquatica 456.
— phragmitis 456.
Calamoherpe aquatica 165.
— arundinacea 456.
— melanopogon 165.
— palustris 456.
— phragmitis 165, 389, 654.
— turdoïdes 456.
Calandra 24.
Calandrella brachydactyla 215.
Calidris arenaria 298, 492.
Callialcyon coromanda 573.
— rufa 536, 572, 573, 640, 645.
Caloenas nicobarica 317, 626, 642.
Caloenatidae 317, 626.
Calornis chalybeus 315.
— panayensis 315, 607, 646.
— sanghirensis 534, 606, 642, 644, 646.
Campophagidae 310, 532, 535, 581, 641.
Cancroma coromanda 631.
Cannabina flavirostris 401, 440.
— sanguinea 224, 230, 293, 401, 659.
Cantores 144.
Caprimulgidae 149, 308.
Caprimulgus europaeus 63, 281, 452, 649.
— manillensis 308.
— rufigena 149.
Captores 124.
Carbo cormoranus 300, 361, 414.
— graculus var. Desmaresti 361.
— pygmaeus 361.
Carduelis elegans 28, 229, 369, 401, 479, 659.

Carduelis elegans albigularis 230.
Carpodacus erythrinus 293, 479.
Carpophaga aenea 316.
— — var. palawanensis 303, 316.
— bicolor 617.
— concinna 615, 642, 645.
— gularis 617.
— radiata 617, 642, 645.
Catamenia analis 159.
Centroccyx affinis 570.
— eurycercus 307.
— javanensis 306, 570, 640, 645.
Cerchneis cenchris 39, 448.
— rupicola 148.
— tinnunculus 36, 99, 280, 375, 448, 647.
Certhia 32, 120, 121, 136.
— familiaris 121, 285, 369, 384, 455, 652.
Certhiidae 312.
Ceryle rudis 454.
Cettia sericea 165.
Ceycopsis fallax 572, 640, 645.
Ceyx rufidorsa 307.
Chalcopelia afra 153.
Chalcophaps chrysochlora 624.
— indica 317, 538, 623—625.
— — var. sanghirensis 623, 624, 642, 644.
Chalcostetha insignis 312.
— sanghirensis 532, 584.
Charadriidae 319, 627, 642.
Charadrius 28.
— fulvus 319, 490.
— Geoffroyi 627.
— pluvialis 258, 295, 403, 410, 428, 489, 660.
— pyrrhocephalus 159.
— squatarola 258, 402, 410.
Chelidon urbica 453.
Chera progne 152.
Chettusia gregaria 491.
Chibia leucops 637.
— palawanensis 311.
Chlorospiza atriceps 159.
— aureiventris 159.
— chloris 477.
— erythrorrhyncha 159.
— fruticeti 159.
Chroicocephalus minutus 508.
— ridibundus 507.
Chrysococcyx cupreus 149.
— xanthorhynchus 306.
Chrysocolaptes erythrocephalus 306.
Chrysomitris atrata 159.
— spinus 227, 232, 401, 479, 659.

43*

Ciconia alba 154, 265, 295, 405, 500, 661, 669.
— nigra 268, 405, 501, 661.
Ciconiidae 154.
Cinclus aquaticus 32, 134, 386, 455, 653.
— aquaticus var. melanogaster 135. 386, 435, 455.
Cinnyridae 535.
Cinnyris amethystinus 150.
— aurora 312.
— chalybaeus 150.
— sanghirensis 584.
— sperata 312.
Circaëtus gallicus 28, 51, 444, 648.
Circus aeruginosus 54, 369, 448, 649.
— cineraceus 56, 649.
— cyaneus 55, 56, 280, 377, 649.
— macrurus 148.
— pallidus 56.
— ranivorus 148.
Cisticola 150.
— cursitans 150.
Cittocincla nigra 314.
Cittura 532.
— cyanotis 576, 646.
— sanghirensis 530, 532, 576 bis 578, 640, 644, 646.
Clangula glaucion 300, 356, 413, 513, 664.
Coccothraustes vulgaris 224, 369, 400, 477, 658.
Colaeus monedula 473.
Coliidae 153.
Colius striatus 153.
Collocalia fuciphaga 685.
— troglodytes 308.
Columba bicolor 617.
— gracilis 159.
— indica 623.
— livia 243.
— meloda 159.
— nicobarica 626.
— oenas 38, 240, 294, 402, 484, 659.
— palumbus 237, 243, 294, 402, 484, 659.
— phaeonota 153.
— radiata 617.
Columbae 32, 153, 237, 530.
Columbidae 31, 153, 317, 619, 642.
Colymbidae 358.
Colymbus arcticus 360, 515.
— glacialis 515.
— septentrionalis 360, 516, 665.

Coraces 92.
Coracias garrula 28, 88, 283, 454, 650.
— orientalis 579.
Coraciidae 307, 579, 641.
Corone pusilla 316.
Corvidae 151, 316, 535.
Corvultur albicollis 151.
Corvus corax 100, 369, 382, 472, 651.
— cornix 101, 104, 382, 431, 472, 651.
— corone 100, 102—104, 472, 651.
— frugilegus 102—104, 284, 383, 651.
— pusillus 316.
Corydalla Richardi 206.
Coryllis catamene 561.
— catamenia 561.
Corythaix musophaga 149.
Corythus enucleator 235, 482.
Cossypha caffra 150.
Coturnix coturnix 153.
— dactylisonans 250, 294, 487, 660.
Cotyle riparia 453.
Crassirostres 216.
Crex pratensis 296, 325, 503, 662.
Criniger 538, 596.
— aureus 595, 646.
— frater 313.
— longirostris 595, 596, 646.
— palawanensis 313.
— Platenae 595, 637, 646.
Crithagra butyracea 152.
Crotophaga major 159.
Cuculidae 149, 306, 565, 640.
Cuculus canoroides 306, 538, 565, 640.
— canorus 82, 282, 380, 483, 650.
— javanensis 570.
— mindanensis 566.
Culicicapa panayensis 310.
Cuncuma leucogaster 304.
Curruca cinerea 459.
— garrula 459.
— nisoria 459.
Cyanecula leucocyanea 188, 189, 460, 656.
— — var. Wolffii 189.
— suecica 289, 460.
Cyanistes coeruleus 465.
— cyanus 465.
Cygnus musicus 299, 348, 410, 510, 663.
— olor 369, 510.
Cyornis banyumas 301, 308 bis 310.

Cyornis sp. indet. 308.
Cypselidae 149, 308.
Cypselus apus 65, 149, 281, 378, 452, 649, 670.
— caffer 149.
— infumatus 30*.
— Lowi 308, 685.
— melba 64.
Cyrtostomus aurora 312.

Dacelo chloris 573.
— coromanda 572.
— fallax 572.
— sancta 575.
— sanghirensis 576.
Dafila acuta 511.
Dandalus rubecula 84, 189, 290, 368, 393, 427—434, 436, 656.
Dasycephala livida 159.
— maritima 159.
Demiegretta sacra 537, 629, 630, 643.
Dendrophila frontalis 312.
Dendropicus cardinalis 149.
Dicaeidae 313, 535, 590.
Dicaeum celebicum 590 (»cele-bense» err.), 646, 686.
— pygmaeum 313.
— sanghirense 534, 590, 636, 646.
Dicruridae 151, 311, 532, 535, 582, 641.
Dicruropsis 529.
— axillaris 535, 582, 636, 646.
— leucops 583, 637, 641, 645, 646.
— palawanensis 311.
Dicrurus leucops 583.
— palawanensis 311.
Domicella coccinea 532, 563.
— histrio 564.
Drymocataphus cinereiceps 314.
Dryococcyx Harringtoni 306.
Dryocopus martius 32, 116, 483, 652.

Eclectus megalorhynchus 558.
— Mülleri 556.
— platurus 559.
Edoliisoma ceramensis 582.
— morio 582, 646.

Edoliisoma Salvadorii 582, 636, 646.
Emberiza cia 218.
— cirlus 218.
— citrinella 85, 216, 217, 224, 398, 434, 474, 658.
— hortulana 218, 275, 398, 474.
— miliaria 275, 474.
Emberizidae 152.
Entomobia pileata 307.
Eos coccinea 564.
— histrio 530, 563, 564, 640, 644, 646.
— indica 563.
Ephialtes scops 451.
Erismatura ferruginea 160.
— leucocephala 857.
Erythacus rubecula 462.
Erythropus vespertinus 39, 447, 647.
Erythrosterna parva 467.
Estrelda astrild 152.
— incana 152.
Eudrepanis Duyvenbodei 588.
Eudromias Geoffroy 319.
— morinellus 259, 295, 490.
Eudynamis cyanocephala 568, 569.
— malayana 306, 568.
— melanorhyncha 537, 566, 568, 640, 644.
— mindanensis 306, 538, 566 bis 569, 645.
— — var. sanghirensis 566, 568, 569, 640, 644.
— niger 566, 567.
— nigra 306, 566—569.
— orientalis 566—569.
— sp. 566.
Eulabes javanensis 315.
Eurystomus orientalis 307, 579, 641.
Euspiza melanocephala 217.

Falcinellus igneus 269, 500, 661.
Falco Feldeggii 42.
— gyrfalco 446.
— haliaëtus 539.
— indicus 541.
— laniarius 28, 42.
— peregrinus 41, 51, 303, 376, 446, 647.
— soloënsis 544.
— subbuteo 40, 376, 446, 647.
Falconidae 148, 303, 539, 639.

Fissirostres 63.
Fringilla coelebs 32, 85, 125, 185, 221, 223, 224, 293, 367, 400, 428, 430, 478, 658.
— diuca 159.
— linaria 423.
— matutina 159.
— montifringilla 28, 112, 223, 224, 401, 427—430, 432—435, 438, 439, 478 658.
Fringillaria capensis 152.
Fringillidae 31, 152.
Fulica ardesiaca 160.
— atra 29, 329, 406, 433, 504, 662.
— cornuta 160.
Fuligula cristata 356, 664.
— ferina 300, 355, 664.
— marila 355, 664.
— nyroca 354, 664.
Fulix cristata 512.
— ferina 512.
— marila 513.
— nyroca 512.

Galerida cristata 207, 291, 396, 471, 657.
Gallinae 153.
Gallinago gallinula 339, 407, 427, 437, 663.
— major 339, 407, 498, 663.
— paraguiae 160.
— scolopacina 29, 297, 337, 407, 499, 662.
Gallinula 23.
— chloropus 328, 406, 504, 662.
— minuta 327, 662.
— porzana 297, 328, 368, 662.
— pygmaea 327.
Gallus bankiva 317.
Garrulus glandarius 32, 108, 383, 472, 651.
Gecinus canus 115, 484, 651.
— viridis 114, 484, 651.
Geositta circularia 158.
— Frobeni 158.
Glareola pratincola 257, 489.
— melanoptera 153.
Glareolidae 153.
Glaucidium passerinum 450.
Glaucion clangula 275.
Gorsachius Goisagi 320.
— melanolophus 320.

Gouridae 317, 623, 642.
Gracula javanensis 315.
Graculus Gaimardi 160.
Grallae 257.
Grallatores 265.
Graucalus leucopygius 581, 641, 645.
— sumatrensis 310.
Grithagra brevirostris 159.
Grus cinereus 28, 264, 276, 296, 405, 488, 661.
Gypaëtus barbatus 35.
Gyps fulvus 34, 441.

Haematopodidae 319.
Haematopus ostralegus 263, 404, 492, 661.
— palliatus 159.
Halcyon albiventris 149.
— coromanda 572.
— rufa 572.
— sancta 575.
— sanctus 575.
Haliaëtus 616.
— albicilla 30, 48, 376, 443, 648.
— girrenera 542.
— indus 542, 543.
— — var. ambiguus 543.
— pygmaeus 504.
Haliastur girrenera 542, 543.
— — var. ambigua 542.
— — var. ambiguus 537, 639, 645.
— indus, subsp. girrenera 542.
— — subsp. intermedius 542.
— intermedius 542, 543.
Haliplana fuliginosa 635.
— lunata 635.
— panayensis 635.
Harelda glacialis 300, 356, 514 664.
Hemichelidon sibirica 310.
Hermotimia porphyrolaema 646.
— sanghirensis 584, 590, 641, 644, 646.
Herodias nigripes 537, 630, 631, 643.
Herodiones 154.
Heterocorax capensis 151.
Hiaticula annulata 490.
— minor 491.
Hieracoccyx strenuus 306.
Himantopus melanopterus 497.
— rufipes 28, 30, 344.

Hirundinapus giganteus 308.
Hirundinidae 151, 308, 535, 580, 641.
Hirundo albigularis 151, 670.
— atrocoerulea 668.
— capensis 668.
— cucullata 151, 668, 670.
— gutturalis 308, 580, 641.
— javanica 308, 580, 641.
— riparia 24, 80, 282, 379, 650, 685.
— rupestris 82, 685.
— rustica 28, 66, 68, 73, 78, 79, 81, 82, 151, 281, 368, 378, 379, 452, 650.
— urbica 72, 73, 75, 79, 81, 282, 368, 379, 650.
Hoplopterus spinosus 28, 30, 263.
Houbara macqueni 488.
Hydrochelidon fissipes 634.
— infuscata 634.
— hybrida 29, 365.
— leucopareia 506.
— leucoptera 366, 506.
— nigra 29, 366, 417, 506, 633, 634, 643, 645, 666.
Hyloterpe grisola 311.
— Plateni 303, 311.
Hyphantornis spilonotus 152.
Hyphanturgus olivaceus 152.
Hypolais elaica 146.
— icterina 458.
— polyglotta 162.
— salicaria 161, 287, 387, 654.
Hypothymis azurea 310.
— occipitalis 310.
— puella 646.
— Rowleyi 532, 581, 636, 646.
Hypotriorchis aesalon 40, 51, 375, 647.
— severus 303.

Ibis falcinellus 160.
— melanopis 159.
Insessores 82.
Ionotreron xantorrhoa 613.
Iora scapularis 313.
Iotreron melanocephala 613.
— xantorrhoa 613.
Irena Tweeddalei 311.

Jynx torquilla 118, 285, 383, 483, 652.

Lagopus albus 486.
— alpinus 249.
Lalage dominica 310.
Lamprocolius phoenicopterus 152.
— sycobius 152.
Laniidae 151, 311, 584.
Lanius collaris 151.
— collurio 28, 84, 127—129, 285, 384, 467, 468, 653.
— cristatus 311.
— excubitor 124, 126, 285, 384, 652.
— — var. Homeyeri 125, 126.
— — var. major 124—126.
— gutturalis 151.
— lucionensis 311.
— luzionensis 311.
— minor 28, 126, 129, 467, 652.
— rufus 28, 127, 468, 652.
Laridae 320, 362, 633.
Larus argentatus 369, 415, 507, 665.
— — var. Michahellesi 362.
— canus 300, 362, 369, 415, 507.
— fuscus 275, 300, 362, 415, 506, 508.
— glaucus 300, 507.
— marinus 275, 300, 362, 369, 415, 506.
— serranus 160.
— sp. ? 29.
Leptoscelis Mitchellii 159.
Lestris parasitica 362, 665.
— pomarhina 665.
Leucotreron Gironieri 301, 316.
— gularis 617.
— Leclancheri 316, 320.
Ligurinus chloris 293, 401, 658.
Limicola platyrhyncha 319, 493.
Limicolae 153.
Limnocryptes gallinula 499.
Limosa aegocephala 28, 30, 331.
— lapponica 407.
— melanura 496.
— rufa 497.
Linaria alnorum 232, 401, 659.
— rufescens 232.
Linota cannabina 478.
— flavirostris 478.
Lithofalco aesalon 447.
Locustella fasciolata 605, 641.
— fluviatilis 163, 164, 287, 457.
— luscinioïdes 164, 457.
— naevia 163, 287.
— rayi 458.
Lophophanes 32.
— cristatus 466.

Loriculus 532.
— catamene 532. 560, 563, 636, 646.
— stigmatus 646.
Lorius coccinus 563.
— histrio 563.
Loxia bifasciata 483.
— curvirostra 184, 235, 482, 659.
— molucca 605.
— pityopsittacus 235, 482.
Lullula arborea 208, 292, 397, 657.
Luscinia minor 185, 656.
— philomela 188, 289, 393.
Lusciola luscinia 461.
— philomela 461.
Lycos monedula 98, 284, 381, 651.

Machetes pugnax 28, 30, 298, 343, 409, 494, 663.
Macropygia albicapilla 619 – 622, 646.
— amboinensis 621.
— doreya 620, 621.
— keyensis 620, 621.
— maforensis 621.
— sanghirensis 535, 619, 620 bis 622, 642, 644, 646.
— sp. 619.
— tenuirostris 317, 621.
— turtur 619.
Mareca penelope 512.
Mecistura caudata 465.
Megacephalon maleo 627, 642, 645.
Megapodidae 317, 626, 642.
Megapodii 531.
Megapodius Cumingi 317.
— Gilberti 626, 646.
— sanghirensis 531, 626, 642, 644, 646.
Melanocorypha calandra 215.
Melanopitta sanghirana 596.
Meliphagidae 593.
Mergus abellus 358, 514, 665.
— merganser 26, 300, 514, 664.
— serrator 357, 414, 514, 665.
Meropidae 570, 640.
Merops apiaster 28, 86, 454
— ornatus 570, 640.
Merula 424
— torquata 172, 391, 427, 428, 430, 655.

Merula vulgaris 171, 288, 390, 438, 439, 655.
Micropus melanocephalus 313.
Miliaria europaea 28, 216, 224, 292, 369, 398, 438, 658.
Milvus ater 36, 445, 647.
— ictinus 445.
— niger 28.
— regalis 35, 280, 375, 647.
Mixornis Woodi 313.
Monarcha commutata 580.
— commutatus 580, 581, 641, 644, 646.
— inornatus 581.
Monticola cyanea 181, 656.
— saxatilis 181, 464, 469, 656.
— solitaria 602.
— solitarius 314, 602, 641.
Motacilla alba 85, 195, 201, 290, 395, 469, 657.
— capensis 153.
— sulphurea 200, 203, 204, 657.
Motacillidae 153, 314, 535.
Munia leucogastra 315.
— molucca 537, 605, 641, 645.
Muscicapa albicollis 117.
— collaris 466.
— griseosticta 310.
— grisola 17, 24, 129, 285, 384, 653.
— luctuosa 131, 285, 385, 429, 467, 653.
— parva 32, 130.
— undulata 150.
Muscicapidae 28, 150, 308, 535, 580, 641.
Muscisaxicola flavivertex 159.
— nigra 158.
— rufivertex 159.
Musophagidae 149.
Myristicivora bicolor 317, 617, 618, 642.
— melanura 618.
Myzanthe pygmaea 313.

Nectariniidae 150, 312, 535, 641.
Nectarinia Duyvenbodei 588.
— famosa 150.
Nectarophila sperata 312.
Neophron percnopterus 34.
Ninox 538.
— florensis 546, 552.
— hirsuta 548, 549, 552.

Ninox japonica 546, 549 —552, 554, 555.
— japonicus 548.
— macroptera 545, 551, 555, 640, 644, 646.
— madagascariensis 547.
— malaccensis 549, 554.
— sanghirensis 546.
— scutulata 304, 545—549, 552, 554. 555.
Nisus soloënsis 544.
Noctua hirsuta 545—547.
— — minor 547.
— pumila 158.
— sp. 545.
Noddi inca (Anous inca) 160.
Nucifraga caryocatactes 28, 110, 473, 651.
— — var. leptorhynchus 474.
Numenius arquatus 30, 297, 330, 406, 497, 662.
— phaeopus 28, 30, 331, 406, 497, 629.
— tenuirostris 331.
— uropygialis 629.
— variegatus 629, 643.
Nyctale Tengmalmi 58, 450.
Nycticorax caledonicus 537, 632, 643. 645.
— europaeus 503.
— griseus 29, 323, 662.
— naevius 159.

Oedicnemus crepitans 257, 488, 660.
Oena capensis 153.
Oidemia fusca 356, 413, 513, 664.
— nigra 356, 413, 425, 436, 438, 513, 664.
Onychoprion 634.
— anaesthetus 537, 634, 635, 643.
— fuliginosus 634, 635.
— lunatus 635.
— sp. 634.
Oriolidae 151, 315, 535, 507, 642.
Oriolus acrorhynchus 315, 607.
— chinensis 315.
— formosus 532, 608.
— galbula 89, 283, 468. 650.
— larvatus 151.
— palawanensis 315.
— xanthonotus 316.
Orthotomus ruficeps 314.

Ortygometra porzana 276, 504.
— pusilla 504.
Osmotreron axillaris 646.
— griseïcauda 611, 612, 646.
— nasica 611.
— sanghirensis 611, 642, 644, 646.
— vernans 316.
Otis tarda 28, 257, 487, 660.
— tetrax 24, 28, 257.
Otocorys alpestris 471.
Otus brachyotus 451.
— vulgaris 62, 451, 649.
Oxycerca Everetti 315.

Pallenura melanope 469.
Palumbus arquatrix 153.
Pandion haliaëtus 30, 45, 280, 376, 444, 539, 639, 645, 648.
— leucocephalus 539, 540.
Panurus biarmicus 28, 141, 465.
Paridae 31, 136, 150, 312.
Parus 120, 121, 136.
— amabilis 312.
— ater 28, 32, 138, 184, 386, 465, 466, 653.
— coeruleus 120, 121, 139, 369, 386, 466, 653.
— cristatus 137, 286, 653.
— cyaneus 139.
— elegans 312.
— major 120. 121, 136, 138, 139, 286, 369, 386, 437, 465, 466, 653.
— palustris 138, 466.
Passer domesticus 23, 220, 369, 400, 476, 658.
— montanus 219, 224, 369, 390, 476, 658.
Passeres 150.
Pastor roseus 92, 471.
Pelargopsis Gouldi 307.
— leucocephala 307.
Pelecanidae 633, 643.
— fuscus 160.
Pelecanus leucogaster 633.
— onocrotalus 360, 505.
Pelidna subarquata 493.
Perdicidae 153.
Perdix cinerea 487.
— saxatilis 249.
Pericrocotus cinereus 310.
— igneus 310.

Pernis apivorus 28, 51, 377, 446, 648.
— ptilonorhynchus 304.
Phaëton aethereus 160.
Phalacrocorax carbo 29, 504.
Phalaropus hyperboreus 298.
Phasianidae 317.
Phasianus colchicus 660.
Phileremos alpestris 398.
Phoenicophaës Harringtoni 306.
Phoenicopterus ignipalliatus 160.
— andinus 160.
Phyllopneuste 32.
— Bonellii 85, 146, 184.
— borealis 605.
— rufa 144, 145, 287, 387, 427 bis 429, 431, 459. 654.
— sibilatrix 144, 286, 387, 458, 459, 654.
— trochilus 144, 145, 287, 387, 388, 425—427, 459, 654.
Phyllornis palawanensis 313.
Phylloscopus borealis 314, 605, 641.
Pica caudata 106, 369, 383, 472, 651.
Picariae 149.
Picidae 31, 149, 306.
Picoides tridactylus var. alpestris 118.
Picus 121.
— cactorum 159.
— leuconotus 117, 484.
— major 116, 117, 369, 383, 483, 652.
— medius 117, 369, 484, 652.
— minor 117, 484, 652.
Pinarolestes sanghirensis 535, 536, 584, 636, 646.
Pipastes arboreus 470.
Pitta 529, 531, 532.
— atricapilla 597, 599.
— — sanghirana 596.
— celebensis 602, 638, 646.
— coeruleitorques 532, 534, 601, 602, 637, 646.
— erythogastra 601, 602, 646.
— melanocephala 598, 646.
— Mülleri 599.
— palliceps 602, 637, 641, 643, 644, 646.
— propinqua 314.
— sanghirana 532. 597, 637.
— sordida 314. 598.
Pittidae 314, 596, 641.
Platalea leucorodia 29, 269, 500, 661.

Plectrophanes lapponicus 476.
— nivalis 219, 399, 434, 436, 439, 476, 658.
Plegadis falcinellus 29.
Ploceïdae 152, 315, 605, 641.
Podiceps arcticus 359.
— calliparaeus 160.
— cornutus 515.
— cristatus 29, 414, 515, 665.
— minor 29, 359, 414, 426, 515, 665.
— nigricollis 359, 515.
— rubricollis 359, 665.
— subcristatus 515.
Poecile 32.
— lugubris 136.
— palustris 135, 369, 386, 466, 653.
Poliornis poliogenys 541.
Polyborus chimango 158.
— montanus 158.
Polyplectron emphanes 317.
— Napoleonis 317.
Porzana moluccana 638.
Pratincola rubetra 193, 195, 290, 392, 462, 657.
— rubicola 194, 195, 462, 469, 657.
Prioniturus discurus 305.
— flavicans 537, 560, 566, 640, 644.
— Platenae 303, 305.
— platurus 559. 640, 645.
Prionochilus 301.
— aureolimbatus 592, 646.
— ignicapillus 313.
— percussus 313.
— Plateni 303, 313, 320.
— sanghirensis 534, 591, 592, 646.
— sp. 313.
— xanthopygius 313.
Prionopidae 584.
Psittaci 150, 531, 556.
Psittacidae 150, 305, 556, 640.
Psittacus coccineus 563.
— fuscicollis 150.
— histrio 563.
— indicus 563.
— lucionensis 559.
— megalorhynchus 557.
— Mülleri 556.
— platurus 559.
Pteroptochus albicollis 159.
Ptilocichla falcata 314.
Ptilinopus nuchalis 613.
Ptilopus Geversi 316.

Ptilopus Hugonianus 316.
— Leclancheri 316.
— melanocephalus 316, 613.
— melanospilus 613, 646.
— nuchalis 613.
— xantorrhous 536, 613, 642, 644, 646.
Puffinus anglorum 361.
— Kuhlii 361.
Pycnonotus cineréifrons 313.
— tricolor 150.
Pyromelana capensis 152.
Pyrophthalma melanocephala 166.
— subalpina 166.
Pyrrhocorax alpinus 97.
— graculus 97.
Pyrrhula 32.
— europaea 232, 234, 483, 659.
— — var. minor 233.
— major 232—234.
— rubicilla 483.

Querquedula angustirostris 160.
— coeruleata 160.
— puna 160.

Rallidae 318, 642.
Rallina fasciata 318.
Rallus aquaticus 324, 325, 503, 662.
Rapaces 33, 530, 532, 545.
Raptatores 31.
Rasores 245.
Recurvirostra andina 160.
— avocetta 345, 497.
Regulus 32, 120.
— cristatus 386, 430—436, 464, 654.
— ignicapillus 464, 654.
Rhea Darwini 159.
Rhipidura nigritorquis 310.
Rhynchops nigra 160.
Rissa tridactyla 362, 415, 508, 666.
Ruticilla phoenicura 84, 184, 185, 289, 392, 425—429, 436, 656.
— tithys 85, 86, 181, 183, 184, 460, 469, 658.

Sarcorhamphus gryphus 158.
Sauropatis chloris 307, 573—575, 640.
— sancta 575, 640.
Saxicola aurita 193.
— oenanthe 192, 290, 394, 424, 426—428, 462, 657.
— stapazina 193.
Saxicolidae 314, 602, 641.
Scansores 114.
Schoenicola intermedia 219.
— schoeniclus 218, 293, 399, 427 bis 430, 432, 434, 435, 476, 658.
Scolopaces 330.
Scolopacidae 319, 627, 643.
Scolopax incana 628.
— rusticola 28, 297, 332, 407, 432, 434, 497, 662.
Scopidae 154.
Scops Aldrovandi 62.
— Everetti 305.
— magicus subsp. menadensis 544.
— — subsp. siaoënsis 544.
— menadensis 544, 640, 643, 644.
— siaoënsis 544, 545, 643.
Scopus umbretta 154.
Serinus canicollis 152.
— hortulanus 226, 658.
— meridionalis 477.
— tottus 152.
Serpentarius reptilivorus 669.
— secretarius 148, 669.
Siphia banyumas 309.
— elegans 308, 309.
— Herioti 309.
— Lemprieri 308, 309.
— magnirostris 308.
— olivacea 309.
— Platenae 308, 309.
— poliogenys 309.
— Ramsayi 303, 308, 320.
— rubeculoides 308—310.
— ruficauda 309.
— strophiata 309.
Sitta 32, 121, 136.
— caesia 454.
— europaea 184, 285, 369, 384, 652.
— — var. caesia 120.
— syriaca 120.
Somateria mollissima 514.
Spatula clypeata 299, 348, 512, 663.
Spheniscus Humboldti 160.
Spilornis bacha 304.
— holospilus 304.

Spizaëtus alboniger 304.
— limnaëtus 303.
— philippensis 304.
Squatarola helvetica 491.
Starna cinerea 249, 402, 660.
— — var. peregrina 250.
Stercorarius buffoni 509.
— catarrhactes 508.
— parasiticus 509.
— pomarinus 508.
Sterna 365, 634.
— anaestheta 634.
— anaesthetus 634.
— anglica 346, 365.
— argentata 416.
— Bergi 320.
— cantiaca 365.
— fluviatilis 29, 365, 369, 416, 417, 505, 666.
— melanauchen 320.
— minor 29.
— minuta 366, 417, 505.
— nigra 633.
— stolida 636.
Strepsilas borealis 159.
— interpres 159, 319, 492.
Strigiceps cineraceus 449.
— cyaneus 449.
Strigidae 304, 644, 640.
Strix flammea 29, 148, 451, 649.
— hirsuta 549.
— — borneensis 550.
— — japonica 550.
— javanica 556.
— perlata 158.
— Rosenbergi 556, 640, 644.
— scutulata 547, 551.
Sturnia violacea 315.
Sturnidae 152, 315, 606, 642.
Sturnus vulgaris 92, 283, 367, 368, 380, 427, 429—436, 471, 650.
Sula fusca 160.
— leucogastra 633, 643.
Surnia funerea 449.
— nisoria 57.
— nyctea 449.
Surniculus lugubris 306.
Sycobrotus bicolor 152.
Sylochelidon caspia 505.
Sylvia atricapilla 168, 170, 287, 390, 427, 429, 460, 654.
— cinerea 167, 287, 389, 390, 459, 654.
— curruca 166, 169, 287, 389, 654.
— hortensis 170, 287, 390, 459, 655.
— nisoria 168, 369, 390.

Sylvia orphea 168.
Sylviidae 28, 31, 314, 606, 641.
Synallaxis aegithaloides 158.
— humicola 158.
Syrnium aluco 58, 281, 369, 378, 450, 649.
— lapponicum 450.
— seloputo 304.
— Wiepkeni 303, 304.
— uralense 450.
Syrrhaptes paradoxus 485.

Tachyspizias soloënsis 544, 639.
Tadorna cornuta 411, 663.
Tanagra striata 159.
Tantalus variegatus 629.
Tanygnathus albirostris 557.
— lucionensis 305, 559, 640, 645.
— luconensis 305.
— luzonensis 305, 559.
— luzoniensis 305.
— megalorhynchus 557, 558, 640, 645.
— Mülleri 556, 557, 640, 644.
Tephrocorys cinerea 153.
Tetrao bonasia 248, 660.
— campestris 488.
— medius 247, 517, 525.
— tetrix 246, 294, 486, 517, 520, 521, 525, 660.
— urogallus 245, 486, 517, 520, 521, 525, 659.
Thalassidroma Leachi 414, 428, 665.
Thriponax frugilegus 472.
— Hargitti 306.
— javensis 306.
Tichodroma muraria 121, 652.
Tiga Everetti 306.
— javanensis 306.
Timeliidae 313.
Tinocorus orbignyanus 159.
Tockus erythrorhynchus 149.
Totanus calidris 28, 29, 320, 340, 408, 495, 663.
— chilensis 160.
— fuscus 340, 495, 663.
— glareola 29, 298, 320, 342, 408, 495.
— glottis 29, 297, 341, 408, 495, 663.
— incanus 320, 628, 643.
— melanoleucus 160.

Totanus ochropus 29, 297, 342, 343, 408, 495.
— stagnatilis 28, 29, 341, 495.
Treron griseicauda 611.
— nasica 316.
— sanghirensis 611.
Treronidae 316, 611, 642.
Trichoglossidae 563, 640.
Trichostoma rufifrons 314.
Tringa albescens 319. 627, 643.
— alpina 28, 30, 344, 402, 403, 409, 440, 663.
— canutus 492.
— cinclus 493.
— — var. Schinzii 493.
— cinerea 409.
— damacensis 319.
— hypoleucos 628.
— minuta 344, 410, 492, 493, 627.
— pectoralis 160.
— ruficollis 319.
— salina 319.
— subarquata 28, 30, 344, 410.
— subminuta 319.
— Temmincki 344. 410, 493.
Tringoides hypoleucus 319, 628, 642.
Trochilus atacamensis 158.
— leucopleurus 158.
— vesper 158.
Troglodytes 32.
— hornensis 158.
— parvulus 133, 182, 286, 385, 433, 435, 653.
— vulgaris 455.
Turdidae 31, 150, 535.
Turdus 24, 424.
— iliacus 180, 288, 392, 427, 428, 430—434, 439, 463, 655.
— merula 32, 463.
— musicus 32, 176, 288, 289, 367, 392, 425, 426—434, 463, 464, 655.
— olivaceus 150.
— pilaris 172, 224, 288, 391, 425, 434, 436, 438, 439, 462, 655.
— solitarius 602.
— torquatus 32, 463.
— viscivorus 32, 175, 288, 391, 462, 655.
Turnicidae 317.
Turnix Haynaldi 303, 317.
— rufilata 318.
— sylvatica 318.

Turtur auritus 243, 275, 294, 485. 659.
— capicola 153.
— Dussumieri 317.

Upucerthia albiventris 158.
— atacamensis 158.
— dumetoria 158.
Upupa africana 149.
— epops 122, 285, 384, 454, 652.
Upupidae 149.

Vanellus cristatus 30, 260, 295, 401, 404, 660.
— resplendens 159.
Vidua ardens 152.
— principalis 152.
Vulpanser tadorna 511.
Vultur fulvus 28, 35.
— monachus 33, 34, 441.

Xantholestes panayensis 310.
Xema minutum 363, 415.
— melanocephalum 363.
— ridibundum 29, 363, 416, 666.

Zenaida boliviana 159.
— aurita 159.
— aurisquamata 159.
Zeocephus Rowleyi 532, 581.
Zonoenas radiata 617.
Zosterops 538.
— atricapilla 594.
— atrifrons 594, 646.
— capensis 150.
— chrysolaema 594, 646.
— delicatula 594.
— frontalis 594.
— Nehrkorni 593, 594, 636, 646.

Corrigenda.

Pag. 16 Zeile 8 von oben lies: „Wagstadt" statt „Wolfstadt".

- 16 „ 18 „ „ „ „Grimm, Hugo" statt „Grimm, Bl."

„ 20 „ 4 „ „ „ „bildet" statt „bilden".

„ 24 „ 11 „ unten „ „Sträucher sind nicht" statt „Sträucher sind".

„ 33 „ 12 „ „ „ „dass sie dort horsten" statt „dass er dort horste".

„ 81 Zeilen 23—27 von oben gehören nicht zu *Hirundo riparia*, sondern sind unter *Hirundo rupestris* auf Seite 82 in Zeile 15 von oben hinter (Lazarini) einzuschieben.

„ 89 Zeile 18 von unten lies: „Bacher" statt „Becher".

„ 101 „ 6 „ oben „ „Treibeises" statt „Teibeises".

„ 102 „ 5 „ unten „ „Varietät" statt „Varität".

„ 105 „ 13 „ „ „ „Thatsache" statt „Thatsche".

„ 106 „ 5 „ „ „ „gepaart" statt „geparrt".

„ 111 „ 9 „ oben „ „Coccinella" statt „Coccinela".

„ 112 „ 17 „ unten „ „bei" statt „beim".

„ 148 „ 5 „ oben „ „between" statt „betveen".

„ 150 „ 17 „ unten „ „baeticatus" statt „boeticatus".

„ 159 „ 8 „ oben „ „diuca" statt „duica".

„ 183 „ 5 „ unten „ „Agelsboden" statt „Agelsbod".

„ 235 „ 8 „ „ „ „gepaart" statt „geparrt".

„ 263 „ 3 „ oben „ „Hoplopterus" statt „H."

„ 308 „ 4 „ „ „ „Collocalia fuciphaga" statt „Cypselus Lowi etc." (Der folgende Satz wir damit gegenstandslos).

„ 314 „ 7 von oben lies: „Pittidae" statt „Pittadae".

427 „ 14 „ „ „ „picked" statt „pick".

- 441 „ 9 „ „ „ „montagne" statt „montage".

„ 442 „ 3 „ „ „ „doutes" statt „dontes".

„ 452 „ 17 „ unten „ „dû" statt „du".

Pag. 478 Zeile 15 von unten lies: „réussissent“ statt „reuississent“.

„   482   „   16   „   oben   „   „hivers“ statt „hiver“.

„   493   „   6   „   unten   „   „vu“ statt „vus“.

„   494   „   7   „   oben   „   „entre“ statt „entres“.

„   499   „   12   „   „   „   „inaperçues“ statt „inaperçues“.

„   504   „   5   „   unten   „   „persecution“ statt „prosecution“.

„   506   „   10   „   „   „   „inondés“ statt „inondées“.

„   509   „   6   „   oben   „   „oiseau“ statt „oiseaux“.

„   530   „   8   „   unten   „   „sanghirensis“ statt „shangirensis“.

„   560   „   6   „   „   „   „Amboina“ statt „Amboira“.

„   573   „   17   „   oben   „   „< 5,7 (def.)“ statt „5,7 (def.)“

„   579   „   11   „   „   „   „*b“ statt „b“.

„   580   „   3   „   „   „   „Sonner.“ statt „Sonar“.

„   583   „   7   „   „   „   „Manganitu“ statt „Mangaritu“.

„   583   „   17   „   unten   „   „Vögel dieser Art“ statt „Vögel“.

„   584   „   4   „   oben   fällt der Gedankenstrich aus.

„   585   „   14   „   „   lies: „grauen“ statt „grünen“.

„   588   „   3   „   unten   „   „orangerothen“ statt „orange“.

„   590   „ 6 u. 10   „   „   „   „celebicum“ statt „celebense“.

„   617   „   8   „   oben   „   „Zonoenas“ statt „Zonaenas“.

„   626   „   2   „   „   „   „nicobarica“ statt „nicobaria“

„   644   „   12   „   „   „   „Cittura“ statt „Littura“.

ORNIS.

Internationale Zeitschrift für die gesammte Ornithologie.

ORGAN

des

permanenten internationalen ornithologischen Comité's

unter dem Protectorate Seiner Kaiserlichen und Königlichen Hoheit

des

Kronprinzen Rudolf von Oesterreich-Ungarn.

Herausgegeben von

Dr. R. Blasius
Präsident

und

Dr. G. v. Hayek
Secretär

des permanenten internationalen ornithologischen Comité's.

IV. Jahrgang 1888.

I. Heft.

Preis des Jahrganges (4 Hefte mit Abbildungen):

4 fl. ö. W. = 8 M. — 10 Frcs. = 8 sh. = 2 Dollar pränumerando.

Wien.

Druck und Verlag von Carl Gerold's Sohn.

Athen: Beck. — **Brüssel:** Muquardt. — **London:** Williams & Norgate. —
Moskau: Lang. — **New-York:** Westermann & Co. — **Paris:** Klincksieck. —
Petersburg: Ricker. — **Riga:** N. Kymmel. — **Rom:** Spithoever. — **Turin:**
Löscher.

Ersuchen höflich um gefällige Beachtung der Umschlagseiten.

Verlag von **Carl Gerold's Sohn** in Wien.

„ORNIS."

Internationale Zeitschrift für die gesammte Ornithologie.

Organ
des

permanenten internationalen ornithologischen Comité's unter
dem Protectorate Seiner Kaiserlichen und Königlichen Hoheit
des Kronprinzen Rudolf von Oesterreich-Ungarn.

Herausgegeben von

Dr. R. Blasius und Dr. G. v. Hayck.

I. Jahrgang. 1885.

Erstes Heft: Einleitung.—Bericht über das permanente internationale
ornithologische Comité und ähnliche Einrichtungen in einzelnen Ländern.
Von Dr. R. Blasius und Dr. G. v. Hayck. — Verzeichniss der Vögel
Deutschlands. Von E. F. von Homeyer. — I. Jahresbericht (1883)
über die ornithologischen Beobachtungsstationen in Dänemark. Von Dr.
Chr. Fr. Lütken.

Zweites und **drittes Heft:** Biologische Notizen über einige Vögel Süd-
Ost-Borneo's. Von F. J. Grabowsky. — I. Jahresbericht (1884) über
den Vogelzug auf Helgoland. Von H. Gätke. — II. Jahresbericht (1883)
des Comité's für ornithologische Beobachtungsstationen in Oesterreich-
Ungarn. Von K. v. Dalla-Torre und V. v. Tschusi.

Viertes Heft: II. Jahresbericht (1883) des Comité's für ornithologische
Beobachtungsstationen in Oesterreich-Ungarn. Von K. v. Dalla-Torre
und V. v. Tschusi. (Schluss.) — Some further remarks on the origin
of domestic poultry by E. Cambridge Phillips, F. L. S. etc. —
Notices on the migration of birds in Australia given by letter of E. P.
Ramsay. — Le Cypselus Sharpei par Louis Petit. — Note sur
l'origine des nids de l'Hirundo Poucheti par Louis Petit. — I. ornithologischer Jahresbericht (1885) aus Holland (Friesland und Zuid-Holland)
von Herman Albarda in Leeuwarden. — Index 1885. — Corrigenda.

II. Jahrgang. 1886.

Erstes Heft: II. Bericht über das permanente internationale ornithologische Comité und ähnliche Einrichtungen in einzelnen Ländern. Von
Dr. R. Blasius und Dr. G. v. Hayek. — II. Jahresbericht (1884) über
die ornithologischen Beobachtungsstationen in Dänemark. Von Chr. Fr.
Lütken. - II. Jahresbericht (1885) über den Vogelzug auf Helgoland.
Von H. Gätke. — Verzeichniss der bisher in Oesterreich-Ungarn beobachteten Vögel. Von V. v. Tschusi und E. F. v. Homeyer.

Zweites und **drittes Heft:** Ornithologische Beobachtungen im nordwestlichen Russland. Von W. Meves und E. F. v. Homeyer. —

Verzeichniss der Vögel Schwedens. Von Dr. C. R. Sundström. — Carl J. Sundevall's Einleitung zu einem natürlichen Systeme der Vögel. Von W. Meves. — Verzeichniss der bisher in Island beobachteten Vögel (1886). Von B. Gröndal. — Das isländische Vogelschutzgesetz. — I. Ornithologischer Jahresbericht (1885) aus dem Gouvernement Livland (Russland). Von E. v. Middendorff und Dr. Seidel. — Mémoire sur les oiseaux dans la Dobrodja et la Bulgarie observés par le Comte A. Alléon. — Ornithologische Beobachtungen zu Eyrarbakki in Island. Von P. Nielsen. — Eugen von Böck. Nekrolog von B. Rivas und R. Reinecke.

Viertes Heft: Der Wanderzug der Tannenheher durch Europa im Herbste 1885 und Winter 1885/86. Von Dr. R. Blasius. — III. Report on Birds in Danmark in 1885. By Oluf Winge. — Ornithologischer Bericht von Island (1886). Von B. Gröndal. — Notices on the migration of birds in Durban Natal. Von J. H. Bowker. — In Memoriam Dr. François P. L. Pollen. Von Baron H. v. Rosenberg. — Zusätze und Berichtigungen. — Index 1886.

III. Jahrgang. 1887.

Erstes Heft: III. Jahresbericht (1884) des Comité's für ornithologische Beobachtungsstationen in Oesterreich-Ungarn. Von V. v. Tschusi und Karl v. Dalla-Torre. — Ornithologische Beobachtungen zu Eyrarbakki in Island. Von P. Nielsen. — F. Baron von Theresopolis. Von R. Blasius. — Herbert William Oakley. By R. Trimen.

Zweites und **drittes Heft:** III. Jahresbericht (1884) des Comité's für ornithologische Beobachtungsstationen in Oesterreich-Ungarn. Von V. v. Tschusi und Karl v. Dalla-Torre (Fortsetzung und Schluss). — Diego Garcia und seine Seeschwalben. Von Dr. O. Finsch und Dr. R. Blasius. Mit zwei Tafeln. — III. Jahresbericht (1886) über den Vogelzug auf Helgoland. Von H. Gätke. — Beitrag zur Vogelfauna auf Portorico. Von Dr. A. Stahl. — Verhängnissvolle Tage für die Vogelwelt. Von Gustav Schneider.

Viertes Heft: Dritter Nachtrag zur Ornis caucasica für das Jahr 1885 von Dr. Gustav Radde in Tiflis. (Mit einer Karte.) — Nachtrag zum I. ornithologischen Jahresbericht (1885) aus dem Gouvernement Livland (Russland). Von E. v. Middendorff. — Die Vögel, welche im Oberelsass, Oberbaden, in den schweizerischen Cantonen Basel-Stadt und Basel-Land, sowie in den an letzteres angrenzenden Theilen der Cantone Aargau, Solothurn und Bern vorkommen. Von Gustav Schneider in Basel. — Carpodacus erythrinus, Pall., in Pommern erlegt. Von Ewald Ziemer. — Jean-François Lescuyer. Nekrolog von Dr. G. v. Hayck. — Ornithologische Forschung in Brasilien. Von Dr. J. von Ihering. — Sir Julius von Haast. Obituary by Dr. G. von Hayck. — Isländische Vogelnamen von Benedict Gröndal. — III. Bericht des permanenten internationalen ornithologischen Comité's. Von Dr. R. Blasius und Dr. G. v. Hayck. — Index 1887.

Preis pro Jahrgang von 4 Heften: 4 fl. = 8 Mark.

Inhalt des 1. Heftes IV. Jahrgang 1888.

IV. Jahresbericht (1885) des Comité's für ornithologische Beob-
achtungs-Stationen in Oesterreich-Ungarn. Von Victor
Ritter von Tschusi zu Schmidhoffen und Dr. Karl von
Dalla-Torre.. 1—146

The birds of Keiskama Hoek, Division of King William's Town
Cape Colony by E. W. Clifton...................... 147—154

Ornis der Wüste Atacama und der Provinz Tarapacá. Von Dr.
R. A. Philippi in Santiago .... 155—160

In Betreff der »Ornis«, internationalen Zeitschrift für die gesammte Ornithologie und des »permanenten internationalen ornithologischen Comité's« wird gebeten, Folgendes zu beachten:

1. Alle für die Redaction der Zeitschrift bestimmten Zusendungen, Mittheilungen, Manuscripte, Beilagen und sonstigen Postsendungen sind an den Herausgeber der Zeitschrift und Präsidenten des Comité's, Herrn Dr. R. Blasius in Braunschweig, Petrithor-Promenade 25, zu senden;

2. alle Anfragen oder Mittheilungen an das permanente internationale ornithologische Comité sind an den Secretär desselben, Herrn Dr. G. von Hayek in Wien, III., Marokkanergasse 3, zu richten;

3. alle den Buchhandel betreffenden oder durch Buchhändler-gelegenheit vermittelten Zusendungen sind an den Verleger Carl Gerold's Sohn in Wien, I., Barbaragasse 2, zu adressiren.

ORNIS.

Internationale Zeitschrift für die gesammte Ornithologie.

ORGAN

des

permanenten internationalen ornithologischen Comité's

unter dem Protectorate Seiner Kaiserlichen und Königlichen Hoheit

des

Kronprinzen Rudolf von Oesterreich-Ungarn.

Herausgegeben von

Dr. R. Blasius   Dr. G. v. Hayek
und
Präsident   Secretär

des permanenten internationalen ornithologischen Comité's.

IV. Jahrgang.

Heft II. April 1888.

Preis des Jahrganges (4 Hefte mit Abbildungen):
4 fl. ö. W. — 8 M. — 10 Frcs. — 8 sh. — 2 $ pränumerando.

Wien.

Druck und Verlag von Carl Gerold's Sohn.

Athen: Beck. — Brüssel: Muquardt. — London: Williams & Norgate. —
Moskau: Lang. — New-York: Westermann & Co. — Paris: Klincksieck. —
Petersburg: Ricker. — Riga: N. Kymmel. — Rom: Spithoever. —
Turin: Löscher.

Verlag von **Carl Gerold's Sohn** in Wien.

„ORNIS."
Internationale Zeitschrift für die gesammte Ornithologie.

Organ
des

permanenten internationalen ornithologischen Comité's unter dem Protectorate Seiner Kaiserlichen und Königlichen Hoheit des Kronprinzen Rudolf von Oesterreich-Ungarn.

Herausgegeben von

Dr. R. Blasius und Dr. G. v. Hayek.

Inhalt des I. Jahrganges. 1885.

Erstes Heft: Einleitung. — Bericht über das permanente internationale ornithologische Comité und ähnliche Einrichtungen in einzelnen Ländern. Von Dr. R. Blasius und Dr. G. v. Hayek. — Verzeichniss der Vögel Deutschlands. Von E. F. von Homeyer. — I. Jahresbericht (1883 über die ornithologischen Beobachtungsstationen in Dänemark. Von Dr. Chr. Fr. Lütken.

Zweites und drittes Heft: Biologische Notizen über einige Vögel Süd-Ost-Borneo's. Von F. J. Grabowsky. — I. Jahresbericht (1884) über den Vogelzug auf Helgoland. Von H. Gätke. — II. Jahresbericht (1883 des Comité's für ornithologische Beobachtungsstationen in Oesterreich-Ungarn. Von K. v. Dalla-Torre und V. v. Tschusi.

Viertes Heft: II. Jahresbericht (1883) des Comité's für ornithologische Beobachtungsstationen in Oesterreich-Ungarn. Von K. v. Dalla-Torre und V. v. Tschusi. (Schluss.) — Some further remarks on the origin of domestic poultry by E. Cambridge Phillips, F. L. S. etc. — Notices on the migration of birds in Australia given by letter of E. P. Ramsay. — Le Cypselus Sharpei par Louis Petit. — Note sur l'origine des nids de l'Hirundo Poucheti par Louis Petit. — I. ornithologischer Jahresbericht (1885) aus Holland (Friesland und Zuid-Holland) von Herman Albarda in Leeuwarden. — Index 1885. — Corrigenda.

Inhalt des II. Jahrganges. 1886.

Erstes Heft: II. Bericht über das permanente internationale ornithologische Comité und ähnliche Einrichtungen in einzelnen Ländern. Von Dr. R. Blasius und Dr. G. v. Hayek. — II. Jahresbericht (1884) über die ornithologischen Beobachtungsstationen in Dänemark. Von Chr. Fr. Lütken. — II. Jahresbericht (1885 über den Vogelzug auf Helgoland. Von H. Gätke. — Verzeichniss der bisher in Oesterreich-Ungarn beobachteten Vögel. Von V. v. Tschusi und E. F. v. Homeyer.

Zweites und drittes Heft: Ornithologische Beobachtungen im nordwestlichen Russland. Von W. Meves und E. F. v. Homeyer. — Verzeichniss der Vögel Schwedens. Von Dr. C. R. Sundström. — Carl J. Sundevall's Einleitung zu einem natürlichen Systeme der Vögel. Von W. Meves. — Verzeichniss der bisher in Island beobachteten Vögel (1886. Von B. Gröndal. — Das isländische Vogelschutzgesetz. — I. Ornithologischer Jahresbericht (1885) aus dem Gouvernement Livland (Russland). Von E. v. Middendorff und Dr. Seidel. — Mémoire sur les oiseaux dans la Dobrodja et la Bulgarie observés par le Comte A. Alléon. — Ornithologische Beobachtungen zu Eyrarbakki in Island. Von P. Nielsen. — Eugen von Böck. Nekrolog von B. Rivas und R. Reinecke.

Viertes Heft: Der Wanderzug der Tannenheher durch Europa im Herbste 1885 und Winter 1885/86. Von Dr. R. Blasius. — III. Report on Birds in Danmark in 1885. By Oluf Winge. — Ornithologischer Bericht von Island (1886. Von B. Gröndal. — Notices on the migration of birds in Durban Natal. Von J. H. Bowker. — In Memoriam Dr. François P. L. Pollen. Von Baron H. v. Rosenberg. — Zusätze und Berichtigungen. — Index 1886.

Inhalt des III. Jahrganges. 1887.

Erstes Heft: III. Jahresbericht (1884 des Comité's für ornithologische Beobachtungsstationen in Oesterreich-Ungarn. Von V. v. Tschusi und Karl v. Dalla-Torre. — Ornithologische Beobachtungen zu Eyrarbakki in Island. Von P. Nielsen. — F. Baron von Theresopolis. Von R. Blasius. — Herbert William Oakley. By R. Trimen.

Zweites und drittes Heft: III. Jahresbericht (1884) des Comité's für ornithologische Beobachtungsstationen in Oesterreich-Ungarn. Von V. v. Tschusi und Karl v. Dalla-Torre (Fortsetzung und Schluss. — Diego Garcia und seine Seeschwalben. Von Dr. O. Finsch und Dr. R. Blasius. Mit zwei Tafeln. — III. Jahresbericht (1886) über den Vogelzug auf Helgoland. Von H. Gätke. — Beitrag zur Vogelfauna auf Portorico. Von Dr. A. Stahl. — Verhängnissvolle Tage für die Vogelwelt. Von Gustav Schneider.

Viertes Heft: Dritter Nachtrag zur Ornis caucasica für das Jahr 1885 von Dr. Gustav Radde in Tiflis. (Mit einer Karte.) — Nachtrag zum I. ornithologischen Jahresbericht (1885) aus dem Gouvernement Livland Russland). Von E. v. Middendorff. — Die Vögel, welche im Oberelsass, Oberbaden, in den schweizerischen Cantonen Basel-Stadt und Basel-Land, sowie in den an letzteres angrenzenden Theilen der Cantone Aargau, Solothurn und Bern vorkommen. Von Gustav Schneider in Basel. — Carpodacus erythrinus, Pall., in Pommern erlegt. Von Ewald Ziemer. — Jean-François Lescuyer. Nekrolog von Dr. G. v. Hayek. — Ornithologische Forschung in Brasilien. Von Dr. J. von Ihering. — Sir Julius von Haast. Obituary by Dr. G. von Hayek. — Isländische Vogelnamen von Benedict Gröndal. — III. Bericht des permanenten internationalen ornithologischen Comité's. Von Dr. R. Blasius und Dr. G. v. Hayek. — Index 1887.

Preis pro Jahrgang von 4 Heften: 4 fl. = 8 Mark.

Inhalt des Heftes II (April). IV. Jahrgang 1888.

Seite

IV. Jahresbericht (1885) des Comité's für ornithologische Beob-
achtungs-Stationen in Oesterreich-Ungarn. Von Victor
Ritter von Tschusi zu Schmidhoffen und Dr. Karl von
Dalla-Torre.................................... 161—272

II. Ornithologischer Jahresbericht (1886) aus den russischen
Ostsee-Provinzen. Von E. von Middendorff......... 273—300

Die Vögel von Palawan. Von Dr. Wilh. Blasius......... 301—320

In Betreff der »Ornis«, internationalen Zeitschrift für die gesammte
Ornithologie und des »permanenten internationalen ornithologischen
Comité's« wird gebeten, Folgendes zu beachten:

1. Alle für die Redaction der Zeitschrift bestimmten Zusendungen,
Mittheilungen, Manuscripte, Beilagen und sonstigen Postsendungen sind
an den Herausgeber der Zeitschrift und Präsidenten des Comité's, Herrn
Dr. R. Blasius in Braunschweig, Petrithor-Promenade 25, zu senden;

2. alle Anfragen oder Mittheilungen an das permanente internationale
ornithologische Comité sind an den Secretär desselben, Herrn Dr. G. von
Hayek in Wien, III., Marokkanergasse 3, zu richten;

3. alle den Buchhandel betreffenden oder durch Buchhändler-
gelegenheit vermittelten Zusendungen sind an den Verleger Carl Gerold's
Sohn in Wien, I., Barbaragasse 2, zu adressiren.

Diesem Hefte liegt bei ein Prospect der Buchhandlung von Justus
Perthes in Gotha.

O R N I S.

Internationale Zeitschrift für die gesammte Ornithologie.

ORGAN

des

permanenten internationalen ornithologischen Comité's

unter dem Protectorate Seiner Kaiserlichen und Königlichen Hoheit

des

Kronprinzen Rudolf von Oesterreich-Ungarn.

Herausgegeben von

Dr. R. Blasius
Präsident

und

Dr. G. v. Hayek
Secretär

des permanenten internationalen ornithologischen Comité's.

IV. Jahrgang.

Heft III. Juli 1888.

Preis des Jahrganges (4 Hefte mit Abbildungen):
4 fl. ö. W. = 8 M. = 10 Frcs. = 8 sh. = 2 $ pränumerando.

Wien.

Druck und Verlag von Carl Gerold's Sohn.

Athen: Beck. — Brüssel: Muquardt. — London: Williams & Norgate. —
Moskau: Lang. — New-York: Westermann & Co. — Paris: Klincksieck. —
Petersburg: Ricker. — Riga: N. Kymmel. — Rom: Spithoever. —
Turin: Löscher.

Ersuchen höflich um gefällige Beachtung der Umschlagseiten.

Verlag von Carl Gerold's Sohn in Wien.

Das Auerwild,

dessen Naturgeschichte, Jagd und Hege.

Eine ornithologische und jagdliche Monographie.

Von

Dr. W. Wurm.

Zweite, neu bearbeitete und vermehrte Auflage.
Mit 2 Tafeln in Steindruck. In Farbendruck-Umschlag.
Lex.-8⁰. 340 Seiten. Broschirt 12 Mark.

Der Auerhahnjäger.

Ein Handbüchlein für Weidmänner und Jagdbedienstete.

Von

Dr. W. Wurm.

8⁰. 70 Seiten. Geheftet 1 Mark 60 Pf.

Untersuchungen
über den Flug der Vögel.

Von

Joh. Jos. Prechtl.

Mit 3 Kupfertafeln. 8⁰. 260 Seiten. Geheftet 6 Mark.

Zur Geschichte der Falkenjagd.

Von

A. R. von Perger.

8⁰. 44 Seiten. Geheftet 50 Pf.

Inhalt des Heftes III (Juli). IV. Jahrg. 1888.

Seite

IV. Jahresbericht (1885) des Comité's für ornithologische Beob-
achtungs-Stationen in Oesterreich-Ungarn. Von Victor
Ritter von Tschusi zu Schmidhoffen und Dr. Karl von
Dalla-Torre. .... 321—368

IV. Report on Birds in Danmark, 1886. Compiled by Oluf
Winge. (With a Map-Plate.)........................ 369—440

Liste des oiseaux observés depuis cinquante ans dans le
Royaume de Pologne. Par L. Taczanowski......... 441—516

Ein seltener Rackelhahn (*Tetrao medius*, Meyer). Vermuthlicher
Bastard zwischen *Tetrao tetrix* ♂ und *Tetrao medius* ♀
(ex *T. tetrice* ♂ et *T. urogallo* ♀). Von Victor Ritter
von Tschusi zu Schmidhoffen. (Mit einer Tafel.)...... 517—526

In Betreff der »Ornis«, internationalen Zeitschrift für die gesammte
Ornithologie und des »permanenten internationalen ornithologischen
Comité's« wird gebeten, Folgendes zu beachten:

1. Alle für die Redaction der Zeitschrift bestimmten Zusendungen,
Mittheilungen, Manuscripte, Beilagen und sonstigen Postsendungen sind
an den Herausgeber der Zeitschrift und Präsidenten des Comité's, Herrn
Dr. R. Blasius in Braunschweig, Petrithor-Promenade 25, zu senden;

2. alle Anfragen oder Mittheilungen an das permanente internationale
ornithologische Comité sind an den Secretär desselben, Herrn Dr. G. von
Hayek in Wien, III., Marokkanergasse 3, zu richten;

3. alle den Buchhandel betreffenden oder durch Buchhändler-
gelegenheit vermittelten Zusendungen sind an den Verleger Carl Gerold's
Sohn in Wien, I., Barbaragasse 2, zu adressiren.

ORNIS.

Internationale Zeitschrift für die gesammte Ornithologie.

ORGAN

des

permanenten internationalen ornithologischen Comité's

unter dem Protectorate Seiner Kaiserlichen und Königlichen Hoheit

des

Kronprinzen Rudolf von Oesterreich-Ungarn.

Herausgegeben von

Dr. R. Blasius   und   Dr. G. v. Hayek

Präsident   Secretär

des permanenten internationalen ornithologischen Comité's.

IV. Jahrgang.

Heft IV. October 1888.

Mit zwei Tafeln.

Preis des Jahrganges (4 Hefte mit Abbildungen):
4 fl. ö. W. = 8 M. = 10 Frcs. = 8 sh. = 2 $ pränumerando.

Wien.

Druck und Verlag von Carl Gerold's Sohn.

Athen: Beck. — Brüssel: Muquardt. — London: Williams & Norgate. —
Moskau: Lang. — New-York: Westermann & Co. — Paris: Klincksieck. —
Petersburg: Ricker. — Riga: N. Kymmel. — Rom: Spithoever. —
Turin: Löscher.

Ersuchen höflich um gefällige Beachtung der Umschlagseiten.

Verlag von Carl Gerold's Sohn in Wien.

Verzeichniss
der
Vögel Deutschlands.
Von
Eugen Ferdinand von Homeyer.

Herausgegeben vom
permanenten internationalen ornithologischen Comité,

Dr. R. Blasius,	G. v. Hayek,
Präsident.	Secretär.

8°. 16 Seiten. Geheftet 40 Pf.

Verzeichniss
der
bisher in Oesterreich-Ungarn beobachteten Vögel.
Von
v. Tschusi und v. Homeyer.

8°. 32 Seiten. Geheftet 80 Pf.

Herleitung und Aussprache
der
wissenschaftlichen Namen
in dem
E. F. von Homeyer'schen Verzeichnisse
der
Vögel Deutschlands.
Von
J. Pietsch,
kön. Baurath.

8°. 57 Seiten. Geheftet 2 Mark.

Verlag von Carl Gerold's Sohn in Wien.

Das Auerwild,

dessen Naturgeschichte, Jagd und Hege.

Eine ornithologische und jagdliche Monographie.

Von

Dr. W. Wurm.

Zweite, neu bearbeitete und vermehrte Auflage.

Mit 2 Tafeln in Steindruck. In Farbendruck - Umschlag.

Lex.-8°. 340 Seiten. Broschirt 12 Mark.

Der Auerhahnjäger.

Ein Handbüchlein für Weidmänner und Jagdbedienstete.

Von

Dr. W. Wurm.

8°. 70 Seiten. Geheftet 1 Mark 60 Pf.

Untersuchungen
über den Flug der Vögel.

Von

Joh. Jos. Prechtl.

Mit 3 Kupfertafeln. 8°. 260 Seiten. Geheftet 6 Mark.

Zur Geschichte der Falkenjagd.

Von

A. R. von Perger.

8°. 44 Seiten. Geheftet 50 Pf.

Inhalt des Heftes IV (October). IV. Jahrg. 1888.

Seite

Die Vögel von Gross-Sanghir nebst einem Anhange über die
Vögel von Siao. Von Dr. Wilh. Blasius. (Mit zwei Tafeln) 527—646

Bemerkungen über das Vorkommen der Vögel von Mainz und
Umgegend. Von Wilhelm von Reichenau............. 647—666

Ornithologisches aus der Cap-Colonie von W. Beste .... 667—670

Index.. 671—683

Corrigenda... 684—685

In Betreff der »Ornis«, internationalen Zeitschrift für die gesammte Ornithologie und des »permanenten internationalen ornithologischen Comité's« wird gebeten, Folgendes zu beachten:

1. Alle für die Redaction der Zeitschrift bestimmten Zusendungen, Mittheilungen, Manuscripte, Beilagen und sonstigen Postsendungen sind an den Herausgeber der Zeitschrift und Präsidenten des Comité's, Herrn Dr. R. Blasius in Braunschweig, Petrithor-Promenade 25, zu senden;

2. alle Anfragen oder Mittheilungen an das permanente internationale ornithologische Comité sind an den Secretär desselben, Herrn Dr. G. von Hayek in Wien, III., Marokkanergasse 3, zu richten;

3. alle den Buchhandel betreffenden oder durch Buchhändler-gelegenheit vermittelten Zusendungen sind an den Verleger Carl Gerold's Sohn in Wien, I., Barbaragasse 2, zu adressiren.

www.ingramcontent.com/pod-product-compliance
Lightning Source LLC
Chambersburg PA
CBHW031931220326
41598CB00062BA/1621